THE BUTTERFLIES OF KOREA

한반도의 나비 279종의 분류와 생태, 영문 해설 수록

한반도의 나비

Copyright © 2021 by Hoong Zae Joo, Sung Soo Kim, Hyun Chae Kim, Jung Dal Sohn,
Young Joon Lee, Jae Seong Ju, GEOBOOK Publishing Co. All rights reserved.

Published by GEOBOOK Publishing Co. in 2021
1015 Platinum, 28, Saemunan-ro 5ga-gil, Jongno-gu, Seoul, 03170, Rep. of KOREA
Tel : +82-2-732-0337 http://www.geobook.co.kr
Email : book@geobook.co.kr

Authors Hoong Zae Joo, Sung Soo Kim, Hyun Chae Kim, Jung Dal Sohn, Young Joon Lee, Jae Seong Ju

Design & Editing GEOBOOK Publishing Co.

Printed in Rep. of KOREA

ISBN 978-89-94242-80-4 96490

THE BUTTERFLIES OF KOREA

한반도의 나비 279종의 분류와 생태, 영문 해설 수록

한반도의 나비

주흥재 · 김성수 · 김현채 · 손정달 · 이영준 · 주재성

GEO BOOK 지오북

머리말
Preface

나비는 자연계에 존재하는 생물 중에서 사람의 눈과 마음을 끄는 대표 곤충이다. 나비는 오랫동안 우리 민족의 삶 속에도 녹아들어서 늘 친근한 존재로 인식되었지만, 19세기까지는 우리나라에 몇 종류가 사는지 잘 알지 못 했다. 이들의 존재를 과학적인 방법으로 풀기 시작한 것은 영국인 버틀러(A.G. Butler)가 1882년에 한반도 동북단 지역과 인천 등 우리나라 해안을 돌면서 채집한 15종의 나비를 학계에 처음으로 소개한 이후였다. 따라서 130여 년 전에야 비로소 우리 나비에 대한 과학적 탐색이 시작되었다고 할 수 있다. 이후 수많은 학자들이 전국을 누비면서 얻어낸 값진 결과들이 축적된 바탕이 있었기에 우리 나비의 실체에 더 다가갈 수 있게 되었다.

우리 나비를 처음 다뤘던 학자들은 1900년대 초까지 앞서의 버틀러처럼 유럽의 과학자들이었다. 이때의 대표적인 학자로는 리치(J.H. Leech)와 픽슨(C. Fixsen)이 더 있다. 이후 일제강점기에는 일본인 마쓰무라(S. Matsumura), 모리(T. Mori), 도이(H. Doi), 스기타니(I. Sugitani) 등과 한국인 석주명, 조복성이 우리 나비의 초석을 놓았다. 특히 석주명은 우리 나비를 체계 있게 정리하여 수많은 결과물을 내놓았다. 그가 없었으면 한반도의 나비 역사를 쓸 수 없을 정도라고 할 수 있다. 하지만 해방 이후 나비를 연구하는 길은 결코 순탄치 못하였다. 1946년에 스웨덴 학자인 브리크(F. Bryk)의 연구물이 단 하나 있었을 뿐이었다. 더구나 석주명의 갑작스럽고 애석한 죽음으로 우리 나비 연구의 맥은 한동안 끊어지게 되었다. 다행히 1960년대 말에 들어서 김헌규, 박세욱과 이승모, 신유항 등 선배 학자들이 연결 고리를 이어놓았다. 이것이 바탕이 되어 '한국나비학회'라는 나비 동호인 모임이 만들어져 굵은 동아줄로 발전할 수 있게 되었다. 또한 이 책에 참여한 글쓴이들도 한국나비학회 회원으로 1980년대부터 지금까지 줄곧 나비 연구에 매진하여 좋은 결실을 맺을 수 있게 되었다.

이 책에서는 지금까지 한반도의 나비를 연구한 모든 문헌들 중에서 의미 있는 역사를 찾으려고 노력하였고, 과학적인 의견을 정리하였다. 이 책을 준비하는 과정에서 아직 국내에 알려지지 않았거나 찾지 못했던 논문들을 의외로 많이 찾았다. 이를 정리하는 데에도 많은 시간이 걸렸으며, 과거와 현재의 분류법에 차이가 나기 때문에 한동안 공백기를 거쳤던 우리의 나비 연구의 맥을 퍼즐 조각 맞추듯 잇기가 결코 쉽지만은 않았다. 특히 일제강점기의 문헌들을 찾아 검토하기가 녹록지 않았음을 밝힌다. 다행히 조복성 박사가 생전에 보관했던 일제강점기의 문헌들이 고려대학교 도서관에 기증되어 있어서 많은 부분을 해결할 수 있었다. 이 모든 문헌의 정보는 이 책 말미의 참고문헌에 담았다. 하지만 아직도 일본 등 여러 나라에 우리 나비의 정보를 다룬 문헌들이 많이 있을 것으로 보인다. 이 영역은 후학들에게 여지를 남기며 해결해주기를 기대해 본다.

한편으로 우리는 이 책에 다양하고 많은 우리 나비의 표본들을 싣기 위해 노력하였다. 모자란 표본은 다른 연구자들에게 의뢰하였고, 세계의 여러 박물관에 보관된 우리의 표본들도 일부 살펴보았다. 지금까지 다녀온 해외 표본실로는 영국의 대영박물관(The Natural History Museum, London, UK)에서 주로 리치의 채집품을, 일본 규슈대학교에서 스키타니의 북한 표본을 살펴보았다. 이 밖에 독일의 본에 있는 『Zoologisches Forschungsinstitut und Museum Alexander Koenig』, 일본의 국립과학박물관 동물연구실, 러시아 상트페테르부르크의 『Zoological Institute of the Russian Academy of Science』, 핀란드 헬싱키의 『Finnish Museum of Natural History』, 스웨덴 스톡홀름의 『Swedish Museum of Natural

History』에서 브리크의 표본들을 살펴보았다. 세계 곳곳에 우리 나비의 표본들이 더 보관되어 있을 것으로 보이지만, 나이로나 체력으로나 이를 찾는 데 한계가 있음을 깨닫고 우리의 노력은 여기에서 매듭 지으려 한다.

'나비 도감'이라 함은 나비의 종합적인 정보를 독자들에게 소개하는 책으로, 가까운 일본과 비교해 보더라도 우리나라에서 소수가 출간되었을 뿐이다. 더욱이 이미 출간되었다고 해도 각 나비 도감의 완성도가 달라 질적인 차이도 있으며 무엇보다 발행된 부수가 적어서 과거의 도감을 입수하기가 쉽지 않다. 지금까지 발행된 우리나라의 주요 나비도감을 살펴보면 다음과 같다. 일제강점기의『原色朝鮮の蝶類(森爲三·土居 寬暢·趙福成, 1934)』가 처음이고, 이후『한국동물도감, 제1편 나비편(조복성, 1959)』, 『Distribution atlas of insects of Korea (Series 1, Rhopalocera, Lepidoptera) (김창환, 1976)』, 『한국산 접류분포도(석주명, 1973)』,『韓國蝶誌(이승모, 1982)』,『원색한국곤충도감 Ⅰ 나비편(신유항, 1989)』,『한국의 나비(박규택·김성수, 1997)』,『한국의 나비(주흥재·김성수·손정달, 1997)』,『제주의 나비(주흥재·김성수, 2002)』,『원색한국나비도감(김용식, 2002)』,『한국나비생태도감(김성수·서영호, 2012)』, 『한반도나비도감(백문기·신유항, 2014)』등 10여 권이 있었다.

이 책에서는 무엇보다도 과거 도감의 내용을 더욱 발전시키고 다른 도감에서 볼 수 없던 축적된 정보를 담으려고 노력하였다. 우리나라에 기록된 나비 중 의심스러운 종들과 잘못 기록된 종, 미접, 특히 일제강점기에 활약한 일본 학자 스기타니의 표본(북한 함경도의 나비 표본) 등을 실었다. 또한 최신의 학명, 분포, 생태 정보뿐 아니라 우리 나비가 세계에서 어떤 위치에 있는지를 담았다. 특히 전문가뿐 아니라 일반인들에게 도움을 주고자 닮은 종들을 비교한 내용을 담아내어 차이를 쉽게 설명하고자 했다.

이 책을 준비하는데 도움을 주신 분들은 다음과 같다. 표본을 제공하고 채집 장소를 알려주신 김용식 선생님, 손상규 씨, 도쿄대 박물관의 야고(M. Yago) 박사님, 일본과학박물관의 오와다(M. Owada) 박사님, 목포대학교 최세웅 교수님, 표본을 제공해주신 민완기 씨, 고상균 씨, 손승구씨, 지민주 씨, 류재원 씨, 원제휘 씨, 이순호 씨, 오해룡 씨 등께 감사를 드린다. 특히 표본 촬영에 협조해주신 이화여자대학교 자연사박물관의 류재원 씨께 감사를 드리고, 일본 규슈대학교에서 표본을 촬영할 때 큰 도움을 주신 히로와타리(T. Hirowatari) 박사님, 김왕규 박사님께도 감사를 드린다.

일제강점기에 교사의 신분으로 여름방학마다 함경도 지역을 방문하여 북한 지역의 표본을 채집해 일본 규슈대학교에 보관하게 해주었던 일본 학자 고(故) 스기타니씨께 감사를 드린다.

지금은 고인이신 이승모 선생님, 윤인호 선생님, 박경태 씨의 영전에 감사를 드린다. 이 분들의 생전의 조언과 도움이 이 책이 나오는데 큰 힘이 되었다.

끝으로 이 책을 출간해주신 지오북 출판사 황영심 사장님과 원고를 꼼꼼하게 살펴봐주신 지오북 편집실 여러분께도 감사를 드린다.

2021년 1월
저자들

Preface

머리말

Butterflies epitomize the beauty of all insects, and many people become fascinated with its uniquely charming colors and patterns. The natural environment of Korea has undergone, concurrently, the changes of severe deterioration due to unprecedentedly rapid industrialization, and fast growth of mountain forests thanks to the success of government-led afforestation policy. At the same time, the butterfly fauna in Korea has experienced significant changes, causing quite a number of previously common species to have become rare or on its way to extinction.

To elaborate on the historical transition and current status of Korean butterflies, we recognized the need for various foreign journals that include a huge pile of reference books and monographs, papers written in Japanese. After collection and analysis of the vast amount of relevant data, we were able to rearrange the natural history of 261 species of Korean butterflies under 5 families.

The pioneers who first recorded Korean butterflies were European researchers such as Arthur Gardiner Butler, John Henry Leech and Johann Heinrich Fixsen from 1880s to early 1900s. Afterwards, Japanese researchers such as Shonen Matsumura, Tamezo Mori, Hironobu Doi and Iwahiko Sugitani and Korean researchers Seok, Du Myeong and Cho, Pok Sung laid a groundwork for study of Korean butterflies during the Japanese colonial period. Especially, Seok, Du Myeong systematized Korean butterflies, and made a lot of achievements. The history of Korean butterflies would not have been written properly without his ardent efforts. After the liberation in 1945, however, the environment for butterfly study in Korea was not friendly at all. In 1946, there was only one research made by Swedish lepidopterist Felix Bryk. Moreover, the sudden lamentable death of Seok, Du Myeong in 1950 during the Korean War brought about a prolonged pause in the research of Korean butterflies. Fortunately, at the end of 1960s, a new group of researchers appeared such as Kim, Hyun Kyu, Pak, Sei Wook, Lee, Seung Mo and Shin, Yoo Hang, whose efforts contributed to connect the severed academic genealogy. Their accomplishments have helped enkindle the interests of young amateurs who later formed butterfly enthusiasts' club, or 'The Amateur Lepidopterists' Society of Korea' in 1980s, thus providing further momentum for development of butterfly study. Actually, the authors of this book are members of 'The Lepidopterists' Society of Korea,' and have been devoting themselves to the study of butterflies to make their earnest efforts bear the rewarding outcome of this publication.

Over the past decades, there has been a growing need among both amateurs and professional researchers for a comprehensive publication that can satisfy their academic curiosity on butterflies from Korean Peninsula including northern Korean region. In an answer to that demand, this book was designed not only to help novice butterfly watchers easily identify butterflies, but to provide a necessary information on Korean butterflies required by advanced professionals. Especially, in addition to a detailed description on each species, this book offers an easy and systematic explanation with pictorial keys for morphologically similar species.

Although the butterflies of North Korea has hitherto remained in the realm of mystery because of inaccessibility, the authors also reviewed a vast number of specimens from northern Korea that were collected during the Japanese colonial period and are currently deposited in the Kyushu University of Japan. As a result, we were able to get a proper understanding on the whole list of butterflies that occur in the entire Korean Peninsula.

Description of detailed information on flight season, habitat and food plant of each species is given together with various photographs of specimens. To help foreign lepidopterists who want to obtain information on Korean butterflies, this book also provides a brief summary of biological features for each species in English. We firmly believe this book would serve an invaluable guide to all the butterfly enthusiasts from Korea and overseas, especially those who would love to appreciate the butterflies from Korea.

차례
Contents

한반도의 나비_표본

■ 호랑나비상과 Papilionoidea
팔랑나비과 Hesperiidae
수리팔랑나비아과

흰점팔랑나비아과

돈무늬팔랑나비아과

팔랑나비아과

호랑나비과 Papilionidae
모시나비아과

호랑나비아과

흰나비과 Pieridae
잠자리흰나비아과

흰나비아과

노랑나비아과

부전나비과 Lycaenidae
뾰족부전나비아과

바둑돌부전나비아과

쌍꼬리부전나비아과

부전나비아과

주홍부전나비아과

녹색부전나비아과

일러두기

Notes

1. 종의 배열은 각 과와 속의 유연관계를 고려하여 배열하였으나 편의상 위치를 조금 바꾼 종류도 있다.

2. 출현기의 설명은 중부 지방을 기준으로 하였고 남부 지방과 제주도, 울릉도, 기타 섬 지방의 분포지가 알려져 있으면 차례로 포함시켰다. 생태는 성충을 중심으로 흡밀, 흡수, 수컷의 텃세, 암컷의 산란과정 순으로 설명하였지만 애벌레 단계의 설명은 필요한 경우에만 조금 하였다. 분포도가 없고, 해설이 나열된 종은 북한에만 분포하여 정보가 없거나 외국에서 날아온 나비로, 신뢰성 있는 자료를 최대한 인용하였다.

3. 한 종의 변이는 먼저 한반도 개체군의 특징을 전 세계의 범주에서 보았고, 다음으로 한반도 안에서 보았으며, 개체변이와 계절 변이를 이어 소개하였다. 이 밖에 종 특유의 형태 차이와 유전형, 닮은 종과의 비교도 포함하였다. 일부의 변이 설명에는 각 종의 분류에 대한 최근의 관심사를 반영하였다.

4. 암수 구별에 대한 설명은 각 종마다 특징이 달라 이를 자세하게 설명하였다.

5. 우리나라의 첫 기록에 대한 설명은 각각의 종을 종 단위로 명확히 정리한 학자를 중심으로 따랐다. 나중에 동종이명 처리되었더라도 종을 정확히 인식한 경우 첫 기록으로 포함하였다. 이와 달리 종을 잘못 동정했던 경우에는 이를 바로 잡은 학자를 찾아 첫 기록으로 삼았다. 한편 당시의 표본을 직접 확인하지 않으면 실제 그 종인지의 여부를 알 수 없는 경우도 많다. 이 경우 석주명(1939)과 이승모(1982)의 언급을 중시하고 혹시 있을지 모르는 오류들을 꼼꼼히 살폈다. 각각의 원 발표문을 보았으며, 종을 기재할 당시의 표본들이 보관된 대영박물관 등의 박물관을 찾아 알아낸 내용도 일부 포함하였다.
우리나라에 분포한다는 첫 기록에 나오는 Butler(1882)의 기록에서 포제트만(Posiet bay 또는 Posiette bay, NE. Corea)라는 지명은 현재 두만강과 맞닿은 러시아 극동지역이다. 그가 활동할 당시 국경이 뚜렷하지 않아 조선의 영토로 보았던 것으로 추측된다. 여기서는 우리나라에 포함했다.

6. 표본 아래에 있는 채집 지역의 표기는 초보자가 보아도 쉽도록 하였다. 또 세부 명칭이 필요한 몇 경우를 빼고 대부분 대표 지역을 표기하였다(중문, 외돌개--> 서귀포).

7. 여기에 실린 표본들은 최근 채집한 것을 대상으로 했으나 일부 환경부 보호종인 경우 법적으로 유효하지 않은 과거의 표본을 찾아 실었으며, 일부의 희귀종인 경우 과거 채집품들 중에서 찾았다.

8. 학술적인 이름(학명)보다 우리말 이름(한국명)을 쓰는 데 더 익숙한 일반인이 많다. 이를 위해 우리 나비의 이름에 대한 역사를 찾는 작업을 하였는데, 대부분 석주명(1947)이 쓴 『조선나비이름 유래기』에서 찾았다. 또 그 후의 학자가 붙인 나비 이름도 찾았으며, 일본어 등 외래어를 피하기 위해 이름을 바꾸거나 오타 때문에 바뀐 이름도 찾았다.

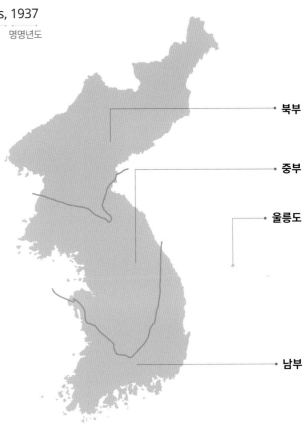

암암(暗)어리표범나비처럼 뜻을 잘못 이해(원래 암컷이 어둡다는 뜻으로 붙여졌지만 나중에 암어리표범나비로 바뀜)하여 바뀐 경우는 원 이름으로 환원하였다.

참고로 김헌규와 미승우(1956)가 석주명이 정한 이름을 조금 바꾸면서 다음과 같은 원칙을 세웠기에 여기에서 소개한다.

1) 자수가 많아서 발음이 거북한 이름은 자수를 줄였다.

2) 사람 이름은 가급적 사용을 피하고, 형태와 지명으로 고쳤다.

3) 조선이라는 말은 모두 '참'자로 바꿨다.

9. 본문에서 이승모(1982)라고 하면 이 책의 말미에 참고문헌에서 '이승모, 1982'로 시작하는 부분을 찾아 책과 논문의 제목, 출판사, 쪽수 등을 참고하라는 뜻이다.

10. 학명에는 속과 종, 명명자의 3가지 기본 요소로 이루어지는 이명법으로 쓰도록 국제동물명명규약(International Code of Zoological Nomenclature, ICZN)에서 정하고 있다. 때에 따라 종 아래에 아종을 더 넣을 수 있는데, 이 책에서는 각 나비의 변이 항에서 아종을 다루고 있다.

다음은 학명에 대한 일반적인 설명이다

	국명	학명			
■	애호랑나비	*Luehdorfia puziloi* (Erschoff, 1872)			
		속명	종소명	명명자	명명년도
■	황모시나비 한반도 고유 아종	*Parnassius eversmanni sasai* O. Bang-Hass, 1937			
		속명	종소명	아종소명	명명자 명명년도

학명 중, 속명과 종소명은 이탤릭체로 쓴다. 명명자와 명명년도에 괄호가 있으면 명명자가 속명을 지은 후, 후대의 분류학자가 속을 다르게 바꾸었을 때 붙인다. 또 명명자와 명명년도에 대괄호가 있으면 명명자가 누구인지, 몇 년도에 발표했는지 뚜렷하지 않은 경우에 붙인다.

11. 국내의 분포 기록은 최근에 관찰한 것을 위주로 했으나 이 책의 도판에 실린 표본들 중에는 현재 그 지역에서 해당 나비가 멸종한 경우도 적지 않다. 그동안 환경변화와 같은 요인으로 분포지가 달라진 것이기 때문에 오류가 아니다. 또 북한 지역의 분포 내용은 현재 알려진 정보가 거의 없어 대부분 석주명(1973)의 자료를 참고하였다. 분포를 설명할 때 한반도 전체에 분포하는 경우 '전국'으로, 부속 섬을 뺀 내륙이면 '한반도 내륙'으로, 북부, 중부, 남부는 오른쪽 그림처럼 하였다. 제주도는 제주로, 울릉도는 따로 표시하였다. 기타 작은 섬에 대한 경우는 자료가 미비하여 특별한 몇 종만 다루었다.

북부

중부

울릉도

남부

제주

12. 국외 분포는 한반도를 중심으로 설명하였다. 이 책에서 언급하는 주변국의 자세한 위치는 아래 그림을 참고하기 바란다.

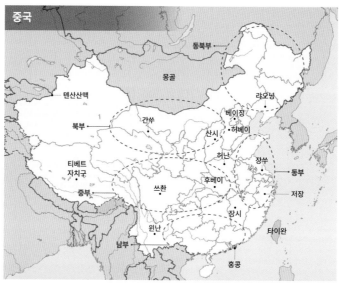

13. 현재 북한에만 분포하는 나비 표본은 국내에 보관된 경우가 극히 적다. 다행히 일본인 스기타니(I. Sugitani)가 일제강점기에 함경도 일대에서 채집한 많은 표본들이 일본 규슈대학교 중앙박물관에 보관되어 있다. 이 책에 그 표본의 일부를 실었다. 당시의 한 지도를 소개한다. (그림 1)

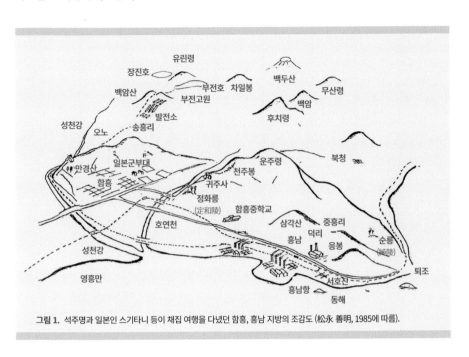

그림 1. 석주명과 일본인 스기타니 등이 채집 여행을 다녔던 함흥, 흥남 지방의 조감도 (松永 善明, 1985에 따름).

14. 영문 해설에 들어간 약어는 다음과 같다.

C.	Central	GW	Gangwon-do	Mts.	Mountains
CB	Chungcheongbuk-do	HB	Hamgyeongbuk-do	N.	North, Nothern
CN	Chungcheongnam-do	HN	Hamgyeongnam-do	NE.	North-east, North-eastern
CW	Central-west, Central-western	Is.	Island	S.	South, Southern
E.	East, Eastern	JB	Jeollabuk-do	SE.	South-east, South-eastern
GB	Gyeongsangbuk-do	JJ	Jeju-do	TL	Type locality
GG	Gyeonggi-do	JN	Jeollanam-do	W.	West, Western
GN	Gyeongsangnam-do	Mt.	Mountain	YG	Yanggang-do

Notes on the 'English explanation' of each species

'영문 해설' 일러두기

SCIENTIFIC NAMES

Names of butterflies in this book are listed by scientific name written in binomial form: they begin with generic name, followed by specific name. By convention, both names are given in italics, and the first letter of the generic name is written in an uppercase. Even if the specific name is identical, it is a different species if its genus is different. The scientific name is not permanent, and is subject to change as per taxonomic revision.

ABUNDANCE

General comments are provided in the following five categories: Common, Local, Scarce, Rare and Migrant. Comments should be read in conjunction with the distribution map. Even if one species is widely distributed, it may be rare. On the other hand, though another species occurs only in a small colony, it may be common in that area. 'Common' means you can easily encounter them in each region. 'Local' indicates that some species are distributed only in habitats in some or only one region. 'Scarce' represents a rare species, 'Rare' is a species that is extremely endangered with only a few population or under the protection of conservation measures in very confined localities. This categorization is based on the Korean Red Data Book 1, Insect.

WING EXPANSE

Wing expanse, that is distance between the apex of both wings, is the measurement used in this book. Wing expanse is indicated in an average value for each species.

GENERAL DESCRIPTION

A brief description of each species is given, based on methodology widely used in the study of Lepidoptera (Scoble, 1995). The wing patterns and features of each species are not mentioned specifically if they are self-explanatory in the pictures. However, if there is a unique trait of each species that is confusing, we explained the differences with similar species, seasonal differences, and regional variations (subspecies) between closely-related species. However, for any species with unique traits, we added clarification of differences with similar species, seasonal differences, and regional variations (subspecies) between closely-related species.

FLIGHT SEASON

Flight season refers to voltinism and period of flight as an imago in a year. As Korean Peninsula stretches longitudinally from north to south, each locality has a slightly different emergence period, and the indicated flight season is based on the central region of Korean Peninsula. However, when the distribution is confined almost to a particular site, its emergence period is expressed in reference to that specific area. For example, as some species occur only in Jeju Island, it indicates the time of appearance in Jeju Island. Hibernation mode is indicated for each species.

HABITAT

Each species is described with focus on well-known habitats, and if there are multiple habitats for single species, they are also dealt with.

FOOD PLANT

Food plant is a very important factor in understanding the habitat environment of each butterfly. Though not all of the food plants on the Korean Peninsula have been identified, we recorded food plants confirmed by Korean lepidopterists.

DISTRIBUTION

A distribution map is provided for each species and is given the name of the present administrative district of North and South Korea.

The occurrence in Ulleungdo and Jeju Island is clearly marked for each species, Other small islands, except some large islands such as Geoje Island, Wando, Jindo and Namhae Island in southern part of the Peninsula, are not specifically displayed. Baekdudaegan (Taebaek Mountains Range) is a stronghold in the distribution of Korean butterflies. The global range of each butterfly is also added.

RANGE

While 'Distribution' represents area where specific butterfly occurs in Korea, 'Range' indicates the limits of distribution outside of Korea in a global context.

CONSERVATION

Since the 1960s, industrialization and urbanization in Korea have caused the destruction of natural environment which had greatly supported the abundance of species and biodiversity.

Faced with an urgent need to secure sustainable environment for future generation, the Ministry of Environment has legislated a "Wildlife Protection Act" to protect the declining wildlife species including rare butterflies.

As of 2017, some Korean butterflies are protected by the government. In this book, we want to elaborate on these species and raise public awareness for butterfly conservation.

한국 나비의 정의
Definition of Korean butterfly

▋ 이 책에서 한국 나비의 정의는 다음과 같다.

1. 한국(북한 포함)에서 처음 발견된 시점부터 지금까지 세대가 이어져 오는 종으로 토착종을 뜻한다. 서식지 파괴와 환경 변화로 멸종한 종들도 포함한다.

2. 외국에서 우리나라로 날아온 개체로 잠시 세대를 이어가기도 하면서 겨울을 넘기지 못하거나 해를 넘겨 자손이 살아남은 미접을 포함한다.

3. 이 밖에 과거에 한국에서 채집되었거나 채집 기록이 있던 종들 중에는 채집자의 착오를 비롯한 여러 요인들 때문에 우리나라 나비로 오인된 경우도 적지 않다. 이런 종들은 세계 분포의 측면에서 판단하여 바로잡았다. 또한 일부 채집자들의 공명심으로 작성된 채집기록에 신중을 기했다. 아직 우리나라에서는 드러난 적 없는 경우이지만, 알에서 번데기 사이의 유생이 운송수단에 붙어 유입한다거나 해외에서 들여와 풀어 놓은 경우는 한반도의 나비에서 제외하는 것이 옳아보인다 .

나비는 나비목 중에서 가장 큰 분류군으로, 지구상에 18,768종이 알려져 있다. 최근 전통의 나비 개념이 달라져 자나방과에 속했던 자나방사촌나비과(Hedylidae)를 나비에 포함하고 있다(Scoble, 1986). 더욱이 지난 반세기의 중요한 형태 연구들이 계통 연구의 결과로 재평가되고 있다. 그 결과, 모든 나비를 하나의 호랑나비상과의 자매 집단으로 묶고 있다(Kawahara와 Breinholt, 2014). 최근 분자학 연구에 따라 나비의 과(family)의 계통도를 나타내면 아래 그림과 같다(Mitter et al., 2016). 나비의 분자 계통 연구가 많아진 이유는 다른 곤충뿐 아니라 동물 전체의 모델로 활용하려는 데 있다(Mitter et al., 2016).

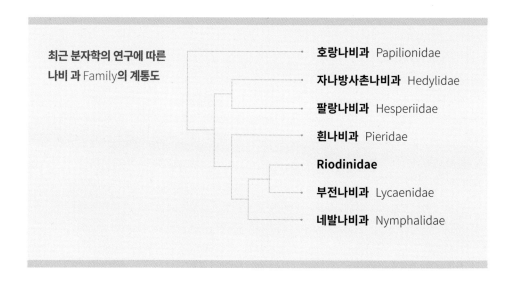

최근 분자학의 연구에 따른
나비 과 Family의 계통도

호랑나비과 Papilionidae
자나방사촌나비과 Hedylidae
팔랑나비과 Hesperiidae
흰나비과 Pieridae
Riodinidae
부전나비과 Lycaenidae
네발나비과 Nymphalidae

이 책을 보는 방법

How to Use a Book

▮ 한반도의 나비_표본

과명　　　아과명　　　표본사진

국명

학명

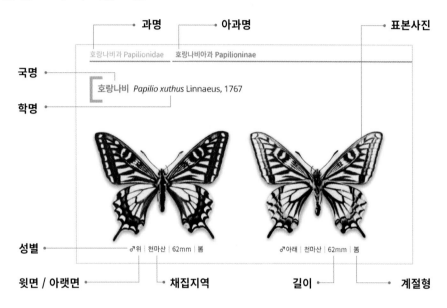

호랑나비과 Papilionidae　　호랑나비아과 Papilioninae

호랑나비　*Papilio xuthus* Linnaeus, 1767

♂위 │ 천마산 │ 62mm │ 봄　　　♂아래 │ 천마산 │ 62mm │ 봄

성별

윗면 / 아랫면　　채집지역　　길이　　계절형

▮ 한반도의 나비_해설

과명
아과명

국명

학명

분포도

한글 해설

영문 해설

019

한국의 나비를 연구한 학자들

Lepidopterists who studied Korean butterflies

한국의 나비를 과학적으로 처음 기록한
학자는 영국인 버틀러(A.G. Butler)이다.
그는 1882년에 15종의 나비를 기록하였다.
이후 국내와 여러 학자들의 업적이 있는데,
이들을 여기에 소개한다. 또한 이들 외에도
일본 학자 도이(H. Doi)와 스기타니(I. Sugitani),
스웨덴 학자 브리크(F. Bryk), 우리나라 학자로는
김헌규, 박세욱, 신유항 등이 있다.

* 출생연도 순

픽슨
(Johann Heinrich Fixsen, 1825~1899)

나비목을 연구한 독일의 곤충학자로, 우리 나비
93종을 보고하고 한반도의 나비상이 구북구와
동양구가 혼합된 상태라고 설명하였다.

버틀러
(Arthur Gardiner Butler, 1844~1925)

한국의 나비를 처음 기록한 영국의 곤충, 조류,
거미학자로, 영국 대영박물관에서 근무하였다.

리치
(John Henry Leech, 1862~1900)

나비와 딱정벌레를 연구한 영국의 곤충학자로,
91종의 나비를 우리나라에서 직접 채집하여 보
고하였다. 이 표본은 영국의 대영박물관에 보관
되어 있다.

마쓰무라
(Shōnen Matsumura, 1872~1960)

일본 곤충학자로 1,200종 이상의 일본 곤충을 명명했으며 1926년 곤충 저널인 『Insecta Matsumurana』를 펴냈다. 일제강점기에 여러 일본 학자들과 함께 한국의 나비를 연구하였다.

조복성
(1905~1971)

우리나라 학자 중 처음으로 한국의 나비를 기록하였다. 또한 우리나라 최초의 나비 도감 『원색 조선의 접류(原色 朝鮮の蝶類)』 공저자이기도 하다.

석주명
(1908~1950)

한국 나비의 동종이명을 정리하고 나비의 우리 이름을 지었으며, 『A Synonymic List of Butterflies of Korea』를 발표하였다. 전국에서 채집한 나비를 『한국산 접류 분포도』로 정리하였다.

이승모
(1923~2008)

국립중앙과학관에서 20년간 연구관으로 재직했으며 『한국접지(韓國蝶誌)』를 발간하였다.

나비의 주요 서식지
The main habitat of butterflies in Korea

나비는 배추흰나비, 노랑나비, 호랑나비처럼 어디서나 볼 수 있는 종도 있지만 특별한 환경에만 살아가는 종류도 적지 않다. 우리나라의 특수한 나비 서식지를 소개한다.

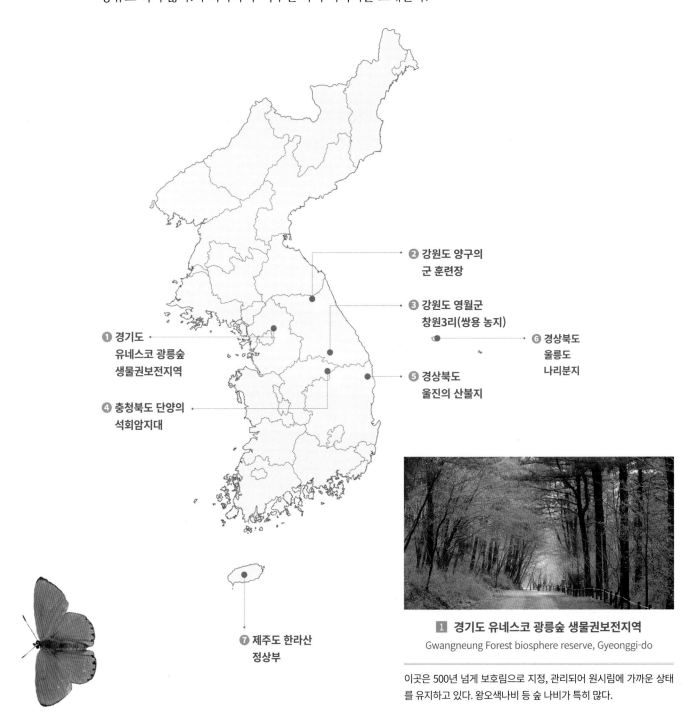

❶ 경기도
유네스코 광릉숲
생물권보전지역

❷ 강원도 양구의
군 훈련장

❸ 강원도 영월군
창원3리(쌍용 농지)

❹ 충청북도 단양의
석회암지대

❺ 경상북도
울진의 산불지

❻ 경상북도
울릉도
나리분지

❼ 제주도 한라산
정상부

❶ 경기도 유네스코 광릉숲 생물권보전지역
Gwangneung Forest biosphere reserve, Gyeonggi-do

이곳은 500년 넘게 보호림으로 지정, 관리되어 원시림에 가까운 상태를 유지하고 있다. 왕오색나비 등 숲 나비가 특히 많다.

2 강원도 양구의 군 훈련장

Military Training Site in Yanggu, Gangwon-do

최근 풀밭 환경이 급격히 줄어 풀밭 나비가 위기에 빠져 있다. 양구군 일대의 군 훈련장은 풀밭 상태가 유지되기 때문에 다른 곳에서 보기 어려운 풀밭 나비가 꽤 보인다.

3 강원도 영월군 창원3리(쌍용 농지)

Rural Farmland in Ssangyong, Gangwon-do

쌍용 지역 일대는 대부분 500m 이하의 완만한 구릉지로, 솔체꽃 등 호석회석 식물이 많다. 지금은 멸종한 상제나비가 한때 서식했으며 금빛어리표범나비, 밤오색나비, 큰홍띠점박이푸른부전나비, 북방쇳빛부전나비 등 희귀 북방계 나비가 산다.

4 충청북도 단양의 석회암지대

Calcareous Grassland in Danyang, Chungcheongbuk-do

단양 일대의 석회암지대에서는 북방계의 회양목, 노간주나무, 솔체꽃 등이 섞여서 자라는 초지가 많기 때문에 희귀한 풀밭 나비의 피난처가 되고 있다.

5 경상북도 울진의 산불지

Forest Fire Site in Uljin, Gyeongsangbuk-do

1960년대 이후의 산림녹화정책 덕분에 울창한 삼림으로 탈바꿈하였으나 늦겨울부터 봄까지 심해지는 가뭄과 영서지역으로 부는 고온건조한 높새바람 때문에 산불에 취약하다. 산불 후, 큰줄흰나비, 긴은점표범나비, 은점표범나비, 줄점팔랑나비 등이 살기 좋은 환경이 된다.

6 경상북도 울릉도 나리분지

Nari Basin Flatland in Ulleung-do, Gyeongsangbuk-do

울릉도에는 한반도 내륙에서는 볼 수 없는 특산식물이 있으며, 서울과 같은 위도임에도 난류의 영향으로 남방계 나비를 볼 수 있다. 또한 대륙과 오랜 기간 분리되어 산제비나비, 작은홍띠점박이푸른부전나비처럼 대륙 개체군과 다른 지역변이가 보인다.

7 제주도 한라산 정상부

Summit area of Mt. Halla, Jeju-do

한라산 1,100m부터 정상까지의 아고산대는 구상나무 같은 북방계 침엽수와 고산식물이 분포하는 풀밭 환경이다. 한반도 내륙에 전혀 볼 수 없는 천연기념물 제458호 산굴뚝나비가 산다. 또한 내륙과 다른 진화 과정을 거친 은점표범나비, 가락지나비, 조흰뱀눈나비가 산다.

나비의 기관

A butterfly organ

날개 부분

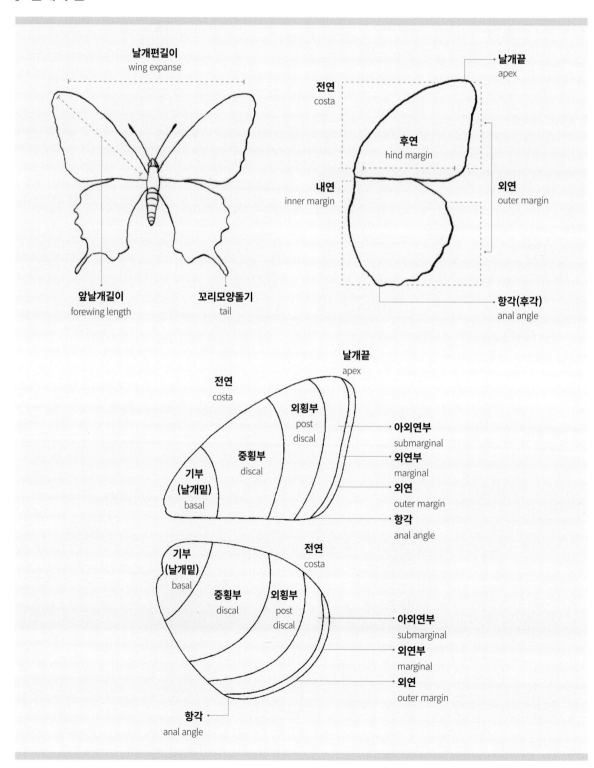

날개맥과 날개실(배추흰나비)

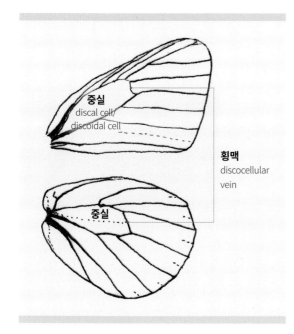

중실
discal cell/
discoidal cell

횡맥
discocellular
vein

중실

다리의 구조

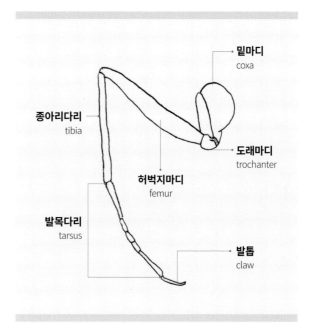

밑마디
coxa

종아리다리
tibia

도래마디
trochanter

허벅지마디
femur

발목다리
tarsus

발톱
claw

생식기의 구조

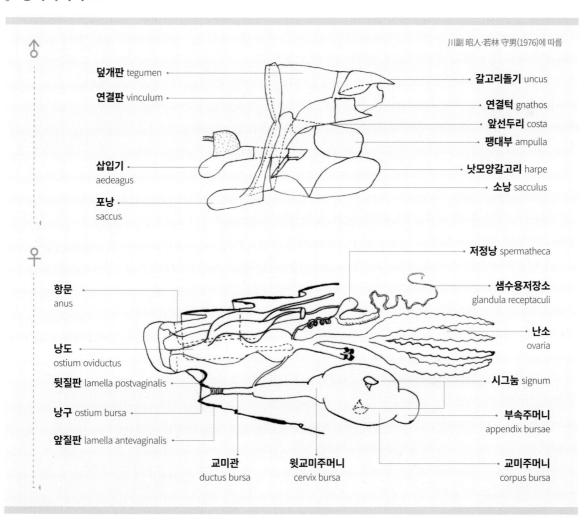

川副 昭人·若林 守男(1976)에 따름

♂

덮개판 tegumen

연결판 vinculum

갈고리돌기 uncus

연결턱 gnathos

앞선두리 costa

팽대부 ampulla

삽입기
aedeagus

낫모양갈고리 harpe

소낭 sacculus

포낭
saccus

♀

저정낭 spermatheca

항문
anus

샘수용저장소
glandula receptaculi

난소
ovaria

낭도
ostium oviductus

뒷질판 lamella postvaginalis

시그눔 signum

낭구 ostium bursa

부속주머니
appendix bursae

앞질판 lamella antevaginalis

교미관
ductus bursa

윗교미주머니
cervix bursa

교미주머니
corpus bursa

용어 설명

Terms

일반 용어

- **경계색** (sematic color) 공작나비는 앉을 때 앞 날개로 가려진 뒷날개 윗면에 눈 모양 무늬가 있는데, 천적이 나타나면 이 무늬를 적극 보이게 하여 놀라게 한다. 이런 종류의 무늬와 색을 경계색이라고 한다. 이 경계색이 실제 자연계에서 통하는지 여부는 확실하지 않다.

- **계절형** (seasonal form) 계절에 따라 나비 한 종의 생김새가 달라지는 경우를 말한다. 거꾸로여덟팔나비처럼 봄과 여름의 개체를 각각 봄형(spring form), 여름형(aestival form, summer form)이라고 하고, 네발나비처럼 여름과 가을 개체를 각각 여름형과 가을형(autumn form)이라고 한다. 분류학적인 용어는 아니다.

- **공생** (共生, symbiosis) 나비가 개미와 서로 밀접한 관계를 맺고 생활하는 것을 말하며, 주로 부전나비과에서 보인다.

- **나비길** (蝶道, butterfly path) 호랑나비과(Papilionidae) 나비 중에는 수컷들이 숲에 난 길이나 공간을 따라 일정하게 오가며 날아다니는 경우가 있다. 이 길을 나비길이라고 한다.

- **냄새뿔** (臭角, osmaterium) 호랑나비과의 애벌레는 놀랄 때에 머리와 앞가슴 사이에서 짧고 길쭉한 돌기가 나오는데, 종류마다 길이는 물론 노란색, 귤색, 붉은색 등의 색이 조금씩 다르다. 이 뿔이 돋을 때 천적을 물리치기 위한 특유의 고약한 냄새도 함께 풍긴다.

호랑나비

- **대용** (帶蜜, bound pupa, alligate) 애벌레는 번데기가 될 때 입에서 실을 토해 배 끝을 고정시키고, 이후 가슴 또는 배 주위를 실로 둘러 물체에 고정하며 번데기가 되는 방식이다. 네발나비과 이외의 종류에서 볼 수 있다. 이때 몸은 똑바로 서게 된다.

사향제비나비

- **령** (齡, instar) 나비를 포함한 곤충의 애벌레는 몸이 자라기 위해서 반드시 딱딱한 껍질을 벗어야만 한다. 먼저 알에서 부화하면 1령애벌레는 껍질을 벗어 몸체가 커지는데, 마치 나이를 먹듯이 차례로 껍질을 벗고 자라면 2령, 3령, 4령, 5령이라고 부른다. 번데기가 되기 직전의 애벌레를 종령애벌레라고 한다.

- **미접** (迷蝶, 나그네나비, 길잃은나비, migrant) 우리나라에 살지 않지만 외국에서 바람이나 선박 등을 통해 유입된 나비를 말한다. 한여름 태풍 뒷자락에 일본 남부와 동남아 지역에 살던 나비가 바람에 실려 날아오거나 봄과 가을에 계절풍을 따라 중국에서 날아온다. 만약 한 해에 여러 번 발생하는 미접이 우리나라에 들어온 후 일시적으로 한살이 과정을 거쳐서 제 1, 2대 자손이 이어진다면 이를 우산접(偶産蝶)이라고 한다. 대부분 월동하지 못한다.

- **발향린** (發香鱗, androconia) 흰나비과와 부전나비과, 네발나비과의 암컷에게는 없지만 수컷의 날개에 특별한 모양의 비늘가루가 섞인 경우가 있다. 이 비늘가루를 발향인이라고 하는데 때로 향기를 머금고 있다. 이 비늘가루의 생김새는 종마다 달라서 나비를 분류하는 열쇠로 활용된다.

- **뿔모양돌기** (角狀突起, horn) 애벌레의 머리에 돋은 돌기이다. 주로 네발나비과 애벌레들이 머리에 사슴 뿔처럼 돋은 것을 두고 한 말이다. 오색나비아과의 애벌레들이 가장 두드러진다.

홍점알락나비

■ **산란행동** (産卵行動, oviposition) 나비 암컷은 자손을 이어가기 위해 애벌레가 자랄 식물 등에 알을 낳는데, 먼저 식물에게서 풍기는 화학적 신호를 찾아다니다가 알을 낳는다. 이때의 행동을 산란행동이라고 한다. 종이나 같은 속, 같은 과끼리 나름의 독특한 행동 방식을 가지고 있다.

■ **성표** (性標, sex brand) 한쪽 성에서만 특별히 보이는 무늬를 말한다. 산제비나비의 경우, 수컷에만 앞날개 윗면 중앙에 우단 같은 털이 나 있다.

■ **수용** (垂蛹, hanging pupa) 대용과 달리 애벌레가 번데기가 될 때 실을 토해 배 끝만 물체에 고정시켜 머리를 아래로 향하게 하고 거꾸로 매달리는 방식이다. 네발나비과에서 볼 수 있다.

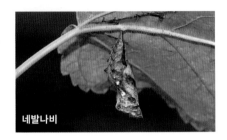

네발나비

■ **숲 나비** (woodland butterfly) 숲에서 살며, 나무 위, 숲 속, 숲 가장자리가 삶의 터가 되는 나비를 말한다. 이 나비들은 주로 먹이식물이 목본식물인 경우가 많다.

■ **앞번데기** (前蛹, prepupa) 다 자란 애벌레가 번데기가 되려고 할 때, 한동안 몸이 움직이지 않는 상태를 말한다. 이때는 몸속의 불필요한 물질을 배설한 상태이고, 실로 몸을 고정한 후이다.

사향제비나비

■ **월동** (越冬, hibernation) 나비가 겨울을 보낼 때 몸속의 수분을 빼 얼지 않도록 한다. 이 때 대부분의 나비가 각각 알, 애벌레, 번데기, 어른벌레의 어느 한 형태로 겨울을 나나, 때로는 2가지의 형태로 나기도 한다. 한편 무더운 여름을 활동 없이 나는 경우를 하면(夏眠, aestivation)이라고 한다.

■ **유전형** (遺傳型, genotype) 한 나비의 진 유전자의 특성을 말한다. 이를 특별하게 나타내는 형으로는 남방제비나비의 유미형과 무미형이 있다.

■ **의태** (擬態, mimicry) 외형상 다른 종이나 식물체 등을 닮는 경우를 말한다. 천적을 피하기 위한 경우 등 자연에 잘 적응하기 위한 생태적 행동의 결과이다.

■ **자웅합체** (雌雄合體, gynandromorph) 한 개체에서 암수의 특징을 모두 가지는 경우를 말한다. 이런 경우 생식력은 도태된다.

■ **잡종** (雜種, hybrid) 서로 다른 두 종이 짝짓기를 해서 생겨난 자손으로, 대부분은 생식력을 갖지 못하거나 열성을 보여 도태한다.

■ **점유행동** (占有行動, territorial behavior) 네발나비과와 부전나비과, 팔랑나비과 중에는 수컷이 암컷과 만날 확률을 높이기 위해 특정한 장소를 차지하고 있다가 다른 수컷이 그 영역에 침범하면 쫓아내는 행동을 말한다. 볕이 잘 들고 주변이 트인 장소의 나뭇잎이나 돌출된 바위 위를 좋아하는데, 종마다 위치, 높이, 자리의 집착도 등이 다르다. 다만 장소를 차지하기보다 수컷끼리 다투는 행동을 여기에서는 텃세행동으로 본다.

■ **정공** (精孔, micropyle) 알 위에는 수정하기 위해 정자가 들어올 수 있도록 통로가 열려진 곳이 있다. 이 통로를 정공이라고 하며 그 안쪽으로 조금 오목하다.

■ **짝짓기 거부행동** (mating refusal behavior) 이미 짝짓기를 마친 암컷은 짝짓기를 시도하려는 수컷들에 대해서 거부하는 행동을 보인다. 대표적으로 흰나비과의 암컷들이 날개를 펴고 앉은 채 배 끝을 치켜 올려 수컷의 접근을 막는데, 이런 암컷의 행동은 쓸데없는 에너지 낭비를 않으려는 고도의 전략으로 풀이된다.

■ **짝짓기주머니** (交尾囊, sphragis) 모시나비아과의 종들은 짝짓기를 할 때, 수컷이 자신의 배에서 분비물을 내어 암컷 배 끝에 붙여 굳게 한 돌기물이 있다. 이것 때문에 한번 짝짓기 한 암컷은 더 이상 짝짓기를 할 수 없게 되는데, 이를 짝짓기주머니라고 한다. 아마 수컷이 자신의 유전자를 지키려는 행동으로 풀이된다. 짝짓기주머니의 생김새는 종마다 다르다. 다음 그림은 우리나라 모시나비아과의 짝짓기주머니를 나타내었다.

모시나비아과의 짝짓기주머니 비교

애호랑나비

붉은점모시나비

왕붉은점모시나비

황모시나비

모시나비

왕붉은점모시나비와
황모시나비는
Korshunov(2002)에
따름

- **풀밭 나비** (grassland butterfly) 주로 풀밭에서 많이 보이며, 풀밭에 핀 꽃이나 먹이식물을 찾아다니는 나비를 말한다. 이들의 먹이식물은 초본이나 관목인 경우가 많다.

- **화성** (化性, voltinism) 나비가 한 해에 몇 번 나오는지를 나타낸 것으로, 한 번 나타나면 1화성 (univoltine), 두 번 나타나면 2화성(bivoltine), 세 번 나타나면 3화성(trivoltine), 그 이상이면 다화성(polyvoltine)이라고 한다.

- **흑화형** (黑化型, melanism) 날개에 검은 색소가 많아서 날개색이 검어진 경우이다.

- **흡밀** (吸蜜)**식물** 어른벌레가 활동할 때 필요한 에너지는 애벌레 때 축적된 영양분을 쓰기도 하지만 대부분 꽃 꿀에서 얻는다. 이때 각 나비가 꽃 꿀을 얻는 대상이 되는 식물을 말하며, 해마다 특정 나비의 출현기와 특정 꽃이 피는 시기가 같은 경우가 많다. 이때 나비의 행동을 '흡밀행동(nectaring)'이라고 한다.

호랑나비

- **흡수** (吸水)**성** 수컷은 물가와 샘터 주위의 축축한 곳과 비온 후에 물 고인 땅바닥에 날아와 물을 먹는 행동(흡수 행동)을 한다. 자세히 관찰하면 먹은 물을 항문으로 배출하는 것으로 보이는데, 아마 물보다 물속의 무기염류를 섭취하기 때문으로 알려져 있다.

큰줄흰나비

- **흡즙** (吸汁)**성** 주로 네발나비과와 팔랑나비과에 속하는 나비는 꽃 이외에 잘 발효한 과일이나 나뭇진에서 즙을 빨아먹기도 한다. 이 밖에 동물의 배설물이나 사람의 땀도 빨아먹는다. 과일과 나뭇진에는 암수 모두 날아오지만 배설물과 땀에는 수컷만 온다.

왕오색나비와 수노랑나비

분류 용어

- **경향성** (cline) 한 지역에서 멀리 떨어진 다른 지역까지 한 종의 형질이 일관성 있게 변화하는 현상을 말한다. 한 가지 예시로 번개오색나비가 남쪽으로 갈수록 개체의 크기가 커지는 것을 들 수 있다. 이에는 환경요인 즉, 연 평균기온, 일조시간, 위도의 차이 등이 관여하는 것으로 보인다. 만약 양극단의 개체만으로 비교하게 되면 다른 종처럼 보이거나 다른 아종으로 여길 정도의 차이가 날 수 있다. 하지만 전체를 두루 보면 한 종안에서 나타나는 현상일 뿐이다.

- **고유종** (固有種, endemic species) 특정 섬과 산맥, 지역에 국한하여 분포하는 경우, 그 지역의 고유성을 갖는다. 우리나라에서는 한라산에만 분포하는 아종이거나 우리녹색부전나비처럼 우리나라에만 분포하는 의미로 고유종을 표현하는데 국가적인 고유성의 개념도 포함된다.

- **기준 아종** (nominotypical subspecies) 한 종이 여러 아종으로 나뉘는 경우 가장 먼저 이름이 붙여진 아종을 말한다. 즉 한 종 안에 다른 아종이 존재한다면 이 용어를 쓸 수 있으나 만약 다른 아종이 없다면 필요 없게 된다. 지금까지 우리나라 나비도감에는 이 용어를 원명 아종(原名亞種) 또는 기아종(基亞種)이라는 말로 쓰였으나 여기에서 새로 바꾸었다. 그 이유는 이 두 용어가 일본에서 사용되나 우리에게는 잘 통하지 않는 의미이기 때문이다.

- **기준 표본** (holotype) 국제동물명명규약 (International Code of Zoological Nomenclature, ICZN)에 따라 하나의 종을 설명 할 때 사용하는 하나의 생물체의 표본이다.

- **동정** (同定, identification) 어떤 나비 종이 정확히 어떤 종에 속하는지 판정을 내리는 과정이다. 만약 잘못 동정하면 이를 오동정(誤同定, misidentification)이라고 한다.

- **동종이명** (同種異名, synonym) 같은 종인데도 불구하고 학자들 사이에서 소통이 부족하여 이름을 달리 붙인 경우가 있다. 이 때 먼저 이름 붙인 사람의 종 이름이 유효하고 뒤에 붙여진 다른 이름은 효력이 없어진다. 이렇게 무효화된 이름을 동종이명이라고 한다.

- **동지역종** (同地域種, sympatric species) 같은 서식지에 살아서 두 종 이상이 서로 교배할 가능성이 높을 정도로 근접한 경우의 종들을 말한다.

- **바탕 표본** (typical specimen) 나비의 종을 논리적으로 정의내리기 위해 사용한 표본을 말한다. 예를 들면 어떤 나비를 처음 기록하거나 종을 기재할 당시의 표본과 같은 지역에서 사는 같은 종의 개체들의 표본을 말한다.

- **변이** (變異, variation) 같은 생물 종에 속하는 개체군의 형태를 조사해 보면 개개의 생김새가 모두 다름을 알 수 있다. 이와 같이 같은 지역에 사는 같은 종 안에서도 크기, 날개의 무늬, 날개색의 발현 정도의 차이, 암수의 차이 등 크고 작은 형태의 변화가 많다. 이와 같은 현상을 '종내 변이' 또는 '개체변이', '성적 차이'라고 한다. 한편 하나의 종에 속하는 개체군이 지역에 따라 생김새의 차이가 달라지는 경우가 있다. 예를 들면 왕자팔랑나비의 경우, 한반도 내륙과 제주도 개체군 사이에 뒷날개의 흰 무늬의 차이가 다르다. 이처럼 지역에 따라 형태가 달라지는 현상을 '지리 변이' 또는 '지역 변이'라고 하며, 아종으로 설명할 수 있다.

- **아종** (亞種, subspecies) 같은 생물 종에 속하는 개체군의 변이에 대해 일정한 이름을 붙인 경우가 있다. 전형적인 예로는 앞의 '변이' 항에서의 설명처럼 왕자팔랑나비를 들 수 있는데, 제주도와 한반도 내륙의 개체군 사이에 뚜렷한 생김새의 차이가 있다. 이런 경우 각각은 다른 아종이 된다. 즉 육지 개체군은 기준아종이고, 제주도 왕자팔랑나비의 개체군은 다른 아종 moori (Mabille, 1876)이다.

- **이형** (異形) **현상** (dimorphism) 한 개체군에서 차이 나는 일정한 생김새를 가지게 되는 경우로, 성적 이형(sexual dimorphism), 계절형(seasonal dimorphism)이 있다. 한편 한 종 안에서 여러 형태가 나타나면 다형현상(polymorphism)이라고 한다. 즉 성적 이형은 대왕나비, 계절형은 거꾸로여덟팔나비, 다형현상은 남방오색나비에서 나타난다.

- **자매종** (姉妹種, sibling species) 어떤 종은 어른벌레의 겉모습으로 구별할 수 없으나 유생기(알, 애벌레, 번데기)에서 차이가 나기도 한다. 이처럼 종을 구별하는 요소가 각각의 생활사와 세포 속의 염색체 따위가 중요한 형질이 될 수 있다. 이런 종들을 묶어 자매종이라고 한다.

- **종** (種, species) 생식 능력이 있는 자손을 남길 수 있는 개체군을 말한다. 일정한 형태적 특징을 가져서 다른 종과 완전히 분리된 집단이거나 대를 거듭하여 자손에게 형질이 유전되면 생태학적인 특성이 같은 경우이다. 형태적 특징이나 생활 장소가 모두 같더라도 생식기의 구조가 서로 다른 집단이면 그들 간에는 교배가 이루어질 수 없다. 따라서 그들 자손끼리는 섞일 수 없어서 서로 다른 계통에 속하게 된다. 이럴 경우 대개 염색체의 구조와 유전자의 배열이 다르거나 살아가는 방법 등 무엇인가 차이가 있어서 서로 다른 종이다.

세계의 동물지리구

Animal Geography of the World

우리 나비의 정체성을 알기 위해서는 먼저 세계 나비의 분포에 대한 큰 그림을 먼저 살펴야 한다. 동물지리구는 어떤 한 지역이 다른 지역과 차별되는 특징적인 동물에 따라 지구 표면을 구분한 것으로, 나비의 분포에 대한 기원을 이해하는 데 중요하다. 가장 넓은 구북구, 구북구 종들과 공통종이거나 근연종들로 이루어진 신북구, 마다가스카르 섬을 포함한 아프리카의 에티오피아구, 열대우림 지역으로 여러 제비나비류가 살며, 여러 섬들로 이루어져 격리에 따른 종 분화가 많은 동양구, 일반적으로 색이 아름답거나 거대한 곤충이 많은 동시에 고유종이 많은 오스트레일리아구, 고산 지대와 열대우림 지역을 포함한 여러 생태 환경 근간으로 많은 종들이 서식하는 신열대구로 나눈다.

이 중 우리 나비는 구북구 만주아구에 속하며, 한반도 남부에 동양구의 나비들이 들어와 살고 있다. 앞으로 지구온난화가 지속되면 우리 나비의 정체성도 달라질 것으로 보인다. 다음은 세계 나비를 나누는 동물지리구에 대한 설명이다.

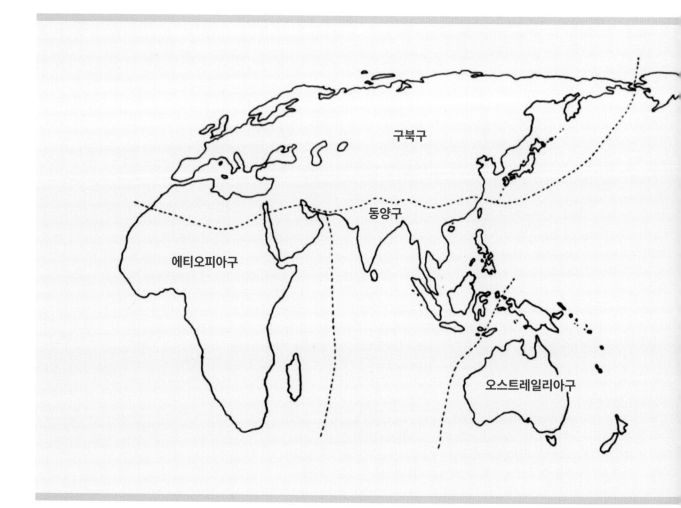

- **구북구**(Paleoarctic region)

  5,410만 km²

  유라시아와 북아프리카의 대부분에 해당한다.

- **신북구**(Neoarctic region)

  2,290만 km²

  북아메리카의 대부분에 해당한다.

- **에티오피아구**(Ethiopian region)

  2,210만 km²

  사하라 이남 아프리카에 해당한다.

- **동양구**(Oriental region)

  750만 km²

  아프가니스탄, 파키스탄, 인도 대륙,
  동남아시아 등에 해당한다.

- **오스트레일리아구**(Australian region)

  760만 km²

  오스트레일리아, 뉴기니 섬과 이웃 도서,
  월리스선(Wallace Line)이 북쪽 경계를 이룬다.

- **신열대구**(Neotropical region)

  1,900만 km²

  남아메리카와 카리브 제도에 해당한다.

일제강점기의 나비 문헌에 나오는 우리나라 지명

Korean geographical nomination in the butterfly literatures of Japanese colonial period

- **Ashby Inlet SE. Corea** 낙동포(洛東浦)
- **Bochenbo** 보천보(普天堡), 함남 갑산군
- **Bunsen** 문천(文川), 강원도
- **Carzodo Island** 거제도(巨濟島)
- **Changdo** Leech가 1895년에 기록한 지역으로 원산 아래의 어느 마을로 보인다. 아마 현재의 강원도 김화군 원북리 소재한 창도(昌道)로 보인다.
- **Chemulpo** 제물포(현재 인천)
- **Dagelet** 울릉도
- **Daitoku(Taitoku)** 대덕(大德) 함남 북청군에 위치한 대덕산(해발 1,461m) 부근
- **Engan** 연암(延岩), 양강도 백암군
- **Fusan** 부산
- **Gaima Plateau** 개마고원(蓋馬高原)
- **Gaizo (Songdo)** 개성(開城), 경기도
- **Gekagtsungu** 하갈(下葛), 함남
- **Gesseizi** 오대산 월정사
- **Gensan** 원산(元山), 함남
- **Getubito (Getubitō)** 인천 월미도
- **Ginkaizi** 은해사(銀海寺), 경북 영천시 청통면
- **Gokokujô** 호국성(護國城)?
- **Gosui (Gōsui)** 합수(合水), 양강도 보천군 대평노동자구 소재지의 북동쪽에 있는 마을로 오계수와 최가령의 개울이 합류하는 곳에 위치해 있다.
- **Gotaisan** 고대산(高臺山) (해발 832m), 경기도 연천군과 강원도 철원군의 경계에 있다.
- **Gyokusando** 옥산동(玉山洞), 경북 경산시
- **Hakumo-kôgen** 백무고원(함북 북서부와 양강도의 두만강 유역에 있는 고원)
- **Hakutosan (Mt. Hakutō)** 백두산
- **Heiko (Heikō)** 평강(平康), 강원도
- **Heisan** 평산(平山), 황해남도
- **Heizyo (Heizyō)** 평양(平壤)
- **Hokkeisui** 북계수(北溪水), 양강도 백암군

- **Hozan** 풍산(豊山), 양강도
- **Hutenhô** 보천보
- **Jinchuen(Zinsen)** 인천(仁川), 인천광역시, Incheon
- **Kaiko** 개고(价古), 평북 희천군의 개고개리(价古介里)
- **Kainan** 해남(海南), 전남
- **Kaisyu** 해주(海州), 황해남도
- **Kamboho (Kambōho, Mt. Kwanbō, Kwanbôhô)** 관모봉(冠帽峰), 해발고도 2,541m로서 함북 경성군 주을읍과 무산군 연사변에 걸쳐있는 산이다. 백두산에 이어 한반도에서 2번째로 높은 산이다.
- **Kandairi, Kantairi** 한대리(漢垈里), 함남 부전군 한대리
- **Kankyodo** 함경도
- **Kannan** 함남
- **Kanrasan** 한라산(漢拏山), 제주도
- **Karamsan** 하람산(霞嵐山), 황해북도, 해발고도 1,485m
- **Keigen** 경원(慶源), 함북
- **Keihoku** 경북
- **Keizyo(Keizyō)** 경성(京城), 서울(Seoul)
- **Kensanrei, Kensanrey** 검산령(劒山嶺), 함남의 서남쪽 함주군과 평남 대흥군과의 경계로 낭림산 줄기에 있는 큰 봉우리(해발 1,130m)
- **Kissyu (Kissyū)** 길주(吉州), 함북
- **Kiujo, Kyuzyo** 구장(球場), 평북
- **Kogen Hakuho** 강원 백봉(白峰)(1,095m), 평강군)
- **Kokai Gaizisen** 강계 외시천(江界 外時川), 자강도
- **Kokai** 강계(江界), 자강도
- **Kokusando** 흑산도(黑山島), 전남
- **Komusan** 고무산(古茂山), 함북 무산군
- **Kongosan (Kongōsan, Mt. Kongo)** 금강산
- **Koryo (Kōryō)** 광릉(光陵), 경기도
- **Kosan** 고산(高山), 함남
- **Kosyo** 후창(厚昌), 양강도
- **Kosyorei(Kōsyōrei)** 황초령(黃草嶺, 해발 1,208m), 함남 영광군과 장진군 경계에 있는 고개

- **Kosyu(Kōsyū)** 광주(光州) 또는 공주(公州)
- **Kozirei(Kōzirei)** 후치령(厚峙嶺, 해발 1,325m), 함남의 덕성군과 양강도 김형권군과의 경계의 고개
- **Kwainei** 회령(會寧), 함북
- **Kôsyô** 후창(厚昌), 함북
- **Kyozyo (Kyōzyō)** 경성(鏡城), 함북
- **Kyuzyo** 구성(九城), 강원도 고성군(북한 지역)
- **Maitokurei** 응덕령(鷹德嶺, 해발 1,097m), 함남 허천군과 덕성군 사이의 고개
- **Mosan** 무산(茂山), 함북
- **Mosangun Tonai** 茂山郡 島內, 함북
- **Mosanji** 무산치(茂山峙), 보통 지도에 나오지 않는다.
- **Mosanrei(Mozanrei)** 무산령(茂山嶺, 해발 613m), 함북 부령군 창평리와 회령시 무산리와의 경계에 있는 고개
- **Mt. Keiryu** 계룡산(鷄龍山), 충남
- **Mudusan** 무등산(無等山), 광주광역시
- **Myokosan (Mt. Myōkō)** 묘향산(妙香山, 해발 1,909m), 평북 향산군과 구장군, 평남 영원군, 자강도 희천시에 걸쳐 있다.
- **Naizosan (Mt. Naizō)** 내장산(內藏山)
- **Nansen** 남천(南川), 황해북도
- **Nanseturei** 남설령(南雪嶺, 해발 1,762m), 양강도
- **Neien** 영원(寧遠), 평남
- **Nozido(Nōzidō)** 농사동(農事洞), 함북 무산군
- **Onzyo** 은성(穩城) 현재의 지명이 모호하다.
- **Quelpart (Is. Quelpart)** 제주도
- **Papari** 파발리(把撥里), 양강도
- **Port Lazareff, E. Corea** 함경북도
- **Posiet bay (Posiette bay)** 포제트만, 현재 러시아 영토이다.
- **Pung-Tung** 1787년에 Fixsen의 책에 나오는 Herz가 채집했던 강원도 김화 부근의 알 수 없는 지명
- **Ranam** 나남(羅南), 함북
- **Rasin** 나진(羅津), 함북
- **Rorinsan (Rōrinsan)** 낭림산(狼林山, 해발 2,014m), 평남
- **Saikarei** 최가령(崔哥嶺), 함남 혜산군 대진면과 함북 무산군 삼사면의 경계(해발 1,572m)
- **Saishuto** 제주도
- **Sansorei (Sansōrei)** 산창령(山蒼嶺) (1,306m), 평남 대흥군과 함남 영광군 사이
- **Santien** 삼지연(三池淵), 양강도
- **Seihosan (Mt. Seihō)** 정방산(正方山, 해발고도 481m), 황해북도 사리원시
- **Seikosin** 서호진(西湖津), 함남
- **Seiryori** 청량리(淸凉里), 서울
- **Seisin (Seishin)** 청진(淸津), 함북
- **Sempo** 세포(洗浦), 강원도(북한 지역)
- **Sensen** 선천(宣川), 평북
- **Shajitsuho** 차일봉(遮日峯, 해발 2,505m), 함남 부전군과 양강도 풍서군과 경계에 있다.
- **Shakoji (Syakuōji, Syakuozi)** 석왕사(釋王寺), 강원도 고산군 설봉산
- **Suigen** 수원(水原), 경기도
- **Syarei** 차령(車嶺), 평북
- **Syariin** 사리원(沙里院), 황해북도
- **Syaso (Syasō)** 사창(社倉), 평남 평성시
- **Syoyosan (Mt. Syōyō)** 소요산(逍遙山), 경기도
- **Syuotu(Shoutsu)** 주을(朱乙), 함북 경성군
- **Tabuturi (Is. Tabuturi)** 다물리도(多物里島), 전남 신안군 흑산면
- **Taikyu (Taikyū)** 대구(大邱)
- **Tokuseki (Is. Tokuseki)** 덕적도(德積島), 경기도
- **Tonai, Hakugan** 백암(白岩)군 도내(島內), 양강도
- **Tusen** 통천(通川), 강원도
- **Tyosingun Seizyori** 장진군 서상리(長津郡 西上里), 함남
- **Tyozyusan** 장수산(長壽山, 해발 747m), 황해남도 강령군
- **Unmonsan (Mt. Unmon)** 운문산(雲門山), 경북 청도군
- **Wanto (Wantō)** 완도(莞島), 전남
- **Yoko(Yōkō)** 양구(楊口), 강원도
- **Yurinrei** 유린령(有麟嶺), 함남
- **Yuyo (Yūyo)** 유평(楡坪), 함북
- **Zensyu** 전주(全州), 전북
- **Ziisan (Mt. Ziisan)** 지리산(智異山)
- **Zokurisan (Mt. Zokuri)** 속리산(俗離山, 해발 1,058m)
- **Zyosin (Zyôsin)** 성진(城津), 함북
- **Zyuzyomen** 수성면(壽城面), 황해북도 봉산군(鳳山郡)

Specimens of Korean Butterflies

한반도의 나비_표본

큰수리팔랑나비 *Burara striata* (Hewitson, 1867)

×0.7

♂위 | 광릉 | 47mm　　♂아래 | 광릉 | 47mm　　우위 | 광릉 | 54mm　　우아래 | 광릉 | 54mm　　우위 | 광릉 | 53mm

우아래 | 광릉 | 53mm

독수리팔랑나비 *Burara aquilina* (Speyer, 1879)

×0.7

♂위 | 계방산 | 37mm　　♂아래 | 계방산 | 37mm　　우위 | 해산 | 38mm　　우아래 | 해산 | 38mm　　우위 | 홍천 | 40mm

우아래 | 홍천 | 40mm

푸른큰수리팔랑나비 *Choaspes benjaminii* (Guérin-Méneville, 1843)

×0.6

♂위 | 두륜산 | 42mm | 봄　　♂아래 | 두륜산 | 42mm | 봄　　♂위 | 제주 | 46mm | 봄　　♂아래 | 제주 | 46mm | 봄　　우위 | 부산 | 41mm | 봄

우아래 | 부산 | 41mm | 봄　　우위 | 부산 | 47mm | 봄　　우아래 | 부산 | 47mm | 봄　　우위 | 대부도 | 41mm | 여름　　우아래 | 대부도 | 41mm | 여름

우위 | 두륜산 | 44mm | 여름　　우아래 | 두륜산 | 44mm | 여름　　우위 | 진도 | 49mm | 여름　　우아래 | 진도 | 49mm | 여름　　♂위 | 진도 | 41mm | 여름

♂아래 | 진도 | 41mm | 여름

왕팔랑나비 *Lobocla bifasciata* (Bremer et Grey, 1853)

×0.9

♂위 | 인제 | 32mm   ♂아래 | 인제 | 32mm   ♂위 | 정개산 | 39mm   ♂아래 | 정개산 | 39mm   우위 | 정개산 | 40mm

우아래 | 정개산 | 40mm   우위 | 인제 | 34mm   우아래 | 인제 | 34mm

대왕팔랑나비 *Satarupa nymphalis* (Speyer, 1879)

×0.7

♂위 | 춘천 | 54mm   ♂아래 | 춘천 | 54mm   ♂위 | 계방산 | 52mm   ♂아래 | 계방산 | 52mm   우위 | 정선 | 60mm

우아래 | 정선 | 60mm   우위 | 화야산 | 63mm   우아래 | 화야산 | 63mm

왕자팔랑나비 *Daimio tethys* (Ménétriès, 1857)

×1.0

♂위 | 거제도 | 28mm   ♂아래 | 거제도 | 28mm   ♂위 | 양평 | 30mm   ♂아래 | 양평 | 30mm   ♂위 | 대화 | 33mm

왕자팔랑나비 *Daimio tethys* (Ménétriès, 1857)

♂아래 | 대화 | 33mm   우 위 | 정개산 | 36mm   우 아래 | 정개산 | 36mm   우 위 | 정개산 | 34mm   우 아래 | 정개산 | 34mm

♂위 | 서귀포 | 33mm   ♂아래 | 서귀포 | 33mm   우 위 | 제주 | 35mm   우 아래 | 제주 | 35mm

멧팔랑나비 *Erynnis montanus* (Bremer, 1861)

♂위 | 춘천 | 34mm   ♂아래 | 춘천 | 34mm   ♂위 | 화야산 | 37mm   ♂아래 | 화야산 | 37mm   ♂위 | 정개산 | 31mm

♂아래 | 정개산 | 31mm   우 위 | 화야산 | 37mm   우 아래 | 화야산 | 37mm   우 위 | 정개산 | 34mm   우 아래 | 정개산 | 34mm

꼬마멧팔랑나비 *Erynnis popoviana* Nordmann, 1851

♂위 | 회령 | 25mm   ♂아래 | 회령 | 25mm   ♂위 | 무산 | 23mm   ♂아래 | 무산 | 23mm

왕흰점팔랑나비 *Syrichtus gigas* (Bremer, 1864)

♂위 | 회령 | 35mm   ♂아래 | 회령 | 35mm   ♂위 | 회령 | 32mm   ♂아래 | 회령 | 32mm   우 위 | 백암 | 31mm

우 아래 | 백암 | 31mm 우 위 | 연변 | 35mm 우 아래 | 연변 | 35mm

함경흰점팔랑나비 *Spialia orbifer* (Hübner, 1823)

×1.3

♂위 | 회령 | 24mm ♂아래 | 회령 | 24mm ♂위 | 회령 | 22mm ♂아래 | 회령 | 22mm 우위 | 러시아 극동지역 | 27mm

우아래 | 러시아 극동지역 | 27mm

흰점팔랑나비 *Pyrgus maculatus* (Bremer et Grey, 1853)

×1.2

♂위 | 쌍룡 | 22mm | 봄 ♂아래 | 쌍룡 | 22mm | 봄 우위 | 쌍룡 | 24mm | 봄 우아래 | 쌍룡 | 24mm | 봄 ♂위 | 쌍룡 | 24mm | 봄

♂아래 | 쌍룡 | 24mm | 봄 우위 | 쌍룡 | 21mm | 봄 우아래 | 쌍룡 | 21mm | 봄 ♂위 | 화야산 | 25mm | 봄 ♂아래 | 화야산 | 25mm | 봄

우위 | 인제 | 23mm | 봄 우아래 | 인제 | 23mm | 봄 우위 | 선흘 | 22mm | 봄 우아래 | 선흘 | 22mm | 봄 우위 | 서귀포 | 23mm | 여름

우아래 | 서귀포 | 23mm | 여름 우위 | 제주 | 25mm | 여름 우아래 | 제주 | 25mm | 여름 ♂위 | 돈내코 | 28mm | 여름 ♂아래 | 돈내코 | 28mm | 여름

흰점팔랑나비 *Pyrgus maculatus* (Bremer et Grey, 1853)

×1.25

우위 | 춘천 | 24mm | 여름   우아래 | 춘천 | 24mm | 여름   ♂위 | 쌍룡 | 23mm | 여름   ♂아래 | 쌍룡 | 23mm | 여름   우위 | 경성(주을) | 22mm | 여름

우아래 | 경성(주을) | 22mm | 여름   ♂위 | 진도 | 23mm | 여름   ♂아래 | 진도 | 23mm | 여름   우위 | 진도 | 21mm | 여름   우아래 | 진도 | 21mm | 여름

우위 | 진도 | 24mm | 여름   우아래 | 진도 | 24mm | 여름   ♂위 | 양구 | 23mm | 여름   ♂아래 | 양구 | 23mm | 여름   우위 | 화야산 | 26mm | 여름

우아래 | 화야산 | 26mm | 여름   ♂위 | 진도 | 22mm | 가을   ♂아래 | 진도 | 22mm | 가을   우위 | 진도 | 23mm | 가을   우아래 | 진도 | 23mm | 가을

♂위 | 진도 | 20mm | 가을   ♂아래 | 진도 | 20mm | 가을   우위 | 진도 | 21mm | 가을   우아래 | 진도 | 21mm | 가을

꼬마흰점팔랑나비 *Pyrgus malvae* (Linnaeus, 1758)

×1.5

♂위 | 원동재 | 19mm   ♂아래 | 원동재 | 19mm   우위 | 쌍룡 | 22mm   우아래 | 쌍룡 | 22mm   ♂위 | 울진 | 21mm

♂아래 | 울진 | 21mm   우위 | 쌍룡 | 21mm   우아래 | 쌍룡 | 21mm   ♂위 | 영월 | 20mm   ♂아래 | 영월 | 20mm

우위 | 쌍룡 | 19mm   우아래 | 쌍룡 | 19mm   ♂위 | 쌍룡 | 19mm   ♂아래 | 쌍룡 | 19mm   ♂위 | 사육 | 20mm | 여름

♂아래 | 사육 | 20mm | 여름   ♂위 | 양구 | 20mm | 여름   ♂아래 | 양구 | 20mm | 여름   ♂위 | 양구 | 21mm | 여름   ♂아래 | 양구 | 21mm | 여름

북방흰점팔랑나비 *Pyrgus speyeri* (Staudinger, 1887)

♂위 | 도내 | 21mm   ♂아래 | 도내 | 21mm   우위 | 회령 | 30mm   우아래 | 회령 | 30mm   ♂위 | 회령 | 27mm

♂아래 | 회령 | 27mm   우위 | 회령 | 28mm   우아래 | 회령 | 28mm

은줄팔랑나비 *Leptalina unicolor* (Bremer et Grey, 1853)

♂위 | 인제 | 24mm | 봄   ♂아래 | 인제 | 24mm | 봄   우위 | 인제 | 29mm | 봄   우아래 | 인제 | 29mm | 봄   우위 | 인제 | 25mm | 봄

우아래 | 인제 | 25mm | 봄   우위 | 인제 | 29mm | 봄   우아래 | 인제 | 29mm | 봄   ♂위 | 사육 | 21mm | 여름   ♂아래 | 사육 | 21mm | 여름

우위 | 사육 | 21mm | 여름   우아래 | 사육 | 21mm | 여름   ♂위 | 양구 | 26mm | 여름   ♂아래 | 양구 | 26mm | 여름   우위 | 인제 | 28mm | 여름

은줄팔랑나비 *Leptalina unicolor* (Bremer et Grey, 1853)

우 아래 │ 인제 │ 28mm │ 여름

참알락팔랑나비 *Carterocephalus dieckmanni* Graeser, 1888

♂위 │ 화야산 │ 26mm   ♂아래 │ 화야산 │ 26mm   우 위 │ 해산 │ 26mm   우 아래 │ 해산 │ 26mm   ♂위 │ 해산 │ 25mm

♂아래 │ 해산 │ 25mm   우 위 │ 인제 │ 28mm   우 아래 │ 인제 │ 28mm   ♂위 │ 세포 │ 24mm   ♂아래 │ 세포 │ 24mm

우 위 │ 세포 │ 24mm   우 아래 │ 세포 │ 24mm

은점박이알락팔랑나비 *Carterocephalus argyrostigma* (Eversmann, 1851)

♂위 │ 백암 │ 19mm   ♂아래 │ 백암 │ 19mm   우 위 │ 백암 │ 22mm   우 아래 │ 백암 │ 22mm

북방알락팔랑나비 *Carterocephalus palaemon* (Pallas, 1771)

♂위 │ 백암 │ 23mm   ♂아래 │ 백암 │ 23mm   우 위 │ 대덕산 │ 24mm   우 아래 │ 대덕산 │ 24mm   ♂위 │ 북한 │ 24mm

♂아래 | 북한 | 24mm

수풀알락팔랑나비 *Carterocephalus silvicola* (Meigen, 1829)

×1.2

♂위 | 광덕산 | 26mm   ♂아래 | 광덕산 | 26mm   우위 | 광덕산 | 28mm   우아래 | 광덕산 | 28mm   ♂위 | 광덕산 | 28mm

♂아래 | 광덕산 | 28mm   우위 | 해산 | 28mm   우아래 | 해산 | 28mm   ♂위 | 광덕산 | 28mm   ♂아래 | 광덕산 | 28mm

♂위 | 대덕산 | 24mm   ♂아래 | 대덕산 | 24mm

돈무늬팔랑나비 *Heteropterus morpheus* (Pallas, 1771)

×1.0

♂위 | 제천 | 30mm   ♂아래 | 제천 | 30mm   우위 | 지리산 | 35mm   우아래 | 지리산 | 35mm   ♂위 | 태백산 | 29mm

♂아래 | 태백산 | 29mm   우위 | 인제 | 31mm   우아래 | 인제 | 31mm   ♂위 | 인제 | 27mm   ♂아래 | 인제 | 27mm

우위 | 쌍룡 | 30mm   우아래 | 쌍룡 | 30mm   ♂위 | 인제 | 32mm   ♂아래 | 인제 | 32mm   ♂위 | 회령 | 31mm

돈무늬팔랑나비 *Heteropterus morpheus* (Pallas, 1771)

×1.0

♂아래 | 회령 | 31mm

지리산팔랑나비 *Isoteinon lamprospilus* C. et R. Felder, 1862

×1.0

♂위 | 양구 | 30mm   ♂아래 | 양구 | 30mm   우위 | 양구 | 35mm   우아래 | 양구 | 35mm   ♂위 | 인제 | 27mm

♂아래 | 인제 | 27mm   우위 | 인제 | 30mm   우아래 | 인제 | 30mm

파리팔랑나비 *Aeromachus inachus* (Ménétriès, 1859)

×1.4

우위 | 서울 | 24mm | 봄   우아래 | 서울 | 24mm | 봄   우위 | 서울 | 22mm | 봄   우아래 | 서울 | 22mm | 봄   ♂위 | 양구 | 21mm | 여름

♂아래 | 양구 | 21mm | 여름   우위 | 양구 | 23mm | 여름   우아래 | 양구 | 23mm | 여름   ♂위 | 인제 | 23mm | 여름   ♂아래 | 인제 | 23mm | 여름

우위 | 회령 | 25mm   우아래 | 회령 | 25mm   ♂위 | 광릉 | 22mm | 여름   ♂아래 | 광릉 | 22mm | 여름   우위 | 청진 | 21mm

우아래 | 청진 | 21mm

줄꼬마팔랑나비 *Thymelicus leoninus* (Butler, 1878)

×1.2

♂위 | 해산 | 26mm ♂아래 | 해산 | 26mm 우위 | 광덕산 | 27mm 우아래 | 광덕산 | 27mm ♂위 | 철원 | 27mm

♂아래 | 철원 | 27mm 우위 | 광덕산 | 29mm 우아래 | 광덕산 | 29mm ♂위 | 인제 | 25mm ♂아래 | 인제 | 25mm

우위 | 광덕산 | 30mm 우아래 | 광덕산 | 30mm ♂위 | 화악산 | 27mm ♂아래 | 화악산 | 27mm 우위 | 화야산 | 27mm

우아래 | 화야산 | 27mm 우위 | 지리산 만복대 | 28mm 우아래 | 지리산 만복대 | 28mm

두만강꼬마팔랑나비 *Thymelicus lineola* (Ochsenheimer, 1808)

×1.3

♂위 | 북한 | 25mm ♂아래 | 북한 | 25mm ♂위 | 회령 | 25mm ♂아래 | 회령 | 25mm 우위 | 연변 | 28mm

우아래 | 연변 | 28mm

수풀꼬마팔랑나비 *Thymelicus sylvaticus* (Bremer, 1861)

×1.2

♂위 | 정개산 | 23mm ♂아래 | 정개산 | 23mm 우위 | 정개산 | 27mm 우아래 | 정개산 | 27mm ♂위 | 남해도 | 24mm

수풀꼬마팔랑나비 *Thymelicus sylvaticus* (Bremer, 1861)

♂아래 │ 남해도 │ 24mm	우위 │ 평창 │ 24mm	우아래 │ 평창 │ 24mm	♂위 │ 화악산 │ 24mm	♂아래 │ 화악산 │ 24mm
우위 │ 양구 │ 27mm	우아래 │ 양구 │ 27mm	♂위 │ 주금산 │ 25mm	♂아래 │ 주금산 │ 25mm	♂위 │ 관모봉 │ 24mm
♂아래 │ 관모봉 │ 24mm				

산수풀떠들썩팔랑나비 *Ochlodes sylvanus* (Esper, 1777)

♂위 │ 인제 │ 29mm	♂아래 │ 인제 │ 29mm	우위 │ 인제 │ 30mm	우아래 │ 인제 │ 30mm	♂위 │ 광덕산 │ 28mm
♂아래 │ 광덕산 │ 28mm	우위 │ 광덕산 │ 29mm	우아래 │ 광덕산 │ 29mm	♂위 │ 해산 │ 31mm	♂아래 │ 해산 │ 31mm
우위 │ 광덕산 │ 31mm	우아래 │ 광덕산 │ 31mm	♂위 │ 백암 │ 27mm	♂아래 │ 백암 │ 27mm	우위 │ 오대산 │ 29mm
우아래 │ 오대산 │ 29mm				

수풀떠들썩팔랑나비 *Ochlodes venatus* (Bremer et Grey, 1853)

×1.0

♂위 │ 광덕산 │ 31mm   ♂아래 │ 광덕산 │ 31mm   우위 │ 광덕산 │ 36mm   우아래 │ 광덕산 │ 36mm   ♂위 │ 양평 │ 32mm

♂아래 │ 양평 │ 32mm   우위 │ 쌍룡 │ 34mm   우아래 │ 쌍룡 │ 34mm   ♂위 │ 인제 │ 30mm   ♂아래 │ 인제 │ 30mm

우위 │ 제주 │ 35mm   우아래 │ 제주 │ 35mm   ♂위 │ 인제 │ 32mm   ♂아래 │ 인제 │ 32mm   ♂위 │ 지리산 만복대 │ 31mm

♂아래 │ 지리산 만복대 │ 31mm   ♂위 │ 회령 │ 28mm   ♂아래 │ 회령 │ 28mm   우위 │ 회령 │ 25mm   우아래 │ 회령 │ 25mm

우위 │ 회령 │ 28mm   우아래 │ 회령 │ 28mm   우위 │ 회령 │ 32mm   우아래 │ 회령 │ 32mm

검은테떠들썩팔랑나비 *Ochlodes ochraceus* (Bremer, 1861)

×1.25

♂위 │ 한라산 │ 25mm   ♂아래 │ 한라산 │ 25mm   ♂위 │ 해산 │ 26mm   ♂아래 │ 해산 │ 26mm   우위 │ 오대산 │ 26mm

우아래 │ 오대산 │ 26mm   ♂위 │ 광덕산 │ 25mm   ♂아래 │ 광덕산 │ 25mm   우위 │ 광덕산 │ 27mm   우아래 │ 광덕산 │ 27mm

검은테떠들썩팔랑나비 *Ochlodes ochraceus* (Bremer, 1861)

×1.2

♂위 | 광덕산 | 26mm ♂아래 | 광덕산 | 26mm 우위 | 광덕산 | 27mm 우아래 | 광덕산 | 27mm

유리창떠들썩팔랑나비 *Ochlodes subhyalinus* (Bremer et Grey, 1853)

×0.9

♂위 | 정개산 | 31mm ♂아래 | 정개산 | 31mm 우위 | 남해 금산 | 35mm 우아래 | 남해 금산 | 35mm ♂위 | 쌍룡 | 30mm

♂아래 | 쌍룡 | 30mm 우위 | 주금산 | 35mm 우아래 | 주금산 | 35mm ♂위 | 양구 | 31mm ♂아래 | 양구 | 31mm

우위 | 양구 | 31mm 우아래 | 양구 | 31mm ♂위 | 광덕산 | 29mm ♂아래 | 광덕산 | 29mm 우위 | 광덕산 | 33mm

우아래 | 광덕산 | 33mm ♂위 | 한라산 | 31mm ♂아래 | 한라산 | 31mm 우위 | 제주 | 33mm 우아래 | 제주 | 33mm

♂위 | 회령 | 28mm ♂아래 | 회령 | 28mm 우위 | 청진 | 28mm 우아래 | 청진 | 28mm

꽃팔랑나비 *Hesperia florinda* (Butler, 1878)

×1.1

♂위 | 한라산 | 28mm ♂아래 | 한라산 | 28mm 우위 | 한라산 | 32mm 우아래 | 한라산 | 28mm ♂위 | 쌍룡 | 30mm

♂아래 ｜ 쌍룡 ｜ 30mm   우위 ｜ 쌍룡 ｜ 33mm   우아래 ｜ 쌍룡 ｜ 33mm   ♂위 ｜ 쌍룡 ｜ 28mm   ♂아래 ｜ 쌍룡 ｜ 28mm

우위 ｜ 쌍룡 ｜ 30mm   우아래 ｜ 쌍룡 ｜ 30mm   우위 ｜ 쌍룡 ｜ 31mm   우아래 ｜ 쌍룡 ｜ 31mm   ♂위 ｜ 양구 ｜ 27mm

♂아래 ｜ 양구 ｜ 27mm   우위 ｜ 인제 ｜ 31mm   우아래 ｜ 인제 ｜ 31mm   ♂위 ｜ 단양 ｜ 28mm   ♂아래 ｜ 단양 ｜ 28mm

우위 ｜ 인제 ｜ 32mm   우아래 ｜ 인제 ｜ 32mm   우위 ｜ 회령 ｜ 30mm   우아래 ｜ 회령 ｜ 30mm   우위 ｜ 북한 ｜ 30mm

우아래 ｜ 북한 ｜ 30mm

황알락팔랑나비 *Potanthus flavus* (Murray, 1875)

×1.1

♂위 ｜ 화야산 ｜ 29mm   ♂아래 ｜ 화야산 ｜ 29mm   우위 ｜ 화야산 ｜ 30mm   우아래 ｜ 화야산 ｜ 30mm   ♂위 ｜ 광덕산 ｜ 27mm

♂아래 ｜ 광덕산 ｜ 27mm   우위 ｜ 광덕산 ｜ 29mm   우아래 ｜ 광덕산 ｜ 29mm   ♂위 ｜ 비자림 ｜ 28mm   ♂아래 ｜ 비자림 ｜ 28mm

황알락팔랑나비 *Potanthus flavus* (Murray, 1875)

×1.1

우위 | 제주 | 27mm   우아래 | 제주 | 27mm   ♂위 | 진도 | 24mm   ♂아래 | 진도 | 24mm   우위 | 진도 | 25mm

우아래 | 진도 | 25mm   ♂위 | 회령 | 24mm   ♂아래 | 회령 | 24mm   ♂위 | 회령 | 27mm   ♂아래 | 회령 | 27mm

큰줄점팔랑나비 *Zinaida zina* (Evans, 1932)

×1.0

♂위 | 정개산 | 30mm   ♂아래 | 정개산 | 30mm   우위 | 정개산 | 33mm   우아래 | 정개산 | 33mm   우위 | 거창 | 35mm

우아래 | 거창 | 35mm   ♂위 | 인제 | 33mm   ♂아래 | 인제 | 33mm   우위 | 인제 | 36mm   우아래 | 인제 | 36mm

산줄점팔랑나비 *Pelopidas jansonis* (Butler, 1878)

×1.0

♂위 | 울진 | 30mm | 봄   ♂아래 | 울진 | 30mm | 봄   우위 | 광릉 | 30mm | 봄   우아래 | 광릉 | 30mm | 봄   ♂위 | 울진 | 32mm | 봄

♂아래 | 울진 | 32mm | 봄   ♂위 | 모곡 | 30mm | 봄   ♂아래 | 모곡 | 30mm | 봄   우위 | 인제 | 39mm | 여름   우아래 | 인제 | 39mm | 여름

♂위 | 대암산 | 34mm | 여름   ♂아래 | 대암산 | 34mm | 여름   우위 | 금강산 | 35mm | 여름   우아래 | 금강산 | 35mm | 여름

제주꼬마팔랑나비 *Pelopidas mathias* (Fabricius, 1798)

×1.1

♂위 | 서귀포 | 32mm   ♂아래 | 서귀포 | 32mm   우위 | 서귀포 | 34mm   우아래 | 서귀포 | 34mm   ♂위 | 진도 | 31mm

♂아래 | 진도 | 31mm   우위 | 진도 | 31mm   우아래 | 진도 | 31mm   ♂위 | 제주 | 30mm   ♂아래 | 제주 | 30mm

흰줄점팔랑나비 *Pelopidas sinensis* (Mabille, 1877)

×0.9

♂위 | 화야산 | 32mm | 봄   ♂아래 | 화야산 | 32mm | 봄   ♂위 | 춘천 | 37mm | 봄   ♂아래 | 춘천 | 37mm | 봄   우위 | 원주 | 35mm | 여름

우아래 | 원주 | 35mm | 여름   ♂위 | 주천 | 35mm | 여름   ♂아래 | 주천 | 35mm | 여름   우위 | 주천 | 42mm | 여름   우아래 | 주천 | 42mm | 여름

♂위 | 화야산 | 37mm | 여름   ♂아래 | 화야산 | 37mm | 여름

줄점팔랑나비 *Parnara guttata* (Bremer et Grey, 1853)

×1.0

♂위 | 남해도 | 30mm | 여름   ♂아래 | 남해도 | 30mm | 여름   우위 | 진도 | 34mm | 여름   우아래 | 진도 | 34mm | 여름   ♂위 | 진도 | 28mm | 여름

♂아래 | 진도 | 28mm | 여름   우위 | 정개산 | 36mm | 가을   우아래 | 정개산 | 36mm | 가을   ♂위 | 진도 | 31mm | 가을   ♂아래 | 진도 | 31mm | 가을

우위 | 서울 | 36mm | 가을   우아래 | 서울 | 36mm | 가을   ♂위 | 영종도 | 33mm | 가을   ♂아래 | 영종도 | 33mm | 가을   우위 | 광릉 | 34mm | 가을

우아래 | 광릉 | 34mm | 가을

애호랑나비 *Luehdorfia puziloi* (Erschoff, 1872)

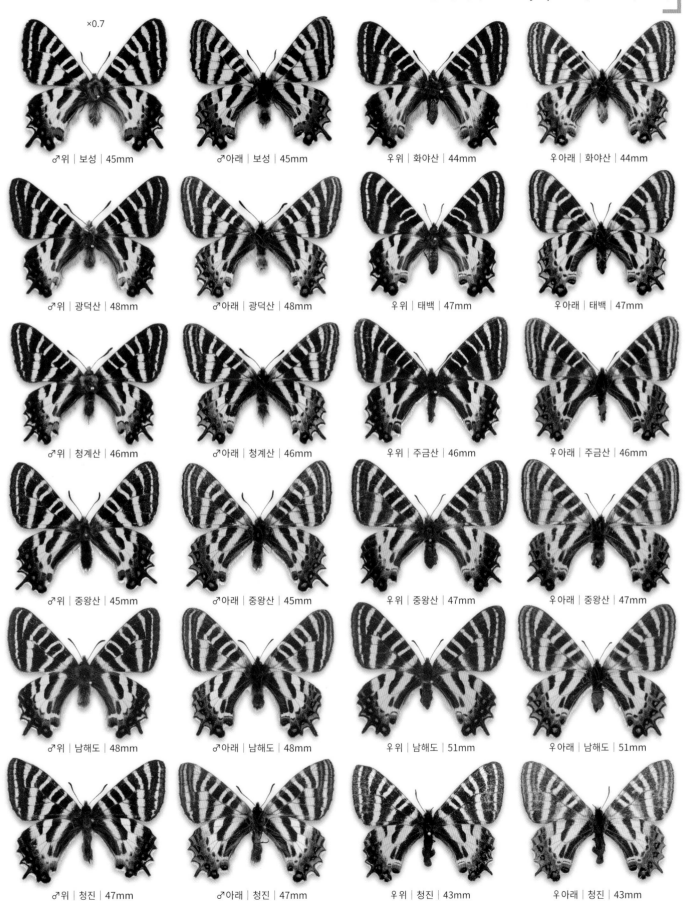

×0.7

♂위 | 보성 | 45mm   ♂아래 | 보성 | 45mm   우위 | 화야산 | 44mm   우아래 | 화야산 | 44mm

♂위 | 광덕산 | 48mm   ♂아래 | 광덕산 | 48mm   우위 | 태백 | 47mm   우아래 | 태백 | 47mm

♂위 | 청계산 | 46mm   ♂아래 | 청계산 | 46mm   우위 | 주금산 | 46mm   우아래 | 주금산 | 46mm

♂위 | 중왕산 | 45mm   ♂아래 | 중왕산 | 45mm   우위 | 중왕산 | 47mm   우아래 | 중왕산 | 47mm

♂위 | 남해도 | 48mm   ♂아래 | 남해도 | 48mm   우위 | 남해도 | 51mm   우아래 | 남해도 | 51mm

♂위 | 청진 | 47mm   ♂아래 | 청진 | 47mm   우위 | 청진 | 43mm   우아래 | 청진 | 43mm

꼬리명주나비 *Sericinus montela* Gray, 1852

×0.7

♂위 | 유암리 | 48mm | 봄　　♂아래 | 유암리 | 48mm | 봄　　우위 | 유암리 | 49mm | 봄　　우아래 | 유암리 | 49mm | 봄

♂위 | 양평 | 51mm | 봄　　♂아래 | 양평 | 51mm | 봄　　우위 | 인제 | 45mm | 봄　　우아래 | 인제 | 45mm | 봄

♂위 | 주천 | 56mm | 여름　　♂아래 | 주천 | 56mm | 여름　　우위 | 주천 | 55mm | 여름　　우아래 | 주천 | 55mm | 여름

♂위 | 주천 | 55mm | 여름　　♂아래 | 주천 | 55mm | 여름　　우위 | 영종도 | 55mm | 여름　　우아래 | 영종도 | 55mm | 여름

♂위 | 서울 | 50mm | 여름　　♂아래 | 서울 | 50mm | 여름　　우위 | 서울 | 49mm | 여름　　우아래 | 서울 | 49mm | 여름

♂위 | 영종도 | 66mm | 여름　　♂아래 | 영종도 | 66mm | 여름

황모시나비 *Parnassius eversmanni* Ménétriès, 1849

×0.7

♂위 | 유린령 | 57mm ♂아래 | 유린령 | 57mm 우위 | 유린령 | 62mm 우아래 | 유린령 | 62mm

♂위 | 유린령 | 61mm ♂아래 | 유린령 | 61mm 우위 | 낭림산 | 56mm 우아래 | 낭림산 | 56mm

모시나비 *Parnassius stubbendorfii* Ménétriès, 1849

×0.7

♂위 | 양구 | 56mm ♂아래 | 양구 | 56mm 우위 | 정개산 | 44mm 우아래 | 정개산 | 44mm

♂위 | 문막 | 58mm ♂아래 | 문막 | 58mm 우위 | 천마산 | 52mm 우아래 | 천마산 | 52mm

♂위 | 무주 | 50mm ♂아래 | 무주 | 50mm ♂위 | 정읍 | 54mm ♂아래 | 정읍 | 54mm

모시나비 *Parnassius stubbendorfii* Ménétriès, 1849

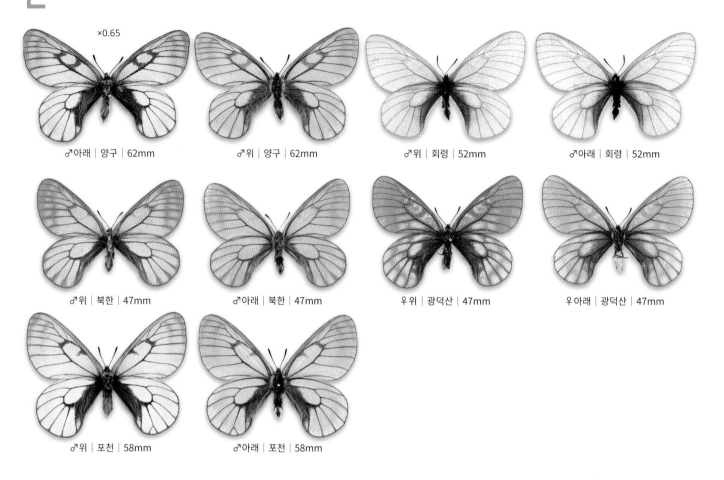

×0.65

♂아래 | 양구 | 62mm　　♂위 | 양구 | 62mm　　♂위 | 회령 | 52mm　　♂아래 | 회령 | 52mm

♂위 | 북한 | 47mm　　♂아래 | 북한 | 47mm　　우위 | 광덕산 | 47mm　　우아래 | 광덕산 | 47mm

♂위 | 포천 | 58mm　　♂아래 | 포천 | 58mm

붉은점모시나비 *Parnassius bremeri* Bremer, 1864

×0.6

♂위 | 남해도 | 65mm　　♂아래 | 남해도 | 65mm　　우위 | 남해도 | 65mm　　우아래 | 남해도 | 65mm

♂위 | 남해도 | 63mm　　♂아래 | 남해도 | 63mm　　우위 | 남해도 | 57mm　　우아래 | 남해도 | 57mm

♂위 | 부산 | 57mm   ♂아래 | 부산 | 57mm   ♂위 | 마산 | 57mm   ♂아래 | 마산 | 57mm

♂위 | 민둥산 | 65mm   ♂아래 | 민둥산 | 65mm   ♂위 | 안동 | 65mm   ♂아래 | 안동 | 65mm

♂위 | 정선 | 57mm   ♂아래 | 정선 | 57mm   우위 | 정선 | 64mm   우아래 | 정선 | 64mm

♂위 | 천마산 | 67mm   ♂아래 | 천마산 | 67mm   우위 | 김천 | 62mm   우아래 | 김천 | 62mm

♂위 | 금강 | 70mm   ♂아래 | 금강 | 70mm   우위 | 한대리 | 61mm   우아래 | 한대리 | 61mm

♂위 | 청진 | 65mm   ♂아래 | 청진 | 65mm   우위 | 백암 | 63mm   우아래 | 백암 | 63mm

붉은점모시나비 *Parnassius bremeri* Bremer, 1864

×0.65

♂위 | 차일봉 | 60mm

♂아래 | 차일봉 | 60mm

우위 | 회령 | 67mm

우아래 | 회령 | 67mm

♂위 | 대덕산 | 63mm

♂아래 | 대덕산 | 63mm

왕붉은점모시나비 *Parnassius nomion* Fischer de Waldheim, 1823

×0.6

♂위 | 회령 | 67mm

♂아래 | 회령 | 67mm

우위 | 백암 | 66mm

우아래 | 백암 | 66mm

우위 | 백암 | 70mm

우아래 | 백암 | 70mm

사향제비나비 *Byasa alcinous* (Klug, 1836)

×0.7

♂위 | 인제 | 72mm | 봄

♂아래 | 인제 | 72mm | 봄

우위 | 문막 | 71mm | 봄

우아래 | 문막 | 71mm | 봄

우위 | 태백 | 76mm | 봄

우아래 | 태백 | 76mm | 봄

우위 | 양양 | 80mm | 봄

우아래 | 양양 | 80mm | 봄

♂위 | 강촌 | 76mm | 여름

♂아래 | 강촌 | 76mm | 여름

우위 | 계방산 | 76mm | 여름

우아래 | 계방산 | 76mm | 여름

호랑나비 *Papilio xuthus* Linnaeus, 1767

×0.8

♂위 | 천마산 | 62mm | 봄

♂아래 | 천마산 | 62mm | 봄

우위 | 서울 | 76mm | 봄

우아래 | 서울 | 76mm | 봄

♂위 | 거제도 | 72mm | 봄

♂아래 | 거제도 | 72mm | 봄

우위 | 거제도 | 70mm | 봄

우아래 | 거제도 | 70mm | 봄

♂위 | 청진 | 55mm | 봄

♂아래 | 청진 | 55mm | 봄

♂위 | 통영 | 86mm | 여름

♂아래 | 통영 | 86mm | 여름

우 위 | 서귀포 | 88mm | 여름

우 아래 | 서귀포 | 88mm | 여름

♂위 | 천마산 | 95mm | 여름

♂아래 | 천마산 | 95mm | 여름

우 위 | 서귀포 | 89mm | 여름

우 아래 | 서귀포 | 89mm | 여름

♂위 | 서귀포 | 70mm | 여름

♂아래 | 서귀포 | 70mm | 여름

♂위 | 관음사 | 87mm | 여름

♂아래 | 관음사 | 87mm | 여름

♂위 | 회령 | 91mm | 여름

♂아래 | 회령 | 91mm | 여름

산호랑나비 *Papilio machaon* Linnaeus, 1758

×0.7

♂위 | 쌍룡 | 68mm | 봄

♂아래 | 쌍룡 | 68mm | 봄

우위 | 쌍룡 | 74mm | 봄

우아래 | 쌍룡 | 74mm | 봄

♂위 | 제주 | 70mm | 봄

♂아래 | 제주 | 70mm | 봄

♂위 | 백암 | 75mm | 봄

♂아래 | 백암 | 75mm | 봄

♂위 | 제주 | 72mm | 여름

♂아래 | 제주 | 72mm | 여름

우위 | 광덕산 | 105mm | 여름

우아래 | 광덕산 | 105mm | 여름

♂위 | 서귀포 | 88mm | 여름

♂아래 | 서귀포 | 88mm | 여름

우위 | 서귀포 | 100mm | 여름

우아래 | 서귀포 | 100mm | 여름

우위 | 지리산 | 73mm | 여름

우아래 | 지리산 | 73mm | 여름

우위 | 제주 | 91mm | 여름

우아래 | 제주 | 91mm | 여름

무늬박이제비나비 *Papilio helenus* Linnaeus, 1758

×0.6

♂위 │ 거문도 │ 94mm │ 봄　　　　♂아래 │ 거문도 │ 94mm │ 봄　　　　♂위 │ 거문도 │ 105mm │ 봄

♂아래 │ 거문도 │ 105mm │ 봄　　　　♂위 │ 제주 │ 124mm │ 여름　　　　♂아래 │ 제주 │ 124mm │ 여름

우위 │ 거제도 │ 109mm │ 여름　　　　우아래 │ 거제도 │ 109mm │ 여름

남방제비나비 *Papilio protenor* Cramer, 1775

×0.6

♂위 | 가거도 | 80mm | 봄

♂아래 | 가거도 | 80mm | 봄

우위 | 가거도 | 84mm | 봄

우아래 | 가거도 | 84mm | 봄

♂위 | 제주 | 90mm | 봄

♂아래 | 제주 | 90mm | 봄

우위 | 고금도 | 72mm | 봄

우아래 | 고금도 | 72mm | 봄

♂위 | 완도 | 95mm | 여름

♂아래 | 완도 | 95mm | 여름

우위 | 남해도 | 115mm | 여름

우아래 | 남해도 | 115mm | 여름

남방제비나비 *Papilio protenor* Cramer, 1775

×0.55

♂위 | 덕적도 | 98mm | 여름

♂아래 | 덕적도 | 98mm | 여름

우위 | 제주 | 102mm | 여름

우아래 | 제주 | 102mm | 여름

♂위 | 광주 | 98mm | 여름

♂아래 | 광주 | 98mm | 여름

우위 | 서귀포 | 112mm | 여름

우아래 | 서귀포 | 112mm | 여름

긴꼬리제비나비 *Papilio macilentus* Janson, 1877

×0.65

♂위 | 화야산 | 74mm | 봄

♂아래 | 화야산 | 74mm | 봄

우위 | 문막 | 78mm | 봄

우아래 | 문막 | 78mm | 봄

♂위 | 제주 | 96mm | 여름

♂아래 | 제주 | 96mm | 여름

우위 | 서귀포 | 97mm | 여름

우아래 | 서귀포 | 97mm | 여름

♂위 | 정개산 | 91mm | 여름

♂아래 | 정개산 | 91mm | 여름

우위 | 정개산 | 107mm | 여름

우아래 | 정개산 | 107mm | 여름

제비나비 *Papilio bianor* Cramer, 1777

×0.7

♂위 | 거문도 | 76mm | 봄

♂아래 | 거문도 | 76mm | 봄

우위 | 거문도 | 86mm | 봄

우아래 | 거문도 | 86mm | 봄

♂위 | 한라산 | 79mm | 봄

♂아래 | 한라산 | 79mm | 봄

우위 | 두륜산 | 88mm | 봄

우아래 | 두륜산 | 88mm | 봄

♂위 | 백령도 | 85mm | 봄

♂아래 | 백령도 | 85mm | 봄

우위 | 백령도 | 83mm | 봄

우아래 | 백령도 | 83mm | 봄

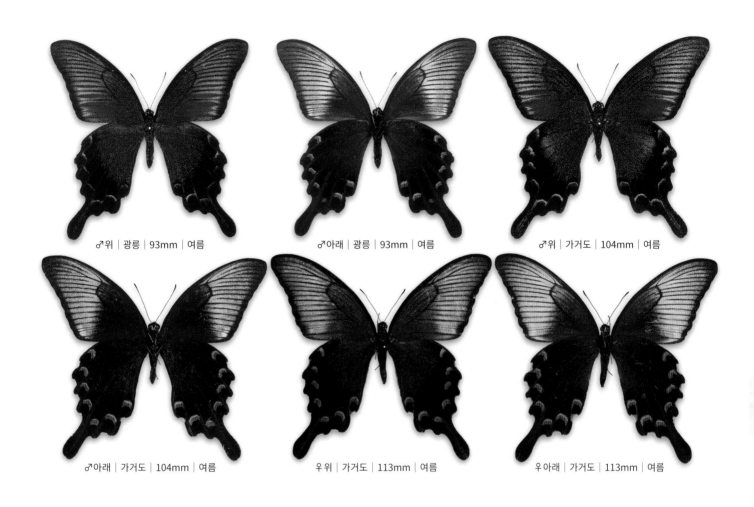

♂위 | 광릉 | 93mm | 여름

♂아래 | 광릉 | 93mm | 여름

♂위 | 가거도 | 104mm | 여름

♂아래 | 가거도 | 104mm | 여름

우위 | 가거도 | 113mm | 여름

우아래 | 가거도 | 113mm | 여름

산제비나비 *Papilio maackii* Ménétriès, 1859

×0.7

♂위 | 계방산 | 83mm | 봄

♂아래 | 계방산 | 83mm | 봄

우위 | 계방산 | 83mm | 봄

산제비나비 *Papilio maackii* Ménétriès, 1859

×0.7

우 아래 | 계방산 | 83mm | 봄

♂위 | 함백산 | 72mm | 봄

♂아래 | 함백산 | 72mm | 봄

우 위 | 함백산 | 76mm | 봄

우 아래 | 함백산 | 76mm | 봄

♂위 | 오대산 | 59mm | 봄

♂아래 | 오대산 | 59mm | 봄

♂위 | 백덕산 | 70mm | 봄

♂아래 | 백덕산 | 70mm | 봄

우 위 | 울릉도 | 73mm | 봄

우 아래 | 울릉도 | 73mm | 봄

♂위 | 제주 | 80mm | 봄

♂아래 | 제주 | 80mm | 봄

우위 | 제주 | 84mm | 봄

우아래 | 제주 | 84mm | 봄

♂위 | 제주 | 73mm | 봄

♂아래 | 제주 | 73mm | 봄

♂위 | 두륜산 | 112mm | 여름

♂아래 | 두륜산 | 112mm | 여름

우위 | 연천 | 120mm | 여름

우아래 | 연천 | 120mm | 여름

♂위 | 회령 | 101mm | 여름

♂아래 | 회령 | 101mm | 여름

우위 | 회령 | 112mm | 여름

산제비나비 *Papilio maackii* Ménétriès, 1859

×0.55

우 아래 | 회령 | 112mm | 여름

♂위 | 관모봉 | 106mm | 여름

♂아래 | 관모봉 | 106mm | 여름

우 위 | 평창 | 118mm | 여름

우 아래 | 평창 | 118mm | 여름

우 위 | 평창 | 114mm | 여름

우 아래 | 평창 | 114mm | 여름

♂위 | 제주 | 110mm | 여름

♂아래 | 제주 | 110mm | 여름

우 위 | 천왕사 | 105mm | 여름

우 아래 | 천왕사 | 105mm | 여름

♂위 | 울릉도 | 96mm | 여름

♂아래 | 울릉도 | 96mm | 여름　　우위 | 울릉도 | 95mm | 여름　　우아래 | 울릉도 | 95mm | 여름

청띠제비나비 *Graphium sarpedon* (Linnaeus, 1758)

×1.0

♂위 | 울릉도 | 47mm | 봄　　♂아래 | 울릉도 | 47mm | 봄　　우위 | 울릉도 | 50mm | 봄

우아래 | 울릉도 | 50mm | 봄　　♂위 | 비자림 | 56mm | 봄　　♂아래 | 비자림 | 56mm | 봄

청띠제비나비 *Graphium sarpedon* (Linnaeus, 1758)

×0.8

♂위 | 두륜산 | 55mm | 여름   ♂아래 | 두륜산 | 55mm | 여름   ♂위 | 진도 | 63mm | 여름

♂아래 | 진도 | 63mm | 여름   우위 | 진도 | 66mm | 여름   우아래 | 진도 | 66mm | 여름

♂위 | 서귀포 | 56mm | 여름   ♂아래 | 서귀포 | 56mm | 여름   우위 | 서귀포 | 64mm | 여름

우아래 | 서귀포 | 64mm | 여름   우위 | 서귀포 | 54mm | 여름   우아래 | 서귀포 | 54mm | 여름

기생나비 *Leptidea amurensis* (Ménétriès, 1859)

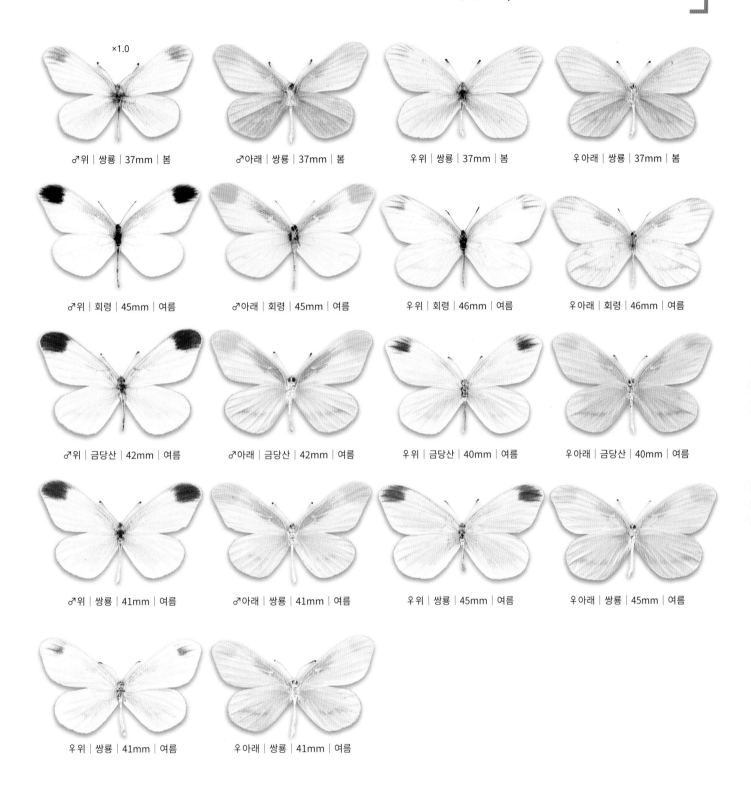

×1.0

♂위 | 쌍룡 | 37mm | 봄　　♂아래 | 쌍룡 | 37mm | 봄　　우위 | 쌍룡 | 37mm | 봄　　우아래 | 쌍룡 | 37mm | 봄

♂위 | 회령 | 45mm | 여름　　♂아래 | 회령 | 45mm | 여름　　우위 | 회령 | 46mm | 여름　　우아래 | 회령 | 46mm | 여름

♂위 | 금당산 | 42mm | 여름　　♂아래 | 금당산 | 42mm | 여름　　우위 | 금당산 | 40mm | 여름　　우아래 | 금당산 | 40mm | 여름

♂위 | 쌍룡 | 41mm | 여름　　♂아래 | 쌍룡 | 41mm | 여름　　우위 | 쌍룡 | 45mm | 여름　　우아래 | 쌍룡 | 45mm | 여름

우위 | 쌍룡 | 41mm | 여름　　우아래 | 쌍룡 | 41mm | 여름

북방기생나비 *Leptidea morsei* (Fenton, 1882)

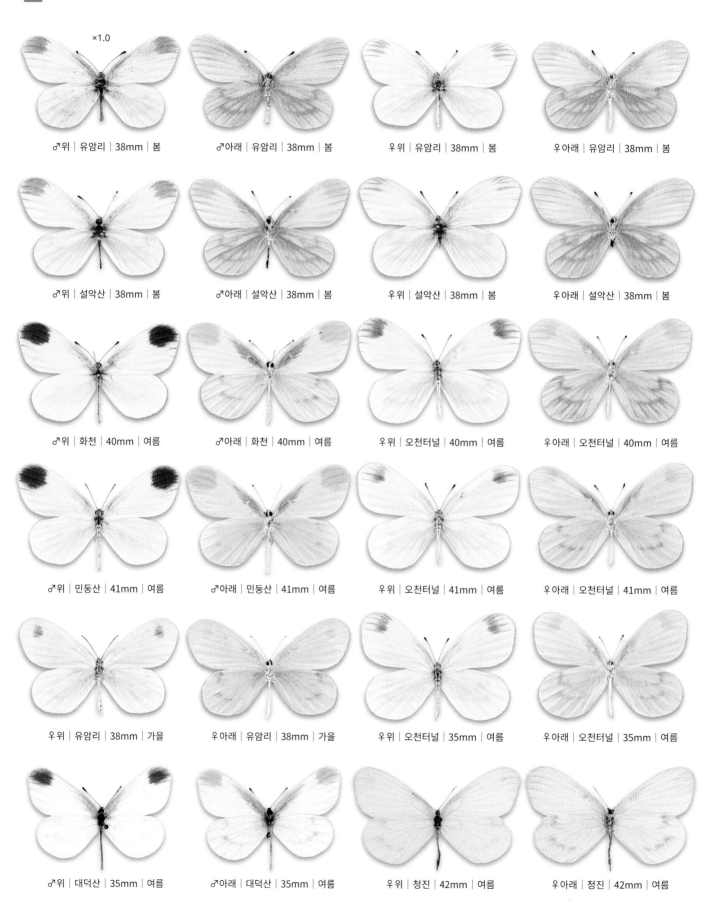

×1.0

♂위 | 유암리 | 38mm | 봄   ♂아래 | 유암리 | 38mm | 봄   우위 | 유암리 | 38mm | 봄   우아래 | 유암리 | 38mm | 봄

♂위 | 설악산 | 38mm | 봄   ♂아래 | 설악산 | 38mm | 봄   우위 | 설악산 | 38mm | 봄   우아래 | 설악산 | 38mm | 봄

♂위 | 화천 | 40mm | 여름   ♂아래 | 화천 | 40mm | 여름   우위 | 오천터널 | 40mm | 여름   우아래 | 오천터널 | 40mm | 여름

♂위 | 민둥산 | 41mm | 여름   ♂아래 | 민둥산 | 41mm | 여름   우위 | 오천터널 | 41mm | 여름   우아래 | 오천터널 | 41mm | 여름

우위 | 유암리 | 38mm | 가을   우아래 | 유암리 | 38mm | 가을   우위 | 오천터널 | 35mm | 여름   우아래 | 오천터널 | 35mm | 여름

♂위 | 대덕산 | 35mm | 여름   ♂아래 | 대덕산 | 35mm | 여름   우위 | 청진 | 42mm | 여름   우아래 | 청진 | 42mm | 여름

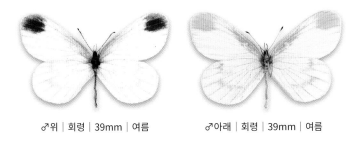

♂위 | 회령 | 39mm | 여름　　♂아래 | 회령 | 39mm | 여름

상제나비 *Aporia crataegi* (Linnaeus, 1758)

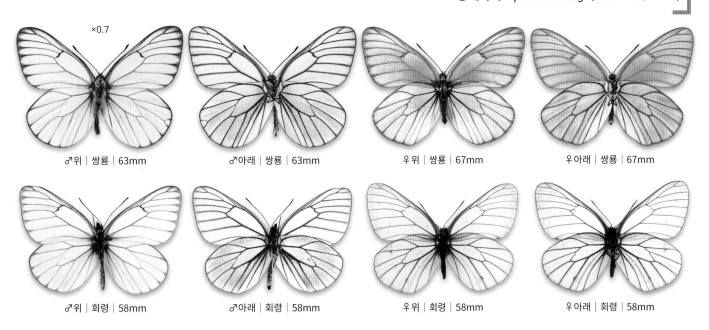

×0.7

♂위 | 쌍룡 | 63mm　　♂아래 | 쌍룡 | 63mm　　우위 | 쌍룡 | 67mm　　우아래 | 쌍룡 | 67mm

♂위 | 회령 | 58mm　　♂아래 | 회령 | 58mm　　우위 | 회령 | 58mm　　우아래 | 회령 | 58mm

눈나비 *Aporia hippia* (Bremer, 1861)

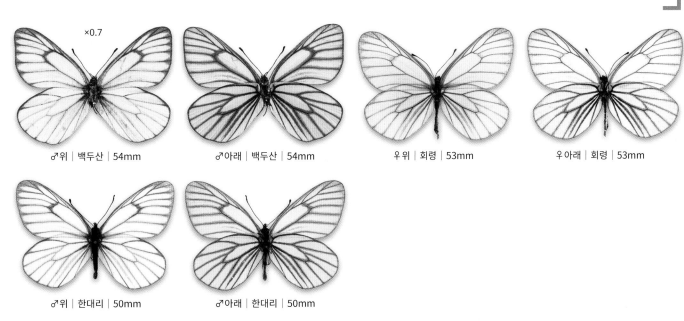

×0.7

♂위 | 백두산 | 54mm　　♂아래 | 백두산 | 54mm　　우위 | 회령 | 53mm　　우아래 | 회령 | 53mm

♂위 | 한대리 | 50mm　　♂아래 | 한대리 | 50mm

줄흰나비 *Pieris napi* (Linnaeus, 1758)

×0.9

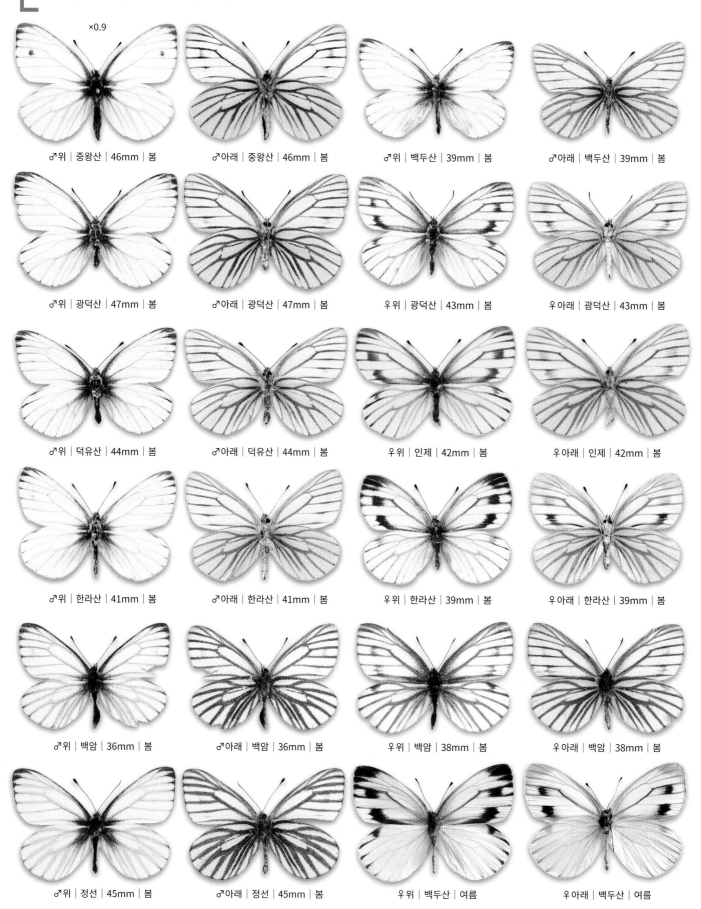

♂위 | 중왕산 | 46mm | 봄　　♂아래 | 중왕산 | 46mm | 봄　　♂위 | 백두산 | 39mm | 봄　　♂아래 | 백두산 | 39mm | 봄

♂위 | 광덕산 | 47mm | 봄　　♂아래 | 광덕산 | 47mm | 봄　　우위 | 광덕산 | 43mm | 봄　　우아래 | 광덕산 | 43mm | 봄

♂위 | 덕유산 | 44mm | 봄　　♂아래 | 덕유산 | 44mm | 봄　　우위 | 인제 | 42mm | 봄　　우아래 | 인제 | 42mm | 봄

♂위 | 한라산 | 41mm | 봄　　♂아래 | 한라산 | 41mm | 봄　　우위 | 한라산 | 39mm | 봄　　우아래 | 한라산 | 39mm | 봄

♂위 | 백암 | 36mm | 봄　　♂아래 | 백암 | 36mm | 봄　　우위 | 백암 | 38mm | 봄　　우아래 | 백암 | 38mm | 봄

♂위 | 정선 | 45mm | 봄　　♂아래 | 정선 | 45mm | 봄　　우위 | 백두산 | 여름　　우아래 | 백두산 | 여름

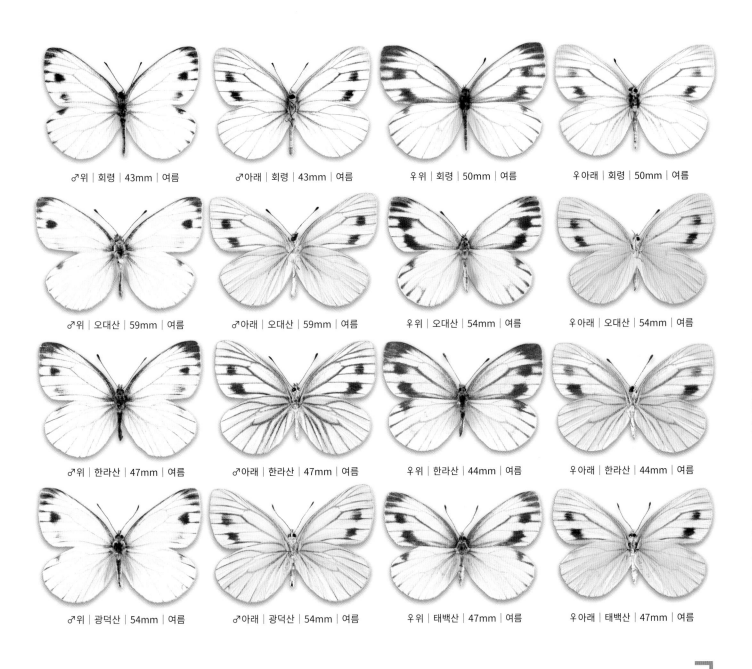

♂위 | 회령 | 43mm | 여름　　♂아래 | 회령 | 43mm | 여름　　우위 | 회령 | 50mm | 여름　　우아래 | 회령 | 50mm | 여름

♂위 | 오대산 | 59mm | 여름　　♂아래 | 오대산 | 59mm | 여름　　우위 | 오대산 | 54mm | 여름　　우아래 | 오대산 | 54mm | 여름

♂위 | 한라산 | 47mm | 여름　　♂아래 | 한라산 | 47mm | 여름　　우위 | 한라산 | 44mm | 여름　　우아래 | 한라산 | 44mm | 여름

♂위 | 광덕산 | 54mm | 여름　　♂아래 | 광덕산 | 54mm | 여름　　우위 | 태백산 | 47mm | 여름　　우아래 | 태백산 | 47mm | 여름

큰줄흰나비 *Pieris melete* Ménétriès, 1857

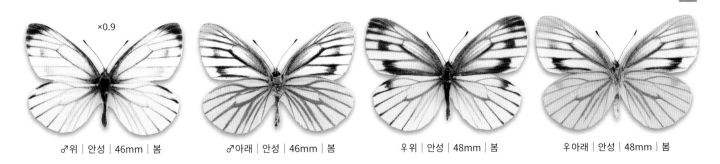

×0.9

♂위 | 안성 | 46mm | 봄　　♂아래 | 안성 | 46mm | 봄　　우위 | 안성 | 48mm | 봄　　우아래 | 안성 | 48mm | 봄

큰줄흰나비 *Pieris melete* Ménétriès, 1857

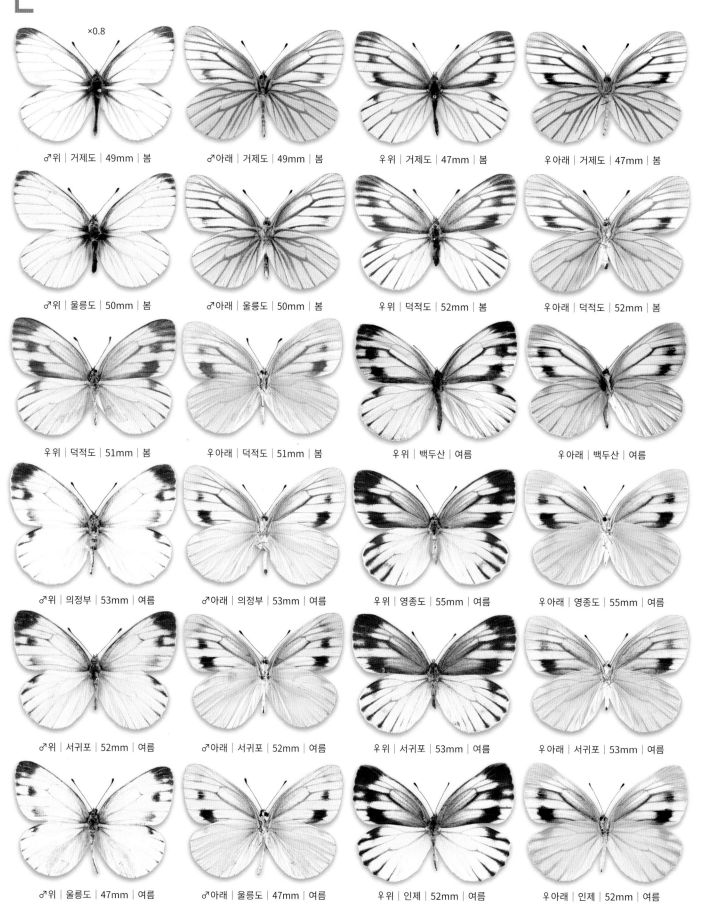

×0.8

♂위 | 거제도 | 49mm | 봄　　　♂아래 | 거제도 | 49mm | 봄　　　우위 | 거제도 | 47mm | 봄　　　우아래 | 거제도 | 47mm | 봄

♂위 | 울릉도 | 50mm | 봄　　　♂아래 | 울릉도 | 50mm | 봄　　　우위 | 덕적도 | 52mm | 봄　　　우아래 | 덕적도 | 52mm | 봄

우위 | 덕적도 | 51mm | 봄　　　우아래 | 덕적도 | 51mm | 봄　　　우위 | 백두산 | 여름　　　우아래 | 백두산 | 여름

♂위 | 의정부 | 53mm | 여름　　　♂아래 | 의정부 | 53mm | 여름　　　우위 | 영종도 | 55mm | 여름　　　우아래 | 영종도 | 55mm | 여름

♂위 | 서귀포 | 52mm | 여름　　　♂아래 | 서귀포 | 52mm | 여름　　　우위 | 서귀포 | 53mm | 여름　　　우아래 | 서귀포 | 53mm | 여름

♂위 | 울릉도 | 47mm | 여름　　　♂아래 | 울릉도 | 47mm | 여름　　　우위 | 인제 | 52mm | 여름　　　우아래 | 인제 | 52mm | 여름

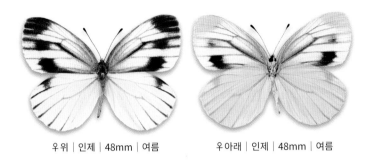

우 위 | 인제 | 48mm | 여름   우 아래 | 인제 | 48mm | 여름

대만흰나비 *Pieris canidia* (Linnaeus, 1768)

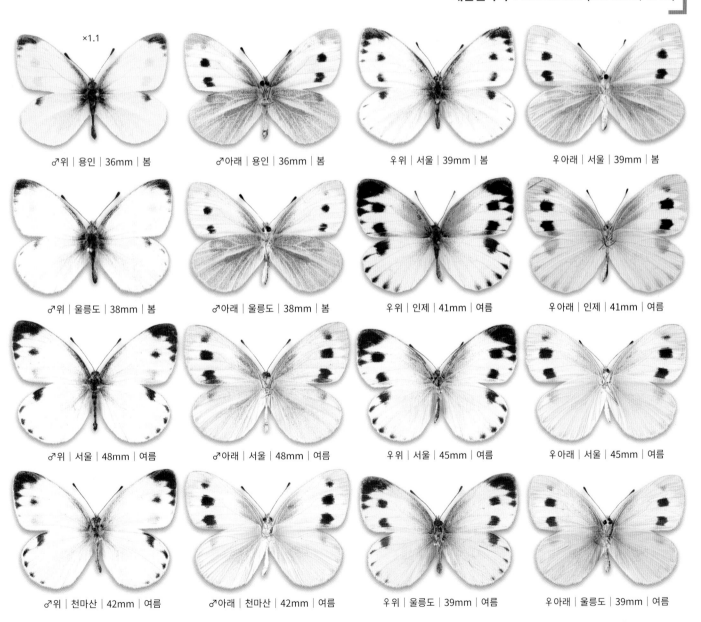

×1.1

♂위 | 용인 | 36mm | 봄   ♂아래 | 용인 | 36mm | 봄   우 위 | 서울 | 39mm | 봄   우 아래 | 서울 | 39mm | 봄

♂위 | 울릉도 | 38mm | 봄   ♂아래 | 울릉도 | 38mm | 봄   우 위 | 인제 | 41mm | 여름   우 아래 | 인제 | 41mm | 여름

♂위 | 서울 | 48mm | 여름   ♂아래 | 서울 | 48mm | 여름   우 위 | 서울 | 45mm | 여름   우 아래 | 서울 | 45mm | 여름

♂위 | 천마산 | 42mm | 여름   ♂아래 | 천마산 | 42mm | 여름   우 위 | 울릉도 | 39mm | 여름   우 아래 | 울릉도 | 39mm | 여름

대만흰나비 *Pieris canidia* (Linnaeus, 1768)

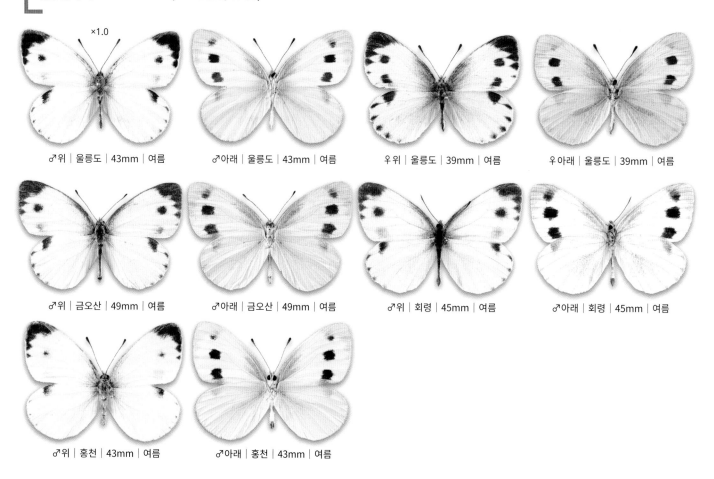

×1.0

♂│위│울릉도│43mm│여름   ♂│아래│울릉도│43mm│여름   우│위│울릉도│39mm│여름   우│아래│울릉도│39mm│여름

♂│위│금오산│49mm│여름   ♂│아래│금오산│49mm│여름   ♂│위│회령│45mm│여름   ♂│아래│회령│45mm│여름

♂│위│홍천│43mm│여름   ♂│아래│홍천│43mm│여름

배추흰나비 *Pieris rapae* (Linnaeus, 1758)

×0.9

♂│위│서귀포│48mm│봄   ♂│아래│서귀포│48mm│봄   우│위│서울│45mm│봄   우│아래│서울│45mm│봄

♂│위│서울│45mm│봄   ♂│아래│서울│45mm│봄   ♂│위│안성│48mm│봄   ♂│아래│안성│48mm│봄

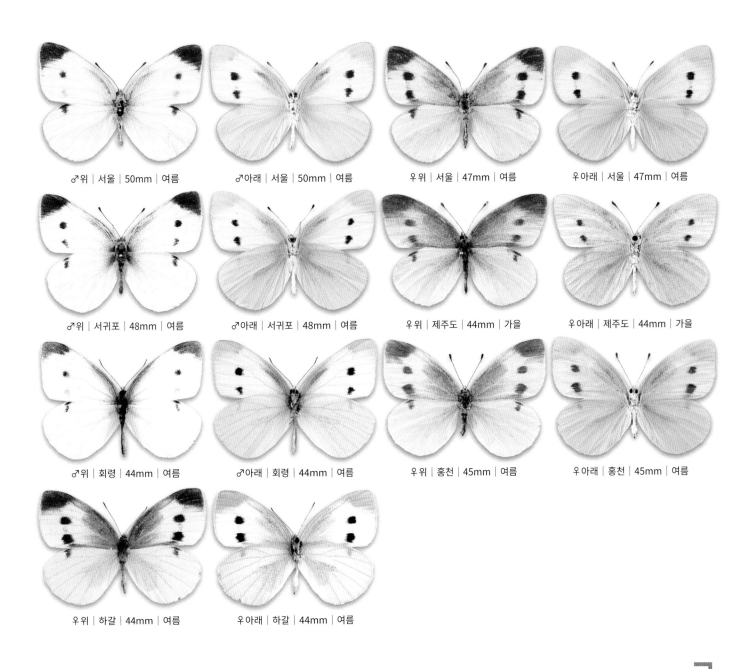

♂위 | 서울 | 50mm | 여름

♂아래 | 서울 | 50mm | 여름

우위 | 서울 | 47mm | 여름

우아래 | 서울 | 47mm | 여름

♂위 | 서귀포 | 48mm | 여름

♂아래 | 서귀포 | 48mm | 여름

우위 | 제주도 | 44mm | 가을

우아래 | 제주도 | 44mm | 가을

♂위 | 회령 | 44mm | 여름

♂아래 | 회령 | 44mm | 여름

우위 | 홍천 | 45mm | 여름

우아래 | 홍천 | 45mm | 여름

우위 | 하갈 | 44mm | 여름

우아래 | 하갈 | 44mm | 여름

풀흰나비 *Pontia edusa* (Fabricius, 1777)

×1.1

♂위 | 대구 | 38mm

♂아래 | 대구 | 38mm

우위 | 대구 | 44mm

우아래 | 대구 | 44mm

풀흰나비 *Pontia edusa* (Fabricius, 1777)

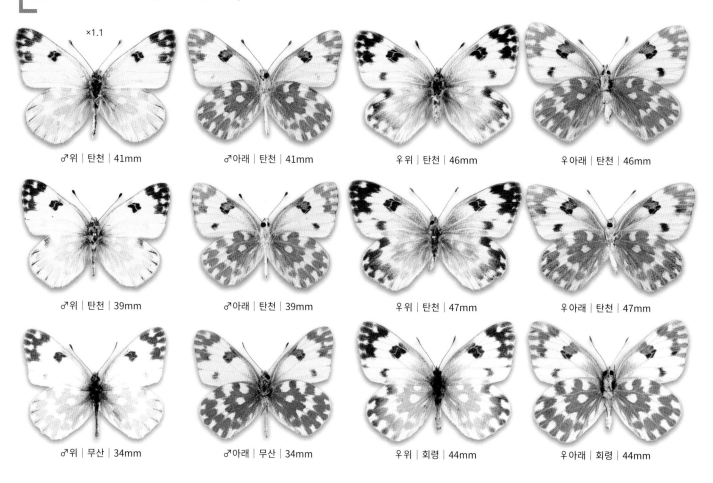

×1.1

♂위 | 탄천 | 41mm　　♂아래 | 탄천 | 41mm　　우위 | 탄천 | 46mm　　우아래 | 탄천 | 46mm

♂위 | 탄천 | 39mm　　♂아래 | 탄천 | 39mm　　우위 | 탄천 | 47mm　　우아래 | 탄천 | 47mm

♂위 | 무산 | 34mm　　♂아래 | 무산 | 34mm　　우위 | 회령 | 44mm　　우아래 | 회령 | 44mm

북방풀흰나비 *Pontia chloridice* (Hübner, 1813)

×1.0

♂위 | 개마고원 ⓒ이승모　　우위 | 몽골　　우아래 | 몽골

갈고리흰나비 *Anthocharis scolymus* Butler, 1866

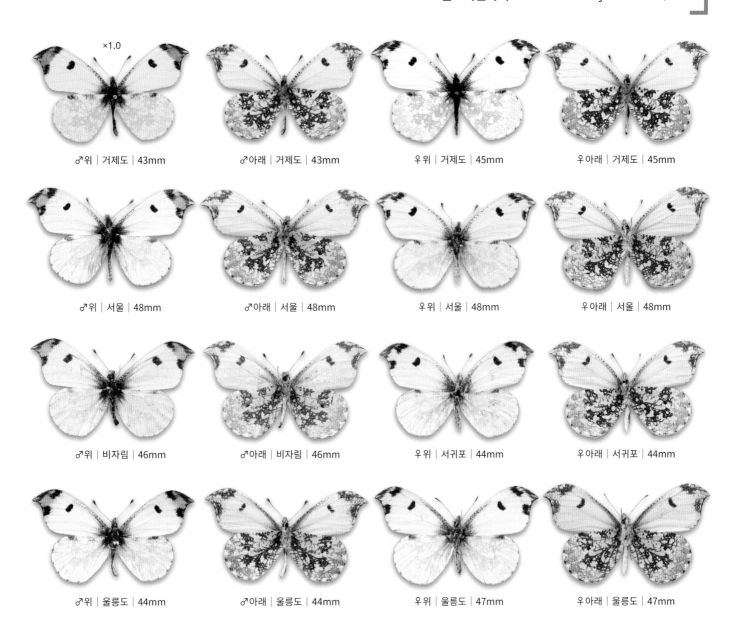

×1.0

♂위 | 거제도 | 43mm　　♂아래 | 거제도 | 43mm　　우위 | 거제도 | 45mm　　우아래 | 거제도 | 45mm

♂위 | 서울 | 48mm　　♂아래 | 서울 | 48mm　　우위 | 서울 | 48mm　　우아래 | 서울 | 48mm

♂위 | 비자림 | 46mm　　♂아래 | 비자림 | 46mm　　우위 | 서귀포 | 44mm　　우아래 | 서귀포 | 44mm

♂위 | 울릉도 | 44mm　　♂아래 | 울릉도 | 44mm　　우위 | 울릉도 | 47mm　　우아래 | 울릉도 | 47mm

남방노랑나비 *Eurema hecabe* (Linnaeus, 1758)

×1.0

우위 | 비자림 | 43mm | 여름　　우아래 | 비자림 | 43mm | 여름　　♂위 | 진도 | 46mm | 여름　　♂아래 | 진도 | 46mm | 여름

남방노랑나비 *Eurema hecabe* (Linnaeus, 1758)

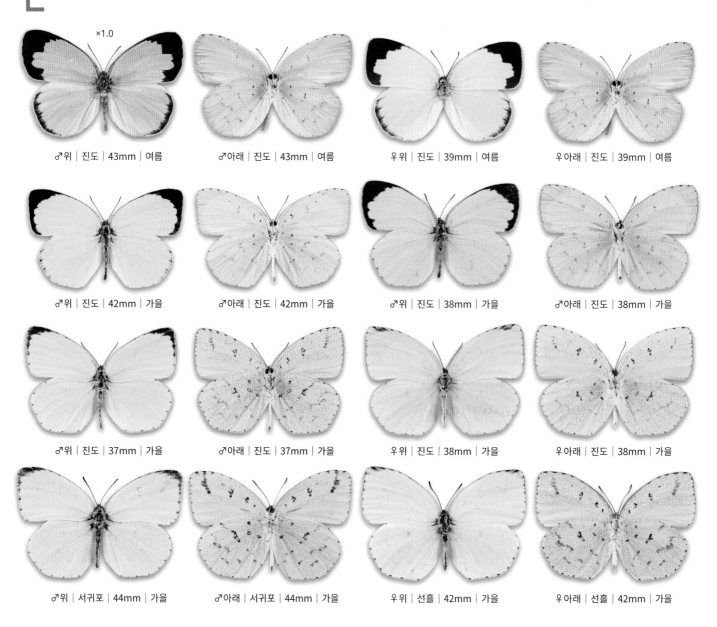

×1.0

♂위 | 진도 | 43mm | 여름   ♂아래 | 진도 | 43mm | 여름   우위 | 진도 | 39mm | 여름   우아래 | 진도 | 39mm | 여름

♂위 | 진도 | 42mm | 가을   ♂아래 | 진도 | 42mm | 가을   ♂위 | 진도 | 38mm | 가을   ♂아래 | 진도 | 38mm | 가을

♂위 | 진도 | 37mm | 가을   ♂아래 | 진도 | 37mm | 가을   우위 | 진도 | 38mm | 가을   우아래 | 진도 | 38mm | 가을

♂위 | 서귀포 | 44mm | 가을   ♂아래 | 서귀포 | 44mm | 가을   우위 | 선흘 | 42mm | 가을   우아래 | 선흘 | 42mm | 가을

극남노랑나비 *Eurema laeta* (Boisduval, 1836)

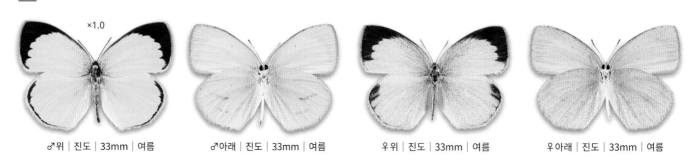

×1.0

♂위 | 진도 | 33mm | 여름   ♂아래 | 진도 | 33mm | 여름   우위 | 진도 | 33mm | 여름   우아래 | 진도 | 33mm | 여름

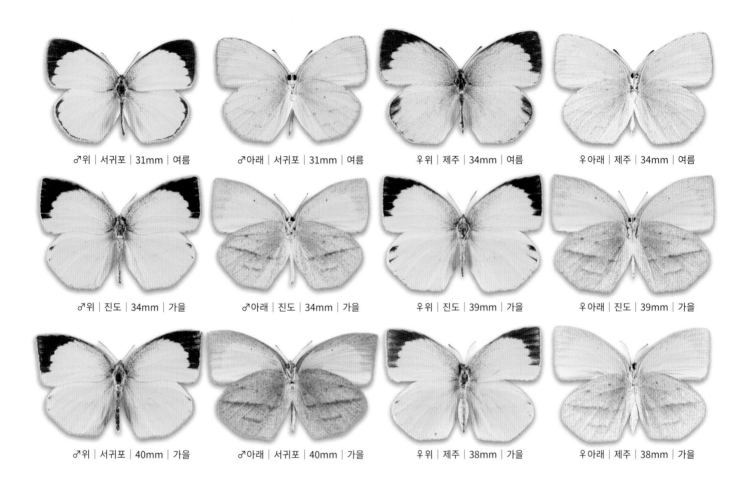

♂위 | 서귀포 | 31mm | 여름   ♂아래 | 서귀포 | 31mm | 여름   우위 | 제주 | 34mm | 여름   우아래 | 제주 | 34mm | 여름

♂위 | 진도 | 34mm | 가을   ♂아래 | 진도 | 34mm | 가을   우위 | 진도 | 39mm | 가을   우아래 | 진도 | 39mm | 가을

♂위 | 서귀포 | 40mm | 가을   ♂아래 | 서귀포 | 40mm | 가을   우위 | 제주 | 38mm | 가을   우아래 | 제주 | 38mm | 가을

검은테노랑나비 *Eurema brigitta* (Stoll, 1780)

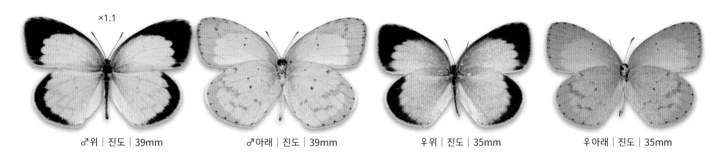

×1.1

♂위 | 진도 | 39mm   ♂아래 | 진도 | 39mm   우위 | 진도 | 35mm   우아래 | 진도 | 35mm

멧노랑나비 *Gonepteryx maxima* Butler, 1885

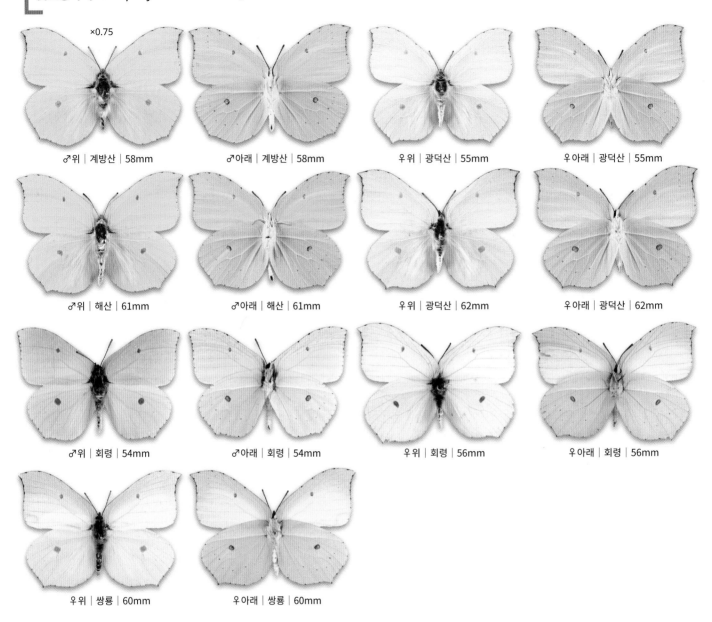

×0.75

♂위 | 계방산 | 58mm   ♂아래 | 계방산 | 58mm   우위 | 광덕산 | 55mm   우아래 | 광덕산 | 55mm

♂위 | 해산 | 61mm   ♂아래 | 해산 | 61mm   우위 | 광덕산 | 62mm   우아래 | 광덕산 | 62mm

♂위 | 회령 | 54mm   ♂아래 | 회령 | 54mm   우위 | 회령 | 56mm   우아래 | 회령 | 56mm

우위 | 쌍룡 | 60mm   우아래 | 쌍룡 | 60mm

각시멧노랑나비 *Gonepteryx aspasia* Ménétriès, 1859

×0.75

♂위 | 영월 | 58mm   ♂아래 | 영월 | 58mm   우위 | 정개산 | 58mm   우아래 | 정개산 | 58mm

♂위 | 덕유산 | 52mm   ♂아래 | 덕유산 | 52mm   우위 | 광덕산 | 53mm   우아래 | 광덕산 | 53mm

우위 | 쌍룡 | 59mm   우아래 | 쌍룡 | 59mm

연주노랑나비 *Colias heos* (Herbst, 1792)

×0.8

♂위 | 우수리(대영박물관) | 54mm   우위 | 우수리(대영박물관) | 56mm   우위 | 우수리(대영박물관) | 56mm   우위 | 우수리(대영박물관) | 59mm

우위 | 우수리(대영박물관) | 58mm   ♂위 | 양강도 | 53mm   ♂아래 | 양강도 | 53mm

새연주노랑나비 *Colias fieldii* Ménétriès, 1855

×0.8

♂위 | 함평 | 52mm   ♂아래 | 함평 | 52mm   우위 | 하동 | 51mm   우아래 | 하동 | 51mm

북방노랑나비 *Colias tyche* (Böber, 1812)

×0.8

우위 | 아무르(대영박물관) | 55mm   우아래 | 아무르(대영박물관) | 55mm

높은산노랑나비 *Colias palaeno* (Linnaeus, 1761)

×1.1

♂위 | 대택 | 38mm   ♂아래 | 대택 | 38mm   우위 | 백두산(대영박물관) | 흰색형   우아래 | 백두산(대영박물관) | 흰색형

♂위 | 백두산(대영박물관)   ♂아래 | 백두산(대영박물관)   우위 | 백암 | 38mm | 흰색형   우아래 | 백암 | 38mm | 흰색형

우위 | 대택 | 40mm   우아래 | 대택 | 40mm

노랑나비 *Colias erate* (Esper, 1805)

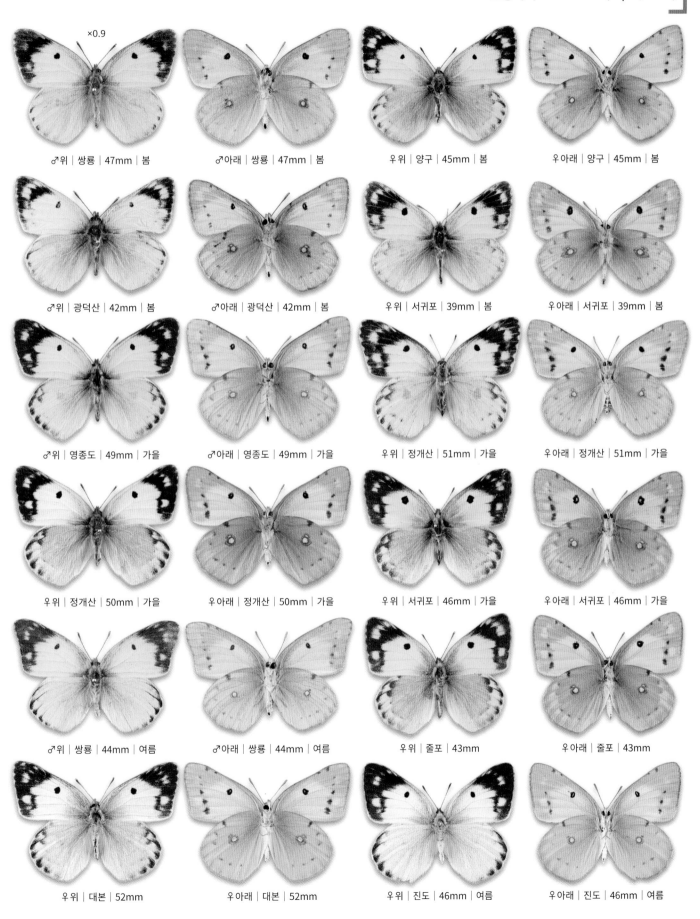

×0.9

♂위 | 쌍룡 | 47mm | 봄   ♂아래 | 쌍룡 | 47mm | 봄   우위 | 양구 | 45mm | 봄   우아래 | 양구 | 45mm | 봄

♂위 | 광덕산 | 42mm | 봄   ♂아래 | 광덕산 | 42mm | 봄   우위 | 서귀포 | 39mm | 봄   우아래 | 서귀포 | 39mm | 봄

♂위 | 영종도 | 49mm | 가을   ♂아래 | 영종도 | 49mm | 가을   우위 | 정개산 | 51mm | 가을   우아래 | 정개산 | 51mm | 가을

우위 | 정개산 | 50mm | 가을   우아래 | 정개산 | 50mm | 가을   우위 | 서귀포 | 46mm | 가을   우아래 | 서귀포 | 46mm | 가을

♂위 | 쌍룡 | 44mm | 여름   ♂아래 | 쌍룡 | 44mm | 여름   우위 | 줄포 | 43mm   우아래 | 줄포 | 43mm

우위 | 대본 | 52mm   우아래 | 대본 | 52mm   우위 | 진도 | 46mm | 여름   우아래 | 진도 | 46mm | 여름

연노랑나비 *Catopsilia pomona* (Fabricius, 1775)

×0.7

| ♂위 | 제주 | 58mm | ♂아래 | 제주 | 58mm | 우위 | 라오스 | 56mm | 우아래 | 라오스 | 56mm |

뾰족부전나비 *Curetis acuta* Moore, 1877

×0.7

♂위 | 진주 | 36mm | 여름   ♂아래 | 진주 | 36mm | 여름   우위 | 일본 | 43mm | 여름   우아래 | 일본 | 43mm | 여름   ♂위 | 거제도 | 38mm | 가을

♂아래 | 거제도 | 38mm | 가을   우위 | 완도 | 41mm | 가을   우아래 | 완도 | 41mm | 가을   ♂위 | 거제도 | 38mm | 가을   ♂아래 | 거제도 | 38mm | 가을

우위 | 거제도 | 36mm | 가을   우아래 | 거제도 | 36mm | 가을

바둑돌부전나비 *Taraka hamada* (Druce, 1875)

×1.0

♂위 | 두륜산 | 24mm   ♂아래 | 두륜산 | 24mm   우위 | 한라산 | 24mm   우아래 | 한라산 | 24mm   우위 | 오동도 | 22mm

우아래 | 오동도 | 22mm   ♂위 | 서울 | 21mm   ♂아래 | 서울 | 21mm

쌍꼬리부전나비 *Cigaritis takanonis* (Matsumura, 1906)

×1.0

♂위 | 주금산 | 27mm   ♂아래 | 주금산 | 27mm   우위 | 주금산 | 27mm   우아래 | 주금산 | 27mm   ♂위 | 서울 | 29mm

♂아래 | 서울 | 29mm   우위 | 남한산성 | 28mm   우아래 | 남한산성 | 28mm

담흑부전나비 *Niphanda fusca* (Bremer et Grey, 1853)

×1.0

♂위 | 쌍룡 | 32mm   ♂아래 | 쌍룡 | 32mm   ♂위 | 쌍룡 | 32mm   ♂아래 | 쌍룡 | 32mm   우위 | 쌍룡 | 30mm

우아래 | 쌍룡 | 30mm   ♂위 | 천왕사 | 32mm   ♂아래 | 천왕사 | 32mm   우위 | 천왕사 | 34mm   우아래 | 천왕사 | 34mm

♂위 | 회령 | 31mm   ♂아래 | 회령 | 31mm   우위 | 회령 | 36mm   우아래 | 회령 | 36mm   우위 | 화천 | 33mm

우아래 | 화천 | 33mm   우위 | 관음사 | 34mm   우아래 | 관음사 | 34mm   우위 | 관음사 | 34mm   우아래 | 관음사 | 34mm

우위 | 금강산 | 32mm   우아래 | 금강산 | 32mm

물결부전나비 *Lampides boeticus* (Linnaeus, 1767)

×1.1

♂위 | 서귀포 | 23mm   ♂아래 | 서귀포 | 23mm   우위 | 서귀포 | 29mm   우아래 | 서귀포 | 29mm   ♂위 | 여수 | 26mm

♂아래 | 여수 | 26mm   우위 | 여수 | 28mm   우아래 | 여수 | 28mm

남색물결부전나비 *Jamides bochus* (Stoll, 1782)

×1.2

♂위 │ 두륜산 │ 23mm   ♂아래 │ 두륜산 │ 23mm   우위 │ 서귀포 │ 25mm   우아래 │ 서귀포 │ 25mm

남방부전나비 *Zizeeria maha* (Kollar, 1844)

×1.25

♂위 │ 감포 │ 24mm │ 봄   ♂아래 │ 감포 │ 24mm │ 봄   우위 │ 비자림 │ 26mm │ 봄   우아래 │ 비자림 │ 26mm │ 봄   ♂위 │ 백령도 │ 23mm │ 봄

♂아래 │ 백령도 │ 23mm │ 봄   우위 │ 가거도 │ 23mm │ 봄   우아래 │ 가거도 │ 23mm │ 봄   우위 │ 가거도 │ 25mm │ 봄   우아래 │ 가거도 │ 25mm │ 봄

우위 │ 서귀포 │ 25mm │ 봄   우아래 │ 서귀포 │ 25mm │ 봄   ♂위 │ 서울 │ 25mm │ 여름   ♂아래 │ 서울 │ 25mm │ 여름   우위 │ 광주 │ 24mm │ 여름

우아래 │ 광주 │ 24mm │ 여름   ♂위 │ 서울 │ 21mm │ 여름   ♂아래 │ 서울 │ 21mm │ 여름   우위 │ 천왕사 │ 23mm │ 여름   우아래 │ 천왕사 │ 23mm │ 여름

♂위 │ 서귀포 │ 25mm │ 여름   ♂아래 │ 서귀포 │ 25mm │ 여름   ♂위 │ 영종도 │ 23mm │ 여름   ♂아래 │ 영종도 │ 23mm │ 여름   ♂위 │ 서울 │ 26mm │ 가을

♂아래 │ 서울 │ 26mm │ 가을   우위 │ 영종도 │ 22mm │ 가을   우아래 │ 영종도 │ 22mm │ 가을   ♂위 │ 영종도 │ 22mm │ 가을   ♂아래 │ 영종도 │ 22mm │ 가을

남방부전나비 *Zizeeria maha* (Kollar, 1844)

우위 | 영종도 | 22mm | 가을   우아래 | 영종도 | 22mm | 가을   우위 | 제주시 | 26mm | 가을   우아래 | 제주시 | 26mm | 가을   ♂위 | 제주도 | 23mm | 가을

♂아래 | 제주도 | 23mm | 가을

극남부전나비 *Zizina emelina* (de l'Orza, 1869)

♂위 | 병곡 | 24mm | 봄   ♂아래 | 병곡 | 24mm | 봄   우위 | 병곡 | 26mm | 봄   우아래 | 병곡 | 26mm | 봄   ♂위 | 서귀포 | 26mm | 봄

♂아래 | 서귀포 | 26mm | 봄   우위 | 서귀포 | 24mm | 봄   우아래 | 서귀포 | 24mm | 봄   ♂위 | 감포 | 22mm | 여름   ♂아래 | 감포 | 22mm | 여름

우위 | 서귀포 | 22mm | 여름   우아래 | 서귀포 | 22mm | 여름

꼬마부전나비 *Cupido minimus* (Fuessly, 1775)

♂위 | 연변 | 26mm   ♂아래 | 연변 | 26mm   우위 | 연변 | 28mm   우아래 | 연변 | 28mm

암먹부전나비 *Cupido argiades* (Pallas, 1771)

×1.25

♂위 | 주금산 | 24mm | 봄   ♂아래 | 주금산 | 24mm | 봄   우위 | 주금산 | 23mm | 봄   우아래 | 주금산 | 23mm | 봄   ♂위 | 광릉 | 27mm

♂아래 | 광릉 | 27mm   우위 | 광릉 | 25mm   우아래 | 광릉 | 25mm   우위 | 광릉 | 23mm   우아래 | 광릉 | 23mm

♂위 | 의정부 | 23mm   ♂아래 | 의정부 | 23mm   우위 | 제주시 | 22mm | 봄   우아래 | 제주시 | 22mm | 봄   ♂위 | 회령 | 26mm

♂아래 | 회령 | 26mm   우위 | 백암 | 22mm   우아래 | 백암 | 22mm

먹부전나비 *Tongeia fischeri* (Eversmann, 1843)

×1.4

♂위 | 토산리 | 21mm   ♂아래 | 토산리 | 21mm   우위 | 서귀포 | 20mm   우아래 | 서귀포 | 20mm   ♂위 | 서울 | 21mm

♂아래 | 서울 | 21mm   우위 | 유암리 | 22mm   우아래 | 유암리 | 22mm   ♂위 | 서울 | 23mm   ♂아래 | 서울 | 23mm

우위 | 서울 | 23mm   우아래 | 서울 | 23mm   ♂위 | 광릉 | 21mm   ♂아래 | 광릉 | 21mm   우위 | 광릉 | 26mm

먹부전나비 *Tongeia fischeri* (Eversmann, 1843)

×1.4

우 아래 | 광릉 | 26mm

푸른부전나비 *Celastrina argiolus* (Linnaeus, 1758)

×1.1

♂위 | 울진 | 29mm   ♂아래 | 울진 | 29mm   우 위 | 정개산 | 25mm | 봄   우 아래 | 정개산 | 25mm | 봄   ♂위 | 화야산 | 26mm

♂아래 | 화야산 | 26mm   우 위 | 화야산 | 26mm | 봄   우 아래 | 화야산 | 26mm | 봄   ♂위 | 화야산 | 28mm   ♂아래 | 화야산 | 28mm

우 위 | 남해도 | 23mm | 봄   우 아래 | 남해도 | 23mm | 봄   ♂위 | 울릉도 | 22mm   ♂아래 | 울릉도 | 22mm   우 위 | 연천 | 28mm | 봄

우 아래 | 연천 | 28mm | 봄   ♂위 | 양구 | 29mm   ♂아래 | 양구 | 29mm   우 위 | 광덕산 | 26mm   우 아래 | 광덕산 | 26mm

♂위 | 돈내코 | 27mm   ♂아래 | 돈내코 | 27mm   우 위 | 서울 | 29mm   우 아래 | 서울 | 29mm   ♂위 | 진도 | 25mm

♂아래 | 진도 | 25mm   ♂위 | 서귀포 | 28mm   ♂아래 | 서귀포 | 28mm   자웅형위 | 서귀포 | 21mm   자웅형아래 | 서귀포 | 21mm

자웅형위 | 천마산 | 28mm 자웅형아래 | 천마산 | 28mm ♂위 | 삼봉 | 24mm ♂아래 | 삼봉 | 24mm 우위 | 하갈 | 25mm

우아래 | 하갈 | 25mm

산푸른부전나비 *Celastrina sugitanii* (Matsumura, 1919)

×1.25
♂위 | 화야산 | 25mm ♂아래 | 화야산 | 25mm 우위 | 해산 | 26mm 우아래 | 해산 | 26mm ♂위 | 광릉 | 25mm

♂아래 | 광릉 | 25mm 우위 | 광릉 | 26mm 우아래 | 광릉 | 26mm

주을푸른부전나비 *Celastrina filipjevi* (Riley, 1934)

×1.2
♂위 | 경성(주을) | 28mm ♂아래 | 경성(주을) | 28mm 우위 | 경성(주을) | 25mm 우아래 | 경성(주을) | 25mm ♂위 | 경성(주을) | 24mm

♂아래 | 경성(주을) | 24mm ♂위 | 연해주 | 28mm ♂아래 | 연해주 | 28mm

회령푸른부전나비 *Celastrina oreas* (Leech, 1893)

×1.0

♂위 | 영월 | 28mm ♂아래 | 영월 | 28mm 우위 | 영월 | 29mm 우아래 | 영월 | 29mm 우위 | 영월 | 28mm

우아래 | 영월 | 28mm ♂위 | 회령 | 31mm ♂아래 | 회령 | 31mm 우위 | 회령 | 31mm 우아래 | 회령 | 31mm

한라푸른부전나비 *Udara dilecta* (Moore, 1879)

×1.25

♂위 | 한라산 | 25mm ♂아래 | 한라산 | 25mm 우위 | 한라산 | 23mm 우아래 | 한라산 | 23mm 우위 | 한라산 | 22mm

우아래 | 한라산 | 22mm

귀신부전나비 *Glaucopsyche lycormas* (Butler, 1866)

×1.1

♂위 | 연해주 | 29mm ♂아래 | 연해주 | 29mm 우위 | 연변 | 25mm 우아래 | 연변 | 25mm ♂위 | 중국 화룡시 | 34mm

♂아래 | 중국 화룡시 | 34mm 우위 | 중국 화룡시 | 33mm 우아래 | 중국 화룡시 | 33mm

큰홍띠점박이푸른부전나비 *Shijimiaeoides divina* (Fixsen, 1887)

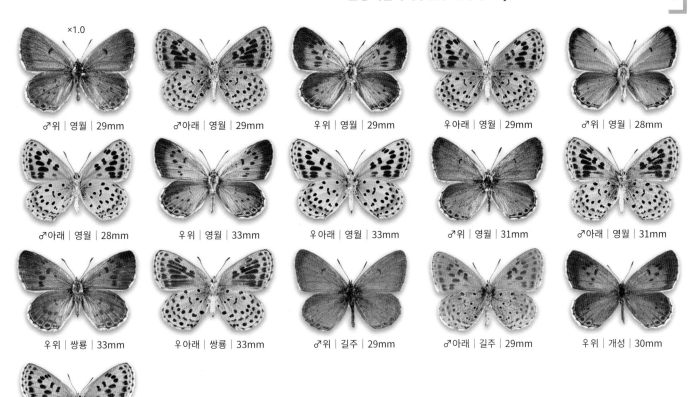

×1.0

♂위 | 영월 | 29mm　♂아래 | 영월 | 29mm　우위 | 영월 | 29mm　우아래 | 영월 | 29mm　♂위 | 영월 | 28mm

♂아래 | 영월 | 28mm　우위 | 영월 | 33mm　우아래 | 영월 | 33mm　♂위 | 영월 | 31mm　♂아래 | 영월 | 31mm

우위 | 쌍룡 | 33mm　우아래 | 쌍룡 | 33mm　♂위 | 길주 | 29mm　♂아래 | 길주 | 29mm　우위 | 개성 | 30mm

우아래 | 개성 | 30mm

작은홍띠점박이푸른부전나비 *Scolitantides orion* (Pallas, 1771)

×1.3

♂위 | 울릉도 | 21mm　♂아래 | 울릉도 | 21mm　우위 | 울릉도 | 23mm　우아래 | 울릉도 | 23mm　♂위 | 울진 | 19mm

♂아래 | 울진 | 19mm　우위 | 민둥산 | 21mm　우아래 | 민둥산 | 21mm　♂위 | 울진 | 19mm　♂아래 | 울진 | 19mm

우위 | 민둥산 | 23mm　우아래 | 민둥산 | 23mm　♂위 | 유암리 | 23mm　♂아래 | 유암리 | 23mm　우위 | 유암리 | 24mm

작은홍띠점박이푸른부전나비　*Scolitantides orion* (Pallas, 1771)

×1.1

우아래 | 유암리 | 24mm　　♂위 | 양양 | 22mm　　♂아래 | 양양 | 22mm　　우위 | 문막 | 25mm　　우아래 | 문막 | 25mm

♂위 | 청진 | 19mm　　♂아래 | 청진 | 19mm　　우위 | 정선 | 26mm　　우아래 | 정선 | 26mm　　♂위 | 한대리 | 20mm

♂아래 | 한대리 | 20mm　　우위 | 대덕산 | 23mm　　우아래 | 대덕산 | 23mm

큰점박이푸른부전나비　*Phengaris arionides* (Staudinger, 1887)

×0.7

♂위 | 홍천 | 38mm　　♂아래 | 홍천 | 38mm　　우위 | 홍천 | 35mm　　우아래 | 홍천 | 35mm　　♂위 | 홍천 | 36mm

♂아래 | 홍천 | 36mm　　우위 | 홍천 | 40mm　　우아래 | 홍천 | 40mm　　♂위 | 광덕산 | 41mm　　♂아래 | 광덕산 | 41mm

우위 | 광덕산 | 41mm　　우아래 | 광덕산 | 41mm　　♂위 | 홍천 | 41mm　　♂아래 | 홍천 | 41mm　　우위 | 홍천 | 41mm

우아래 | 홍천 | 41mm　　♂위 | 오대산 | 32mm　　♂아래 | 오대산 | 32mm　　우위 | 회령 | 44mm　　우아래 | 회령 | 44mm

♂위 | 인제 | 46mm　　♂아래 | 인제 | 46mm　　우위 | 금강산 | 34mm　　우아래 | 금강산 | 34mm

중점박이푸른부전나비 *Phengaris arion* (Linnaeus, 1758)

×0.9

♂위 | 회령 | 39mm　　♂아래 | 회령 | 39mm　　우위 | 회령 | 36mm　　우아래 | 회령 | 36mm　　♂위 | 회령 | 36mm

♂아래 | 회령 | 36mm　　우위 | 회령 | 38mm　　우아래 | 회령 | 38mm　　우위 | 회령 | 35mm　　우아래 | 회령 | 35mm

고운점박이푸른부전나비 *Phengaris teleius* (Bergsträsser, 1779)

×0.75

♂위 | 광릉 | 41mm　　♂아래 | 광릉 | 41mm　　♂위 | 광릉 | 36mm　　♂아래 | 광릉 | 36mm　　우위 | 광릉 | 43mm

우아래 | 광릉 | 43mm　　우위 | 광릉 | 40mm　　우아래 | 광릉 | 40mm　　우위 | 광릉 | 42mm　　우아래 | 광릉 | 42mm

우위 | 광덕산 | 34mm　　우아래 | 광덕산 | 34mm　　우위 | 광덕산 | 38mm　　우아래 | 광덕산 | 38mm　　우위 | 광덕산 | 38mm

우아래 | 광덕산 | 38mm　　우위 | 파주 | 38mm　　우아래 | 파주 | 38mm　　♂위 | 인제 | 32mm　　♂아래 | 인제 | 32mm

고운점박이푸른부전나비 *Phengaris teleius* (Bergsträsser, 1779)

×0.75

♂위 | 인제 | 37mm　　♂아래 | 인제 | 37mm　　우위 | 대관령 | 34mm　　우아래 | 대관령 | 34mm　　우위 | 대암산 | 37mm

우아래 | 대암산 | 37mm　　우위 | 인제 | 38mm　　우아래 | 인제 | 38mm　　우위 | 인제 | 35mm　　우아래 | 인제 | 35mm

우위 | 인제 | 37mm　　우아래 | 인제 | 37mm　　♂위 | 인제 | 36mm　　♂아래 | 인제 | 36mm　　♂위 | 인제 | 36mm

♂아래 | 인제 | 36mm　　우위 | 양구 | 38mm　　우아래 | 양구 | 38mm　　우위 | 양구 | 41mm　　우아래 | 양구 | 41mm

♂위 | 점봉산 | 31mm　　♂아래 | 점봉산 | 31mm　　♂위 | 낭림산 | 32mm　　♂아래 | 낭림산 | 32mm　　♂위 | 백암 | 25mm

♂아래 | 백암 | 25mm　　♂위 | 백암 | 25mm　　♂아래 | 백암 | 25mm　　우위 | 백암 | 25mm　　우아래 | 백암 | 25mm

우위 | 대덕산 | 27mm　　우아래 | 대덕산 | 27mm

북방점박이푸른부전나비 *Phengaris kurentzovi* (Sibatani, Saigusa et Hirowatari, 1994)

×1.0

♂위 | 영월 | 33mm   ♂아래 | 영월 | 33mm   우위 | 영월 | 34mm   우아래 | 영월 | 34mm   ♂위 | 유암리 | 29mm

♂아래 | 유암리 | 29mm   우위 | 쌍룡 | 34mm   우아래 | 쌍룡 | 34mm   우위 | 쌍룡 | 36mm   우아래 | 쌍룡 | 36mm

우위 | 오대산 | 34mm   우아래 | 오대산 | 34mm   우위 | 인제 | 34mm   우아래 | 인제 | 34mm   ♂위 | 주을 | 36mm

♂아래 | 주을 | 36mm

잔점박이푸른부전나비 *Phengaris alcon* (Denis et Schiffermüller, 1775)

표본은 Sibatani 등(1994)을 인용함

×1.0

♂위 | 백두산   ♂아래 | 백두산   ♂위 | 양강도 삼지연   ♂아래 | 양강도 삼지연

백두산부전나비 *Aricia artaxerxes* (Fabricius, 1793)

×1.3

♂위 | 백암 | 21mm   ♂아래 | 백암 | 21mm   우위 | 백암 | 24mm   우아래 | 백암 | 24mm   ♂위 | 백암 | 24mm

♂아래 | 백암 | 24mm   우위 | 회령 | 24mm   우아래 | 회령 | 24mm

중국부전나비 *Aricia chinensis* (Murray, 1874)

×1.3

♂위 | 회령 | 26mm   ♂아래 | 회령 | 26mm   우위 | 회령 | 26mm   우아래 | 회령 | 26mm   우위 | 회령 | 27mm

우아래 | 회령 | 27mm

대덕산부전나비 *Aricia eumedon* (Esper, 1780)

×1.3

♂ | 무산 | 23mm   우위 | 백암 | 25mm   우아래 | 백암 | 25mm

산꼬마부전나비 *Plebejus argus* (Linnaeus, 1758)

×1.3

♂위 | 한라산 | 24mm   ♂아래 | 한라산 | 24mm   우위 | 한라산 | 27mm   우아래 | 한라산 | 27mm   ♂위 | 한라산 | 22mm

♂아래 | 한라산 | 22mm   우위 | 한라산 | 27mm   우아래 | 한라산 | 27mm   ♂위 | 한라산 | 25mm   ♂아래 | 한라산 | 25mm

♂위 | 대덕산 | 24mm   ♂아래 | 대덕산 | 24mm   우위 | 대덕산 | 22mm   우아래 | 대덕산 | 22mm   ♂위 | 원산 | 24mm

♂아래 | 원산 | 24mm   우위 | 원산 | 25mm   우아래 | 원산 | 25mm   ♂위 | 제주도 | 24mm   ♂아래 | 제주도 | 24mm

부전나비 *Plebejus argyrognomon* (Bergsträsser, 1779)

×1.2				
♂위 | 탄천 | 23mm	♂아래 | 탄천 | 23mm	우위 | 탄천 | 27mm	우아래 | 탄천 | 27mm	♂위 | 임진각 | 24mm
♂아래 | 임진각 | 24mm	우위 | 유암리 | 27mm	우아래 | 유암리 | 27mm	♂위 | 인제 | 29mm	♂아래 | 인제 | 29mm
우위 | 인제 | 30mm	우아래 | 인제 | 30mm	♂위 | 도드람산 | 26mm	♂아래 | 도드람산 | 26mm	우위 | 도드람산 | 26mm
우아래 | 도드람산 | 26mm	♂위 | 하갈 | 26mm	♂아래 | 하갈 | 26mm	우위 | 경성(주을) | 24mm	우아래 | 경성(주을) | 24mm
♂위 | 금강산 | 27mm	♂아래 | 금강산 | 27mm	♂위 | 회령 | 27mm	♂아래 | 회령 | 27mm	

산부전나비 *Plebejus subsolanus* (Eversmann, 1851)

×1.1				
♂위 | 태백산 | 25mm	♂아래 | 태백산 | 25mm	우위 | 태백산 | 32mm	우아래 | 태백산 | 32mm	♂위 | 태백산 | 31mm
♂아래 | 태백산 | 31mm	♂위 | 하갈 | 24mm	♂아래 | 하갈 | 24mm	♂위 | 백암 | 27mm	♂아래 | 백암 | 27mm

산부전나비 *Plebejus subsolanus* (Eversmann, 1851)

×1.1

♂위 | 한대리 | 28mm   ♂아래 | 한대리 | 28mm   ♂위 | 회령 | 28mm   ♂아래 | 회령 | 28mm   우위 | 회령 | 27mm

♂아래 | 회령 | 27mm   우위 | 회령 | 28mm   우아래 | 회령 | 28mm

높은산부전나비 *Albulina optilete* (Knoch, 1781)

×1.4

♂위 | 대덕산 | 22mm   ♂아래 | 대덕산 | 22mm   우위 | 대덕산 | 24mm   우아래 | 대덕산 | 24mm   ♂위 | 대덕산 | 23mm

♂아래 | 대덕산 | 23mm   우위 | 관모봉 | 22mm   우아래 | 관모봉 | 22mm

함경부전나비 *Polyommatus amandus* (Schneider, 1792)

×1.0

♂위 | 회령 | 31mm   ♂아래 | 회령 | 31mm   우위 | 회령 | 30mm   우아래 | 회령 | 30mm   우위 | 하갈 | 28mm

우아래 | 하갈 | 28mm

연푸른부전나비 *Polyommatus icarus* (Rottemburg, 1775)

×1.0

♂위 | 백암 | 31mm　　♂아래 | 백암 | 31mm　　우위 | 도내 | 28mm　　우아래 | 도내 | 28mm

사랑부전나비 *Polyommatus tsvetaevi* (Kurentzov, 1970)

×1.1

♂위 | 회령 | 26mm　　♂아래 | 회령 | 26mm　　우위 | 회령 | 27mm　　우아래 | 회령 | 27mm

후치령부전나비 *Polyommatus semiargus* (Rottemburg, 1775)

×1.1

♂위 | 대덕산 | 28mm　　♂아래 | 대덕산 | 28mm　　우위 | 대덕산 | 28mm　　우아래 | 대덕산 | 28mm　　♂위 | 대덕산 | 28mm

♂아래 | 대덕산 | 28mm　　♂위 | 한대리 | 27mm　　♂아래 | 한대리 | 27mm　　우위 | 두류산 | 29mm　　우아래 | 두류산 | 29mm

소철꼬리부전나비 *Luthrodes pandava* (Horsfield, 1829)

×1.2

♂위 | 서귀포 | 24mm　　♂아래 | 서귀포 | 24mm　　우위 | 서귀포 | 24mm　　우아래 | 서귀포 | 24mm　　♂위 | 서귀포 | 25mm

♂아래 | 서귀포 | 25mm　　우위 | 서귀포 | 25mm　　우아래 | 서귀포 | 25mm　　♂위 | 서귀포 | 23mm　　♂아래 | 서귀포 | 23mm

큰주홍부전나비 *Lycaena dispar* (Haworth, 1803)

×1.0

♂위 | 원주 | 30mm　　♂아래 | 원주 | 30mm　　우위 | 원주 | 33mm　　우아래 | 원주 | 33mm　　♂위 | 원주 | 34mm

♂아래 | 원주 | 34mm　　우위 | 서울 | 41mm　　우아래 | 서울 | 41mm　　♂위 | 묘향산 | 35mm　　♂아래 | 묘향산 | 35mm

우위 | 을수동 | 35mm　　우아래 | 을수동 | 35mm　　우위 | 서울 | 34mm　　우아래 | 서울 | 34mm　　우위 | 임진각 | 32mm

우아래 | 임진각 | 32mm　　우위 | 구리 | 39mm　　우아래 | 구리 | 39mm　　우위 | 대부도 | 36mm　　우아래 | 대부도 | 36mm

우위 | 회령 | 32mm　　우아래 | 회령 | 32mm

암먹주홍부전나비 *Lycaena hippothoe* (Linnaeus, 1761)

×1.0

♂위 | 회령 | 32mm　　♂아래 | 회령 | 32mm　　우위 | 금강산 | 32mm　　우아래 | 금강산 | 32mm　　우위 | 회령 | 32mm

우아래 | 회령 | 32mm

검은테주홍부전나비 *Lycaena virgaureae* (Linnaeus, 1758)

×1.1

♂위 | 회령 | 33mm   ♂아래 | 회령 | 33mm   ♂위 | 유럽 | 32mm   ♂아래 | 유럽 | 32mm   우위 | 유럽 | 32mm

우아래 | 유럽 | 32mm

남주홍부전나비 *Lycaena helle* (Denis et Schiffermüller, 1775)

×1.45

♂위 | 백암 | 20mm   ♂아래 | 백암 | 20mm   우위 | 백암 | 24mm   우아래 | 백암 | 24mm

작은주홍부전나비 *Lycaena phlaeas* (Linnaeus, 1761)

×1.2

♂위 | 백령도 | 22mm | 봄   ♂아래 | 백령도 | 22mm | 봄   우위 | 경주 | 30mm | 봄   우아래 | 경주 | 30mm | 봄   ♂위 | 서귀포 | 28mm | 여름

♂아래 | 서귀포 | 28mm | 여름   우위 | 돈내코 | 25mm | 여름   우아래 | 돈내코 | 25mm | 여름   ♂위 | 이천 | 27mm | 여름   ♂아래 | 이천 | 27mm | 여름

우위 | 강구 | 25mm | 여름   우아래 | 강구 | 25mm | 여름   ♂위 | 제주 | 26mm | 가을   ♂아래 | 제주 | 26mm | 가을   우위 | 제주시 | 28mm | 가을

우아래 | 제주시 | 28mm | 가을   우위 | 경주 | 29mm | 백화형   우아래 | 경주 | 29mm | 백화형

남방남색부전나비 *Arhopala japonica* (Murray, 1875)

×1.0

♂위 | 선흘 | 33mm　　♂아래 | 선흘 | 33mm　　우위 | 선흘 | 31mm　　우아래 | 선흘 | 31mm　　♂위 | 선흘 | 30mm

♂아래 | 선흘 | 30mm　　♂위 | 원산(대영박물관)　　♂아래 | 원산(대영박물관)

남방남색꼬리부전나비 *Arhopala bazalus* (Hewitson, 1862)

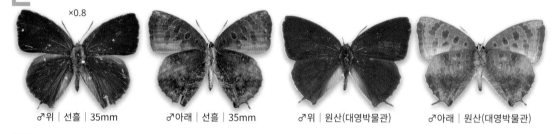

×0.8

♂위 | 선흘 | 35mm　　♂아래 | 선흘 | 35mm　　♂위 | 원산(대영박물관)　　♂아래 | 원산(대영박물관)

선녀부전나비 *Artopoetes pryeri* (Murray, 1873)

×0.8

♂위 | 가리왕산 | 39mm　　♂아래 | 가리왕산 | 39mm　　우위 | 지리산 | 37mm　　우아래 | 지리산 | 37mm　　♂위 | 계방산 | 34mm

♂아래 | 계방산 | 34mm　　우위 | 계방산 | 35mm　　우아래 | 계방산 | 35mm　　♂위 | 계방산 | 33mm　　♂아래 | 계방산 | 33mm

우위 | 방내리 | 37mm　　우아래 | 방내리 | 37mm　　♂위 | 정개산 | 35mm　　♂아래 | 정개산 | 35mm　　♂위 | 광릉 | 34mm

♂아래 | 광릉 | 34mm　　우위 | 광릉 | 37mm　　우아래 | 광릉 | 37mm　　♂위 | 회령 | 32mm　　♂아래 | 회령 | 32mm

우 위 | 회령 | 33mm 우 아래 | 회령 | 33mm 우 위 | 회령 | 33mm 우 아래 | 회령 | 33mm

금강산굴빛부전나비 *Ussuriana michaelis* (Oberthür, 1880)

×0.7

♂위 | 화야산 | 32mm ♂아래 | 화야산 | 32mm 우 위 | 화야산 | 43mm 우 아래 | 화야산 | 43mm ♂위 | 화야산 | 37mm

♂아래 | 화야산 | 37mm 우 위 | 화야산 | 40mm 우 아래 | 화야산 | 40mm ♂위 | 화야산 | 34mm ♂아래 | 화야산 | 34mm

우 위 | 화야산 | 38mm 우 아래 | 화야산 | 38mm

붉은띠굴빛부전나비 *Coreana raphaelis* (Oberthür, 1880)

×0.9

♂위 | 화야산 | 32mm ♂아래 | 화야산 | 32mm 우 위 | 화야산 | 36mm 우 아래 | 화야산 | 36mm ♂위 | 화야산 | 33mm

♂아래 | 화야산 | 33mm

암고운부전나비 *Thecla betulae* (Linnaeus, 1758)

×0.75

♂위 | 광릉 | 35mm   ♂아래 | 광릉 | 35mm   우위 | 광릉 | 38mm   우아래 | 광릉 | 38mm   ♂위 | 광릉 | 36mm

♂아래 | 광릉 | 36mm   우위 | 광릉 | 35mm   우아래 | 광릉 | 35mm   ♂위 | 앵무봉 | 35mm   ♂아래 | 앵무봉 | 35mm

우위 | 사육 | 38mm   우아래 | 사육 | 38mm   ♂위 | 회령 | 32mm   ♂아래 | 회령 | 32mm   우위 | 대화 | 34mm

우아래 | 대화 | 34mm   우위 | 금강산 | 34mm   우아래 | 금강산 | 34mm

개마암고운부전나비 *Thecla betulina* Staudinger, 1887

×1.0

♂위 | 중국 | 29mm   ♂아래 | 중국 | 29mm   우위 | 중국 | 30mm   우아래 | 중국 | 30mm

깊은산부전나비 *Protantigius superans* (Oberthür, 1914)

×0.8

♂위 | 해산 | 32mm   ♂아래 | 해산 | 32mm   우위 | 해산 | 37mm   우아래 | 해산 | 37mm   ♂위 | 해산 | 33mm

♂아래 | 해산 | 33mm   우위 | 해산 | 35mm   우아래 | 해산 | 35mm   ♂위 | 심적습지 | 32mm   ♂아래 | 심적습지 | 32mm

우 위 | 관모봉 | 32mm   우 아래 | 관모봉 | 32mm   우 위 | 오천터널 | 31mm   우 아래 | 오천터널 | 31mm

민무늬귤빛부전나비 *Shirozua jonasi* (Janson, 1877)

×0.9

♂위 | 소백산 | 32mm   ♂아래 | 소백산 | 32mm   우 위 | 대암산 | 32mm   우 아래 | 대암산 | 32mm   ♂위 | 대암산 | 32mm

♂아래 | 대암산 | 32mm   우 위 | 소요산 | 31mm   우 아래 | 소요산 | 31mm   ♂위 | 돌산령 | 32mm   ♂아래 | 돌산령 | 32mm

우 위 | 금강산 | 35mm   우 아래 | 금강산 | 35mm   우 위 | 천마산 | 34mm   우 아래 | 천마산 | 34mm

시가도귤빛부전나비 *Japonica saepestriata* (Hewitson, 1865)

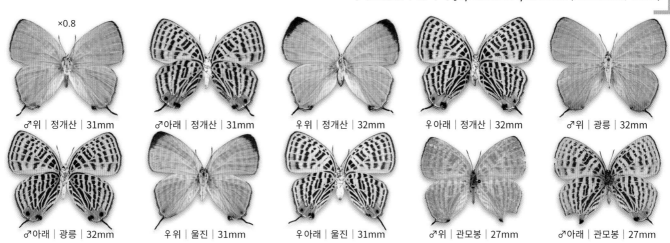

×0.8

♂위 | 정개산 | 31mm   ♂아래 | 정개산 | 31mm   우 위 | 정개산 | 32mm   우 아래 | 정개산 | 32mm   ♂위 | 광릉 | 32mm

♂아래 | 광릉 | 32mm   우 위 | 울진 | 31mm   우 아래 | 울진 | 31mm   ♂위 | 관모봉 | 27mm   ♂아래 | 관모봉 | 27mm

굴빛부전나비 *Japonica lutea* (Hewitson, 1865)

×0.8

♂위 | 정개산 | 31mm　　♂아래 | 정개산 | 31mm　　우위 | 주금산 | 33mm　　우아래 | 주금산 | 33mm　　♂위 | 광릉 | 32mm

♂아래 | 광릉 | 32mm　　우위 | 주금산 | 34mm　　우아래 | 주금산 | 34mm　　♂위 | 울진 | 30mm　　♂아래 | 울진 | 30mm

우위 | 포천 | 34mm　　우아래 | 포천 | 34mm　　♂위 | 관음사 | 29mm　　♂아래 | 관음사 | 29mm　　우위 | 화야산 | 35mm

우아래 | 화야산 | 35mm　　우위 | 선산 | 36mm　　우아래 | 선산 | 36mm

긴꼬리부전나비 *Araragi enthea* (Janson, 1877)

×1.0

♂위 | 방태산 | 26mm　　♂아래 | 방태산 | 26mm　　우위 | 방태산 | 27mm　　우아래 | 방태산 | 27mm　　♂위 | 백양리 | 30mm

♂아래 | 백양리 | 30mm　　우위 | 계방산 | 31mm　　우아래 | 계방산 | 31mm　　우위 | 해산 | 30mm　　우아래 | 해산 | 30mm

우위 | 해산 | 30mm　　우아래 | 해산 | 30mm

물빛긴꼬리부전나비 *Antigius attilia* (Bremer, 1861)

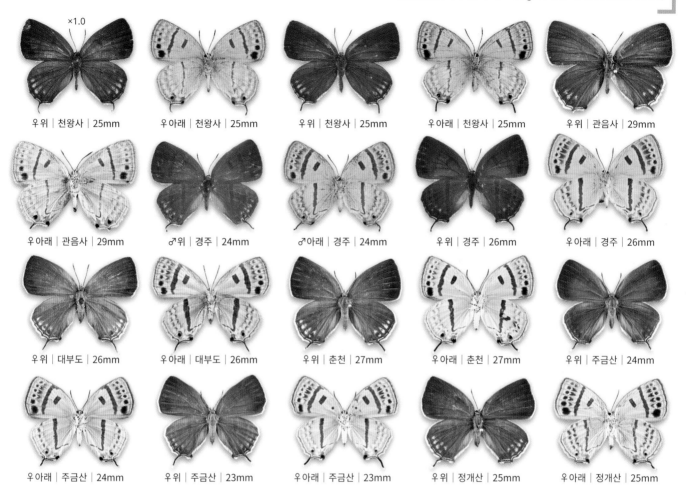

×1.0

| 우 위 | 천왕사 | 25mm | 우 아래 | 천왕사 | 25mm | 우 위 | 천왕사 | 25mm | 우 아래 | 천왕사 | 25mm | 우 위 | 관음사 | 29mm |

우 아래 | 관음사 | 29mm   ♂위 | 경주 | 24mm   ♂아래 | 경주 | 24mm   우 위 | 경주 | 26mm   우 아래 | 경주 | 26mm

우 위 | 대부도 | 26mm   우 아래 | 대부도 | 26mm   우 위 | 춘천 | 27mm   우 아래 | 춘천 | 27mm   우 위 | 주금산 | 24mm

우 아래 | 주금산 | 24mm   우 위 | 주금산 | 23mm   우 아래 | 주금산 | 23mm   우 위 | 정개산 | 25mm   우 아래 | 정개산 | 25mm

담색긴꼬리부전나비 *Antigius butleri* (Fenton, 1882)

×1.0

♂위 | 남해 금산 | 26mm   ♂아래 | 남해 금산 | 26mm   우 위 | 해산 | 27mm   우 아래 | 해산 | 27mm   ♂위 | 울진 | 26mm

♂아래 | 울진 | 26mm   우 위 | 주금산 | 28mm   우 아래 | 주금산 | 28mm   우 위 | 주금산 | 28mm   우 아래 | 주금산 | 28mm

우 위 | 천마산 | 27mm   우 아래 | 천마산 | 27mm   우 위 | 정개산 | 29mm   우 아래 | 정개산 | 29mm   우 위 | 정개산 | 29mm

담색긴꼬리부전나비 *Antigius butleri* (Fenton, 1882)

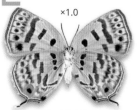

×1.0

우 아래 | 정개산 | 29mm

참나무부전나비 *Wagimo signatus* (Butler, 1882)

×1.0

♂위 | 주금산 | 30mm　　♂아래 | 주금산 | 30mm　　우위 | 주금산 | 29mm　　우 아래 | 주금산 | 29mm　　우위 | 주금산 | 27mm

우아래 | 주금산 | 27mm　　♂위 | 정개산 | 30mm　　♂아래 | 정개산 | 30mm　　우위 | 정개산 | 31mm　　우아래 | 정개산 | 31mm

♂위 | 울진 | 29mm　　♂아래 | 울진 | 29mm

작은녹색부전나비 *Neozephyrus japonicus* (Murray, 1875)

×0.9

♂위 | 주금산 | 32mm　　♂아래 | 주금산 | 32mm　　우위 | 강촌 | 34mm　　우아래 | 강촌 | 34mm　　♂위 | 정개산 | 35mm

♂아래 | 정개산 | 35mm　　우위 | 주금산 | 35mm　　우아래 | 주금산 | 35mm　　♂위 | 회령 | 32mm　　♂아래 | 회령 | 32mm

우위 | 사육 | 33mm　　우아래 | 사육 | 33mm　　우위 | 포천 | 29mm　　우아래 | 포천 | 29mm　　우위 | 포천 | 37mm

우 아래 | 포천 | 37mm

암붉은점녹색부전나비 *Chrysozephyrus smaragdinus* (Bremer, 1861)

×0.8

♂위 | 주금산 | 34mm

♂아래 | 주금산 | 34mm

우위 | 주금산 | 35mm

우아래 | 주금산 | 35mm

우위 | 주금산 | 35mm

우아래 | 주금산 | 35mm

♂위 | 해산 | 29mm

♂아래 | 해산 | 29mm

우위 | 포천 | 32mm

우아래 | 포천 | 32mm

♂위 | 원주 | 32mm

♂아래 | 원주 | 32mm

우위 | 광덕산 | 31mm

우아래 | 광덕산 | 31mm

♂위 | 정개산 | 33mm

♂아래 | 정개산 | 33mm

우위 | 화천 | 38mm

우아래 | 화천 | 38mm

북방녹색부전나비 *Chrysozephyrus brillantinus* (Staudinger, 1887)

×0.8

♂위 | 주금산 | 37mm

♂아래 | 주금산 | 37mm

우위 | 주금산 | 35mm

우아래 | 주금산 | 35mm

♂위 | 천마산 | 35mm

♂아래 | 천마산 | 35mm

우위 | 사육 | 36mm

우아래 | 사육 | 36mm

♂위 | 울산 | 33mm

♂아래 | 울산 | 33mm

북방녹색부전나비 *Chrysozephyrus brillantinus* (Staudinger, 1887)

×0.9

우위 | 해산 | 33mm　　우 아래 | 해산 | 33mm　　♂위 | 회령 | 27mm　　♂아래 | 회령 | 27mm　　우위 | 회령 | 32mm

우 아래 | 회령 | 32mm

남방녹색부전나비 *Chrysozephyrus ataxus* (Westwood, 1851)

×1.0

♂위 | 두륜산 | 36mm　　♂아래 | 두륜산 | 36mm　　우위 | 두륜산 | 35mm　　우 아래 | 두륜산 | 35mm　　♂위 | 두륜산 | 31mm

♂아래 | 두륜산 | 31mm　　우위 | 두륜산 | 27mm　　우 아래 | 두륜산 | 27mm

큰녹색부전나비 *Favonius orientalis* (Murray, 1875)

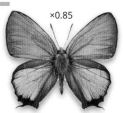    

×0.85

♂위 | 광덕산 | 32mm　　♂아래 | 광덕산 | 32mm　　우위 | 광덕산 | 35mm　　우 아래 | 광덕산 | 35mm　　♂위 | 천왕사 | 35mm

♂아래 | 천왕사 | 35mm　　우위 | 천왕사 | 35mm　　우 아래 | 천왕사 | 35mm　　우위 | 묘향산　　우 아래 | 묘향산

우위 | 주금산 | 34mm　　우 아래 | 주금산 | 34mm

깊은산녹색부전나비 *Favonius korshunovi* (Dubatolov et Sergeev, 1982)

×0.8				
♂위 │ 검단산 │ 32mm	♂아래 │ 검단산 │ 32mm	우위 │ 검단산 │ 34mm	우아래 │ 검단산 │ 34mm	우위 │ 검단산 │ 33mm
우아래 │ 검단산 │ 33mm	우위 │ 검단산 │ 33mm	우아래 │ 검단산 │ 33mm	♂위 │ 정개산 │ 34mm	♂아래 │ 정개산 │ 34mm
우위 │ 정개산 │ 31mm	우아래 │ 정개산 │ 31mm	우위 │ 정개산 │ 30mm	우아래 │ 정개산 │ 30mm	우위 │ 주금산 │ 32mm
우아래 │ 주금산 │ 32mm	우위 │ 주금산 │ 28mm	우아래 │ 주금산 │ 28mm	우위 │ 정개산 │ 32mm	우아래 │ 정개산 │ 32mm

우리녹색부전나비 *Favonius koreanus* Kim, 2006

×0.8				
♂위 │ 정개산 │ 35mm	♂아래 │ 정개산 │ 35mm	우위 │ 정개산 │ 38mm	우아래 │ 정개산 │ 38mm	♂위 │ 춘천 │ 34mm
♂아래 │ 춘천 │ 34mm	우위 │ 정개산 │ 37mm	우아래 │ 정개산 │ 37mm	♂위 │ 쌍룡 │ 32mm	♂아래 │ 쌍룡 │ 32mm

금강석녹색부전나비 *Favonius ultramarinus* (Fixsen, 1887)

×0.8

♂위 | 사육 | 35mm   ♂아래 | 사육 | 35mm   우위 | 쌍룡 | 32mm   우아래 | 쌍룡 | 32mm   ♂위 | 안양 | 37mm

♂아래 | 안양 | 37mm   우위 | 쌍룡 | 35mm   우아래 | 쌍룡 | 35mm   ♂위 | 정개산 | 33mm   ♂아래 | 정개산 | 33mm

우위 | 정개산 | 35mm   우아래 | 정개산 | 35mm   우위 | 정개산 | 35mm   우아래 | 정개산 | 35mm   우위 | 정개산 | 31mm

우아래 | 정개산 | 31mm   우위 | 천마산 | 34mm   우아래 | 천마산 | 34mm   ♂위 | 경주 | 36mm   ♂아래 | 경주 | 36mm

우위 | 경주 | 31mm   우아래 | 경주 | 31mm   우위 | 경주 | 36mm   우아래 | 경주 | 36mm

넓은띠녹색부전나비 *Favonius cognatus* (Staudinger, 1892)

×1.0

♂위 | 주금산 | 30mm   ♂아래 | 주금산 | 30mm   우위 | 주금산 | 31mm   우아래 | 주금산 | 31mm   ♂위 | 정개산 | 33mm

♂아래 | 정개산 | 33mm   우위 | 정개산 | 27mm   우아래 | 정개산 | 27mm   우위 | 정개산 | 30mm   우아래 | 정개산 | 30mm

우 위 | 정개산 | 33mm

우 아래 | 정개산 | 33mm

산녹색부전나비 *Favonius taxila* (Bremer, 1861)

×1.0

♂위 | 천왕사 | 30mm

♂아래 | 천왕사 | 30mm

우 위 | 천왕사 | 31mm

우 아래 | 천왕사 | 31mm

우 위 | 대덕산 | 29mm

우 아래 | 대덕산 | 29mm

우 위 | 주금산 | 32mm

우 아래 | 주금산 | 32mm

우 위 | 과천 | 37mm

우 아래 | 과천 | 37mm

우 위 | 서울 | 30mm

우 아래 | 서울 | 30mm

검정녹색부전나비 *Favonius yuasai* Shirôzu, 1947

×0.8

♂위 | 정개산 | 32mm

♂아래 | 정개산 | 32mm

우 위 | 정개산 | 33mm

우 아래 | 정개산 | 33mm

♂위 | 정개산 | 32mm

♂아래 | 정개산 | 32mm

우 위 | 정개산 | 30mm

우 아래 | 정개산 | 30mm

은날개녹색부전나비 *Favonius saphirinus* (Staudinger, 1887)

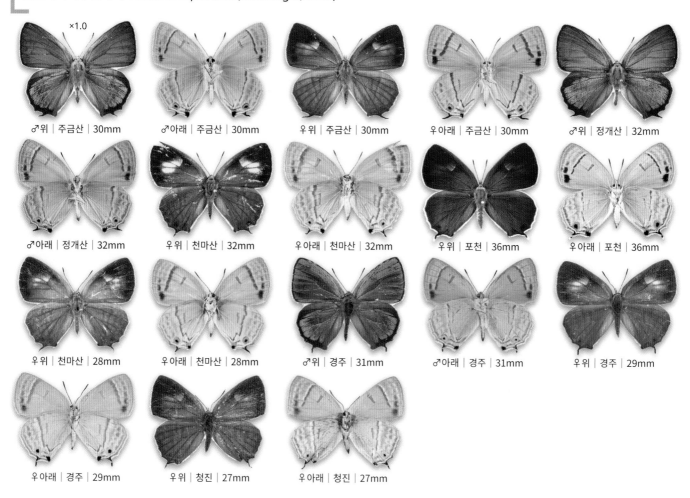

×1.0

♂위 | 주금산 | 30mm　　♂아래 | 주금산 | 30mm　　우위 | 주금산 | 30mm　　우아래 | 주금산 | 30mm　　♂위 | 정개산 | 32mm

♂아래 | 정개산 | 32mm　　우위 | 천마산 | 32mm　　우아래 | 천마산 | 32mm　　우위 | 포천 | 36mm　　우아래 | 포천 | 36mm

우위 | 천마산 | 28mm　　우아래 | 천마산 | 28mm　　♂위 | 경주 | 31mm　　♂아래 | 경주 | 31mm　　우위 | 경주 | 29mm

우아래 | 경주 | 29mm　　우위 | 청진 | 27mm　　우아래 | 청진 | 27mm

민꼬리까마귀부전나비 *Satyrium herzi* (Fixsen, 1887)

×1.0

♂위 | 화야산 | 28mm　　♂아래 | 화야산 | 28mm　　우위 | 화야산 | 29mm　　우아래 | 화야산 | 29mm　　♂위 | 화야산 | 26mm

♂아래 | 화야산 | 26mm　　우위 | 계방산 | 28mm　　우아래 | 계방산 | 28mm　　♂위 | 한대리 | 22mm　　♂아래 | 한대리 | 22mm

우위 | 한대리 | 24mm　　우아래 | 한대리 | 24mm

벚나무까마귀부전나비 *Satyrium pruni* (Linnaeus, 1758)

×1.0

♂위 | 양구 | 29mm   ♂아래 | 양구 | 29mm   우위 | 천마산 | 31mm   우아래 | 천마산 | 31mm   ♂위 | 고양 | 27mm

♂아래 | 고양 | 27mm   우위 | 천안 | 29mm   우아래 | 천안 | 29mm   우위 | 춘천 | 27mm   우아래 | 춘천 | 27mm

우위 | 춘천 | 25mm   우아래 | 춘천 | 25mm   우위 | 북한 | 30mm   우아래 | 북한 | 30mm   우위 | 화천 | 31mm

우아래 | 화천 | 31mm

꼬마까마귀부전나비 *Satyrium prunoides* (Staudinger, 1887)

×0.9

♂위 | 영월 | 24mm   ♂아래 | 영월 | 24mm   우위 | 영월 | 25mm   우아래 | 영월 | 25mm   ♂위 | 쌍룡 | 23mm

♂아래 | 쌍룡 | 23mm   우위 | 원주 | 22mm   우아래 | 원주 | 22mm   ♂위 | 포천 | 26mm   ♂아래 | 포천 | 26mm

참까마귀부전나비 *Satyrium eximia* (Fixsen, 1887)

×1.0

♂위 | 쌍룡 | 26mm   ♂아래 | 쌍룡 | 26mm   ♂위 | 영월 | 31mm   ♂아래 | 영월 | 31mm   우위 | 영월 | 31mm

참까마귀부전나비 *Satyrium eximia* (Fixsen, 1887)

우 아래 | 영월 | 31mm　　♂위 | 영월 | 28mm　　♂아래 | 영월 | 28mm　　♂위 | 금강산 | 22mm　　♂아래 | 금강산 | 22mm

우 위 | 금강산 | 31mm　　우 아래 | 금강산 | 31mm

북방까마귀부전나비 *Satyrium latior* (Fixsen, 1887)

♂위 | 쌍룡 | 31mm　　♂아래 | 쌍룡 | 31mm　　우 위 | 쌍룡 | 31mm　　우 아래 | 쌍룡 | 31mm　　♂위 | 영월 | 30mm

♂아래 | 영월 | 30mm　　우 위 | 사육 | 34mm　　우 아래 | 사육 | 34mm　　♂위 | 회령 | 36mm　　♂아래 | 회령 | 36mm

우 위 | 회령 | 37mm　　우 아래 | 회령 | 37mm

까마귀부전나비 *Satyrium w-album* (Knoch, 1782)

♂위 | 해산 | 27mm　　♂아래 | 해산 | 27mm　　우 위 | 평창 | 27mm　　우 아래 | 평창 | 27mm　　♂위 | 해산 | 24mm

♂아래 | 해산 | 24mm　　우 위 | 천마산 | 27mm　　우 아래 | 천마산 | 27mm　　♂위 | 회령 | 26mm　　♂아래 | 회령 | 26mm

우 위 | 회령 | 26mm

우 아래 | 회령 | 26mm

범부전나비 *Rapala arata* (Bremer, 1861)

×1.1

♂위 | 함백산 | 26mm | 봄 · ♂아래 | 함백산 | 26mm | 봄 · 우위 | 돈내코 | 26mm | 봄 · 우아래 | 돈내코 | 26mm | 봄 · ♂위 | 양자산 | 26mm | 봄

♂아래 | 양자산 | 26mm | 봄 · 우위 | 비자림 | 26mm | 봄 · 우아래 | 비자림 | 26mm | 봄 · ♂위 | 울릉도 | 26mm | 봄 · ♂아래 | 울릉도 | 26mm | 봄

우위 | 울릉도 | 26mm | 봄 · 우아래 | 울릉도 | 26mm | 봄 · ♂위 | 영월 | 26mm | 봄 · ♂아래 | 영월 | 26mm | 봄 · ♂위 | 백암 | 26mm | 봄

♂아래 | 백암 | 26mm | 봄 · ♂위 | 울진 | 26mm | 봄 · ♂아래 | 울진 | 26mm | 봄 · 우위 | 울진 | 26mm | 봄 · 우아래 | 울진 | 26mm | 봄

♂위 | 울산 | 26mm | 봄 · ♂아래 | 울산 | 26mm | 봄 · 우위 | 완도 | 26mm | 봄 · 우아래 | 완도 | 26mm | 봄 · ♂위 | 예봉산 | 26mm | 봄

♂아래 | 예봉산 | 26mm | 봄 · 우위 | 완도 | 26mm | 봄 · 우아래 | 완도 | 26mm | 봄 · ♂위 | 영월 | 26mm | 봄 · ♂아래 | 영월 | 26mm | 봄

범부전나비 *Rapala arata* (Bremer, 1861)

×1.1

♂위 | 인제 | 28mm | 봄   ♂아래 | 인제 | 28mm | 봄   ♂위 | 주금산 | 30mm | 여름   ♂아래 | 주금산 | 30mm | 여름   우위 | 주금산 | 29mm | 여름

우아래 | 주금산 | 29mm | 여름   ♂위 | 울릉도 | 30mm | 여름   ♂아래 | 울릉도 | 30mm | 여름   우위 | 서울 | 31mm | 여름   우아래 | 서울 | 31mm | 여름

우위 | 두륜산 | 32mm | 여름   우아래 | 두륜산 | 32mm | 여름   우위 | 천왕사 | 25mm | 여름   우아래 | 천왕사 | 25mm | 여름

쇳빛부전나비 *Callophrys ferrea* (Butler, 1866)

×1.2

♂위 | 서울 | 25mm   ♂아래 | 서울 | 25mm   우위 | 유암리 | 23mm   우아래 | 유암리 | 23mm   ♂위 | 남해 금산 | 24mm

♂아래 | 남해 금산 | 24mm   우위 | 천마산 | 24mm   우아래 | 천마산 | 24mm   ♂위 | 경주 | 24mm   ♂아래 | 경주 | 24mm

북방쇳빛부전나비 *Callophrys frivaldszkyi* (Kindermann, 1853)

×1.2

♂위 | 쌍룡 | 20mm   ♂아래 | 쌍룡 | 20mm   우위 | 쌍룡 | 25mm   우아래 | 쌍룡 | 25mm   ♂위 | 쌍룡 | 22mm

♂아래 | 쌍룡 | 22mm   우위 | 제천 | 26mm   우아래 | 제천 | 26mm   ♂위 | 영월 | 25mm   ♂아래 | 영월 | 25mm

우위 | 영월 | 25mm　　우아래 | 영월 | 25mm　　우위 | 영월 | 25mm　　우아래 | 영월 | 25mm

뿔나비 *Libythea lepita* Moore, 1858

×1.0

♂위 | 정개산 | 43mm   ♂아래 | 정개산 | 43mm   ♂위 | 가평 | 43mm   ♂아래 | 가평 | 43mm

♂위 | 관음사 | 53mm   ♂아래 | 관음사 | 53mm   우위 | 남해도 | 42mm   우아래 | 남해도 | 42mm

♂위 | 앵무봉 | 42mm   ♂아래 | 앵무봉 | 42mm   우위 | 화야산 | 42mm   우아래 | 화야산 | 42mm

별선두리왕나비 *Danaus genutia* (Cramer, 1779)

×0.75

♂위 | 울산 | 70mm   ♂아래 | 울산 | 70mm   우위 | 타이완

우아래 | 타이완

끝검은왕나비 *Danaus chrysippus* (Linnaeus, 1758)

×0.9

♂위 | 부산 | 61mm

♂아래 | 부산 | 61mm

우위 | 부산 | 61mm

우아래 | 부산 | 61mm

왕나비 *Parantica sita* (Kollar, 1844)

×0.6

♂위 | 광덕산 | 97mm

♂아래 | 광덕산 | 97mm

우위 | 화야산 | 108mm

왕나비 *Parantica sita* (Kollar, 1844)

×0.6

우 아래 | 화야산 | 108mm   ♂위 | 홍천 | 85mm   ♂아래 | 홍천 | 85mm

우 위 | 홍천 | 90mm   우 아래 | 홍천 | 90mm

대만왕나비 *Parantica swinhoei* (Moore, 1883)

×0.75

♂위 | 제주 | 73mm   ♂아래 | 제주 | 73mm

꼬마표범나비 *Boloria selenis* (Eversmann, 1837)

×1.4

♂위 │ 경성(주을) │ 30mm   ♂아래 │ 경성(주을) │ 30mm   우위 │ 청진 │ 39mm   우아래 │ 청진 │ 39mm

♂위 │ 청진 │ 30mm   ♂아래 │ 청진 │ 30mm   우위 │ 청진 │ 37mm   우아래 │ 청진 │ 37mm

큰은점선표범나비 *Boloria oscarus* (Eversmann, 1844)

×1.0

♂위 │ 백운산 │ 36mm   ♂아래 │ 백운산 │ 36mm   우위 │ 양양 │ 42mm   우아래 │ 양양 │ 42mm

♂위 │ 해산 │ 45mm   ♂아래 │ 해산 │ 45mm   우위 │ 광덕산 │ 38mm   우아래 │ 광덕산 │ 38mm

♂위 │ 오대산 │ 43mm   ♂아래 │ 오대산 │ 43mm   우위 │ 인제 │ 47mm   우아래 │ 인제 │ 47mm

큰은점선표범나비 *Boloria oscarus* (Eversmann, 1844)

×1.1

♂위 | 청진 | 38mm   ♂아래 | 청진 | 38mm   우위 | 청진 | 38mm   우아래 | 청진 | 38mm

산꼬마표범나비 *Boloria thore* (Hübner, [1803])

×1.2

♂위 | 계방산 | 37mm   ♂아래 | 계방산 | 37mm   우위 | 오대산 | 36mm   우아래 | 오대산 | 36mm

♂위 | 오대산 | 36mm   ♂아래 | 오대산 | 36mm   우위 | 오대산 | 39mm   우아래 | 오대산 | 39mm

백두산표범나비 *Boloria angarensis* (Erschoff, 1870)

×1.0

우위 | 백암 | 42mm   우아래 | 백암 | 42mm   ♂위 | 대덕산 | 37mm   ♂아래 | 대덕산 | 37mm

우위 | 백암 | 46mm   우아래 | 백암 | 46mm   ♂위 | 관모봉 | 37mm   ♂아래 | 관모봉 | 37mm

높은산표범나비 *Boloria titania* (Esper, 1793)

×1.1

♂위 | 대택 | 37mm ♂아래 | 대택 | 37mm 우위 | 관모봉 | 37mm 우아래 | 관모봉 | 37mm

우위 | 백암 | 37mm 우아래 | 백암 | 37mm ♂위 | 대택 | 37mm ♂아래 | 대택 | 37mm

고운은점선표범나비 *Boloria iphigenia* (Graeser, 1888)

×1.2

♂위 | 아무르 | 34mm ♂아래 | 아무르 | 34mm

은점선표범나비 *Boloria euphrosyne* (Linnaeus, 1758)

×1.2

♂위 | 백암 | 30mm ♂아래 | 백암 | 30mm 우위 | 대덕산 | 40mm 우아래 | 대덕산 | 40mm

♂위 | 백암 | 34mm ♂아래 | 백암 | 34mm 우위 | 관모봉 | 33mm 우아래 | 관모봉 | 33mm

산은점선표범나비 *Boloria selene* (Denis et Schiffermüller, 1775)

×1.3

♂위 | 백암 | 31mm   ♂아래 | 백암 | 31mm   우위 | 백암 | 30mm   우아래 | 백암 | 30mm

♂위 | 백암 | 30mm   ♂아래 | 백암 | 30mm

작은은점선표범나비 *Boloria perryi* (Butler, 1882)

×1.1

♂위 | 문막 | 39mm   ♂아래 | 문막 | 39mm   우위 | 문막 | 38mm   우아래 | 문막 | 38mm

♂위 | 횡계 | 34mm   ♂아래 | 횡계 | 34mm   우위 | 횡계 | 36mm   우아래 | 횡계 | 36mm

♂위 | 광릉 | 37mm   ♂아래 | 광릉 | 37mm   우위 | 광릉 | 38mm   우아래 | 광릉 | 38mm

♂위 | 광릉 | 38mm ♂아래 | 광릉 | 38mm 우위 | 백암 | 37mm 우아래 | 백암 | 37mm

♂위 | 청진 | 33mm ♂아래 | 청진 | 33mm ♂위 | 경성(주을) | 29mm ♂아래 | 경성(주을) | 29mm

우위 | pungtung | 30mm

큰표범나비 *Brenthis daphne* (Denis et Schffermüller, 1775)

×0.8

♂위 | 광릉 | 50mm ♂아래 | 광릉 | 50mm 우위 | 대화 | 56mm 우아래 | 대화 | 56mm

♂위 | 심적습지 | 52mm ♂아래 | 심적습지 | 52mm 우위 | 주금산 | 55mm 우아래 | 주금산 | 55mm

큰표범나비 *Brenthis daphne* (Denis et Schffermüller, 1775)

×1.0

♂위 | 회령 | 42mm   ♂아래 | 회령 | 42mm   우위 | 회령 | 50mm   우아래 | 회령 | 50mm

우위 | 대암산 | 46mm   우아래 | 대암산 | 46mm

작은표범나비 *Brenthis ino* (Rottemburg, 1775)

×1.1

♂위 | 주금산 | 43mm   ♂아래 | 주금산 | 43mm   우위 | 주금산 | 45mm   우아래 | 주금산 | 45mm

♂위 | 계방산 | 42mm   ♂아래 | 계방산 | 42mm   우위 | 횡계 | 45mm   우아래 | 횡계 | 45mm

♂위 | 북한 | 37mm   ♂아래 | 북한 | 37mm   우위 | 태백산 | 42mm   우아래 | 태백산 | 42mm

♂위 | 회령 | 39mm

♂아래 | 회령 | 39mm

우위 | 회령 | 43mm

우아래 | 회령 | 43mm

♂위 | 도내 | 38mm

♂아래 | 도내 | 38mm

우위 | 청진 | 43mm

우아래 | 청진 | 43mm

암끝검은표범나비 *Argynnis hyperbius* (Linnaeus, 1763)

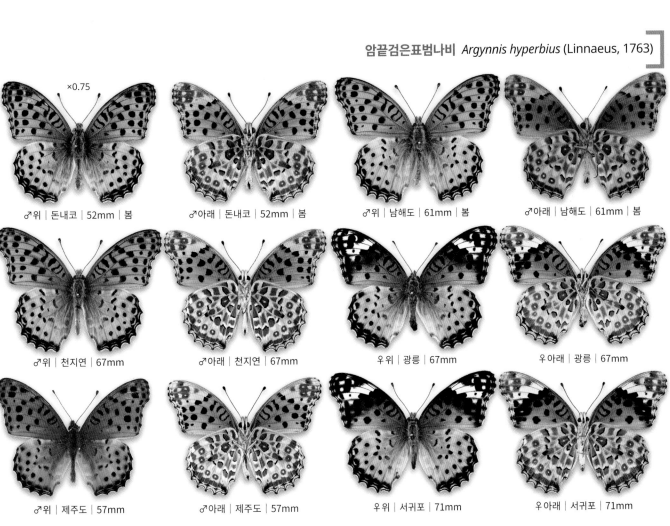

×0.75

♂위 | 돈내코 | 52mm | 봄

♂아래 | 돈내코 | 52mm | 봄

♂위 | 남해도 | 61mm | 봄

♂아래 | 남해도 | 61mm | 봄

♂위 | 천지연 | 67mm

♂아래 | 천지연 | 67mm

우위 | 광릉 | 67mm

우아래 | 광릉 | 67mm

♂위 | 제주도 | 57mm

♂아래 | 제주도 | 57mm

우위 | 서귀포 | 71mm

우아래 | 서귀포 | 71mm

은줄표범나비 *Argynnis paphia* (Linnaeus, 1758)

×0.7

♂위 | 회령 | 60mm   ♂아래 | 회령 | 60mm   우위 | 회령 | 64mm   우아래 | 회령 | 64mm

♂위 | 울릉도 | 57mm   ♂아래 | 울릉도 | 57mm   우위 | 울릉도 | 63mm   우아래 | 울릉도 | 63mm

♂위 | 제주 | 41mm   ♂아래 | 제주 | 41mm   우위 | 한라산 | 64mm   우아래 | 한라산 | 64mm

♂위 | 강촌 | 66mm   ♂아래 | 강촌 | 66mm   우위 | 계방산 | 67mm   우아래 | 계방산 | 67mm

우위 | 춘천 | 59mm   우아래 | 춘천 | 59mm   우위 | 광릉 | 66mm   우아래 | 광릉 | 66mm

구름표범나비 *Argynnis anadyomene* C. et R. Felder, 1862

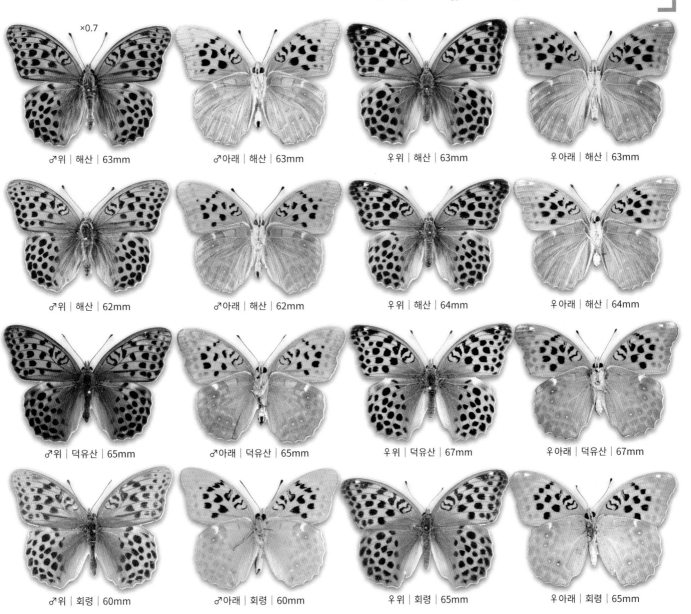

×0.7

♂위 | 해산 | 63mm ♂아래 | 해산 | 63mm 우위 | 해산 | 63mm 우아래 | 해산 | 63mm

♂위 | 해산 | 62mm ♂아래 | 해산 | 62mm 우위 | 해산 | 64mm 우아래 | 해산 | 64mm

♂위 | 덕유산 | 65mm ♂아래 | 덕유산 | 65mm 우위 | 덕유산 | 67mm 우아래 | 덕유산 | 67mm

♂위 | 회령 | 60mm ♂아래 | 회령 | 60mm 우위 | 회령 | 65mm 우아래 | 회령 | 65mm

암검은표범나비 *Argynnis sagana* Doubleday, 1847

×0.7

♂위 | 청진 | 58mm ♂아래 | 청진 | 58mm 우위 | 청진 | 65mm 우아래 | 청진 | 65mm

암검은표범나비 *Argynnis sagana* Doubleday, 1847

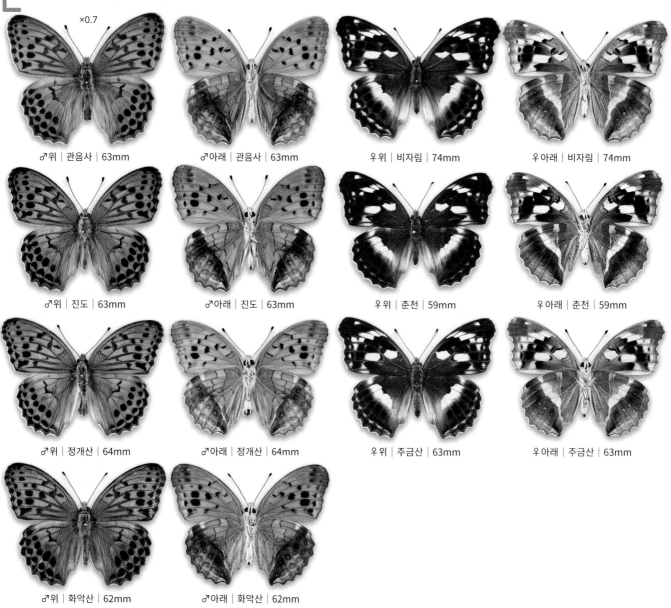

×0.7

♂위 | 관음사 | 63mm	♂아래 | 관음사 | 63mm	우위 | 비자림 | 74mm	우아래 | 비자림 | 74mm
♂위 | 진도 | 63mm	♂아래 | 진도 | 63mm	우위 | 춘천 | 59mm	우아래 | 춘천 | 59mm
♂위 | 정개산 | 64mm	♂아래 | 정개산 | 64mm	우위 | 주금산 | 63mm	우아래 | 주금산 | 63mm
♂위 | 화악산 | 62mm	♂아래 | 화악산 | 62mm		

흰줄표범나비 *Argynnis laodice* (Pallas, 1771)

×0.7

♂위 | 광릉 | 55mm	♂아래 | 광릉 | 55mm	우위 | 해산 | 53mm	우아래 | 해산 | 53mm

♂위 | 대화 | 55mm   ♂아래 | 대화 | 55mm   우위 | 대구 | 60mm   우아래 | 대구 | 60mm

♂위 | 인제 | 55mm   ♂아래 | 인제 | 55mm   우위 | 대암산 | 56mm   우아래 | 대암산 | 56mm

♂위 | 관음사 | 54mm   ♂아래 | 관음사 | 54mm   우위 | 제주시 | 62mm   우아래 | 제주시 | 62mm

♂위 | 관음사 | 52mm   ♂아래 | 관음사 | 52mm   우위 | 청진 | 52mm   우아래 | 청진 | 52mm

♂위 | 회령 | 53mm   ♂아래 | 회령 | 53mm   ♂위 | 회령 | 50mm   ♂아래 | 회령 | 50mm

큰흰줄표범나비 *Argynnis ruslana* Motschulsky, 1866

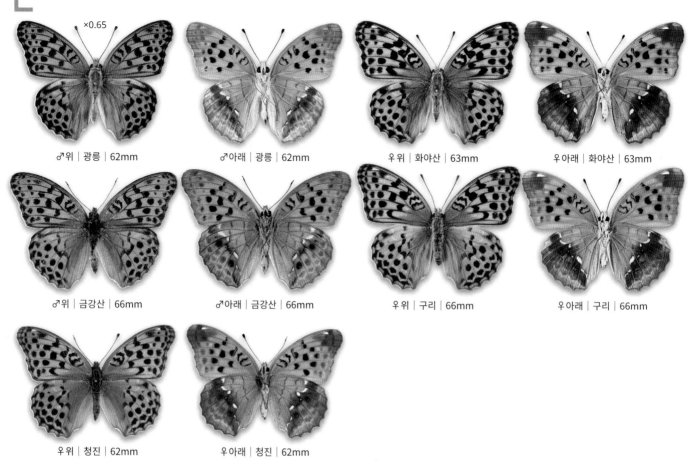

×0.65

♂위 | 광릉 | 62mm   ♂아래 | 광릉 | 62mm   우위 | 화야산 | 63mm   우아래 | 화야산 | 63mm

♂위 | 금강산 | 66mm   ♂아래 | 금강산 | 66mm   우위 | 구리 | 66mm   우아래 | 구리 | 66mm

우위 | 청진 | 62mm   우아래 | 청진 | 62mm

중국은줄표범나비 *Argynnis childreni* Gray, 1831

×0.55

♂위 | 중국 | 75mm   ♂아래 | 중국 | 75mm

산은줄표범나비 *Argynnis zenobia* Leech, 1890

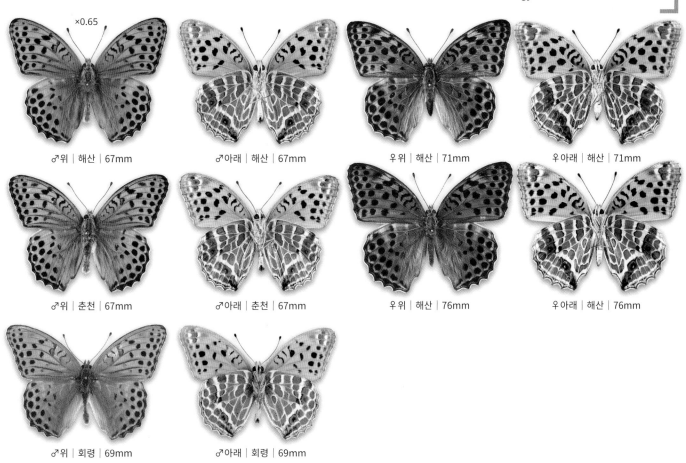

×0.65

♂위 | 해산 | 67mm ♂아래 | 해산 | 67mm 우위 | 해산 | 71mm 우아래 | 해산 | 71mm

♂위 | 춘천 | 67mm ♂아래 | 춘천 | 67mm 우위 | 해산 | 76mm 우아래 | 해산 | 76mm

♂위 | 회령 | 69mm ♂아래 | 회령 | 69mm

은점표범나비 *Fabriciana niobe* (Linnaeus, 1758)

×0.7

♂위 | 한라산 | 57mm ♂아래 | 한라산 | 57mm 우위 | 한라산 | 60mm 우아래 | 한라산 | 60mm

♂위 | 한라산 | 53mm ♂아래 | 한라산 | 53mm 우위 | 한라산 | 59mm 우아래 | 한라산 | 59mm

은점표범나비 *Fabriciana niobe* (Linnaeus, 1758)

×0.8

♂위 | 한라산 | 49mm   ♂아래 | 한라산 | 49mm   우위 | 해산 | 66mm   우 아래 | 해산 | 66mm

♂위 | 영월 | 56mm   ♂아래 | 영월 | 56mm   우위 | 쌍룡 | 66mm   우 아래 | 쌍룡 | 66mm

♂위 | 쌍룡 | 60mm   ♂아래 | 쌍룡 | 60mm   우위 | 쌍룡 | 65mm   우 아래 | 쌍룡 | 65mm

♂위 | 앵무봉 | 55mm   ♂아래 | 앵무봉 | 55mm   ♂위 | 민둥산 | 50mm   ♂아래 | 민둥산 | 50mm

♂위 | 민둥산 | 51mm   ♂아래 | 민둥산 | 51mm   ♂위 | 민둥산 | 60mm   ♂아래 | 민둥산 | 60mm

♂위 | 중국 도문 | 51mm   ♂아래 | 중국 도문 | 51mm   우위 | 해산 | 56mm   우 아래 | 해산 | 56mm

♂위 | 팔괴리 | 50mm　　♂아래 | 팔괴리 | 50mm　　우위 | 태백산 | 63mm　　우아래 | 태백산 | 63mm

♂위 | 광덕산 | 56mm　　♂아래 | 광덕산 | 56mm　　우위 | 청진 | 60mm　　우아래 | 청진 | 60mm

♂위 | 회령 | 54mm　　♂아래 | 회령 | 54mm　　♂위 | 회령 | 51mm　　♂아래 | 회령 | 51mm

♂위 | 회령 | 55mm　　♂아래 | 회령 | 55mm　　♂위 | 원산　　♂아래 | 원산

♂위 | 원산　　♂아래 | 원산　　우위 | 원산　　우아래 | 원산

우위 | 원산　　우아래 | 원산

긴은점표범나비 *Fabriciana vorax* (Butler, 1871)

×0.7

♂위 | 관음사 | 60mm ♂아래 | 관음사 | 60mm 우위 | 제주 | 66mm 우아래 | 제주 | 66mm

♂위 | 양구 | 60mm ♂아래 | 양구 | 60mm 우위 | 정선 | 58mm 우아래 | 정선 | 58mm

♂위 | 계방산 | 49mm ♂아래 | 계방산 | 49mm 우위 | 정선 | 57mm 우아래 | 정선 | 57mm

♂위 | 영월 | 59mm ♂아래 | 영월 | 59mm 우위 | 정개산 | 62mm 우아래 | 정개산 | 62mm

♂위 | 홍천 | 54mm ♂아래 | 홍천 | 54mm 우위 | 금강산 | 61mm 우아래 | 금강산 | 61mm

♂위 | 한대리 | 50mm ♂아래 | 한대리 | 50mm ♂위 | 한대리 | 50mm ♂아래 | 한대리 | 50mm

우위 | 홍천 | 59mm   우아래 | 홍천 | 59mm

왕은점표범나비 *Fabriciana nerippe* (C. et R. Felder, 1862)

×0.65

♂위 | 용문 | 61mm   ♂아래 | 용문 | 61mm   우위 | 가리왕산 | 70mm   우아래 | 가리왕산 | 70mm

♂위 | 용문 | 60mm   ♂아래 | 용문 | 60mm   우위 | 광릉 | 70mm   우아래 | 광릉 | 70mm

풀표범나비 *Speyeria aglaja* (Linnaeus, 1758)

×0.7

♂위 | 쌍룡 | 58mm   ♂아래 | 쌍룡 | 58mm   우위 | 해산 | 62mm   우아래 | 해산 | 62mm

♂위 | 쌍룡 | 58mm   ♂아래 | 쌍룡 | 58mm   우위 | 천마산 | 62mm   우아래 | 천마산 | 62mm

풀표범나비 *Speyeria aglaja* (Linnaeus, 1758)

×0.7

♂위 | 계방산 | 59mm   ♂아래 | 계방산 | 59mm   우위 | 대덕산 | 52mm   우아래 | 대덕산 | 52mm

♂위 | 해산 | 53mm   ♂아래 | 해산 | 53mm   ♂위 | 한대리 | 46mm   ♂아래 | 한대리 | 46mm

♂위 | 백암 | 51mm   ♂아래 | 백암 | 51mm

줄나비 *Limenitis camilla* (Linnaeus, 1764)

×1.0

♂위 | 명개리 | 42mm   ♂아래 | 명개리 | 42mm   우위 | 정개산 | 46mm   우아래 | 정개산 | 46mm

♂위 | 명개리 | 38mm   ♂아래 | 명개리 | 38mm   우위 | 두륜산 | 48mm   우아래 | 두륜산 | 48mm

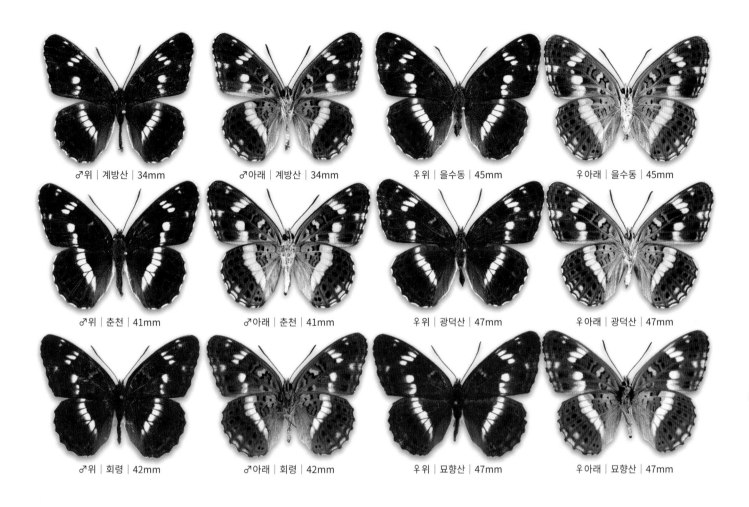

♂위 | 계방산 | 34mm   ♂아래 | 계방산 | 34mm   우위 | 을수동 | 45mm   우아래 | 을수동 | 45mm

♂위 | 춘천 | 41mm   ♂아래 | 춘천 | 41mm   우위 | 광덕산 | 47mm   우아래 | 광덕산 | 47mm

♂위 | 회령 | 42mm   ♂아래 | 회령 | 42mm   우위 | 묘향산 | 47mm   우아래 | 묘향산 | 47mm

제이줄나비 *Limenitis doerriesi* Staudinger, 1892

×1.0

♂위 | 인제 | 44mm   ♂아래 | 인제 | 44mm   우위 | 영종도 | 50mm   우아래 | 영종도 | 50mm

♂위 | 정개산 | 38mm   ♂아래 | 정개산 | 38mm   우위 | 정개산 | 56mm   우아래 | 정개산 | 56mm

제이줄나비 *Limenitis doerriesi* Staudinger, 1892

×1.0

♂위 | 주금산 | 47mm | 여름   ♂아래 | 주금산 | 47mm | 여름   우위 | 주금산 | 45mm | 여름   우아래 | 주금산 | 45mm | 여름

♂위 | 회령 | 40mm   ♂아래 | 회령 | 40mm   우위 | 주금산 | 55mm   우아래 | 주금산 | 55mm

♂위 | 회령 | 45mm   ♂아래 | 회령 | 45mm   우위 | 회령 | 45mm   우아래 | 회령 | 45mm

제일줄나비 *Limenitis helmanni* Lederer, 1853

×1.0

♂위 | 영종도 | 43mm   ♂아래 | 영종도 | 43mm   우위 | 영종도 | 48mm   우아래 | 영종도 | 48mm

♂위 | 정개산 | 50mm   ♂아래 | 정개산 | 50mm   우위 | 정개산 | 51mm   우아래 | 정개산 | 51mm

♂위 | 진도 | 45mm   ♂아래 | 진도 | 45mm   우위 | 진도 | 48mm   우아래 | 진도 | 48mm

♂위 | 제주 | 44mm   ♂아래 | 제주 | 44mm   우위 | 서귀포 | 43mm   우아래 | 서귀포 | 43mm

♂위 | 백암 | 42mm   ♂아래 | 백암 | 42mm   우위 | 백암 | 47mm   우아래 | 백암 | 47mm

♂위 | 정선 | 47mm   ♂아래 | 정선 | 47mm   ♂위 | 풍산 | 45mm   ♂아래 | 풍산 | 45mm

제삼줄나비 *Limenitis homeyeri* Tancré, 1881

×1.0

♂위 | 계방산 | 48mm   ♂아래 | 계방산 | 48mm   우위 | 광덕산 | 50mm   우아래 | 광덕산 | 50mm

제삼줄나비 *Limenitis homeyeri* Tancré, 1881

×1.0

♂위 | 계방산 | 51mm   ♂아래 | 계방산 | 51mm   우위 | 오대산 | 50mm   우아래 | 오대산 | 50mm

♂위 | 한대리 | 35mm   ♂아래 | 한대리 | 35mm   우위 | 회령 | 47mm   우아래 | 회령 | 47mm

굵은줄나비 *Limenitis sydyi* Lederer, 1853

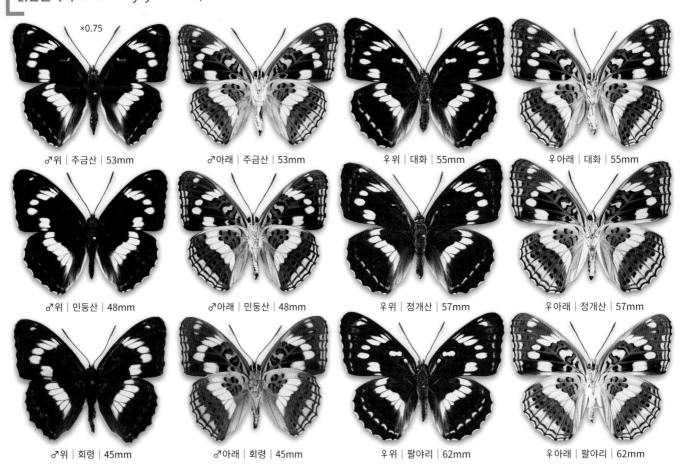

×0.75

♂위 | 주금산 | 53mm   ♂아래 | 주금산 | 53mm   우위 | 대화 | 55mm   우아래 | 대화 | 55mm

♂위 | 민둥산 | 48mm   ♂아래 | 민둥산 | 48mm   우위 | 정개산 | 57mm   우아래 | 정개산 | 57mm

♂위 | 회령 | 45mm   ♂아래 | 회령 | 45mm   우위 | 팔야리 | 62mm   우아래 | 팔야리 | 62mm

♂위 | 회령 | 51mm   ♂아래 | 회령 | 51mm   우위 | 회령 | 57mm   우아래 | 회령 | 57mm

참줄사촌나비 *Limenitis amphyssa* Ménétriès, 1859

×0.8

♂위 | 계방산 | 53mm   ♂아래 | 계방산 | 53mm   우위 | 계방산 | 53mm   우아래 | 계방산 | 53mm

♂위 | 계방산 | 49mm   ♂아래 | 계방산 | 49mm   우위 | 회령 | 49mm   우아래 | 회령 | 49mm

♂위 | 백두산 | 49mm   ♂아래 | 백두산 | 49mm

참줄나비 *Limenitis moltrechti* Kardakoff, 1928

×0.75

♂위 | 민둥산 | 54mm   ♂아래 | 민둥산 | 54mm   우위 | 해산 | 59mm   우아래 | 해산 | 59mm

참줄나비 *Limenitis moltrechti* Kardakoff, 1928

×0.8

♂위 | 해산 | 47mm　　♂아래 | 해산 | 47mm　　우위 | 해산 | 59mm　　우아래 | 해산 | 59mm

♂위 | 회령 | 46mm　　♂아래 | 회령 | 46mm　　우위 | 회령 | 60mm　　우아래 | 회령 | 60mm

왕줄나비 *Limenitis populi* (Linnaeus, 1758)

×0.65

♂위 | 계방산 | 67mm　　♂아래 | 계방산 | 67mm　　우위 | 계방산 | 78mm　　우아래 | 계방산 | 78mm

♂위 | 오대산 | 58mm　　♂아래 | 오대산 | 58mm　　우위 | 유린령 | 70mm　　우아래 | 유린령 | 70mm

♂위 | 홍천 | 65mm　　♂아래 | 홍천 | 65mm　　♂위 | 백암 | 58mm　　♂아래 | 백암 | 58mm

♂위 | 평창 | 60mm

♂아래 | 평창 | 60mm

홍줄나비 *Chalinga pratti* (Leech, 1890)

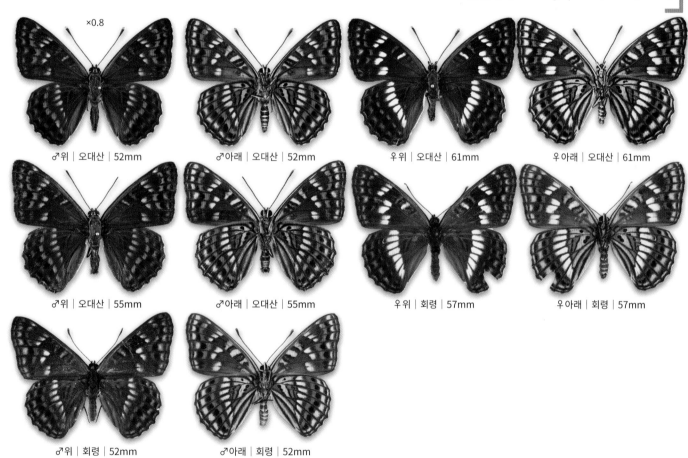

×0.8

♂위 | 오대산 | 52mm

♂아래 | 오대산 | 52mm

우위 | 오대산 | 61mm

우아래 | 오대산 | 61mm

♂위 | 오대산 | 55mm

♂아래 | 오대산 | 55mm

우위 | 회령 | 57mm

우아래 | 회령 | 57mm

♂위 | 회령 | 52mm

♂아래 | 회령 | 52mm

애기세줄나비 *Neptis sappho* (Pallas, 1771)

×1.0

♂위 | 용인 | 45mm | 봄

♂아래 | 용인 | 45mm | 봄

우위 | 팔야리 | 42mm | 봄

우아래 | 팔야리 | 42mm | 봄

애기세줄나비 *Neptis sappho* (Pallas, 1771)

×1.0

♂위 | 거제도 | 42mm | 봄　　♂아래 | 거제도 | 42mm | 봄　　우위 | 거제도 | 46mm | 봄　　우아래 | 거제도 | 46mm | 봄

♂위 | 울릉도 | 39mm | 봄　　♂아래 | 울릉도 | 39mm | 봄　　우위 | 울릉도 | 46mm | 봄　　우아래 | 울릉도 | 46mm | 봄

♂위 | 백령도 | 44mm | 봄　　♂아래 | 백령도 | 44mm | 봄　　우위 | 비자림 | 49mm | 봄　　우아래 | 비자림 | 49mm | 봄

♂위 | 정개산 | 43mm | 봄　　♂아래 | 정개산 | 43mm | 봄　　우위 | 제천 | 48mm | 봄　　우아래 | 제천 | 48mm | 봄

♂위 | 정개산 | 45mm | 봄　　♂아래 | 정개산 | 45mm | 봄　　우위 | 울릉도 | 42mm | 여름　　우아래 | 울릉도 | 42mm | 여름

♂위 | 울릉도 | 40mm | 여름　　♂아래 | 울릉도 | 40mm | 여름　　우위 | 주금산 | 42mm | 여름　　우아래 | 주금산 | 42mm | 여름

♂위 | 청진 | 36mm | 여름   ♂아래 | 청진 | 36mm | 여름   우위 | 주금산 | 44mm | 여름   우아래 | 주금산 | 44mm | 여름

♂위 | 정개산 | 40mm | 여름   ♂아래 | 정개산 | 40mm | 여름   우위 | 서귀포 | 42mm | 여름   우아래 | 서귀포 | 42mm | 여름

우위 | 서귀포 | 43mm | 여름   우아래 | 서귀포 | 43mm | 여름

세줄나비 *Neptis philyra* Ménétriès, 1859

×0.75

♂위 | 광릉 | 55mm   ♂아래 | 광릉 | 55mm   우위 | 광릉 | 60mm   우아래 | 광릉 | 60mm

♂위 | 광릉 | 45mm   ♂아래 | 광릉 | 45mm   우위 | 정개산 | 63mm   우아래 | 정개산 | 63mm

높은산세줄나비 *Neptis speyeri* Staudinger, 1887

×1.0

♂위 | 광릉 | 46mm   ♂아래 | 광릉 | 46mm   우위 | 광릉 | 45mm   우아래 | 광릉 | 45mm

♂위 | 해산 | 44mm   ♂아래 | 해산 | 44mm   우위 | 광릉 | 52mm   우아래 | 광릉 | 52mm

♂위 | 회령 | 42mm   ♂아래 | 회령 | 42mm   우위 | 회령 | 47mm   우아래 | 회령 | 47mm

참세줄나비 *Neptis philyroides* Staudinger, 1887

×0.75

♂위 | 화야산 | 56mm   ♂아래 | 화야산 | 56mm   우위 | 광릉 | 55mm   우아래 | 광릉 | 55mm

♂위 | 화야산 | 55mm   ♂아래 | 화야산 | 55mm   우위 | 광릉 | 53mm   우아래 | 광릉 | 53mm

♂위 | 회령 | 55mm　　♂아래 | 회령 | 55mm　　우위 | 회령 | 51mm　　우아래 | 회령 | 51mm

두줄나비 *Neptis rivularis* (Scopoli, 1763)

×1.0

♂위 | 모곡 | 42mm　　♂아래 | 모곡 | 42mm　　우위 | 팔괴리 | 49mm　　우아래 | 팔괴리 | 49mm

♂위 | 대덕산 | 36mm　　♂아래 | 대덕산 | 36mm　　우위 | 쌍룡 | 41mm　　우아래 | 쌍룡 | 41mm

♂위 | 인제 | 42mm　　♂아래 | 인제 | 42mm　　우위 | 한대리 | 39mm　　우아래 | 한대리 | 39mm

우위 | 원동재 | 45mm　　우아래 | 원동재 | 45mm

별박이세줄나비 *Neptis pryeri* Butler, 1871

×1.0

♂위 | 양주 | 44mm

♂아래 | 양주 | 44mm

우위 | 앵무봉 | 57mm

우아래 | 앵무봉 | 57mm

♂위 | 천마산 | 45mm

♂아래 | 천마산 | 45mm

우위 | 회령 | 47mm

우아래 | 회령 | 47mm

♂위 | 회령 | 40mm

♂아래 | 회령 | 40mm

개마별박이세줄나비 *Neptis andetria* Fruhstorfer, 1913

×1.0

♂위 | 민둥산 | 40mm

♂아래 | 민둥산 | 40mm

우위 | 화악산 | 46mm

우아래 | 화악산 | 46mm

♂위 | 민둥산 | 42mm

♂아래 | 민둥산 | 42mm

우위 | 함경도 | 46mm

우아래 | 함경도 | 46mm

♂위 | Nantyu | 38mm   ♂아래 | Nantyu | 38mm

왕세줄나비 *Neptis alwina* (Bremer et Grey, 1853)

×0.7

♂위 | 정선 | 64mm   ♂아래 | 정선 | 64mm   우위 | 해산 | 65mm   우아래 | 해산 | 65mm

♂위 | 주금산 | 62mm   ♂아래 | 주금산 | 62mm   우위 | 정개산 | 59mm   우아래 | 정개산 | 59mm

우위 | 회령 | 63mm   우아래 | 회령 | 63mm

황세줄나비 *Neptis thisbe* Ménétriès, 1859

×0.75

♂위 | 주금산 | 59mm   ♂아래 | 주금산 | 59mm   ♂위 | 안동 | 58mm   ♂아래 | 안동 | 58mm

황세줄나비 *Neptis thisbe* Ménétriès, 1859

×0.75

♂위 | 해산 | 55mm

♂아래 | 해산 | 55mm

♂위 | 화야산 | 62mm

♂아래 | 화야산 | 62mm

♂위 | 민둥산 | 55mm

♂아래 | 민둥산 | 55mm

우위 | 춘천 | 65mm

우아래 | 춘천 | 65mm

♂위 | 율전 | 57mm

♂아래 | 율전 | 57mm

우위 | 관모봉 | 62mm

우아래 | 관모봉 | 62mm

♂위 | 백두산 | 63mm

♂아래 | 백두산 | 63mm

우위 | 회령 | 65mm

우아래 | 회령 | 65mm

우위 | 회령 | 55mm

우아래 | 회령 | 55mm

북방황세줄나비 *Neptis tshetverikovi* Kurentzov, 1936

×0.75

♂위 | 계방산 | 55mm   ♂아래 | 계방산 | 55mm   우위 | 해산 | 60mm   우아래 | 해산 | 60mm

♂위 | 오대산 | 55mm   ♂아래 | 오대산 | 55mm   우위 | 계방산 | 57mm   우아래 | 계방산 | 57mm

♂위 | 백암 | 46mm   ♂아래 | 백암 | 46mm   우위 | 평창 | 70mm   우아래 | 평창 | 70mm

산황세줄나비 *Neptis ilos* Fruhstorfer, 1909

×0.8

♂위 | 해산 | 52mm   ♂아래 | 해산 | 52mm   우위 | 해산 | 58mm   우아래 | 해산 | 58mm

♂위 | 해산 | 53mm   ♂아래 | 해산 | 53mm   우위 | 화악산 | 57mm   우아래 | 화악산 | 57mm

산황세줄나비 *Neptis ilos* Fruhstorfer, 1909

×0.8

♂위 | 해산 | 52mm   ♂아래 | 해산 | 52mm   ♂위 | 회령 | 49mm   ♂아래 | 회령 | 49mm

어리세줄나비 *Neptis raddei* (Bremer, 1861)

×0.65

♂위 | 화야산 | 58mm   ♂아래 | 화야산 | 58mm   우위 | 광릉 | 66mm   우아래 | 광릉 | 66mm

♂위 | 설악산 | 69mm   ♂아래 | 설악산 | 69mm   우위 | 주금산 | 67mm   우아래 | 주금산 | 67mm

오색나비 *Apatura ilia* (Denis et Schiffermüller, 1775)

×0.9

♂위 | 오대산 | 64mm

♂아래 | 오대산 | 64mm

♂위 | 오대산 | 67mm

♂아래 | 오대산 | 67mm

♂위 | 계방산 | 62mm

♂아래 | 계방산 | 62mm

♂위 | 계방산 | 64mm

♂아래 | 계방산 | 64mm

♂위 | 계방산 | 65mm

♂아래 | 계방산 | 65mm

♂위 | 계방산 | 66mm

♂아래 | 계방산 | 66mm

오색나비 *Apatura ilia* (Denis et Schiffermüller, 1775)

×0.9

♂위 | 가리왕산 | 60mm

♂아래 | 가리왕산 | 60mm

♂위 | 가리왕산 | 68mm

♂아래 | 가리왕산 | 68mm

♂위 | 화천 | 64mm

♂아래 | 화천 | 64mm

♂위 | 인제 | 66mm

♂아래 | 인제 | 66mm

우위 | 인제 | 74mm

우아래 | 인제 | 74mm

♂위 | 회령 | 52mm

♂아래 | 회령 | 52mm

우위 | 회령 | 65mm

우아래 | 회령 | 65mm

♂위 | 회령 | 53mm

♂아래 | 회령 | 53mm

♂위 | 해산 | 65mm

♂아래 | 해산 | 65mm

우위 | 해산 | 65mm

우아래 | 해산 | 65mm

♂위 | 오대산 | 64mm

♂아래 | 오대산 | 64mm

♂위 | 오대산 | 64mm

♂아래 | 오대산 | 64mm

오색나비 *Apatura ilia* (Denis et Schiffermüller, 1775)

우위 | 가리왕산 | 77mm

우아래 | 가리왕산 | 77mm

우위 | 정선 | 77mm

우아래 | 정선 | 77mm

우위 | 정선 | 70mm

우아래 | 정선 | 70mm

황오색나비 *Apatura metis* Freyer, 1829

♂위 | 광덕산 | 59mm

♂아래 | 광덕산 | 59mm

우위 | 해산 | 65mm

우 아래 | 해산 | 65mm

♂위 | 고창 | 56mm

♂아래 | 고창 | 56mm

우 위 | 주금산 | 69mm

우 아래 | 주금산 | 69mm

♂위 | 회령 | 61mm

♂아래 | 회령 | 61mm

우 위 | 회령 | 68mm

우 아래 | 회령 | 68mm

♂위 | 계방산 | 63mm

♂아래 | 계방산 | 63mm

♂위 | 계방산 | 63mm

황오색나비 *Apatura metis* Freyer, 1829

×0.9

♂아래 │ 계방산 │ 63mm   ♂위 │ 화악산 │ 60mm   ♂아래 │ 화악산 │ 60mm

번개오색나비 *Apatura iris* (Linnaeus, 1758)

×0.8

♂위 │ 화악산 │ 66mm   ♂아래 │ 화악산 │ 66mm   우위 │ 화악산 │ 76mm

우아래 │ 화악산 │ 76mm   ♂위 │ 민둥산 │ 65mm   ♂아래 │ 민둥산 │ 65mm

우위 | 광덕산 | 67mm 우 아래 | 광덕산 | 67mm ♂위 | 회령 | 64mm

♂아래 | 회령 | 64mm 우위 | 회령 | 68mm 우 아래 | 회령 | 68mm

수노랑나비 *Chitoria ulupi* (Doherty, 1889)

×0.9

♂위 | 강촌 | 64mm ♂아래 | 강촌 | 64mm 우위 | 강촌 | 68mm

수노랑나비 *Chitoria ulupi* (Doherty, 1889)

×0.9

우 아래 | 강촌 | 68mm   ♂위 | 광릉 | 65mm   ♂아래 | 광릉 | 65mm

우 위 | 광릉 | 72mm   우 아래 | 광릉 | 72mm

밤오색나비 *Mimathyma nycteis* (Ménétriès, 1859)

×0.9

♂위 | 포천 | 67mm   ♂아래 | 포천 | 67mm   ♂위 | 제천 | 67mm

♂아래 | 제천 | 67mm

♂위 | 민둥산 | 71mm

♂아래 | 민둥산 | 71mm

우위 | 쌍룡 | 82mm

우아래 | 쌍룡 | 82mm

우위 | 쌍룡 | 77mm

우아래 | 쌍룡 | 77mm

♂위 | 북한 | 58mm

♂아래 | 북한 | 58mm

♂위 | 회령 | 58mm

♂아래 | 회령 | 58mm

우위 | 회령 | 63mm

밤오색나비 *Mimathyma nycteis* (Ménétriès, 1859)

×0.9

우 아래 | 회령 | 63mm

은판나비 *Mimathyma schrenckii* (Ménétriès, 1859)

×0.8

♂위 | 계방산 | 79mm   ♂아래 | 계방산 | 79mm   우위 | 설악산 | 76mm

우 아래 | 설악산 | 76mm   ♂위 | 춘천 | 83mm   ♂아래 | 춘천 | 83mm

우 위 | 오천터널 | 78mm

우 아래 | 오천터널 | 78mm

우 위 | 산청 | 86mm

우 아래 | 산청 | 86mm

♂위 | 회령 | 63mm

♂아래 | 회령 | 63mm

우 위 | 회령 | 77mm

우 아래 | 회령 | 77mm

♂위 | 회령 | 73mm

♂아래 | 회령 | 73mm

유리창나비 *Dilipa fenestra* (Leech, 1891)

×1.0

♂위 | 유암리 | 57mm

♂아래 | 유암리 | 57mm

♂위 | 광릉 | 53mm

♂아래 | 광릉 | 53mm

우위 | 광릉 | 62mm

우아래 | 광릉 | 62mm

우위 | 광릉 | 61mm

우아래 | 광릉 | 61mm

홍점알락나비 *Hestina assimilis* (Linnaeus, 1758)

×0.75

♂위 │ 민둥산 │ 80mm │ 봄

♂아래 │ 민둥산 │ 80mm │ 봄

우위 │ 영종도 │ 90mm │ 봄

우아래 │ 영종도 │ 90mm │ 봄

♂위 │ 광릉 │ 78mm │ 봄

♂아래 │ 광릉 │ 78mm │ 봄

우위 │ 빌레못 │ 86mm │ 봄

우아래 │ 빌레못 │ 86mm │ 봄

♂위 │ 완도 │ 69mm │ 여름

♂아래 │ 완도 │ 69mm │ 여름

우위 │ 춘천 │ 79mm │ 여름

우아래 │ 춘천 │ 79mm │ 여름

홍점알락나비 *Hestina assimilis* (Linnaeus, 1758)

×0.75

♂위 | 한라산 | 66mm | 여름　　　♂아래 | 한라산 | 66mm | 여름　　　우위 | 서귀포 | 82mm | 여름

우아래 | 서귀포 | 82mm | 여름

흑백알락나비 *Hestina persimilis* (Westwood, 1850)

×0.85

♂위 | 연천 | 56mm | 봄　　　♂아래 | 연천 | 56mm | 봄　　　♂위 | 광릉 | 67mm | 봄

♂아래 | 광릉 | 67mm | 봄

우위 | 광릉 | 70mm | 봄

우아래 | 광릉 | 70mm | 봄

우위 | 광릉 | 70mm | 봄

우아래 | 광릉 | 70mm | 봄

♂위 | 화야산 | 62mm | 봄

♂위 | 화야산 | 62mm | 봄

우위 | 화야산 | 66mm | 봄

우아래 | 화야산 | 66mm | 봄

♂위 | 광릉 | 60mm | 여름

♂아래 | 광릉 | 60mm | 여름

우위 | 광릉 | 67mm | 여름

흑백알락나비 *Hestina persimilis* (Westwood, 1850)

×0.85

우 아래 | 광릉 | 67mm | 여름

♂위 | 방장산 | 62mm | 여름

♂아래 | 방장산 | 62mm | 여름

우 위 | 서울 | 62mm | 여름

우 아래 | 서울 | 62mm | 여름

왕오색나비 *Sasakia charonda* (Hewitson, 1863)

×0.65

♂위 | 광릉 | 83mm

♂아래 | 광릉 | 83mm

♂위 | 광릉 | 83mm

♂아래 | 광릉 | 83mm

우위 | 광릉 | 94mm

우아래 | 광릉 | 94mm

우위 | 가리왕산 | 100mm

우아래 | 가리왕산 | 100mm

♂위 | 포천 | 88mm

♂아래 | 포천 | 88mm

우위 | 포천 | 82mm

우아래 | 포천 | 82mm

우위 | 제주 | 102mm

우아래 | 제주 | 102mm

대왕나비 *Sephisa princeps* (Fixsen, 1887)

×0.9

♂위 | 화악산 | 61mm

♂아래 | 화악산 | 61mm

우위 | 춘천 백양리 | 67mm

우아래 | 춘천 백양리 | 67mm

♂위 | 강촌 | 63mm

♂아래 | 강촌 | 63mm

우위 | 청진 | 64mm

우아래 | 청진 | 64mm

♂위 | 회령 | 55mm

♂아래 | 회령 | 55mm

돌담무늬나비 *Cyrestis thyodamas* Doyère, 1840

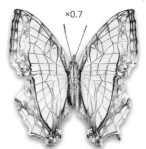

우 위 | 비자림 | 50mm   우 아래 | 비자림 | 50mm

×0.7

먹그림나비 *Dichorragia nesimachus* (Doyère, 1840)

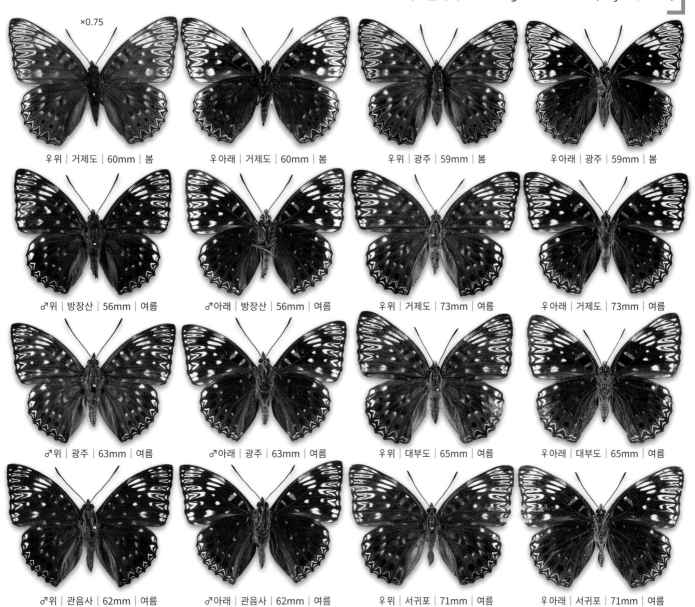

×0.75

우위 | 거제도 | 60mm | 봄   우 아래 | 거제도 | 60mm | 봄   우위 | 광주 | 59mm | 봄   우 아래 | 광주 | 59mm | 봄

♂위 | 방장산 | 56mm | 여름   ♂아래 | 방장산 | 56mm | 여름   우위 | 거제도 | 73mm | 여름   우 아래 | 거제도 | 73mm | 여름

♂위 | 광주 | 63mm | 여름   ♂아래 | 광주 | 63mm | 여름   우위 | 대부도 | 65mm | 여름   우 아래 | 대부도 | 65mm | 여름

♂위 | 관음사 | 62mm | 여름   ♂아래 | 관음사 | 62mm | 여름   우위 | 서귀포 | 71mm | 여름   우 아래 | 서귀포 | 71mm | 여름

금빛어리표범나비 *Euphydryas davidi* (Oberthür, 1881)

×1.1

♂위 | 쌍룡 | 38mm   ♂아래 | 쌍룡 | 38mm   우위 | 팔괴리 | 41mm   우아래 | 팔괴리 | 41mm

♂위 | 팔괴리 | 34mm   ♂아래 | 팔괴리 | 34mm   우위 | 팔괴리 | 41mm   우아래 | 팔괴리 | 41mm

♂위 | 쌍룡 | 37mm   ♂아래 | 쌍룡 | 37mm   우위 | 쌍룡 | 42mm   우아래 | 쌍룡 | 42mm

♂위 | 쌍룡 | 32mm   ♂아래 | 쌍룡 | 32mm   우위 | 명지산 | 44mm   우아래 | 명지산 | 44mm

♂위 | 명지산 | 38mm   ♂아래 | 명지산 | 38mm   우위 | 회령 | 40mm   우아래 | 회령 | 40mm

♂위 | 회령 | 36mm   ♂아래 | 회령 | 36mm   우위 | 회령 | 38mm   우아래 | 회령 | 38mm

함경어리표범나비 *Euphydryas intermedia* (Ménétriès, 1859)

×1.15

♂위 | 백암 | 35mm　　♂아래 | 백암 | 35mm　　우위 | 연해주 | 45mm　　우아래 | 연해주 | 45mm

♂위 | 대덕산 | 35mm　　♂아래 | 대덕산 | 35mm　　우위 | 대덕산 | 37mm　　우아래 | 대덕산 | 37mm

산어리표범나비 *Melitaea yagakuana* Matsumura, 1927

×1.2

♂위 | 회령 | 36mm　　♂아래 | 회령 | 36mm　　우위 | 회령 | 42mm　　우아래 | 회령 | 42mm

♂위 | 회령 | 34mm　　♂아래 | 회령 | 34mm　　우위 | 회령 | 40mm　　우아래 | 회령 | 40mm

♂위 | 회령 | 38mm　　♂아래 | 회령 | 38mm　　우위 | 회령 | 40mm　　우아래 | 회령 | 40mm

산어리표범나비 *Melitaea yagakuana* Matsumura, 1927

×1.1

♂위 | 회령 | 38mm　　♂아래 | 회령 | 38mm　　우위 | 회령 | 40mm　　우아래 | 회령 | 40mm

♂위 | 백암 | 37mm　　♂아래 | 백암 | 37mm　　우위 | 백암 | 37mm　　우아래 | 백암 | 37mm

♂위 | 도내 | 35mm　　♂아래 | 도내 | 35mm

암암어리표범나비 *Melitaea scotosia* Butler, 1878

×0.8

♂위 | 쌍룡 | 49mm　　♂아래 | 쌍룡 | 49mm　　우위 | 쌍룡 | 52mm　　우아래 | 쌍룡 | 52mm

♂위 | 영월 | 48mm　　♂아래 | 영월 | 48mm　　우위 | 쌍룡 | 51mm　　우아래 | 쌍룡 | 51mm

♂위 | 회령 | 43mm　　♂아래 | 회령 | 43mm　　우위 | 회령 | 51mm　　우아래 | 회령 | 51mm

우위 | 팔괴리 | 55mm　　우아래 | 팔괴리 | 55mm

은점어리표범나비 *Melitaea diamina* (Lang, 1789)

×1.2

♂위 | 북한 | 33mm　　♂아래 | 북한 | 33mm　　우위 | 대택 | 37mm　　우아래 | 대택 | 37mm

♂위 | 백암 | 27mm　　♂아래 | 백암 | 27mm　　우위 | 백암 | 37mm　　우아래 | 백암 | 37mm

♂위 | 백암 | 27mm　　♂아래 | 백암 | 27mm　　우위 | 회령 | 37mm　　우아래 | 회령 | 37mm

담색어리표범나비 *Melitaea protomedia* Ménétriès, 1858

×1.1

| ♂위 \| 팔야리 \| 42mm | ♂아래 \| 팔야리 \| 42mm | 우위 \| 팔야리 \| 43mm | 우아래 \| 팔야리 \| 43mm |

♂위 \| 심적습지 \| 36mm　　♂아래 \| 심적습지 \| 36mm　　우위 \| 심적습지 \| 37mm　　우아래 \| 심적습지 \| 37mm

♂위 \| 비자림 \| 44mm　　♂아래 \| 비자림 \| 44mm　　♂위 \| 빌레못 \| 39mm　　♂아래 \| 빌레못 \| 39mm

북방어리표범나비 *Melitaea arcesia* Bremer, 1861

×1.5

♂위 \| 대택 \| 27mm　　♂아래 \| 대택 \| 27mm　　우위 \| 무산 \| 27mm　　우아래 \| 무산 \| 27mm

봄어리표범나비 *Melitaea latefascia* Fixsen, 1887

×1.2

♂위 | 주금산 | 34mm　　♂아래 | 주금산 | 34mm　　우위 | 주금산 | 37mm　　우아래 | 주금산 | 37mm

♂위 | 주금산 | 35mm　　♂아래 | 주금산 | 35mm　　우위 | 장흥 | 41mm　　우아래 | 장흥 | 41mm

♂위 | 주금산 | 33mm　　♂아래 | 주금산 | 33mm　　우위 | 장흥 | 37mm　　우아래 | 장흥 | 37mm

♂위 | 장흥 | 37mm　　♂아래 | 장흥 | 37mm　　♂위 | 장흥 | 36mm　　♂아래 | 장흥 | 36mm

♂위 | 광릉 | 38mm　　♂아래 | 광릉 | 38mm　　우위 | 광릉 | 39mm　　우아래 | 광릉 | 39mm

♂위 | 천마산 | 31mm　　♂아래 | 천마산 | 31mm

경원어리표범나비 *Melitaea plotina* Bremer, 1861

×1.3

♂위 | 경원 | 27mm　　♂아래 | 경원 | 27mm　　♂위 | 경원 | 27mm　　♂아래 | 경원 | 27mm

여름어리표범나비 *Melitaea ambigua* Ménétriès, 1859

×1.1

♂위 | 주금산 | 33mm　　♂아래 | 주금산 | 33mm　　우위 | 오천터널 | 34mm　　우아래 | 오천터널 | 34mm

♂위 | 천마산 | 40mm　　♂아래 | 천마산 | 40mm　　우위 | 오천터널 | 37mm　　우아래 | 오천터널 | 37mm

♂위 | 진도 | 41mm　　♂아래 | 진도 | 41mm　　우위 | 진도 | 43mm　　우아래 | 진도 | 43mm

♂위 | 진도 | 42mm　　♂아래 | 진도 | 42mm　　우위 | 진도 | 38mm　　우아래 | 진도 | 38mm

우 위 | 주금산 | 45mm   우 아래 | 주금산 | 45mm   ♂위 | 회령 | 40mm   ♂아래 | 회령 | 40mm

우 위 | 주금산 | 45mm   우 아래 | 주금산 | 45mm   ♂위 | 회령 | 34mm   ♂아래 | 회령 | 34mm

♂위 | 백암 | 34mm   ♂아래 | 백암 | 34mm   우 위 | 한대리 | 35mm   우 아래 | 한대리 | 35mm

북방거꾸로여덟팔나비 *Araschnia levana* (Linnaeus, 1758)

×1.25

♂위 | 화야산 | 35mm | 봄   ♂아래 | 화야산 | 35mm | 봄   우위 | 광덕산 | 30mm | 봄   우아래 | 광덕산 | 30mm | 봄

♂위 | 연변 | 28mm | 봄   ♂아래 | 연변 | 28mm | 봄   ♂위 | 광덕산 | 37mm | 여름   ♂아래 | 광덕산 | 37mm | 여름

북방거꾸로여덟팔나비 *Araschnia levana* (Linnaeus, 1758)

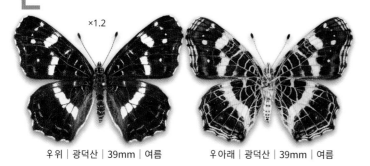

×1.2

우위 | 광덕산 | 39mm | 여름　　　　우 아래 | 광덕산 | 39mm | 여름

거꾸로여덟팔나비 *Araschnia burejana* Bremer, 1861

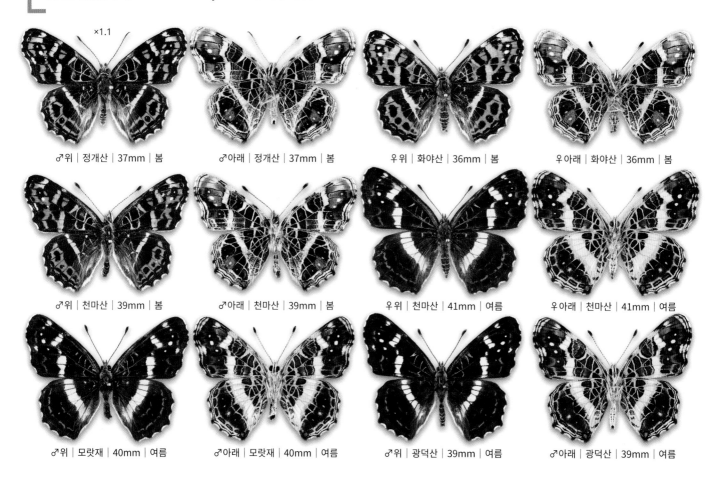

×1.1

♂위 | 정개산 | 37mm | 봄　　♂아래 | 정개산 | 37mm | 봄　　우위 | 화야산 | 36mm | 봄　　우 아래 | 화야산 | 36mm | 봄

♂위 | 천마산 | 39mm | 봄　　♂아래 | 천마산 | 39mm | 봄　　우위 | 천마산 | 41mm | 여름　　우 아래 | 천마산 | 41mm | 여름

♂위 | 모랏재 | 40mm | 여름　　♂아래 | 모랏재 | 40mm | 여름　　♂위 | 광덕산 | 39mm | 여름　　♂아래 | 광덕산 | 39mm | 여름

네발나비 *Polygonia c-aureum* (Linnaeus, 1758)

×1.0

♂위 | 주금산 | 41mm | 여름    ♂아래 | 주금산 | 41mm | 여름    우위 | 앵무봉 | 50mm | 여름    우아래 | 앵무봉 | 50mm | 여름

♂위 | 회령 | 48mm | 여름    ♂아래 | 회령 | 48mm | 여름    우위 | 서귀포 | 48mm | 여름    우아래 | 서귀포 | 48mm | 여름

♂위 | 광릉 | 44mm | 가을    ♂아래 | 광릉 | 44mm | 가을    우위 | 서울 | 43mm | 가을    우아래 | 서울 | 43mm | 가을

우위 | 영종도 | 44mm | 가을    우아래 | 영종도 | 44mm | 가을

산네발나비 *Polygonia c-album* (Linnaeus, 1758)

×1.0

♂위 | 광덕산 | 48mm | 여름    ♂아래 | 광덕산 | 48mm | 여름    우위 | 광릉 | 48mm | 여름    우아래 | 광릉 | 48mm | 여름

산네발나비 *Polygonia c-album* (Linnaeus, 1758)

×1.0

♂위 | 가리왕산 | 47mm | 여름   ♂아래 | 가리왕산 | 47mm | 여름   우위 | 계방산 | 48mm | 여름   우아래 | 계방산 | 48mm | 여름

♂위 | 백덕산 | 46mm | 여름   ♂아래 | 백덕산 | 46mm | 여름   우위 | 주금산 | 49mm | 여름   우아래 | 주금산 | 49mm | 여름

♂위 | 무산 | 41mm | 여름   ♂아래 | 무산 | 41mm | 여름   우위 | 회령 | 42mm | 여름   우아래 | 회령 | 42mm | 여름

♂위 | 광덕산 | 46mm | 가을   ♂아래 | 광덕산 | 46mm | 가을   우위 | 광덕산 | 47mm | 가을   우아래 | 광덕산 | 47mm | 가을

♂위 | 인제 | 45mm | 가을   ♂아래 | 인제 | 45mm | 가을   우위 | 회령 | 41mm | 가을   우아래 | 회령 | 41mm | 가을

♂위 | 회령 | 40mm | 가을   ♂아래 | 회령 | 40mm | 가을   ♂위 | 회령 | 41mm | 가을   ♂아래 | 회령 | 41mm | 가을

갈고리신선나비 *Nymphalis l-album* (Esper, 1781)

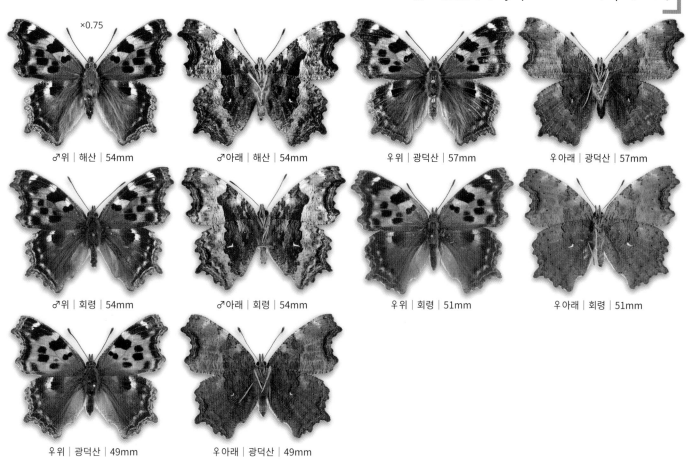

×0.75

♂위 | 해산 | 54mm　　♂아래 | 해산 | 54mm　　우위 | 광덕산 | 57mm　　우아래 | 광덕산 | 57mm

♂위 | 회령 | 54mm　　♂아래 | 회령 | 54mm　　우위 | 회령 | 51mm　　우아래 | 회령 | 51mm

우위 | 광덕산 | 49mm　　우아래 | 광덕산 | 49mm

들신선나비 *Nymphalis xanthomelas* (Denis et Schiffermüller, 1775)

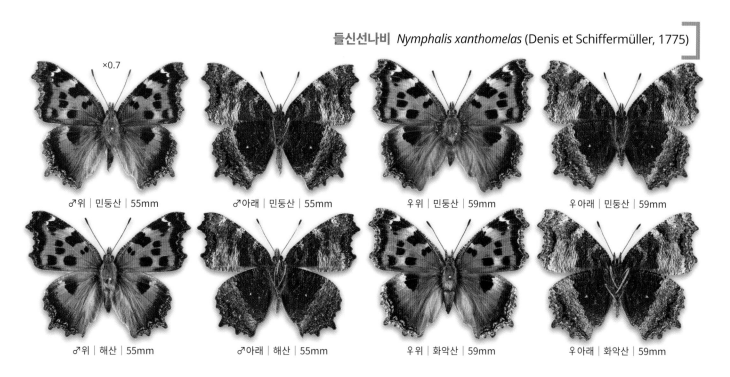

×0.7

♂위 | 민둥산 | 55mm　　♂아래 | 민둥산 | 55mm　　우위 | 민둥산 | 59mm　　우아래 | 민둥산 | 59mm

♂위 | 해산 | 55mm　　♂아래 | 해산 | 55mm　　우위 | 화악산 | 59mm　　우아래 | 화악산 | 59mm

들신선나비 *Nymphalis xanthomelas* (Denis et Schiffermüller, 1775)

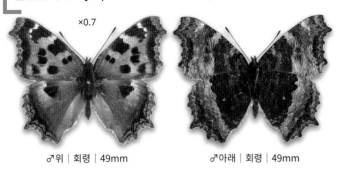

×0.7

♂위 │ 회령 │ 49mm   ♂아래 │ 회령 │ 49mm

신선나비 *Nymphalis antiopa* (Linnaeus, 1758)

×0.7

♂위 │ 백암 │ 53mm   ♂아래 │ 백암 │ 53mm   ♂위 │ 백암 │ 53mm   ♂아래 │ 백암 │ 53mm

우위 │ 광덕산 │ 63mm   우아래 │ 광덕산 │ 63mm

청띠신선나비 *Kaniska canace* (Linnaeus, 1763)

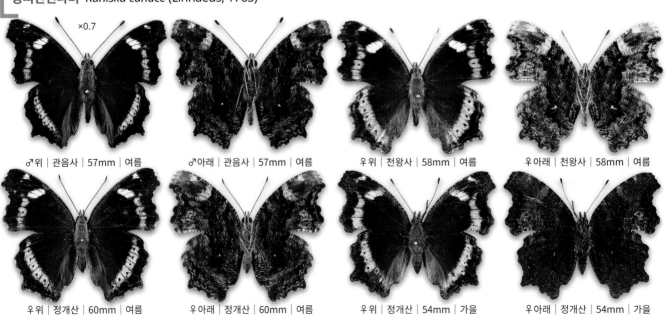

×0.7

♂위 │ 관음사 │ 57mm │ 여름   ♂아래 │ 관음사 │ 57mm │ 여름   우위 │ 천왕사 │ 58mm │ 여름   우아래 │ 천왕사 │ 58mm │ 여름

우위 │ 정개산 │ 60mm │ 여름   우아래 │ 정개산 │ 60mm │ 여름   우위 │ 정개산 │ 54mm │ 가을   우아래 │ 정개산 │ 54mm │ 가을

♂위 │ 화야산 │ 54mm │ 가을　　♂아래 │ 화야산 │ 54mm │ 가을　　우위 │ 광릉 │ 53mm │ 가을　　우아래 │ 광릉 │ 53mm │ 가을

우위 │ 울진 │ 51mm │ 가을　　우아래 │ 울진 │ 51mm │ 가을

공작나비 *Aglais io* (Linnaeus, 1758)

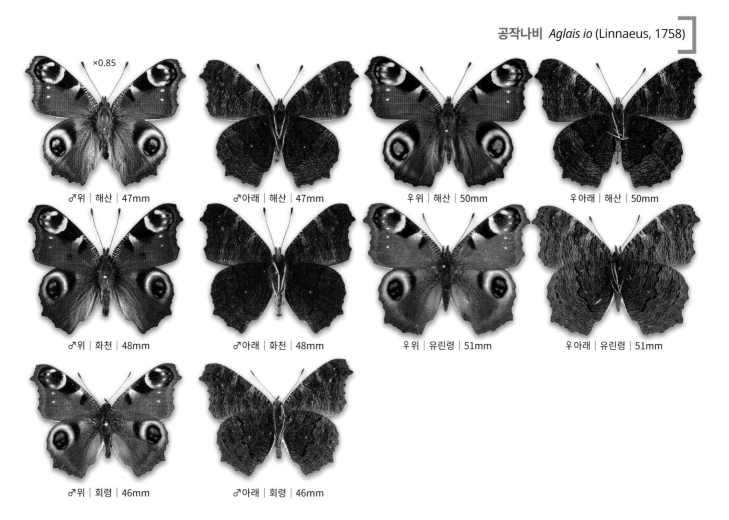

×0.85

♂위 │ 해산 │ 47mm　　♂아래 │ 해산 │ 47mm　　우위 │ 해산 │ 50mm　　우아래 │ 해산 │ 50mm

♂위 │ 화천 │ 48mm　　♂아래 │ 화천 │ 48mm　　우위 │ 유린령 │ 51mm　　우아래 │ 유린령 │ 51mm

♂위 │ 회령 │ 46mm　　♂아래 │ 회령 │ 46mm

쐐기풀나비 *Aglais urticae* (Linnaeus, 1758)

×0.9

♂위 | 백암 | 44mm   ♂아래 | 백암 | 44mm   우위 | 광덕산 | 45mm   우아래 | 광덕산 | 45mm

우위 | 관모봉 | 46mm   우아래 | 관모봉 | 46mm

작은멋쟁이나비 *Vanessa cardui* (Linnaeus, 1758)

×0.8

♂위 | 팔당 | 52mm   ♂아래 | 팔당 | 52mm   우위 | 제주 해안동 | 50mm   우아래 | 제주 해안동 | 50mm

♂위 | 관모봉 | 51mm   ♂아래 | 관모봉 | 51mm   우위 | 영종도 | 52mm   우아래 | 영종도 | 52mm

큰멋쟁이나비 *Vanessa indica* (Herbst, 1794)

×0.8

♂위 | 쌍룡 | 48mm   ♂아래 | 쌍룡 | 48mm   우위 | 계방산 | 62mm   우아래 | 계방산 | 62mm

♂위 | 금강산 | 52mm   ♂아래 | 금강산 | 52mm   우위 | 광주 | 55mm   우아래 | 광주 | 55mm

남방공작나비 *Junonia almana* (Linnaeus, 1758)

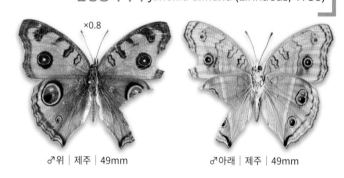

×0.8

♂위 | 제주 | 49mm   ♂아래 | 제주 | 49mm

남방남색공작나비 *Junonia orithya* (Linnaeus, 1758)

×0.9

♂위 | 중문 | 45mm   ♂아래 | 중문 | 45mm   우위 | 서귀포 | 44mm   우아래 | 서귀포 | 44mm

♂위 | 진도 | 46mm   ♂아래 | 진도 | 46mm   우위 | 제주 | 40mm   우아래 | 제주 | 40mm

암붉은오색나비 *Hypolimnas misippus* (Linnaeus, 1764)

×0.7

♂위 | 서귀포 | 51mm　　♂아래 | 서귀포 | 51mm　　우위 | 거문도 | 72mm　　우아래 | 거문도 | 72mm

남방오색나비 *Hypolimnas bolina* (Linnaeus, 1758)

×0.6

♂위 | 서귀포 | 56mm　　♂아래 | 서귀포 | 56mm　　우위 | 서귀포 | 75mm　　우아래 | 서귀포 | 75mm

♂위 | 천지연 | 76mm　　♂아래 | 천지연 | 76mm　　우위 | 추자도 | 86mm　　우아래 | 추자도 | 86mm

애물결나비 *Ypthima argus* Butler, 1866

×1.2

♂위 | 제천 | 31mm | 봄　　♂아래 | 제천 | 31mm | 봄　　우위 | 화야산 | 28mm | 봄　　우아래 | 화야산 | 28mm | 봄

♂위 | 회령 | 37mm | 여름　　♂아래 | 회령 | 37mm | 여름　　우위 | 정개산 | 31mm | 여름　　우아래 | 정개산 | 31mm | 여름

♂위 | 제주 | 35mm | 여름   ♂아래 | 제주 | 35mm | 여름

물결나비 *Ypthima multistriata* Butler, 1883

×1.25

♂위 | 춘천 | 36mm   ♂아래 | 춘천 | 36mm   우위 | 진도 | 32mm   우아래 | 진도 | 32mm

♂위 | 화천 | 39mm   ♂아래 | 화천 | 39mm   우위 | 제주 | 40mm   우아래 | 제주 | 40mm

♂위 | 굴업도 | 41mm   ♂아래 | 굴업도 | 41mm   ♂위 | 남해 금산 | 29mm   ♂아래 | 남해 금산 | 29mm

♂위 | 남해도 | 29mm   ♂아래 | 남해도 | 29mm   ♂위 | 돈내코 | 38mm   ♂아래 | 돈내코 | 38mm

물결나비 *Ypthima multistriata* Butler, 1883

×1.25

♂위 │ 천왕사 │ 37mm   ♂아래 │ 천왕사 │ 37mm

석물결나비 *Ypthima motschulskyi* (Bremer et Grey, 1853)

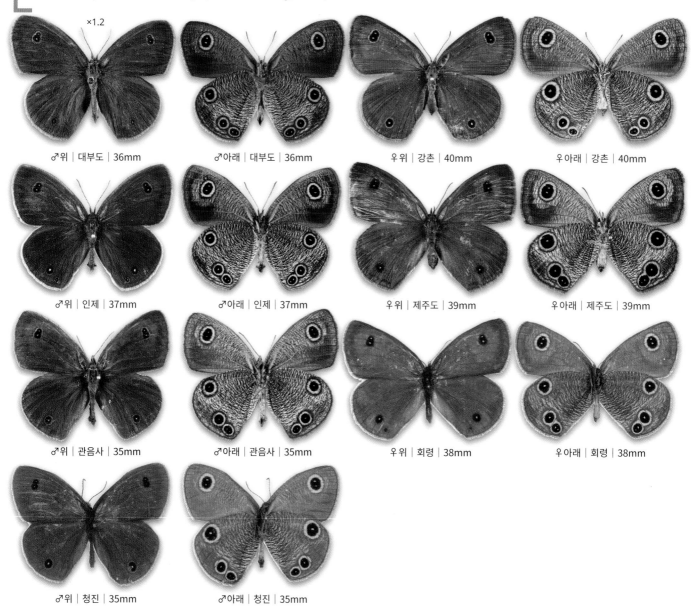

×1.2

♂위 │ 대부도 │ 36mm   ♂아래 │ 대부도 │ 36mm   우위 │ 강촌 │ 40mm   우 아래 │ 강촌 │ 40mm

♂위 │ 인제 │ 37mm   ♂아래 │ 인제 │ 37mm   우위 │ 제주도 │ 39mm   우 아래 │ 제주도 │ 39mm

♂위 │ 관음사 │ 35mm   ♂아래 │ 관음사 │ 35mm   우위 │ 회령 │ 38mm   우 아래 │ 회령 │ 38mm

♂위 │ 청진 │ 35mm   ♂아래 │ 청진 │ 35mm

높은산지옥나비 *Erebia ligea* (Linnaeus, 1758)

×0.9

♂위 | 백두산 | 49mm　　♂아래 | 백두산 | 49mm　　우위 | 백암 | 42mm　　우아래 | 백암 | 42mm

♂위 | 북한 | 39mm　　♂아래 | 북한 | 39mm　　♂위 | 북한 | 42mm　　♂아래 | 북한 | 42mm

산지옥나비 *Erebia neriene* (Böber, 1809)

×1.2

♂위 | 관모봉 | 30mm　　♂아래 | 관모봉 | 30mm　　우위 | 대덕산 | 40mm　　우아래 | 대덕산 | 40mm

♂위 | 대덕산 | 35mm　　♂아래 | 대덕산 | 35mm　　우위 | 대덕산 | 36mm　　우아래 | 대덕산 | 36mm

관모산지옥나비 *Erebia rossii* Curtis, 1835

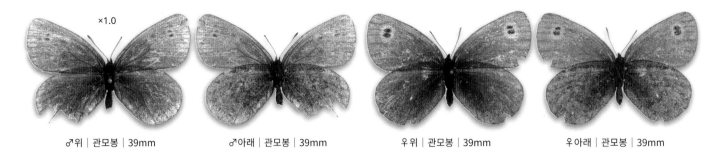

×1.0

♂위 | 관모봉 | 39mm   ♂아래 | 관모봉 | 39mm   우위 | 관모봉 | 39mm   우아래 | 관모봉 | 39mm

노랑지옥나비 *Erebia embla* (Becklin, 1791)

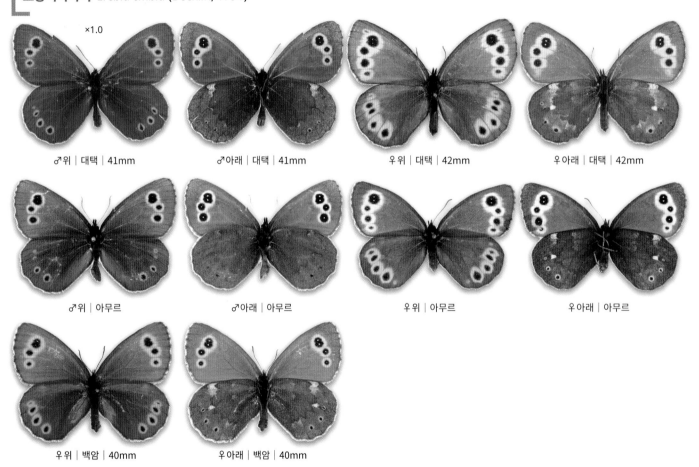

×1.0

♂위 | 대택 | 41mm   ♂아래 | 대택 | 41mm   우위 | 대택 | 42mm   우아래 | 대택 | 42mm

♂위 | 아무르   ♂아래 | 아무르   우위 | 아무르   우아래 | 아무르

우위 | 백암 | 40mm   우아래 | 백암 | 40mm

외눈이지옥나비 *Erebia cyclopius* (Eversmann, 1844)

×0.85

♂위 | 대화 | 49mm　　♂아래 | 대화 | 49mm　　우위 | 대화 | 53mm　　우아래 | 대화 | 53mm

♂위 | 양양 | 41mm　　♂아래 | 양양 | 41mm　　우위 | 원동재 | 48mm　　우아래 | 원동재 | 48mm

♂위 | 두류산 | 45mm　　♂아래 | 두류산 | 45mm　　우위 | 두류산 | 49mm　　우아래 | 두류산 | 49mm

외눈이지옥사촌나비 *Erebia wanga* Bremer, 1864

×0.85

♂위 | 양양 | 43mm　　♂아래 | 양양 | 43mm　　우위 | 양양 | 45mm　　우아래 | 양양 | 45mm

♂위 | 회령 | 44mm　　♂아래 | 회령 | 44mm　　우위 | 회령 | 42mm　　우아래 | 회령 | 42mm

외눈이지옥사촌나비 *Erebia wanga* Bremer, 1864

×0.85

♂위 | 백암 | 41mm　　♂아래 | 백암 | 41mm　　우위 | 대화 | 48mm　　우아래 | 대화 | 48mm

우위 | 청진 | 44mm　　우아래 | 청진 | 44mm

분홍지옥나비 *Erebia edda* Ménétriès, 1851

×1.0

♂위 | 대덕산 | 43mm　　♂아래 | 대덕산 | 43mm　　우위 | 두류산 | 43mm　　우아래 | 두류산 | 43mm

재순지옥나비 *Erebia kozhantshikovi* Sheljuzhko, 1925

×1.0

우아래 | 우수리 | 40mm

차일봉지옥나비 *Erebia pawlowskii* Ménétriès, 1859

×1.4

♂위 | 차일봉 | 26mm   ♂아래 | 차일봉 | 26mm   ♂위 | 차일봉   우위 | 차일봉 | 26mm

굴뚝나비 *Minois dryas* (Scopoli, 1763)

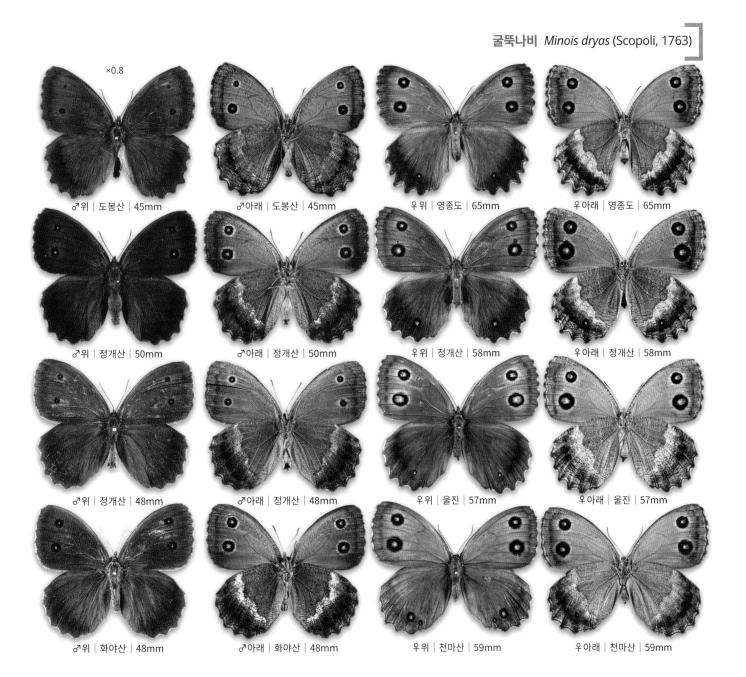

×0.8

♂위 | 도봉산 | 45mm   ♂아래 | 도봉산 | 45mm   우위 | 영종도 | 65mm   우아래 | 영종도 | 65mm

♂위 | 정개산 | 50mm   ♂아래 | 정개산 | 50mm   우위 | 정개산 | 58mm   우아래 | 정개산 | 58mm

♂위 | 정개산 | 48mm   ♂아래 | 정개산 | 48mm   우위 | 울진 | 57mm   우아래 | 울진 | 57mm

♂위 | 화야산 | 48mm   ♂아래 | 화야산 | 48mm   우위 | 천마산 | 59mm   우아래 | 천마산 | 59mm

굴뚝나비 *Minois dryas* (Scopoli, 1763)

×0.8

♂위 | 양구 | 49mm   ♂아래 | 양구 | 49mm   우위 | 진도 | 62mm   우아래 | 진도 | 62mm

♂위 | 회령 | 49mm   ♂아래 | 회령 | 49mm   우위 | 진도 | 61mm   우아래 | 진도 | 61mm

우위 | 회령 | 52mm   우아래 | 회령 | 52mm

산굴뚝나비 *Hipparchia autonoe* (Esper, 1784)

×1.0

♂위 | 한라산 | 43mm   ♂아래 | 한라산 | 43mm   우위 | 한라산 | 50mm   우아래 | 한라산 | 50mm

높은산뱀눈나비 *Oeneis jutta* (Hübner, 1806)

×0.9

♂위 | 백암 | 52mm　　♂아래 | 백암 | 52mm　　우위 | 대덕산 | 51mm　　우아래 | 대덕산 | 51mm

♂위 | 백암 | 51mm　　♂아래 | 백암 | 51mm　　우위 | 대택 | 51mm　　우아래 | 대택 | 51mm

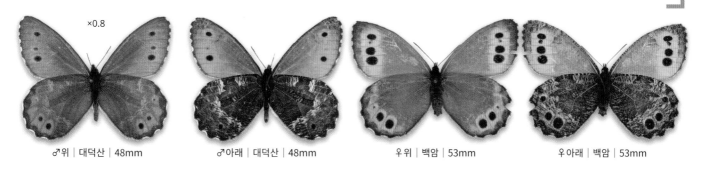

큰산뱀눈나비 *Oeneis magna* Graeser, 1888

×0.8

♂위 | 대덕산 | 48mm　　♂아래 | 대덕산 | 48mm　　우위 | 백암 | 53mm　　우아래 | 백암 | 53mm

참산뱀눈나비 *Oeneis mongolica* (Oberthür, 1876)

×1.0

♂위 | 양양 | 36mm　　♂아래 | 양양 | 36mm　　우위 | 오대산 | 44mm　　우아래 | 오대산 | 44mm

참산뱀눈나비 *Oeneis mongolica* (Oberthür, 1876)

×1.0

♂ 위 | 양양 | 43mm　　♂ 아래 | 양양 | 43mm　　우 위 | 양양 | 44mm　　우 아래 | 양양 | 44mm

♂ 위 | 양양 | 39mm　　♂ 아래 | 양양 | 39mm　　♂ 위 | 양양 | 42mm　　♂ 아래 | 양양 | 42mm

우 위 | 한라산 | 40mm　　우 아래 | 한라산 | 40mm　　우 위 | 한라산 | 40mm　　우 아래 | 한라산 | 40mm

♂ 위 | 쌍룡 | 41mm　　♂ 아래 | 쌍룡 | 41mm　　♂ 위 | 쌍룡 | 40mm　　♂ 아래 | 쌍룡 | 40mm

♂ 위 | 쌍룡 | 39mm　　♂ 아래 | 쌍룡 | 39mm　　♂ 위 | 쌍룡 | 42mm　　♂ 아래 | 쌍룡 | 42mm

♂ 위 | 울진 | 46mm　　♂ 아래 | 울진 | 46mm　　우 위 | 천마산 | 50mm　　우 아래 | 천마산 | 50mm

♂위 | 울진 | 43mm

♂아래 | 울진 | 43mm

우위 | 울진 | 46mm

우아래 | 울진 | 46mm

♂위 | 울진 | 43mm

♂아래 | 울진 | 43mm

우위 | 남해도 | 46mm

우아래 | 남해도 | 46mm

♂위 | 남해도 | 43mm

♂아래 | 남해도 | 43mm

우위 | 무등산 | 50mm

우아래 | 무등산 | 50mm

♂위 | 무등산 | 44mm

♂아래 | 무등산 | 44mm

♂위 | 무등산 | 39mm

♂아래 | 무등산 | 39mm

♂위 | 경주 | 42mm

♂아래 | 경주 | 42mm

함경산뱀눈나비 *Oeneis urda* (Eversmann, 1847)

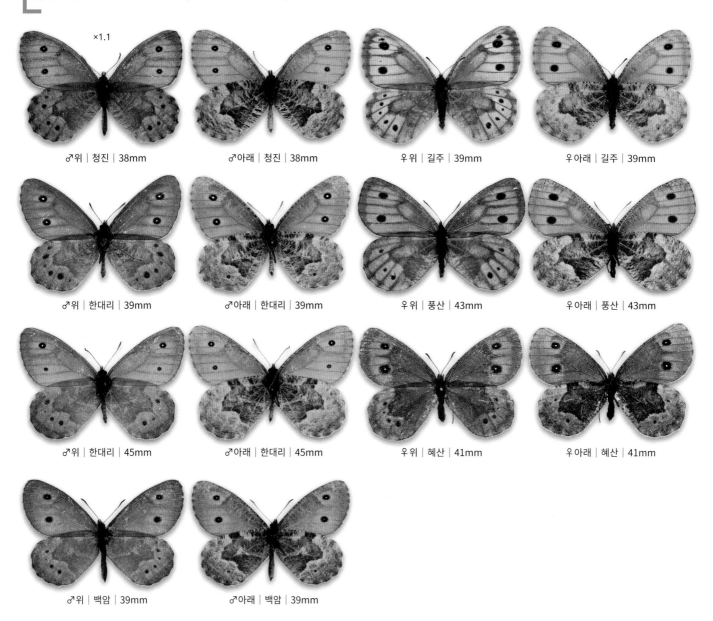

×1.1

♂위 | 청진 | 38mm

♂아래 | 청진 | 38mm

우위 | 길주 | 39mm

우아래 | 길주 | 39mm

♂위 | 한대리 | 39mm

♂아래 | 한대리 | 39mm

우위 | 풍산 | 43mm

우아래 | 풍산 | 43mm

♂위 | 한대리 | 45mm

♂아래 | 한대리 | 45mm

우위 | 혜산 | 41mm

우아래 | 혜산 | 41mm

♂위 | 백암 | 39mm

♂아래 | 백암 | 39mm

줄그늘나비 *Triphysa nervosa* Motschulsky, 1866

×1.25

♂위 | 연변 | 30mm

♂아래 | 연변 | 30mm

북방처녀나비 *Coenonympha glycerion* (Borkhausen, 1788)

×1.5

♂위 | 우수리 | 27mm   ♂아래 | 우수리 | 27mm   ♂위 | 연변 | 27mm   ♂아래 | 연변 | 27mm

시골처녀나비 *Coenonympha amaryllis* (Stoll, 1782)

×1.3

♂위 | 천마산 | 31mm   ♂아래 | 천마산 | 31mm   우위 | 천마산 | 31mm   우아래 | 천마산 | 31mm

♂위 | 여수 | 35mm   ♂아래 | 여수 | 35mm   우위 | 안양 | 30mm   우아래 | 안양 | 30mm

♂위 | 경주 | 31mm   ♂아래 | 경주 | 31mm   우위 | 경주 | 32mm   우아래 | 경주 | 32mm

♂위 | 북한 | 28mm   ♂아래 | 북한 | 28mm   우위 | 감포 | 31mm   우아래 | 감포 | 31mm

도시처녀나비 *Coenonympha hero* (Linnaeus, 1761)

♂위 | 양양 | 31mm   ♂아래 | 양양 | 31mm   우위 | 주금산 | 32mm   우아래 | 주금산 | 32mm

♂위 | 한라산 | 30mm   ♂아래 | 한라산 | 30mm   우위 | 한라산 | 30mm   우아래 | 한라산 | 30mm

우위 | 대택 | 28mm   우아래 | 대택 | 28mm

봄처녀나비 *Coenonympha oedippus* (Fabricius, 1787)

♂위 | 양평 | 37mm   ♂아래 | 양평 | 37mm   우위 | 양평 | 36mm   우아래 | 양평 | 36mm

♂위 | 김천 | 34mm   ♂아래 | 김천 | 34mm   우위 | 제천 | 40mm   우아래 | 제천 | 40mm

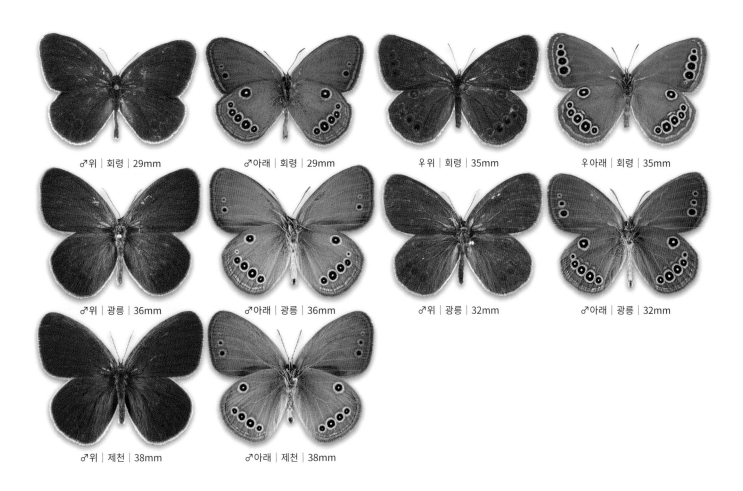

♂위 | 회령 | 29mm　　♂아래 | 회령 | 29mm　　우위 | 회령 | 35mm　　우아래 | 회령 | 35mm

♂위 | 광릉 | 36mm　　♂아래 | 광릉 | 36mm　　♂위 | 광릉 | 32mm　　♂아래 | 광릉 | 32mm

♂위 | 제천 | 38mm　　♂아래 | 제천 | 38mm

가락지나비 *Aphantopus hyperantus* (Linnaeus, 1758)

♂위 | 한라산 | 33mm　　♂아래 | 한라산 | 33mm　　우위 | 한라산 | 40mm　　우아래 | 한라산 | 40mm

♂위 | 연해주 | 41mm　　♂아래 | 연해주 | 41mm　　우위 | 회령 | 42mm　　우아래 | 회령 | 42mm

가락지나비 *Aphantopus hyperantus* (Linnaeus, 1758)

×1.2

♂위 | 백암 | 35mm   ♂아래 | 백암 | 35mm

흰뱀눈나비 *Melanargia halimede* (Ménétriès, 1859)

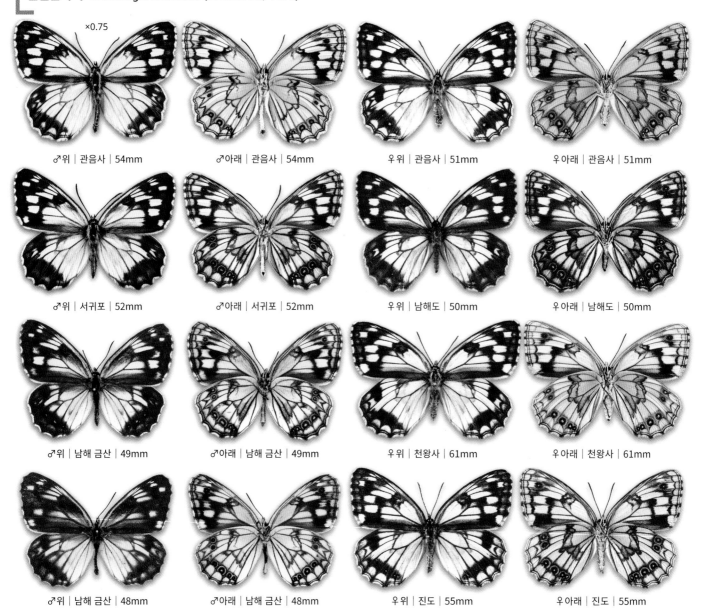

×0.75

♂위 | 관음사 | 54mm   ♂아래 | 관음사 | 54mm   우위 | 관음사 | 51mm   우아래 | 관음사 | 51mm

♂위 | 서귀포 | 52mm   ♂아래 | 서귀포 | 52mm   우위 | 남해도 | 50mm   우아래 | 남해도 | 50mm

♂위 | 남해 금산 | 49mm   ♂아래 | 남해 금산 | 49mm   우위 | 천왕사 | 61mm   우아래 | 천왕사 | 61mm

♂위 | 남해 금산 | 48mm   ♂아래 | 남해 금산 | 48mm   우위 | 진도 | 55mm   우아래 | 진도 | 55mm

♂ 위 | 유린령 | 44mm   ♂ 아래 | 유린령 | 44mm   우 위 | 회령 | 48mm   우 아래 | 회령 | 48mm

조흰뱀눈나비 *Melanargia epimede* Staudinger, 1892

×0.75

♂ 위 | 이작도 | 49mm   ♂ 아래 | 이작도 | 49mm   우 위 | 이작도 | 53mm   우 아래 | 이작도 | 53mm

♂ 위 | 이작도 | 55mm   ♂ 아래 | 이작도 | 55mm   우 위 | 청진 | 51mm   우 아래 | 청진 | 51mm

♂ 위 | 오대산 | 53mm   ♂ 아래 | 오대산 | 53mm   우 위 | 오대산 | 57mm   우 아래 | 오대산 | 57mm

♂ 위 | 지리산 만복대 | 56mm   ♂ 아래 | 지리산 만복대 | 56mm   우 위 | 지리산 만복대 | 52mm   우 아래 | 지리산 만복대 | 52mm

조흰뱀눈나비 *Melanargia epimede* Staudinger, 1892

×0.75

♂위 | 한라산 | 47mm   ♂아래 | 한라산 | 47mm   우위 | 한라산 | 53mm   우아래 | 한라산 | 53mm

♂위 | 한대리 | 47mm   ♂아래 | 한대리 | 47mm

눈많은그늘나비 *Lopinga achine* (Scopoli, 1763)

×0.9

♂위 | 앵무봉 | 44mm   ♂아래 | 앵무봉 | 44mm   우위 | 주금산 | 49mm   우아래 | 주금산 | 49mm

♂위 | 민둥산 | 45mm   ♂아래 | 민둥산 | 45mm   우위 | 쌍룡 | 46mm   우아래 | 쌍룡 | 46mm

♂위 | 회령 | 42mm   ♂아래 | 회령 | 42mm   우위 | 회령 | 43mm   우아래 | 회령 | 43mm

♂위 | 지리산 만복대 | 45mm

♂아래 | 지리산 만복대 | 45mm

♂위 | 지리산 만복대 | 42mm

♂아래 | 지리산 만복대 | 42mm

♂위 | 한라산 | 41mm

♂아래 | 한라산 | 41mm

우위 | 한라산 | 46mm

우아래 | 한라산 | 46mm

♂위 | 회령 | 42mm

♂아래 | 회령 | 42mm

우위 | 회령 | 43mm

우아래 | 회령 | 43mm

♂위 | 길림성 | 41mm

♂아래 | 길림성 | 41mm

뱀눈그늘나비 *Lopinga deidamia* (Eversmann, 1851)

×0.9

♂위 | 쌍룡 | 44mm

♂아래 | 쌍룡 | 44mm

우위 | 정개산 | 54mm

우아래 | 정개산 | 54mm

뱀눈그늘나비 *Lopinga deidamia* (Eversmann, 1851)

×0.9

♂위 | 정개산 | 47mm   ♂아래 | 정개산 | 47mm   우위 | 정개산 | 43mm   우아래 | 정개산 | 43mm

♂위 | 회령 | 48mm   ♂아래 | 회령 | 48mm   우위 | 정개산 | 48mm   우아래 | 정개산 | 48mm

우위 | 백암 | 48mm   우아래 | 백암 | 48mm   우위 | 강촌 | 51mm   우아래 | 강촌 | 51mm

알락그늘나비 *Kirinia epimenides* (Ménétriès, 1859)

×0.75

♂위 | 천마산 | 54mm   ♂아래 | 천마산 | 54mm   우위 | 천마산 | 55mm   우아래 | 천마산 | 55mm

♂위 | 가리왕산 | 52mm   ♂아래 | 가리왕산 | 52mm   우위 | 가리왕산 | 51mm   우아래 | 가리왕산 | 51mm

♂위 | 회령 | 45mm　　♂아래 | 회령 | 45mm　　우위 | 회령 | 52mm　　우아래 | 회령 | 52mm

황알락그늘나비 *Kirinia epaminondas* (Staudinger, 1887)

×0.8

♂위 | 주금산 | 48mm　　♂아래 | 주금산 | 48mm　　우위 | 정개산 | 47mm　　우아래 | 정개산 | 47mm

♂위 | 정개산 | 46mm　　♂아래 | 정개산 | 46mm　　우위 | 정개산 | 52mm　　우아래 | 정개산 | 52mm

우위 | 광릉 | 53mm　　우아래 | 광릉 | 53mm

왕그늘나비 *Ninguta schrenckii* (Ménétriès, 1859)

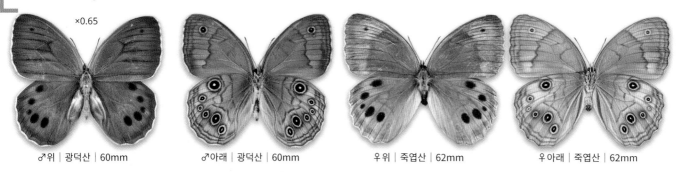

×0.65

♂위 | 광덕산 | 60mm　　♂아래 | 광덕산 | 60mm　　우위 | 죽엽산 | 62mm　　우아래 | 죽엽산 | 62mm

먹그늘붙이나비 *Lethe marginalis* Motschulsky, 1860

×0.8

♂위 | 앵무봉 | 49mm　　♂아래 | 앵무봉 | 49mm　　♂위 | 천마산 | 51mm　　♂아래 | 천마산 | 51mm

♂위 | 회령 | 50mm　　♂아래 | 회령 | 50mm　　우위 | 회령 | 52mm　　우아래 | 회령 | 52mm

먹그늘나비 *Lethe diana* (Butler, 1866)

×0.8

♂위 | 두륜산 | 47mm　　♂아래 | 두륜산 | 47mm　　우위 | 두륜산 | 47mm　　우아래 | 두륜산 | 47mm

♂위 | 한라산 | 44mm　　♂아래 | 한라산 | 44mm　　우위 | 관음사 | 42mm　　우아래 | 관음사 | 42mm

부처사촌나비 *Mycalesis francisca* (Stoll, 1780)

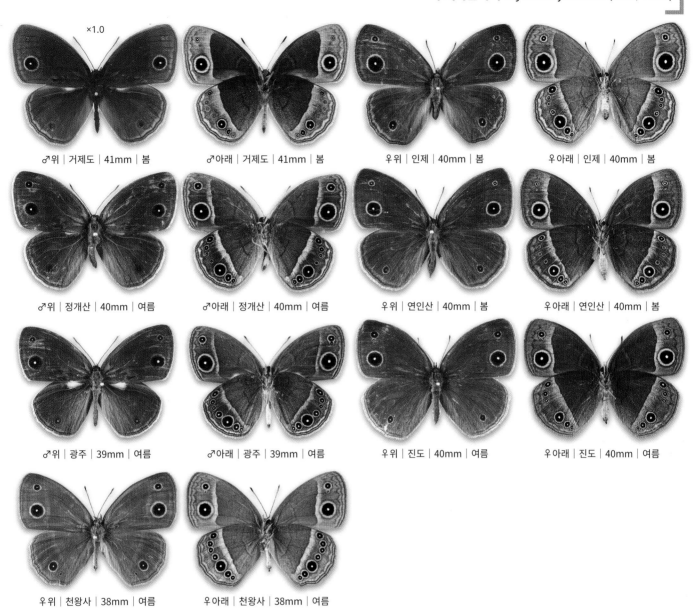

×1.0

♂위 | 거제도 | 41mm | 봄   ♂아래 | 거제도 | 41mm | 봄   우위 | 인제 | 40mm | 봄   우아래 | 인제 | 40mm | 봄

♂위 | 정개산 | 40mm | 여름   ♂아래 | 정개산 | 40mm | 여름   우위 | 연인산 | 40mm | 봄   우아래 | 연인산 | 40mm | 봄

♂위 | 광주 | 39mm | 여름   ♂아래 | 광주 | 39mm | 여름   우위 | 진도 | 40mm | 여름   우아래 | 진도 | 40mm | 여름

우위 | 천왕사 | 38mm | 여름   우아래 | 천왕사 | 38mm | 여름

부처나비 *Mycalesis gotama* Moore, 1857

×0.9

♂위 | 정개산 | 44mm   ♂아래 | 정개산 | 44mm   우위 | 영종도 | 48mm   우아래 | 영종도 | 48mm

225

먹나비 *Melanitis leda* (Linnaeus, 1758)

×0.65

♂위 | 제주 | 55mm | 여름   ♂아래 | 제주 | 55mm | 여름   우위 | 광릉 | 59mm | 여름   우아래 | 광릉 | 59mm | 여름

♂위 | 제주 | 59mm | 가을   ♂아래 | 제주 | 59mm | 가을   우위 | 제주 | 61mm | 가을   우아래 | 제주 | 61mm | 가을

큰먹나비 *Melanitis phedima* (Cramer, 1780)

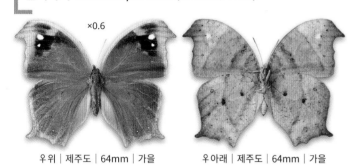

×0.6

우위 | 제주도 | 64mm | 가을   우아래 | 제주도 | 64mm | 가을

닮은 종의 비교

흰점팔랑나비와 꼬마흰점팔랑나비의 비교

흰점팔랑나비

꼬마흰점팔랑나비

꼬마흰점팔랑나비는 흰점팔랑나비와 닮으나 자연 상태에서 여름형 개체들이 거의 없고, 봄형끼리 비교해도 크기가 작다. 이밖에 앞날개 밑에 녹갈색 잔털이 많다(a). 뒷날개 아랫면 흰 띠의 생김새는 흰점팔랑나비에서 일정하고 뚜렷하며 폭이 좁으나 꼬마흰점팔랑나비는 폭이 넓고 중간에서 끊어지며 바탕색과 덜 대비되어 뚜렷하지 않다(b). 앞날개 윗면 제2실 밑에 흰 점이 있으나 꼬마흰점팔랑나비는 없다(c).

흰점팔랑나비와 꼬마흰점팔랑나비의 수컷생식기 비교

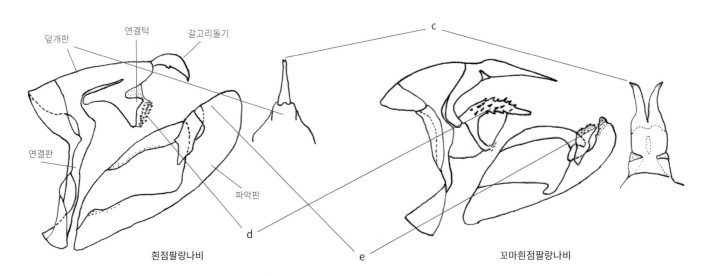

덮개판　연결턱　갈고리돌기

연결판

파악판

흰점팔랑나비

꼬마흰점팔랑나비

위에서 내려다 본 덮개판과 갈고리돌기의 모습에서 갈고리돌기 끝이 하나로 보이면 흰점팔랑나비이고, 둘로 갈라지면 꼬마흰점팔랑나비이다(c). 연결턱은 꼬마흰점팔랑나비가 돌기 모양으로 튀어나온다(d). 파악판의 끝의 모양이 서로 다르다(e) (성정은(1991)에 따름).

수풀알락팔랑나비와 북방알락팔랑나비의 비교

수풀알락팔랑나비 암컷

북방알락팔랑나비 수컷

수풀알락팔랑나비의 암컷은 북방알락팔랑나비와 닮으나 조금 작고, 앞날개 윗면의 검은 부위가 더 적고, 노란 띠의 폭이 훨씬 넓다(a). 또 북방알락팔랑나비는 뒷날개 윗면에 3~4개의 노란 점만 있는 것과 달리 이 종은 여러 개가 보인다(b). 앞날개 중실 끝의 검은 점이 작으나 북방알락팔랑나비는 발달하여 외연의 테두리에 이른다(c).

줄꼬마팔랑나비와 수풀꼬마팔랑나비의 비교

줄꼬마팔랑나비 수컷

수풀꼬마팔랑나비 수컷

줄꼬마팔랑나비 암컷

수풀꼬마팔랑나비 암컷

수컷 앞날개 가운뎃방(중실) 안의 검은 선이 줄꼬마팔랑나비에서는 뚜렷하지 않지만 수풀꼬마팔랑나비는 뚜렷하다(a). 암컷의 앞날개 외횡부의 노란 무늬는 줄꼬마팔랑나비가 넓다(b). 암컷 앞날개 제9, 10실에서 줄꼬마팔랑나비는 거의 검어지며, 특히 제10실에서 대부분 검으나 수풀꼬마팔랑나비는 밑에서 1/3 정도만 검다(c). 줄꼬마팔랑나비의 수컷만 앞날개 중실부에서 검고 가는 선으로 된 성표가 있다(d). 뒷날개 윗면 제6실의 노란 무늬는 줄꼬마팔랑나비가 길다(e). 줄꼬마팔랑나비의 암컷은 날개를 편 평균 길이(32mm 정도)가 수풀꼬마팔랑나비의 암컷(29mm 정도)보다 큰 편이다.

산수풀떠들썩팔랑나비와 수풀떠들썩팔랑나비 비교

산수풀떠들썩팔랑나비
수풀떠들썩팔랑나비

수컷 날개 윗면 외연부의 검은 테두리는 산수풀떠들썩팔랑나비가 더 검고 굵다(a). 산수풀떠들썩팔랑나비의 수컷은 뒷날개 아랫면이 대부분 검어 윗면의 노란 점무늬가 뚜렷하나 수풀떠들썩팔랑나비는 고르게 황갈색이다(b).

암컷은 중실 바깥의 2개의 작은 점이 수풀떠들썩팔랑나비가 더 바깥으로 치우치고 작다(c). 암컷 외횡부의 노란 부분이 산수풀떠들썩팔랑나비가 더 넓다(d). 암컷 뒷날개 아랫면의 바탕은 산수풀떠들썩팔랑나비가 더 어둡고,

노란 점무늬가 뚜렷하다(e). 암컷의 크기는 수풀떠들썩팔랑나비가 훨씬 크다. 산수풀떠들썩팔랑나비 암컷은 뒷날개 윗면의 위 2점무늬가 가까우나 수풀떠들썩팔랑나비는 멀다(f).

산수풀떠들썩팔랑나비와 꽃팔랑나비의 비교

산수풀떠들썩팔랑나비
꽃팔랑나비

수컷 앞날개의 성표 속에 꽃팔랑나비에서만 은회색 선이 있고(a), 뒷날개 아랫면의 노란 점무늬가 꽃팔랑나비에서 뚜렷하고 작다(b). 수컷 앞날개 후각의 각도가 이 종 쪽이 작다(c). 더듬이 자루는 아래 부분이 검고 노란 호 모양의 테두리가 아니다(산수풀떠들썩팔랑나비와 수풀떠들썩팔랑나비는 호 모양의 테두리로 되어 있다.)(d). 암컷의 앞날개 윗면 제2실 날개밑에 노란 무늬가 꽃팔랑나비는 없다(e).

큰줄점팔랑나비와 *Polytremis pellucida*의 비교

큰줄점팔랑나비

Polytremis pellucida(Leech, 대영박물관)

종 *Polytremis pellucida* (Murray, 1875)는 큰줄점팔랑나비와 차이는 크지 않으나 날개의 흰 점의 배열(a)과 날개 아랫면의 바탕색이 조금 다르다(b). 중실 아래의 무늬는 사각형에 가까우며 크다(c). 점의 배열이 직선에 가까운 큰줄점팔랑나비보다 곡선으로 굽어진다(d).

산줄점팔랑나비, 제주꼬마팔랑나비, 흰줄점팔랑나비의 비교

산줄점팔랑나비

제주꼬마팔랑나비

흰줄점팔랑나비

앞날개 윗면의 수컷 성표는 제주꼬마팔랑나비와 흰줄점팔랑나비에서 뚜렷하나 산줄점팔랑나비는 없다(a). 뒷날개 윗면 외횡부의 점은 산줄점팔랑나비가 가장 발달한다(b). 뒷날개 아랫면의 중실 안의 점은 제주꼬마팔랑나비가 작거나 없고, 흰줄점팔랑나비가 작고 둥근 점이며, 산줄점팔랑나비가 거의 사각형의 큰 점으로 보인다(c).

붉은점모시나비와 왕붉은점모시나비의 비교

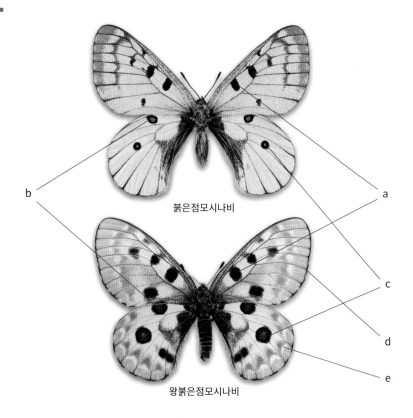

붉은점모시나비

왕붉은점모시나비

더듬이 밑면이 붉은점모시나비는 검고, 왕붉은점모시나비는 희다. 이 밖의 특징을 보면, 왕붉은점모시나비는 붉은점모시나비와 닮으나 개체의 크기가 크고, 중실 안의 검은 무늬가 뚜렷하게 크다(a). 뒷날개 윗면의 전연의 붉은 점무늬는 뚜렷하게 크고(b), 뒷날개 제5실의 붉은 점 안에 흰 점이 있다(c). 날개 외연에서 날개맥을 따라 검은 띠가 뚜렷하다(d). 날개 아외연부의 검은 띠는 'ㅅ' 자 모양이다(e).

긴꼬리제비나비와 남방제비나비의 비교

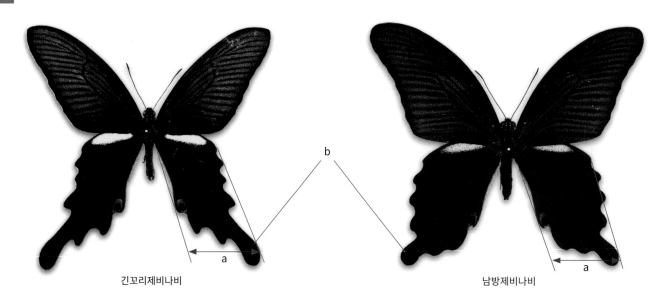

긴꼬리제비나비

남방제비나비

긴꼬리제비나비는 남방제비나비와 닮으나 뒷날개의 폭이 좁고(a), 뒷날개 항각에 있는 꼬리 모양의 돌기가 훨씬 길다(b).

제비나비와 산제비나비의 비교

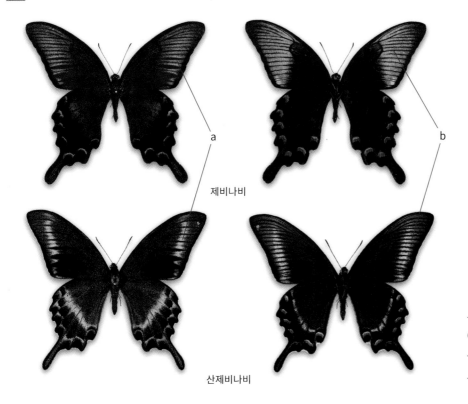

제비나비

산제비나비

산제비나비는 제비나비와 닮으나 날개 윗면과 아랫면의 외횡부에 차이가 있다. 즉 윗면에서는 밝은 청록색이(a), 아랫면에서는 노란 띠가 보인다(b).

기생나비와 북방기생나비의 비교

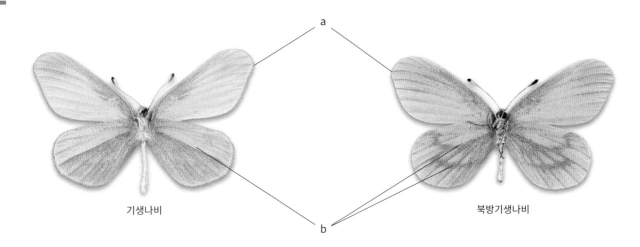

기생나비

북방기생나비

날개끝을 살펴보았을 때 상대적으로 조금 둥글어 보이면 북방기생나비이고, 날개끝이 뾰족하게 튀어나오면 기생나비이다(a). 뒷날개 아랫면의 가로로 된 검은 띠무늬가 2개면 북방기생나비이다(b).

상제나비와 눈나비의 비교

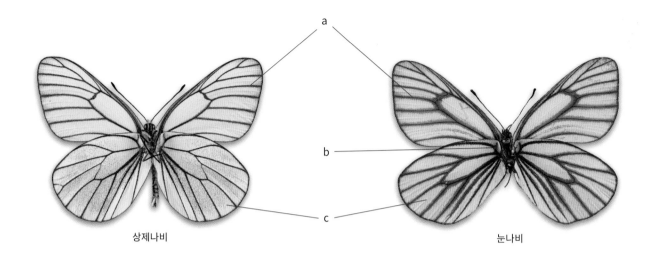

상제나비   눈나비

상제나비는 날개맥이 가늘고(a), 날개 아랫면 바탕이 희다(c). 반면 눈나비는 날개맥이 더 두텁고 (a), 뒷날개 아랫면 날개밑에 노란 무늬가 있으며(b), 날개 아랫면 바탕색이 노란 기가 있다(c). 상제나비가 눈나비보다 조금 크다.

줄흰나비와 큰줄흰나비의 비교

봄형

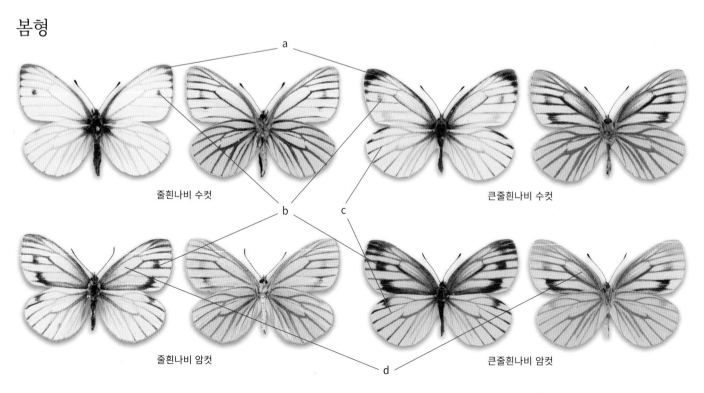

줄흰나비 수컷   큰줄흰나비 수컷

줄흰나비 암컷   큰줄흰나비 암컷

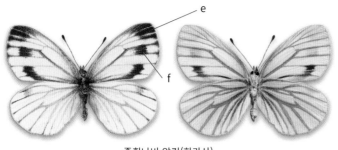

줄흰나비 암컷(한라산)

봄형은 앞날개 끝의 검은 무늬가 거의 없으면 줄흰나비, 뚜렷하면 큰줄흰나비이다(a). 예외로 한라산 줄흰나비 암컷은 발달한다(e). 앞날개 윗면의 제4실의 검은 무늬가 거의 없으면 줄흰나비, 커지면 큰줄흰나비이다(b). 예외로 한라산 줄흰나비 암컷은 발달한다(f). 날개 윗면의 날개맥이 검고 뚜렷하면 큰줄흰나비이다(c). 앞날개 아랫면 중실에 검은 비늘가루가 많으면 큰줄흰나비, 없거나 거의 없으면 줄흰나비이다(d).

여름형

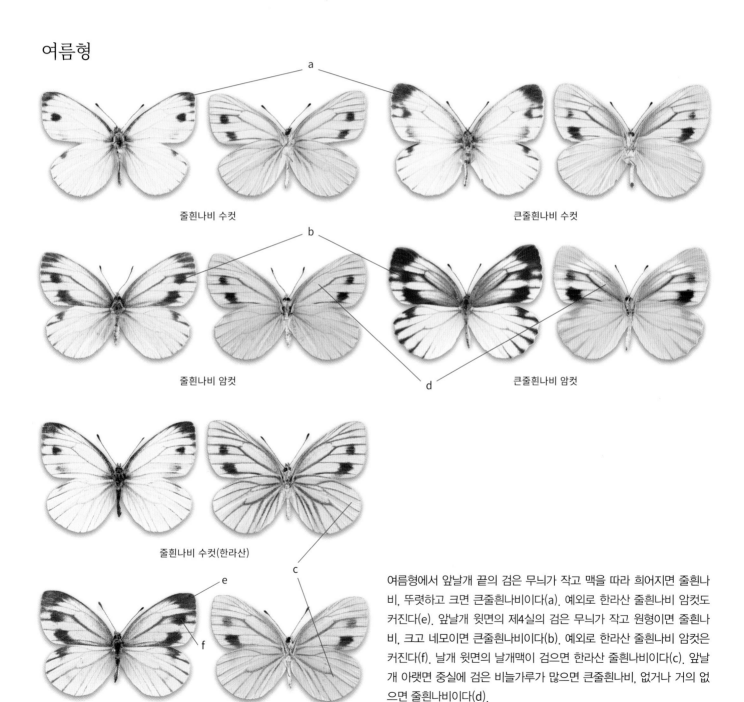

줄흰나비 수컷

큰줄흰나비 수컷

줄흰나비 암컷

큰줄흰나비 암컷

줄흰나비 수컷(한라산)

줄흰나비 암컷(한라산)

여름형에서 앞날개 끝의 검은 무늬가 작고 맥을 따라 희어지면 줄흰나비, 뚜렷하고 크면 큰줄흰나비이다(a). 예외로 한라산 줄흰나비 암컷도 커진다(e). 앞날개 윗면의 제4실의 검은 무늬가 작고 원형이면 줄흰나비, 크고 네모이면 큰줄흰나비이다(b). 예외로 한라산 줄흰나비 암컷은 커진다(f). 날개 윗면의 날개맥이 검으면 한라산 줄흰나비이다(c). 앞날개 아랫면 중실에 검은 비늘가루가 많으면 큰줄흰나비, 없거나 거의 없으면 줄흰나비이다(d).

배추흰나비와 대만흰나비의 비교

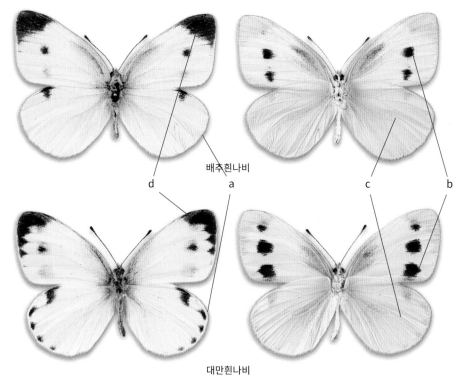

배추흰나비

d   a   c   b

대만흰나비

날개 윗면의 외연에 각 맥마다 검은 점무늬가 없으면 배추흰나비, 있으면 대만흰나비이다 (a). 앞날개 아랫면의 외횡부에 점 2개이고 작으면 배추흰나비, 3개이고 크면 대만흰나비이다(b). 날개 아랫면의 바탕이 노란 기가 있으면 배추흰나비, 없으면 대만흰나비이다(c). 앞날개끝의 검은 무늬의 모습이 다르다(d).

멧노랑나비와 각시멧노랑나비의 비교

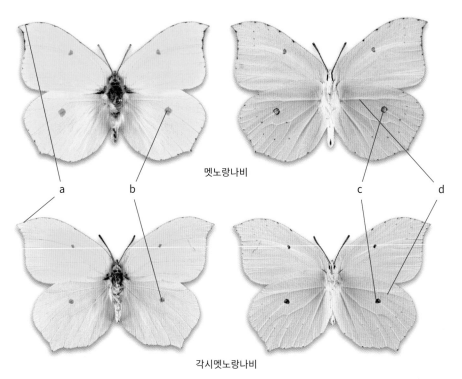

멧노랑나비

a   b   c   d

각시멧노랑나비

각시멧노랑나비는 멧노랑나비보다 날개색이 옅은데, 특히 수컷의 뒷날개 윗면이 앞날개보다 옅다. 앞날개 전연과 외연의 분홍색이 멧노랑나비가 더 짙고 두드러진다(a). 날개 중앙의 붉은 점은 멧노랑나비가 더 크다(b). 날개 아랫면에서 중앙의 점이 멧노랑나비는 핑크색, 각시멧노랑나비는 작고 흑자색이다(c). 뒷날개 아랫면 제7맥은 멧노랑나비 쪽이 더 두텁고 눈에 잘 띈다(d).

멧노랑나비와 각시멧노랑나비의 생식기 비교

Gorbunov (2001)에 따름

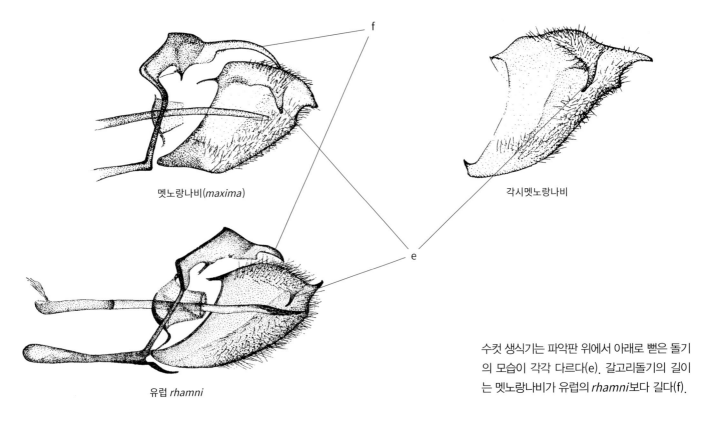

멧노랑나비(*maxima*)

각시멧노랑나비

유럽 *rhamni*

수컷 생식기는 파악판 위에서 아래로 뻗은 돌기의 모습이 각각 다르다(e). 갈고리돌기의 길이는 멧노랑나비가 유럽의 *rhamni*보다 길다(f).

높은산노랑나비와 노랑나비의 비교

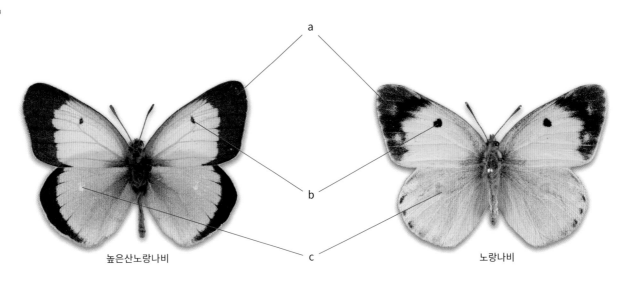

높은산노랑나비

노랑나비

높은산노랑나비는 노랑나비보다 조금 작다. 날개 외연의 검은 띠가 크고 뚜렷하며 뒷날개까지 발달하고, 그 안에 노란 무늬가 없다(a). 앞날개 중실에 있는 검은 점은 노랑나비가 크고 뚜렷하다(b). 뒷날개 윗면 중실 끝에 붉은 점무늬가 없으면 높은산노랑나비, 있으면 노랑나비이다(c).

남방부전나비와 극남부전나비 비교

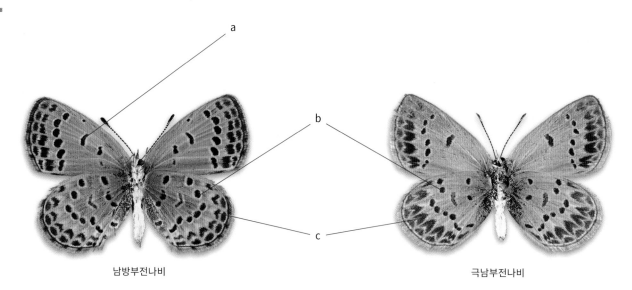

남방부전나비   극남부전나비

남방부전나비와 극남부전나비는 분류학으로 볼 때 전혀 다른 속이지만 생김새가 닮아 다음과 같이 구별할 수 있다. 앞날개 아랫면 중실 안의 점무늬가 극남부전나비가 없다(a). 뒷날개 아랫면 제7실의 점의 위치가 다른데, 극남부전나비가 날개밑 쪽으로 치우친다(b). 뒷날개 아외연의 각 실에 있는 무늬가 극남부전나비가 더 크고 두드러진다(c).

큰홍띠점박이푸른부전나비와 작은홍띠점박이푸른부전나비의 비교

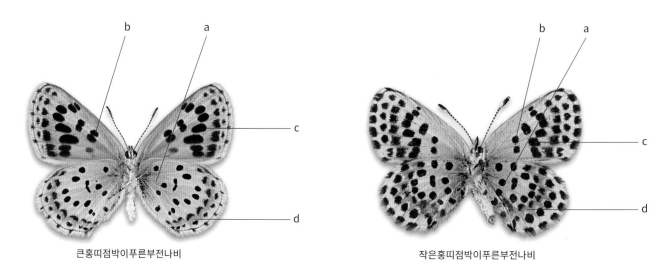

큰홍띠점박이푸른부전나비   작은홍띠점박이푸른부전나비

큰홍띠점박이푸른부전나비는 작은홍띠점박이푸른부전나비와 비교하면 크고 날개 아랫면의 점무늬가 굵고 뚜렷하다. 이밖에 다음과 같은 차이가 있다. 뒷날개 아랫면 밑이 청색기가 보인다(a). 앞날개 아랫면 중실의 검은 점이 2개이다(b). 뒷날개 아랫면 외횡부의 검은 점들이 뚜렷하게 크다(c). 뒷날개 아랫면 붉은 띠의 위치가 외연과 가깝다(d).

큰점박이푸른부전나비와 중점박이푸른부전나비의 비교

큰점박이푸른부전나비

중점박이푸른부전나비

큰점박이푸른부전나비는 중점박이푸른부전나비와 비교하여 날개 아랫면의 점무늬가 굵고 뚜렷하다. 이밖에 다음의 차이가 있다. 날개 아랫면의 바탕이 청백색이지만 중점박이푸른부전나비는 회백색을 띤다(a). 앞날개 아랫면 제1b실의 검은 점의 위치가 조금 다르다(b). 앞날개 아랫면 아외연부의 검은 점들은 뚜렷하게 크다(c). 앞날개 아랫면 중실 안쪽의 검은 점이 크고 중실 바깥의 점과 가깝다(d).

고운점박이푸른부전나비와 북방점박이푸른부전나비 비교

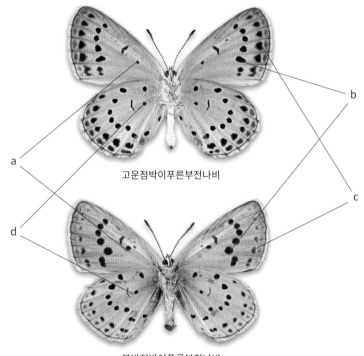

고운점박이푸른부전나비

북방점박이푸른부전나비

북방점박이푸른부전나비는 고운점박이푸른부전나비와 비교하여 크기가 작으나 날개 아랫면의 검은 점무늬가 크다. 이밖에 앞날개 아랫면 중실 안의 검은 점이 뚜렷하게 크다(a). 앞날개 아랫면 제3실의 검은 점은 날개밑 쪽으로 치우친다(b). 날개 아랫면 아외연부의 검은 점무늬들이 작다(c). 뒷날개 아랫면 중실 안쪽의 검은 점무늬가 뚜렷하고 외연 쪽으로 치우친다(d).

잔점박이푸른부전나비의 지역 아종 비교

Sibatani, Saigusa and Hirowatari(1994)에 따름

잔점박이푸른부전나비 한반도 아종
(ssp. *arirang*)

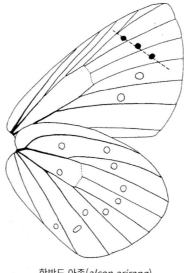

한반도 아종(*alcon arirang*)

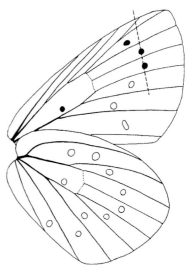

유럽의 기준 아종(*alcon alcon*)

한반도 아종(*arirang*)은 앞날개 아랫면 중실 바깥의 3점이 나란한 반면 유럽의 기준 아종은 아래 2점만 나란하다.

산꼬마부전나비, 부전나비, 산부전나비의 비교

수컷의 날개 윗면 바탕색은 보라 기운이 있으면 부전나비이고, 청색이 가장 짙으면 산부전나비이다(a). 수컷 날개 아랫면의 날개밑이 청색 기가 뚜렷하면 산꼬마부전나비이고, 가장 적으면 부전나비이다(b). 암컷 날개 아랫면 바탕이 적갈색이 강하면 산꼬마부전나비이고, 밝은 회갈색이면 부전나비이다(c). 날개 아랫면의 점들은 부전나비가 가장 작고, 산부전나비는 서로 이어지거나 가로로 길다(d).

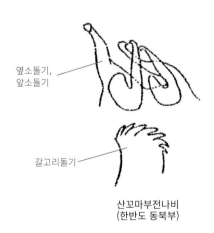

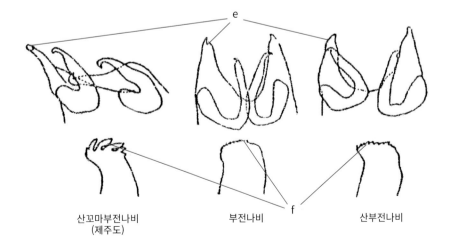

Shirôzu and Sibatani(1943)에 따름

옆소돌기가 좁고 끝이 둥글면 산꼬마부전나비, 삼각형으로 끝이 뾰족하면 산부전나비와 부전나비이다(e). 갈고리돌기 끝에서 톱날 모양이 두드러지면 산꼬마부전나비이고, 잔 톱날이고 전체가 사각형이면 부전나비, 약간 오목하면 산부전나비이다(f).

작은녹색부전나비, 암붉은점녹색부전나비, 북방녹색부전나비 비교

작은녹색부전나비 수컷   작은녹색부전나비 암컷

암붉은점녹색부전나비 수컷   암붉은점녹색부전나비 암컷

북방녹색부전나비 수컷   북방녹색부전나비 암컷

	작은녹색부전나비	암붉은점녹색부전나비	북방녹색부전나비
수컷 앞날개 외연(a)	둥글다	직선이다	직선이다
뒷날개 외연의 검은 띠(b)	굵다	가장 굵다	굵다
수컷 날개 아랫면의 바탕색(c)	갈색	회갈색	흑갈색
앞뒷날개 중실 바깥의 짧은 막대무늬(d)	희미하다	뚜렷하고 주위가 밝다	희미하다
뒷날개 꼬리 모양의 돌기(e)	조금 짧다	조금 길다	길다
앞날개 아랫면 아외연부 흰 띠무늬(f)	제2실에 흰 띠무늬가 없다	제2실에 흰 띠무늬가 있다	제2실에 흰 띠무늬가 있다
뒷날개 항각의 붉은 무늬 안쪽의 흰 무늬(g)	'w'자에 가깝다	'u'자에 가깝다	'u'자에 가깝다

큰녹색부전나비와 깊은산녹색부전나비의 비교

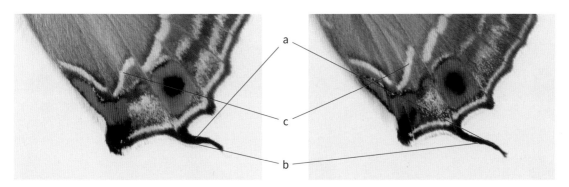

큰녹색부전나비   깊은산녹색부전나비

큰녹색부전나비와 깊은산녹색부전나비는 다음의 차이가 있다. 뒷날개의 꼬리모양돌기는 큰녹색
부전나비가 길고(a), 뒷날개의 꼬리모양돌기의 아랫면 중앙에 흰 연모가 적거나 없다(b). 뒷날개
아랫면 흰 아외연선의 항각 안쪽에서 위로 뻗으면 깊은산녹색부전나비, 조금 구부러지면 큰녹색
부전나비이다(c). 이 밖에 날개 아랫면의 바탕색이 더 어두우면 깊은산녹색부전나비이다. 또 날
개 아랫면의 중실 바깥의 짧은 막대 모양의 무늬가 뚜렷하면 큰녹색부전나비이다.

녹색부전나비류 비교

은날개녹색부전나비

깊은산녹색부전나비

넓은띠녹색부전나비

우리녹색부전나비

금강석녹색부전나비

검정녹색부전나비

큰녹색부전나비

산녹색부전나비

	은날개녹색 부전나비	넓은띠녹색 부전나비	금강석녹색 부전나비	큰녹색 부전나비	깊은산녹색 부전나비	우리녹색 부전나비	검정녹색 부전나비	산녹색 부전나비
a) 뒷날개 외연 검은 띠무늬	굵지만 중앙에서 조금 가늘다	굵다	굵다	가늘다	가늘다	매우 굵다	보이지 않는다	굵으나 중앙에서 조금 가늘다
b) 날개 아랫면 흰 띠	가늘고 안쪽으로 검은 띠가 있다	굵고 안쪽 어두운 부분이 굵다	굵으나 안쪽 어두운 부분이 가늘다	가늘다	가늘다	가늘다	가늘다	가늘다
c) 꼬리모양돌기	짧다	길다	길다	길다	매우 길다	매우 길다	길다	길다
d) 중실 끝 막대무늬	뚜렷하다	뚜렷하다	거의 없다	뚜렷하다	희미하다	희미하다	없다	조금 뚜렷하다
e) 항각 주황 무늬	뚜렷하지 않고 분리한다	굵게 이어진다	가늘게 이어진다	뚜렷하게 분리 된다	뚜렷하게 분리 된다	윗부분이 가늘게 이어진다	잘 이어진다	중앙을 빼고 잘 이어진다
f) 날개 윗면 바탕색	파란색	청록색	청록색	밝은 청록색	청록색	어두운 청록색	검은색	청록색
g) 날개 아랫면 바탕색	은회색	은회백색	흑갈회색	회백색	어두운 흑갈회색	회백색	흑갈색	흑갈색

녹색부전나비류 수컷 생식기 비교

수컷 생식기 옆 모습(Wakabayashi와 Fukuda (1985)에 따름)

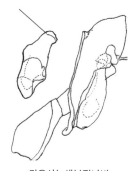

깊은산녹색부전나비

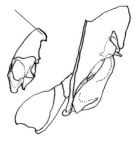

넓은띠녹색부전나비

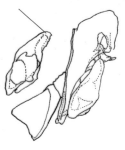

금강석녹색부전나비

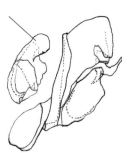

큰녹색부전나비

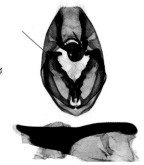

산녹색부전나비

녹색부전나비류 암컷 생식기 비교

은날개녹색부전나비

깊은산녹색부전나비

넓은띠녹색부전나비

금강석녹색부전나비

검정녹색부전나비

큰녹색부전나비

산녹색부전나비

우리녹색부전나비

쇳빛부전나비와 북방쇳빛부전나비의 비교

쇳빛부전나비

북방쇳빛부전나비

수컷 앞날개 윗면 중실 끝 위로 타원형 성표가 뚜렷하면 쇳빛부전나비, 희미하면 북방쇳빛부전나비이다(a). 수컷 앞날개 밑에서 중앙까지 밝은 청색이면 쇳빛부전나비, 청색이 덜 나타나면 북방쇳빛부전나비이다(b). 수컷 뒷날개 외연의 돌기가 뚜렷하면 북방쇳빛부전나비이다(c). 암컷의 날개밑에서 중앙까지의 부분이 상대적으로 밝으면 북방쇳빛부전나비이다(d). 암수 모두 뒷날개 아랫면의 외횡선 전연에서 흰색이 뚜렷하면 쇳빛부전나비이다(e). 암수 모두 뒷날개 아랫면 아외연선이 뚜렷한 톱날 모양이면 북방쇳빛부전나비이다(f).

산은점선표범나비와 작은은점선표범나비의 비교

산은점선표범나비

작은은점선표범나비

작은은점선표범나비는 산은점선표비나비와의 차이는 먼저 날개 바탕색이 어둡지 않고 더 황갈색이다(a). 앞날개 끝이 더 가늘고 뾰족하다(b). 뒷날개 아랫면의 제1b실의 은색 무늬의 윗부분이 'V' 모양으로 깊게 파이면 산은점선표범나비이다(c). 이밖에 수컷 생식기 파악판의 끝 부분이 주걱처럼 보이는 부분이 상대적으로 짧으면서 부풀면 작은은점선표범나비이다.

한편 Takahashi (1995)에 따르면 한반도 동북부 지방과 러시아 극동지역에 산은점선표범나비와 작은은점선표범나비가 한 장소에 함께 분포하는 곳에서 생식의 격리가 일어나고 있음을 관찰하였다. 하지만 한반도 동북부 지방의 개체군은 아무르 지역 개체군 과의 사이에 조금 형태의 차이가 난다고 했으나 이를 확인할 만한 표본들을 보지 못했다고 덧붙였다. 또 김성수(2011b)는 남한의 강원도 산지에 산은점선표범나비가 분포한다고 했으나 사실은 작은은점선표범나비의 산지형에 속한다.

큰표범나비와 작은표범나비의 비교

큰표범나비

작은표범나비

날개 윗면의 검은 점들은 대체로 작은표범나비가 짙고 크다(a). 뒷날개 아랫면 외횡부는 큰표범나비가 적갈색을 띠는 것과 달리 작은표범나비가 흑갈색에 가깝다(b). 뒷날개 아랫면의 날개밑에서 중앙까지의 바탕색은 큰표범나비가 노란 기가 강하고, 작은표범나비가 풀색기가 강하다(c). 또 그 부분의 줄무늬는 큰표범나비는 적갈색, 작은표범나비는 흑갈색이다(c). 뒷날개 아랫면 전연부의 흰 무늬가 작고 뚜렷하면 작은표범나비이다(d).

긴은점표범나비, 은점표범나비, 황은점표범나비의 비교

긴은점표범나비

황은점표범나비(일본)

은점표범나비

은점표범나비 아랫면

긴은점표범나비 아랫면

Argynnis xipe 수컷 윗면

Argynnis xipe 암컷 아랫면

황은점표범나비(일본) 아랫면

수컷의 날개 윗면의 성표가 긴은점표범나비와 황은점표범나비는 2개이다(a). 은점표범나비 내륙 개체는 성표가 3개로 보이나 실제는 1-3개이다(b). 뒷날개 아랫면 중실 속 은색 무늬 또는 노란 무늬가 은점표범나비와 황은점표범나비는 둥글고, 긴은점표범나비는 상하로 길다(c).

중국 동북부 지역에는 *Argynnis xipe*라는 분류군을 별개의 종으로 하자는 학자도 있는데, 북한 표본들 중에 있는 것으로 보인다. 다만 이 분류군을 황은점표범나비로 볼 지 아니면 은점표범나비로 할 지 또는 *xipe*로 할 지 아직 분명하지 않다.

은점표범나비류 수컷 생식기 비교

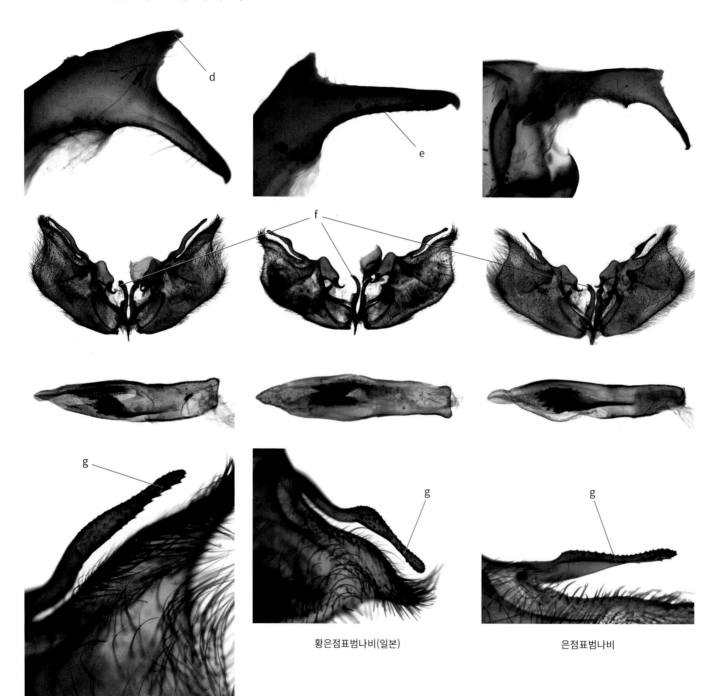

긴은점표범나비

황은점표범나비(일본)

은점표범나비

수컷 생식기에서 해마의 머리처럼 생긴 갈고리돌기의 머리 부분의 돌기는 긴은점표범나비가 가장 크고 뚜렷하고(d), 주둥이처럼 생긴 부분은 일본의 황은점표범나비가 가장 길다(e). 또 적스타의 모양은 종에 따라 다른데, 끝부분이 각지는 모습이면 긴은점표범나비와 은점표범나비이고, 가늘고 단순하면 황은점표범나비이다. 특히 긴은점표범나비가 가장 크다(f). 파악판의 가느다란 윗돌기는 은점표범나비가 가장 짧고 아래 부분에 잔돌기가 없으나 긴은점표범나비와 황은점표범나비는 길고 위는 물론 아래까지 잔돌기가 있다. 특히 긴은점표범나비는 아래 부분의 돌기가 두드러진다(g).

제일줄나비, 제이줄나비, 제삼줄나비의 비교

제일줄나비

제이줄나비

제삼줄나비

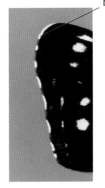

제일줄나비

제삼줄나비

제이줄나비

제삼줄나비

제일줄나비

제이줄나비

제삼줄나비

뒷날개 중앙의 흰 띠무늬는 제이줄나비가 가장 넓다(a). 날개끝의 연모는 제삼줄나비만 검은 털이 있다(b). 중실 바깥의 전연부에 있는 3개의 타원 모양의 점무늬 위에는 가는 점무늬가 제이줄나비만 있다(c). 앞날개 윗면의 중실 안 긴 막대 무늬는 제이줄나비만 위가 움푹한 모양으로 곧지 않다(d). 이 막대 무늬 바깥의 삼각 무늬는 제삼줄나비가 가장 가늘고 제이줄나비가 가장 굵다(e). 뒷날개 아랫면 날개 밑의 검은 점 사이의 무늬가 청백색이면 제일줄나비, 붉으면 제이줄나비와 제삼줄나비이다(f). 날개 아랫면의 바탕색이 짙은 적갈색이면 제삼줄나비이다(g).

참줄사촌나비와 참줄나비의 비교

참줄사촌나비

참줄나비

앞날개 윗면 중실에 가로의 흰 띠무늬만 뚜렷
하면 참줄나비이고, 이 흰 띠가 일정하지 않고
날개밑 쪽으로 흰 무늬가 더 있으면 참줄사촌
나비이다(a). 뒷날개 아랫면 항각에 검은 점 2
개가 뚜렷하면 참줄사촌나비이다(b). 날개밑
쪽의 회색 무늬의 폭이 넓으면 참줄나비, 좁으
면 참줄사촌나비이다(c).

세줄나비와 참세줄나비의 비교

세줄나비

참세줄나비

앞날개 전연 중앙부에 흰 점이 있으면 참세줄
나비, 없으면 세줄나비이다(a). 앞날개 외연부
의 흰 띠무늬가 뚜렷하면 참세줄나비이다(b).
날개 아랫면의 바탕이 적갈색이면 세줄나비,
황갈색이면 참세줄나비이다(c).

별박이세줄나비와 개마별박이세줄나비의 비교

별박이세줄나비

a b c d

개마별박이세줄나비

앞날개 윗면 전연 중앙부에 작은 흰 점이 있으면 개마별박이세줄나비이다(a). 중실 안의 흰 무늬가 외연에서 2번째의 무늬가 별박이세줄나비가 비스듬하게 길다(b). 날개 아랫면의 바탕색이 별박이세줄나비는 적갈색, 개마별박이세줄나비는 흑갈색이다(c). 뒷날개 아랫면 날개밑의 점무늬와 색이 짙고 크면 개마별박이세줄나비이다(d).

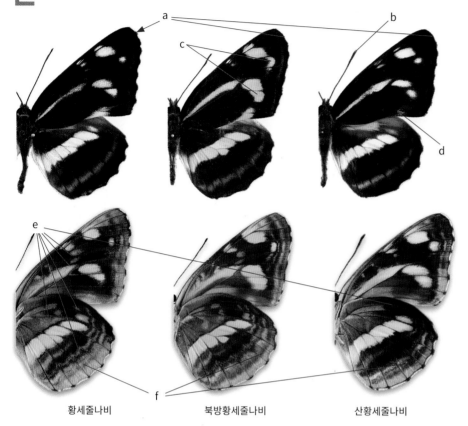

황세줄나비, 북방황세줄나비, 산황세줄나비의 비교

산황세줄나비는 북방황세줄나비와 황세줄나비와 비교하면 크기가 조금 작다. 이밖의 차이로는 먼저 날개끝의 연모는 황세줄나비만 검은 띠가 보인다(a). 산황세줄나비는 더듬이 끝이 가장 붉다(b). 앞날개 윗면 제6실 외연 가까이와 제4실의 흰(노란) 무늬는 북방황세줄나비가 가장 크다(c). 앞날개 윗면 후연의 흰 무늬는 산황세줄나비가 가장 작다(d). 날개 아랫면의 보라색 무늬는 황세줄나비와 북방황세줄나비가 같으나 산황세줄나비만 차이가 난다(e). 뒷날개 아랫면 아외연부의 적갈색 띠무늬는 황세줄나비만 가늘다(f). 날개맥에서는 앞날개 제10맥이 제7맥에서 나오면 황세줄나비와 북방황세줄나비이고, 중실에서 나오면 산황세줄나비이다(g). 이밖에 수컷 생식기의 파악판의 끝 돌기의 모양이 각각 다른데, 북방황세줄나비는 아랫돌기가 가장 가늘고, 길이가 짧으며, 폭이 좁다(h).

황세줄나비　　북방황세줄나비　　산황세줄나비

손상규(2014)에 따름

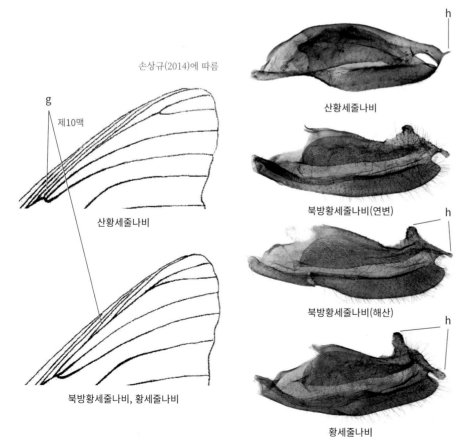
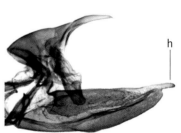
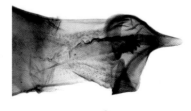

제10맥

산황세줄나비

북방황세줄나비, 황세줄나비

산황세줄나비

북방황세줄나비(연변)

북방황세줄나비(해산)

황세줄나비

어리세줄나비

북방황세줄나비(위)와 황세줄나비(아래)의 삽입기 끝 모습

오색나비와 황오색나비 비교

오색나비

황오색나비

황오색나비와 오색나비는 계통상 가까운 종으로, 공통된 특징이 많아 구별하기 어렵다. 일반적으로 오색나비 쪽이 큰 편이다. 이밖에는 다음으로 구별하는 것이 좋다. 뒷날개 윗면 중앙의 흰 띠무늬 중에서 제1b실의 흰 무늬가 있으면 황오색나비, 없으면 오색나비이다(a). 뒷날개 아랫면 항각 부위의 검은 점무늬 속에 회색 무늬가 있으면 오색나비, 없으면 황오색나비이다(b). 앞날개 제1b실의 흰 무늬가 거의 네모이면 황오색나비, 초승달 모양이면 오색나비이다(c).

황오색나비, 오색나비, 번개오색나비의 수컷 생식기 비교

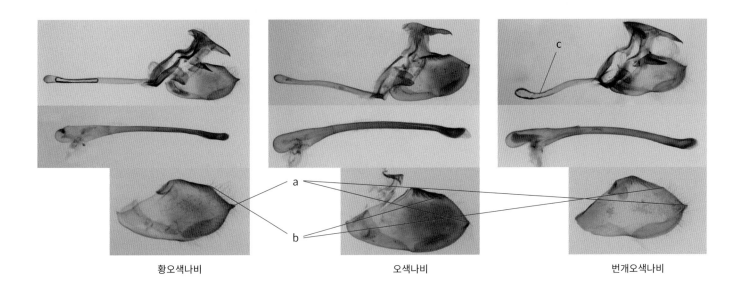

황오색나비   오색나비   번개오색나비

황오색나비와 오색나비, 번개오색나비의 수컷 생식기 차이는 다음과 같다. 파악판 끝 뾰족한 돌기는 황오색나비가 오색나비보다 두드러진다(a). 파악판 윗가장자리 중앙이 각이 두드러지지 않으면 번개오색나비이다(b). 포낭이 구부러지면 번개오색나비이다(c).

은점어리표범나비와 담색어리표범나비의 비교

은점어리표범나비

담색어리표범나비

담색어리표범나비와 은점어리표범나비는 닮으나 날개 중앙의 적황색 띠무늬가 담색어리표범나비에서 넓고(a), 날개 아랫면 전체의 노란 무늬가 많이 나타난다(b). 암컷은 담색어리표범나비가 훨씬 크며 색이 밝다.

봄어리표범나비와 여름어리표범나비의 비교

봄어리표범나비

여름어리표범나비

여름어리표범나비가 봄어리표범나비보다 훨씬 크지만 앞날개 윗면과 아랫면의 중앙 검은 띠무늬가 더 가늘다(a). 날개 윗면의 날개밑에서 중앙까지의 부분이 봄어리표범나비는 검고, 여름어리표범나비는 적갈색으로 밝은데, 날개 아랫면에서도 봄어리표범나비가 색이 더 짙어 적갈색이 짙다(b).

봄어리표범나비와 여름어리표범나비의 수컷 생식기 비교

Matsuda (1996)에 따름

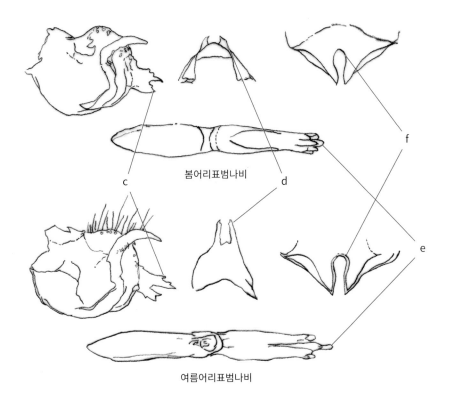

봄어리표범나비

여름어리표범나비

수컷 생식기의 차이는 다음과 같다. 파악판 끝의 돌기는 봄어리표범나비가 조금 짧고, 여름어리표범나비는 길며 요철이 심하다(c). 덮개판의 한쌍의 돌기는 봄어리표범나비는 짧지만 여름어리표범나비는 길고 끝이 날카롭다(d). 삽입기의 끝에 혀모양 돌기는 여름어리표범나비가 돌출한다(e). 연결판 안의 들어간 부분이 여름어리표범나비가 깊다(f).

북방거꾸로여덟팔나비와 거꾸로여덟팔나비의 비교

북방거꾸로여덟팔나비

거꾸로여덟팔나비

봄형 수컷   여름형 수컷   여름형 암컷 아랫면

거꾸로여덟팔나비는 북방거꾸로여덟팔나비보다 크고, 뒷날개 외연 중앙부가 덜 튀어나온다(a).
날개 아랫면의 바탕색이 더 밝다(b). 여름형에서 앞날개 윗면 흰 띠의 각도가 서로 다르다(c).

애물결나비, 물결나비, 석물결나비의 비교

애물결나비

물결나비

석물결나비

애물결나비와 물결나비, 석물결나비는 닮으나 크기로 따지면 석물결나비가 가장 크고, 애물결나비가 가장 작다. 이밖에 다음과 같은 차이가 있다. 뒷날개 윗면 아외연부 항각 부위의 눈알모양 무늬가 2개이면 애물결나비이다(a). 수컷의 앞날개밑에서 중앙까지 검어 바깥과 대비되면 물결나비이다(b). 날개끝 가까이의 눈알모양 무늬의 크기는 애물결나비＞물결나비＞석물결나비의 순이다. 특히 애물결나비의 암컷에서 눈알 주위의 노린 무늬가 뚜렷하고 그 주변이 석물결나비보다 밝다(c). 뒷날개 아랫면 아외연부의 눈알모양 무늬의 수는 5~6개이면 애물결나비, 3개이면 물결나비와 석물결나비이다(d). 앞날개 아랫면 항각 부분과 뒷날개 외연부의 색이 짙은 흑갈색이면 석물결나비이다(e).

노랑지옥나비, 외눈이지옥사촌나비, 분홍지옥나비, 외눈이지옥나비의 비교

앞날개 윗면 외횡부의 눈알모양 무늬의 수가 노랑지옥나비만 여러 개이다(a). 앞날개 끝의 눈알모양 무늬의 테두리는 분홍지옥나비가 가장 넓고 붉은색이 두드러진다(b). 뒷날개 아랫면 외횡부에 흰 점이 있으면 외눈이지옥나비와 분홍지옥나비이고, 흰 띠로 되면 노랑지옥나비와 외눈이지옥나비이다(c). 앞날개 끝 부위의 눈알모양 무늬 안의 작은 흰 무늬 2개를 이은 각도가 외눈이지옥사촌나비가 가장 작다(d). 앞날개 아랫면 날개끝에 흰 비늘가루가 많으면 외눈이지옥나비이다.

함경산뱀눈나비와 참산뱀눈나비의 비교

함경산뱀눈나비   참산뱀눈나비(강원도 양양)   참산뱀눈나비

참산뱀눈나비가 함경산뱀눈나비와 다른 점은 먼저 앞날개 중실 바깥의 제5실에 눈알모양 무늬는 강원도 양양(아종 *coreana*) 개체군을 빼고 없는 경우가 많으나 함경산뱀눈나비는 반드시 있고, 제2실과 크기가 같다(a). 뒷날개 윗면 아외연부의 눈알모양 무늬가 이 종에서는 축소되는 일이 많으나(*walkyria*) 강원도 양양(아종 *coreana*) 개체군과 함경산뱀눈나비에서는 발달한다(b). 뒷날개 아랫면 외횡부의 "〈"자 모양의 무늬가 함경산뱀눈나비에서 발달하고 뚜렷하다. 함경산뱀눈나비와 참산뱀눈나비는 이 무늬의 모양이 서로 다른데, 함경산뱀눈나비가 안쪽으로 더 구부러져 파인다(c).

흰뱀눈나비와 조흰뱀눈나비의 비교

흰뱀눈나비

조흰뱀눈나비

흰뱀눈나비는 날개 외연부에 흰점이 발달하나 조흰뱀눈나비는 거의 발달하지 않는다(a). 앞날개 후연의 검은 띠무늬는 조흰뱀눈나비가 발달한다(b). 뒷날개 아랫면 중앙의 검은 줄무늬는 흰뱀눈나비가 발달하고 2중으로 되는 경우가 많다(c). 뒷날개 아랫면 외연의 반원 모양의 흰무늬는 흰뱀눈나비가 훨씬 크다(d). 수컷 생식기는 파악판 끝의 작은 돌기가 복잡하고 위에만 있으면 조흰뱀눈나비, 좁고 2중으로 보이면 흰뱀눈나비이다(e).

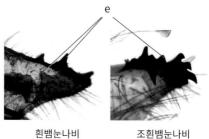

흰뱀눈나비   조흰뱀눈나비

흰뱀눈나비와 조흰뱀눈나비의 지역 아종

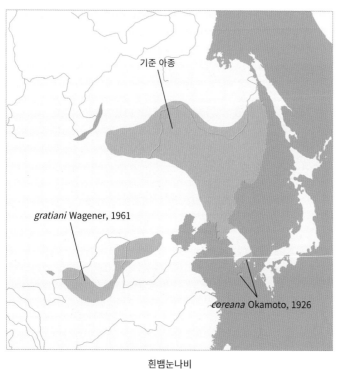

기준 아종

gratiani Wagener, 1961

coreana Okamoto, 1926

흰뱀눈나비

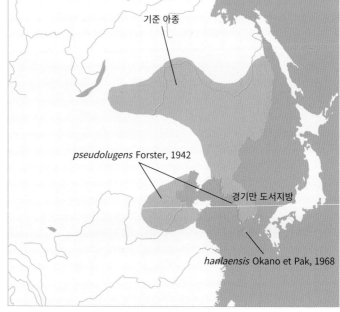

기준 아종

pseudolugens Forster, 1942

경기만 도서지방

hanlaensis Okano et Pak, 1968

조흰뱀눈나비

알락그늘나비와 황알락그늘나비의 비교

알락그늘나비   황알락그늘나비

황알락그늘나비는 날개 윗면이 누런 밤색인 경우가 많고, 앞날개 아랫면 중실 위의 날개밑 가까이의 비스듬한 선이 조금 구부러지며, 양 끝이 날개맥에 붙는다. 이와 달리 알락그늘나비는 날개 윗면이 누런 회색이고, 앞날개 아랫면의 중실 위에서 날개밑 가까이의 비스듬한 선이 심하게 구부러진다(a). 알락그늘나비의 더듬이 끝은 거의 전체가 검어지고, 황알락그늘나비는 환절만 검고 나머지 부분이 적갈색이다(b). 날개 아랫면의 갈색 줄무늬는 알락그늘나비 쪽이 굵고 뚜렷하다(c). 이밖에 수컷 생식기 중앙의 등 쪽에 미세한 돌기가 있으면 알락그늘나비이고, 없으면 황알락그늘나비이다.

부처나비와 부처사촌나비의 비교

부처나비

부처사촌나비

뒷날개 윗면 날개밑 가까이에 흰 털로 된 수컷 성표가 있으면 부처사촌나비이다(a). 날개 아랫면 외횡부의 띠가 노란색이면 부처나비이고, 보라색이면 부처사촌나비이다(b).

호랑나비상과
Papilionoidea

팔랑나비과
Hesperiidae

수리팔랑나비아과
Coeliadinae

흰점팔랑나비아과
Pyrginae

돈무늬팔랑나비아과
Heteropterinae

팔랑나비아과
Hesperiinae

큰수리팔랑나비

Burara striata (Hewitson, 1867)

변이 한반도 개체군은 중국 서부와 함께 기준 아종으로 다룬다.

암수 구별 수컷은 앞날개 윗면 제1b, 2, 3실에 3개의 굵고 검은 선 모양의 발향린 성표가 있다. 또 날개밑에서 아외연부까지 황갈색 잔털이 나 있으나 암컷은 없다. 수컷에만 뒷다리 종아리마디에 긴 털 뭉치가 달린다.

첫 기록 Okamoto(1923)는 *Ismene septentrionis* Felder (Korea)라는 이름으로 우리나라에 처음 기록하였다.

우리 이름의 유래 석주명(1947)은 이 나비가 독수리팔랑나비보다 크다는 뜻으로 이름을 지었다.

Abundance Rare or extinct.
General description Wing expanse about 50 mm. Male upper forewing 1b, 2 and 3 space with thick black sex band. No noticeable regional variation in morphological characteristics (TL: China).
Flight period Univoltine. Late June-August. Life history unknown, but possibly hibernates as a larva.
Habitat Until early 2000s, rarely sighted at the National Arboretum, Pocheon-gun in Gyeonggi-do. The area is comprised of dense deciduous broad-leaved forest.
Food plant *Kalopanax septemlobus* (Araliaceae).
Distribution Gwangneung (GG).
Range China (Moupin, Omei Shan, Ta-tsienlou, Tien Tsien, Sia-Lou, Tsekou).
Conservation Under category II of endangered wild animal designated by Ministry of Environment of Korea.

독수리팔랑나비

Burara aquilina (Speyer, 1879)

분포 백두대간을 중심으로 분포하고, 강원

분포 1945년까지 경기도와 황해도, 강원도 고성, 충청북도 보은, 전라남도 광주 등지에 분포하였으나 이후 분포지에 대한 기록이 없다. 그 이후 2000년대 초까지 경기도 포천시 국립수목원에만 보였는데, 최근 발견되지 않고 있다. 국외에는 중국 허난, 저장, 장쑤, 장시, 쓰촨, 윈난에 분포한다. 환경부에서 지정한 멸종위기 야생생물 II급에 속했으나 광릉 지역에 멸종되어 관찰종이 되었다.

먹이식물 두릅나무과(Araliaceae) 음나무
생태 한 해에 한 번, 6월 말에서 8월에 보인다. 월동은 애벌레 상태로 하는 것으로 보인다. 서식지는 국립수목원처럼 식생의 보존 상태가 매우 좋은 숲 주변이다. 해뜨기 전과 해가 질 무렵부터 어두워질 때까지 하루에 2번 재빨리 날아다니면서 참나무 진을 찾는다. 수컷은 해질 무렵 일정 공간을 2~3m 높이로 날아다니는 텃세 행동을 한다. 오전에 수목원 내에 있는 산림박물관 화장실 유리창에 붙으려고 날아오거나 음식물이 버려진 물가에 날아온다. 이따금 땀냄새를 풍기는 관람객의 뒤를 쫓기도 한다.

도 산지와 가까운 경기도 일부 산지에 분포하는데, 숲이 우거진 경기도 포천의 국립수목원에 분포한다. 북한에도 높은 지대를 중심으로 분포하는 것으로 보인다. 국외에는 쓰시마를 포함한 일본, 중국의 중부와 동북부), 러시아 연해주 남부에 분포한다.
먹이식물 두릅나무과(Araliaceae) 음나무, 땃두릅나무
생태 한 해에 한 번, 6월 말에서 8월 초에 보인다. 일시에 발생한 적이 있는 경기도 광릉에서는 6월 중순경에 보였다. 월동은 애벌레 상태로 한다. 서식지는 한랭한 산지의 울창한 숲 주변의 빈터, 계곡 부근의 산길이다. 숲 가장자리에서 나무 사이를 매우 빠르게 날며, 날 때에는 눈에 잘 띄지 않으나 쥐똥나무, 개망초, 개쉬땅나무, 미역줄나무, 큰까치수염, 빈도리, 멍석딸기 등의 꽃에 앉으면 관찰할 수 있다. 수컷은 오전에 습지에 잘 앉는데, 때로 수백 마리 정도의 무리를 짓는다. 반드시 날개를 접고 앉는다. 새똥과 짐승 배설물에 날아와 즙을 빨며, 이때 자신의 배출액도 함께 먹는데, 인기척이 나면 날개를 떨면서 살짝 펼치며 경고한다. 드물게 해질 무렵까지 참나무 진에 날아와 즙을 빤다. 암컷은 8월경 오후 늦게 길가에 있는 30~40cm 두께의 먹이식물의 줄기 껍질에 하나씩 낳고, 말린 잎 속에 여러 개의 알을 한꺼번에 낳

는다. 해마다 개체수의 변동 폭이 크다.

변이 한반도 개체군은 일본, 중국 동북부, 러시아 극동지역과 함께 기준 아종으로 다룬다. 한반도에서는 지리 변이가 없다. 암컷 중에는 날개의 바탕이 흑갈색 또는 푸른색을 머금은 갈색을 띠기도 하는데, 흑갈색 개체가 대부분이다.

암수 구별 수컷은 날개 윗면이 황갈색 바탕에 별다른 무늬가 없으나 암컷은 앞날개 중실 끝에 1개의 황갈색 무늬가 있고, 그 바깥으로 7~8개의 흰 무늬가 둥글게 나타난다. 수컷에만 뒷다리 종아리마디에 긴 털뭉치가 달린다.

첫 기록 Matsumura(1919)는 *Ismene aquilina* Speyer (Korea)라는 이름으로 우리나라에 처음 기록하였다.

우리 이름의 유래 석주명(1947)은 종(*aquilina*)의 라틴어가 독수리라는 뜻이고, 나는 모양이나 생김새가 이와 잘 어울린다는 뜻으로 이름을 지었다.

🦋

Abundance Scarce.
General description Wing expanse about 40 mm. Similar to *B. striata* but smaller, and sex band absent in male. Korean population was dealt as nominotypical subspecies (TL: Vladivostok and Askold island, Russian Far East).
Flight period Univoltine. Late June-August. Hibernates as a larva.
Habitat Glades near dense forest in cold region, hiking trails along mountain valley.
Food plant *Kalopanax septemlobus*, *Oplopanax elatus* (Araliaceae).
Distribution Gwangneung (GG), Mountainous regions north of Gangwon-do.
Range Japan, NE. China, Russian Far East.

푸른큰수리팔랑나비
Choaspes benjaminii (Guérin-Méneville, 1843)

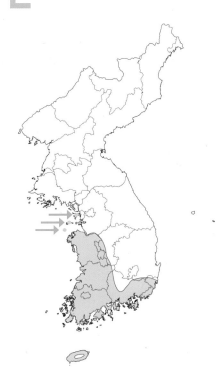

분포 제주도와 전라남도, 경상남도 지역에 주로 분포한다. 이밖에 전라북도와 충청남도 일부 지역 및 섬 지역, 경기도 서해안의 대부도와 덕적도 등 일부 섬에도 분포한다. 국외에는 일본, 중국의 중부, 남부, 남서부, 홍콩, 타이완, 인도차이나, 필리핀, 말레이반도, 수마트라, 네팔, 인도 남부, 스리랑카에 분포한다.

먹이식물 나도밤나무과(Sabiaceae) 나도밤나무, 합다리나무

생태 한 해에 두 번, 4월 말에서 6월 초, 7월 중순에서 8월에 나타난다. 월동은 번데기 상태로 한다. 서식지는 상록활엽수와 낙엽활엽수가 혼재하는 계곡 주변이다. 맑은 날은 이른 아침과 해질 무렵에 활발하고, 흐린 날에는 하루 종일 활동한다. 아주 빠르게 나는데 이때 날개음도 들린다. 수컷은 200~400m의 높지 않은 언덕 위에서 일정 공간을 빠르게 날면서 심하게 텃세를 부린다. 축축한 나무와 땅바닥에 앉아 물을 빨아먹고, 새똥 같은 배설물에 모여 즙을 빤다. 암수 모두 매달리듯 꽃에 앉아 꿀을 빠는데, 봄에는 무와 아까시나무, 고추

나무, 쥐똥나무 등의 꽃에서, 여름에는 큰까치수염과 등골나물, 산초나무, 개곽향, 꿀풀, 갈퀴덩굴, 곰취, 가시엉겅퀴, 누리장나무, 사위질빵, 두메층층이꽃, 산딸기, 멍석딸기 등의 꽃에서 꿀을 빤다. 암컷은 천천히 날면서 땅에서 1m 정도의 높이에 위치한 새싹 잎 뒤에 알을 하나씩 낳는다.

변이 제주도를 포함한 한반도 남부의 개체군은 일본, 중국, 타이완, 인도차이나, 히말라야와 함께 아종 *japonicus* (Murray, 1875)로 다룬다. 여름형은 봄형보다 보통 크고, 날개 윗면이 청록색이 짙어 조금 어두워 보이나 두드러진 특징은 아니다.

암수 구별 암컷은 뒷날개 윗면 전연에서 외연까지 넓게 흑청색을 띠고, 몸 가까운 날개 부분이 밝은 청록색이어서 수컷보다 뚜렷한 대비가 된다. 이밖에 수컷에만 뒷다리 종아리마디에 긴 털 뭉치가 달린다.

첫 기록 Doi(1919)는 *Rhopalocampta*

푸른큰수리팔랑나비 수컷의 뒷다리 종아리마디의 털뭉치.

benjamini japonica Murray (Koryo)라는 이름으로 처음 기록하였으나 큰수리팔랑나비를 오해한 것으로 보인다. 실제 이 종이 경기도 내륙에 분포하지 않는다. 따라서 Okamoto(1924)가 같은 이름으로 제주도 표본으로 기록한 것이 처음으로 보인다.

우리 이름의 유래 석주명(1947)은 힘차게 나는 모습이 '독수리 같이 빠르다'라는 뜻으로 이름을 지었는데, 날개의 풀색의 의미도 살렸다.

🦋

Abundance Common.
General description Wing expanse about 50 mm. Unmistakable. Korean population was dealt as ssp. *japonicus* (Murray, 1875) (TL: Yokohama, Japan).
Flight period Bivoltine. Late April-early

June, mid July-August. Hibernates as a pupa.
Habitat Sub-tropical forest with broad-leaved evergreen trees, valley with mixed deciduous broad-leaved trees.
Food plant *Meliosma myriantha, M. oldhamii* (Sabiaceae).
Distribution Some islands in Yellow Sea including Daebudo island, scattered localities of Jeollabuk-do, Jollanam-do, Gyeongsangnam-do and Jeju island.
Range Japan, China (C., S. & SW.), Hong Kong, Taiwan, Indochina, Philippines, Malay peninsula, Sumatra, Nepal, S. India, Sri Lanka.

왕팔랑나비

Lobocla bifasciata (Bremer et Grey, 1853)

분포 제주도와 울릉도를 뺀 내륙 지역에 분포하는데, 일부는 내륙과 가까운 섬 지역에도 분포한다. 국외에는 중국의 동북부, 중부, 동부, 러시아의 우수리, 타이완, 인도차이나에 분포한다.
먹이식물 콩과(Leguminosae) 싸리, 풀싸리, 칡, 아까시나무
생태 한 해에 한 번, 5월 말에서 7월 초에 보인다. 월동은 종령애벌레 상태로 한다. 서식지는 낮은 산지와 마을 주변의 숲이다. 톡톡 튀듯이 빠르게 날면서 꿀풀과 벌노랑이, 나무딸기, 엉겅퀴, 지느러미엉겅퀴, 개망초, 석잠풀, 멍석딸기, 아까시나무, 숙은노루오줌, 금마타리, 족제비싸리, 기린초, 밤나무, 꽃댕강나무, 고삼(도둑놈의지팡이), 쥐똥나무, 큰까치수염, 싸리, 패랭이꽃 등 많은 꽃에 날아온다. 수컷은 원을 그리듯 빈터를 배회하는데, 암컷을 탐색하거나 수컷끼리 텃세를 부린다. 산 정상에서 해질 무렵에 심하게 점유행동을 하는데, 한 자리를 고수하지 않는다. 암컷은 먹이식물 둘레를 천천히 맴돌면서 먹이

식물에 앉아 잎 뒤에 알을 하나씩 낳는다.
변이 한반도 개체군은 중국, 러시아 아무르 남부와 함께 기준 아종으로 다룬다. 한반도에서는 지역 변이가 없으나 크기 차이는 있는 편으로, 강원도 이북에 작은 개체들이 많다.
암수 구별 수컷은 앞날개 전연에 접힌 부분이 있으며 펼치면 그 속이 황갈색이다. 암컷은 수컷보다 날개 색이 조금 옅고, 앞날개의 흰 띠의 폭이 조금 넓다. 특히 암컷의 경우, 전연부의 작은 흰 점이 수컷처럼 가늘고 길지 않으며, 중실 아래의 흰 무늬가 사변형이다. 수컷에만 뒷다리 종아리마디에 긴 털 뭉치가 달린다.
첫 기록 Butler(1883a)는 *Plesioneura bifasciata* Bremer et Grey (Jinchuen, W. Corea)라는 이름으로 우리나라에 처음 기록하였다.
우리 이름의 유래 석주명(1947)은 대왕팔랑나비와 왕자팔랑나비의 중간 크기라는 뜻으로 이름을 지었다.

Abundance Common.
General description Wing expanse about 38 mm. Korean population was dealt as nominotypical subspecies (TL: Beijing, China).
Flight period Univoltine. Late May-early July. Hibernates as a larva.
Habitat Low hill area, forests around human dwelling.
Food plant *Lespedeza bicolor, L. thunbergii, Pueraria lobata, Robinia pseudo-acacia* (Leguminosae).
Distribution Inland regions of Korean Peninsula.
Range China (NE., C. & E.), Russia (Ussuri), Taiwan, Indochina.

대왕팔랑나비

Satarupa nymphalis (Speyer, 1879)

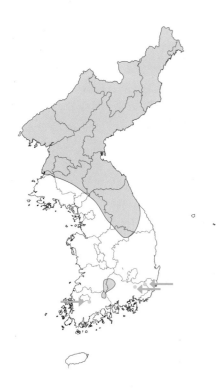

레를 천천히 날면서 2~5m의 먹이식물 잎 위에 알을 한꺼번에 50여 개를 고루 퍼지게 낳는다. 애벌레는 삼각형으로 잎을 잘라내고, 입에서 실을 토해 겹치게 한 후, 잎을 자신의 몸 위를 덮어 숨는다. 유생기의 기록은 주재성(2017c)의 논문이 있다.

변이 한반도 개체군은 중국 동북부, 러시아 우수리와 함께 기준 아종으로 다룬다. 한반도에서는 지역과 개체에 따른 변이가 없다.

암수 구별 암컷은 수컷보다 크고, 날개의 폭이 넓으며, 뒷날개의 흰 띠의 폭이 넓다. 특히 뒷날개 외횡부의 원 무늬가 뚜렷하다. 수컷만 뒷다리 종아리마디에 긴 털 뭉치가 달린다.

첫 기록 Okamoto(1926)는 *Satarupa nymphalis* Speyer (Mt. Kongo)라는 이름으로 우리나라에 처음 기록하였다.

우리 이름의 유래 석주명(1947)은 팔랑나비과 중에서 가장 크고, 활발하게 난다는 뜻으로 이름을 지었다.

Abundance Scarce.

General description Wing expanse about 59 mm. Male hind hind tibia has long tuft of hairs. Korean population was dealt as nominotypical; subspecies (TL: Vladivostok, Russian Far East).

Flight period Univoltine. Late June-August. Hibernates as a larva.

Habitat Valley with plenty of deciduous broad-leaved trees, around the ridge.

Food plant *Zanthoxylum schinifolium*, *Z. coreanum*, *Phellodendron amurense* (Rutaceae).

Distribution Mountainous regions north of Mt. Jirisan.

Range China (NE. & C.), Russia (Ussuri).

분포 지리산과 경상도 일부지역, 광주 무등산, 충청북도 이북의 높은 산지를 중심으로 분포한다. 국외에는 중국의 동북부와 중부, 러시아의 우수리에 분포한다.

먹이식물 운향과(Rutaceae) 황벽나무, 산초나무. 남부지방에서는 왕초피나무도 먹는다.

생태 한 해에 한 번, 6월 중순에서 8월에 보인다. 중령애벌레 상태로 먹이식물의 가지에 자신이 뿜어낸 실로 마른 잎을 고정하고 그 속에서 월동을 한다. 서식지는 낙엽활엽수가 많은 산지의 계곡과 능선 주변이다. 힘차게 날면서 큰까치수염과 자귀나무, 개쉬땅나무, 개망초 등의 꽃에 잘 날아온다. 꽃이나 물가를 찾아 앉을 때에는 날개를 활짝 펴지만 점유행동을 할 때에는 날개를 접는다. 수컷은 오전 중에 계곡의 축축한 바위와 땅바닥에 잘 앉고, 오후에 800m 정도의 산 정상에서 주변이 트인 나뭇잎에 앉아 점유행동을 세차게 한다. 자리를 지키려고 수컷끼리는 물론 같은 시기에 나타나는 다른 나비, 심지어 제비와 같은 새의 뒤를 쫓기도 한다. 암컷은 계곡 둘

왕자팔랑나비

Daimio tethys (Ménétriès, 1857)

분포 울릉도를 뺀 제주도와 그 외의 섬 지역을 포함한 전국 각지에 분포한다. 국외에는 일본, 중국의 동북부, 동부, 남부, 러시아의 아무르와 우수리, 타이완, 미얀마 북부에 분포한다.

먹이식물 마과(Dioscoreaceae) 마, 단풍마, 참마, 부채마

생태 한 해에 두세 번 나타나는데, 5월에서 9월 초에 보인다. 제주도에서는 4~10월 초에 보인다. 남부지방과 제주도에서는 서너 번 보인다. 월동은 종령애벌레 상태로 한다. 서식지는 낮은 산지의 숲 가장자리와 마을 주변의 빈터이다. 빈 공간을 빙빙 돌듯이 날다가 재빨리 날개를 펴고 앉으며, 엉겅퀴와 고추나무, 벌등골나무, 나무딸기, 쥐똥나무, 개망초, 꿀풀, 멍석딸기, 토끼풀, 큰까치수염, 개머루, 쥐꼬리망초, 기린초, 범부채, 산딸기, 참나리, 나비나물, 탑꽃 등의 꽃에서 꿀을 빤다. 수컷은 축축한 물가와 새똥에 잘 앉는다. 빈터에서 텃세행동을 하는데, 햇빛이 강하면 날개를 접고 앉아 있다가 주변으로 날아오는 다

른 나비를 추격한다. 가끔 작은 산의 정상에서도 텃세를 부릴 때가 있다. 놀랄 경우, 나뭇잎 사이로 들어가 날개를 폈다 접는 행동을 되풀이한다. 암컷은 오후에 먹이식물 둘레를 천천히 날다가 앉았다가를 되풀이하다가 대부분 잎 위, 때로는 잎 뒤와 줄기에 알을 하나씩 낳는다. 이때 자신의 배털로 알을 덮기 때문에 알을 낳는 시간이 길다.

변이 한반도 내륙과 인근의 섬 지역 개체군은 일본, 중국 동북부, 러시아 극동지역과 함께 기준 아종으로 다룬다. 제주도 개체군은 중국의 동부와 남부의 개체군과 함께 아종 *moori* (Mabille, 1876) (= *saishiuana* Okamoto, 1924)으로 다룬다. 이 아종은 날개 윗면의 흰 점무늬가 내륙 개체군보다 훨씬 크다. 중실 안의 흰 점무늬는 내륙 개체군이 사각형, 제주도 개체군이 삼각형이다. 계절에 따른 변이는 거의 없다.

암수 구별 암컷은 수컷보다 크고, 날개 외연이 둥글며, 날개의 흰 띠의 폭이 넓은 편이다. 수컷은 뒷다리 종아리마디에 긴 털 뭉치가 있고, 암컷은 배 끝에 알을 덮기 위한 흰 잔털이 많다.

첫 기록 Fixsen(1887)은 *Daimio tethys* Ménétriès (Korea)라는 이름으로 우리나라에 처음 기록하였다.

우리 이름의 유래 석주명(1947)은 속 (*Daimio*)의 라틴어의 뜻이 '일본의 무사'이고, 일본 이름도 이와 관계있지만 이와 상관없이 대왕팔랑나비, 왕팔랑나비와 비교하여 가장 작은 크기라는 뜻으로 우리 이름을 지었다.

Abundance Common.
General description Wing expanse about 37 mm. Korean population has two subspecies: nominotypical subspecies (TL: Japan), ssp. *moori* (Mabille, 1876) (TL: Moupin, China). Upper hindwing band of the latter conspicuous.
Flight period Bivoltine or trivoltine according to latitude. May-early September. Hibernates as a larva.

Habitat Forest edges of low mountain, around human settlement.
Food plant *Dioscorea batatas, D. quinqueloba, D. japonica, D. nipponica* (Dioscoreaceae).
Distribution Inland of Korean Peninsula excluding Ulleungdo island, Jeju island.
Range Japan, China (NE., E. & S.), Russian Far East, Taiwan, N. Myanmar.

멧팔랑나비

Erynnis montanus (Bremer, 1861)

분포 제주도와 울릉도 등 대부분의 섬들을 뺀 한반도 내륙에 하는데, 서, 남해안 섬들 중 전라남도 완도와 진도, 경상남도 거제도, 경기도 강화도 등지에만 분포한다. 국외에는 일본, 중국 동북부, 러시아 아무르에 분포한다.
먹이식물 참나무과(Fagaceae) 떡갈나무, 졸참나무, 신갈나무, 굴참나무
생태 한 해에 한 번, 중남부지방에서는 4월에서 5월, 북부지방에서는 4월 말에서 6월

초에 보인다. 월동은 종령애벌레 상태로 한다. 서식지는 참나무가 많은 낮은 산지의 낙엽활엽수림 주위이다. 이른 봄 계곡이나 능선, 산길에서 활발하게 날아다니는 모습을 흔히 볼 수 있는데, 높은 나무에 날아오르는 일이 없다. 진달래와 엉겅퀴, 줄딸기, 고추나무, 붉은병꽃나무, 조개나물, 민들레, 쥐오줌풀, 황새냉이, 미나리냉이, 제비꽃, 졸방제비꽃, 양지꽃, 조팝나무, 매화말발도리, 영산홍, 유채, 각시붓꽃, 철쭉, 큰개불알풀 등 흰색이나 붉은색, 옅은 분홍색, 보라색 계열의 꽃에 잘 날아온다. 꽃에 날아올 때에는 날개를 반쯤 펴나 일광욕을 할 때에는 날개를 활짝 편다. 수컷은 물가의 축축하고 젖은 땅바닥이나 참나무류의 새싹에서 나오는 진에 잘 앉으며, 자신이 배출한 액체를 함께 먹는 모습을 볼 수 있다. 암컷은 비교적 천천히 날면서 2m 정도의 참나무 새싹이 나올 가지 사이 등에 알을 하나씩 낳는다.

변이 한반도 개체군은 일본, 중국, 러시아 극동지역과 함께 기준 아종으로 다룬다. 한반도에서는 지역과 개체에 따른 변이가 적다.

암수 구별 암컷은 수컷보다 크고, 앞날개 윗면 중앙의 회백색 무늬의 폭이 더 넓고 뚜렷하며, 앞날개 아랫면 중실 끝에서 외연 쪽으로 황갈색을 띤다. 수컷은 앞날개 윗면 전연에 접혀진 부분이 있으며, 이곳을 젖히면 황갈색이 보인다.

첫 기록 Fixsen(1887)은 *Nisoniades montanus* Bremer (Korea)라는 이름으로 우리나라에 처음 기록하였다.

우리 이름의 유래 석주명(1947)은 종 (*montanus*)의 라틴어의 뜻으로 이름을 지었는데, 한때 '큰줄점팔랑나비'의 이름으로 사용되었던 '산팔랑나비'와 뜻이 같다.

Abundance Common.
General description Wing expanse about 36 mm. Korean population was dealt as nominotypical subspecies (TL: Amur, Russia).
Flight period Univoltine. April-May in C. & S. Korea, Late April-early June in

N. Korea, Hibernates as a larva.
Habitat Oak-rich low mountainous area.
Food plant *Quercus dentata*, *Q. serrata*, *Q. mongolica*, *Q. variabilis* (Fagaceae)
Distribution Inland regions of Korean Peninsula.
Range Japan, NE. China, Russia (Amur).

꼬마멧팔랑나비

Erynnis popoviana Nordmann, 1851

분포 한반도 동북부지방의 일부 산지에 국지적으로 분포한다. 국외에는 중국 동북부, 러시아의 바이칼 남부, 트랜스바이칼 남부, 우수리, 몽골 동부에 분포한다.
먹이식물 참나무과(Fagaceae) 식물로 알려져 있다.
생태 한 해에 한 번, 5월 말에서 7월 중순에 나타나서 참나무류가 드문드문 있는 건조한 풀밭에서 산다. 러시아에서는 고도 600~750m의 낮은 산지의 개간된 풀밭이나 자작나무가 자라는 숲, 목초지, 강과 개

천 주위의 풀밭에 산다고 한다(Tuzov 등, 1997). 멧팔랑나비보다 개체수가 다소 적다. 어른벌레의 흡밀과 텃세행동 등의 생태는 멧팔랑나비와 닮으며, 특히 야외에서 직접 보면 겉모습이 나방처럼 보인다고 한다.
변이 지역에 따른 변이는 없다.
암수 구별 수컷은 앞날개 전연의 날개밑에서 중앙까지 접힌 부분이 있다. 암컷은 수컷보다 앞날개 중앙의 회백색 띠무늬가 뚜렷하고, 날개끝 2개의 흰 점무늬도 더 크다.
첫 기록 Doi(1932)는 *Thanaos tages popovianus* Nordmann (Kankyodo)라는 이름으로 우리나라에 처음 기록하였다.
우리 이름의 유래 석주명(1947)이 멧팔랑나비와 닮으나 '그보다 작다'는 뜻으로 지었다.

Abundance Local.
General description Wing expanse about 27 mm. Similar to *E. montanus* but wing size smaller, wing's ground color without yellowish tint. No noticeable regional variation in morphological characteristics (TL: Kyakhta, Transbaikal, Russia).
Flight period Univoltine. Late May-mid July. Hibernation stage unknown.
Habitat Arid meadows with oak trees.
Food plant Fagaceae.
Distribution Mountainous regions in northeastern Korean Peninsula.
Range NE. China, Russia (S. Baikal, S. Transbaikalia, Ussuri), E. Mongolia.

왕흰점팔랑나비

Syrichtus gigas (Bremer, 1864)

분포 한반도 동북부지방의 산지에 분포하고, 국외에는 중국 동북부, 러시아 연해주 남부, 몽골 동부에 분포한다.
먹이식물 꿀풀과(Labiatae) 속단속(*Phlomis* sp.)의 식물로 알려져 있다.

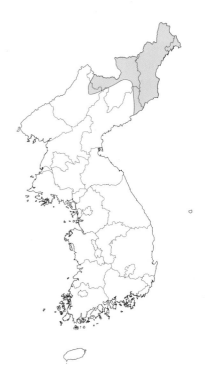

생태 한 해에 한 번, 7월 중순에서 8월 중순에 나타나서 그다지 높지 않고 낙엽활엽수가 많은 추운 지역에서 산다. 기온이 오르는 한낮에는 날지 않고 쉬는 것으로 알려져 있다.
변이 지역에 따른 변이는 없다.
암수 구별 암수의 구별은 흰점팔랑나비처럼 수컷이 앞날개 전연에 접힌 부분이 있으며, 이 부분을 젖히면 밤색 선 모양으로 보인다. 또 수컷은 암컷보다 날개 윗면의 아외연부와 중실 아래의 흰 점무늬가 뚜렷하다.
첫 기록 Okamoto(1923)는 *Hesperia gigas* Bremer (Korea)라는 이름으로 우리나라에 처음 기록하였다.
우리 이름의 유래 석주명(1947)이 닮은 나비들 중에서 '가장 크다'라는 뜻으로 지었다.

Abundance Local.
General description Wing expanse about 28 mm. Under forewing without white suffusion, submarginal spots reduced to dots. No noticeable regional variation in morphological characteristics (TL: Bai Possiet und port Bruce, Russian Far East).
Flight period Univoltine. Mid July-mid August. Hibernation stage

unconfirmed.
Habitat Cold areas of moderate altitude with deciduous broad-leaved trees.
Food plant *Phlomis* ssp. (Labiatae).
Distribution Mountainous regions in northeastern Korean Peninsula.
Range NE. China, Russia (S. Primorye), E. Mongolia.

함경흰점팔랑나비
Spialia orbifer (Hübner, 1823)

분포 함경북도와 양강도의 일부 지역에만 분포하고, 국외에는 중국의 동북부, 중부, 서부, 러시아의 아무르, 시베리아 남부, 소아시아, 우랄 남부, 볼가 강 주변, 몽골, 카자흐스탄, 유럽 동남부에 분포한다.
먹이식물 장미과(Rosaceae)의 오이풀속 (*Sanguisorba* sp.) 식물인 것으로 알려져 있다.
생태 한 해에 한 번, 6월 중순에서 8월 초까지 나타나서 낙엽활엽수가 많은 강, 계곡, 호수 주변의 풀밭, 목초지, 산림 안의 풀밭에서 사는데, 때로 2,000m 이상의 고산지

풀밭에서도 산다고 한다.
변이 한반도 개체군은 유럽 동남부를 뺀 지역의 아종 *lugens*(Staudinger, 1886) (= *murasaki* Sugitani, 1936, 기준 지역: 회령, 무산령)로 다루는데, 뒷날개 아랫면이 황갈색을 띠는 일이 많다.
첫 기록 Sugitani(1932)가 *Hesperia orbifer* Hübner (Mosanrei)라는 이름으로 우리나라에 처음 기록하였다.
우리 이름의 유래 석주명(1947)이 함경도에서만 채집된다는 뜻으로 지었다.

Abundance Local and rare.
General description Wing expanse about 24 mm. Korean population was dealt as ssp. *lugens* (Staudinger, 1886) (TL: E. Tian Shan, China).
Flight period Univoltine. Mid July-mid August. Hibernation stage unconfirmed.
Habitat Riversides and valleys with deciduous broad-leaved trees, meadows around lake, grassland, meadows in forest, occasionally highland grassland of over 2,000 m a.s.l.
Food plant *Sanguisorba* ssp. (Rosaceae).
Distribution Northeastern region of Korean Peninsula.
Range China (NE., C. & W.), Russia (Volga Region, S. Ural, Asia minor, S. Siberia, Amur), Mongolia, Kazakhstan, SE. Europe.

흰점팔랑나비
Pyrgus maculatus (Bremer et Grey, 1853)

분포 제주도와 한반도 내륙을 중심으로 분포하며, 울릉도에서의 기록은 없다. 최근 뚜렷하게 해안 지역에서 개체수가 감소하고 있다. 다른 지역에서는 드문 편이나 제주도의 오름과 목장 주변의 풀밭에 흔하

다. 국외에는 일본, 중국의 동북부와 동부, 러시아의 시베리아 동부, 아무르, 우수리, 몽골에 분포한다.
먹이식물 장미과(Rosaceae) 양지꽃, 세잎양지꽃, 딱지꽃
생태 한 해에 한 번에서 세 번, 대부분 4월 중순에서 5월과 7월 중순에서 8월에 두 번 보인다. 전라남도 진도와 제주도에서는 9월에도 가끔 보여 한 해에 세 번 발생하기도 한다. 제주도에서는 3월 10일경부터 일찍 나타나고, 한반도 북부의 산지에는 한 해에 한 번, 봄에만 나타나는 것으로 알려져 있다. 월동은 번데기 상태로 한다. 서식지는 낮은 산지의 풀밭과 들판의 나무가 적거나 전혀 없는 풀밭이다. 낮고 빠르게 날아다니면서 민들레와 솜방망이, 쥐오줌풀, 양지꽃, 엉겅퀴, 개망초, 제비꽃, 딱지꽃, 흰씀바귀, 타래난초, 버드쟁이나물 등의 꽃에서 꿀을 빤다. 물체에 앉거나 꽃에 날아와 앉을 때, 날개를 수평으로 편다. 수컷은 땅바닥에서 일광욕을 하거나 축축한 곳에 앉으며, 그 곳에서 약하게 텃세를 부린다. 암컷은 먹이식물의 새싹에 알을 하나씩 낳는다. 유생기의 기록은 주재성(2017b)의 논문이 있다.
변이 한반도 개체군은 일본, 중국, 러시아 극동지역-트랜스바이칼, 몽골과 함께 기준 아종으로 다룬다. 여름형은 봄형보다

날개 윗면의 흰 점들이 작아지는데, 특히 뒷날개 아외연부의 흰 점들이 없어진다. 또 날개 아랫면의 바탕은 봄형이 적갈색, 여름형이 회색을 띤 흑갈색이나 강원도 이북 지역에서는 봄형에서도 흑갈색을 머금은 적갈색을 띤다. 제주도 개체군은 내륙 개체군들보다 크고, 날개 아랫면의 흑갈색이 짙어진다.

암수 구별 암수는 날개에 무늬의 차이가 없다. 수컷은 앞날개 전연에 접힌 부분이 있으며, 이 부분을 젖히면 밤색을 띤다. 수컷의 뒷다리 종아리마디에는 긴 털 뭉치가 달린다.

첫 기록 Fixsen(1887)은 *Syrichthus maculatus* Bremer et Grey (Korea)라는 이름으로 우리나라에 처음 기록하였다.

우리 이름의 유래 석주명(1947)은 종 (*maculatus*)의 라틴어의 뜻이기도 한, 날개 무늬의 특징으로 이름을 지었다.

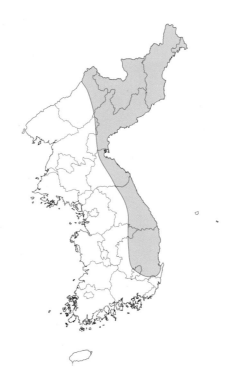

Abundance Scarce in mainland, common in Jeju island.

General description Wing expanse about 26 mm. Korean population was dealt as nominotypical subspecies (TL: Pekin (Beijing, China)).

Flight period Univoltine or bi- and trivoltine. Generally, mid April-May, mid July-August according to season. Voltimism and emergence period dependent on latitude: confirmation of partial trivoltine reported in coastal district of S. Korea and Jeju island. whereas single brood (May) in N. Korea. Hibernates as a pupa.

Habitat Generally grassland in lowhills, fields with little or no trees. In Jeju island, meadows near ranch.

Food plant *Potentilla fragarioides, P. freyniana, P. viscosa* (Rosaceae).

Distribution Mountainous regions north of Gangwon-do, Geojedo island, Gyeongsang-do and Jeju island.

분포 강원도와 경상도 일부 지역에 분포하는데, 분포 범위가 한반도 동부에 국한되고 좁다. 경상북도 울진 등의 산불 지역에는 개체수가 많은 편이다. 국외에는 일본 홋카이도, 중국 동북부, 러시아 극동지역, 아시아 온대 지역을 거쳐 터키에서 유럽까지 넓게 분포한다.

먹이식물 장미과(Rosaceae) 양지꽃, 딱지꽃, 세잎양지꽃

생태 한 해에 한 번, 4월에서 5월에 보인다. 매우 드물게 8월에 보여 한 해에 두 번 나타날 수도 있다. 월동은 번데기 상태로 한다. 서식지는 나무가 적은 산지의 경사진 산길 주위, 들판의 확 트인 풀밭, 양지바른 묘지 주변의 풀밭, 강원도 영월과 삼척 등 석회암 지대와 산불 지역의 풀밭이다. 낮고 빠르게 날기 때문에 잘 눈에 띄지 않으나 민들레와 솜방망이, 솜나물, 양지꽃, 벌노랑이, 쥐오줌풀 등의 꽃에서 꿀을 빨 때 관찰이 쉽다. 앉을 때에는 나방처럼 대부분 날개를 편다. 흐린 날에는 잘 날지 않으나 맑은 날에는 많은 수를 볼 수 있다. 수

꼬마흰점팔랑나비

Pyrgus malvae (Linnaeus, 1758)

컷은 땅바닥에 앉아 일광욕을 하거나 축축한 곳을 찾으며, 수컷끼리의 다툼은 약한 편이다. 암컷은 수컷보다 천천히 날면서 먹이식물의 새싹에 알을 하나씩 낳는데, 한 곳에 여러 암컷들이 찾아와 낳아 한 곳에 여러 개의 알이 발견되기도 한다. 유생기의 기록은 주재성(2010b)의 논문이 있다.

변이 한반도 개체군은 중국 동북부, 러시아 아무르 남부와 함께 아종 *kauffmanni* Alberti, 1955 (= *coreana* Warren, 1957)로 다룬다. 개체에 따라 뒷날개 아랫면의 색이 흑갈색을 띠거나 적갈색을 띠는데, 적갈색을 띠는 개체들이 더 많다. 그동안 한 해에 1번 나타나므로 여름형의 기록이 없으나 애벌레를 사육하면 여름 개체가 나오기도 한다. 최근 야외에서 채집한 여름형이 있다(류재원, 미발표). 이 여름형은 흰점팔랑나비의 여름형 개체처럼 뒷날개 윗면 아외연부의 흰 점들이 없어진다.

암수 구별 흰점팔랑나비의 구별점과 같으나 수컷 앞날개 전연에 접힌 부분이 회백색 또는 옅은 회갈색을 띠어 다르다. 수컷의 뒷다리 종아리마디에 긴 털 뭉치가 달린다.

닮은 종의 비교 230쪽 참고

첫 기록 Okamoto(1923)는 *Hesperia malvae* Linnaeus (Korea)라는 이름으로 우리나라에 처음 기록하였다.

우리 이름의 유래 석주명(1947)은 이 속 나비 중에서 '가장 작다'라는 뜻으로 이름을 지었다.

Abundance Scarce.

General description Wing expanse about 22 mm.

Flight period Univoltine. April-May. Scarcely bivoltine (April-May, July). Korean population was dealt as ssp. *kauffmanni* Alberti, 1955 (= *coreana* Warren, 1957) (TL: [Finland]).

Habitat Around mountain slope near mountain trails with sparse trees, open fields, grassy places around sunny grave site, limestone area, and grassland in burnt-out forest fire sites.

Food plant *Potentilla fragarioides, P.*

freyniana, *P. viscosa* (Rosaceae).
Distribution Mountainous regions north of Uljin, Gyeongsangbuk-do.
Range Japan (Hokkaido), NE. China, Russian Far East, across temperate areas of Asia to Turkey, Europe.

북방흰점팔랑나비

Pyrgus speyeri (Staudinger, 1887)

분포 한반도 북부의 일부 지역과 동북부 지역의 산지에 분포한다. 국외에는 중국 동북부, 러시아 아무르, 사얀 동부, 바이칼, 사할린 북부, 몽골 동부에 분포한다.
생태 한 해에 한 번, 7월 중순에서 8월 중순에 나타나, 나무가 적은 산지의 숲 가장자리 풀밭이나 무릎 높이의 풀들이 자라는 소규모 풀밭, 강가에서 산다.
변이 세계 분포로 보아도 특별한 지역 변이는 없으며, 한반도 안에서도 변이가 없다.
첫 기록 Okamoto(1923)는 *Hesperia speyeri* Staudinger (Korea)라는 이름으로 우리나라에 처음 기록하였다.
우리 이름의 유래 석주명(1947)은 이 나비가

북한에 분포한다는 뜻으로 북선(북조선)흰점팔랑나비라고 했으나 후에 조복성(1959)이 위의 이름으로 바꾸었다.
비고 이 종을 포함한 무리는 날개의 무늬가 환경 요인의 영향을 많이 받아 고산이나 습지에서 보이는 개체들이 날개의 흰점의 수가 줄어든다고 한다. 특히 암컷에서는 이 흰 점들이 거의 없어진다. 이 종과 가까운 혜산진흰점팔랑나비(*Pyrgus alveus* Hübner, 1803)는 과거 전문 나비학자가 아니었던 Doi(1933: 86), Mori와 Cho(1938: 89)에 따라 우리나라 목록에 포함된 적이 있었다. *P. alveus*는 유럽 대륙에서 시베리아 북동부, 몽골, 중국 서부에 걸쳐 분포하는 종으로, 주로 유럽 대륙에서 많이 발견된다. 이 종은 팔랑나비과로 드물게 변이가 심해 여러 지역에서 다수의 아종이 알려져 있다. De Jong(1975)은 *Pyrgus* 속을 정리하면서 북방흰점팔랑나비(*P. speyeri*)를 *P. alveus*의 아종으로 다룬 적도 있다. 이처럼 시대에 따라 한 종 안의 서로 다른 아종 또는 별개의 종으로 나뉘기도 했으므로, 우리나라에서는 과거에 2개의 이름이 붙어 있었더라도 1종임이 뚜렷하다. 결정적으로 De Jong(1975)은 아무르 동부 지역에 뚜렷이 *P. alveus*의 기준 아종이 보이지 않는다고 했다. 따라서 적어도 우리나라에는 한 형질의 집단만 존재한다고 보아야 합리적이다. 다만 과거의 혼란스러운 종 문제를 풀려면 당시의 표본들을 살펴야 하는데, 현재 이들 표본은 남아있지 않다. 다행히 글쓴이 중 김성수는 일본 큐슈대학의 스키타니가 직접 채집했던 이 종의 한반도 북부산 표본 10여 개를 살폈지만 각각의 형태 변이는 보여도 특별히 2종으로 나눌만한 형태의 차이는 없었다는 점을 밝힌다. 최근 혜산진흰점팔랑나비(*Pyrgus alveus* Hübner, 1803)의 세계의 분포 범위에 우리나라와 러시아 극동지역, 중국 동북부 지역이 들어 있지 않는 것으로 알려졌다(Gorbunov, 2001; Streltsov, 2016).

Abundance Local.
General description Wing expanse about 26 mm. No noticeable regional variation in morphological characteristics (= *hesanzina* Seok, 1934) (TL: Amur, Ussuri, Russia).
Flight period Univoltine. Mid July-mid August. Hibernation stage unconfirmed.
Habitat Open grassy meadows, riverside.
Food plant Unknown.
Distribution Mountainous regions in northeastern Korean Peninsula.
Range NE. China, Russia (N. Sakhalin, Amur, E. Sayan, Baikal), E. Mongolia.

은줄팔랑나비

Leptalina unicolor (Bremer et Grey, 1853)

분포 현재 경상도와 강원도 일부 지역에 매우 국지적으로 분포하고, 북한의 원산 이북의 한반도 동북부지방에 분포한다. 최근 대전과 논산, 익산, 부여 일대의 금강 유역에서 큰 규모의 서식지가 발견되었는데, 과거 이곳의 조사 기록이 없어 이 나비의 증감을 알 수 없다. 국외에는 일본, 중국 북부, 러시아 극동지역에 분포한다. 환경부에서 지정한 멸종위기 야생생물 Ⅱ급에 속한다.

먹이식물 벼과(Gramineae) 기름새. 사육을 할 때에 벼과 조릿대와 큰기름새도 먹는다.

생태 남한에서는 한 해에 두 번, 5월에서 6월과 7월에서 8월에 보인다. 때로 강원도 산지에는 5~6월에 한 번만 나타나기도 해, 이런 지역에서는 한 해에 한 번 보인다. 북부지방에서는 6월 말에서 8월 중순에 한 번 보인다. 월동은 애벌레 상태로 한다. 서식지는 자연적으로 생겨난 산지의 하천과 습지 풀밭이다. 맑은 날 풀밭에서 낮게 톡톡 튀듯이 날지만 흐리면 거의 날지 않는다. 아침 햇살이 좋으면 풀잎에 앉아 앞날

개를 반쯤 펴다가 차츰 완전히 펴면서 일광욕을 한다. 서식지 주변을 잘 떠나지 않고, 토끼풀과 쥐오줌풀, 매화말발도리, 개망초, 구슬붕이, 솜방망이, 선씀바귀, 나도양지꽃, 콩다닥냉이 등의 분홍색, 흰색 꽃에서 꿀을 빤다. 수컷은 풀밭을 쉬지 않고 누비면서 암컷을 탐색하다가 암컷을 발견하면 옆에 앉은 채로 부들부들 날개를 떨면서 구애를 한다. 수컷은 가끔 물가의 축축한 땅바닥에 앉는다. 암컷은 풀에 앉아 잘 날지 않으나 따뜻할 때에 천천히 날면서 먹이식물에 알을 하나씩 낳는다. 유생기의 기록은 주재성(2013)의 논문이 있다.

변이 세계의 분포 면이나 한반도에서의 지역 변이는 없다. 계절 변이는 뚜렷한데, 봄형은 뒷날개 아랫면 중앙에 은백색 선이 뚜렷하나 여름형은 이 은백색 선이 황갈색으로 보여 바탕색과 같아진다.

암수 구별 수컷은 암컷과 비교하여 배가 가늘고, 날개보다 길다. 암컷은 수컷보다 날개 외연이 둥글며, 배가 굵다. 특이하게 암컷의 날개끝이 수컷보다 더 뾰족한 점은 여느 팔랑나비들과 다르다.

첫 기록 Fixsen(1887)은 *Cyclopides ornatus* Bremer (Korea)라는 이름으로 우리나라에 처음 기록하였다.

우리 이름의 유래 석주명(1947)은 봄형의 뒷날개 아랫면에서 보이는 은백색 줄무늬의 특징으로 이름을 지었다.

Abundance Rare.

General description Wing expanse about 30 mm. Unmistakable. No noticeable regional variation in morphological characteristics (TL: Pekin (Beijing, China)).

Flight period Univoltine or bivoltine according to season and latitude. May-June, August in C. Korea. Late June-mid August in N. Korea. Hibernates as a larva.

Habitat Naturally occurring mountain rivulets and wetland meadows.

Food plant *Spodiopogon cotulifer, S. sibiricus, Sasa borealis* (Gramineae).

Distribution Some regions in Gyeongsangnam-do, Mountainous regions north of Gangwon-do.

Range Japan, N. China, Russian Far East.

Conservation This species belongs to category Ⅱ of endangered wild animal designated by Ministry of Environment.

참알락팔랑나비

Carterocephalus dieckmanni Graeser, 1888

분포 지리산 이북부터 백두산, 한반도 동북부지방까지 산지에 분포하며, 남한에서는 백두대간의 산지를 중심으로 경기도와 강원도, 일부 경상도 지역에 국지적으로 분포한다. 국외에는 중국 동북부, 러시아 아무르 남부에 분포한다.

먹이식물 벼과(Gramineae) 기름새, 강아지풀, 긴겨이삭

생태 한 해에 한 번, 5월에서 6월에 보인다. 월동은 애벌레 상태로 한다. 서식지는 비교적 높은 산지의 숲 가장자리 풀밭이나 양지바른 산길 둘레이다. 아주 빠르게 날면

서 마타리와 줄딸기, 산딸기, 개망초, 토끼풀, 엉겅퀴, 꿀풀, 고추나무, 조뱅이, 쥐오줌풀, 민들레, 병꽃나무, 큰구슬붕이 등의 꽃에서 꿀을 빤다. 수컷은 새똥이나 축축한 땅바닥에서 물을 빨고, 산길 주변의 양지바른 길가에서 돌 위와 벼과식물의 잎 끝에 앉아 날개를 접고 펴는 행동을 되풀이하면서 텃세를 부린다. 흐린 날에는 거의 날지 않아 관찰하기 어렵다. 암컷은 먹이식물의 잎 뒤에 알을 하나씩 낳는다.

변이 세계 분포로 보아도 특별한 변이가 없고, 한반도에서도 지역 변이가 없다.

암수 구별 수컷은 배 끝에 잔털이 많고, 앞날개 윗면 날개끝의 흰 부위가 암컷보다 더 뚜렷한 경향이 있다. 암컷은 수컷보다 크고, 날개 외연이 조금 둥글다. 암컷의 배는 수컷보다 통통하다.

첫 기록 Okamoto(1923)는 *Pamphila dieckmanni* Graeser (Korea)라는 이름으로 우리나라에 처음 기록하였다. 하지만 이보다 빠르게 Doi(1919)가 서울에서 채집한 이 종을 *Isoteinon* sp.로 발표했지만 그는 정확히 이 나비로 인식하지 못했기 때문에 Okamoto의 기록이 첫 기록이 된다.

우리 이름의 유래 석주명(1947)은 이 속 중에서 우리나라에 가장 넓게 분포한다고 조선알락팔랑나비라고 했으나 김헌규와 미승우(1956)가 이름을 바꾸었다.

Abundance Scarce.
General description Wing expanse about 28 mm. No noticeable regional variation in morphological characteristics (TL: Vladivostok, Russian Far East).
Flight period Univoltine. May-June. Hibernates as a larva.
Habitat Meadows of forest edges in relatively high mountains, around sunny mountain trails.
Food plant *Spodiopogon cotulifer*, *Setaria viridis* (Gramineae).
Distribution Mountainous regions north of Mt. Jirisan.
Range NE. China, Russia (S. Amur).

은점박이알락팔랑나비

Carterocephalus argyrostigma (Eversmann, 1851)

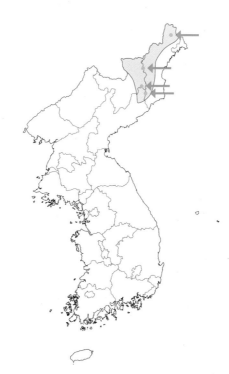

분포 한반도 북부의 관모봉 일대의 산지, 양강도의 백암 등지에 매우 좁은 범위에 분포한다. 국외에는 중국 동북부, 러시아의 아무르 남부와 시베리아 남부의 산지, 몽골에 분포한다.

먹이식물 벼과(Gramineae)식물

생태 한 해에 한 번, 5월에서 6월에 보이는데, 높은 산지에는 7월 초까지 볼 수 있다. 서식지는 높은 산지의 풀밭 둘레이다. 꽃에 잘 날아와 꿀을 빨고, 수컷은 물가와 동물의 사체에 날아온다고 한다.

변이 세계 분포로 보아, 지역 변이가 없고, 한반도에서도 특별한 변이가 없다.

암수 구별 암컷은 수컷보다 점무늬가 큰 편이지만 이 특징만으로 구별하기 어려워 배 끝을 확인하는 것이 좋다.

첫 기록 土居 寬暢(1936a)은 *Pamphila argyrostigma* Eversmann (함경북도 길주군 북계수(현재 양강도 백암군))라는 이름으로 우리나라에 처음 기록하였다.

우리 이름의 유래 석주명(1947)은 당시의 일본 이름에서 의미를 따와 우리 이름을 지었다.

Abundance Local.
General description Wing expanse about 30 mm. No noticeable regional variation in morphological characteristics (TL: les environs d'rkoutzk et de Kiachta).
Flight period Univoltine. May-June, May-early July. Occasionally July in high-elevation sites.
Habitat Dry grassy slopes, ravines in mountainous areas.
Food plant Gramineae.
Distribution Northeastern region of Korean Peninsula.
Range NE. China, Russia (S. Amur, S. Siberia), Mongolia.

북방알락팔랑나비

Carterocephalus palaemon (Pallas, 1771)

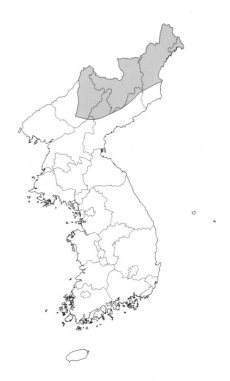

분포 개마고원과 자강도, 함경북도 지역에 분포하고, 국외에는 유라시아 대륙의 툰드

라, 스텝에서 보이며, 일본, 중국 동북부, 러시아 사할린, 코카서스, 쿠릴, 북아메리카(유입종)에 분포한다.

먹이식물 벼과(Gramineae)식물

생태 한 해에 한 번, 6월 말에서 8월에 나타나 아고산대의 양지바른 풀밭에서 살아간다. 풀밭 위를 빠르게 날면서 여러 꽃에서 꿀을 빤다. 한 세대가 끝나려면 3년이 필요한데, 첫 해에 3령애벌레까지 자라고, 둘째 해에 종령(5령)애벌레가 되어 그 상태로 겨울을 난 후, 셋째 해 봄에 아무 것도 먹지 않은 채로 번데기가 되어 어른벌레가 된다(白水 隆, 2006).

변이 한반도에서는 특별한 변이가 없다. 한반도 개체군은 중국 동북부, 러시아의 아무르, 사할린, 알타이, 사얀, 시베리아와 함께 아종 albiguttatus (Christoph, 1893)으로 다루나 기준 아종으로 보는 일부의 견해도 있다.

암수 구별 암수 구별은 색과 무늬로 알기 어려우나 배의 모양이 서로 다르다. 암컷은 수컷보다 날개의 폭이 넓다.

첫 기록 Okamoto(1923)는 Pamphila abax Oberthür (Korea)라는 이름으로 우리나라에 처음 기록하였다.

우리 이름의 유래 석주명(1947)은 북부지방에 분포한다는 뜻으로 우리 이름을 지었다.

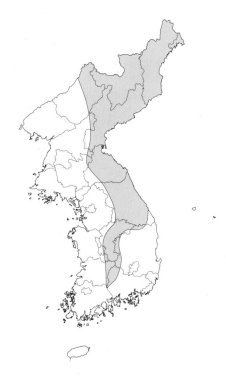

수풀알락팔랑나비

Carterocephalus silvicola (Meigen, 1829)

분포 지리산 이북의 높은 산지에 분포하는데, 지리산 노고단에서는 매우 드물다. 국외에는 일본, 중국 동북부, 러시아 극동지역 등 유라시아 대륙의 한랭 지역 대부분과 북미 대륙에 넓게 분포한다.

먹이식물 현재 벼과(Gramineae)의 기름새와 큰기름새로 알려져 있으나 사육할 때 이를 먹지 않으므로 앞으로 더 조사할 필요가 있다.

생태 한 해에 한 번, 5월에서 6월 초 사이에 보이고, 높은 산지에서는 7월 초까지 보인다. 월동은 애벌레 상태로 하는 것으로 보인다. 서식지는 비교적 높은 산지의 낙엽활엽수림 가장자리와 산길 주위의 풀밭이다. 맑은 날 풀밭 위를 낮고 재빠르게 날다가 쥐오줌풀과 민들레, 구릿대, 고추나무, 얇은잎고광나무, 토끼풀, 붉은병꽃나무, 엉겅퀴, 미나리냉이, 멍석딸기 등의 꽃에서 꿀을 빤다. 수컷은 새똥이나 축축한 땅바닥에 잘 앉고, 산길 주변의 양지바른 길가에서 일광욕을 하며, 참알락팔랑나비처럼 무릎 정도의 풀잎 끝에 앉아 텃세를 부린다. 암컷은 먹이식물 둘레를 천천히 날다가 잎이나 줄기에 알을 하나씩 낳는다.

변이 세계 분포로 보아 특별한 변이가 없다. 한반도 동북부지방의 수컷 개체 중에는 앞날개 윗면의 검은 점이 작아지는데, 충분히 많은 개체들을 관찰하지 못해 지역 변이로 단정하기 이르다. 뒷날개 밑에 노란 비늘가루 많아지는 개체가 더러 있다.

암수 구별 수컷은 날개 윗면이 광택이 나는 밝은 황갈색 바탕이나 암컷은 흑갈색 부분이 많아 날개가 어두우며 날개 외연과 날개 밑이 특히 검어진다.

닮은 종의 비교 231쪽 참고

첫 기록 Okamoto(1923)는 *Pamphila silvius* Knoch (Korea)라는 이름으로 우리나라에 처음 기록하였다.

우리 이름의 유래 석주명(1947)은 종(*silvicola*)의 라틴어에서 의미(수풀에 산다)를 따오고, 뒷날개 아랫면의 무늬에서 알락이라는 특징을 살려 이름을 지었다.

Abundance Scarce.

General description Wing expanse about 27 mm. No noticeable regional variation in morphological characteristics (TL: Brunswick, Germany).

Flight period Univoltine. May-early June or early July according to altitude. Hibernates as a larva.

Habitat Deciduous broad-leaved forest edge in relatively high mountains, meadows around mountain trails.

Food plant *Spodiopogon cotulifer*, *S. sibiricus* (Gramineae).

Distribution Mountainous regions north of Mt. Jirisan.

Range Japan (Hokkaido), NE. China, Palaearctic Region, N. America.

Abundance Scarce.

General description Wing expanse about 27 mm. Korean population was dealt as ssp. *albiguttatus* (Christoph, 1893) (TL: Vilui).

Flight period Univoltine. Late June-August. Larval development spans 3 years. Hibernates as a pupa.

Habitat Forest edges, grassy meadows, riverside.

Food plant Gramineae.

Distribution Regions around Gaemagowon Plateau.

Range Japan, NE. China, Russia (Sakhalin, Kuriles, Amur, Ussuri, Altai, Sayan, Siberia, Ural), N. America (introduced).

돈무늬팔랑나비

Heteropterus morpheus (Pallas, 1771)

분포 섬 지역을 뺀 전국에 분포하나 주로 지리산 이북의 산지에 분포한다. 국외에는 중국 동북부, 러시아의 위도 54~58° 범위의 시베리아, 아무르, 트랜스코카서스, 몽골, 유럽에 분포한다.

먹이식물 벼과(Gramineae) 기름새. 사육을 할 때에는 벼과 조릿대, 큰기름새, 참억새도 먹는다.

생태 중남부지방에서는 한 해에 두 번, 5월에서 6월과 7월에서 8월에 보이고, 북부지방에서는 6월 말에서 8월 중순에 한 번 보인다. 월동은 중령애벌레 상태로 한다. 서식지는 과거에는 마을 주변부터 산지까지 흔했으나 현재는 낮은 산지의 확 트인 풀밭, 산길 가장자리의 풀밭, 계곡의 트인 공간, 강원도 높은 산 정상의 풀밭으로 축소되었다. 톡톡 튀듯 천천히 날면서 풀밭 주위의 큰까치수염과 꿀풀, 개망초, 엉겅퀴, 조뱅이, 토끼풀, 기린초, 고들빼기, 싸리, 참골무꽃, 구슬갓냉이, 갈퀴나물, 솔체꽃, 끈끈이대나물, 자주개자리 등의 꽃에서 꿀을 빤다. 수컷은 활발하게 풀밭을 누비는데, 이따금

무더워지면 축축한 물가에 앉는다. 앞날개를 반쯤 펴다가 서서히 완전히 펴고 일광욕을 한다. 암컷은 천천히 날면서 잎 뒤에 알을 하나씩 낳는데, 접히고 잘 움직이지 않는 잎을 고르는 경향이 있다. 유생기의 기록은 주재성(2011a)의 논문이 있다.

변이 세계 분포로 보아도 특별한 변이가 없고, 한반도에서도 지역 변이가 없다. 개체에 따라 날개 윗면과 아랫면의 날개끝 부분에 있는 노란 무늬가 크거나 작은 변이가 있으며, 뒷날개 아랫면의 바탕은 노란색이 덜하거나 더해지기도 한다. 암컷 중에는 날개 윗면의 날개끝과 중실 안에 노란 무늬가 생기기도 한다. 계절에 따른 변이는 없다.

암수 구별 암컷은 수컷보다 크고, 날개 외연이 더 둥글게 보이는 외에는 차이가 적다. 수컷은 배 끝에 뒤로 뻗은 잔털이 많으며, 마치 청소할 때 쓰는 먼지떨이 같은 생김새이다.

첫 기록 Fixsen(1887)은 *Cyclopides morpheus* Pallas (Korea)라는 이름으로 우리나라에 처음 기록하였다.

우리 이름의 유래 석주명(1947)은 뒷날개 아랫면의 무늬가 동전 같아 보인다는 뜻으로 이름을 지었다.

---

borealis (Gramineae).
Distribution Inland mountainous regions of Korean Peninsula.
Range NE. China, Russia (Amur, Transcaucasia, Siberia), Mongolia, temperate Europe.

Abundance Common.
General description Wing expanse about 31 mm. No noticeable regional variation in morphological characteristics (= *coreana* Matsumura, 1927) (TL: circa Samaram).
Flight period Univoltine or bivoltine according to latitude. May-June, July-August in C. Korea, late June-mid August in N. Korea. Hibernates as a larva.
Habitat Previously common everywhere, but nowadays, confined to open grasslands in low hills, meadows on mountain trails, open grounds in valleys, grassy sites on high mountain peaks.
Food plant *Spodiopogon cotulifer, S. sibiricus, Miscanthus sinensis, Sasa*

지리산팔랑나비

Isoteinon lamprospilus C. et R. Felder, 1862

분포 섬 지역을 뺀 중부와 남부지방의 내륙 산지에 주로 분포하며, 경상도에는 국지적으로 분포한다. 북한의 분포 지역은 강원도 북부의 금강산 일대로 좁다. 국외에는 일본, 중국의 중부, 남부, 서부, 타이완, 베트남 북부에 분포한다.

먹이식물 벼과(Gramineae) 참억새, 큰기름새, 띠

생태 한 해에 한 번, 7월에서 8월에 보인다. 월동은 중령애벌레 상태로 한다. 서식지는 숲 안의 빈터 또는 숲 가장자리의 좁은 풀밭, 계곡의 풀이 많은 빈터이다. 꿀풀과 엉겅퀴, 꼬리풀, 조희풀, 큰까치수염, 개망초, 싸리, 사위질빵 등의 꽃에서 매달리듯 붙어 꿀을 빤다. 수컷은 축축한 땅바닥에 앉아 물을 빨아먹으며, 햇빛이 좋은 날 앞날개를 반쯤 펴고, 뒷날개를 수평으로 편 채로 풀잎이나 낮은 위치의 나뭇잎 위에서 텃세를 부린다. 반면 기온이 오를 때에는 날개를 접고 있다. 암컷은 조금 어두운 쪽에 위치한 먹이식물의 잎에 날개를 접은 채 알을 하나씩 낳는다. 유생기의 기록

은 주재성(2017f)의 논문이 있다.

변이 한반도 개체군은 일본, 중국과 함께 기준 아종으로 다루고, 한반도에서는 특별한 변이가 없다. 형태가 매우 안정되어 있는데, 특히 뒷날개 아랫면의 흰 점의 배열은 말발굽을 연상시킨다.

암수 구별 암컷은 수컷보다 크고, 날개의 폭이 더 넓다. 또 날개 가장자리는 둥글어지며, 배가 더 통통하다.

첫 기록 석주명(1936)은 *Isoteinon lamprospilus* C. et R. Felder (Mt. Ziisan)라는 이름으로 우리나라에 처음 기록하였다.

우리 이름의 유래 석주명(1947)은 이 나비를 지리산에서 자신이 처음 채집하여 이름을 붙였는데, 처음에는 이 산의 한자어인 지이산(智異山)을 넣어 '지이산팔랑나비'라고 하였다.

Abundance Common.
General description Wing expanse about 34 mm. Korean population was dealt as nominotypical subspecies (TL: Ningpo China).
Flight period Univoltine. July-August. Hibernates as a larva grown to some extent.
Habitat Woodland glades, narrow grassy sites at forest edge, grassy valley.
Food plant *Miscanthus sinensis*, *Spodiopogon sibiricus*, *Imperata cylindrica* (Gramineae).
Distribution Mountainous inland regions of Korean Peninsula.
Range Japan, China (C., S. & W.), Taiwan, N. Vietnam.

파리팔랑나비

Aeromachus inachus (Ménétriès, 1859)

분포 내륙과 가까운 섬을 포함한 한반도 내

륙에 국지적으로 분포하지만 제주도와 울릉도에는 분포하지 않는다. 국외에는 일본, 중국의 북부와 동북부, 러시아 극동지역, 타이완에 분포한다.

먹이식물 벼과(Gramineae) 기름새, 큰기름새

생태 한반도 중, 남부지방에서는 한 해에 두 번, 6월에서 7월, 8월에서 9월에 보인다. 북부의 추운 지역에서는 7월에서 8월에 한 번 나타난다. 월동은 중령애벌레 상태로 한다. 서식지는 낙엽활엽수림 산지의 숲 가장자리와 산길 주변의 풀밭이다. 개체의 크기가 작을 뿐 아니라 매우 빠르기 때문에 날 때에는 관찰하기 어렵다. 풀잎에 앉을 때에는 날개를 접으나 햇볕이 강해지면 뒷날개를 반쯤 펴고 앉는다. 개망초와 엉겅퀴, 갈퀴나물, 큰까치수염, 고마리, 등골나물, 멍석딸기 등의 꽃에서 꿀을 빤다. 수컷은 축축한 땅바닥에 앉으며, 새똥 주위에 잘 앉는데, 바위 위와 풀에 앉아 세차게 텃세를 부린다. 암컷은 천천히 날면서 먹이식물의 잎에 알을 하나씩 낳는다.

변이 한반도 개체군은 일본, 중국의 북부와 동북부, 러시아 극동지역과 함께 기준 아종으로 다룬다. 보통 봄 개체보다 여름 개체의 크기가 작은 편이다.

암수 구별 수컷은 앞날개 윗면의 제1맥 중앙에 옅은 색의 발향린을 품은 성표가 있고, 날개끝이 뾰족하다. 암컷은 수컷보다

크고, 날개 외연이 둥글며, 배가 통통하다. 또 앞날개 중실 끝의 흰 점들은 수컷보다 더 뚜렷하다.

첫 기록 Fixsen(1887)은 *Syrichthus inachus* Ménétriès (Korea)라는 이름으로 우리나라에 처음 기록하였다.

우리 이름의 유래 석주명(1947)은 속 (*Aeromachus*)의 라틴어에서 의미를 따오고, 날아가는 모습을 강조하여 '글라이더팔랑나비'라는 이름을 지었다. 이후 이승모 (1973)는 작은 크기의 의미로 '파리'라는 말을 넣어 이름을 바꾸었다.

비고 *Thoressa varia* (Murray, 1875)라는 종이 우리나라에 기록이 있다(Okamoto, 1923; Kurentzov, 1970). 이승모(1982)는 Okamoto가 기록한 이 종을 잘못된 것으로 보고 삭제하였고, Tuzov 등(1997)은 이 종의 한반도 기록이 뚜렷하지 않아 확인이 필요하다고 했다. 따라서 이 종은 실체 없이 우리나라에 잘못 기록된 것일 뿐이다. 현재 이 종은 일본(홋카이도), 러시아(쿠릴), 타이완에 분포한다.

줄꼬마팔랑나비

Thymelicus leoninus (Butler, 1878)

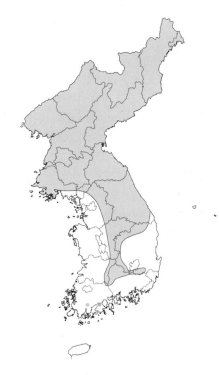

뒤엉켜 날아다닌다. 수컷은 암컷을 만나면 뒤에 앉아 날개를 떨며 다가가는 시각적인 배우행동을 한다. 암컷은 벼과식물 뿌리 쪽의 접혀진 마른 잎 사이에 알을 3~4개씩 한 줄로 낳는데, 생김새가 볏짚으로 싼 달걀 같다.

변이 한반도 개체군은 일본, 중국의 동북부와 중부, 러시아 극동지역과 함께 기준 아종으로 다룬다. 한반도에서도 특별한 변이가 없다.

암수 구별 수컷은 앞날개 중실 부위의 검은 선으로 된 성표가 있는데, 이 부분에 은색의 발향린이 보이기도 한다. 암컷은 수컷보다 날개에 흑갈색 부분이 넓어지고 색이 어둡다.

닮은 종의 비교 231쪽 참고

첫 기록 Leech(1894)는 *Adopaea leonina* Butler (Gensan)라는 이름으로 우리나라에 처음 기록하였다.

우리 이름의 유래 석주명(1947)은 앞날개 윗면에 있는 사선의 성표를 줄로 보고 이름을 지었다.

Abundance Scarce.

General description Wing expanse about 25 mm. Korean population was dealt as nominotypical subspecies (TL: Amur, Russia).

Flight period Univoltine or bivoltine according to latitude. June-July, August-September in C. & S. Korea. July-August in N. Korea. Hibernates as a larva.

Habitat Forest edges of deciduous broad-leaved forest, grassy sites around mountain trails.

Food plant *Spodiopogon cotulifer, S. sibiricus* (Gramineae).

Distribution Inland regions of Korean Peninsula.

Range Japan (Honshu, Tsushima island), China (N. & NE.), Russian Far East, Taiwan.

분포 지리산 이북의 산지를 중심으로 폭넓게 분포하는데, 그동안 여러 기록들이 수풀꼬마팔랑나비와 혼동되어 있어 정확하지 않다. 국외에는 일본, 중국의 동북부와 중부, 러시아 극동지역에 분포한다.

먹이식물 벼과(Gramineae) 갈풀, 개밀, 숲개밀, 꼬리새. 사육할 때에는 큰기름새와 기름새도 먹는다.

생태 한 해에 한 번, 7월 중순에서 8월에 보인다. 월동은 1령애벌레 상태로 한다. 서식지는 낙엽활엽수림 가장자리에 초본식물이 많은 개울가와 산길 주위, 묵밭이다. 닮은 종인 수풀꼬마팔랑나비와 같이 사는 지역에서는 이 종이 1주일가량 출현기가 느리다. 오전에 일광욕을 하기 위해 앞날개를 세우고 뒷날개를 편 채로 앉는 일이 많다. 재빠르게 날면서 큰까치수염과 개망초, 갈퀴나물, 등골나물, 참싸리, 엉겅퀴, 기린초, 멍석딸기, 꿀풀, 타래난초, 패랭이꽃 등의 꽃에 날아와 꿀을 빤다. 수컷은 물가에 모이고, 풀잎에 앉아 텃세를 부리는데, 목이 좋은 장소에는 여러 마리가 한꺼번에

Abundance Common.

General description Wing expanse about 28 mm. Korean population was dealt as nominotypical subspecies (TL: Japan).

Flight period Univoltine. Mid June-August. Hibernates as a 1st instar.

Habitat Deciduous broad-leaved forest edge and stream with lots of herbaceous plants, around mountain trails and abandoned farmland.

Food plant *Setaria viridis, Spodiopogon cotulifer, S. sibiricus, Phalaris arundinacea, Phleum pratense, Agropyron tsukushiense* (Gramineae).

Distribution Inland regions of Korean Peninsula.

Range Japan, China (NE. &C.), Russian Far East.

두만강꼬마팔랑나비

Thymelicus lineola (Ochsenheimer, 1808)

분포 백두산과 함경북도 두만강과 가까운 지역에만 분포한다. 국외에는 중국의 동북부와 북부, 러시아의 시베리아와 아무르, 몽골, 서남아시아, 중앙아시아, 유럽, 아프리카 북부, 북미에 넓게 분포한다. 일본에서는 1999년도에 북미에서 홋카이도로 목초와 함께 이입되었다고 한다.

먹이식물 벼과(Gramineae)의 큰조아재비, 갈풀, 개나래새, 밀, 호밀, 향기풀이 알려져 있다.

생태 한 해에 한 번, 6월 중순에서 7월에 나타나서 산지의 침엽수림이 있는 풀밭에서 산다. 월동은 애벌레가 발생된 알 상태로 하는 것으로 알려져 있다.

변이 세계의 분포 면이나 한반도에서의 지역 변이는 없다. 한반도 개체군은 기준 아종으로 다루는데, 다른 아종은 아프리카 북부에 분포한다.

암수 구별 수컷은 줄꼬마팔랑나비처럼 줄 모양의 성표가 있으나 더 가늘고 작다. 암컷은 성표 없이 날개맥과 날개 외연의 검은 테두리가 좁다.

첫 기록 Sugitani(1936)는 *Adopaea lineola* Ochsenheimer(회령)라는 이름으로 우리 나라에 처음 기록하였다.

우리 이름의 유래 석주명(1947)은 자신이 두만강 하류에서 직접 몇 마리를 채집하고, 그 기념으로 이름을 지었다.

Abundance Local.

General description Wing expanse about 25 mm. Korean population was dealt as nominotypical subspecies (TL: Germany).

Flight period Univoltine. Mid June-July. Possibly hibernates as a fully-formed larva within ovum-case.

Habitat Meadows with coniferous forest.

Food plant *Phleum pratense*, *Phalaris arundinacea*, *Triticum aestivum*, *Secale cereale*, *Anthoxanthum odoratum* (Gramineae).

Distribution Northeastern region of Korean Peninsula.

Range Japan (Hokkaido, introduced), Palaearctic Region, N. Africa, Canada (introduced), USA (introduced).

수풀꼬마팔랑나비

Thymelicus sylvaticus (Bremer, 1861)

분포 해안지역을 비롯하여 제주도와 울릉도를 뺀 전국에 분포하는데, 줄꼬마팔랑나비보다 분포 범위가 더 넓고, 남쪽으로 치우친다. 국외에는 일본, 중국 동북부, 북부, 중부, 서부, 러시아 극동지역에 분포한다.

먹이식물 벼과(Gramineae) 갈풀, 숲개밀

생태 한 해에 한 번, 7월에서 8월에 보인다. 월동은 1령애벌레 상태로 한다. 서식지는 낙엽활엽수림 가장자리와 산길, 계곡 주변의 풀밭이다. 재빠르게 날아다니는 모습이 줄꼬마팔랑나비와 닮았다. 길가의 큰까치

수염과 등골나물, 엉겅퀴, 꿀풀, 싸리, 타래난초, 도라지, 개망초, 쑥부쟁이, 층층이꽃 등의 꽃에 날아와 꿀을 빤다. 수컷은 축축한 땅바닥에 잘 앉으며, 무릎 정도의 풀 위에 앉아 다른 수컷들을 쫓으며 세차게 텃세를 부린다. 이때 같은 종뿐 아니라 줄꼬마팔랑나비들도 뒤쫓으며, 앉았던 자리에 되돌아온다. 암컷을 만나면 줄꼬마팔랑나비처럼 구애행동을 하며, 암컷이 거절할 때 날개를 반쯤 펴고 조금씩 흔들다 쉬었다 한다. 암컷은 먹이식물 잎 뒤와 오므려진 마른 풀 사이에 알을 하나 또는 여러 번에 걸쳐 줄꼬마팔랑나비처럼 줄줄이 낳는다.

변이 한반도 개체군은 일본, 중국 동북부, 러시아 극동지역과 함께 기준 아종으로 다루는데, 중국에 4아종이 더 있다. 한반도에서는 지역과 개체에 따른 변이가 없다.

암수 구별 암컷은 수컷보다 크고, 날개의 폭이 넓은 외에는 차이가 적어 배 끝을 살피는 것이 좋다. 특히 줄꼬마팔랑나비 암컷과 이 종이 닮아 동정하기 어렵다. 구별점은 줄꼬마팔랑나비의 항에서 설명하였다.

첫 기록 Butler(1882)는 *Pamphila sylvatica* Bremer (Posiette bay, NE. Corea)라는 이름으로 우리나라에 처음 기록하였다.

우리 이름의 유래 석주명(1947)은 종(*sylvaticus*)의 라틴어에서 의미를 따와 이름을 지었다.

Abundance Common.

General description Wing expanse about 26 mm. Korean population was dealt as nominotypical subspecies (TL: Amur, Russia).

Flight period Univoltine. Late June-August. Hibernates as 1st instar.

Habitat Mountain trails with deciduous broad-leaved forest, grasslands around valley.

Food plant *Spodiopogon cotulifer, S. sibiricus* (Gramineae).

Distribution Inland regions of Korean Peninsula.

Range Japan, China, Russian Far East.

산수풀떠들썩팔랑나비

Ochlodes sylvanus (Esper, 1777)

분포 강원도 산지의 이북에 분포한다. 국외에는 중국의 동북부, 북부, 중부, 서부, 러시아의 아무르와 우수리, 몽골에 분포한다.

먹이식물 벼과(Gramineae) 참억새, 큰기름새, 사초과(Cyperaceae) 그늘사초, 새방울사초

생태 한 해에 한 번, 6월 말에서 8월에 보인다. 월동은 애벌레 상태로 한다. 서식지는 산정의 풀밭, 산길과 계곡 주위의 풀밭이다. 맑은 날 풀밭에서 재빠르게 날다가 엉겅퀴와 갈퀴나물, 큰까치수염, 개망초, 꿀풀, 개쉬땅나무, 쉬땅나무, 싸리, 솔체꽃 등의 꽃에서 꿀을 빤다. 수컷은 축축한 땅바닥이나 바위, 새똥 위에 앉아 한동안 물을 빤다. 기온이 높은 오후에는 풀밭의 양지바른 위치의 풀에 앉아 있다가 다른 나비들에게 세차게 텃세를 부린다. 일광욕을 할 때에는 앞날개를 반쯤 펴지만 뒷날개를 완전히 편다. 암컷은 주로 꽃 위에서 볼 수 있으며, 먹이식물 둘레를 굼뜨게 날면서 잎 뒤에 알을 하나씩 낳는다.

변이 세계 분포 면에서 지역에 따른 변이는 확인되지 않는다. 한반도에서는 특별한 변이가 없다. 수컷은 성표의 두께가 조금 차이가 나고, 외횡부에 있는 노란 점무늬들의 크기도 조금씩 다르다. 과거 이 종과 다음 종은 생김새가 닮기 때문에 같은 종으로 다뤄진 적이 있었는데, 사는 장소를 중심으로 같은 종 안에서 이 종을 산지형, 다음 종을 평지형으로 보았다(이승모, 1982).

암수 구별 수컷은 앞날개 중실 아래의 맥 위에 굵고 검은 선 모양의 성표가 있다. 암컷은 날개밑이 수컷보다 검어 전체가 어둡다.

닮은 종의 비교 232쪽 참고

첫 기록 Leech(1887)는 *Hesperia sylvanus* Esper (Gensan)라는 이름으로 우리나라에 처음 기록하였다. 하지만 이 개체는 영국 자연사박물관에 보관된 Leech의 채집품들 중에서 살펴보니 수풀떠들썩팔랑나비였다. 따라서 이 종의 국내 첫 기록을 정확히 알 수 없다. 이런 혼란은 산수풀떠들썩팔랑나비와 수풀떠들썩팔랑나비가 한 종 또는 다른 종으로 합쳐지고 나뉘는 과정에서 생긴 것으로 보인다.

우리 이름의 유래 이영준(2005)은 수풀떠들썩팔랑나비보다 산지에 많다는 뜻으로 이름을 지은 것 같다.

비고 이 종(sylvanus)은 오랫동안 수풀떠들썩팔랑나비(*Ochlodes venatus*)의 하나의 변이 개체군으로 알려져 있었지만 *sylvanus*와 *venatus*가 한반도와 중국, 러시아 극동지역에서 함께 서식하는 종임이 밝혀지면서 논란이 생겼다. 즉, 이 종이 독립한 다른 종인지 아니면 그대로 *O. venatus*의 아종인지의 여부이었다. 한편 *Ochlodes sylvanus*는 *Anthene sylvanus* (Drury, 1773)라는 동남아시아의 부전나비 일종과 이름이 같아 국제동물명명규약 (ICZN) 규칙에 따르면 homonym(이종동명)으로 유효하지 않다. 하지만 2000년 국제동물명명규약 위원회가 관용으로 써오던 이 이름으로 적용하기로 하였다. 이 결정이 있기 전까지 千葉과 築山(1996)은 유라시아 대륙의 *Ochlodes*속을 정리하면서 한반도와 중국 동북부, 러시아 극동지역에 서로 다른 종인 *venatus*와 *sylvanus*가 함께 분포하며, 이 두 종의 날개의 색과 무늬, 수컷 생식기의 차이 등을 제시하면서 먼저 종을 분리하였다. 즉, 이때는 국제동물명명규약 위원회의 결정 이전이었기 때문에 이들은 *Ochlodes similis* (Leech, 1893)를 사용하였고, 김성수(2015)도 이에 따랐다. 한편 이영준(2005)은 한국 나비목록에서 현재 *O. sylvanus* (Esper, 1777)의 동종이명인 *O. faunus* Turati 1905를 잘못 인용하였다. 여기에서는 ICZN가 결정했던 *Ochlodes sylvanus*를 따른다.

Abundance Scarce.

General description Wing expanse about 33 mm. No noticeable regional variation in morphological characteristics (TL: Ta-chien-lu, Moupin, Wa-shan, Sichuan, China).

Flight period Univoltine. Late June-August. Possibly hibernates as a larva.

Habitat Grasslands of mountain tops, mountain trails and meadows around valley.

Food plant *Eleusine indica* (Gramineae).

Distribution Mountainous regions north of Gangwon-do.

Range China (NE., N., C. & W.), Russia (Amur, Ussuri), Mongolia.

수풀떠들썩팔랑나비

Ochlodes venatus (Bremer et Grey, 1853)

분포 제주도와 지리산, 경기도, 강원도 산지를 중심으로 국지적으로 분포한다. 제주도에서는 300~600m의 오름에서 보이는데, 매우 드물다. 국외에는 일본, 중국, 러시아의 아무르와 사할린에 분포한다.

먹이식물 벼과(Gramineae) 참억새, 큰기름새, 사초과(Cyperaceae) 그늘사초, 새방울사초

생태 한 해에 한 번, 6월 중순에서 8월 초에 보인다. 월동은 애벌레 상태로 한다. 서식지는 산정과 계곡, 산길 주변의 풀밭이다. 산수풀떠들썩팔랑나비의 서식지와 닮은 환경에서 이따금 발견되나 수풀떠들썩팔랑나비는 대체로 고도가 낮은 곳에서 상대적으로 많다. 풀밭 위를 재빠르게 날다가 기린초와 꿀풀, 갈퀴나물, 큰까치수염, 꼬리조팝나무, 우산나물, 개망초, 엉겅퀴, 싸리 등의 꽃에서 꿀을 빤다. 수컷은 축축한 땅바닥이나 바위, 새똥에 잘 모이고, 풀밭에서 세차게 텃세 부리는데, 이따금 풀잎에 앉아 일광욕을 한다. 암컷은 먹이식물 잎 뒤에 알을 하나씩 낳고 재빨리 이동한다.

변이 한반도 개체군은 일본, 중국 동북부, 러시아 극동지역과 함께 기준 아종으로 다룬다. 한반도에서는 특별한 변이가 없다.

암수 구별 수컷은 앞날개 중실 아래의 맥에 굵고 검은 선 모양의 성표가 있다.

첫 기록 Butler(1882)는 *Pamphila venata* Bremer et Grey (Posiette bay, NE. Corea)라는 이름으로 우리나라에 처음 기록하였다.

우리 이름의 유래 석주명(1947)은 종(*venatus*)의 라틴어에서 따온 의미로 이름을 지었다. 즉 사냥하다 또는 추적하다의 뜻으로 이 나비가 빠르게 나는 모습에서 나온 것으로 생각된다.

Abundance Scarce.

General description Wing expanse about 34 mm. Korean population was dealt as nominotypical subspecies (TL: Pekin (Beijing, China)).

Flight period Univoltine. Late June-early August. Possibly hibernates as a larva.

Habitat Glasslands of mountain tops and valleys, meadows around mountain trails.

Food plant *Eleusine indica* (Gramineae).

Distribution Mountainous regions north of Mt. Jirisan, Jeju island.

Range Japan, China, Russia (Amur, Sakhalin).

검은테떠들썩팔랑나비

Ochlodes ochraceus (Bremer, 1861)

분포 울릉도를 뺀 지리산 이남부터 백두산까지의 높은 산지를 중심으로 분포하는데, 제주도에서는 한라산 800m 정도의 고지에 분포한다. 국외에는 일본, 중국의 동북부와 중부, 러시아의 아무르와 우수리에 분포한다.

먹이식물 벼과(Gramineae) 큰기름새, 숲개밀

생태 한 해에 한 번, 6월 중순에서 8월 초에 보인다. 월동은 종령애벌레 상태로 한다. 서식지는 산지의 숲 가장자리, 계곡, 정상 주위의 풀밭이다. 풀밭을 빠르게 날다가 이질풀과 큰까치수염, 꿀풀, 엉겅퀴, 개망초, 층층이꽃, 싸리 등 여러 꽃에서 꿀을 빠는데, 한 꽃에 여러 마리가 붙어 있는 경우가 흔하다. 수컷은 축축한 땅바닥이나 바위, 새똥에 날아와 앉는다. 기온이 오른 오후에는 여러 마리의 수컷이 뒤엉켜 나는 것을 볼 수 있으며 세차게 텃세를 부린다. 6월 중순경에는 수컷의 구애행동을 흔히 볼 수 있다. 암컷은 먹이식물 잎 뒤에 알을 하나씩 낳는다.

변이 세계 분포로 보아 특별한 변이가 없다. 한반도에서는 제주도 개체들이 내륙 개체들보다 조금 작은 경향이 있다. 수컷의 생김새는 안정적이나 암컷은 날개 중실 끝과 외횡부의 노란 부위의 폭에 변화가 심하다.

암수 구별 수컷은 앞날개 중실 아래의 맥에 굵고 검은 선으로 된 성표가 있고, 암컷은 그 부위가 어둡다. 특히 암컷은 앞날개 윗면의 중실 끝과 외횡부 전부, 뒷날개 윗면의 중실과 외횡부 일부만 노랄 뿐 대부분 흑갈색을 띤다.

첫 기록 Leech(1887)는 *Hesperia ochracea* Butler (Gensan)라는 이름으로 우리나라

에 처음 기록하였다.

우리 이름의 유래 석주명(1947)은 날개 외연부의 검은 띠무늬를 강조하여 이름을 지었다.

Abundance Common.

General description Wing expanse about 27 mm. No noticeable regional variation in morphological characteristics (TL: Amur, Russia).

Flight period Univoltine. Mid June-early August. Hibernates as a larva.

Habitat Forest edges, valley, grasslands around summit in mountainous areas.

Food plant *Spidiopogon sibiricus* (Gramineae).

Distribution Mountainous inland regions of Korean Peninsula, Jeju island.

Range Japan, China (NE. & C.), Russia (Amur, Ussuri).

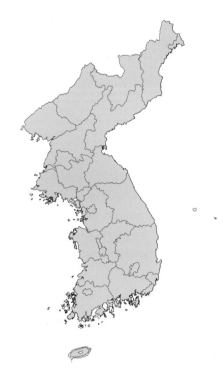

유리창떠들썩팔랑나비

Ochlodes subhyalinus (Bremer et Grey, 1853)

분포 울릉도를 뺀 제주도를 포함한 전국 각지에 분포한다. 국외에는 일본 남부의 이시가키 섬, 이리오모테 섬, 중국, 러시아의 아무르와 우수리, 타이완, 미얀마, 인도 북부, 부탄에 분포한다.

먹이식물 벼과(Gramineae) 큰기름새. 강아지풀로도 사육할 수 있다.

생태 한 해에 한 번, 6월 중순에서 8월 초에 보인다. 월동은 중령애벌레 상태로 한다. 서식지는 산지와 평지의 풀밭이다. 풀밭을 빠르게 날다가 개망초와 고삼(도둑놈의지팡이), 큰까치수염, 타래난초, 자귀나무, 갈퀴나물, 꿀풀, 엉겅퀴, 패랭이꽃, 도라지, 골무꽃, 달맞이꽃, 멍석딸기 등의 꽃에서 꿀을 빠는데, 한 꽃에 여러 마리가 붙어 있는 경우가 흔하다. 수컷은 축축한 땅바닥이나 새똥에 잘 모이고, 오후에 풀밭

에서 세차게 텃세를 부린다. 이때 개체수가 많은 관계로, 여러 마리가 어우러지는 경우가 흔하다. 암컷은 먹이식물 주위를 낮게 날면서 잎 뒤에 알을 하나씩 낳는데, 알을 낳는 시간이 조금 긴 편이다. 유생기의 기록은 주재성(2017e)의 논문이 있다.

변이 한반도 개체군은 중국의 동부, 동북부, 중부, 러시아의 아무르 남부, 몽골과 함께 기준 아종으로 다룬다. 일본 개체군은 다른 종(*Ochlodes asahinai* Shirôzu, 1964)으로 다루기도 한다. 한반도 중부지방 이북의 개체군은 남부지방과 제주도 개체군보다 날개색이 조금 어두운 편이나 그렇지 않은 개체들도 적지 않다. 제주도 개체군은 조금 작은 편이다. 수컷은 앞날개 외횡부의 제2실의 네모 모양 무늬가 개체에 따라 크고 작은 변이가 심한데, 이 무늬에는 비늘가루가 없어 투명하며, 이 특징은 이 속 중에서 이 나비에서만 나타난다.

암수 구별 수컷은 앞날개 중실 아래의 맥에 굵고 검은 선으로 된 성표가 있고, 암컷은 그 부위가 검을 뿐 아니라 날개밑도 검어 전체가 어둡다. 수컷의 성표 속에는 은색 발향린이 잘 보인다.

첫 기록 Fixsen(1887)은 *Hesperia subhyalina* Bremer et Grey (Korea)라는 이름으로 우리나라에 처음 기록하였다.

우리 이름의 유래 석주명(1947)은 앞날개 중앙

부 바깥의 아래가 뾰족한 네모 모양의 투명한 부분의 생김새와 풀밭 위를 빠르게 날아다닌다는 생태 특징을 살려 이름을 지었다.

Abundance Common.

General description Wing expanse about 32 mm. Korean population was dealt as nominotypical subspecies (= *vivax* Bryk, 1946) (TL: Pekin (Beijing, China)).

Flight period Univoltine. Mid June-early August. Hibernates as a larva.

Habitat Grasslands of montane area and lowland.

Food plant *Spodiopogon sibiricus*, *Setaria viridis* (Gramineae).

Distribution Mountainous inland regions of Korean Peninsula, Jeju island.

Range Japan, China, Russia (Amur, Ussuri), Mongolia, Taiwan, Myanmar, N. India, Bhutan.

꽃팔랑나비

Hesperia florinda (Butler, 1878)

분포 경기도와 충청북도, 경상북도의 일부 지역과 강원도 강촌, 화천, 양구 등지, 한라산 고지, 북한의 동쪽으로 분포한다. 국외에는 일본, 중국 동북부, 러시아의 아무르와 바이칼 지역, 몽골 동부에 분포한다.

먹이식물 벼과(Gramineae) 김의털. 이밖에 사초과(Cyperaceae) 가는그늘사초(白水隆, 2006)

생태 한 해에 한 번, 7월 중순에서 8월에 보인다. 닮은 종들 중에서 가장 늦은 시기에 출현한다. 월동은 알 상태로 한다. 서식지는 산지의 풀밭인데, 강원도 영월 지역의 석회암 지역의 풀밭에 많다. 풀밭을 빠르게 날다가 개망초와 대나물, 금불초, 곰취, 금방망이, 솔체꽃, 갈퀴덩굴, 큰까치수염,

첫 기록 Fixsen(1887)은 *Hesperia comma* Linnaeus (Korea)라는 이름으로 우리나라에 처음 기록하였다.

우리 이름의 유래 석주명(1947)은 높은 산의 꽃에서 볼 수 있다는 뜻으로 이름을 지었다.

Abundance Scarce.
General description Wing expanse about 29 mm. Korean population was dealt as ssp. *repugnans* (Staudinger, 1892) (TL: Sutschan-Gebiete).
Flight period Univoltine. Mid July-August. Hibernates as an egg.
Habitat Meadows in limestone area, subalpine grassy sites in Mt. Hallasan.
Food plant Cyperaceae, Gramineae.
Distribution Montane regions north of Uljin (GB), Mt. Hallasan (from 1,100 m a.s.l. to summit).
Range Japan, NE. China, Russia (Amur, Baikal Region), E. Mongolia.

엉겅퀴, 바늘엉겅퀴, 마타리, 등골나물, 술패랭이, 손바닥난초 등 여러 꽃에서 꿀을 빤다. 수컷은 축축한 땅바닥과 새똥에 모이고, 오후에 풀밭에서 세차게 텃세를 부린다. 빠르게 날기 때문에 닮은 종들과 쉽게 구별해낼 수 없다. 암컷은 먹이식물의 뿌리 근처의 마른 잎, 돌, 흙에 알을 낳는다.

변이 학자에 따라서는 위의 종으로 보기도 하고, 유럽에서 북미까지 분포하는 *comma* Linnaeus, 1758이라고도 한다. 또 *florinda* (Butler, 1878)를 *comma*의 아종으로 보는 등 아직 종의 적용에 대한 논란이 있지만 여기에서는 두 종을 서로 분리하는 최근의 경향을 따른다. 한반도 개체군은 중국 동북부, 러시아(아무르, 바이칼 지역), 몽골 동부 지역과 함께 아종 *repugnans* Staudinger, 1892로 다룬다. 한라산 개체군은 내륙 개체군보다 크기가 조금 작고, 수컷 뒷날개 윗면의 노란 부위의 폭이 좁은 편이다.

암수 구별 수컷은 앞날개 중실 아래에 굵고 검은 선이지만 가운데가 은회색인 성표가 있다. 암컷은 수컷의 성표 부위와 날개밑이 검어져 전체가 어둡다. 암컷은 뒷날개 윗면의 중실 끝과 외횡부의 5개의 노란 점들이 외연과 나란하게 배열하는데, 개체에 따라 크기가 다르다.

닮은 종의 비교 232쪽 참고

황알락팔랑나비

Potanthus flavus (Murray, 1875)

분포 제주도와 한반도 내륙에 국지적으로 분포하고, 전라남도 진도, 경상남도 남해도처럼 일부 섬 지역에도 분포한다. 울릉도에는 분포하지 않는다. 제주도에서는 낮은 지역의 풀밭에 산다. 국외에는 일본, 중국, 러시아 극동지역, 필리핀, 베트남 북부, 라오스 북부, 태국 북부, 말레이반도, 인도 동북부에 분포한다.

먹이식물 벼과(Gramineae) 참억새, 큰기름새, 기름새

생태 한 해에 한두 번 나타나는데, 내륙 지역에서는 6월 중순에서 7월에 한 번, 경기도 섬 지역과 남해안 일대, 제주도에서는 6~7월 초, 8월 중순에서 9월에 두 번 나타난다. 월동은 중령애벌레 상태로 한다. 서식지는 숲을 낀 풀밭이나 개울가의 큰 키의

풀밭이다. 꽃을 좋아하여 큰까치수염과 개망초, 꿀풀, 갈퀴나물, 쥐똥나무, 개머루, 쥐꼬리망초, 등골나물, 조뱅이, 참싸리, 대추나무, 고삼(도둑놈의지팡이) 등의 꽃에서 꿀을 빤다. 매우 빠르게 날아다니다가 풀잎에 앉아 쉬고, 날이 맑으면 일광욕을 한다. 수컷은 축축한 땅바닥이나 오물에 날아와 앉으며, 이때 자신의 배출액을 빨아먹기도 한다. 꽃꿀을 빨 때 다른 수컷이 날아오면 쫓아내고 그 뒤를 추격하다가 제자리로 돌아와 앉는다. 암컷은 햇빛이 잘 비치고 통풍이 잘 되는 자리의 먹이식물의 잎 뒤에 알을 하나씩 낳는다. 그 후 햇빛이 잘 비치는 잎을 골라 앉아 쉬다가 여러 번에 걸쳐 같은 장소에 알을 낳는다. 유생기의 기록은 주재성(2017a)의 논문이 있다.

변이 한반도 개체군은 일본, 중국, 러시아 극동지역과 함께 기준 아종으로 다룬다. 제주도 개체군은 한반도 내륙 개체군과 달리 뒷날개 윗면 황갈색 무늬의 폭이 조금 좁은 편이다. 여름형은 봄형보다 뚜렷이 작으나 무늬의 차이는 없다.

암수 구별 암컷은 수컷보다 크고, 날개 가장자리가 둥글며, 배가 통통하다. 특히 앞날개 전연부가 노란색이면 수컷, 검은색이면 암컷이다.

첫 기록 Fixsen(1887)은 *Hesperia dara* var. *flava* Fixsen (기준 지역: Korea)라는

이름으로 우리나라에 처음 기록하였다.
우리 이름의 유래 석주명(1947)은 일본 이름에서 의미를 따와 이름을 지었다. 하지만 라틴어의 의미는 금황색이라는 뜻이다.

Abundance Common.
General description Wing expanse about 27 mm. Korean population was dealt as nominotypical subspecies (TL: Yokohama, Japan).
Flight period Univoltine or bivoltine according to latitude. Mid June-July in inland, June-early July, mid August-September in coastal region and islands off Gyeonggi-do, S. Korea and Jeju island. Hibernates as a larva.
Habitat Meadows in forest edge, grasslands along streams.
Food plant *Miscanthus sinensis*, *Spodiopogon cotulifer*, *S. sibiricus* (Gramineae).
Distribution Inland regions of Korean Peninsula, Jeju island.
Range Japan, China, Russian Far East, Philippines, N. Vietnam, N. Laos, N. Thailand, NE India.

큰줄점팔랑나비

Zinaida zina (Evans, 1932)

분포 제주도와 울릉도를 뺀 전국에 국지적으로 분포하였으나 최근 분포지가 점차 줄고 있다. 국외에는 중국(동북부), 러시아 극동지역, 타이완에 분포한다.
먹이식물 벼과(Gramineae) 큰기름새, 기름새, 참억새
생태 한 해에 한 번, 7월에서 8월에 보인다. 월동은 애벌레 상태로 한다. 서식지는 산지와 평지의 풀밭, 숲 가장자리의 빈터이다. 빠르게 날아다니다가 풀 위에 앉아 쉬

고, 큰까치수염과 엉겅퀴, 개망초, 풀싸리, 벌개미취, 등골나물 등의 꽃에서 꿀을 빤다. 닮은 종들과 비교하여 천천히 날며, 계속 날지 않고 때때로 주변의 나뭇잎이나 풀에 앉는다. 수컷은 물가에 앉아 물을 빨고, 맑은 오후에 햇빛이 잘 비치는 장소에서 텃세를 부릴 때가 많다. 암컷은 먹이식물의 잎 뒤에 알을 하나씩 낳는다.
변이 한반도 개체군은 중국 동북부, 러시아(아무르 남부) 지역과 함께 아종 *zinoides* Evans, 1937로 다룬다. 한반도 안에서는 특별한 변이가 없다.
암수 구별 암컷은 수컷보다 뚜렷이 크고, 날개폭이 넓다. 앞날개 윗면 중실에 있는 2개의 흰 점 중 아래의 것이 좌우로 길면 수컷이다. 또 앞날개 윗면 제2실의 흰 점이 수컷은 타원형, 암컷은 사각형에 가깝다.
첫 기록 Leech(1897)는 *Pamphila pellucida* Murray (Gensan (원산))라는 이름으로 우리나라에 처음 기록하였다. 이후 Matsumura(1905)가 *Pamphila pellucida* Murray (Korea)라고 기록하였다. 하지만 실제로 한반도에 분포하는 종은 *pellucida*가 아니고 종 *zina*가 틀림없다. 대영박물관에서 확인한 Leech의 채집품인 *pellucida*는 일본에서 채집한 것을 잘못 표기한 것으로 추측된다. 그 이유는 이 종 외에 Leech가 시실리그늘나비와 남방남색

부전나비, 남방남색꼬리부전나비 등 여러 종도 함께 기록했는데, 이들은 먹이식물과 분포 등을 다각적으로 고려할 때, 그가 기록했던 북한의 원산에 분포하지 않는다는 합리적 의문을 품을 수 있기 때문이다. 덧붙여 같은 지역에서 채집하여 기록했던 나방류에도 이런 의문종들이 많다. 종 *zina* Evans는 1932년에야 정립되었는데, 우리나라에서 이 종을 처음 인식한 학자는 이승모(1973)이었다. 하지만 그도 1982년 '한국접지'에서는 이 종을 *pellucida* Murray로 보는 등 혼란이 많았다.
우리 이름의 유래 석주명(1947)은 뒷날개 아랫면의 흰 점들이 지그재그로 배열된 모습을 강조하여 '직작팔랑나비'라고 이름을 지었다. 원 이름인 '직작'은 지그재그를 인위적으로 축약한 말이다. 이승모(1973)는 직작줄점팔랑나비와 구별하여 새로 산팔랑나비라 했으나 오래된 우리나라 문헌에서는 이 종을 직작줄점팔랑나비로 잘못 동정하였기 때문에 결국 모두 같은 종이다. 여기에서는 최근 국가 종목록의 이름을 썼다. 여기에서 산팔랑나비를 쓰지 않는 이유는 앞의 멧팔랑나비와 같은 뜻이기 때문이다.
비고 Leech(1897)가 북한 원산에서 한 번 기록하였던 *Zinaida pellucida*는 일본과 러시아(사할린 남부, 쿠릴 남부)의 섬에 분포하며, 우리나라를 포함한 중국 동북부와 러시아 극동지역에 분포하지 않는다. 이 종 대신 *Z. zina*가 분포한다. *Z. zina*와 *Z. pellucida*의 세계 분포에 대한 정리를 하면 아래와 같다(Korshunov와 Grobunov, 1995; Tang et al., 2017). 한편 Tang et al.(2017)은 속 *Polytremis*를 미토콘드리아와 핵 일부의 DNA를 검토하여 *Zinaida* Evans, 1937의 속으로 옮겼다.

Zinaida pellucida pellucida (Murray, 1874) 일본, 러시아(사할린, 쿠릴 남부)
Zinaida pellucida quanta (Evans, 1949) 푸젠성(중국 남부)
Zinaida pellucida inexpecta (Tsukiyama, Chiba et Fujioka, 1997) 중국 중남부(장쑤성, 상해, 저장성, 장시성, 광시 좡족 자치구, 광동성)
Zinaida zina zina (Evans, 1932) 한국, 중국 동북부, 러시아 극동지역

Zinaida zina asahinai (Shirôzu, 1952) 타이완
(233쪽 참고)

Abundance Common.
General description Wing expanse
about 33 mm. Korean population was
dealt as ssp. *zinoides* Evans, 1937 (TL:
Omeishan).
Flight period Univoltine. July-August.
Hibernates as a larva.
Habitat Grasslands of mountainous
area and lowland, Glades on forest edge.
Food plant *Miscanthus sinensis,
Spodiopogon cotulifer, S. sibiricus*
(Gramineae).
Distribution Inland regions of Korean
Peninsula.
Range China (NE., E. & S.), Russia (S.
Amur).

산줄점팔랑나비

Pelopidas jansonis (Butler, 1878)

Abundance Common.
General description Wing expanse
about 30 mm. No noticeable
regional variation in morphological
characteristics (TL: Japan).
Flight period Bivoltine. Late April-May,

분포 제주도와 울릉도를 뺀 한반도 내륙에
분포하며, 백두산에도 채집 기록이 있다
(임홍안·황성린, 1993). 국외에는 일본,
중국 동북부에 분포한다.
먹이식물 벼과(Gramineae) 참억새, 큰기름
새, 왕바랭이, 조릿대
생태 한 해에 두 번, 4월 말에서 5월, 7월에
서 8월에 보인다. 월동은 번데기 상태로 한
다. 서식지는 낮은 산지의 숲 가장자리에
위치한 양지바른 풀밭, 산길 주변의 풀밭
이다. 빠르게 날아다니면서 큰까치수염과
엉겅퀴, 산철쭉, 고들빼기, 뻐꾹채, 민들레
등의 꽃에서 꿀을 빤다. 수컷은 축축한 땅
바닥에 앉아 물을 빨고, 새똥에도 잘 모인
다. 날이 맑으면 날개를 반쯤 펴고 앉는 습
성이 있다. 날이 맑은 오전 중이나 오후 대
부분은 바위나 억새풀 위, 물가의 돌 위 등
에 앉아 세차게 텃세를 부린다. 이때 한 번
날아간 자리에 되돌아오는 습성이 있다.
암컷은 먹이식물의 잎에 알을 하나씩 낳는
다. 유생기의 기록은 주재성(2017d)의 논
문이 있다.
변이 세계 분포로 보아 특별한 지역 변이가
없고, 한반도에서도 지역 변이가 없다. 계
절에 따른 변이는 여름형 개체가 봄형보다
큰 경우가 많을 뿐 특별한 변이는 없다.
암수 구별 날개 색과 무늬가 같아 암수를 구
별하기 어렵다. 다만 암컷은 수컷보다 크
고, 날개폭이 넓은 특징으로 구별하는 것이
좋다. 또 암컷은 앞날개 제1, 2실에 흰 무늬
가 있으나 수컷은 흔적뿐이거나 없다. 보통
암컷의 날개에 있는 흰 무늬들은 크고 넓다.
첫 기록 Leech(1887)는 *Pamphila jansonis*
Butler (Gensan (원산))라는 이름으로 우
리나라에 처음 기록하였다.
우리 이름의 유래 석주명(1947)은 줄점팔랑나
비와 닮고, 산지에 더 많다는 뜻으로 이름
을 지었다.

July-August. Hibernates as a pupa.
Habitat Sunny meadows at the edge
of low mountain forest, grassy sites
around mountain trails.
Food plant *Miscanthus sinensis,
Spodiopogon cotulifer, Eleusine indica,
Sasa borealis* (Gramineae).
Distribution Inland regions of Korean
Peninsula.
Range Japan, NE. China.

제주꼬마팔랑나비

Pelopidas mathias (Fabricius, 1798)

분포 제주도와 남해안, 그 일대의 섬 지역
에 분포하고, 전라남도 신안과 무안, 전라
북도 장수 지역, 서해 일부 지역에서도 보
이나 매우 드물다. 국외에는 일본 남부, 중
국, 타이완에서 스리랑카, 인도 등 동양 열
대구에 넓게 분포한다.
먹이식물 벼과(Gramineae) 강아지풀, 바랭
이, 띠(사육할 때에는 참억새, 기름새, 큰
기름새, 조릿대도 먹는다.)
생태 한 해에 두 번에서 네 번, 5월에서 10

월 초에 보인다. 월동은 중령애벌레 상태로 한다. 서식지는 남부지방의 숲 가장자리의 풀밭, 제주도에서는 낮은 지대의 숲 가장자리의 풀밭, 오름 주위의 풀밭이다. 재빨리 날다가 앉는데, 놀라면 빠르기도 하지만 작기 때문에 눈에 잘 띄지 않는다. 엉겅퀴와 쑥부쟁이, 만수국, 편두, 코스모스, 붉은토끼풀, 해국, 고삼(도둑놈의지팡이), 털머위꽃, 층층잔대의 꽃에서 꿀을 빤다. 수컷은 축축한 바위와 땅바닥, 새똥에 잘 모이나 개체수가 적어 이런 장면을 관찰하기 어렵다. 수컷의 텃세행동은 매우 세찬데, 늦은 오후 확 트인 공간에서 무릎 정도의 풀잎에 앉아 뒷날개를 펴고, 앞날개를 반쯤 편 상태를 취한다. 수컷은 암컷을 요리조리 뒤쫓으며 구애행동을 한다. 암컷은 맑은 날 오후에 먹이식물이 있는 음지에서 쉬다가 잎에 알을 하나씩 낳는데, 한 번 낳고 주변 풀 위에서 날개를 편 채로 쉬다가 알을 낳는 행동을 되풀이 한다. 유생기의 기록은 주재성(2011)의 논문이 있다.

변이 한반도 개체군은 일본, 중국, 타이완 지역과 함께 아종 *oberthueri* Evans, 1937로 다룬다. 한반도에서는 지역과 계절에 따른 변이가 없다.

암수 구별 수컷은 앞날개 윗면 중실 아래에 회백색 사선의 성표가 있다. 암컷은 앞날개 윗면 제1b실에 작은 흰 무늬가 보이는 경우가 많으나 수컷에서는 없다.

첫 기록 Ichigawa(1906)는 *Parnara mathias* Fabricius (Is. Quelpart (제주도))라는 이름으로 우리나라에 처음 기록하였다.

우리 이름의 유래 석주명(1947)은 제주도에만 분포하고, 아주 작은 종류이어서 '제주도꼬마팔랑나비'라는 이름을 붙이고, 뒷날개 아랫면의 흰 점들이 뚜렷하지 않아 이름에 줄과 점이라는 글자를 넣지 않았다. 이후 조복성(1959)은 특별한 의미 변화 없이 '제주꼬마팔랑나비'라고 바꾸었다.

Abundance Common.
General description Wing expanse about 27 mm. Korean population was dealt as ssp. *oberthueri* Evans, 1937

(TL: Tientsin).
Flight period Bivoltine or polyvoltine according to locality. May-early October. Hibernates as a larva.
Habitat Meadows at forest edge in southern provinces, grassy sites at forest edge in lowland, meadows around 'Oreum(= volcanic monticules)' in Jeju island.
Food plant *Setaria viridis*, *Digitaria sanguinalis*, *Imperata cylindrica*, *Miscanthus sinensis*, *Spodiopogon cotulifer*, *S. sibiricus*, *Sasa borealis* (Gramineae).
Distribution Areas south of Gwangju, Jeollanam-do and nearby islands, Jeju island.
Range S. Japan, China, Taiwan to Sri Lanka, India.

흰줄점팔랑나비

Pelopidas sinensis (Mabille, 1877)

분포 2007년 경기도 화야산에서 처음 발견

되어, 현재 경기도와 강원도, 충청북도와 경상북도 일부 지역에 정착하여 분포한다. 중국에서 이입된 것으로 보인다. 국외에는 중국 남부, 타이완, 미얀마, 히말라야 서부, 네팔, 시킴에 분포한다.

먹이식물 벼과(Gramineae) 참억새, 큰기름새, 돌피, 조릿대, 강아지풀

생태 한 해에 두 번, 5월에서 6월까지와 7월에서 8월에 보인다. 월동은 번데기 상태로 한다. 서식지는 산지의 숲 가장자리 풀밭, 계곡 또는 개천 주위의 풀밭, 낙엽활엽수림의 확 트인 등산로 주변이다. 오전부터 활발하게 날다가 참나리와 원추리, 개망초, 뻐꾹채, 등골나물, 꿀풀 등의 꽃에서 꿀을 빤다. 여름에 발생한 수컷은 오전에 물가에 앉아 물을 먹고, 오전 10경부터 오후 4시 사이에 확 트인 공간의 바위와 사람 키 높이의 나무 위에서 세차게 텃세를 부린다. 한 자리를 고수하는 성질이 매우 강하다. 똑바로 매우 빠르게 날기 때문에 시야에서 금세 사라진다. 암컷은 길가를 천천히 날다가 먹이식물의 잎 위에 알을 하나씩 낳는다. 유생기의 기록은 주재성(2009, 2010a)의 논문이 있다.

변이 세계 분포로 보아, 지역 변이가 없다. 제주꼬마팔랑나비와 닮으나 훨씬 크고, 날개 아랫면의 흰 점무늬의 위치가 다르다. 뒷날개 아랫면 아외연부의 흰 점은 봄형이 여름형보다 더 크고 뚜렷하며, 조금 풀색기가 강하다. 여름형은 봄형보다 조금 크다.

암수 구별 제주꼬마팔랑나비처럼 수컷은 앞날개 윗면 중실 아래에 회백색 사선의 성표가 있고, 암컷은 앞날개 제2실에 흰 무늬가 있다. 암컷은 수컷보다 크고, 날개 아랫면의 색이 조금 어둡다.

닮은 종의 비교 233쪽 참고

첫 기록 주재성(2007)은 *Pelopidas sinensis* (Mabille) (화야산)라는 이름으로 우리나라에 처음 기록하였다.

우리 이름의 유래 주재성(2007)은 수컷 앞날개 윗면에 있는 사선 모양의 성표를 제주꼬마팔랑나비에서, 뒷날개 아랫면 흰 점의 배열을 산줄점팔랑나비에서 따오고, 이 나비가 *Pelopidas*속의 이들 두 종의 특징을 함께 지닌 나비라는 뜻으로 이름을 지었다.

Abundance Scarce.
General description Wing expanse about 38 mm. No noticeable regional variation in morphological characteristics (TL: Shanghai, China).
Flight period Bivoltine. May-June, July-August. Hibernates as a pupa.
Habitat Meadows at forest edge of mountainous area, grassy sites around the valleys and streams and around open hiking trail in deciduous broad-leaved forest.
Food plant *Miscanthus sinensis, Spodiopogon sibiricus, Echinochloa crusgalli, Sasa borealis, Setaria viridis* (Gramineae).
Distribution Montane regions of central Korean Peninsula.
Range Japan (migrant), S. China, Taiwan, Myanmar, W. Himalayas, Nepal, India (Sikkim).

줄점팔랑나비

Parnara guttata (Bremer et Grey, 1853)

분포 제주도와 울릉도 등 대부분의 섬 지역을 포함한 중부 이남에 분포하나 백두산까지도 채집 기록이 있다(임홍안·황성린, 1993). 국외에는 일본, 중국, 타이완, 미얀마, 인도 북부에 분포한다.
먹이식물 벼과(Gramineae) 참억새, 큰기름새, 강아지풀, 벼, 피, 띠, 조, 바랭이, 새포아풀, 조릿대
생태 한 해에 한 번에서 세 번, 5월 말에서 11월에 보인다. 남부지방과 제주도에서는 5~11월에 두세 번, 중부지방에서는 8월 중순에서 10월에 한 번 나타난다. 5월에는 주로 제주도와 남부지방에서 극히 소수의 개체를 볼 수 있으며, 세대를 거듭해 개체수가 증가하여 북상하는 것으로 보인다. 다만 겨울 동안 최저 기온이 높을 때에는 중

부지방 이북에서도 겨울을 난 1세대가 나타날 수 있다. 가을에는 전국 어디든 흔하다. 월동은 중령애벌레 상태로 한다. 서식지는 마을 주변의 풀밭과 경작지, 하천, 낮은 산지의 풀밭이다. 칡과 쑥부쟁이, 개망초, 풀싸리, 붉은토끼풀, 메리골드, 코스모스, 엉겅퀴, 메밀, 큰까치수염, 백일홍, 산비장이, 산부추, 구절초, 국화, 싸리, 마타리, 한라부추, 익모초, 민들레, 뚝갈, 과꽃, 산국, 쑥부쟁이, 개머루, 여우콩, 쥐꼬리망초, 꽃며느리밥풀, 갈퀴덩굴, 무릇, 며느리밑씻개, 등골나물, 배초향, 무궁화, 고마리, 꽃범의꼬리 등 많은 꽃에서 꿀을 빤다. 수컷은 이따금 물가에 날아오고, 오후에 햇살이 비치는 풀잎에 앉아 세차게 점유행동을 한다. 암컷은 낮게 날면서 먹이식물의 잎에 알을 하나씩 빠르게 낳는다. 유생기의 기록은 이기열 등(2003)의 논문이 있다.
변이 한반도 개체군은 일본, 중국, 타이완 지역과 함께 기준 아종으로 다룬다. 한반도에서는 지역 변이가 없다. 5월에서 7월 사이에 나타난 개체는 조금 작고, 날개 아랫면의 바탕이 밝은 황갈색이다. 가을 개체는 바탕색이 어두워져 흑갈색에 가깝다.
암수 구별 암컷은 수컷보다 크고, 날개의 폭이 더 넓으며, 날개의 흰 점들이 크다. 암수 차이가 크지 않기 때문에 배 끝의 모양을 보고 판단해야 한다.

첫 기록 Leech(1887)는 *Pamphila guttata* Bremer et Grey (Korea)라는 이름으로 우리나라에 처음 기록하였다.
우리 이름의 유래 석주명(1947)은 뒷날개 아랫면의 흰 점들이 줄지어 있는 생김새로 이름을 지었다.
비고 이 나비의 더듬이 길이는 닮은 종들 사이에서 뚜렷이 짧아 앞날개 길의 1/2 정도이다. 또 제 1b실의 흰 점이 이 종에서는 암수 모두 없으나 큰줄점팔랑나비와 산줄점팔랑나비에서는 암수 모두 나타나고, 제주꼬마팔랑나비와 흰줄점팔랑나비에서는 암컷에서만 보이는 차이가 있다.

Abundance Common.
General description Wing expanse about 35 mm. Korean population was dealt as nominotypical subspecies (TL: Pekin (Beijing, China)).
Flight period Univoltine or trivoltine according to latitude. Generally late May-November. Mid August-October (single brood) in C. Korea, double or triple broods in S. Korea and Jeju island. Hibernates as a larva.
Habitat Grasslands around human settlement, cultivated grounds, riverside and low montane area.
Food plant *Miscanthus sinensis, Spodiopogon sibiricus, Sasa borealis, Setaria viridis, Oryza sativa, Echinochloa utilis, Imperata cylindrica, Setaria italica, Digitaria sanguinalis, Poa nipponica* (Gramineae).
Distribution Korea (Areas north of central Korean Peninsula (migrant)).
Range Japan, China, Taiwan, Myanmar, N. India.

호랑나비상과
Papilionoidea

호랑나비과
Papilionidae

모시나비아과
Parnassiinae

호랑나비아과
Papilioninae

[애호랑나비

Luehdorfia puziloi (Erschoff, 1872)

분포 충청도, 전라도 해안지역과 제주도와 울릉도 등 대부분의 부속 섬을 뺀 내륙의 산지에 분포하는데, 다만 부속 섬 중 경상남도 남해도와 거제도의 산지에 분포한다. 서식지는 낙엽활엽수가 많은 산지이다. 국외에는 일본의 혼슈 이북, 중국 동부와 동북부, 러시아의 연해주, 쿠나시르(Kunashir)섬에 분포한다.

먹이식물 쥐방울덩굴과(Aristolochiaceae) 족도리풀, 개족도리풀, 서울족도리풀, 민족도리풀

생태 한 해에 한 번, 남부지방에서는 3월 말부터 4월에, 중부지방에서는 4월부터 5월 초까지, 지리산과 강원도의 높은 산지에서는 4월 말부터 6월 초까지 볼 수 있다. 6월 말부터 7월 중에 번데기가 되어 월동을 한다. 수컷은 새싹이 돋기 시작하는 봄철에 산길, 숲속, 능선, 정상을 배회하며, 기온이 떨어지면 양지바른 숲 바닥에 앉아 날개를 편 채로 일광욕을 한다. 한창일 때는 물가에 잘 날아오지 않지만 최성기가 지날 무렵에야 비로소 축축한 곳에 날아와 날개를

펴고 앉아 물을 빨아먹는다. 암수 모두 진달래와 얼레지, 제비꽃, 민둥외제비꽃, 개별꽃 등의 꽃에서 꿀을 빤다. 오후에 흡밀식물 주변에서 짝짓기를 하고, 수컷이 암컷의 배에 짝짓기주머니를 만들어 붙이는데, 이 주머니는 짙은 적갈색 바탕에 겉에 돌기가 두드러진다. 암컷은 먹이식물 잎 뒤에 5~21개의 알을 낳는다. 유생기의 기록은 신유항(1974a)의 논문이 있다.

변이 한반도 개체군은 중국 동북부와 동부, 러시아 연해주와 함께 기준 아종으로 다룬다. 한반도 동북부지방의 개체군은 중부지방보다 크기가 작고 날개 전체가 노란색이 조금 짙어진다. 이와 달리 거제도와 남해도를 포함한 남부지방 개체군은 중북부지방보다 크고, 날개의 노란 무늬가 조금 넓어지는 경향이 있다. 이를 아종 *coreana* Matsumura, 1927(기준 지역: 황해도 해주, 양강도 혜산)로 다루었으나 기준 지역이 북한 지역이어서 남부지방의 개체군에 이 아종의 이름을 쓰는 것은 올바르지 않다. 또 북에서 남쪽으로 갈수록 날개가 커지는 경향성을 보이므로 남부지방 개체군에 대한 형태 고유성을 부여하는 것은 의미가 없다.

암수 구별 날개 무늬는 암수 차이가 없다. 수컷은 배 등에 잔털이 많으나 암컷은 이 털이 없다. 암컷 앞날개의 노란 무늬는 조금 옅어진다. 짝짓기를 마친 암컷은 배 끝 아래에 짝짓기주머니가 달린다.

첫 기록 Matsumura(1919)는 *Luehdorfia puziloi* Erschoff (Korea)라는 이름으로 처음 기록하였다.

우리 이름의 유래 석주명(1947)은 호랑나비보다 작고, 이른 봄에 나타난다고 '이른봄애호랑이'라고 이름을 지었으나 이승모(1982)는 강원도에서 초여름인 6월에 볼 수 있다고 하여 '이른봄'을 뺐다.

비고 오랫동안 이 종과 꼬리명주나비

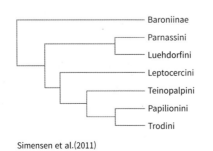

Simensen et al.(2011)

를 모시나비아과에서 빼내어 다른 아과(Subfamily Zerynthiinae)에 넣으려는 시도가 있었다. Liu et al.(2017)은 이들의 계통분석을 통해 모시나비아과에 넣는 것이 타당하다고 보고 있다. 앞의 계통도는 Simonsen et al.(2011)의 분자학에 따른 호랑나비과의 족의 분류 계통도이다.

Abundance Common.
General description Wing expanse about 47 mm. Nominate subspecies occurs in Vladivostok, Russia, Korean population (= *coreana* Matsumura, 1927) was also treated as congener. Wings increase incrementally in size toward south.
Flight period Univoltine. Late March-early June according to longitude and altitude of locality (Late March-April in S. Korea; Late April-early May in C. Korea; Late April-early June in mountains at high altitude and N. Korea). Hibernates as a pupa.
Habitat Woodland with deciduous broad-leaved trees.
Food plant *Asarum sieboldii, A. maculatum* (Aristolochiaceae).
Distribution Inland regions of Korean Peninsula, Namhaedo island, Geojedo island (GN).
Range Japan (Honshu, Hokkaido), China (E. & NE.), Russia (Primorye, Kunashir island).

[꼬리명주나비

Sericinus montela Gray, 1852

분포 전라남도 진도와 완도, 인천 대부도 등 몇몇 부속 섬과 내륙 지역에 국지적으로 분포한다. 개마고원의 높은 산지에 분포하는 기록은 없으나 백두산에는 채집 기록이

있다(임홍안과 황성린, 1993). 최근 서울 중랑천, 낙동강 구미 지역, 태화강 울산 지역 등 강이나 하천 주변을 중심으로 서식지 복원 사례가 늘고 있다. 국외에는 중국 중부와 동북부, 러시아 극동지역에 분포하는데, 일본에서는 1980년대에 우리나라에서 유래된 것으로 보이는 개체군이 혼슈와 큐슈 일부 지역에 서식하고 있다.

먹이식물 쥐방울덩굴과(Aristolochiaceae) 쥐방울덩굴

생태 한 해에 두세 번, 중남부지방에서는 세 번, 4~5월과 6~7월, 8월 중순~9월, 북부지방에서는 두 번, 5~6월과 7~8월에 나타난다. 월동은 번데기 상태로 한다. 서식지는 산과 가까운 경작지 주변 또는 강과 개천 주위의 축축한 풀밭이다. 서식지 주변의 풀밭 위를 느릿느릿 날다가 낮은 곳에서 높은 곳으로 날 때에는 홰를 치듯이 날개를 움직이나 높은 곳에서 낮은 곳으로 날 때에는 미끄러지듯 난다. 오전에 양지바른 곳에 날개를 펴고 앉아 일광욕을 한다. 풀의 줄기와 잎 또는 낮은 위치의 나뭇잎 위에서 짝짓기 하며, 암컷은 머리를 위로, 수컷이 머리를 아래로 하여 매달리는 자세가 된다. 암컷은 오전 중에 먹이식물의 줄기와 새싹에 5~95개의 알을 한꺼번에 낳는다. 짝짓기를 할 때 암컷 배 끝에는 짝짓기주머니가 만들어진다. 유생기의 기록은 신유항

(1974b)의 논문이 있다.

변이 세계의 분포 면에서 볼 때 특별한 변이가 없다. 한반도에서는 지역에 따른 변이는 거의 없지만 날개의 흑갈색 무늬가 짙거나 옅은 개체 변이가 확인된다. 이 때문에 과거 우리나라 개체군에 대한 많은 아종(*koreanus* Fixsen, 1887; *fixseni* Staudinger, 1892; *coreana* Seitz, 1916; *eisneri* Bryk, 1932; *melanogramma* Bryk, 1946)이 붙여졌지만 모두 동종이명이다. 계절에 따른 변이는 뚜렷하다. 여름형은 봄형보다 크고, 꼬리 모양 돌기가 훨씬 길고, 날개의 흑갈색 부위가 더 짙다. 바탕색은 봄형이 노란기가 더하다.

암수 구별 수컷의 날개는 황갈색, 암컷은 어두운 짙은 밤색 바탕이다. 수컷은 날개 밑에서 중앙까지의 황갈색 무늬가 퇴화하여 바탕이 밝다.

첫 기록 Fixsen(1887)은 *Sericinus telamon* var. *koreana* Fixsen (Korea)라는 이름으로 처음 기록하였다.

우리 이름의 유래 석주명(1947)은 속 (*Sericinus*)에서 라틴어의 뜻 말인 '명주의 아교질'과 뒷날개의 꼬리 모양 돌기의 생김새를 조합하여 이름을 지었다.

Abundance Scarce.

General description Wing expanse about 50 mm. Seasonal dimorphism. Summer brood bigger in size and tail-shaped protrusion in hindwing much longer than spring generation; ground color of spring brood deep yellow. No noticeable regional variation in morphological characteristics (TL: N. China). Korean population has several synonyms (= *koreanus* Fixsen, 1887; = *fixseni* Staudinger, 1892; = *coreana* Seitz, 1916; = *eisneri* Bryk, 1932; = *melanogramma* Bryk, 1946).

Flight period Bivoltine or trivoltine according to latitude. April-May, June-July, mid August-September, in C. and S. Korea, May-June, July-August in N. Korea. Hibernates as a pupa.

Habitat Damp grassland around farmland near mountains or around rivulets and streams.

Food plant *Aristolochia contorta* (Aristolochiaceae).

Distribution Mountainous regions north of Gyeongsangbuk-do, Jindo island, Yeosu (JN), Daebudo island (GG).

Range Japan (Honshu, Kyushu, introduced), China (C. & NE.), Russian Far East.

황모시나비

Parnassius eversmanni Ménétriès, 1849

분포 북한의 낭림산 주변에서는 1,500m에서 1,900m 사이와 후창, 부전고원(유린령)에 분포하며, 우리나라가 세계 분포로 보아 가장 남쪽이다. 백두산에서 채집된 기록은 없다(임홍안·황성린, 1993). 국외에는 북극의 한랭지인 러시아의 시베리아 동부와 남부의 산악 지역, 바이칼 지방, 알타이산맥, 알래스카, 중국 동북부(흥안령), 일본 다이세쓰산에 분포한다. 북한 자강도 랑림군

연화산 지역의 개체군은 북한의 천연기념물 제 110호로, 1980년에 지정되어 있다.

먹이식물 양귀비과(Papaveraceae) 줄꽃주머니(양꽃주머니)

생태 한 해에 한 번, 6월 중순부터 8월에 볼 수 있다. 알이 나비가 되기까지 2년이 걸리는데, 첫 해는 알 상태로 월동하고, 다음 해에 부화한 애벌레가 자라다가 늦여름에 번데기가 되어 다시 월동한다(주동률과 임홍안, 1987). 서식지는 한반도 북부의 부전고원 등 높은 산지의 나무가 많지 않은 장소로, 숲 안의 햇빛이 잘 드는 축축한 풀밭이다. 낮게 천천히 날아다니다가 고산식물인 암매와 애기수레, 만병초, 냉초 꽃에 날아와 꿀을 빤다. 바위에 앉으면 날개 색이 바위와 닮아 의태가 잘 된다. 맑고 따뜻한 오후에는 관목인 눈잣나무 위를 비교적 활발하게 날아다닌다. 암컷은 먹이식물의 뿌리 근처와 주변 돌, 마른 잎, 줄기 등에 알을 하나씩 낳는다.

변이 북한의 부전고원(유린령, 有鱗嶺)과 낭림산, 후창의 개체군은 날개의 노란색이 옅어지고, 검은 비늘가루가 많아지는데, 이를 한반도 고유 아종 *sasai* O. Bang-Hass, 1937로 다룬다.

암수 구별 날개의 색채와 무늬는 암수 모두 거의 같으나 일반적으로 수컷은 암컷보다 작고, 노란 바탕이 더 짙으며, 검은 부위가 덜 발달한다. 암컷은 뒷날개 아외연부의 검은 띠가 수컷보다 더 두껍고, 배의 노란 환절이 수컷보다 두드러진다. 또 짝짓기가 끝난 암컷 배에는 짝짓기주머니가 생긴 경우가 많다.

첫 기록 Doi(1935)는 *Parnassius eversmanni eversmanni* Ménètriés (Yurinrei)라는 이름으로 처음 기록하였다.

우리 이름의 유래 석주명(1947)은 노란 날개 색을 강조하여 이름을 지었다. 북한에서는 노랑홍모시범나비라고 부른다.

🦋

Abundance Local and rare.
General description Wing expanse about 67 mm. Wing ground color yellowish white. Korean population was treated as ssp. *sasai* O. Bang-Hass, 1937 (TL: Mt. Yuriennei, Kankyonando (Bujeongowon plateau)).
Flight period Univoltine. Mid June-August. Life cycle of this species spans two years. In first year, hibernates as a fully formed larva within ovum-case; in second year, hibernates as a pupa.
Habitat Bujeongowon plateau in northern part of Korean Peninsula, a place with sparse trees in high mountainous areas, a wet grassy area with sunshine in forest.
Food plant *Adlumia asiatica* (Papaveraceae).
Distribution Huchang, Mt. Rangrimsan (PN), Bujeongowon Plateau (Yurinryeong).
Range Japan, NE China, Russia (E. & N. Siberia, Baikal, Altai), N. American tundra region.
Conservation Designated as Natural Monument No. 110 in 1980 in North Korea.

모시나비
Parnassius stubbendorfii Ménétriès, 1849

분포 서해안과 남해안, 제주도와 울릉도 등 일부의 부속 섬을 뺀 전국 각지에 분포한다. 국외에는 중국 중부와 동북부, 러시아의 아무르, 시베리아 남부, 오호츠크, 몽골에 분포한다.

먹이식물 현호색과(Fumariaceae) 현호색, 들현호색, 빗살현호색, 점현호색, 왜현호색, 산괴불주머니, 자주괴불주머니

생태 한 해에 한 번, 남부지방에서는 4월 말에서 5월, 중북부지방과 산지의 높은 곳에서는 5월에서 6월 초까지 볼 수 있다. 월동은 알 상태로 한다. 서식지는 산지의 낙엽활엽수림 가장자리와 양지바른 계곡 주변, 고산지 정상의 풀밭 주변이다. 오전 중 날씨가 맑으면 낮게 천천히 날아다니며, 지느러미엉겅퀴와 기린초, 서양민들레, 국수나무, 산딸기, 토끼풀, 자운영 등의 꽃에서 꿀을 빤다. 이따금 따뜻한 위치에 앉아 일광욕을 한다. 암컷은 먹이식물 부근의 마른 잎이나 줄기, 돌, 초본식물 잎 위에 알을 하나씩 낳는다. 짝짓기를 할 때, 수컷은 암컷에게 '짝짓기주머니'를 만들어 붙인다.

변이 한반도 개체군은 중국 동북부와 중부, 러시아의 오호츠크 해안, 아무르에서 시베리아 남부, 몽골의 개체군과 함께 기준 아종으로 다룬다. 한반도 개체군에 대해 많은 아종이 기재되었으나 대부분 유효하지 않다(*koreana* Verity, [1907]; *kjöngsöngensis* Bryk, 1932; *kashini* O. Bang-Haas, 1938; *koyaensis* O. Bang-Haas, 1938; *arakawai* O. Bang-Hass, 1938; *kaoligena* Bryk, 1946). 강원도 산지의 개체군은 다른 지역보다 크기가 조금 작고, 암컷 날개에 검은 비늘가루가 많아지는 경향이 있다. 날개밑과 앞날개 제 1b실의 검은 비늘가루의 폭과 농도가 다른데, 한반도 동북부지방의 개체군은 그 폭이 특히 좁아지고 희박해진다. 또 앞날개 중실의 검은 무늬가 없어지기도 하고, 날개에 노란색 기운이 돋보일 때가 있다. 날개의 검은 비늘가루의 많거나 적은 현상은 유전뿐 아니라 환경 요인도 작용하는 것으로 보인다. 이따금 날개맥이 기형인 개체가 있다.

암수 구별 수컷은 배에 회색 잔털이 수북하나 암컷은 이 털이 없다. 암컷은 앞가슴 등의 앞쪽으로 털이 붉고, 배 양옆에 노란 줄무늬가 있다. 짝짓기를 마친 암컷은 배 끝에 짝짓기주머니가 보인다.

첫 기록 Fixsen(1887)은 *Parnassius stubbendorfii* var. *citrinarius* Motschulsky (Korea)라는 이름으로 처음 기록하였다.

우리 이름의 유래 석주명(1947)은 날개가 반투명하여 모시를 연상시킨다는 뜻으로 이름을 지었다.

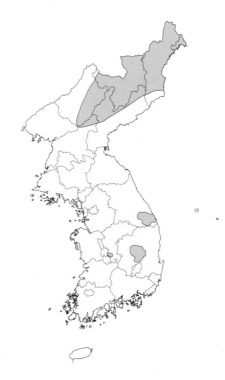

Abundance Common.

General description Wing expanse about 56 mm. Much or little variations of black scale in wing. Korean population was treated as nominotypical subspecies (TL: les rives de la Chorma dans le district de Kansk).

Flight period Univoltine. Late April-May in S. Korea, May-early June in C. & N. Korea. Hibernates as a fully formed larva within ovum-case.

Habitat Deciduous broad-leaved forest edges and sunny valley around mountain.

Food plant *Corydalis remota, C. maculata, C. ternata, C. turtschaninovii, C ambigua, C. speciosa, C. incisa* (Fumariaceae).

Distribution Inland regions of Korean Peninsula except nearby islands.

Range China (NE. & C.), Russia (S. Siberia from the Amur region, the Ochot Sea coast), Mongolia.

[붉은점모시나비

Parnassius bremeri Bremer, 1864

분포 과거에는 경기도와 강원도, 충청북도,

경상도, 부산 등 국지적으로 여러 곳에서 보였으나 현재 강원도 삼척과 정선, 충청북도 영동, 옥천, 경상북도 의성 등지에 분포한다. 현재 북한의 분포 현황을 모르는 상태이나 아마 개마고원과 함북 일대에 분포할 것으로 본다. 국외에는 중국 동북부, 러시아의 트랜스바이칼 남부에서 아무르, 우수리에 분포한다. 우리나라 환경부에서 지정한 멸종위기 야생생물 I급에 속한다.

먹이식물 돌나물과(Crassulaceae) 기린초

생태 한 해에 한 번, 경상도와 충청북도 지역에서는 5월 중순에서 6월 초까지, 강원도 산지에서는 5월 말에서 6월에 볼 수 있다. 월동은 알 상태로 한다. 서식지는 산지와 평지의 나무가 적고 암석으로 이루어진 양지바른 곳과 조림을 위해 벌목한 산지로, 먹이식물이 있는 범위에 국한된다. 오전에 활발하게 낮게 날아다닌다. 수컷은 이따금 산정까지 날아오르면서 암컷을 찾아다닌다. 암수 모두 엉겅퀴와 기린초, 쥐오줌풀 등의 꽃에서 꿀을 빤다. 모시나비처럼 짝짓기를 할 때, 수컷이 암컷의 배 끝에 짝짓기주머니를 만들어 붙인다. 활동량이 상대적으로 적은 암컷은 기온이 오르는 오후에 먹이식물 둘레를 찾아 마른 잎이나 줄기, 돌 등에 알을 하나씩 낳는다. 유생기의 기록은 신유항(1973)의 논문이 있다.

변이 경상북도 이북의 개체군은 중국 동북

부, 러시아 아무르 남부와 함께 기준 아종으로 다루나 이외의 각 지역에 따른 형태의 차이가 조금 있다. 즉, 충청북도 옥천과 영동의 금강 유역, 경상북도 안동과 김천, 의성 일대의 개체는 다른 지역보다 크고, 바탕이 희며, 붉은 점무늬가 더 뚜렷한 편이다. 현재 옥천과 의성 이외의 경상도와 충청북도의 개체군은 거의 소멸된 상태이다. 강원도 삼척과 정선 일대의 개체들은 조금 작은 편이며, 날개의 붉은 무늬도 작다. 북한 지역도 강원도 개체와 거의 닮으나 수컷에서 붉은 점이 거의 없어지거나 색이 밝은 개체가 보인다. 이와 달리 과거 부산과 현재의 경상남도 일부 지역(의령, 거류산, 남해)의 개체군은 기준 아종보다 개체가 작고 날개 색이 검어지는 경향이 있어 별개의 아종 *pakianus* Murayama, 1964로 다룬다. 현재 이 아종의 기준 지역이 되는 부산의 개체군은 멸종되었다. 이 도감에는 1970년대의 표본을 실었다.

암수 구별 암컷은 수컷보다 날개에 노란색이 더 하고, 배의 털이 적어 배가 검게 보인다. 짝짓기를 마친 암컷은 배 끝에 모시나비보다 작은 짝짓기주머니가 달린다.

첫 기록 Nire(1919)는 *Parnassius bremeri* Bremer (Kyozyo)라는 이름으로 처음 기록하였다.

우리 이름의 유래 석주명(1947)은 모시나비에 붉은 점이 있다는 뜻으로 이름을 지었다.

Abundance Local and rare.

General description Wing expanse about 70 mm. Korean population has two subspecies: nominotypical subspecies (TL: müdung des Oldoi, an der Dseja und im Bureja-Gebirge), ssp. *pakianus* Murayama, 1964 (TL: Busan).

Flight period Univoltine. Mid May-June according to altitude, latitude and locality. Hibernates as a fully formed larva within ovum-case.

Habitat Grassy sites among rocky slopes of mountains, mountainous area denuded of tall trees.

Food plant *Sedum kamtschaticum*

(Crassulaceae).
Distribution Euiryeong, Mt. Georyusan, Busan (GN), Euiseong (GB), Okcheon (CB), Samcheok, Jeongseon (GW).
Range NE. China, Russia (from Transbaikalia to S. Amur).
Conservation Under category Ⅰ of endangered wild animal designated by Ministry of Environment of Korea.

왕붉은점모시나비

Parnassius nomion Fischer de Waldheim, 1823

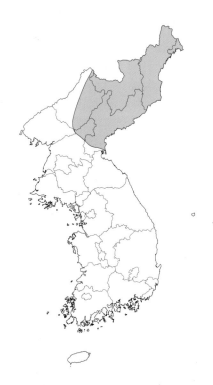

분포 함경남도 원산 이북의 지역과 자강도 양강도, 평안도의 고지대 등 개마고원 일대와 백두산, 낭림산 일대에 분포한다. 국외에는 중국 중부와 동북부, 몽골, 러시아의 아무르, 우수리, 시베리아 남부 산지, 우랄에 분포한다.
먹이식물 돌나물과(Crassulaceae) 기린초
생태 한 해에 한 번. 낭림산맥과 백두산 일대에서는 7월 말에서 8월 중순까지 보인다. 월동은 알 상태로 한다(주동률과 임홍안, 1987). 서식지는 고산의 암석 지대이

며, 백두산 일대에서는 1,300~1,400m의 풀밭에서 보인다. 풀밭 위를 천천히 날아 다니는 것으로 알려졌을 뿐, 특별히 관찰 한 기록이 없으나 여느 모시나비류와 행동 이 닮을 것으로 짐작한다.
변이 한반도 개체군은 중국 동북부, 러시 아 아무르와 함께 아종 *mandschuriae* Oberthür, 1891로 다룬다. 한반도에서는 특별한 변이가 없다.
암수 구별 붉은점모시나비의 경우와 같으나 수컷의 배 끝 절반은 옅은 노란 털이 수북한 데, 아래에서 보면 노란색이 짙어져 보인다.
닮은 종의 비교 234쪽 참고
첫 기록 Aoyama(1917)는 *Parnassius smintheus* Doubleday (N. Korea)라는 이름으로 처음 기록하였다. 하지만 이 기 록은 왕붉은점모시나비에 해당하지 않고, *Parnassius phoebus*라는 닮은 종의 아종 이름이기 때문에 잘못 동정한 것이다. 따 라서 Nire(1919)가 *Parnassius nomion* f. *venusi* Nire (Kwainei)라는 이름으로 기록 한 것이 처음이다.
우리 이름의 유래 석주명(1947)은 붉은점모시 나비보다 크다는 뜻으로 이름을 지었다.

Abundance Local.
General description Wing expanse about 76 mm. Korean population was dealt as ssp. *mandschuriae* Oberthür, 1891 (TL: Taiping-lin (NE. China)).
Flight period Univoltine. Late July-mid August in Nangrim Mountain Range and Mt. Nangrim. Hibernates as a fully formed larva within ovum-case.
Habitat Prefers alpine rocky area and slopes and meadow of 1,300-1,400 m a.s.l. in Mt. Baekdusan area.
Food plant *Sedum kamtschaticum* (Crassulaceae).
Distribution High-altitude mountainous regions in northeastern Korean Peninsula.
Range China (C. & NE.), Russia (Urals, Altai, S. Siberia to Amur and Ussuri), Mongolia.

사향제비나비

Byasa alcinous (Klug, 1836)

분포 전라남도 해안지역과 제주도, 울릉도 를 뺀 전국 각지에 분포하고, 강원도 산지 에 개체수가 많다. 국외에는 일본, 중국 북 부와 동부, 타이완에 분포한다.
먹이식물 쥐방울덩굴과(Aristolochiaceae) 쥐방울덩굴, 등칡
생태 한 해에 두 번. 봄형은 4월 말~6월, 여 름형은 7~9월 초에 나타난다. 월동은 번 데기 상태로 한다. 서식지는 농경지 주변 과 산지의 길 주변, 계곡의 확 트인 공간이 다. 천천히 날다가 진달래와 철쭉, 매화말 발도리, 엉겅퀴, 큰까치수염, 산초나무, 개 망초, 쥐오줌풀, 개쉬땅나무, 누리장나무 등 여러 꽃에서 꿀을 빤다. 맑은 오전에 따 듯한 장소에 앉아 날개를 편 채로 일광욕 을 한다. 수컷은 가끔 축축한 물가에 앉아 물을 빨며, 특별히 나비길을 만들거나 점 유행동을 하지 않는다. 암컷은 먹이식물의 잎에 앉아 배를 앞쪽으로 둥그렇게 구부려 잎 뒤에 1개 또는 2~16개의 알을 낳는다.
변이 한반도 개체군은 일본, 중국 동북부, 러시아 우수리 남부와 함께 기준 아종으로

다룬다. 암컷의 바탕색은 짙거나 옅은 차이가 조금 있는데, 강원도 높은 산지의 개체들은 날개 바탕이 조금 옅은 경향이 있다. 계절에 따른 변이는 여름형 개체가 봄형보다 더 큰 특징이 있다. 또 뒷날개 윗면 아외연부의 초승달 모양 무늬의 색은 봄형에서 붉고, 여름형에서 날개의 바탕과 같은 색이다. 암컷의 날개 윗면의 바탕색은 봄형이 여름형보다 조금 밝다.

암수 구별 수컷은 몸에서 사향 냄새가 나고, 날개가 검다. 날개에 광택이 있는 견사 모양으로 나 있고, 날개 윗면의 아외연부에 있는 초승달 모양의 무늬는 뚜렷하지 않다. 또 뒷날개 윗면 내연부의 접힌 부분은 검은 털이 돋는다. 암컷은 날개 외연부만 검을 뿐 나머지 부분이 옅은 흑갈색이고, 뒷날개 윗면의 아외연부에 초승달 모양의 무늬가 뚜렷하다.

첫 기록 Fixsen(1887)은 *Papilio alcinous* Klug (Korea)이라는 이름으로 처음 기록하였다.

우리 이름의 유래 석주명(1947)에 따른 것으로, 수컷에서 풍기는 독특한 향기로 지어진 일본 이름에서 유래하였다고 밝히고 있다.

Abundance Common.
General description Wing expanse about 84 mm in spring generation and 89 mm in summer ones. First brood markedly smaller than summer one. Korean population was dealt as nominotypical subspecies (TL: Japan).
Flight period Bivoltine. Late April-June, July-early September. Hibernates as a pupa.
Habitat Around farmland and mountainous area, the open grounds of valley.
Food plant *Aristolochia contorta, A. manshuriensis* (Aristolochiaceae).
Distribution Inland regions especially around mountainous areas.
Range Japan (except several small islands), E. China, Russia (S. Ussuri), Taiwan.

호랑나비

Papilio xuthus Linnaeus, 1767

분포 전국 각지의 평지와 낮은 산지에 분포한다. 국외에는 일본, 중국, 러시아의 아무르, 몽골 동부, 타이완, 미얀마 북부, 괌에 분포한다.
먹이식물 운향과(Rutaceae) 산초나무, 초피나무, 유자나무, 탱자나무, 귤나무, 왕초피나무, 백선, 황벽나무, 머귀나무 등
생태 한 해에 두세 번 발생하는데, 봄형이 4~5월, 여름형이 6~10월에 나타난다. 제주도에서는 3월 초부터 나타난다. 월동은 번데기 상태로 한다. 서식지는 평지와 낮은 산지의 운향과식물이 많은 곳뿐 아니라 마을 근처에서 볼 기회가 많다. 제비나비류보다 숲이 덜 우거진 평지에 상대적으로 많으나 산정에서는 이 종과 제비나비류를 다 볼 수 있다. 수컷은 확 트인 공간을 활발하게 날아다니는 일이 많은데, 가끔 물가한 장소에 떼 지어 모일 때가 있다. 봄철에는 높지 않은 산 정상에 잘 오른다. 암수 모두 꽃을 찾는 일이 흔하며, 진달래와 나무딸기, 지느러미엉겅퀴, 복사나무, 민들레, 참나리, 산초나무, 무궁화, 엉겅퀴, 백일홍,

코스모스, 싸리, 파, 누리장나무, 분꽃나무 등 여러 꽃에서 꿀을 빤다. 암컷은 활발하지 않지만 먹이식물을 탐색할 때는 비교적 활발하다. 조금 그늘진 공간의 먹이식물의 새싹이나 잎 뒤에 알을 하나씩 낳는다.
변이 세계 분포로 보아 특별한 지역 변이가 없다. 한반도에서의 지역 변이는 거의 없지만 제주도 개체군이 내륙 개체군보다 더 크고 날개색이 짙어지는 경향이 있다. 개체들 중에는 일부가 날개의 노란색이 더 짙어지거나 더 검어지기도 한다. 계절에 따른 변이는 뚜렷하다. 봄형은 여름형보다 작고, 날개의 노란색이 더하다. 또 날개 외연 검은 띠의 폭이 좁고, 뒷날개 윗면 전연부에 검은 무늬가 조금 또는 거의 보이지 않는다. 여름형은 수컷이 흰색, 암컷이 노란 바탕이 많고, 암컷은 뒷날개 윗면 전연부에 검은 무늬가 수컷과 비교하여 조금 희미하다.
암수 구별 봄형에서는 무늬를 보고 암수를 구별하기 어려우나 대체로 암컷 쪽이 조금 크고 색이 옅은 기가 있다. 여름형에서 수컷은 뒷날개 윗면 제7실에 검은 무늬가 뚜렷해 암컷과 구별된다.
첫 기록 Butler(1883a)는 *Papilio xuthus* Linnaeus (Jinchuen, W. Corea)라는 이름으로 처음 기록하였다.
우리 이름의 유래 석주명(1947)은 처음에 범나비, 나중에 호랑나비라고 했는데, 왜 호랑나비로 바꾸었는지에 대한 구체적 언급이 없다.

Abundance Common.
General description Wing expanse about 75 mm in spring generation and 104 mm in summer ones. First brood markedly smaller than summer one. No noticeable regional variation in morphological characteristics (TL: East India [Canton]).
Flight period Polyvoltine according to latitude. April-May, June-October in double or triple broods depending on seasonal temperature. Hibernates as a pupa.
Habitat Lowland and low mountains,

farmlands near small towns with citrus trees.

Food plant *Zanthoxylum schinifolium, Z. piperitum, Z. coreanum, Z. ailanthoides, Citrus junos, C. unshiu, Poncirus trifoliata, Dictamnus dasycarpus, Phellodendron amurense* (Rutaceae).

Distribution Whole region of Korean Peninsula.

Range Japan, China, Russian Far East, Taiwan, E. Mongolia, N. Myanmar.

산호랑나비

Papilio machaon Linnaeus, 1758

분포 한반도 전 지역에 분포하며, 해안부터 1,000m 이상의 산정까지 볼 수 있어 고도에 따른 서식지의 폭이 꽤 넓다. 국외에는 일본, 중국, 러시아를 포함한 유라시아 대륙과 아프리카 북부, 북미 대륙의 북부에 넓게 분포한다.

먹이식물 산형과(Umbelliferae) 미나리, 구릿대, 개발나물, 바디나물, 기름나물, 참당

귀, 당근, 방풍, 갯방풍, 벌사상자 등, 운향과(Rutaceae) 탱자나무, 유자나무, 백선

생태 한 해에 두세 번 발생하는데, 봄형이 4~6월, 여름형이 7~10월에 나타난다. 제주도에서는 3월 중순부터 나타난다. 월동은 번데기 상태로 한다. 서식지는 축축한 풀밭이나 야산, 개활지, 구릉지, 높은 산 정상의 풀밭 주변이다. 수컷은 산정의 풀밭에서 점유행동을 하는 성질이 매우 강해 500m 이상의 산정에 가면 볼 수 있다. 암수 모두 맑은 날 수수꽃다리와 진달래, 철쭉, 산철쭉, 엉겅퀴, 복사나무, 나무딸기, 개망초, 동자꽃, 이질풀, 개쉬땅나무, 익모초, 탱자나무, 곰취, 기름나물 등에서 꽃꿀을 빤다. 물가에 오거나 나뭇진에 모이지 않는다. 암컷은 먹이식물의 잎, 줄기, 꽃에 알을 하나씩 낳는데, 가을에는 산형과식물의 꽃에 집중적으로 알을 낳는다.

변이 한반도 개체군은 중국 동북부, 러시아의 아무르, 우수리, 시베리아 동부, 트랜스바이칼의 개체군과 함께 아종 *ussuriensis* Sheljuzhko, 1910로 다룬다. 한반도 내륙에서는 지리 변이가 적으나 제주도의 개체들 중에는 날개 외횡부의 검은 무늬가 넓어진 개체들이 많다. 봄형은 여름형보다 작은 특징 외에 색과 무늬가 같지만 뒷날개 밑의 흑갈색 비늘가루의 폭이 넓어진다. 여름형 암컷 중에는 날개에 흑갈색 비늘가루가 많아져 검게 보이는 개체가 있다.

암수 구별 봄형에서는 무늬만으로 암수를 구별하기가 까다롭지만 배 끝이 양쪽으로 갈라지면 수컷이고, 갈라지지 않고 전체가 통통해 보이면 암컷이다. 암컷은 수컷보다 날개색이 옅은 경향이 있다. 다만 여름형 암컷은 뒷날개 밑의 흑갈색 부분이 넓어진다.

첫 기록 Butler(1883a)는 *Papilio hippocrates* C. et R. Felder (W. Korea)라는 이름으로 처음 기록하였다.

우리 이름의 유래 석주명(1947)은 호랑나비와 닮으면서 산지에 치우쳐 사는 특징을 살려 이름을 지었다.

Abundance Common.

General description Wing expanse about 73 mm in spring generation and

98 mm in summer ones. First brood markedly smaller than summer one. Korean population was dealt as ssp. *mandschuriae* Oberthür, 1891 (TL: Europa [Sweden] Note: type locality restricted by Verity, 1947).

Flight period Bivoltine or Trivoltine. May-June, July-October in double or triple broods according to latitude. Hibernates as a pupa.

Habitat Meadows, hills, cultivated grounds, slopes, around grassy meadows of high elevation. Inhabits from low coastal region to a mountain of 1,000 m or higher.

Food plant *Oenanthe javanica, Angelica dahurica, A. decursiva, Sium suave, Peucedanum terebinthaceum, Angelica gigas, Daucus carota, Ledebouriella seseloides, Glehnia littoralis, Cnidium monnieri* (Umbelliferae), *Poncirus trifoliata, Citrus junos, Dictamnus dasycarpus* (Rutaceae).

Distribution Whole Korean territory excluding Ulleungdo island.

Range All Palaearctic region and N. America.

무늬박이제비나비

Papilio helenus Linnaeus, 1758

분포 제주도와 전라남도 완도, 여수, 거문도, 경상남도 거제도, 지심도, 욕지도, 부산 가덕도 등 남해안과 인근 섬에 국지적으로 분포한다. 제주도에서는 극히 드물다. 남부 해안과 섬 지역에서는 해마다 관찰되는 것으로 보아 이들 지역에서는 최근 토착하는 것으로 보인다. 국외에는 일본 남부와 중국, 타이완에서 말레이시아, 인도네시아, 인도, 스리랑카 등 동양구 일대에 넓게 분포한다.

먹이식물 운향과(Rutaceae) 머귀나무, 귤나무, 왕초피나무

우리 이름의 유래 석주명(1947)은 뒷날개의 폭 넓은 흰 무늬의 특징을 살려 이름을 지었다.

Abundance Local and migrant.
General description Wing expanse about 95 mm in spring brood and 120 mm in summer ones. First brood appreciably smaller than summer one. Korean population was dealt as ssp. *nicconicolens* Butler, 1881 (TL: Asia [Canton]).
Flight period Bivoltine or Trivoltine, May-June, July-September according to season. Possibly hibernates as a pupa.
Habitat Forest edges with plenty of broad-leaved evergreen trees in southern region of Korean Peninsula and Jeju island.
Food plant *Zanthoxylum ailanthoides*, *Z. coreanum*, *Citrus unshiu* (Rutaceae).
Distribution Jeju island (JJ), Geojedo island, Namhae island (GN), Geomundo island, Yeosu. Wando island (JN).
Range Oriental region including S. Japan, China, Taiwan.

생태 한 해에 두세 번, 5~6월과 7~9월에 나타난다. 월동은 번데기 상태로 하는 것으로 보이나 아직 우리나라에서 발견되지 않았다. 서식지는 남부지방과 제주도의 상록활엽수가 많은 숲 가장자리이다. 산길의 수림 사이의 작은 길을 따라 오가며 나비길을 나타낸다. 수컷은 산정으로 재빠르게 올라오지만 오래 머물지 않고 급하게 내려간다. 수컷은 습지에 날아온다고 하나 아직 발견하지 못했다. 누리장나무와 머귀나무, 꽃무릇의 꽃에서 꿀을 빨며, 다른 제비나비처럼 날개를 떨면서 한 꽃에 오래 머문다. 아직 관찰하지 못했지만 암컷은 먹이식물의 잎에 알을 낳는 것으로 보인다.
변이 한반도 개체군은 일본 남부와 함께 아종 *nicconicolens* Butler, 1881로 다룬다. 봄형은 여름형보다 작은 특징 외에 차이가 크지 않다. 이 종과 남방제비나비는 근연 관계로 보여 자연 상태에서 잡종이 생기는 것으로 일본에서 알려져 있다(白水 隆, 2006).
암수 구별 암컷은 수컷과 거의 같은 생김새이나 날개색이 조금 옅고, 날개 외횡부에 옅은 노란 띠가 나타난다. 또 뒷날개 아외연부의 초승달 모양의 붉은 무늬가 더 크고 뚜렷하다.
첫 기록 Butler(1883a)는 *Papilio nicconicolens* Butler (SE. Korea)라는 이름으로 처음 기록하였다.

남방제비나비

Papilio protenor Cramer, 1775

분포 제주도와 경상남도, 전라남도, 서해안을 따라 대부도 등 경기만 섬까지 분포한다. 때때로 여름에 경기도와 강원도 내륙에서 채집되나 일시적으로 날아온 것으로 보인다. 현재까지 경기도 대부도가 북쪽 한계인 것으로 보인다. 국외에는 히말라야 서북부에서 카슈미르, 미얀마, 라오스, 베트남, 중국 남부, 타이완, 일본 남부에 띠 모양으로 넓게 분포한다.
먹이식물 운향과(Rutaceae) 산초나무, 초피나무, 황벽나무, 탱자나무, 귤나무, 머귀나무 등

생태 한 해에 세 번 나타나는데, 봄형이 4~6월, 여름형이 6~10월에 나타난다. 월동은 번데기 상태로 한다. 서식지는 남부지방의 해안가와 남해의 섬, 제주도의 800m 이하의 상록활엽수림과 낙엽활엽수림 가장자리이다. 수컷은 계곡이나 주로 어두운 터널과 같은 숲길에서 다니는 나비길이 있으며, 습지에 날아와 물을 빨아먹는다. 암수모두 맑은 날 오후에 누리장나무와 자귀나무, 아까시나무, 철쭉, 꽃무릇에서 날갯짓을 계속 하면서 꽃꿀을 빤다. 암컷은 기온이 높은 오후에 시원한 그늘에 있는 먹이식물을 탐색하러 다니며 주로 새싹 또는 잎에 알을 하나씩 낳는다.
변이 한반도 개체군은 일본과 함께 아종 *demetrius* Stoll, 1782로 다룬다. 암컷 중에는 뒷날개 아외연부의 붉은 무늬의 정도와 뒷날개 윗면 중앙의 청백색 비늘가루의 폭이 달라지는 개체 변이가 조금 있다. 봄형은 여름형보다 작아지는 특징 외에 차이가 크지 않다. 뒷날개에는 꼬리 모양 돌기가 줄어들거나 없는 개체(무미형)가 매우 드물게 나타난다(신유항, 1992). 이 유미형과 무미형의 관계는 유전형으로 멘델의 법칙에 따르며, 유미형이 우성, 무미형이 열성이다. 따라서 무미형의 출현이 매우 적다.
암수 구별 수컷은 날개색이 매우 검지만 암

컷은 조금 옅어진다. 또 수컷은 뒷날개 전연으로 긴 황백색의 가로띠가 있으나 암컷은 이 부분이 없다. 여름형 암컷은 뒷날개 중앙에 청백색 비늘가루가 나타나며, 아외연부에 초승달 모양의 붉은 무늬가 두드러진다.

첫 기록 Matsumura(1905)는 *Papilio demetrius* Fruhstorfer (Korea)라는 이름으로 처음 기록하였다.

우리 이름의 유래 석주명(1947)은 남쪽에 치우쳐 분포하는 제비나비라는 뜻으로 이름을 지었다.

Abundance Common.

General description Wing expanse about 87 mm in spring generation and 118 mm in summer ones. First brood appreciably smaller than summer one. Korean population was dealt as ssp. *demetrius* Stoll, 1782 (TL: Japan).

Flight period Trivoltine. April-June, July-October according to season. Hibernates as a pupa.

Habitat Forest edges of broad-leaved evergreen and deciduous trees at localities lower than 800 m a.s.l. on southern coast and islands off southern sea, Jeju island.

Food plant *Zanthoxylum schinifolium, Z. piperitum, Z. ailanthoides, Citrus unshiu, Phellodendron amurense* (Rutaceae).

Distribution Jeju island, islands in Gyeongsangnam-do, Jeollanam-do, Chungcheongnam-do and Gyeonggi-do.

Range S. Japan, S. China, Taiwan, Vietnam, Laos, Myanmar, Kashmir, Himalayas.

긴꼬리제비나비

Papilio macilentus Janson, 1877

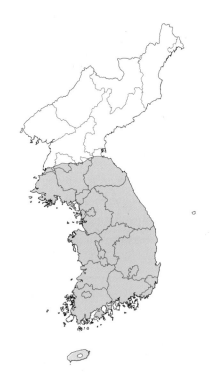

분포 평양 이남의 전국 각지에 분포하는데, 울릉도에 분포하지 않는다. 국외에는 일본에서 중국 중서부를 거쳐 히말라야까지 띠 모양으로 분포한다.

먹이식물 운향과(Rutaceae) 산초나무, 초피나무, 탱자나무, 머귀나무 등

생태 한 해에 두세 번, 5~6월과 7~9월에 나타난다. 월동은 번데기 상태로 한다. 서식지는 낮은 산지와 평지의 숲 가장자리, 숲과 가까운 도시 주변이다. 수컷은 계곡이나 숲길에서 나비길을 만들고, 습지에 날아와 앉아 물을 빨아먹는 일이 많다. 맑은 날 오후에 암수 모두 수수꽃다리와 철쭉, 고추나무, 참나리, 엉겅퀴, 큰까치수염, 누리장나무, 원추리, 꽃무릇 등에서 꽃꿀을 빤다. 여름철에는 숲이 있는 도심에서도 볼 수 있다. 암컷은 오후에 먹이식물을 탐색하여 새싹이나 잎에 알을 하나씩 낳는다.

변이 한반도 개체군은 일본과 함께 기준 아종으로 다룬다. 한반도에서는 특별한 지역 변이가 없다. 계절 변이는 뚜렷한데, 봄형은 여름형보다 뚜렷하게 작다. 암컷에서는

뒷날개 아외연부의 붉은 무늬가 두드러짐이 달라지는 개체 변이가 조금 있다.

암수 구별 남방제비나비의 구별점과 거의 같다.

닮은 종의 비교 234쪽 참고

첫 기록 Okamoto(1923)는 *Papilio macilentus* Janson (Korea)이라는 이름으로 처음 기록하였다.

우리 이름의 유래 석주명(1947)은 일본 이름에서 의미를 따와 이름을 지었다.

비고 우리나라에 멤논제비나비(*Papilio memnon* Linnaeus, 1758)의 기록이 있으나 확인이 필요하다. 이 종은 충분히 우리나라에 이입될 수 있는 종으로 보이며, 앞으로 지구온난화가 가속화되면 우리나라에 정착할 가능성도 있다.

Abundance Common.

General description Wing expanse about 70 mm in spring generation and 98 mm in summer ones. First brood appreciably smaller than summer one. Tail-shaped protrusion in hindwing much longer than *P. protenor*. Korean population was dealt as ssp. *mandschuriae* Oberthür, 1891 (TL: Oyama, Japan).

Flight period Bivoltine or Trivoltine. May-June, July-September according to season. Hibernates as a pupa.

Habitat Woodlands around urban environment, forest edges of low mountain and lowland.

Food plant *Zanthoxylum schinifolium, Z. piperitum, Z. ailanthoides, Poncirus trifoliata* (Rutaceae).

Distribution Areas south of Pyeongyang excluding Ulleungdo island.

Range From Japan and China to Himalayas.

제비나비

Papilio bianor Cramer, 1777

분포 한반도 전 지역에 분포한다. 과거에 울릉도에 분포했으나(석주명, 1938b) 최근에는 발견되지 않고 있다. 국외에는 일본, 중국, 러시아의 사할린과 쿠릴, 타이완, 미얀마에 분포한다.

먹이식물 운향과(Rutaceae) 머귀나무, 산초나무, 초피나무, 왕초피나무, 황벽나무, 상산, 탱자나무, 유자나무

생태 한 해에 두세 번, 4~6월과 7~9월 초에 나타난다. 월동은 번데기 상태로 한다. 서식지는 비교적 작은 섬들을 포함한 전국의 산지이지만 비교적 높은 산지에는 많지 않다. 산제비나비보다 낮은 지역에 더 많은 편이다. 수컷은 숲 가장자리의 계곡이나 산길, 산꼭대기에서 나비길을 만들며, 습지에 무리 지어 앉아 물을 빤다. 암수 모두 곰취와 철쭉, 엉겅퀴, 원추리, 라일락, 누리장나무, 자귀나무, 계요등, 꽃무릇 등 여러 꽃에서 꿀을 빤다. 암컷은 조금 어두운 장소에 자라는 먹이식물의 잎과 줄기에 알을 하나씩 낳는다. 울릉도에서 제비나비가 거의 보이지 않는 이유가 제비나비 애벌레가 선호하는 산초나무보다 산제비나비 애벌레가 선호하는 화태황벽나무(섬황경피나무)가 훨씬 많기 때문으로 보인다.

변이 한반도 개체군은 아종 *koreanus* Kotzsch, 1931로 다루는 것이 옳겠으나 앞으로의 연구 과정에 따라 변경될 가능성도 있다. 한편 울릉도에서 단 한 차례 채집되어 신종(*ulleungensis* Kim et Park, 1991)으로 기재된 적이 있으나 형태면에서 차이가 크지 않아 의미가 없다(이승모, 1991). 한반도 내륙에서는 지리 변이가 거의 없으나 제주도와 섬 지역의 개체는 바탕색이 밝은 경향이 있다. 특히 제주도 개체군은 암컷에서 뒷날개 윗면 중실과 제7실의 청자색 부분이 더 밝은 특징을 보인다. 계절 차이는 뚜렷하여 여름형 쪽이 훨씬 크다.

암수 구별 수컷은 앞날개 제1b와 2실에 어두운 긴 털로 이루어진 우단 같은 성표가 있으나 암컷은 없다. 암컷은 수컷보다 날개 색이 밝아 황록색이 강해지며, 뒷날개 아외연부의 붉은 무늬가 발달한다.

첫 기록 Butler(1883a)는 *Papilio dehaanii* C. et R. Felder (Jinchuen, W. Corea)라는 이름으로 처음 기록하였다.

우리 이름의 유래 석주명(1947)은 민남방제비나비(남방제비나비의 무미형으로 현재 무효형)에서 따와 이름을 지었다.

비고 최근 제비나비의 DNA 분석은 지금까지의 형태 종과 다른 새로운 해석을 가능하게 하고 있다. Zhu 등(2011)은 중국 대륙의 제비나비를 미토콘드리아 DNA(mtDNA) 분석을 통해 3가지 지역 유형(중국 북부, 중부, 남서부)이 있음을 밝혔다. 또한 Condaminea et al.(2013)은 동남아시아의 *Papilio* (subgenus *Achillides*) 속의 DNA 분석을 통해 *bianor*와 *dehaanii*가 자매종의 관계라고 밝히고 있다. 후자에 따르면 타이완과 일본 오키나와까지는 *bianor*가 그 외의 일본 지역에는 *dehaanii*로 나뉨을 밝히고 있다. 아쉽게도 우리나라 개체군을 포함한 중국 동북부와 러시아 극동지역의 개체군을 실험 재료로 사용하지 않았다. 따라서 우리나라 개체군에 대한 학명의 적용에 대해서는 다음 2가지가 먼저 해결되어야 한다고 생각한다. 첫째, 중국 대륙에서의 이 두 자매군(*bianor*와 *dehaanii*)이 어떻게 나뉘는지 이고, 둘째는 일본 개체군과 달리 한반도 개체군은 중국 동북부와 러시아 극동지역의 개체군과의 공통성이 더 높기 때문에 일본 개체군과 같게 적용할 지의 여부를 밝히는 일이다. 결론으로 여기에서는 학명의 적용을 이 두 가지 문제가 해결된 이후로 미루고, 이전처럼 *bianor*를 적용한다.

Abundance Common.
General description Wing expanse about 80 mm in spring generation and 110 mm in summer ones. First brood appreciably smaller than summer one. Korean population was dealt as ssp. *dehaanii* C. Felder et R. Felder, 1864 (= *ulleungensis* Kim et Park, 1991) (TL: Japan).
Flight period Bivoltine or Trivoltine according to latitude. April-June, July-early September. Hibernates as a pupa.
Habitat Valley woodlands, prefers forest edges and hilltop of low mountain area compared with *P. maackii*.
Food plant *Zanthoxylum schinifolium*, *Z. piperitum*, *Z. coreanum*, *Z. ailanthoides*, *Citrus junos*, *Orixa japonica*, *Poncirus trifoliata* (Rutaceae).
Distribution Whole Korean territory except Ulleungdo island.
Range Japan, China, Russia (Primorye, Sakhalin, Kuriles), Taiwan, Myanmar.

산제비나비

Papilio maackii Ménétriès, 1859

분포 제주도와 울릉도를 포함한 한반도 전 지역에 분포한다. 제주도에서는 주로 500~800m의 산지에 사는 것으로 보이나 가끔 서귀포시 안덕면 군산과 원물오름의 정상 주위, 비자림과 같이 해발이 낮은 지

역에서도 발견된다. 울릉도에서는 전 지역에서 매우 많다. 국외에는 일본, 티베트 동부를 포함한 중국, 타이완, 러시아의 아무르, 우수리, 사할린, 쿠릴, 트랜스바이칼 동부에 분포한다.

먹이식물 운향과(Rutaceae) 머귀나무, 황벽나무, 화태황벽나무(섬황경피나무)

생태 한 해에 두 번, 4~6월과 7~8월에 나타난다. 제주도에서는 3월 말부터 보인다. 월동은 번데기 상태로 한다. 제비나비보다 상대적으로 높은 산지에 산다. 수컷은 물가에서 물을 먹을 때가 많으며, 때로 수십 마리가 떼 지어 모인다. 나는 힘이 강하여 정상에서 능선으로 가로지르듯 날며 뚜렷한 나비길을 만드는데, 다른 수컷들과 만나면 심하게 다툰다. 암수 모두 철쭉과 무궁화, 누리장나무, 자귀나무, 나무딸기, 민들레, 원추리 등에서 꽃꿀을 빤다. 암컷은 숲 가장자리를 천천히 날다가 먹이식물을 찾으면 잎에 알을 하나씩 낳는다.

변이 한반도 개체군은 일본, 중국, 러시아의 아무르, 우수리, 사할린, 타이완, 미얀마 북부와 함께 기준 아종으로 다룬다. 봄형은 날개 윗면 외횡부의 밝은 청록색 띠가 뚜렷한데, 제주도와 울릉도 개체군의 경우 내륙 개체군과 비교하여 좁고 뚜렷하다. 특히 제주도 개체군에서는 이 띠가 더 뚜렷하다. 또 제주도 봄형 수컷의 성표가 줄

어든 개체가 일부 있다. 여름형은 내륙 개체군과 비교하여 제주도와 울릉도의 개체군은 조금 작은 편이고, 날개 윗면의 청록색 부분이 더 밝고 넓은 편이다. 울릉도 개체들은 뒷날개에서 이 띠무늬가 더 뚜렷하나 제주도 개체들은 이 띠무늬가 거의 보이지 않으며, 날개 아랫면에서도 보이지 않을 때가 많다. 특별히 울릉도 개체군에 대하여 형태 차이가 있다고 보고 별개의 *nariensis* Kim et Park, 1991라는 신종으로 기재된 적이 있었지만 실제는 한반도 내륙과 같은 종이다(이승모, 1991).

암수 구별 제비나비의 구별점과 같다.
닮은 종의 비교 235쪽 참고
첫 기록 Fixsen(1887)은 *Papilio maackii raddei* Bremer (Korea)라는 이름으로 처음 기록하였다.

우리 이름의 유래 석주명(1947)은 제비나비가 평지에 많은 것과 달리 산지에 많다는 뜻으로 이름을 달았다. 한편 석주명은 이 나비를 1940년 조선일보 칼럼에서 '산신령나비'라고 했으며, 이 이름으로 우리나라 대표 나라 나비로 추천한 적이 있었다. 하지만 실제의 정식 이름은 산제비나비로 정하였다.

Abundance Common.
General description Wing expanse about 80 mm in spring generation and 110 mm in summer ones. First brood appreciably smaller than summer one. Upper forewing postdiscal turquoise band while absent *P. bianor*. No noticeable regional variation in morphological characteristics (TL: Amur, Russia).
Flight period Bivoltine. April-June, July-August according to season. Hibernates as a pupa.
Habitat Edges of deciduous tree forests and valley woodlands and hilltops, and frequently mountain peaks.
Food plant *Zanthoxylum ailanthoides*, *Phellodendron amurense*, *P. insulare* (Rutaceae).

Distribution Whole region of Korean Peninsula.
Range Japan, China (including E. Tibet), Russia (E. Transbaikalia, Amur, Ussuri, Kuriles, Sakhalin), Taiwan, N. Myanmar.

[청띠제비나비
Graphium sarpedon (Linnaeus, 1758)

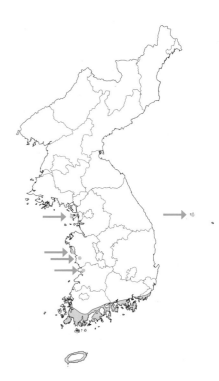

분포 한반도 중부의 서해안 몇몇 섬, 남해안과 인접한 내륙과 섬, 제주도와 울릉도에 분포한다. 국외에는 동양구에 폭넓게 분포하는데, 동아시아 온대 지역인 일본 남부와 중국 중부에서 인도, 스리랑카, 뉴기니, 오스트레일리아까지 분포한다.
먹이식물 녹나무과(Lauraceae) 녹나무, 후박나무, 까마귀쪽나무
생태 한 해에 두세 번, 5~6월과 7~10월 초에 나타난다. 월동은 번데기 상태로 한다. 서식지는 녹나무와 후박나무가 많은 해안의 상록활엽수림 지역의 숲과 계곡, 해안가, 정원, 공원 등지이다. 수컷은 능선에서 일정 공간을 점유하기 위해 지상 5~6m 위

를 배회하는 일이 많다. 축축한 곳에 내려 앉아 물을 빠는데, 이따금 무리를 짓는 경우가 있으며, 시멘트 바닥에 물을 뿌려놓아도 날아오기도 한다. 암컷은 날개돋이 할 무렵 수컷들이 녹나무 주변을 탐색하다가 갓 날개돋이 한 암컷과 짝짓기를 시도한다. 암수 모두 아까시나무와 엉겅퀴, 파, 토끼풀, 초피나무, 쥐똥나무, 거지덩굴, 개머루 등 많은 꽃에서 꿀을 빤다. 암컷은 먹이식물의 새싹이나 줄기, 잎 뒤에 매달려 날개를 떨면서 알을 하나씩 낳는데, 이따금 여러 암컷이 날아와 한 잎에 낳으므로 한 곳에 10개 이상의 알이 보이기도 한다. 유생기의 기록은 조달준(2001)의 논문이 있다.

변이 한반도 개체군은 일본과 함께 아종 *nipponus* (Fruhstorfer, 1903)로 다룬다. 한반도에서는 지역 변이가 없다. 봄형은 여름형보다 조금 작고, 날개 중앙의 하늘색 띠가 더 넓고 밝다. 다만 우리나라 개체군의 계절형은 일본 개체군과 달리 날개의 푸른색 띠가 넓은 편이며, 검은 날개 맥이 덜 드러나는 점이 달라 앞으로 비교 조사가 필요하다는 의견이 있다(Page와 Treadaway, 2013).

암수 구별 수컷은 뒷날개 내연이 위로 말려 있고 그 속에 옅은 유백색의 긴 털이 밀생하나 암컷은 이 털이 없다.

첫 기록 Matsumura(1905)는 *Graphium sarpedon* Linnaeus (Korea)라는 이름으로 처음 기록하였다.

우리 이름의 유래 석주명(1947)은 일본 이름의 의미에서 따왔으며, 이 나비의 생김새와 생태에서 특징을 잡아 이름을 지었다.

Abundance Common.

General description Wing expanse about 65 mm in spring generation and 70 mm in summer ones. First brood appreciably smaller than summer one. Korean population was dealt as ssp. *nipponum* (Fruhstorfer, 1903) (TL: Nagasaki, Japan).

Flight period Univoltine or trivoltine. May-June, July-early October.

Hibernates as a pupa.

Habitat Flowery gardens, public parks, coastal forests, valleys and beaches where broad-leaved evergreen trees grow.

Food plant *Cinnamomum camphora*, *Machilus thunbergii*, *Litsea japonica* (Lauraceae).

Distribution Jeju island, Southern coastal regions and nearby islands, Ulleungdo island (GB), Wonsando island, Cheollipo Arboretum (CN).

Range S. Japan, C. China to India, Sri Lanka, New Guinea, Australia.

호랑나비상과
Papilionoidea

흰나비과
Pieridae

잠자리흰나비아과
Dismorphiinae

흰나비아과
Pierinae

노랑나비아과
Coliadinae

기생나비

Leptidea amurensis (Ménétriès, 1859)

분포 지리산 이북의 한반도 내륙에 점점이 분포하는데, 1980년대에는 분포 범위가 넓었으나 최근 분포지가 매우 줄어들었다. 아직 경상남도와 전라북도 일부 지역에 작은 개체군이 있다. 제주도 한라산 용진각에서 한 번 기록한(박세욱, 1968) 적이 있으나 의문이다. 국외에는 일본, 중국(동북부, 서부), 러시아(아무르, 시베리아 남부), 몽골에 분포한다.
먹이식물 콩과(Leguminosae) 갈퀴나물, 등갈퀴나물, 얼치기완두
생태 한 해에 세 번, 4월 중순~5월과 6~7월, 8월 말~9월에 나타난다. 북한의 추운 지역은 한 해에 두 번만 발생할 것으로 생각되나 확인되지 않았다. 월동은 번데기 상태로 한다. 서식지는 낮은 산지와 농경지 주변, 마을 길가, 하천, 습지 주변의 풀밭, 석회암 지대의 풀밭이다. 최근 농경지의 정리와 습지 주변의 택지 개발이 많아지면서 습지의 자연 식생이 변해 개체수가 급격하게 줄고 있다. 수컷은 물가의 축축한 곳에서 물을 먹거나 꽃꿀을 빨 때 외에는

거의 쉬지 않고 천천히 날아다닌다. 암수 모두 꿀풀과 타래난초, 갈퀴나물 등 여러 꽃에서 꿀을 빠는데, 보라색 계열의 꽃을 좋아한다. 암컷은 먹이식물의 새싹에 알을 하나씩 낳는다.
변이 한반도 개체군은 일본, 중국, 러시아 극동지역과 함께 아종 *amurensis* (Ménétriès, 1858)로 다룬다. 한반도에서는 지역 변이가 없다. 봄형보다 여름형이 조금 큰 편이고, 날개끝 부위의 검은 무늬가 여름형에서 짙어진다. 이 무늬는 북방기생나비보다 조금 짙은 편이다. 또 봄형 개체는 윗면의 바탕이 회색기가 있으며, 앞날개 아랫면의 전연과 뒷날개에서 노란 기운이 감돈다. 세 번째 발생하는 개체는 봄형처럼 날개끝의 검은 무늬가 옅다. 따라서 봄형과 여름형으로 구분하기보다 저온기와 고온기로 나누는 것이 옳다.
암수 구별 암컷은 수컷보다 날개끝이 둥글어거의 북방기생나비의 모습과 같아진다. 날개끝의 검은 무늬도 암컷이 수컷보다 덜 짙다.
닮은 종의 비교 235쪽 참고
첫 기록 Butler(1882)는 *Leptosia amurensis* Ménétriès (Posiette bay, NE. Corea)라는 이름으로 처음 기록하였다.
우리 이름의 유래 석주명(1947)은 흐느적거리며 힘없이 나는 모습과 날개가 얇은 특징에서 '기생'을 연상하여 이름을 지었다.
비고 이 종이 속한 아과의 우리 이름을 '기생나비아과'로 한 적이 있으나 여기에서는 '잠자리흰나비아과(Subfamily Dismorphiinae = mimic sulphurs)'로 바꿨다. 우리나라를 포함한 구북구에서는 이 아과에 기생나비류(*Leptidea*)의 1속 12종만 포함될 뿐이고, 대부분의 종들은 신북구에 7속 100종이나 알려져 있다. 또 아과의 대표 속인 *Dismorphia*속은 날개가 옆으로 길고, 흰나비과의 일반적인 색이 아니라 검은색과 흰색, 노란색을 지닌 종류들이 많다. 따라서 많은 종을 포함한 대표 이름으로 잠자리흰나비아과가 적당하다.

Abundance Rare.
General description Wing expanse about 43 mm. Very close to *L. morsei*

but forewing longer, apex more acute. Korean population was dealt as nominotypical subspecies (TL: Amur, Russia).
Flight period Bivoltine or trivoltine. Generally mid April-May, June-July, late August-September. Presumed to emerge only twice a year in cold regions of N. Korea. Hibernates as a pupa.
Habitat Meadows around human ' settlements. farmlands, riversides, low montane area, grassy sites in limestone zone.
Food plant *Vicia amoena, V. cracca, V. tetrasperma* (Leguminosae).
Distribution Areas north of Mt. Jirisan.
Range Japan (Honshu, Kyushu), China (NE. & W.), Russia (Amur, S. Siberia), Mongolia.

북방기생나비

Leptidea morsei (Fenton, 1882)

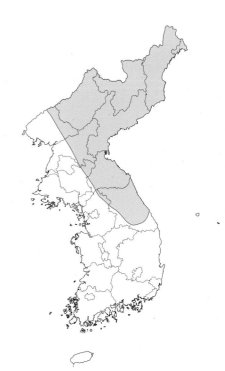

분포 경기도의 북부 일부와 강원도에서 한반도 북부지방까지 분포한다. 국외에는 일본 홋카이도, 중국(동북부, 중부, 서부), 러시아 극동지역과 몽골에서 유럽 중부까지 넓게 분포한다.

먹이식물 콩과(Leguminosae) 등갈퀴나물

생태 남한에서는 한 해에 세 번, 4월 말~5월, 6월 말~7월, 8월 말~9월에 나타나는데, 북한 지역의 정보가 없다. 월동은 번데기 상태로 한다. 서식지는 하천과 농경지 주변, 산지 등의 습지 풀밭이다. 서식지를 크게 벗어나지 않는다. 수컷은 이따금 물가에 날아와 축축한 땅에서 물을 먹으며, 대부분의 시간을 풀밭에서 암컷을 탐색하러 다닌다. 암수 모두 개망초와 등갈퀴나물, 엉겅퀴 등의 꽃에서 꿀을 빤다. 암컷은 기온이 높은 오후에 먹이식물 둘레를 낮게 날면서 잎에 배를 구부려 알을 낳는다.

변이 한반도 개체군은 일본에서 유럽 중부까지 분포하는 기준 아종으로 다룬다. 한반도에서는 지역 변이가 없으나 계절 변이는 기생나비의 경우처럼 보인다.

암수 구별 기생나비의 경우와 같다.

첫 기록 Fixsen(1887)은 *Leucophasia sinapis* Linnaeus (Korea)라는 이름으로 처음 기록하였다. 종 *sinapis* Linnaeus와 종 *morsei* Fenton은 뒤의 종이 앞 종의 아종으로 당시부터 꽤 다루어졌다. 종 *morsei* Fenton이라고 정정하여 우리나라에서 처음 소개한 학자는 이승모(1973)이다.

우리 이름의 유래 석주명(1947)은 기생나비와 비교하여 이 나비가 북쪽에 치우쳐 분포한다는 뜻으로 이름을 지었다.

Abundance Scarce.

General description Wing expanse about 43 mm. Korean population was dealt as nominotypical subspecies (= *koraicola* Bryk, 1946) (TL: Iburi).

Flight period Bivoltine or trivoltine. Generally late April-May, late June-July, late August-September. Probably emerges only twice a year in cold regions of N. Korea. Hibernates as a pupa.

Habitat Wetland meadows near rivulets, agricultural lands, and mountains.

Food plant *Vicia cracca* (Leguminosae).

Distribution Mountainous regions north of Gangwon-do.

Range Japan (Hokkaido), China (NE., C. & W.), Russian Far East, Mongolia-C. Europe.

상제나비

Aporia crataegi (Linnaeus, 1758)

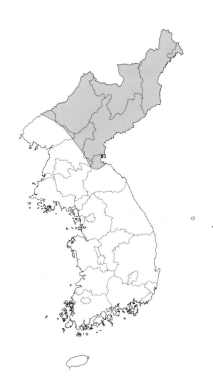

분포 일제 강점기 이전에는 남한 각지에서 보였고, 1990년대 초까지는 강원도 영월군 창원3리 일대에 적지 않은 개체군이 있었으나 현재 발견되지 않는다. 이밖에 강원도 인제군 지역에 소수의 개체군이 남아 있었다고 하지만 뚜렷한 증거는 없다. 고위도의 북한의 산지에 널리 분포한다. 국외에는 극동아시아에서 유럽까지의 유라시아 대륙의 추운 지역에 넓게 분포한다. 환경부에서 지정한 멸종위기 야생생물 I급에 속하지만, 남한에서 멸종한 것으로 보고 있다.

먹이식물 장미과(Rosaceae) 털야광나무, 시베리아살구

생태 한 해에 한 번, 5~6월에 나타난다. 월동은 3령애벌레 상태로 한다. 서식지는 농경지와 가까운 낮은 산지, 강원도 영월의 석회암 지역, 한반도 북부의 관목림 지역이다. 수컷은 관목림 사이를 힘차게 날지만 비교적 완만하게 보이는데, 이는 *Pieris* 속 나비들보다 상대적으로 큰 느낌이 들어서이다. 수컷은 물가에 오는 것으로 알려

져 있다. 암수 모두 엉겅퀴와 조뱅이, 토끼풀 등의 꽃에서 꿀을 빤다. 남한에서는 어른벌레가 무리 지어 활동하는 모습을 관찰하지 못했으나 한반도 북부의 추운 지역에서는 가능하다고 본다. 암수 모두 짝짓기하면 관목 위에 앉는다. 암컷은 먹이식물의 새싹에 5~60개의 주황색 알을 촘촘하게 낳음으로 마치 한 덩어리처럼 보인다.

변이 강원도 영월의 개체군은 한반도 북부지방의 개체군보다 날개에 흰색 비늘이 더 많고 조금 큰 편이지만, 그 변이의 정도가 북부지방과 이어지는 정도이기 때문에 한반도 개체군은 중국 동북부, 러시아 극동지역과 함께 아종 *banghaasi* Bryk, 1921로 다룬다. 특히 강원도 영월의 개체군은 DNA 연구에서 고립되어 고유화한 개체군이 아님이 밝혀졌다(박해철 등, 2013). 한편 일본(홋카이도)과 러시아(쿠릴)에는 다른 아종 *adherbal* Fruhstorfer, 1910이 분포한다.

암수 구별 암수 모두 날개가 흰 바탕에 검은 날개맥이 있으며, 외연의 날개맥 끝에 어두운 삼각형 부분이 있다. 암컷은 수컷보다 날개의 흰 비늘가루가 적은데, 특히 앞날개 밑에서 중앙까지 반투명할 때가 많다. 그 이유는 짝짓기 할 때 수컷이 등 뒤에서 다리로 비늘가루를 긁어내리기 때문이다.

첫 기록 Nire(1919)는 *Aporia crataegi* Linnaeus (Seisin (청진), Kwainei (회령), Mosanrei (무산령))라는 이름으로 우리나라에 처음 기록하였다.

우리 이름의 유래 석주명(1947)은 순백의 날개의 특징을 흰 옷을 입은 우리 민족의 하얀 상복에서 따오고, 참으로 잘된 이름이라고 자화자찬하였다.

Abundance Extinct in C. Korea, Common in N. Korea.
General description Wing expanse about 66 mm. Wings white in male, translucent in female, wing venation distinct. Korean population was dealt as ssp. banghaasi Bryk, 1921 (TL: Sweden).
Flight period Univoltine. May-June.

Emergence period delayed in N. Korea. Hibernates as a 3rd instar.
Habitat Low mountainous areas near farmland, limestone areas, shrubbery in northern part of Korean Peninsula.
Food plant *Malus baccata*, *Prunus sibirica* (Rosaceae).
Distribution Korean Peninsular regions north of latitude 38° degree.
Range NE. China, Russian Far East-Europe, Palaearctic Region except extreme north and south.
Conservation Under category I of endangered wild animal designated by Ministry of Environment of Korea.

눈나비

Aporia hippia (Bremer, 1861)

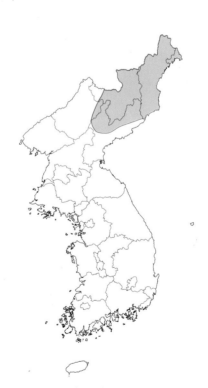

분포 위도 40° 이북의 한반도 동북부 높은 산지의 1,000~1,500m에 분포한다. 국외에는 일본, 중국(동북부, 서부, 티베트), 러시아(아무르, 우수리), 몽골 동부에 분포한

다. 타이완에서는 높은 산지에 매우 닮은 다른 종이 산다.
먹이식물 장미과(Rosaceae)의 배나무, 사과나무, 벚나무 등
생태 한 해에 한 번. 북한의 평지에서는 5~6월에, 산지에서는 7~8월에 나타난다. 월동은 애벌레 상태로 하는 것으로 보인다. 서식지는 고산의 관목림 산지와 그 주변 풀밭이다. 관목림이나 풀밭을 천천히 날아다니며, 여러 꽃에 모인다고 한다. 수컷은 물가에 잘 앉으며, 여러 마리가 한꺼번에 앉기 때문에 무리를 짓는 것처럼 보인다. 남한에는 분포하지 않은 관계로 자세한 생태를 관찰한 내용이 없다. 다만 유생기의 생김새와 행동, 어른벌레의 습성이 상제나비와 닮은 것으로 보인다.
변이 한반도 개체군은 중국 동북부, 러시아(아무르, 우수리) 지역과 함께 기준 아종으로 다룬다. 일본(혼슈 중부)에는 다른 아종 *japonica* Matsumura, 1919가 있고, 이밖에 4아종이 중국에 분포한다. 한반도에서는 특별한 변이가 없다.
암수 구별 암컷은 수컷과 달리 날개에 검은 비늘가루가 많은 편이고, 앞날개 밑에서 중앙까지 반투명할 때가 있다.
닮은 종의 비교 236쪽 참고
첫 기록 Nire(1919)는 *Aporia hippia* Bremer (Kyozyo (경성), Seisin (청진), Zyosin (성진))라는 이름으로 우리나라에 처음 기록하였다.
우리 이름의 유래 석주명(1947)은 상제나비와 비슷하고, 고산의 눈 쌓인 곳 가까이 산다는 뜻으로 이름을 지었다.

Abundance Common.
General description Wing expanse about 58 mm. Similar to *A. crataegi* but basal yellow patch of under hindwing present, marginal black triangles of upper forewing more visible. Korean population was dealt as nominotypical subspecies (TL: on der Dzeja bis zur Bureja-Gebirge [Amur, Russia]).
Flight period Univoltine. May-June in low land, July-August in mountainous

area, N. Korea.
Habitat Alpine shrubbery mountain
and its surrounding meadows.
Food plant *Pyrus pyrifolia*, *Malus
pumila*, *Prunus serrulata* (Rosaceae).
Distribution Mountainous regions in
northeastern Korean Peninsula.
Range Japan, China (NE. & W. & Tibet),
Russia (Amur, Ussuri), E. Mongolia,
Taiwan.

줄흰나비

Pieris napi (Linnaeus, 1758)

분포 지리산 이북의 백두대간 600~800m
이상의 산지와 한반도 북부지방의 산지,
한라산의 고지대에 분포하며, 먹이식물인
바위장대의 분포지에 산다. 울릉도에는 줄
흰나비가 없다. 국외에는 유라시아 대륙
북부와 북아메리카에 넓게 분포한다.
먹이식물 십자화과(Cruciferae) 바위장대,
섬바위장대, 나도냉이, 꽃황새냉이
생태 한 해에 두세 번, 4월 중순~5월 말과
6~9월경에 나타난다. 월동은 번데기 상태

로 한다. 서식지는 백두대간과 제주도 한
라산의 높은 산지의 풀밭과 숲 가장자리 풀
밭이다. 천천히 날면서 얼레지와 금방망
이, 곰취, 바늘엉겅퀴, 엉겅퀴, 토끼풀, 쥐
똥나무, 개회나무, 꿀풀, 백리향, 층층이
꽃, 쥐손이풀, 탐라수국, 활량나물 등 여러
꽃을 찾아 꿀을 빤다. 여름형 수컷은 습지
에 모이는 성질이 강하다. 수컷을 잡으면
향기가 나는데, 이는 발향린(發香鱗) 때문

으로 큰줄흰나비에서도 같은 냄새가 난다.
암컷은 숲 가장자리를 낮게 날면서 먹이식
물의 잎 뒤에 알을 하나씩 낳는다.
변이 한반도 내륙의 개체군은 일본(홋카이
도), 중국 동북부, 러시아 극동지역, 사할
린과 함께 아종 *dulcinea* (Butler, 1882)로
다룬다. 제주도 한라산 개체군은 고유 아종
hanlaensis Okano et Pak, 1968로 다룬
다. 한라산 개체군은 한반도 내륙의 개체
군에 비해 크기가 작고, 날개끝의 검은 무
늬가 더 짙다. 한반도 동북부지방의 산지
는 크기가 작고, 봄형 암컷의 날개 윗면의
검은 무늬가 거의 없다. 여름형 암컷의 뒷
날개 아랫면 바탕색은 내륙 개체군이 한라
산 개체군보다 더 노랗다. 여름형 수컷은
청색기가 보이는데, 한라산 개체군에서는
이런 현상이 없다.
　봄형은 여름형보다 뚜렷이 작고, 날개맥
이 두꺼우며, 날개의 검은 무늬가 옅어지
는 계절 변이가 있다.
첫 기록 Butler(1882)는 *Ganois dulcinea*
Butler (기준 지역: Posiette bay, NE.
Corea)라고 신종으로 기재하면서 우리나
라에 처음 기록하였다. 포제트만(Posiette
bay)은 현재 두만강 접경의 러시아 극동지
역에 위치하고 있다.
암수 구별 수컷 날개에는 발향린이 있으나
암컷은 없다. 암컷은 수컷보다 날개색이
검고, 날개맥이 조금 두껍다.
우리 이름의 유래 석주명(1947)은 날개에 줄
이 있는 흰나비라는 뜻으로 이름을 지었다.
비고 학자에 따라서는 아종 *dulcinea* Butler
를 종으로 승격하는 등 분류학적 의견이
분분하다(Eitschberger, 1983). Tadokoro
등(2014)은 동아시아에 분포하는 줄흰
나비의 지역 개체군 mtDNA 연구에서 8
종(*napi*, *dulcinea*, *erutae latoushei*,
ochsenheimeri, *gyantsensis*, *nesis*,
japonica)으로 세분하였다. 하지만 아직
각 개체군의 분포에 대한 더 세밀한 조사가
필요하고, 종 사이의 형태와 생태적 특징
등을 더 밝혀야 할 부분이 많아 여기에서는
이 의견을 받아들이지 않았다. 만약 이렇
게 종들을 세분하려는 입장에서 본다면 고
유의 형태를 가진 제주도의 한라산 개체군
도 독립종으로 다루어도 크게 무리가 없을
듯하다.

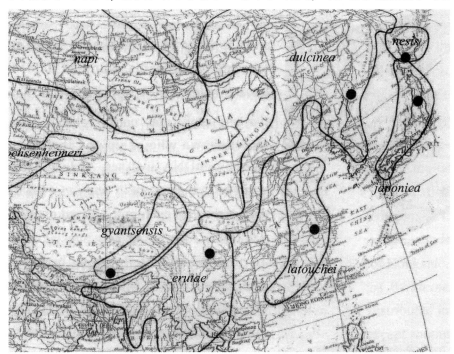

줄흰나비 무리의 각 지역 종의 분포도(Tadokoro(2014)에 따름)

Abundance Common.

General description Wing expanse about 48 mm in spring brood, 54 mm in summer one. Forewing apical spot narrow, divided by white scaling along vein 1b at termen. hindwing dusting at ends of veins slight, upper forewing cell pure white. Korean mainland population was dealt as ssp. *dulcinea* (Butler, 1882) (TL: Posiette Bay, NE Corea), Jeju island population was dealt as ssp. *hanlaensis* Okano et Pak, 1968 (TL: Mt. Hanla, Jeju island, Korea).

Flight period Bivoltine or trivoltine according to altitude and latitude. Mid April-late May, June-September. Hibernates as a pupa.

Habitat Woodland meadows and grassy sites at high altitude. Mainly grasslands of over 800 m a.s.l.

Food plant *Arabis serrata*, *Barbarea orthoceras*, *Cardamine flexuosa* (Cruciferae).

Distribution High-elevation mountainous regions north of Mt. Jirisan, Mt. Hallasan (JJ) (400-1,000 m).

Range Palaearctic region including Japan (Hokkaido), NE. China, Russian Far East, Sakhalin.

큰줄흰나비

Pieris melete Ménétriès, 1857

분포 제주도와 울릉도의 낮은 지역을 포함한 한반도 내륙과 부속 섬의 고도가 낮은 산지에 주로 분포한다. 제주도와 강원도에서는 800~1,000m에서 줄흰나비와 수직적인 격리를 보여, 그 위로는 줄흰나비가, 아래로는 큰줄흰나비가 보이며, 이 구간에서는 두 종이 함께 보이는 경향이다. 이러한 격리 현상은 고산대에 분포하는 줄흰나비

의 먹이식물인 바위장대의 분포 범위와 거의 일치하는 것으로 보인다. 서식지는 습기가 많은 숲 사이의 풀밭이다. 줄흰나비보다 낮은 지대에 살므로 분포 범위가 넓고 때로는 도시의 숲이나 부속 섬에서 볼 수 있다. 배추흰나비와 같은 장소에서 보이기도 하지만 십자화과 작물을 재배하는 밭 주위에는 배추흰나비가, 산지의 십자화과식물 주변에는 큰줄흰나비가 주로 보인다. 국외에는 일본, 중국(동북부, 티베트), 러시아(아무르, 쿠릴 남부, 사할린 남부), 인도 동부에 분포한다.

먹이식물 십자화과(Cruciferae) 배추, 무, 순무, 양배추, 냉이, 나도냉이, 는쟁이냉이, 황새냉이, 꽃황새냉이, 갓, 큰산장대, 털장대, 미나리냉이, 속속이풀, 유채, 고추냉이

생태 한 해에 서너 번, 4월 말~5월 중순, 6~10월경에 나타난다. 월동은 번데기 상태로 한다. 서식지는 숲과 가까운 풀밭이다. 수컷은 서로 어우러져 활발하게 날아다닌다. 계곡의 습지에서 무리지어 물을 빨아먹는 모습을 흔히 볼 수 있다. 암수 모두 쥐똥나무와 진달래, 개망초, 엉겅퀴, 꿀풀, 큰까치수염, 민들레, 냉이, 유채, 토끼풀, 나무딸기, 국수나무, 여뀌, 산초나무, 기린초, 참싸리, 민둥뫼제비꽃 등 여러 꽃을 찾아 꿀을 빤다. 암컷은 숲 가장자리를 낮은 위치의 풀을 스치듯 천천히 날아다니며, 먹

이식물의 잎 위, 아래, 줄기 등을 가리지 않고 여러 곳에 알을 하나씩 낳는다. 유생기의 기록은 윤춘식 등(2000)의 논문이 있다.

변이 세계의 분포 면으로 보면 지리 변이는 없다. 과거 Sheljuzhko(1964)는 한반도 동북부(함북 주을) 지역의 개체들을 *chaohsienica* Bryk, 1946으로, 이밖에 제주도를 포함한 지역을 *minor* Verity, 1911로 하였다. Eitschberger(1983)는 우리나라 개체군을 종 *orientis* Oberthür, 1880라고 다시 정리했지만 Tuzov et al.(1997)은 *melete*의 아종으로 다루었다. 최근 mtDNA 연구에서 종 *melete* (Ménétriès, 1857)로 처리되었다(Tadokoro, 2011b). 한반도 동북부지방의 개체들은 크기가 작고 날개의 검은 무늬가 조금 축소된다. 계절에 따른 차이는 줄흰나비의 경우와 거의 같으나 제주도산 여름형 암컷의 경우 날개에 검은 비늘가루가 많은 개체들이 있다.

암수 구별 줄흰나비의 경우와 같으나 수컷 발향린의 생김새가 줄흰나비와 다르다. 수컷의 발향린은 같은 속의 다른 종들 중에서 가장 크다.

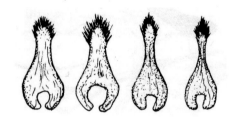

발향린(androconial scales) (왼쪽부터 줄흰나비, 큰줄흰나비, 대만흰나비, 배추흰나비) (Gorbunov, 2001에 따름).

닮은 종의 비교 236쪽 참고

첫 기록 Fixsen(1887)은 *Pieris melete* Ménétriès (Korea)라는 이름으로 우리나라에 처음 기록하였다.

우리 이름의 유래 석주명(1947)은 이름을 지을 당시에 앞 종과 이 종을 한 종으로 보았다. 이승모(1971)는 이들 개체군을 처음으로 2종으로 분리하고 새로 위의 이름을 지었다. 줄흰나비보다 크다는 뜻이다.

Abundance Common.

General description Wing expanse about 49 mm in spring generation, 56 mm in summer ones. Forewing

apical spot compact and rounded,
ends of veins with distinct black
dusting, upper forewing cell dusted
by black scale at base. No noticeable
regional variation in morphological
characteristics (= *chaohsienica* Bryk,
1946) (TL: Japan).
Flight period Univoltine or polyvoltine
according to latitude. Late April-mid
May, June-October. Hibernates as a pupa.
Habitat Woodland meadows and
shrubby slope in montane region.
Food plant *Barbarea orthoceras,*
Cardamine flexuosa, C. komarovi,
C. flexuosa, C. leucantha, Brassica
campestris, B. rapa, B. oleracea,
B. juncea, B. napus, Raphanus
sativus, Capsella bursa-pastoris,
Arabis gemmifera, A. hirsuta,
Rorippa palustris, Wasabia koreana
(Cruciferae).
Distribution Whole region of Korean
Peninsula.
Range Japan, China (NE. & Tibet),
Russia (Amur, Kuriles, S. Sakhalin), E.
India.

대만흰나비

Pieris canidia (Linnaeus, 1768)

분포 제주도와 전라도 해안 지역을 뺀 울릉
도와 한반도 각지에 분포한다. 국외에는
중국과 타이완 등 동북아시아에서 중앙아
시아까지 분포하고, 최근 필리핀에 분포하
는 것이 확인되고 있다. 일본에서는 쓰시
마에만 분포하여, 이 나비의 분포 확산에
대한 지사(地史)적 의미가 흥미를 끈다.
먹이식물 십자화과(Cruciferae) 나도냉이,
미나리냉이, 무
생태 한 해에 세 번에서 다섯 번, 4월 말~5
월, 5월 말~10월경에 나타난다. 월동은 번
데기 상태로 한다. 서식지는 경작지와 산
림의 경계부이며, 도시림에도 많으나 높은

산지에는 보이지 않는다. 큰줄흰나비와 서
식지가 겹치는 일이 많다. 배추흰나비보다
훨씬 여리게 날며, 수컷은 축축한 곳에 모
이나 그 성질은 큰줄흰나비보다 약하다.
암수 모두 냉이와 개망초, 엉겅퀴, 국수나
무, 조희풀 등의 꽃에서 꿀을 빤다. 암컷은
맑은 날 오후에 먹이식물의 잎 위, 꽃봉오
리에 알을 하나씩 낳는다.
변이 한반도 내륙의 개체군은 일본(쓰시마)
지역과 함께 아종 *kaolicola* Bryk, 1946으
로 다룬다. 울릉도 개체군은 내륙 개체군
보다 조금 작고 날개 아랫면의 노란 바탕
이 조금 짙은 특징이 있다. 또 가끔 날개색
이 노란기가 강해지는 개체도 있으나 특별
히 다른 아종으로 정하지 않고 있다. 계절
에 따른 크기 차이가 뚜렷하여, 여름형 쪽
이 크다. 봄형은 여름형보다 날개끝 부위
의 검은 부분이 덜하고, 뒷날개 아랫면 전
체가 검은 비늘가루가 많아져 검어진다.
암수 구별 암컷은 수컷보다 날개밑에서 앞
날개 중앙까지의 부분이 검어지고, 뒷날개
날개맥 끝 외연부의 검은 부분이 커진다.
첫 기록 Fixsen(1887)은 *Pieris canidia*
Sparrman (Korea)라는 이름으로 우리나
라에 처음 기록하였다.
우리 이름의 유래 석주명(1947)은 타이완에
개체수가 많은 까닭에 지어진 것으로 보이는
일본 이름에서 의미를 따와 이름을 지었다.

Abundance Common.
General description Wing expanse
about 39 mm in spring brood, 45 mm
in summer one. Korean population
was dealt as ssp. *kaolicola* Bryk, 1946
(TL: Shuotsu, Myokosan (Jueul, Mt.
Myohyangsan, N. Korea)).
Flight period Trivoltine or polyvoltine
according to latitude. Late April-May,
late May-October. Hibernates as a
pupa.
Habitat Border between cultivated area
and forest, urban forest edge; not seen
in high-altitude mountains.
Food plant *Barbarea orthoceras,*
Cardamine leucantha, Raphanus
sativus (Cruciferae).
Distribution Mountainous regions
across Korea except Jeju island.
Range Japan (Tsushima island), China,
Taiwan, Philippines, Central Asia.

배추흰나비

Pieris rapae (Linnaeus, 1758)

분포 제주도를 포함한 한반도 전 지역에 분
포한다. 국외에는 에티오피아구와 신열대
구를 뺀 전 세계에 분포한다.
먹이식물 십자화과(Cruciferae) 배추, 무,
순무, 양배추, 유채, 냉이, 말냉이, 갓, 콩
다닥냉이
생태 한 해에 네다섯 번, 3~5월, 여름형은
6~11월경에 볼 수 있다. 제주도에서는 2월
말부터 나타나며, 12월까지 볼 수 있다. 월
동은 번데기 상태로 한다. 서식지는 일반
적으로 마을 주변의 배추와 무밭, 도시의
빈터, 해안 지대의 확 트인 장소나 제주
도에서는 경작지와 해안의 유채 밭 주변이
다. 서해안 섬과 제주도와 같이 따뜻한 곳
에서 애벌레 상태로 겨울을 나는 것으로 보
이고, 실제로 경기도 안산 대부도에서 확

날개 제1b, 3실의 검은 원 무늬가 두드러지게 커지고, 특히 날개밑에서 중앙에 검은 비늘가루가 많아 어둡다. 암컷은 날개 윗면의 색이 조금 노랗다.

닮은 종의 비교 236쪽 참고

첫 기록 Butler(1883a)는 *Ganoris crucivora* Boisduval (Jinchuen (인천), W. Corea)라는 이름으로 우리나라에 처음 기록하였다.

우리 이름의 유래 석주명(1947)은 배추와 관련이 깊다는 뜻으로 이름을 지었다.

Abundance Common.

General description Wing expanse about 47 mm in spring brood, 51 mm in summer one. Korean population was dealt as ssp. *crucivora* Boisduval, 1836 (TL: Japan).

Flight period Polyvoltine. Late February-November in four or five broods depending on each year and latitude. Hibernates as a pupa.

Habitat Common and widely distributed. open countryside, meadows, cultivated grounds and garden.

Food plant *Brassica campestris, B. rapa, B. oleracea, B. napus, B. juncea, Raphanus sativus, Capsella bursa-pastoris, Thlaspi arvense, Lepidium virginicum* (Cruciferae).

Distribution Whole region of Korean Peninsula.

Range Worldwide (except Ethiopian Region and Neotropic region).

인한 일도 있다(홍상기, 2003). 배추와 양배추 등과 같은 채소를 먹어치워 해충으로 여긴다. 수컷은 빈터에서 암컷을 찾아다니다가 축축한 곳에 모이나 무리 짓지 않는다. 수컷끼리 쫓고 쫓기는 모습을 흔히 볼 수 있으며, 서로 뒤엉켜 높이 날아오르기도 하면서 다툰다. 암수 모두 개망초와 무, 유채, 배추, 자운영, 지칭개, 짚신나물, 민들레, 엉겅퀴, 토끼풀, 꿀풀, 익모초, 해국, 큰개불알풀 등 여러 꽃에서 꿀을 빠는데, 붉은색보다 보라색, 노란색, 흰색에 더 끌리는 것으로 보인다. 암컷은 먹이식물의 잎 위에 앉아 배를 아래로 구부려 잎 뒤에 알을 하나씩 낳는다.

변이 한반도 개체군은 동아시아 전 지역과 함께 아종 *crucivora* Boisduval, 1836으로 다루는데, 한반도에서는 지역에 따른 변이가 없다. 봄형은 날개 윗면의 검은 비늘가루가 적고, 날개끝에 흰 비늘가루가 여름형에 비해 상대적으로 많아 밝다. 수컷의 봄형에서는 앞날개 제1b, 3실의 검은 원 무늬가 없는 경우가 많다. 또 봄형 개체의 날개 아랫면은 노란 기운이 감도는 편이고, 날개밑에서 중앙까지 검은 비늘가루가 많아진다. 기온이 낮아지는 늦가을 개체의 경우도 거의 같은 특징이다.

암수 구별 암컷은 수컷보다 날개 가장자리가 둥글고, 앞날개 윗면의 색이 어둡다. 또 앞

풀흰나비

Pontia edusa (Fabricius, 1777)

분포 지리산 이북의 하천을 중심으로 국지적으로 분포한다. 대구와 경상북도 지역에서는 해마다 관찰되지만 다른 지역에서는

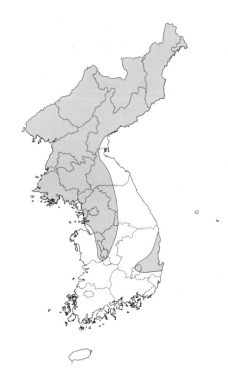

일시적으로 보이거나 거의 보이지 않는다. 국외에는 중국, 러시아 극동지역에서 시베리아, 유럽까지 분포한다. 일본에서는 미접으로 기록되어 있다.

먹이식물 십자화과(Cruciferae) 꽃장대, 콩다닥냉이, 개갓냉이, 갓, 장대냉이

생태 한 해에 세 번 나타나는데, 5월에서 6월, 7월 말에서 8월 중순, 9월 말에서 10월 초까지 볼 수 있다. 월동은 번데기 상태로 한다. 서식지는 지리산 이북의 하천 주위의 확 트인 풀밭이다. 수컷은 *Pieris* 속의 종들보다 빠르게 날고 자기들끼리는 물론 주변의 배추흰나비와 노랑나비의 뒤를 쫓을 때가 많다. 암수 모두 개망초와 구절초, 냉이 등 여러 꽃에서 꿀을 빤다. 1m 정도의 높이로 곧고 빠르게 나는데, 날개 색을 뺀 모습을 보면 노랑나비와 닮았다. 인기척에 민감하여 꽃꿀을 빨 때에도 접근하기 곤란하다. 암컷은 오후에 낮게 날아다니다가 먹이식물의 꽃이나 열매에 알을 하나씩 낳는다. 이주성이 있어 한 번 발생한 곳이라도 다음 해에 보이지 않을 때가 많다. 유생기의 기록은 윤인호와 주흥재(1993)의 논문이 있다.

변이 한반도 개체군은 중국 동북부, 러시아 극동지역, 몽골 지역과 함께 아종 *davendra* Hemming, 1934로 다루었으나 최근 Kudrna 등(2011)의 연구에서 각 지

역의 개체군은 이주성이 강한 특성 때문에 분포 범위를 확정하기 어려워 특별히 아종을 정하지 않고 있다. 따라서 특별한 아종으로 나누지 않고 전 세계를 한데 묶어 모두 기준 아종으로 다룬다. 한반도에서는 지역 변이가 없다. 봄형은 여름형보다 조금 작고, 여름형 암컷의 중실부에 검은 비늘가루가 많은 개체들이 나타날 빈도가 높다.

암수 구별 암컷은 수컷보다 크고 날개 외연이 둥글다. 날개색은 풀색을 머금은 흑갈색 비늘가루가 많아져 어둡다. 앞날개 윗면 제1b실 중앙에 점무늬가 암컷에서 뚜렷하고, 뒷날개 윗면 아외연부의 검은 무늬가 수컷보다 발달한다.

첫 기록 Fixsen(1887)은 *Pieris daplidice* Linnaeus (Korea)라는 이름으로 우리나라에 처음 기록하였다.

우리 이름의 유래 석주명(1947)은 뒷날개 아랫면에 있는 풀색 무늬의 특징으로 이름을 지었다. 풀밭에 날아다닌다는 뜻은 아니다.

비고 풀흰나비의 학명에 대한 혼란은 1758년 원기재자인 린네의 기준 표본이 남아있지 않고, 기준지역의 설정도 모호하기 때문에 생긴 일이었다. 처음에는 Fabricius가 1777년에 기재했던 *edusa*를 린네가 기재했던 *daplidice*의 동종이명으로 다루어왔다. 하지만 Geiger와 Descimon, Scholl(1988)은 이들 각각의 개체군이 별개의 분류군이라고 한 이후, 어느 쪽에 어떤 학명을 적용할 지 오랜 기간 논란거리였다. 큰 논쟁의 대상이 아니었던 우리나라에서는 오랫동안 *daplidice*를 써왔다. 이는 맞고 틀림이 아니라 학자의 다른 견해 때문이었다. 게다가 이 두 분류군이 함께 분포하는 중동의 키프로스와 유럽 터키, 그리스 지역에서는 서로 다른 개체군 사이의 잡종이 생긴다는 점 등이 학자들에게 분류를 더욱 어렵게 만들었다고 본다(John et al., 2013). 이들 분류의 경과 과정을 정리하면 다음과 같다.

먼저 풀흰나비에 유전적으로 다른 2개의 분류군이 있음을 Geiger와 Descimon, Scholl(1988)이 처음 발견하였다. 그 하나(*daplidice*)의 분류군은 프랑스에서 모로코까지와 터키 동남부에서 이스라엘까지, 다른 하나(*edusa*)는 이탈리아와 코르시카에서 발칸 반도와 그리스를 거쳐 터키 중

부까지에서 동아시아(우리나라)까지 분포한다고 하였다. 이 두 분류군은 형태적 차이가 거의 없으며, 동서의 각 개체군 내에서 수컷의 파악판(valva)의 변이가 각각 있어서 이들을 나누는 형질이 매우 모호하다고 보았다(Wagener, 1988). 이후의 연구 (Porter et al., 1997)에서는 한 종 안의 각각을 아종으로 간주되어야 한다고 하는 등의 다른 의견도 있었다. 최근에는 이 두 분류군을 반종(semispecies)으로 나누는 경향이 강해졌다. 따라서 종의 정체성을 확립하는 차원에서, Wagener(1988)와 이후의 Honey와 Scoble(2001)의 의견을 받아들여, *daplidice*를 유럽의 서쪽 분류군으로, *edusa*를 우리나라를 포함한 동쪽 유라시아 대륙의 분류군으로 삼아야 한다고 생각한다. 이는 린네가 자신의 기재문에서 기준 지역에 아프리카를 포함시켰기 때문이다. 다음은 Wagener(1988)가 이 두 분류군을 다시 정립한 내용이다.

Pontia daplidice (Linnaeus, 1758)
Papilio (*Danaus*) *daplidice* Linnaeus, 1758, Syst. Nat. ed. 10: 468, no. 62. Type locality. "Europa australi & Africa" [North-west Africa].
Pontia edusa Fabricius, 1777
Papilio edusa Fabricius, 1777, Gen. Ins.: 255. Type locality. "Chilonii" (Kiel). Type-material: "Dom. de Sehestedt"

Abundance Local.
General description Wing expanse about 40 mm. Ground color of upper wings white, with large discal spot. Under hindwing with green-yellowish patterns. Korean population was dealt as ssp. *davendra* Hemming, 1934 (TL: Vladivostok, Russian Far East).
Flight period Trivoltine. May-June, late July-mid August, late September-early October. Hibernates as a pupa.
Habitat Open grassy places along river.
Food plant *Dontostemon dentatus*, *Lepidium virginicum*, *Rorippa*

indica, *Thlaspi arvense*, *Berteroella maximowiczii* (Cruciferae).
Distribution Gyeongi-do, Seoul, Gyeongsangbuk-do, Daegu.
Range Japan(migrant), China, Russian Far East to Siberia, Europe.

북방풀흰나비
Pontia chloridice (Hübner, 1813)

이승모(1982)의 도감에 개마고원에서 채집한 1개체로 처음 소개된 이후 다른 정보는 없다. 아마 미접으로 생각한다. 국외에는 중국(동북부, 중부, 북서부), 러시아(시베리아 남부), 몽골, 카자흐스탄, 인도 북부, 아시아 남서부를 거쳐 유럽 동남부까지 넓게 분포한다. 한반도 개체군은 중국에서 유럽 동남부까지 분포하는 기준 아종으로 다룬다. 다른 아종은 아프가니스탄 북부와 파키스탄 북부, 인도 북부에 분포한다. 여기에서는 몽골 개체를 실었다.

Abundance Migrant (?).
General description Wing expanse 39 mm. Korean population was dealt as nominotypical subspecies (TL: Europa).
Flight period Once collected in mid June in Gaemagowon Plateau.
Habitat Unconfirmed. Possibly grasslands.
Food plant Cruciferae.
Distribution Gaemagowon Plateau.
Range China (NE., C. & NW.), Mongolia, Russia (S. Siberia), Kazakhstan, N. India, SW. Asia to SE. Europe.

갈고리흰나비

Anthocharis scolymus Butler, 1866

변이 한반도 개체군은 일본(쓰시마), 중국, 러시아 극동지역과 함께 아종 *mandschurica* (Bollow, 1930)으로 다룬다. 제주도 개체군은 한반도 내륙과 차이가 없다. 날개 아랫면의 색은 풀색으로 보이나 실제는 검은색과 노란색 비늘가루가 섞인 것으로 풀색 비늘가루는 없다.
암수 구별 날개끝이 뾰족하게 바깥으로 튀어나온 독특한 생김새로, 수컷만 날개끝에 등황색을 띠는 부분이 있다.
첫 기록 Nire(1917)는 *Anthocharis scolymus* Butler (Korea)라는 이름으로 우리나라에 처음 기록하였다.
우리 이름의 유래 석주명(1947)은 수컷에만 날개 끝의 오렌지색 무늬가 있지만 이보다 날개끝의 갈고리 모양의 생김새를 강조하여 이름을 지었다. 그런데 석주명이 지은 '갈구리'는 바른 맞춤법이 아니다. 또 흰나비과의 '흰'자를 넣어 과의 혼동을 막기 위해 이름이 바뀌었다(김성수, 2015).

Abundance Common.
General description Wing expanse about 44 mm. Unmistakable. Forewing apex pointed. Male forewing apex area conspicuously orange-colored. Korean population was dealt as ssp. *mandschurica* (Bollow, 1930) (TL: Charbin, Mandschurei (Haeolbin, China)).
Flight period Univoltine. Generally late April-mid May. May-early June in Gangwon-do. Hibernates as a pupa.
Habitat Flowery meadows and open areas in oak woodlands.
Food plant *Capsella bursa-pastoris, Barbarea orthoceras, Berteroella maximowiczii, Cardamine komarovi* (Cruciferae).
Distribution Mountainous regions across whole Korean peninsula.
Range Japan, China (NE., C. & S.), Russia (Amur, Ussuri).

분포 서해와 남해의 부속 섬 대부분을 뺀 한반도 내륙에 분포한다. 제주도에서는 낮은 지대에서 900m의 산지까지 점점이 분포하고, 울릉도에서는 산지에 흔하다. 북한의 개마고원 일대에는 분포하지 않는다. 국외에는 일본, 중국(동북부, 중부, 남부), 러시아(아무르, 우수리)에 분포한다.
먹이식물 십자화과(Cruciferae) 냉이, 나도냉이, 장대나물, 는쟁이냉이
생태 한 해에 한 번, 4월에서 5월까지 볼 수 있는데, 강원도에서는 6월 초에도 볼 수 있다. 월동은 번데기 상태로 한다. 서식지는 산길의 확 트인 공간, 계곡의 빈터, 농경지, 사찰 주변이다. 수컷은 1m 정도의 높이로 숲 빈터를 천천히 곧게 날아다닌다. 암수 모두 냉이와 민들레, 장대나물, 배추, 유채, 씀바귀, 미나리냉이, 라일락, 제비꽃 등의 꽃에서 꿀을 빠나 물가에 오지 않는다. 암컷은 먹이식물에 알을 하나씩 낳는다. 다른 흰나비들과 섞여 날 때에는 크기가 조금 작아 보이고 날개를 많이 퍼덕이는 느낌이 보이면 이 나비이다.

남방노랑나비

Eurema hecabe (Linnaeus, 1758)

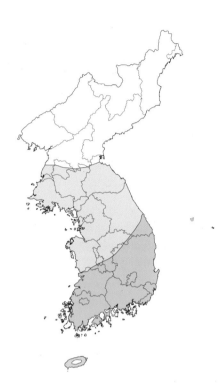

분포 제주도와 남부 해안 지역, 그와 인접한 섬을 포함한 위도 36° 이남 지역, 울릉도에 분포한다. 제주도에서는 낮은 지대를 중심으로 분포한다. 여름에 한반도 중부지방에서도 가끔 보이는데, 세대를 거치는 동안 분포가 확산한 것이어서 정착하지 못한다. 국외에는 일본, 중국 중부 이북에 분포한다. 일본 남부의 섬들과 동남아시아 일대에 분포한다.
먹이식물 콩과(Leguminosae) 비수리, 자귀나무, 차풀, 괭이싸리, 긴강남차, 아까시나무
생태 한 해에 세 번에서 다섯 번, 5월 중순에 나타나 11월에 보이다가 월동 후 이듬해 3~5월 초에 나타난다. 월동은 어른벌레 상태로 한다. 서식지는 콩과식물이 많은 숲 가장자리의 풀밭이나 들판, 산길 주위의 풀밭이다. 수컷은 낮고 빠르게 날아다니다가 습지에 앉아 물을 빠는데 한 장소에 무리를 짓는 경우가 많다. 암수 모두 개망초와 꿀풀, 도깨비바늘, 국화, 민들레, 서양금혼초(개민들레), 쥐꼬리망초, 산박하, 파리풀, 뚝갈 등 여러 꽃에서 꿀을 빤다.

짝짓기 후 인기척을 느끼면 수컷이 암컷을 매달고 난다. 암컷은 먹이식물의 잎에 알을 하나씩 낳는다.

변이 한반도 개체군은 일본 도카라 열도 이북, 중국(중부, 북부)과 함께 기준 아종으로 다룬다. 계절에 따른 차이가 뚜렷한데, 가을에 나타난 개체들은 날개 윗면 외연의 검은 무늬가 줄어들고, 날개 아랫면에 갈색 점무늬가 발달한다. 여름형 암컷 중에는 날개색이 조금 붉은 기운이 도는 개체도 있고, 날개 외연의 검은 테가 두꺼워지기도 하는데, 특히 뒷날개에서 발달한다. 제주도의 가을형 암컷은 날개 아랫면의 날개 끝 부위에 있는 검은 무늬가 발달한다.

암수 구별 암컷은 수컷보다 크고, 날개 외연이 둥글며, 날개색이 옅다. 수컷은 앞날개 아랫면 중맥을 따라 두꺼운 성표가 있으며, 불빛에 비춰보면 뚜렷하게 보인다.

첫 기록 Butler(1883a)는 *Terias mariesii* Butler (기준 지역: SE. Korea)라는 이름으로 처음 기록하였다.

우리 이름의 유래 석주명(1947)은 남쪽에 많은 노랑나비라는 뜻으로 이름을 지었다.

비고 그동안 김성수(2015)에 따라 이 종의 종명을 *mandarina* (de l'Orza, 1869)로 적용했으나 이미 Narita 등(2007)은 *mandarina*가 일본 열도에만 분포하는 것으로 보았다. 이 *hecabe*와 *mandarina*의 2종은 교잡종이 생기는 완전히 분화한 종의 상태가 아니라 반종(semispecies)의 의미가 있다. *mandarina*는 날개의 연모가 노란색뿐이나 *hecabe*는 노란색과 검은색이 혼재한다는 차이가 있다.

Abundance Common.

General description Wing expanse about 47 mm in spring generation, 40 mm in summer ones. Korean population was dealt as nominotypical subspecies (TL: Japan).

Flight period Trivoltine or polyvoltine. Mid May-November: overwintering adult reappears in March-May.

Habitat Open woodlands, meadows, wastelands and arid grasslands.

Food plant *Lespedeza cuneata, L. pilosa, Albizia julibrissin, Cassia nomame, Senna tora* (Leguminosae).

Distribution Islands in Gyeonggi-do, Samcheok (GW), areas south of Chungcheongbuk-do and Chungcheongnam-do, Ulleungdo island.

Range Japan (north of Toshima island), China (N. & C.).

극남노랑나비

Eurema laeta (Boisduval, 1836)

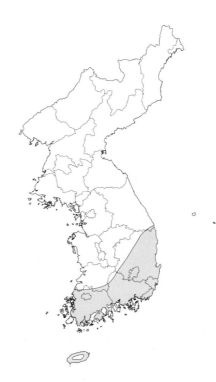

분포 제주도를 포함한 남부 해안 지역의 섬, 위도 36° 이남의 내륙 지역에 분포한다. 남방노랑나비보다 조금 남쪽에 분포한다. 국외에는 일본에서 중국 남부, 타이완, 필리핀, 인도까지와 인도네시아, 말레이시아, 티모르, 뉴기니, 오스트레일리아까지 넓게 분포한다.

먹이식물 콩과(Leguminosae) 비수리, 차풀

생태 한 해에 서너 번, 5월 중순에서 11월에 보이다가 월동 후 이듬해 3~4월에 다시 나

타난다. 월동은 어른벌레로 한다. 서식지는 평지의 풀밭, 논밭, 하천의 제방, 해안가와 같이 넓게 트인 곳, 남방노랑나비와 달리 풀밭에 사는 경향이 더 강하다. 풀밭 위를 빠르게 날아다니면서 같은 종끼리 만나면 잘 어우러진다. 수컷은 암컷보다 훨씬 빠르게 날면서 축축한 땅바닥이나 오물에 잘 모인다. 암수 모두 개망초와 꿀풀, 왕씀배, 과꽃, 엉겅퀴, 타래난초 등의 꽃에 모인다. 암컷은 새싹에 알을 하나씩 낳는데, 겨울을 난 후에는 땅바닥의 새싹을 찾아 알을 낳는 경향이 있다.

변이 한반도 개체군은 일본, 중국(중부, 북부)과 함께 아종 *betheseba* (Janson, 1878)로 다룬다. 한반도에서는 특별한 변이가 없다. 여름형은 앞날개 외연이 둥글며 뒷날개 아랫면에 노란 무늬만 나타나나 가을형은 앞날개 외연이 직선이고, 뒷날개 아랫면에 나란한 갈색의 줄무늬가 두 개 나타난다. 제주도의 가을형 수컷은 날개 아랫면이 붉어진다.

암수 구별 여름형 암컷은 날개밑에 검은 비늘가루가 많고, 뒷날개 외연부 위로 검은 무늬가 발달한다. 앞날개 제1b맥 외연의 검은 테가 굵으나 암컷은 가늘다. 가을형은 암컷이 수컷보다 크고, 날개밑과 전연에 검은 비늘가루가 많아 오염된 노란색으로 보인다. 특히 수컷의 뒷날개 아랫면은 붉은 감이 더하다. 수컷은 앞날개 아랫면의 중맥에 등황색의 성표가 나타난다.

첫 기록 Butler(1883b)는 *Terias subfervens* Butler (기준 지역: Carzodo Island (거제도), S. Corea)라는 신종을 기재하면서 우리나라에 처음 기록하였다.

우리 이름의 유래 석주명(1947)은 남방노랑나비보다 더 남쪽에 분포한다는 뜻으로 이름을 지었다.

Abundance Common.

General description Wing expanse about 37 mm. Korean population was dealt as ssp. *betheseba* (Janson, 1878) (TL: Yokohama, Japan).

Flight period Trivoltine or polyvoltine. Mid May-November: overwintering

adult reappears in March-April.
Habitat Open grounds, especially roadsides and fields, meadows, wastelands and arid grassland. More easily seen at grasslands than *Eurema mandarina*.
Food plant *Lespedeza cuneata*, *Cassia nomame* (Leguminosae).
Distribution Areas south of Chungcheongbuk-do and Chungcheongnam-do, Samcheok (GW).
Range Japan, S. China, Taiwan, Philippines, India, Indonesia, Malaysia, Timor, New Guinea, Australia.

검은테노랑나비

Eurema brigitta (Stoll, 1780)

경상남도 거제도와 전라남도 진도, 경기도 굴업도, 대이작도에서 매우 드물게 발견되는 미접이다. 주로 서해안 지역에서 발견되는 것으로 보아 태풍과 계절풍 등에 따라 필리핀과 중국 남부 등지에서 날아오는 것으로 추측된다. 발견 장소는 경작지 주변이나 마을 주변이다. 국외에는 중국 남부, 타이완, 베트남, 라오스, 미얀마와 동양구, 오스트레일리아구, 에티오피아구에 넓게 분포하는 열대 나비이다. 우리나라에서 채집되는 개체들은 타이완과 중국에서 인도 사이의 지역과 함께 아종 *hainana* (Moore, 1878)로 다룬다. 일본 쓰시마에도 미접으로 기록되어 있다. 외국에서는 애벌레가 콩과식물을 먹는다고 한다(白水隆, 2006). 주재성(2002)은 전라남도 진도의 첨찰산에서 채집하여 우리나라에 처음 소개하였다. 우리 이름은 날개 가장자리가 검다는 뜻으로 주재성(2002)이 지었다.

분포 주로 강원도 이북의 산지에 분포한다. 지리산과 덕유산의 고지에 분포한다. 국외에는 일본, 중국(동북부, 중부), 러시아(아무르, 우수리)에 분포한다.
먹이식물 갈매나무과(Rhamnaceae) 갈매나무, 돌갈매나무, 짝자래나무
생태 한 해에 한 번. 6월 말에서 10월까지와 이듬해 4월에서 6월 초까지 볼 수 있다.

dealt as ssp. *hainana* (Moore, 1878) (TL: Hainan).
Flight period Polyvoltine. Possibly year-round broods, mainly recorded during summer.
Habitat Around cultivated lands.
Food plant (Leguminosae).
Distribution Geojedo island (GN), Jindo island (JN), Guleopdo island (GG).
Range Japan, Taiwan, China-India, Oriental region, Australian region, Ethiopian region.

멧노랑나비

Gonepteryx maxima Butler, 1885

월동은 어른벌레로 한다. 서식지는 산길과 숲 가장자리, 석회암 지대의 풀밭이다. 수컷은 축축한 물가에 잘 내려와 앉는다. 암수 모두 개망초와 엉겅퀴, 쥐손이풀 등 여러 꽃에서 꿀을 빠는 모습을 발견할 수 있다. 활동하기 어려운 한여름에 일단 잠을 잔 후, 9월경에 잠시 활동하면서 꽃꿀을 빨아 에너지를 축적하고 겨울잠을 잔다. 암컷은 이듬해 5월 중순 이후 먹이식물의 잎 위와 줄기에 알을 하나씩 낳는다.
변이 한반도 개체군은 중국 동북부, 러시아(아무르 남부) 지역과 함께 아종 *amurensis* (Graeser, 1888)로 다룬다. 한반도에서는 특별한 변이가 없다. 과거에는 이 종을 유럽에 분포하는 *rhamni* (Linnaeus, 1758)로 다루었으나 수컷 생식기의 파악판(valva)의 모양이 달라 별개의 종으로 분리되었다. 닮은 3종(멧노랑나비, *G. rhamni*, 각시멧노랑나비)의 수컷 생식기를 보면 파악판의 생김새가 다르다(238쪽 참고). 다만 종 *rhamni*가 암컷에서 노란 형과 흰 형이 있는 것과 달리 멧노랑나비 암컷에서는 흰 형뿐이다. 멧노랑나비가 종 *rhamni*보다 조금 크다.
암수 구별 수컷은 날개의 바탕이 짙은 노란색, 암컷은 연두색이다. 과거 석주명(1937b)에 따르면 암컷이 노란 형과 흰 형(연두색)으로 나뉜다고 하였으나 수컷을 암컷으로 잘못 동정했던 것으로 보인다.
첫 기록 Fixsen(1887)은 *Rhodocera rhamni* var. *nepalensis* Doubleday (Pungtung (현재 강원도 김화 부근))라는 이름으로 처음 기록하였다.
우리 이름의 유래 석주명(1947)은 일본 이름에서 의미를 따와 이름을 지었다.

Abundance Scarce.
General description Wing expanse about 62 mm. Korean population was dealt as ssp. *amurensis* (Graeser, 1888) (TL: Amur region [from Lesser Khingan Mts. to Khekhtsyr Mts.].
Flight period Univoltine. Late June-October. Adults often overwinter amongst dead leaves and reappear in

Abundance Migrant.
General description Wing expanse about 36 mm. Korean population was

March-early June.
Habitat Mountain trails and forest edge, limestone area.
Food plant *Rhamnus davurica*, *R. parvifolia*, *R. yoshinoi* (Rhamnaceae).
Distribution Mountainous regions north of Jecheon, Chungcheongbuk-do.
Range Japan, China (NE. & C.), Russia (Amur, Ussuri).

각시멧노랑나비

Gonepteryx aspasia Ménétriès, 1859

분포 제주도와 울릉도 등 부속 섬과 해안 지역을 뺀 한반도 내륙의 산지에서 국지적으로 볼 수 있다. 최근 분포 범위가 급격하게 줄고 있는데, 아직 강원도 산지에서는 흔한 편이다. 국외에는 일본, 중국, 러시아(아무르, 우수리)에 분포한다.
먹이식물 갈매나무과(Rhamnaceae) 갈매나무, 털갈매나무, 짝자래나무
생태 한 해에 한 번, 6월에서 이듬해 4월에 나타난다. 월동은 어른벌레로 한다. 서식지는 산지의 숲 가장자리, 야산의 구릉지,

나무가 듬성듬성한 숲의 가장자리이다. 멧노랑나비보다 더 이른 봄에 나타나 활동하고, 월동한 개체는 멧노랑나비와 달리 날개에 갈색 무늬가 뚜렷하게 보이는 점에서 다르다. 수컷은 숲 가장자리 풀밭에서 활발히 날고, 축축한 땅바닥에 앉아 물을 먹는다. 암수 모두 수수꽃다리와 진달래, 복숭아나무, 나무딸기, 개망초, 동자꽃, 이질풀, 개쉬땅나무, 솔체꽃, 뚝갈, 삽주 등에서 꽃꿀을 빤다. 이른 봄 추우면 낙엽 위에 앉아 일광욕을 한다. 겨울을 난 암컷은 4월부터 5월에 먹이식물의 새싹이나 그 주변 가지에 알을 하나씩 낳는다. 유생기의 기록은 신유항(1972)의 논문이 있다.
변이 한반도 개체군은 중국 동북부, 러시아(아무르) 지역과 함께 기준 아종으로 다룬다. 한반도에서는 특별한 변이가 없다. 다만 한반도 중부의 개체군에 붙었던 아종 *coreensis* (Murayama, 1965)가 있는데, 이는 러시아 극동지역의 개체군과 차이가 있으나 북한 지역의 개체군들과 비교하면 아마 하나의 경향성(cline)으로 해석할 수 있을 것으로 보여 여기에서 채용하지 않았다.
암수 구별 멧노랑나비의 경우와 같다.
닮은 종의 비교 238쪽 참고
첫 기록 Fixsen(1887)은 *Rhodocera aspasia* Ménétriès (Korea)라는 이름으로 처음 기록하였다.
우리 이름의 유래 석주명(1947)은 멧노랑나비와 닮으나 그보다 날개맥이 가늘고, 날개색이 희미하다고 보고 가녀린 아내라는 뜻인 '각시'를 앞에 붙였다. 원래는 각씨멧노랑나비였다. 최근 이 종의 학명에 *mahaguru* Gistel, 1857을 사용하는 빈도가 많아지고 있는데, 이 혼란은 Hemming(1935)의 지적처럼 Gistel(1857)의 기재문이 당시에 알려지지 않았고, 이후 연구자들에게도 간과되었기 때문으로 생각한다. 즉 *mahaguru*와 *aspasia*는 히말라야를 기반으로 한 동일한 종이고, 같은 종에 붙은 2개의 이름으로, *mahaguru*가 앞선다고 보는 학자들이 있다. 하지만 이 2종의 분류가 아직 완성되었다고 할 수 없다. 여기에서는 Nekrutenko(1970)의 의견에 따랐다.

Abundance Common.
General description Wing expanse about 60 mm. Very similar to *G. maxima* but forewing outer margin more sharply concave from apex to vein 4, hindwing discal spot smaller. For identification within this genus important characters are peculiarities of the so-called cryptic wing pattern seen in an ultraviolet spectrum. Korean population was dealt as nominotypical subspecies (= *coreensis* Murayama, 1965) (TL: Gwangneung, Korea).
Flight period Univoltine. June-October. Adults often overwinter amongst dead leaves and reappear in March-early June.
Habitat Edges of mountain forest, hilly slope of mountains, edges of sparse forest.
Food plant *Rhamnus davurica*, *R. koraiensis*, *R. yoshinoi* (Rhamnaceae).
Distribution Mountainous inland regions of Korean Peninsula.
Range Japan, China, Russia (Amur, Ussuri).

연주노랑나비

Colias heos (Herbst, 1792)

분포 개마고원과 한반도 동북부(양강도 풍서, 함북 회령, 경성 등지) 지역에 분포하는데, 우리나라가 세계의 분포 면에서 남방 한계에 속한다. 국외에는 중국 동북부, 러시아(아무르, 시베리아 남부, 알타이산맥), 몽골에 분포한다. 북한에서는 천연기념물 제 333호로 지정되어 있다.
먹이식물 콩과(Leguminosae) 돌말구레풀, 가는말구레풀, 관모두메자운, 돌콩
생태 한 해에 한 번, 6월 말~8월 초에 나타난다. 월동 형태는 아직 모르고 있으나 번

데기 상태로 할 것으로 추정된다. 서식지는 1,000m이상의 산지의 계곡, 건조한 풀밭이다. 풀밭 위를 빠르게 날아다닌다. 수컷은 계곡 주변의 축축한 곳에서 물을 빨거나 여러 꽃에서 꿀을 빤다고 한다. 북한에서도 관찰 기록이 적다.

변이 세계의 분포 면으로 보아 특별한 지역 변이는 없다. 현재 이 나비의 표본이 적어 한반도에서의 변이를 설명하기 어려우나 지역에 따른 변이가 없는 것 같다.

암수 구별 수컷은 날개 윗면의 바탕이 진홍색이나 암컷은 진홍색과 풀색을 머금은 노란색의 두 형이 알려져 있다. 중국에서는 암컷이 흰색, 검은색, 노란색, 오렌지색 등 여러 형이므로, 아마 우리나라도 마찬가지일 것으로 보이나 뚜렷한 증거가 없다. 암컷은 수컷보다 크고, 날개 윗면 외연부의 검은 무늬가 더 크며, 그 안에 노란 무늬가 보인다.

첫 기록 Nire(1919)는 *Colias aurora* Esper (Kwainei (회령))라는 이름으로 처음 기록하였다.

우리 이름의 유래 석주명(1947)은 날개 색이 옅은 붉은색의 뜻인 연주(軟朱)에서 의미를 따온 이름을 지었는데, 현재 연주라는 말은 쓰이지 않는다. 북한에서는 연지노랑나비라고 부른다.

비고 이밖에 러시아 극동지역에서 시베리

아 남부까지 분포하는 *Colias viluiensis* Ménètriés(작은연주노랑나비라고 이름 지어진 적이 있음)라는 나비는 일제 강점기의 곤충 학자였던 일본인 도이(土居 寬暢, 1937c)가 유일하게 황해도 해주에서 채집하여 기록하였다. 아마 노랑나비의 저온기(4월 채집)의 암컷 흰색형 개체를 잘못 본 것이 분명해 보인다. Murayama(1969b)와 이승모(1982)는 '잘못 기록된 종'으로 다루었다.

Abundance Rare.
General description Wing expanse about ♂ 55 mm, ♀ 64 mm. Female dimorphism with white and yellow forms. No noticeable regional variation in morphological characteristics (TL: In Sibirien)
Flight period Univoltine. Late June-early August. Hibernation stage unconfirmed but probably as a pupa.
Habitat Arid meadows in valleys higher than 1,000m. a.sl.
Food plant *Oxytropis caerulea*, *Glycine soja* (Leguminosae).
Distribution Mountainous regions in northeastern Korean Peninsula.
Range NE. China, Russia (Amur, S. Siberia, Altai Mts.), Mongolia.
Conservation Designated as Natural Monument (no. 333) in North Korea.

북방연주노랑나비(신칭)

Colias chrysotheme (Esper, 1777)
Schn. I. t. 65, figs 3, 4. Type locality: "in der Gegend von Cremnitz in Ungarn" (Hungary).

지금까지 한반도에 기록이 없던 노랑나비류 한 종을 추가한다. 이 나비는 북한 양강도 삼지연의 해발고도 1,600m 지역에서 채집한 개체를 보관한 헝가리국립자연사박물

관(Hungarian Natural History Museum)에서 Bálint와 Katona(2012)가 발견하여 1 ♂의 사진과 함께 보고하였다. 잎갈나무와 자작나무가 많은 숲길에서 꽃꿀을 빠는 개체를 채집했다고 기록되어 있다.

이 종은 히말라야 북부의 구북구, 즉 유럽 다뉴브 강에서 온대 아시아 전역(몽골까지)에 분포하며(Korshunov와 Gorbunov, 1995), 중국 동북부 지역에서도 기록되어 있다(Tuzov, 1997). 이 종은 가끔 서식지를 벗어난 지역에서 채집될(Beneš와 Konvièka, 2002) 수 있으므로, Bálint와 Katona(2012)는 북한 지역에서의 채집된 예가 미접일 거라고 추정하고 있다. 한반도 개체군은 아종 *andre* Hemming, 1833으로 다룬다.

Abundance Migrant.
Habitat Mountain trail where Dahurain larch and birth trees abound.
Range NE. China, Palaearctic regions north of Himalayas, from Europe to whole Asian continent.
Remark *Colias chrysotheme* has never been recorded from the Korean Peninsula. This species was collected at a locality of 1,600m a.s.l. in Samjiyeon of Ryanggan-do, North Korea, and has been in the collection of Hungarian Natural History Museum, which Blint and Katona reported in 2012 with picture of a male.

새연주노랑나비

Colias fieldii Ménétriès, 1855

분포 경기도 주금산, 강원도 해산령과 전라남도 함평군, 전라북도 고창군 일대에서 일시적으로 채집된 적이 있는데, 중국에서 인위적으로 농작물과 함께 이입된 미접으로 보인다. 북한에도 분포할 것으로 추정

된다. 국외에는 아시아 동부와 남부, 아프가니스탄에서 중국 동부, 러시아 극동지역(미접), 일본(미접)까지 분포한다. 2000년에 우리나라로 이입된 종으로 알려져 있는데, 특별한 기록은 없지만 이미 1980년대에 경기도 주금산에서 발견한 적이 있다.

먹이식물 콩과(Leguminosae)로 추정
생태 한 해에 여러 번(?). 현재 8~9월에 나타난다. 월동 형태는 번데기 상태로 하는 것으로 보이나 우리나라에서는 아직 알 수 없다. 서식지는 산지의 계곡, 경작지 주변의 풀밭이다. 풀밭 위를 빠르게 날아다닌다. 봄에서 여름까지의 관찰 기록은 없고, 가을에 국화꽃에서 꿀을 빤다고 한다. 날아다니는 모습은 노랑나비와 닮으나 훨씬 날개 색이 짙어 다른 종임을 금세 알 수 있다. 이밖에 자세한 관찰 기록은 없다.
변이 한반도 개체군은 중국에 분포하는 아종 chinensis Verity, [1909]로 다룬다.
암수 구별 암컷은 날개밑에 검은 비늘가루가 많고, 외연에 있는 검은 띠의 폭이 넓다. 외연 중앙에는 노란 원 무늬가 띄엄띄엄 보인다. 날개 아랫면의 색은 암컷 쪽이 밝다.
첫 기록 김용식(2002)은 이 나비를 연주노랑나비(강원도 해산)로 잘못 기록한 것을 이영준(2005)이 'Colias fieldii Ménétriès'라는 이름으로 우리나라에 처음 기록하였다.
우리 이름의 유래 이영준(2005)은 새로운 연주나비라는 의미로 이름을 지은 것 같다.

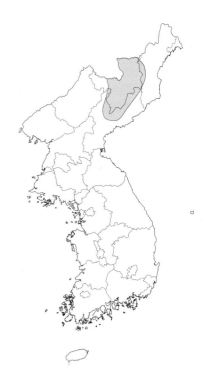

Jeollabuk-do and Jeollanam-do.
Range Japan (migrant), E. China, From Russian Far East (migrant) to Afghanistan, Iran.

북방노랑나비

Colias tyche (Böber, 1812)

북한 학자 임홍안(1987)이 *Colias melinos* Eversmann, 1847 (= *Colias melinos* Evans, 함북 연사군 등연)라는 이름으로 처음 소개했는데, 증거 표본을 제시하지 않고 암컷 1마리만 채집했다고 하였다. 이밖에 다른 기록은 없으며, 위의 기록이 실제 이 종인지의 여부를 앞으로 확인할 필요가 있다. 왜냐하면 이 무리의 변이가 매우 심하기 때문이다. 국외에는 중국 동북부, 러시아(시베리아, 아무르), 몽골, 알래스카 등 고위도 지역에 분포한다. 따라서 만약 위의 한반도 기록을 인정한다면 미접이 뚜렷하며, 세계 분포로 보아 러시아, 몽골 지역과 함께 기준 아종으로 다루는 것이 옳겠다. 하지만 잘못 동정했을 가능성이 높다. 처음 기록한 임홍안(1987)이 우리 이름의 어원에 대해 별다른 언급을 하지 않았지만 아마 북쪽에 치우친 노랑나비라는 뜻으로 보아야겠다.

높은산노랑나비

Colias palaeno (Linnaeus, 1761)

분포 백두산을 포함한 개마고원과 함북의 높은 산지에 분포한다. 국외에는 일본 혼슈의 고지대, 중국 동북부, 러시아(아무르, 추곡카, 시베리아 중부와 동부), 몽골, 유럽 중부와 북부, 북미의 북부 지역에 넓게 분포한다.
먹이식물 진달래과(Ericaceae) 들쭉나무
생태 한 해에 한 번(?). 7월 초에서 8월 중순에 나타나고, 월동은 애벌레 상태로 하는 것으로 보인다. 서식지는 북한의 고산지의 계곡과 그 주변 풀밭이다. 풀밭 위를 빠르게 날아다니며, 여러 꽃에 날아온다. 자세한 관찰 기록이 없으나 습성은 노랑나비와 거의 같아 보인다.
변이 한반도 개체군은 중국 동북부, 러시아(아무르, 추곡카, 시베리아 중부와 동부), 몽골 지역과 함께 아종 orientalis Staudinger, 1892로 다룬다. 일본에는 다른 아종이 분포한다. 한반도에서는 특별한 변이가 없다.
암수 구별 수컷의 날개 색은 노란색이고, 암컷은 흰색과 노란색의 두 가지로 보이는

Abundance Migrant.
General description Wing expanse about 52 mm. Korean population was dealt as ssp. *chinensis* Verity, [1909] (TL: Nian-Chan, Thibet).
Flight period Voltinism uncertain, recorded in August-September. Hibernation stage unconfirmed but possibly as a pupa.
Habitat Meadows in the mountain valley and around cultivated lands.
Food plant Leguminosae.
Distribution Haesan (GW), Mt. Jugeumsan (GG), Some regions in

Abundance Rare.
General description Wing expanse about 51 mm. Korean population was dealt as nominotypical subspecies (TL: Sibérie (Baikal Lake)).
Flight period Univoltine. July. Hibernation stage unconfirmed.
Habitat Unconfirmed. Possibly grasslands.
Food plant Leguminosae.
Distribution Yeonsa-gun (HB).
Range NE. China, Russia (N. Amur, S. Siberia), Mongolia, Alaska.

데, 우리나라에서는 노란 형이 적다.
닮은 종의 비교 239쪽 참고
첫 기록 모리(Mori, 1925)는 *Colias palaeno orientalis* Staudinger (Papari (양강도 파발리), Mt. Taitoku (대덕산))라는 이름으로 처음 기록하였다.
우리 이름의 유래 석주명(1947)은 눈나비와 같이 높은 산에 사는 노랑나비라는 뜻으로 이름을 지었다.
비고 이밖에 *Colias marcopolo* (Grum-Grshimalio, 1888)라는 종을 Maruda(1929)가 함북 경성에서 채집하여 처음 기록하였고, 이후 土居 寬暢(1937c)이 백두 산록의 농사동에서 *Colias marcopolo nicolopolo* Röber, 1907이라는 이름으로 다시 기록했으나 이들 기록은 모두 잘못이다. 이 종은 현재 아프가니스탄 등 중앙아시아에만 분포한다. 무라야마(Murayama, 1969b)와 이승모(1982)는 이 나비를 잘못 기록된 종이라고 보았다.

Abundance Local.
General description Wing expanse about 48 mm. Korean population was dealt as ssp. *orientalis* Staudinger, 1892 (TL: Upsala, Finlandia (S. Sweden, Finland)).
Flight period Univoltine. Early July-mid August. Possibly hibernates as a pupa.
Habitat Meadows around valley of high-altitude mountain area.
Food plant *Vaccinium uliginosum* (Leguminosae).
Distribution Some mountainous regions in northeastern Korean Peninsula.
Range Japan (Honshu), NE. China, Russia (Amur, Chukot region, C. & E. Siberia), Mongolia, Europe (C. & N.), N. America.

노랑나비

Colias erate (Esper, 1805)

분포 한반도 전 지역에 분포한다. 국외에는 일본에서 러시아 남부까지와 중국, 타이완, 히말라야, 인도의 고지대에 넓게 분포한다.
먹이식물 콩과(Leguminosae) 들완두, 자운영, 벌노랑이, 고삼(도둑놈의지팡이), 아까시나무, 비수리, 토끼풀, 결명자, 싸리 등
생태 한 해에 세 번에서 다섯 번, 발생하는데, 제주도에서는 2월 중순부터 11월까지 보이고, 중부 이북 지역은 4월 중순부터 10월 초까지 보인다. 월동은 애벌레 상태로 한다. 서식지는 경작지 주변, 해안, 철도변, 도로변, 산지의 풀밭이다. 흰나비류와 달리 빠르고 반듯이 난다. 날씨가 좋은 날은 수컷은 쉼 없이 풀밭 위를 날아다니며 암컷을 탐색한다. 암수 모두 개망초와 토끼풀, 배추, 무, 유채, 바늘엉겅퀴, 민들레, 벌노랑이, 산국, 백일홍, 철쭉, 도깨비바늘, 자운영 등의 꽃에 잘 모여 꿀을 빤다. 암컷은 잎에 앉아 배를 앞으로 구부려 먹이식물의 새싹 위에 알을 하나씩 낳는다. 유생기의 기록은 임옥희 등(2000)의 논문이 있다.

변이 한반도 개체군은 일본, 중국 동북부, 러시아 극동지역(연해주, 사할린, 트랜스바이칼)과 함께 아종 *poliographus* Motschulsky, [1861]로 다룬다. 한반도에서는 특별한 변이가 없다. 최근 아종 *poliographus*를 종으로 승격하여, 유럽에 분포하는 *erate*와 분리하는 학자가 있다(Tuzov et al., 1997; Grieshuber와 Lamas, 2007; Bozano, 2016). 양자의 차이는 *poliographus*의 날개가 *erate*보다 길다. 또 수컷 앞날개 윗면의 외연에 나타나는 검은 띠 중에 옅은 색이 보이면 *poliographus*로, 없으면 *erate*로 나눈다. 앞은 한반도, 일본, 중국 동북부, 러시아 극동지역에, 뒤는 유럽에서 중앙아시아를 거쳐 중국 서부까지 분포한다. 하지만 이 밖의 양자 사이의 종의 차이는 특별히 없다. 일종의 같은 종 안에서의 유전 변이로 보인다(猪又 敏男, 2005). 우리나라에서도 이 2형이 나타나지만 외연의 검은 띠 중에 옅은 색이 보이는 개체들이 대부분이다. 계절에 따른 변이가 있다. 봄의 개체는 소형이고, 날개 윗면 외연의 검은 띠가 덜하다. 가을 개체는 뒷날개 윗면에 녹갈색 비늘가루가 많아지고, 날개 아랫면이 조금 붉어진다. 뒷날개 윗면 중앙의 오렌지색 원 무늬는 크기와 색에서 뚜렷한 정도가 다른 개체 변이가 있다. 또 노란 날개의 암컷은 봄과 여름보다 가을에 보이는 개체일수록 날개의 붉은 기가 두드러진다.
암수 구별 암컷은 날개의 바탕이 노란색만 띠는 수컷과 달리 흰색 형과 노란색 형으로 나누는데, 흰색 형이 더 많은 편이다. 노란색 형 암컷은 수컷과 닮으나 수컷보다 더 크고, 날개 외연이 둥글며, 검은 띠의 폭이 넓다. 노란색 형의 암컷과 수컷을 확실히 구별하려면 배 끝의 모양을 보고 판단하는 것이 좋다.
첫 기록 Fixsen(1887)은 *Colias hyale* var. *poliographus* Motschulsky (Korea)라는 이름으로 우리나라에 처음 기록하였다. 당시에는 종 *hyale* Linnaeus와 *erate* Esper를 혼용하였다.
우리 이름의 유래 석주명(1947)은 흰나비처럼 예부터 널리 알려진 노랑나비로 이름을 지었는데, 그 이유는 날개 색에 따른 것으로 보인다.

Abundance Common.
General description Wing expanse
about 52 mm. Korean population was
dealt as *poliographus* Motschulsky,
[1861] (TL: Hokodody (Hakodate)).
Flight period Trivoltine or Polyvoltine
according to latitude. Mid February-
November in Jeju island, mid April-
early October in C. & N. Korea.
Hibernates as a larva.
Habitat Meadows, arid grasslands,
cultivated grounds, grassy slopes and
sunny clearings in forest.
Food plant *Vicia bungei*, *Astragalus
sinicus*, *Lotus corniculatus*, *Sophora
flavescens*, *Robinia pseudo-acacia*,
Lespedeza cuneata, *L. bicolor*, *Trifolium
repens*, *Senna tora* (Leguminosae).
Distribution Whole region of Korean
Peninsula.
Range Japan, China, Russia (Primorye,
Sakhalin-Transbaikal), Taiwan,
Mongolia, India.

연노랑나비

Catopsilia pomona (Fabricius, 1775)

분포 경상남도 거제도와 제주도 등지에서
여름에 가끔 발견되는 미접이다. 국외에는
일본의 남서 제도와 동양구의 열대 지역,
오스트레일리아구, 마다가스카르 등지에
넓게 분포하는 열대계 나비이다.
먹이식물 콩과(Leguminosae) 석결명, 결명자
생태 6~9월 초에 일시적으로 보인다. 우리
나라에 정착하지 않는 것으로 보이며, 늦
여름에 주로 관찰된다. 아마 일본 남부, 중
국 남부, 타이완, 동남아 지역에서 계절풍
또는 태풍 등에 의해 우리나라로 여름 한철
날아오는 것으로 보인다. 서식지는 확 트
이고 콩과식물이 자라는 풀밭이다. 도로를
가로질러 빠르게 날며, 특히 수컷을 만나

면 빠르게 날아다니는 것을 볼 수 있다. 나
는 모습은 배추흰나비와 닮으나 훨씬 커 보
이고, 빠르고 힘차다. 이 밖의 생태 관찰에
대한 국내 기록은 없다.
변이 우리나라에서 채집되는 개체들은 동양
구와 오스트레일리아구에 분포하는 기준
아종의 특징과 같다. 원 정착지인 열대와
아열대 지역에서는 고온기와 저온기의 생
김새가 다르다. 우리나라에서 볼 수 있는
개체들은 모두 고온기의 개체들로, 수컷의
날개 전연과 외연의 띠가 넓다. 아마 여름
에만 관찰할 수 있어서 고온기 형만 보이는
것으로 추측된다.
암수 구별 우리나라에서 수컷보다 암컷을 채
집한 기록이 적다. 수컷은 날개색이 암컷
보다 흰데, 앞날개 밑에서 중앙까지가 그
바깥보다 노랗다. 앞날개 전연부의 날개끝
으로 검은 띠가 있다. 뒷날개 제7실 날개
밑에는 연미색의 성표가 나타난다. 암컷은
날개 테두리가 두껍고 검다.
첫 기록 윤인호와 김성수(1992)는 *Catopsilia
pomona* (Fabricius) (거제도)라는 이름으
로 처음 기록하였다.
우리 이름의 유래 윤인호와 김성수(1992)는
이 나비의 날개 색을 강조하여 '연노랑흰나
비'로 이름을 지었다. 그런데 이 종이 노랑
나비아과에 포함되므로 '흰'자를 뺀 이름으
로 바뀌었다(김성수, 2015).

Abundance Migrant.
General description Wing expanse
about 63 mm. Korean population was
dealt as nominotypical subspecies (TL:
nova Hollandia).
Flight period Voltinism uncertain:
mainly recorded June-early September.
First brood often very scarce.
Habitat Grasslands with leguminous
plant.
Food plant *Cassia occidentalis*, *Senna
tora* (Leguminosae).
Distribution Jeju island, Geojedo island
(GN) (migrant).
Range Japan, Oriental Region,
Australian Region.

호랑나비상과
Papilionoidea

부전나비과
Lycaenidae

뾰족부전나비아과
Curetinae

바둑돌부전나비아과
Miletinae

쌍꼬리부전나비아과
Aphnaeinae

부전나비아과
Polyommatinae

주홍부전나비아과
Lycaeninae

녹색부전나비아과
Theclinae

뾰족부전나비

Curetis acuta Moore, 1877

분포 최근 경상북도 경산, 성주, 안동, 대구, 경상남도의 울산, 거제, 창원, 김해, 마산, 남해, 지리산, 전라남도 완도, 진도, 무안, 여수, 목포, 해남, 영암, 장흥을 비롯하여 광주 무등산까지 발견되며, 분포의 영역이 점점 육지 쪽으로 그리고 북쪽으로 넓어지는 추세이다. 제주도에서는 2017년부터 관찰되고 있다. 국외에는 일본 남부, 중국 남부, 타이완, 인도네시아, 히말라야와 네팔, 인도 남부에 분포한다.

먹이식물 콩과(Leguminosae) 칡

생태 일본에서는 한 해에 여러 번 나타나는 것으로 알려져 있으나 우리나라에서는 정확한 발생 횟수를 아직 알 수 없다. 주로 8~10월에 보인다. 월동은 어른벌레 상태로 하는 것으로 보이는데, 김성수가 제주도에서 2018년 12월 말과 2019년 3월 중순에 각각 관찰하여 제주도 안덕계곡에서 월동한다는 것을 발견하였다. 서식지는 칡이 자라는 경작지 주변, 도로변, 숲 가장자리이다. 수컷은 길가의 양지바른 잎 위와 길바닥에 앉으며, 날개를 펴 일광욕을 하거나 빠르게 나무 위를 날아다닌다. 또 확 트인 공간의 칡 잎 위나 산정 주위에서 점유 행동을 세차게 하고, 경상남도 진주에서 8월에 칡꽃에서 꿀을 빠는 장면을 관찰하였다. 비온 다음 날 아침 수컷의 흡수 행동을 관찰한다. 암컷은 가을에 졸참나무와 종가시나무의 발효된 진에 날아온다. 애벌레는 제8배마디 위에 끝이 잘린 바늘 모양의 긴 돌기가 한 쌍 있다.

변이 한반도 개체군은 일본 지역과 함께 아종 *paracuta* de Nicéville, 1902로 다룬다. 우리나라에서 채집되는 개체들은 가을형인 경우, 날개끝이 유난히 뾰족해진다.

암수 구별 수컷은 날개 윗면 중앙이 등적색이나 암컷은 은백색이 넓어진다. 날개 아랫면은 암수 모두 차이 없이 은백색을 띤다.

첫 기록 김성수와 서영호(2012)는 *Curetis acuta* Moore (거제도, 울산)라는 이름으로 처음 기록하였다. 과거 Doi(1919)가 위의 이름(Zennam Kosyu(전라남도 광주))으로 기록한 적이 한 번 있다. 이 종이 1919년 전라남도 광주에서 채집되었다는 기록은 잘못으로 여겨진다. 당시는 지금보다 기온이 훨씬 낮았기 때문이다. 이 내용은 이승모(1982)가 주장하였고 우리도 이에 동의한다.

우리 이름의 유래 석주명(1947)은 날개끝의 모양과 뒷날개의 제3맥 끝, 항각 부근이 뾰족하게 튀어나온 점을 들어 '뾰죽부전나비'라는 이름을 지었다. 이때의 '뾰죽'은 맞춤법에 어긋나고, 이미 한 번 이승모(1982)가 '뾰족'으로 불렀던 적도 있어 '뾰족'으로 하는 것이 좋겠다.

Abundance Migrant.

General description Wing expanse about 33 mm. Korean population was dealt as ssp. paracuta de Nicéville, 1902 (TL: Japan).

Flight period Voltinism uncertain due to sporadic sighting of adults. August-October. Possibly hibernates as an adult.

Habitat Around farmland, roadside, forest edge with arrowroot vines.

Food plant *Pueraria lobata* (Leguminosae).

Distribution Mt. Jirisan, Ulsan, Geojedo island, Namhaedo island (GN), Busan, Wando island (JN).

Range S. Japan, S. China, Taiwan, Indonesia, Himalayas, Nepal, S. India.

바둑돌부전나비

Taraka hamada (Druce, 1875)

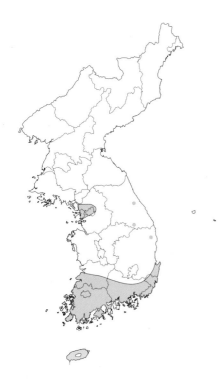

분포 한반도 중부의 내륙 일부 지역과 전라남도 백양사, 무등산 등 산지, 남부의 해안지역, 인천 덕적도, 동해안 일부, 제주도, 진도 등 섬 지역에 국지적으로 분포한다. 제주도에서는 돈내코와 어리목, 1,100고지에서 기록이 있다. 울릉도에서는 조복성(1929)이 처음 기록한 후, 더 이상 발견되지 않았다. 국외에는 일본, 중국, 타이완, 인도차이나, 말레이반도, 수마트라, 자바, 히말라야 동부에 넓게 분포한다.

먹이 이대, 조릿대, 섬조릿대, 제주조릿대에 기생하는 일본납작진딧물 (*Ceratovacuna japonica*) (지금까지 국내의 문헌들에 먹이와 관련하여 기록되어온 '신이대'는 함북 명천군 상고면 일대에만 분포하고, 이 나비의 분포지와 겹쳐지지 않으므로 잘못된 기록이다.)

생태 한 해에 서너 번, 5월 중순에서 10월 초까지 보인다. 일반적으로 대발생한 다음 해에 자취를 감추거나 극소수가 발생하는 등 해마다 개체수의 변동이 크다. 월동은 중령애벌레 상태로 한다. 서식지는 절

주변과 마을 어귀, 등산로 입구 등에서 자라는 조릿대와 이대 군락지이다. 조금 어두운 장소에 앉고 잘 날지 않으며, 일본납작진딧물의 분비물을 빨아먹는다. 수컷은 오후에 햇볕이 드는 낮은 위치의 잎 위에서 약하게 점유행동을 한다. 해질 무렵 대나무 잎에서 짝짓기가 이루어진다. 수컷은 서식지를 벗어나 유전자 교류가 일어나게 한다. 암컷은 서식지 둘레를 그다지 멀리 떠나지 않으며, 조릿대와 이대의 잎 뒤에서 무리 짓는 진딧물들 사이에 알을 하나씩 낳는다. 애벌레는 대나무 잎을 먹지 않고, 일본납작진딧물을 잡아먹는 우리나라 나비 중 유일하게 순육식성이다. 유생기의 기록은 정헌천과 김소직, 김명희(1995)의 논문이 있다.

변이 한반도 개체군은 일본 지역과 함께 기준 아종으로 다룬다. 계절에 따른 변이는 없으나 봄에 나온 개체가 여름 개체보다 조금 큰 편이다.

암수 구별 수컷은 날개 외연이 곧아서 거의 직선이나 암컷의 날개 외연은 눈에 띄게 둥글다. 앞날개 중앙의 흰 무늬는 암컷 쪽에서 더 뚜렷한 경향이 있다.

첫 기록 조복성(1929)은 *Taraka hamada* Druce (Is. Dagelet (울릉도))라는 이름으로 우리나라에 처음 기록하였다.

우리 이름의 유래 석주명(1947)은 날개 아랫면의 무늬가 마치 바둑돌을 놓은 바둑판을 연상시킨다고 이름을 지었는데, 사실은 일본 이름에서 의미를 따온 것이다.

Abundance Local.

General description Wing expanse about 25 mm. Unmistakable. Ground color of underside is white, with sprinkling of black dots. Korean population was dealt as nominotypical subspecies (TL: Yokohama, Japan).

Flight period Trivoltine or polyvoltine. Mid May-early October. Hibernates as a larva grown to some extent.

Habitat Edges and roadsides of bamboo grove.

Food Aphids (*Ceratovacuna japonica*)

parasitic on '*Pseudosasa japonica, Sasa borealis, S. kurilensis, S. quelpaertensis* (Gramineae)'.

Distribution Jeju island, Some regions of Jeolla-do and Gyeongsang-do, Busan, Ulsan, Ulleungdo island.

Range Japan, China, Taiwan, Malay Peninsula, Sumatra, Java, E. Himalayas.

쌍꼬리부전나비

Cigaritis takanonis (Matsumura, 1906)

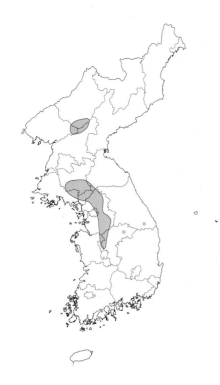

분포 경기도와 강원도, 충청도의 일부 지역과 전라남도 광주, 북한의 평안도에 국지적으로 분포한다. 국외에는 일본, 중국 서부에 분포한다. 환경부에서 지정한 멸종위기 야생생물 Ⅱ급에 속한다.

먹이 마쓰무라밑드리개미(*Crematogaster matsumurai*)가 주는 먹이, 이밖에 *Crematogaster laboriosa*(용골등꼬리치레개미)가 주는 먹이(Fiedler, 2006)

생태 한 해에 한 번, 6월부터 나타나 7월에 볼 수 있다. 월동은 애벌레 상태로 한다. 서식지는 낮은 산지의 잡목림과 소나무가 어우러지고 덜 우거진 숲 가장자리, 묘지 주변, 산길이다. 수컷은 해질 무렵 탁 트인 공간의 나무 끝에 앉아 점유행동을 심하게 하다가 한낮에는 서식지 주변의 나뭇잎 위에 앉아 햇볕을 쬔다. 암수 모두 개망초와 큰까치수염, 밤나무 등의 흰 꽃에 날아와 꿀을 빤다. 암컷이 알 낳는 시기는 6월 중순부터 7월 초까지이고, 주로 오후에 산란한다. 암컷은 숙주개미인 마쓰무라밑드리개미의 집이 있는 소나무와 신갈나무, 노

간주나무, 은사시나무, 마, 국수나무가 죽어 있거나 또는 살아있는 나무, 그 나무와 닿는 바위틈에도 알을 낳는데, 한 번에 1~3개씩 낳는다. 애벌레는 직접 숙주개미집으로 들어가거나 숙주 일개미에 의해 집으로 옮겨진다. 그곳에서 구걸행동을 통해 먹이를 개미에게서 얻어먹는다(장용준, 2006).

변이 한반도 개체군은 고유 아종 *koreanus* Fujioka, 1992로 다룬다. 한반도에서는 특별한 변이가 없다.

암수 구별 암컷은 수컷보다 날개 외연이 조금 둥글다. 수컷은 날개 윗면의 날개밑에서 중앙까지가 청자색이고, 암컷은 날개 전체가 흑갈색이다. 또 수컷은 뒷날개 아랫면의 1b+c맥에 검은 줄무늬가 가늘게 항각에 이르나 암컷은 굵으며 도중에서 끊긴다.

첫 기록 Matsuda(1929)는 *Aphnaeus takanonis* Matsumura (Tyozyusan (장수산))라는 이름으로 우리나라에 처음 기록하였다.

우리 이름의 유래 석주명(1947)은 뒷날개 항각에 붙은 돌기가 2개인 점을 들어 이름을 지었다.

비고 Weidenhoffer et al.(2007)은 쌍꼬리부전나비의 속 이름을 *Spindasis* 대신 *Cigaritis* Donzel, 1847로 다루고 있다. 실제로 양 속의 생식기를 포함한 형태 특징으로 볼 때 서로 큰 차이가 없다고 하였다. 또 지금까지 쌍꼬리부전나비가 포함된 *Spindasis*속은 아시아의 종들에만 한정되고, 머리의 털 다발(hair tuft)을 가진 고유의 형질이 있다. 오랜 기간 우리나라에서 *Spindasis* Wallengren, 1857 속을 이 종에 붙였던 이유는 *Cigaritis* Donzel, 1847 속이 유럽과 아프리카 북부에만 분포하는 것과 달리 *Spindasis*는 아프리카에서 인도를 거쳐 한반도와 일본까지 넓게 분포한다는 점과 관용적으로 *Spindasis*를 이 두 이름의 대표로 써왔기 때문이다. 하지만 양 속의 특징이 같아서 발표년도가 앞서는 *Cigaritis*가 우선권이 있다. 한편 아프리카와 아시아의 여러 쌍꼬리부전나비들의 속에 대한 분류 연구가 많아지면서 점차 쌍꼬리부전나비가 속한 새로운 아과 (Aphnaeidae)가 설정되었다(Boyle et al., 2015). 이 아과에는 *Aphnaeus*, *Cigaritis*, *Lipahnaeus*라는 3속뿐이고, 우리나라에

는 *Cigaritis*속만 있다. Bálint et al.(2017)은 특히 북한의 쌍꼬리부전나비를 포함한 여러 재료들을 검토하여 뒷날개에 노출된 잔털로 된 수컷의 성징을 새로 발견하면서 이 아과의 설정을 뒷받침하고 있다.

Abundance Rare.

General description Wing expanse about 27 mm. Hindwing with a short tail at end of vein 2 and a longer one at end vein 1b, a prominent lobe at anal angle. Korean population was dealt as ssp. *koreanus* Fujioka, 1992 (TL: Korea).

Flight period Univoltine. June-July. Hibernates as a larva.

Habitat Forests mixed with conifers and deciduous broad-leaved trees, grave site surroundings, mountain trails.

Food Feed given by ant (*Crematogaster matsumurai*).

Distribution Seoul, Some localities of Chungcheongnam-do, Yeongwol (GW), Gwangju (JN), N. Korea.

Range Japan, W. China.

Conservation Under category Ⅱ of endangered wild animal designated by Ministry of Environment of Korea.

담흑부전나비

Niphanda fusca (Bremer et Grey, 1853)

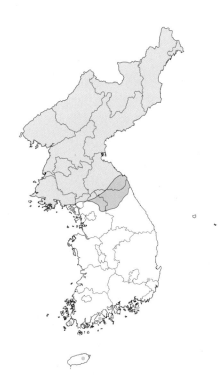

분포 제주도와 남한에 매우 국지적으로 분포하는데, 과거에는 전국에 매우 흔한 종이었다. 경기도 일부, 강원도 양구, 인제 지역에서 보이며 북한의 분포지에 대한 상세한 정보는 없다. 국외에는 일본, 중국(북부, 서부), 러시아(아무르, 우수리, 트랜스바이칼 남부)에 분포한다.

먹이식물 떡갈나무, 이밖에 털관진딧물 (*Greenidea nipponica*)이 내는 단물과 일본왕개미(*Camponotus japonicus*)와 한국홍가슴개미(*Camponotus atrox*) 집에 저장된 먹이(어릴 때에는 식물을 먹지만 개미 집에 이동 후 육식도 한다.)

생태 한 해에 한 번, 6월 중순에서 7월 말에 나타난다. 일본에서 월동을 3령애벌레 상태로 한다고 하나 우리나라에서는 아직 밝혀지지 않았다. 서식지는 상수리나무와 소나무가 드문드문 자라는 곳, 사찰, 군 훈련장 주변의 풀밭, 묘지 주변 풀밭이다. 식생의 천이로 숲이 울창해지면서 이 종의 개체수가 급감하고 있다. 수컷은 양지바르고 탁 트인 장소에 있는 작은 나무 위에서 점

유행동을 강하게 한다. 암수 모두 개망초와 바늘엉겅퀴, 파, 탱자나무 등의 꽃에 모여 꿀을 빤다. 암컷은 일본왕개미가 다니는 길목의 초본류와 관목류, 참나무, 소나무에 한 번에 10여 개의 알을 차례로 낳으며, 조밀하지 않지만 전체가 알 뭉치처럼 보인다. 2령애벌레까지는 털관진딧물이 내는 단물을 먹으나 3령 이후, 일본왕개미의 집으로 개미에 의해 이동되어 개미가 주는 먹이를 먹고 자란다. 진딧물과 개미에 의존하는 편리공생을 한다. 이 나비의 애벌레와 개미와의 관계에 대한 자료는 장용준 (2006)의 논문이 있다.

변이 한반도 개체군은 일본, 중국, 러시아 극동지역과 함께 기준 아종으로 다룬다. 지역에 따른 변이는 크지 않으나 제주도의 암컷 중에서 날개 윗면 중실 바깥에 뚜렷하지 않은 흰 무늬가 나타나거나 날개 아랫면의 바탕색이 상대적으로 밝은 개체가 있다. 또 날개밑에서 파란 비늘가루가 보이는 개체가 있으나 매우 드물다.

암수 구별 암컷은 수컷보다 훨씬 크고, 날개 외연이 둥글다. 수컷의 날개끝은 뾰족하다. 수컷 날개 윗면은 어두운 보라색 광택을 띤다.

첫 기록 Butler(1882)는 *Niphanda fusca* Bremer et Grey (Posiette bay, NE. Corea)라는 이름으로 우리나라에 처음 기록하였다.

우리 이름의 유래 석주명(1947)은 날개색이 옅은 검은색인 점을 들어 '담흑(淡黑)'이라는 이름을 지었다. '닲흑'이라고 이름을 단책은 모두 잘못이다.

Abundance Rare.

General description Wing expanse about 41 mm. Korean population was dealt as nominotypical subspecies (TL: Pekin (Beijing, China)).

Flight period Univoltine. Mid June-late July. Hibernation stage unconfirmed but hibernates as a 3rd instar in Japan.

Habitat Places where oak trees and conifers are sparsely populated, meadows around military training grounds. shrubs around Buddhist temples.

Food plant *Quercus dentata* (Fagaceae). Larvae eat the sweet secretions of *Greenidea nipponica* and food stored in nest of *Camponotus japonicus* and *C. atrox*. When young, larva is phytophagous, but becomes carnivorous after moving into ant nest.

Distribution Jeju island, Inland regions of Korean Peninsula.

Range Japan, China (N. & W.), Russia (Amur, Ussuri, S. Transbaikalia).

물결부전나비

Lampides boeticus (Linnaeus, 1767)

분포 제주도, 남부지방과 영종도 등 서해의 해안 지역과 섬에서 볼 수 있으며, 한반도 중북부지방 이북에서도 가끔 관찰된다. 바다를 건너 먼 거리를 이동하는 능력이 있다. 우리나라에서 정착하는지의 여부는 아직 불확실했으나 해마다 발견된다는 점과, 제주도에서 추운 12월과 2, 3월에도 발견한 적이 있어 최소한 제주도에서는 정착하고 있다. 여름 이후 북으로 확산하는 것으

로 보이며, 중부 이북 지역에서도 이 시기에 가끔 발견된다. 국외에는 일본 남부, 중국 남부, 타이완에서 동양구의 열대와 아열대 지역에서 온대 지역까지와 파푸아뉴기니, 오스트레일리아, 하와이, 남아시아 일대, 남유럽, 대서양의 카나리아제도, 북아프리카까지 분포의 범위가 매우 넓다.

먹이식물 콩과(Leguminosae) 편두, 고삼(도둑놈의지팡이), 해녀콩

생태 한 해에 여러 번 나타나는 것으로 추정되며, 봄보다는 8월 이후 가을에 많이 발견된다. 우리나라에서 정확한 월동 상태를 모르고 있다. 서식지는 해안 또는 해안 가까이의 풀밭, 해안 마을의 경작지 주변어다. 아침 일찍부터 날이 맑으면 매우 빠르게 날면서 체온을 올리기 위해 일광욕을 하는 장면을 볼 수 있다. 수컷은 풀밭과 산정에서 점유행동을 강하게 한다. 암수 모두 국화와 코스모스, 도깨비바늘꽃, 무릇, 참산부추 등 여러 꽃에서 꿀을 빠는데, 기온이 높은 오후에 활발하다. 암컷은 오후에 먹이식물의 꽃봉오리에 알을 하나씩 낳으며, 때로 여러 번에 걸쳐 같은 곳에 낳는 경우도 있다. 애벌레는 처음에 꽃봉오리 속을 파고 들어가 먹으며, 몸이 커지면 꽃 대신에 콩 꼬투리를 먹기 때문에 콩 농사에 지장을 준다. 유생기의 기록은 손정달과 박경태(2001)의 논문이 있다.

변이 세계 분포로 보아도 특별한 지역 변이는 없으며, 한반도 안에서도 변이가 없다.

암수 구별 날개 아랫면은 암수의 차이가 없다. 수컷의 날개 윗면은 가늘고 검은 띠로 된 외연만 빼고 고르게 자남색이고 전면에 특수한 긴 털이 밀생하나 암컷은 외연부의 검은 부위가 넓고, 날개밑에서 중앙까지 광택이 있는 남색을 띤다. 암컷은 수컷보다 뒷날개 윗면의 항각 주위에 있는 검은 원 무늬의 수가 많다. 일반적으로 암컷은 수컷보다 크다.

첫 기록 Okamoto(1923)는 *Polyommatus boeticus* Linnaeus (Korea)라는 이름으로 우리나라에 처음 기록하였다.

우리 이름의 유래 석주명(1947)은 날개 아랫면에 있는 물결 모양의 갈색 줄무늬들의 특징으로 이름을 지었다.

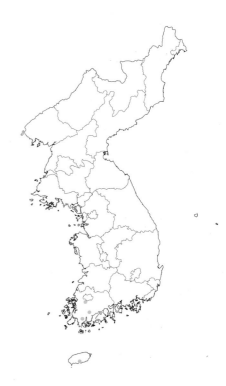

Abundance Common in Jeju island, migrant.

General description Wing expanse about 29 mm. No noticeable regional variation in morphological characteristics (TL: Barbaria [Barbary, i.e., N. Africa, W. of Egypt]).

Flight period Polyvoltine. July-November; first brood often very scarce. Hibernation stage uncertain in Korea.

Habitat Diverse. dry, flowery places, cultivated grounds, grassy hills.

Food plant *Dolichos lablab*, *Sophora flavescens*, *Canavalia lineata* (Leguminosae).

Distribution Jeju island, inland regions of Korean Peninsula (migrant).

Range Tropical and temperate zones (except Americas).

남색물결부전나비

Jamides bochus (Stoll, 1782)

제주도에서 채집되어 우리나라에 처음 기록된 나비로(김용식, 2007), 전라남도의 두륜산과 화순에서도 일부 발견된다. 국외에는 동양구와 오스트레일리아구에 넓게 분포한다. 일본의 남부 일부 섬(야에야마(八重山) 제도)에 분포하며, 이 밖의 여러 섬과 쓰시마에서 미접으로 채집된 기록이 있다. 발견 장소는 경작지 주변과 산길 주위 풀밭이다. 꽃향유와 금불초, 익모초, 서양금혼초(개민들레) 등에서 꿀을 빨고, 그 주변에 앉아 쉰다. 11월경 수컷은 제주도 안덕 계곡의 상록수림의 양지바른 곳에서 점유활동을 세차게 한다. 암컷의 산란 습성은 매우 특이해서, 알을 낳을 때, 입에서 분비한 액체로 알을 싸고, 한 군데에 몇 개씩 낳는다고 한다. 먹이식물은 콩과 식물인 팥이다. 한반도 개체군은 일

본, 타이완 지역과 함께 아종 *formosanus* Fruhstorfer, 1909로 다룬다. 기온이 떨어지는 가을에 발생한 수컷은 날개의 남색 부위가 넓어진다. 수컷은 날개 윗면이 짙은 남색으로 광택이 강하고, 암컷은 전연과 외연이 굵게 검고, 나머지 부분이 밝은 남색이다. 우리 이름은 이 종을 제주도 애월에서 채집하여 처음 기록한 김용식(2007)이 날개의 윗면과 아랫면에 나타난 특징으로 지었다.

Abundance Migrant.

General description Wing expanse about 27 mm. Korean population was dealt as ssp. *formosanus* Fruhstorfer, 1909 (TL: Formosa).

Flight period Voltinism uncertain. August-September in S. Korea and Jeju island. Hibernation stage unconfirmed.

Habitat Around cultivated areas and meadows by mountain trails.

Food plant *Phaseolus angularis* (Leguminosae).

Distribution Mt. Duryunsan (JN), Yeonggwang (JN), Jeju island.

Range Oriental and Australian region.

남방부전나비

Zizeeria maha (Kollar, 1844)

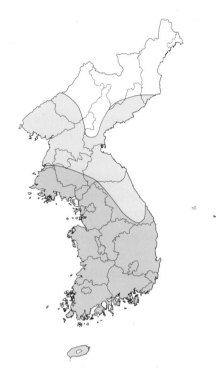

분포 과거에는 제주도와 한반도 내륙 36° 이남 지역과 울릉도에 분포했으나 최근 중부지방에도 이른 봄부터 보이며 차츰 분포지의 범위가 북상하는 경향이다. 과거에는 38° 이북 지역에는 보이지 않았으나 현재는 충분히 서식할 수 있을 것으로 본다. 제주도에서는 낮은 지대를 중심으로 분포한다. 국외에는 일본, 중국, 타이완, 필리핀, 인도차이나에서 이란까지의 대부분 아시아 지역에 넓게 분포한다.

먹이식물 괭이밥과(Oxalidaceae) 괭이밥, 들괭이밥, 선괭이밥

생태 한 해에 네다섯 번. 4월 초에서 11월 초까지 보이며, 가을에 개체수가 많아진다. 월동은 애벌레 상태로 한다. 서식지는 도시의 빈터와 경작지 주변의 빈터, 양지바른 길가, 잔디밭 등 괭이밥이 자라는 키 낮은 풀밭이다. 봄부터 여름에 보이는 수컷은 나는 속도가 비교적 느린 편이지만 가을에 보이는 수컷은 빠르게 난다. 암수 모두 괭이밥, 민들레, 개망초, 쑥부쟁이, 토끼풀, 무릇, 며느리밑씻개, 쇠무릎, 솔체

꽃, 구절초, 좀개미취, 감국, 산국, 방아풀, 백리향 등 여러 꽃에서 꿀을 빤다. 오전 중이나 흐린 날에 일광욕을 하기 위해 잎 위와 줄기 등에서 날개를 반쯤 펴고 앉는다. 봄보다 여름에서 가을까지 개체수가 늘어나지만 겨울을 날 때 대부분 죽는 것으로 보인다. 암컷은 낮게 날다가 새싹에 알을 하나씩 낳는다. 애벌레 주위에 극동혹개미, 곰개미, 일본왕개미 등 7종의 개미가 모여든다(Jang, 2007).

변이 한반도 개체군은 일본 지역과 함께 아종 *argia* (Ménétriès, 1857)로 다룬다. 이따금 아종 *saishutonis* (Matsumura, 1927)로 다루기도 하나 일본 개체군과 큰 차이가 없다. 한반도에서는 지역 변이가 없으나 기온에 따른 개체 변이는 심하다. 특히 섬 지역의 암컷에서 저온기의 개체는 날개가 검지 않고 청람색이 짙어진다. 봄의 수컷은 날개 윗면 외연의 검은 띠가 가늘고, 여름에서 초가을의 더울 때의 수컷은 이 검은 띠가 넓다. 또 초봄이나 늦가을의 수컷의 날개 윗면은 회백색으로 밝아진다. 여름의 암컷은 날개 윗면이 전체가 검으나 봄과 가을에 나타나는 암컷은 날개밑에서 외연까지 청람색이 많아진다. 날개 아랫면의 색은 여름의 수컷이 흰색에 가깝고, 저온기에 어두운 회색으로 검어진다. 때로는 날개 아랫면의 점들이 서로 이어지는 이상형도 있다. 따라서 이런 색 변이의 특징을 계절형으로 나누기보다 저온기와 고온기로 나눌 수 있어 기온에 따른 변이라고 보아야 한다.

암수 구별 수컷의 날개 윗면은 청람색이나 암컷은 흑갈색이다. 암컷은 저온기에 날개 밑에서 중앙 부위에 청람색 비늘가루가 나타나는데, 이 색이 수컷보다 짙은 파란색이고 광택이 있다.

첫 기록 Butler(1883a)는 *Lycaena argia* Ménètriés (Ashby Inlet (현재 지명 불명), SE. Corea)라는 이름으로 우리나라에 처음 기록하였다.

우리 이름의 유래 석주명(1947)은 남쪽에 치우쳐 분포한다는 뜻으로 이름을 지었다.

Abundance Common.

General description Wing expanse about 24 mm. Korean population was dealt as ssp. *argia* (Ménétriès, 1857) (= *saishutonis* Matsumura, 1927) (TL: Japan).
Flight period Polyvoltine. Early April-early November according to latitude. Hibernates as a larva.
Habitat Variety of open sites. Gardens and parks of city and empty spaces near cultivated area, sunny road verges, grassy places where oxalis can grow.
Food plant *Oxalis corniculata* (Oxalidaceae).
Distribution Whole region of Peninsula (areas north of central section of Korea (migrant)).
Range Japan, China, Taiwan, Philippines, Indochina, Iran.

극남부전나비

Zizina emelina (de l'Orza, 1869)

분포 제주도 서귀포시의 안덕과 신산리, 토산리 일대의 해안과 경상북도 경주에서 강릉까지의 동해안 지역, 충청남도 일부 해안 지역, 경기도 시흥에 국한하여 분포한다. 제주도와 충청남도 지역에서 잘 발견할 수 없다. 국외에는 일본, 중국(쓰촨, 윈난, 광시), 미얀마 북부에 분포한다.

먹이식물 콩과(Leguminosae) 벌노랑이, 토끼풀, 매듭풀

생태 한 해에 서너 번, 5월 중순에서 8월 말까지 보인다. 월동은 애벌레 상태로 한다. 서식지는 해변 주변의 벌노랑이와 토끼풀이 많은 풀밭이다. 길가에 자라는 토끼풀과 벌노랑이, 매듭풀, 땅채송화 등 여러 꽃에 잘 모이며, 수컷은 물가에 앉는 경우가 있다. 바람에 영향을 많이 받아 바람이 심하면 움직이지 않으나 바람이 없고 맑은 날, 풀밭을 활발하게 날아다닌다. 여름 한철에는 해안에서 떨어진 산지에도 보인다. 암컷은 먹이식물의 잎이나 꽃봉오리 등에 알을 하나씩 낳는다. 애벌레 주위로 개미가 모인다.

변이 한반도 개체군은 일본 지역과 함께 기준 아종으로 다루며, 다른 아종이 중국(쓰촨, 윈난, 광시), 미얀마 북부에 분포한다. 한반도에서는 지역에 따른 변이가 없다. 다만 제주도의 봄 개체들은 내륙 지역보다 더 크지만, 여름에서 초가을의 개체들은 강원도 동해안의 개체들보다 조금 작은 편이다. 일반적으로 봄의 개체들은 여름 이후의 개체들보다 조금 큰 편이다.

암수 구별 수컷 날개의 윗면은 군청색을 띠나 암컷은 날개밑만 조금 군청색일 뿐 대부분 흑갈색을 띤다.

닮은 종의 비교 240쪽 참고

첫 기록 석주명(1947)은 Zizina otis sylvia Nakahara (Korea)라는 이름으로 우리나라에 처음 기록하였다.

우리 이름의 유래 석주명(1947)은 남방부전나비보다 더 남쪽으로 치우쳐 분포한다는 뜻으로 이름을 지었다.

비고 지금까지 이 종을 otis (Fabricius)로 다루었으나 최근 DNA 연구(Yago et al., 2008)에 따라 아종이었던 emelina (de l'Orza, 1869)를 종으로 승격시켰다.

Abundance Local.

General description Wing expanse about 23 mm. Korean population was dealt as nominotypical subspecies (TL: Japan).

Flight period Trivoltine or polyvoltine according to latitude. Mid May-late August. Hibernates as a larva.

Habitat A meadow and open areas, roadside with where Lotus corniculatus are aplenty near beach, clovered meadow.

Food plant Lotus corniculatus, Trifolium repens, Kummerowia striata (Leguminosae).

Distribution Eastern seaboard regions along Gangreung through Ulsan, Seocheon (CN), Jeju island.

Range Japan, China (Sichuan, Yunnan, Gangsi), N. Myanmar.

꼬마부전나비

Cupido minimus (Fuessly, 1775)

개마고원 일대와 한반도 동북부 산지에 분포하는데, 국외에는 중국 동북부, 러시아(아무르, 캄차카, 트랜스바이칼), 몽골, 코카서스, 터키, 유럽에 넓게 분포한다. 한반도 개체군은 중국 동북부, 러시아(극동지역, 캄차카, 트랜스바이칼), 몽골 동부의 지역과 함께 아종 happensis (Matsumura, 1927)로 다룬다. 한 해에 한 번, 7월 초에서 8월 초까지 나타난다. 백두산 등지의 높은 지대의 풀밭에서는 여러 꽃에 날아온다. 우리나라 나비 중 크기가 가장 작다(날개편길이 10mm 정도). 먹이식물은 콩과식물(Leguminosae)로 알려져 있다. Nire(1919)는 Zizera minimus Fuessly (Mosanrei (무산령))라는 이름으로 우리나라에 처음 기록하였다. 우리 이름은 석주명(1947)이 영어 이름 Small Blue 또는 종의 라틴어(minimus)에서 의미를 따와 지었다.

Abundance Local.

General description Wing expanse about 19 mm. Korean population was dealt as ssp. *happensis* (Matsumura, 1927) (TL: Happa, Corea (Pabalri, N. Korea)).

Flight period Univoltine. July-early August. Hibernation stage unconfirmed.

Habitat Meadows in high mountain such as Mt. Baekdusan.

Food plant Leguminosae.

Distribution Mountainous regions of northeastern part of Korean Peninsula.

Range NE. China, Russia (Amur, Transbaikalia, Kamchatka), Mongolia, Caucasus, Turkey, Europe.

암먹부전나비

Cupido argiades (Pallas, 1771)

기준 아종으로 다룬다. 한반도에서는 특별한 지역 변이가 없다. 봄에 나온 개체는 여름 개체보다 날개 아랫면의 점무늬가 조금 옅고, 암컷 개체 중에는 날개 윗면에 남색 비늘가루가 많아지기도 한다. 봄의 수컷에서는 뒷날개 항각 주위의 검은 점이 뚜렷하다. 제주도에서는 봄 개체가 매우 작은 편이다. 이밖에 날개 크기, 날개 아랫면의 점무늬와 뒷날개 항각 주위의 붉은 점의 크기 등에서 다양한 개체 변이가 있다.

암수 구별 날개 윗면의 색이 수컷은 자남색이고, 암컷은 흑갈색이다.

첫 기록 Butler(1883a)는 *Everes hellotia* Ménétriès (Southeast coast of Korea)라는 이름으로 우리나라에 처음 기록하였다.

우리 이름의 유래 석주명(1947)은 암컷이 검다는 뜻으로 이름을 지었다.

Abundance Common.

General description Wing expanse about 23 mm. Korean population was dealt as nominotypical subspecies (TL: Samara, S. Russia).

Flight period Bivoltine or polyvoltine according to latitude. March-early October. Hibernates as a larva.

Habitat Open areas, grassland around rural village roads, empty fields mountains, rivers and beaches.

Food plant *Kummerowia striata*, *Vicia amoena*, *V. cracca*, *V. venosa* (Leguminosae).

Distribution Whole region of the Korean Peninsula.

Range Temperate belt of Palaearctic region.

분포 제주도와 울릉도, 모든 부속 섬을 포함한 한반도 내륙 각지에 분포하고, 제주도는 한라산 정상부를 뺀 낮은 지대에서 산지까지 흔하게 분포한다. 국외에는 유라시아 대륙의 북부에 폭넓게 분포한다.

먹이식물 콩과(Leguminosae) 매듭풀, 갈퀴나물, 실갈퀴, 등갈퀴나물, 광릉갈퀴

생태 한 해에 두 번에서 다섯 번, 3월에서 10월 초까지 보인다. 월동은 애벌레 상태로 한다. 서식지는 마을 주변 길가와 밭 주변, 산지, 강가, 바닷가 등 풀밭이다. 수컷은 풀밭을 낮게 활발히 날아다니다가 물가에 잘 앉아 물을 먹는다. 암수 모두 민들레와 무, 배추, 갈퀴나물, 톱풀, 개망초, 토끼풀, 고들빼기, 자운영, 씀바귀 등 여러 꽃에서 꿀을 빤다. 오전 중 일광욕을 하기 위하여 날개를 펴고 앉는 일이 많다. 암컷은 먹이식물의 꽃봉오리에 알을 하나씩 낳는다. 애벌레는 꽃봉오리를 먹는다. 애벌레 주위에 마쓰무라꼬리치레개미, 곰개미, 스미스개미 등의 개미가 모여든다(Jang, 2007).

변이 한반도 개체군은 구북구에 분포하는

먹부전나비

Tongeia fischeri (Eversmann, 1843)

분포 섬들을 포함한 한반도 내륙 각지에 분

포하는데, 주로 해안지대를 중심으로 개체수가 많다. 울릉도에서의 기록은 없다. 국외에는 일본, 중국 동북부, 러시아(아무르, 우수리, 시베리아, 우랄 동남부, 사할린), 몽골에 분포한다.

먹이식물 돌나물과(Crassulaceae) 땅채송화, 바위채송화, 채송화, 바위솔, 꿩의비름, 돌나물, 기린초

생태 한 해에 서너 번, 5월 초에서 9월 말까지 보인다. 월동은 애벌레 상태로 한다. 서식지는 해안을 낀 풀밭, 내륙의 돌나물이 많은 산지와 평지의 풀밭이다. 날아다니는 모습은 약해보이나 쉽지 않으며, 서식지 주변을 벗어나는 일이 드물다. 수컷은 가끔 습지에 앉아 물을 빨거나 약한 점유행동을 하며, 한 장소를 특별히 점유하지 않는다. 암수 모두 며느리밑씻개와 냉이, 갯금불초, 개망초, 토끼풀, 순비기나무, 땅채송화 등의 꽃에서 꿀을 빨고, 풀이나 바위 위에서 날개를 반쯤 펴고 앉아 쉬는 일이 많다. 암컷은 새싹에 알을 하나씩 낳는다.

변이 한반도 개체군은 중국 동북부, 러시아 극동지역, 몽골 지역과 함께 아종 *caudalis* (Bryk, 1946)로 다룬다. 한반도에서는 특별한 지역 변이가 없으나 제주도 해안가의 개체들은 크기가 작고, 날개 아랫면의 검은 점무늬가 크고 짙은 특징이 있어 다른 아종으로도 볼 수 있을 것 같다. 저온기에

나타나는 개체들은 뒷날개 윗면 아외연부
의 청색 띠가 뚜렷해지는 경향이 있다.
암수 구별 암컷은 날개 외연이 둥글고, 아랫
면의 검은 점들이 굵고 뚜렷한 편이다. 이
특징만으로 암수 구별이 쉽지 않아 배 끝을
살펴 구별해야 하므로 숙련이 필요하다.
첫 기록 Fixsen(1887)은 *Lycaena fischeri*
Eversmann (서울)이라는 이름으로 우리
나라에 처음 기록하였다.
우리 이름의 유래 석주명(1947)은 날개 윗면
이 검은 특징으로 이름을 지었다.

Abundance Common.
General description Wing expanse
about 21 mm. Korean population was
dealt as ssp. *caudalis* (Bryk, 1946) (TL:
Korea).
Flight period Trivoltine or polyvoltine
according to latitude. Early May-late
September. Hibernates as a larva.
Habitat Coastal meadows, empty
spaces, roadside and arid grasslands
with sedum.
Food plant *Portulaca grandiflora*,
Sedum oryzifolium, *S. kamtschaticum*,
S. polytrichoides, *Ssarmentosum*
Orostachys japonica, *Hylotelephium*
erythrostictum (Crassulaceae).
Distribution Whole Korean territory
except Ulleungdo island.
Range Japan, NE. China, Russia (Amur,
Ussuri, Siberia, SE. Ural, Sakhalin),
Mongolia.

푸른부전나비

Celastrina argiolus (Linnaeus, 1758)

분포 부속 섬을 포함한 한반도 전 지역에 분
포한다. 국외에는 유라시아 대륙에 넓게
분포한다.
먹이식물 콩과(Leguminosae) 싸리, 좀싸

리, 고삼(도둑놈의지팡이), 칡, 족제비싸
리, 땅비싸리, 아까시나무
생태 한 해에 세 번에서 다섯 번, 3월 중순
에서 10월에 보인다. 제주도에서는 2월 말
부터 보인다. 월동은 번데기 상태로 한다.
서식지는 평지에서 높은 산지까지 숲 가장
자리이다. 산길과 빈터 등 여러 곳에 흔하게
보인다. 수컷은 습지와 새똥에 잘 모이며,
이따금 짐승 배설물에도 잘 모인다. 개여뀌
와 라일락, 뱀무, 씀바귀, 나무딸기, 개망초,
사철나무, 제비꽃, 산초나무, 조팝나무, 보
리수나무, 누리장나무 등 여러 꽃에 날아와
꿀을 빤다. 수컷은 점유행동을 약하게 하는
데, 한 장소를 집착하지 않는다. 암컷은 양
지바른 곳에 있는 먹이식물의 꽃봉오리와
새싹에 배를 구부려 알을 하나씩 낳는데, 이
따금 한 장소에 되풀이해서 낳는 바람에 한
곳에 10개 이상이 보일 때도 있다. 애벌레
주위에 마쓰무라꼬리치레개미 등 여러 종
류의 개미가 모여든다(Jang, 2007).
변이 한반도 개체군은 일본, 중국, 러
시아 극동지역, 몽골 지역과 함께 아종
ladonides (de l'Orza, 1869)로 다룬다. 한
반도에서는 특별한 변이가 없다. 봄에 나
오는 개체들은 날개 윗면의 청색이 짙어지
고, 날개 아랫면의 점들이 뚜렷해진다. 암
컷 봄 개체는 날개 중앙의 광택이 있는 청
람색 부분이 뚜렷하나 여름 개체는 이 부분

이 좁고 탁해지며, 날개 외연의 검은 테가
두꺼워진다. 제주도의 봄 개체는 다른 지
역의 여름 개체처럼 보이며, 개체의 크기
도 여름 개체처럼 큰 편이다.
암수 구별 수컷은 날개의 윗면이 파란색이고,
암컷은 날개 외연의 검은 테가 두꺼우며, 그
안쪽의 색이 수컷보다 짙고 금속광택이 난다.
첫 기록 Butler(1883a)는 *Lycaena levettii*
Butler (Jinchuen (인천), W. Corea)라고
신종으로 기재하면서 우리나라에 처음 기
록하였다.
우리 이름의 유래 석주명(1947)은 영어 이름
'Holly Blue'에서 의미를 따와 이름을 지었
다. 하지만 'blue'가 파란색이어서 올바른
해석은 파란부전나비로 하여야 한다. 푸른색
은 풀색에서 온 말로, 영어로 'green'이다.

Abundance Common.
General description Wing expanse
about 29 mm. Korean population was
dealt as ssp. *ladonides* (de l''Orza, 1867)
(TL: Japan).
Flight period Trivoltine or polyvoltine
according to latitude and altitude. Mid
March-October. Hibernates as a pupa.
Habitat Forest edges, clear-felled areas
and roadsides from lowland to high
mountain.
Food plant *Lespedeza bicolor*,
Lespedeza virgata, *Sophora flavescens*,
Pueraria lobata, *Amorpha fruticosa*,
Indigofera kirilowii, *Robinia pseudo-*
acacia (Leguminosae).
Distribution Whole region of Korean
Peninsula.
Range Temperate belt of Palaearctic
region.

산푸른부전나비

Celastrina sugitanii (Matsumura, 1919)

분포 지리산과 충청북도 일부 산지, 경기

이 2mm 정도의 검은 띠로 되어 있는데, 이 부분의 폭이 봄에 나타나는 푸른부전나비의 암컷보다 뚜렷이 가늘다.

첫 기록 Eliot와 Kawazoé(1983)는 *Celastrina sugitanii leei* Eliot et Kawazoé (기준 지역: 대성, 지리산)이라는 이름으로 우리나라에 처음 기록하였다. 이 표본을 제공했던 사람이 확실하지 않지만 나비학자 이승모로 보인다.

우리 이름의 유래 김정환과 홍세선(1991)이 산에서 볼 수 있는 푸른부전나비라는 뜻으로 이름을 지었다.

Abundance Scarce.

General description Wing expanse about 26 mm. Korean population was dealt as ssp. *leei* Eliot et Kawazoé, 1983 (TL: Taesung, Mt. Juli San, South Korea).

Flight period Univoltine. March-May. Hibernates as a pupa.

Habitat Around the valley with dense deciduous broad-leaved forests.

Food plant *Phellodendron amurense* (Rutaceae), *Cornus controversa* (Cornaceae), *Aesculus turbinata* (Hippocastanaceae).

Distribution Mountainous regions north of Mt. Jirisan.

Range Japan, NE. China, Russia (Primorye, Sakhalin), Taiwan.

도와 강원도의 산지 그리고 북한에 분포한다. 국외에는 일본, 중국 동북부, 러시아(연해주, 사할린), 타이완에 분포한다.

먹이식물 운향과(Rutaceae) 황벽나무, 층층나무과(Cornaceae) 층층나무, 칠엽수과(Hippocastanaceae) 칠엽수

생태 한 해에 한 번, 4~5월에 나타난다. 월동은 번데기 상태로 한다. 서식지는 층층나무가 자라는 낙엽활엽수림이 많은 계곡 주위이다. 수컷은 습지에 무리지어 모이는 성질이 강하며, 이따금 새똥에도 모인다. 이른 봄 복수초와 늦봄의 줄딸기, 토끼풀, 층층나무 등 여러 꽃에 날아와 꿀을 빤다. 암컷은 먹이식물 둘레에서 보이며, 양지바른 곳에 자라는 먹이식물의 꽃봉오리와 새싹 아래에 배를 구부려 알을 하나씩 낳는다. 맑은 날 낙엽활엽수림의 나무 끝에서 빠르게 날아다니는 것을 볼 수 있다. 애벌레 주위에는 누운털개미가 모여든다(Jang, 2007). 알과 번데기의 기록은 손정달과 성기수(2011)의 기록이 있다.

변이 한반도 개체군은 중국 동북부, 러시아(연해주 남부) 지역과 함께 아종 *leei* Eliot et Kawazoé, 1983으로 다룬다. 한반도에서는 뚜렷한 변이가 없다.

암수 구별 수컷은 날개 윗면이 짙은 청색 바탕으로, 푸른부전나비의 수컷보다 더 짙다. 암컷은 광택이 있는 밝은 청색에 외연

주을푸른부전나비

Celastrina filipjevi (Riley, 1934)

한반도 위도 39° 이북의 좁은 범위에 분포하고, 중국 동북부, 러시아(연해주 남부)에 분포한다. 한반도 개체군은 중국 동북부, 러시아(연해주 남부) 지역과 함께 기준 아종으로 다룬다. 학자에 따라서 수컷 생식기의 차이로, 이 종과 회령푸른부전나비

를 *Maslowskia* Kurentzov, 1974라는 속으로 다루기도 하나 여기서는 넓은 의미로 *Celastrina* 속으로 다루었다. 서식지는 밭과 논이 있는 도로 옆으로, 습한 장소에서 잘 보인다(Sugitani, 1936). 한 해에 한 번 발생하며 7월에 보인다. 석주명(1934)은 *Lycanopsis levetti* Butler (함북 주을)라는 이름으로 기록하였는데, 그는 이후 이것을 푸른부전나비의 하나의 지역 형명으로 여겼다. 또 스기타니(Sugitani, 1936)는 *Lycaenopsis admirabilis* Sugitani (기준 지역: 주을, 나남)라는 이름으로 신종을 기재하였다. 실제 정확하게 이 종으로 동정한 학자는 일본인 무라야마(Murayama, 1978)이었지만 우리나라 첫 기록은 새로운 종을 정립한 스기타니(Sugitani, 1936)라고 보아야 하겠다. 우리 이름은 이승모(1982)가 이 종의 채집지가 함북 '주을'인 점을 들어 지은 것으로 생각한다.

Abundance Local.

General description Wing expanse about 26 mm. No variation (= *admirabilis* Sugitani, 1936) in morphological characteristics according to region (TL: Ussuri, Russia).

Flight period Univoltine. July. Hibernation stage unconfirmed.
Habitat Cultivated grounds, roadsides, wetlands.
Food plant Unconfirmed.
Distribution Areas of Korean Peninsula north of latitude 39° degree.
Range NE. China, Russia (S. Primorye).

회령푸른부전나비

Celastrina oreas (Leech, 1893)

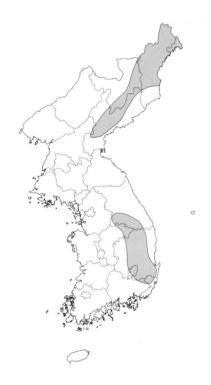

분포 경상북도 대구, 경주 일대와 강원도의 건조한 관목지대, 한반도 북부에 분포한다. 국외에는 중국(동북부, 중부, 티베트), 러시아(연해주 남부), 타이완, 미얀마, 네팔, 인도(아삼)에 분포한다.
먹이식물 장미과(Rosaceae) 가침박달
생태 한 해에 한 번, 6월에 나타난다. 월동은 알 상태로 한다. 서식지는 건조한 관목림 산지, 석회암 지대이다. 수컷은 활발하게 날아다니며, 알칼리성이 강한 습지에 무리를 짓는데, 한 곳에 수백 마리가 모일 때도 있다.

암수 모두 토끼풀과 조뱅이, 개망초, 꿀풀, 기린초 등 여러 꽃에 날아와 꿀을 빤다. 암컷은 먹이식물의 가지가 갈라진 부위, 겨울눈 밑, 줄기의 틈 등에 알을 하나씩 낳는다. 애벌레 주위에는 주름개미(*Tetramorium tsusbimae*)와 누운털개미(*Lastius japonicus*)가 모인다(Jang, 2007).
변이 한반도 동북부지방(회령)의 개체군은 중국 동북부, 러시아(연해주 남부) 지역과 함께 아종 *mirificus* (Sugitani, 1936)로 다룬다. 남한의 강원도와 경상북도 일부 지역의 개체군은 아종 *biseulensis* Kim, Joo and Park, 1991로 다루는 것이 옳겠다. 아종 *mirificus* (Sugitani, 1936)는 아종 *biseulensis*보다 수컷의 날개 외연의 검은 띠가 가늘고, 암컷의 날개 윗면의 날개밑에서 외횡부까지의 청람색 부위가 훨씬 좁다. 두 아종의 생식기는 차이가 없다. 사실 남한 개체군은 김정환과 주창석, 박경태(1991)가 *biseulensis*라는 신종(기준 지역: 대구 비슬산)으로 발표했으나 여러 특징을 종합할 때 독립한 개별 종이 아니다. 다만 북한 개체군과 형태 차이가 있어 아종으로 다룰 수 있다. 암컷 중에는 날개 윗면의 광택이 있는 청람색 부위가 넓거나 좁은 변이가 있다.
암수 구별 수컷 날개의 윗면은 보라색을 머금은 청람색이나 암컷은 흑갈색으로 날개의 외연이 굵고 검다.
첫 기록 Sugitani(1936)는 *Lycaenopsis mirificus* Sugitani (기준 지역: 회령)라고 신종으로 기재하면서 우리나라에 처음 기록하였다. 이 나비를 신종으로 보지 않았던 석주명(1938)은 별개의 종으로 여기지 않고 주을푸른부전나비처럼 푸른부전나비의 지역에 따른 변이로 보았다. 결국 Shirôzu(1947), Eliot와 Kawazoé(1983)가 북한 회령의 개체군을 *Celastrina oreas mirificus* Sugitani로 하였다.
우리 이름의 유래 이승모(1982)는 채집지가 함북 '회령'이란 점을 들어 이름을 지은 것으로 생각한다.

Abundance Local.
General description Wing expanse about 30 mm. Korean population has

2 subspecies; one is ssp. *mirificus* (Sugitani, 1936) (TL: Kwainei (Hoiryeong, N. Korea)) in northeastern part of Korean peninsula; the other is ssp. *biseulensis* Kim, Joo et Park, 1991 in shrubby regions of Gyeongju, Gyeongsangbuk-do and Yeongwol, Gangwon-do (Type locality: [Mt. Biseulsan, Daegu]).
Flight period Univoltine. June. Hibernates as an egg.
Habitat Arid shrub forest, limestone area.
Food plant *Exochorda serratifolia* (Rosaceae).
Distribution Shrubby regions from Gyeongju, Gyeongsangbuk-do to Yeongwol, Gangwon-do, Hoiryeong (HB).
Range China (NE., C. & Tibet), Russia (S. Primorye), Taiwan, Myanmar, Nepal, India (Assam).

한라푸른부전나비

Udara dilecta (Moore, 1879)

우리나라에서는 1990년에 제주도 한라산에서 채집하여 박경태(1996)가 기록한 미접으로, 이후 발견되지 않고 있다. 국외에는 일본(미접), 중국 남부, 타이완, 베트남, 라오스, 태국, 말레이시아 서부, 미얀마, 파키스탄, 인도 북부에 분포한다. 푸른부전나비보다 조금 작으며, 수컷의 날개 윗면이 보라색이 들어있는 밝은 청색인데, 앞날개와 뒷날개 중앙에 흰 무늬가 특징적이다. 암컷은 푸른부전나비의 봄형 개체와 닮아 보이나 청색 부위의 색이 훨씬 밝아 회청색을 띤다. 암컷의 크기는 수컷보다 작은 편이다. 암수 모두 한라산 정상의 풀밭에서 백리향에서 꽃꿀을 빨고, 수컷은 길가 축축한 곳에 앉아 물을 먹는다. 한반도 개체군은 중국에서 날아온 것으로 보여 타이완, 중국, 히말라야, 인도차이나 지역과 함께 기준 아종으로 다루는 것이 옳겠다. 우리 이름은 박경태(1996)가 한라산 정상에서 채집한 기념으로 지었다.

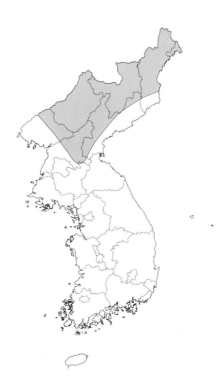

Abundance Migrant.
General description Wing expanse about 26 mm. Korean population was dealt as nominotypical subspecies (TL: Nepal).
Flight period Voltinism unconfirmed. Late July-August. Hibernation stage unconfirmed, but possibly has no diapause stage.
Habitat Meadows around summit of Mt. Hallasan.
Food plant Unconfirmed.
Distribution Mt. Hallasan (migrant).
Range Japan (migrant), Taiwan, S. China-Himalayas, Indochina, Thailand, Myanmar, Malaysia, Pakistan, N. India.

남방푸른부전나비

Udara albocaerulea (Moore, 1879)

박세욱(1969)이 한라산 용진각(1,500m)에서 채집한 한 개체로 기록했을 뿐, 이후 발견되지 않는 미접이다. 이 표본은 현재 남아 있지 않으며, 앞 종을 잘못 보았을 가능성도 있다. 하지만 한반도 남부 지역과 제주도에 충분히 미접으로 발견될 가능성이 있다. 국외에는 일본(미접), 중국, 타이완, 인도차이나에서 미얀마를 거쳐 히말라야까지 분포한다. 세계의 분포 범위로 보아 일본, 타이완, 중국에서 히말라야까지와 인도차이나에 분포하는 기준 아종과 같게 다루는 것이 옳겠다. 박세욱(1969)은 남쪽에 있는 푸른부전나비라는 뜻으로 우리 이름을 지은 것 같다.

Abundance Migrant.

General description Wing expanse about 28 mm. Korean population was dealt as nominotypical subspecies (TL: India).
Flight period Voltinism unconfirmed. August. Hibernation stage unconfirmed, but possibly has no diapause stage.
Habitat Unconfirmed.
Food plant Unconfirmed.
Distribution Mt. Hallasan (migrant).
Range Japan (migrant), Taiwan, China-Himalayas, Indochina, Myanmar, Himalayas.

귀신부전나비

Glaucopsyche lycormas (Butler, 1866)

위도 39° 이북의 한반도의 산지에 분포하고, 남한에 기록이 없는 추운 지역에 사는 나비이다. 국외에는 일본(홋카이도), 중국(중부, 동북부), 러시아(아무르, 시베리아 서부, 사할린, 쿠릴), 몽골에 분포한다. 한반도 개체군은 중국 동북부, 러시아(아무

르)지역과 함께 아종 *scylla* (Staudinger, 1880)로 다룬다. 한 해에 한 번, 5월 중순에서 8월 중순에 나타난다. 월동은 번데기 상태로 한다. 양지바른 풀밭에 살며, 여러 꽃에 날아와 꿀을 빨아먹는다. 암컷은 먹이식물의 꽃봉오리와 새싹에 알을 하나씩 낳는다. 암수 차이는 날개 윗면의 색으로 구별하는데, 청람색이면 수컷, 흑갈색이면 암컷이다. Nire(1919)는 *Lycaena lycormas* Butler (Kwainei (회령), Mosanrei (무산령))라는 이름으로 우리나라에 처음 기록하였다. 석주명(1947)은 이 나비의 아종(*scylla*)의 라틴어에서 의미를 따와 이름을 지었는데, 'scylla'는 그리스 신화에 나오는 괴물을 뜻하며, 이와 상응하는 우리 이름을 지은 것으로 보인다.

Abundance Local.
General description Wing expanse about 36 mm. Korean population was dealt as ssp. *scylla* (Staudinger, 1880) (TL: Radde and Askold Island (Amur)).
Flight period Univoltine. Mid May-mid August. Hibernates as a pupa.
Habitat Sunny grasslands.
Food plant Unconfirmed.
Distribution Mountainous regions of Korean Peninsula north of 39° degree in latitude.
Range Japan (Hokkaido), China (NE. & N.), Russia (Amur, W. Siberia (Irtysh river), Kuriles, Sakhalin), Mongolia.

큰홍띠점박이푸른부전나비

Shijimiaeoides divina (Fixsen, 1887)

분포 충청북도 제천, 강원도 영월 등 석회암 지대와 북한에 국지적으로 분포하는 희귀종으로 요즈음 보기 힘들다. 국외에는 일본, 중국 동북부, 러시아 극동지역(아무르, 우수리)에 분포한다. 환경부에서 멸종위기 야생

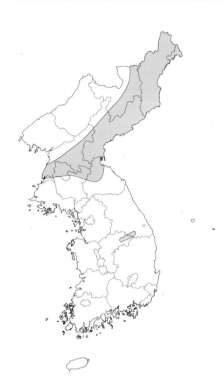

생물 II급으로 지정하여 보호하는 나비이다.
먹이식물 콩과(Leguminosae) 고삼(도둑놈의지팡이)
생태 한 해에 한 번. 5월 중순에서 6월 초까지 보인다. 월동은 번데기 상태로 한다. 서식지는 야산과 경작지 주변의 묘지와 풀밭, 목장, 텃밭 주변, 관목이 잘 자라지 않는 석회암 지대의 풀밭이다. 수컷은 오전에 빠르게 날아다니는데, 같은 시기에 발생하는 푸른부전나비와 회령푸른부전나비보다 더 빠르고 곧게 나는 느낌이 든다. 무더운 낮에는 그늘진 곳에서 쉬고, 오후 3시경부터 천천히 날면서 꽃꿀을 빨거나 암컷을 찾아다닌다. 암컷은 비교적 천천히 날지만 더운 한낮에는 그늘에서 쉰다. 암수모두 개망초와 엉겅퀴, 고삼(도둑놈의지팡이), 딸기류, 토끼풀, 꿀풀 등에서 꽃꿀을 빤다. 짝짓기는 오후에 하며, 암컷은 꽃봉오리에 알을 하나씩 낳는다. 고삼(도둑놈의지팡이)은 5월 말에서 6월에 꽃이 피는데, 이 시기에 애벌레의 시기를 보내고 곧바로 땅으로 내려가 번데기가 되므로 우리나라에서 전통적으로 행해지는 벌초 때 피해를 입지 않는다. 10~11개월을 번데기 상태로 보내야 하기 때문에 번데기의 겉이 유난히 두껍다. 유생기의 기록은 손상규(2007a)의 논문이 있다.
변이 한반도 개체군은 중국 동북부, 러시아

(아무르) 지역과 함께 기준 아종으로 다룬다. 한반도에서는 특별한 변이가 없으나 개체에 따라서 날개 윗면의 색이 광택이 강한 청람색부터 광택이 적은 청색까지 다양하다. 또 앞날개 아랫면 외횡부의 검은 점들은 좌우로 길거나 짧은 변이가 있다.
암수 구별 날개 아랫면의 무늬는 암수 모두 같으나 윗면의 무늬는 다르다. 암컷은 수컷보다 날개 윗면 외연의 검은 띠가 두드러지고, 앞날개 중실 끝의 짧은 선이 더 뚜렷하며, 중실 안과 바깥으로 검은 점들이 발달한다.
닮은 종의 비교 240쪽 참고
첫 기록 Fixsen(1887)은 *Lycaena divina* Fixsen (기준 지역: Pungtung)이라는 이름으로 우리나라에 처음 기록하였다.
우리 이름의 유래 석주명(1947)은 생김새가 닮은 다음 종과 대비시켜 더 크다는 뜻으로 이름을 지었다.
비고 속 *Shijimiaeoides* Beuret, 1958보다 기재된 연도가 앞선 *Sinia* Forster, 1940을 적용하는 학자도 있다. 여기에서는 Bridge(1988)의 의견에 따라 이 종에만 한정하여 적용하는 *Shijimiaeoides*속을 택했다.

Abundance Local and rare.
General description Wing expanse about 33 mm. Korean population was dealt as nominotypical subspecies (= *heijonis* Matsumura, 1929) (TL: Pung-Tung, Corea).
Flight period Univoltine. Mid May-early June. Hibernates as a pupa.
Habitat Grave sites, grasslands, pastures, around kitchen garden, in low mountains and farmland, calcareous grasslands where shrubs can not grow well.
Food plant *Sophora flavescens* (Leguminosae).
Distribution Jecheon (CB), Yeongwol (GW), Donghae (GW).
Range Japan, NE. China, Russia (Amur, Ussuri).
Conservation Under category II of endangered wild animal designated by

Ministry of Environment of Korea.

작은홍띠점박이푸른부전나비
Scolitantides orion (Pallas, 1771)

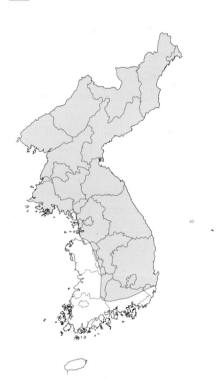

분포 울릉도와 지리산 이북의 평지와 산지에 분포한다. 최근 개체수가 감소하여 드물어졌다. 국외에는 일본(홋카이도)에서 유럽 일부 지역까지 구북구 지역에 넓게 분포한다.
먹이식물 돌나물과(Crassulaceae) 돌나물, 기린초
생태 한 해에 두세 번. 중남부지방에서는 4~5월과 6~7월, 8월 중순에서 9월, 북부지방에서는 5~6월과 7~8월에 나타난다. 월동은 번데기 상태로 한다. 서식지는 야산과 가까운 위치의 경작지 주변, 갯가의 습기가 많은 풀밭, 돌이나 바위가 많은 곳이다. 수컷은 서식지 주변을 떠나지 않으며, 낮게 깔리듯 활발하게 날아다니다가 축축한 땅바닥에서 물을 먹는다. 암수 모두 냉이와 토끼풀, 개망초, 오이풀 등 여러 꽃에서 꿀을 빤다. 암컷은 먹이식물이 있는 장소를 잘 떠나지 않으며, 오후에 먹이식물의 줄기와 잎, 꽃봉오리에 알을 하나씩 낳

는다. 애벌레 주위에는 주름개미와 누운털개미 등이 모인다(Jang, 2007). 유생기의 기록은 신유항(1975)의 논문이 있다.

변이 한반도 내륙 개체군은 중국(동북부, 북서부), 러시아(아무르에서 알타이까지), 몽골, 카자흐스탄 동부 지역과 함께 아종 *johanseri* (Wnukowsky, 1934)으로 다루고, 울릉도 개체군은 과거 석주명(1938b)이 형명 *dageletensis* Seok, 1938로 했으나 일본 홋카이도의 아종 *jezoensis* (Matsumura, 1919)와 같은 특징을 보인다. 즉 날개색이 한반도 내륙과 비교하여 색이 옅고, 날개 윗면의 아외연부의 흰 띠가 뚜렷하다. 여름형은 봄형보다 보통 크고, 날개 윗면이 짙어지는 경향이 있을 뿐 절대 기준은 아니다. 날개 아랫면의 색은 짙거나 옅은 변이가 있고, 앞날개 윗면의 색은 짙은 흑갈색에서 짙은 파란색까지 나타난다.

암수 구별 암컷은 수컷보다 훨씬 큰 외에는 차이가 없으며, 특히 날개 모양이 암수 모두 거의 같다.

첫 기록 Fixsen(1887)은 *Lycaena orion* Pallas (Korea)라는 이름으로 우리나라에 처음 기록하였다.

우리 이름의 유래 석주명(1947)은 생김새와 날개 아랫면의 특징으로 이름을 지었다.

Abundance Common.
General description Wing expanse about 28 mm. Korean population has 2 subspecies; one is ssp. *johanseri* (Wnukowsky, 1934) (TL: village Cheposh (Altai)), (= *coreana* Matsumura, 1926; = *matsumuranus* Bryk, 1946) in areas north of Mt. Jirisan; the other ssp. *jezoensis* (Matsumura, 1919) (TL: Jozankei, Hokkaido), (= *dageletensis* Seok, 1938).) in Ulleungdo island.
Flight period Bivoltine or Trivoltine according to altitude and latitude. April-May, June-July, mid August-September in C. & S. Korea, May-June, July-August in N. Korea. Hibernates as a pupa.

Habitat Cultivated grounds near low mountain, wet meadows around streams, rocky places.
Food plant *Sedum sarmentosum, S. kamtschaticum* (Crassulaceae).
Distribution Areas north of Mt. Jirisan, Ulleungdo island (GB).
Range Japan (Hokkaido), NE. & NW. China, Russia (Amur-Altai), Mongolia, E. Kazakhstan to Europe.

[**큰점박이푸른부전나비**

Phengaris arionides (Staudinger, 1887)

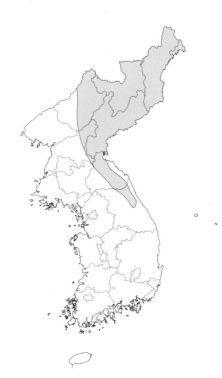

분포 지리산 이북의 백두대간의 높은 산지에 분포한다. 최근 지리산에서 발견되지 않고 있으나 멸종되었는지의 여부는 뚜렷하지 않다. 국외에는 일본, 중국(동북부, 티베트), 러시아(아무르, 우수리)에 분포한다.
먹이식물 꿀풀과(Labiatae) 오리방풀
생태 한 해에 한 번, 7월 말에서 8월 말에 보인다. 월동은 애벌레 상태로 한다. 서식지는 낙엽활엽수림의 숲 가장자리의 축축한 풀밭이다. 수컷은 계곡과 능선 주위를 활발하게 날아다니나 암컷은 주로 먹이식물 주변에서 머물며 천천히 날아다닌다. 암수 모두 방아풀과 오리방풀, 냉초, 배초향, 싸리, 등갈퀴나물 등의 꽃에서 꿀을 빤다. 암컷은 계곡에 자라는 먹이식물의 꽃봉오리에 알을 하나씩 낳는다. 3령애벌레까지 꽃봉오리를 먹다가 숙주개미인 Myrmicinae에 속하는 '*Myrmica rubra*'에 의해 개미집으로 운반된 후 개미의 애벌레를 먹고 자라는 것으로 알려져 있다 (Fielder, 2006)

변이 한반도 개체군은 중국(동북부, 티베트), 러시아(아무르 남부) 지역과 함께 기준 아종으로 다루는데, 다만 날개 윗면의 색이 광택이 덜한 짙은 청색인 것과 달리 러시아 극동지역(연해주)의 개체군은 하늘색에 가까운 밝은 청색을 띤다. 암컷 중에는 날개 윗면이 검어지는 정도가 다른 개체변이가 보인다.

암수 구별 날개 아랫면의 특징은 암수 모두 같다. 수컷 날개 윗면은 자남색이고 외연의 검은 띠의 폭이 넓으나 암컷은 이 외연의 검은 띠의 폭이 훨씬 넓고, 앞날개 밑에서 중앙까지의 부분을 빼고 색이 검어지는 경우가 많다.

닮은 종의 비교 241쪽 참고

첫 기록 Doi(1919)는 *Maculinea arionides* Staudinger (Sansorei (산창령))이라는 이름으로 우리나라에 처음 기록하였다.

우리 이름의 유래 석주명(1947)은 속(*Maculinea*)의 라틴어 의미와 날개 윗면의 색에서 따온 특징으로 이름을 지었다.

비고 원래 속 이름은 *Maculinea* van Eecke, 1915이었지만 정확히 명명년도를 따지면 *Phengaris* Doherty, 1891이 더 앞선다 (Zdeněk 등, 2007). 그동안 *Maculinea*를 써왔던 이유는 관용에 따른 것이지 과학적인 판단은 아니었다. 이 속에는 세계에 8종이 있고, 우리나라에 5종이 있다.

Abundance Scarce.
General description Wing expanse about 42 mm. Similar to *P. arion* but larger in size, with under wing's ground color blueish white. Under forewing'

s postdiscal spots in space 3 and 4 strongly elongate, whereas under hindwing with a suffusion of glittering greenish of blueish scales in basal area. Korean population was dealt as nominotypical subspecies (= *sugitanii* Matsumura, 1927) (TL: Ussuri, Korea).
Flight period Univoltine. Late July-late August. Hibernates as a larva.
Habitat Wet grasslands at edge of deciduous broad-leaved forest.
Food plant *Prunella vulgaris* (Labiatae). Caterpillar of this specis is known to eat flower buds until 3rd instar and then carried to ant nest by host ant, *Myrmica ruginodis*, where it becomes predatory to feed on ant larvae.
Distribution High-altitude mountainous regions north of Mt. Jirisan.
Range Japan, China (NE. & Tibet), Russia (Amur, Ussuri).

중점박이푸른부전나비
Phengaris arion (Linnaeus, 1758)

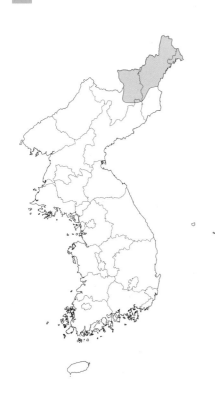

백두산과 한반도 동북부지방의 지역에 분포한다. 국외에는 중국(북서부, 동북부, 중부), 러시아(아무르, 시베리아 남부), 몽골, 카자흐스탄 북동부, 터키, 트랜스코카서스, 코카서스, 유럽 중부와 서부, 동부에 넓게 분포한다. 한반도 개체군은 중국 동북부, 러시아(아무르) 지역과 함께 아종 *ussuriensis* (Sheljuzhko, 1928)로 다룬다. 개미와의 관계를 포함한 유생기에 대해 발표된 국내 자료는 없다. 먹이식물은 꿀풀과 식물이다(Tuzov 등, 2000). Fielder (2006)에 따르면 애벌레는 나도빗개미 (*Myrmica scabrinodis*)의 집에서 개미 알이나 애벌레를 먹는 것으로 알려졌다. 산지의 풀밭에서 살며, 한 해에 한 번, 7월 중순에서 8월 초까지 보인다. 수컷 날개 윗면이 청자색 비늘가루가 덮이고, 외횡부에 점무늬가 발달한다. 암컷은 날개 윗면이 청자색 비늘가루가 적어 회갈색을 띤다. 석주명(1939)은 이 종을 처음 기록한 학자가 Nire(1919)라고 했지만 실제는 Nire가 이 종을 큰점박이푸른부전나비로 잘못 동정하였다. 이 종을 실제로 인식한 학자는 Nakayama(1932)로, 그는 *Lycaena arion* subsp. (Korea)이라고 우리나라에 처음 기록하였다. 우리 이름은 석주명(1947)이 지었는데, 그 의미가 점박이푸른부전나비류 중에서 중간 크기인지 아니면 점이 중간 크기인지 확실하지 않다. 한편 이 종과 가까운 *Phengaris cyanecula* Eversmann를 중점박이푸른부전나비의 아종으로 보지 않고 종으로 승격하는 학자도 있다(Tuzov 등, 2000). 따라서 위의 종의 학명으로 *cyanecula*로 적용할지 아니면 *arion*으로 적용할지 아직 논란이 있다. 이 두 종은 날개 아랫면의 바탕색이 차이가 난다(Balint, 1990). 또 러시아 학자 중 Gorbunov (2001)는 *cyanecula*를 *arion*의 아종으로 분류했으나 다시 Gorbunov와 Kosterin (2003)은 별종으로 보았는데, 그 근거로 시베리아 노보시비르시크와 알타이 지역에서 두 종이 함께 서식하는 것이 확인되었다고 하였다. 이 사실은 한 장소에서 2개의 아종이 사는 것이 아니라 한 장소에 다른 2종이 산다는 것을 뜻한다. 여기에서는 이 2종에 대한 유전자 연구 등 뚜렷한 증거가 아직 제시되지 않으므로 종 *arion*으로 다루

었다. 앞으로 한반도 개체군에 적용해야할 종 이름이 달라질 수도 있을 것으로 보여, 앞으로의 자세한 정보를 기대해 본다.

Abundance Local and rare.
General description Wing expanse about 41 mm. Under wing's ground color greyish. Under forewing postdiscal spots in space 3 and 4 oval-shaped, whereas under hindwing with a suffusion of glittering greenish of blueish scales in basal area. Korean population was dealt as ssp. *ussuriensis* (Sheljuzhko, 1928) (TL: Novo-Kijevsk (at estuary of Selemdzha River: Novokievka, Amur).
Flight period Univoltine. Mid July-early August. Possibly hibernates as a larva.
Habitat Arid meadows in mountainous areas in northeastern part of Korean Peninsula.
Food plant Labiatae. After 3rd instar, caterpillar of this species are known to eat ant larvae at nest of *Myrmica scabrinodis*.
Distribution Northeastern region of Korean Peninsula.
Range China (NE. NW. & C), Russia (Amur, S. Siberia), Mongolia, NE. Kazakhstan, Transcaucasia, Caucasus. Europe (C., W. & E.).

고운점박이푸른부전나비
Phengaris teleius (Bergsträsser, 1779)

분포 과거에는 경기도 광릉, 주금산, 현리 등지와 강원도 등 여러 곳에 분포하였으나 현재 경기도 지역 개체군은 멸종한 것으로 보인다. 아직 강원도의 극히 일부 지역에만 보인다. 북한 지역에도 분포할 것으로 보이나 현재의 상태를 잘 알 수 없다. 국외에는

일본, 중국(동북부, 북서부), 러시아(아무르 남부), 몽골에서 유럽까지 넓게 분포한다.
먹이식물 장미과(Rosaceae) 오이풀, 코토쿠뿔개미(*Myrmica kotokui*) 집에서 개미의 알, 애벌레
생태 한 해에 한 번, 8월에 나타난다. 월동은 애벌레 상태로 한다. 서식지는 산지의 낙엽활엽수림 가장자리와 습한 계곡의 풀밭, 개울가를 낀 양지바른 풀밭, 군 사격장, 군 훈련진지 둘레의 풀밭이다. 수컷은 개울가 주위를 활발하게 날아다니나 암컷은 덜 활발하다. 암수 모두 오이풀과 엉겅퀴, 싸리 등의 꽃에서 꿀을 빤다. 암컷은 주로 오후에 먹이식물인 오이풀의 꽃봉오리 속 깊게 작은 꽃잎 사이에 알을 하나씩 낳는다. 3령애벌레까지 꽃봉오리를 먹다가 숙주개미인 코토쿠뿔개미에 의해 개미집으로 이동된 후, 개미 알이나 애벌레를 먹는 것으로 알려져 있다(Fielder, 2006). 초식 단계의 유생기의 기록은 손상규(2009b)의 논문이 있다.
변이 한반도 개체군은 중국 동북부, 러시아(아무르 남부) 지역과 함께 아종 *euphemia* (Staudinger, 1887)로 다룬다. 이 속 나비들 중에서 개체 변이가 가장 심하다. 현재 멸종된 것으로 보이는 경기도 지역의 개체군은 크고, 날개 윗면의 바탕색이 밝은 청색이며, 드물게 아외연부의 검은 점들이 없어진다. 강원도와 북한 고위도 지역의

개체군은 날개 윗면이 어두운 청색이고, 암컷에서 흑갈색이 짙어져 날개 윗면이 흑청색이 되기도 한다. 특히 북한 고위도 지역과 러시아 극동지역(연해주)의 개체군은 남한 개체군보다 작고, 날개가 검어지는 경향이 강하다.
암수 구별 암컷은 수컷보다 날개 외연이 더 둥글며, 앞날개 윗면의 검은 점들이 조금 커 보이고, 날개색이 더 검다. 또 수컷은 앞날개 아외연부의 검은 점들이 좌우로 긴 모양이나 암컷은 거의 둥글어 다르다. 이런 구별이 어려울 경우, 배 끝과 앞다리의 구조를 살피면 된다.
첫 기록 Fixsen(1887)은 *Lycaena euphemus* Hübner (Korea)라는 이름으로 우리나라에 처음 기록하였다.
우리 이름의 유래 석주명(1947)은 '점박이푸른부전나비 중에서 곱다'라는 뜻으로 이름을 지었다.
비고 이승모(1982)의 도감에서, 이 종으로 되어있는 87E의 사진은 사실 큰점박이푸른부전나비이다. 그만큼 이들은 종 안에서뿐 아니라 종들 사이에서도 형태의 변이가 심하므로 동정에 주의해야 한다.

Abundance Scarce.
General description Wing expanse about 40 mm. Under forewing postdiscal spots in space 2 smaller than other spots of this row. Male upper forewing with androconial scales. Korean population was dealt as ssp. *euphemia* (Staudinger, 1887) (TL: von Raggefka, Ussuri, Askold und von Sidemi (Radde, Amur; Askold Island, Ussuri)).
Flight period Univoltine. August. Hibernates as a larva.
Habitat Edges of deciduous broad-leaved forest, grasslands by valley, sunny grassy sites with stream, meadows around a military training range.
Food plant *Sanguisorba officinalis* (Rosaceae). After 3rd instar, caterpillar

of this species is known to feed on eggs and larvae of host ant in ant nest of *Myrmica kotokui*.
Distribution Some regions north of Hongcheon, Gangwon-do.
Range Japan, China (NE. & NW.), Russia (S. Amur), Mongolia to Europe.

북방점박이푸른부전나비

Phengaris kurentzovi
(Sibatani, Saigusa et Hirowatari, 1994)

분포 강원도 영월, 오대산, 북한의 양강도와 함경도 지역에 국지적으로 분포하는데, 현재 남한에서 극히 일부 지역만 발견되고 있다. 국외에는 중국 동북부, 러시아(아무르, 우수리, 트랜스바이칼), 몽골 동부에 분포한다.
먹이식물 장미과(Rosaceae) 오이풀
생태 한 해에 한 번, 8~9월 초에 보인다. 월동 형태는 아직 밝혀져 있지 않으나 애벌레 상태로 겨울을 나는 것으로 보인다. 애벌레의 생활은 이 속의 다른 종들처럼 개미와 관련이 깊을 것으로 보고 있다. 서식지

는 건조한 관목림 주변, 나무가 적은 양지 바른 풀밭이다. 수컷은 풀밭 위를 활발하게 날며 솔체꽃과 엉겅퀴, 오이풀 등의 꽃에서 꿀을 빤다. 오이풀 꽃에 앉아 짝짓기하는 장면을 관찰한 적이 있다. 암컷은 수컷보다 둔하게 날고, 꽃 주위에서 볼 수 있다. 기재된 지 오래되지 않은 종이라 개미와의 관계를 밝힌 논문은 없으나 아마 고운점박이푸른부전나비처럼 *Myrmica*속의 개미와 밀접할 것으로 보인다.

변이 한반도 개체군은 중국 동북부, 러시아(아무르, 트랜스바이칼(동남 지역 제외)) 지역과 함께 기준 아종으로 다룬다. 한반도에서는 지역 변이가 없다.

암수 구별 암컷은 수컷보다 날개 가장자리가 둥글게 보이는 외에는 큰 차이가 없다. 생김새로는 암수를 구별하기 어려우니 앞다리의 모양과 배의 모양, 배 끝 부위를 살펴야한다. 즉 암컷은 수컷보다 배가 더 통통하고, 수컷은 배 끝이 좌우로 갈라진다.

닮은 종의 비교 241쪽 참고

첫 기록 Sibatani와 Saigusa, Hirowatari (1994)는 *Maculinea kurentzovi* Sibatani, Saigusa et Hirowatari (기준 지역: 함남 부전군 한대리)라는 이름으로 우리나라에 처음 기록하였다. 남한에서는 김성수와 김용식(1994)이 강원도 영월 지역의 개체로 처음 기록하였다.

우리 이름의 유래 김성수와 김용식(1994)은 점박이푸른부전나비 중에서 북쪽에 치우쳐 분포한다는 뜻으로 이름을 지었다.

Abundance Rare and may be extinct in South Korea.

General description Wing expanse about 38 mm. Under forewing postdiscal spots in space 2 not smaller than other spots of this row. Male upper forewing without androconial scales. Under forewing cell with distinct 2 spots. Korean population was dealt as nominotypical subspecies (TL: Kantairi (Handaeri, N. Korea)).

Flight period Univoltine. August-early September. Possibly hibernates as a larva.

Habitat Grasslands around arid shrubs, meadows in limestone area with small trees.

Food plant *Sanguisorba officinalis* (Rosaceae). After 3rd instar, caterpillar of this species is presumed to feed on eggs and larvae of host ant in nest of unconfirmed *Myrmica* ant species.

Distribution Mt. Odaesan, Ssangryong (GW), Northeastern region of Korean Peninsula.

Range NE. China, Russia (Amur, Ussuri, Transbaikalia), E. Mongolia.

잔점박이푸른부전나비

Phengaris alcon (Denis et Schiffermüller, 1775)

백두산 일대의 고산지와 함경북도 보천보, 양강도 풍서군 용문리, 함남 부전군 한대리 등지에 분포하고, 국외에는 중국(동북부, 동부, 서부), 러시아(아무르), 몽골, 시베리아 남부, 카자흐스탄 북부와 동부, 터키, 트랜스코카서스, 코카서스, 유럽에 넓게 분포한다. 우리나라에서는 매

우 희귀하여 개미와의 관계와 유생기에 대해 발표된 자료가 없다. Fielder(2006)에 따르면 유럽에서는 나도빗개미(*Myrmica scabrinodis*), 빗개미, 어리뿔개미 등의 개미의 집에서 개미가 물어다 주는 먹이를 얻어먹는 것으로 알려졌다. 또 유럽이나 중앙아시아 등지에서는 암컷이 용담류의 꽃봉오리에 알을 낳는 것으로 알려졌다(Pech 등, 2004). 백두산 지역에서는 주위에 잣나무가 많은 가운데 들쭉나무와 같은 관목이 우거진 편평한 풀밭에 사는데, 연주노랑나비와 높은산부전나비, 도시처녀나비와 함께 활동한다. 한반도 개체군은 고유 아종 *arirang* (Sibatani, Saigusa et Hirowatari, 1994)로 다루는데, 함북 보천보에서 채집한 몇 개체로 처음 기록했을 뿐이고, 현재 이 표본의 보관된 장소를 알 수 없어 직접 볼 수 없었다. 다만 이 아종(*arirang*)은 기준 아종보다 작고, 수컷에서 날개 윗면의 파란 광택이 약하며, 날개 아랫면의 색이 연회갈색으로 더 밝은 특징이 있다. 또 앞날개 아랫면의 경맥과 중맥 사이에 위치한 3개의 점무늬가 기준 아종이 일직선인 반면 우리의 아종은 볼록하다. 하지만 이를 인정하지 않는 학자도 있다(Gorbunov, 2001). 석주명(1947)은 *Maculinea alcon monticola* Staudinger (Korea)라는 이름으로 우리나라에 처음 기록하였다. 원래 석주명(1947)은 작은점박이푸른부전나비라 했으나 후에 조복성(1959)이 위의 이름으로 바꾸었다.

Abundance Local and rare.

General description Wing expanse about 36 mm. Korean population was dealt as ssp. *arirang* Sibatani, Saigusa et Hirowatari, 1994 (TL: Taihyoo-Taitinpyoo, Kan-nan (Taepyeong-gu Taejinpyeong, NE. of Pochenbo, Ryanggang-do).

Flight period Unconfirmed.

Habitat Shrubs in the northeastern part of the Korean Peninsula.

Food plant Phytophagous on flower buds of *Gentiana* ssp. (Gentianaceae)

until 3rd instar, the caterpillar is known to feed on regurgitations of nursing ants or infertile trophic eggs in host ant nest of *Myrmica* spp.
Distribution Higher-elevation mountainous regions around Mt. Baekdusan.
Range Temperate belt of Palaearctic region.

백두산부전나비

Aricia artaxerxes (Fabricius, 1793)

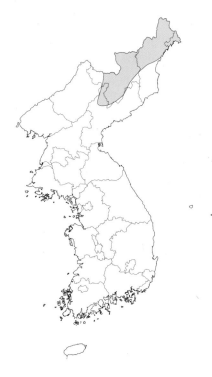

위도 40° 이북의 한반도 동북부지방에 분포하고, 국외에는 극동아시아 북부에서 유럽까지와 아프리카 북서부의 구북구 지역에 분포한다. 한반도 개체군은 중국 동북부, 러시아(연해주) 지역과 함께 아종 *mandzhuriana* (Obraztsov, 1935)로 다룬다. 한 해에 한 번 나타나며, 7월 중순에서 8월 중순에 보인다. 북부지방의 1,000m 이상의 높은 산 풀밭이나 나무가 드문 산지에 산다. 우리나라에서 유생기에 대한 기록은 아직 없다. 과거에 이 종에 붙여졌던 *agestis*

([Denis et Schiffermüller], 1775)는 현재 유럽에만 분포하는 종으로 잘못 적용한 것이다. Matsumura(1927)가 *Lycaena hakutozana* Matsumura (기준 지역: Papari (양강도 파발리))라는 이름으로 처음 기록하였다. 석주명(1947)은 이 나비가 처음 채집된 백두산을 이름에 넣어 지었다.

🦋

Abundance Local.
General description Wing expanse about 26 mm. Upper forewing submarginal spots absent or vague. Korean population was dealt as ssp. *mandzhuriana* (Obraztsov, 1935) (= *hakutozana* Matsumura, 1927) (TL: Pogranichnyi, S. Primorye).
Flight period Univoltine. Mid July-mid August. Hibernation stage unconfirmed.
Habitat Meadows and sparse vegetation areas in high mountains of more than 1,000 m a.s.l. in northern part of Korean Peninsula.
Food plant Unconfirmed.
Distribution Northeastern regions of Korean Peninsula north of latitude 40° degree.
Range NE. China, Russia (Primorye)-Europe, NW. Africa.

중국부전나비

Aricia chinensis (Murray, 1874)

함경북도 회령과 무산 부근에만 분포하고, 국외에는 중국(동북부, 북서부), 러시아(연해주 남부, 트랜스바이칼 남부, 투바), 몽골에서 카자흐스탄까지 띠 모양으로 분포한다. 한반도 개체군은 카자흐스탄을 뺀 나머지 지역과 함께 기준 아종으로 다룬다. 한 해에 한 번 나타나고, 6월 말에서 7월 말까지 보인다. 건조한 풀밭, 나무 숲 사이의 풀밭에서 여러 꽃에 날아와 꿀

을 빤다. 암컷은 자주꽃자리풀의 잎에 알을 낳으며, 애벌레는 이 잎을 먹는다고 한다. Sugitani(1933)는 *Lycaena chinensis* Murray (Kwainei (회령))라는 이름으로 처음 기록하였다. 석주명(1947)은 종(*chinensis*)의 라틴어에서 의미를 따와 이름을 지었다.

🦋

Abundance Local.
General description Wing expanse about 30 mm. Under hindwing black postdiscal spots in space 7 located between its counterparts in space 6 and 8, at greater distance from base than spot in space 8. Male foreleg tibia much shorter than tarsus. Korean population was dealt as nominotypical subspecies (TL: N. Beijing, China).
Flight period Univoltine. Late June-late July. Hibernation stage unconfirmed.
Habitat Arid meadows.
Food plant Unconfirmed.
Distribution Hoiryeong, Musan (HB).
Range China (NE. & NW.), Russia (S. Primorye, S. Transbaikalia, Tuva), Mongolia- Kazakhstan.

대덕산부전나비

Aricia eumedon (Esper, 1780)

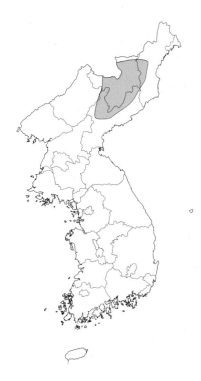

함경도의 무산, 풍산, 대덕산 등지의 좁은 범위에 분포하고, 한반도에서 유럽까지의 스텝 초원에 분포한다. 한반도 개체군은 중국 동북부, 러시아(연해주) 지역과 함께 아종 *albica* (Dubatolov, 1997)로 다룬다. 한 해에 한 번 나타나고, 6월 말에서 8월에 보인다. 높은 산지의 풀밭이나 잎갈나무(북한명: 이깔나무)가 심어진 곳의 풀밭에서 산다. Doi(1933)는 *Lycaena eumedon antiqua* Staudinger (Mt. Taitoku (대덕산))라는 이름으로 처음 기록하였다. 석주명(1947)은 처음 채집된 장소인 함경남도 대덕산을 넣어 이름을 지었다.

Abundance Local.
General description Wing expanse about 28 mm. Upper wings brown in both sexes. Under forewing postdiscal spot in space 3 not shifted to base with respect to spot below in space

2, submarginal spots usually present. Korean population was dealt as ssp. *albica* (Dubatolov, 1997) (TL: 13km N. of Chernyshevka).
Flight period Univoltine. Late June-August. Hibernation stage unconfirmed.
Habitat Arid meadows.
Food plant Unknown.
Distribution Regions around Gaemagowon Plateau.
Range Temperate belt of Eurasia.

산꼬마부전나비

Plebejus argus (Linnaeus, 1758)

분포 한반도 동북부지방에 분포하지만 백두산에서 채집한 기록은 없다(임홍안 · 황성린, 1993). 남한에서는 제주도 한라산 아고산대에만 산다. 국외에는 동아시아에서 유럽까지의 유라시아 대륙 북부에 넓게 분포한다.
먹이식물 국화과(Compositae) 바늘엉겅퀴, 가시엉겅퀴

생태 한 해에 한 번, 북부지방에서는 6월 중순에서 8월 중순까지, 제주도에서는 7월 초에서 8월 초까지 보인다. 월동은 알 상태로 한다. 남한 서식지는 한라산 1,500m~1,700m 지역의 화산암이 많고 축축한 풀밭이다. 수컷은 습지에 모여 물을 빨아먹는다. 토끼풀과 호장근, 가는범꼬리, 금방망이, 곰취, 갈퀴덩굴, 백리향, 구름미나리아재비 등의 여러 꽃에 모여 꿀을 빤다. 맑은 날 수컷은 암컷을 찾아 낮고 빠르게 날아다니면서 풀 위에 앉아 날개를 펴고 일광욕을 한다. 또 약하게 점유행동을 한다. 암컷은 화산암 위와 주변 마른 풀잎에 알을 하나씩 낳는다. 애벌레 주위에 개미들이 모이는데, 종류는 확인하지 못했다.
변이 한반도 동북부지방의 개체군은 백두산 지역을 기준으로 아종 *coreanus* (Tutt, 1908)로 다루는데, 중국 동북부, 러시아(아무르) 지역과 같은 특징을 보인다. 제주도 한라산의 개체군은 고유 아종 *seoki* Shirôzu et Sibatani, 1943으로 다룬다. 이 아종은 석주명이 한라산에서 채집한 개체들을 기준으로, Shirôzu와 Sibatani(1943)가 새 아종으로 기재했다. 그들은 한반도 동북부지방의 개체군과 비교하여 한라산 개체군은 소형이고, 날개 아랫면의 바탕이 더 어두우며, 날개 아랫면의 풀색을 띤 등색 띠가 덜 발달한다고 하였다. 실제 표본을 비교해 보면 제주도 개체군이 뒷날개 아랫면 외횡부의 흰색이 더 뚜렷하다.
암수 구별 수컷은 날개 윗면이 짙은 하늘색으로 외연이 흑청색이고, 암컷은 고르게 흑갈색을 띠어 다르다.
첫 기록 Butler(1882)는 *Lycaena aegon* Denis et Schiffermüller (Posiette bay, NE. Corea)라는 이름으로 우리나라에 처음 기록하였다.
우리 이름의 유래 석주명(1947)은 이 나비와 다음 나비를 구별하지 않은 채 한 종으로 보고 이름을 지었는데, 후에 종이 갈라졌다. 신유항(1989)은 전국에 흔한 다음 종을 부전나비로, 한라산과 같이 산지에 이 종이 분포한다는 뜻으로 위 이름을 새로 지었다.

Abundance Local.

General description Wing expanse about 26 mm. Close to *P. argyronomon* and *P. subsolanus* but smaller. Under hindwing with blueish scales in basal area. Korean population has 2 subspecies: one is ssp. *coreanus* (Tutt, 1908) (= *putealis* Matsumura, 1927) (TL: Corea), the other is ssp. *seoki* Shirôzu et Sibatani, 1943 (TL: Mt. Hallasan).
Flight period Univoltine. Mid June-mid August in N. Korea, early July-early August in Mt. Hallasan, Jeju island. Hibernates as an egg.
Habitat Open volcanic grassy meadows. Damp grassy sites with volcanic rocks at 1,500-1,700 m a.s.l. in Mt. Hallasan.
Food plant *Cirsium rhinoceros, C. japonicum* (Compositae).
Distribution Mt. Hallasan (1,500 m a.s.l.), Jeju island, Northeastern region of Korean Peninsula.
Range NE. China, Russia (Amur) to Europe.

부전나비

Plebejus argyrognomon (Bergsträsser, 1779)

분포 서해안과 남해안 지역, 제주도와 울릉도 등 여러 섬 지역을 뺀 전국에 분포한다. 국외에는 유럽에서 동아시아까지의 유라시아 대륙의 중남부에 걸쳐 넓게 분포한다.
먹이식물 콩과(Leguminosae) 갈퀴나물, 낭아초
생태 한 해에 두세 번, 5월 중순에서 10월에 보인다. 월동은 알 상태로 겨울을 나는 것으로 보이나 아직 발견된 적이 없다. 서식지는 논밭 주위와 강가 주변의 모래사장과 축축한 풀밭, 강둑, 군 사격장 둘레의 풀밭이다. 수컷은 활발하게 날면서 암컷을 탐색하는데, 번데기에서 갓 나왔을 때에는 축축한 물가에 잘 앉는다. 암수 모두 개망초와 사철쑥, 신나무, 메밀, 갈퀴나물, 금잔화, 자운영, 토끼풀 등 여러 꽃에서 꿀을

빤다. 암컷은 먹이식물 둘레를 배회하다가 주로 기온이 높은 오후에 먹이식물의 꽃봉오리, 새싹, 먹이식물 둘레의 마른 풀에 알을 하나씩 낳는다. 애벌레는 잎 뒤에 머물며 주위에 곰개미, 누운털개미, 스미스개미 등이 모여든다(Jang, 2007).
변이 한반도 내륙 개체군은 중국 동북부, 러시아(아무르, 트랜스바이칼 남부), 몽골 동북부 지역과 함께 아종 *mongolica* (Grum-Grshimailo, [1893])로 다룬다. 과거 석주명(1936)이 제주도 서귀포에서 채집한 개체를 다른 아종(*zezuensis* Seok, 1937)으로 기재한 적이 있으나 현재 발견되지 않고 있다. 이 아종은 석주명이 1936년 수컷 8마리와 암컷 1마리를 채집한 것을 대상으로 하였다. 석주명에 따르면 이 아종의 특징은 날개 아랫면의 점무늬가 굵고 뚜렷하며, 특히 뒷날개 외연의 붉은 띠 주위의 점무늬들이 두드러지게 커진다고 하였다. 또 수컷의 날개 윗면의 날개맥의 색이 짙은데, 일본 개체군은 이 특징이 덜하다고 하였다. 이 제주도 아종의 수컷은 날개 윗면 외연부의 짙은 흑청색 부분이 띠처럼 보이는데, 뒷날개에서 점들이 나타나는 것이 보통이나 굵게 띠처럼 보이기도 한다. 암컷에서는 날개 윗면 아외연부의 붉은 무늬가 앞, 뒷날개 모두 나타나거나 뒷날개에만 나타나기도 한다. 계절에 따른

변이는 뚜렷하지 않지만 봄의 개체들이 봄 이후의 개체들보다 큰 경향이 있다.
암수 구별 수컷은 날개 윗면이 짙은 하늘색, 암컷은 흑갈색으로 크게 다르다.
첫 기록 Fixsen(1887)은 *Lycaena argus* Linnaeus (Korea)라는 이름으로 우리나라에 처음 기록하였다. 하지만 그가 언급한 표본은 한국명만 이 종일뿐이지 사실 앞 종으로 알았기 때문에 정확히 이 종을 인식하지 못했다. 후에 Shirôzu와 Sibatani (1943)가 *Probejus argyrognomon ussurica* (Forster, 1936) (Korea)로 기록한 것이 우리나라에서 첫 기록으로 보인다.
우리 이름의 유래 석주명(1947)은 사진을 끼울 때 쓰였던 삼각형의 작고 색깔 있는 장식물을 뜻하는 '부전'이라는 말을 넣어 이름을 지었다. 이 이름은 이 나비가 속한 과 (family)의 이름을 대표한다. 이승모(1982)는 이 나비를 설악산부전나비로 개명했지만 다시 신유항(1989)이 원 이름으로 환원하였다.

Abundance Common.
General description Wing expanse about 30 mm. Ratio of tibia length to first tarsus segment length of midleg about 4/5. Male upper wings with narrow dark margin. Korean population was dealt as ssp. *mongolica* (Grum-Grshimailo, [1893]) (TL: Mongolia: Ero-Gol River, Bugait). Population described as ssp. *zezuensis* Seok, 1937 in Seoguipo, southern seashore of Jeju island is extinct.
Flight period Bivoltine or Trivoltine according to latitude. Mid May-October. Possibly hibernates as an egg.
Habitat Around cultivated land, damp meadows and riverbanks, grasslands around military range.
Food plant *Vicia amoena, Indigofera pseudo-tinctoria* (Leguminosae).
Distribution Inland regions of Korean Peninsula.
Range Temperate belt from Europe to

Ussuri region and Japan.

산부전나비

Plebejus subsolanus (Eversmann, 1851)

분포 강원도 태백산과 한반도의 북부 지역에 분포하는데, 최근 강원도에서 거의 보이지 않는다. 과거 제주도에서의 산부전나비의 기록들은 모두 산꼬마부전나비를 잘못 오해해서 비롯된 것이다(Shirôzu와 Sibatani, 1943; 김성수와 주흥재, 손정달, 2013). 국외에는 일본, 중국(동북부, 베이징, 간쑤), 러시아(극동지역에서 바이칼호까지), 몽골에 분포한다.

먹이식물 콩과(Leguminosae) 갈퀴나물, 나비나물

생태 한 해에 한 번, 남한에서는 6월 중순에서 7월 중순까지, 북한의 높은 산지에서는 7월 중순에서 8월에 나타난다. 월동은 알 상태로 겨울을 나는 것으로 보이나 아직 야외에서 발견된 적이 없다. 서식지는 북한의 추운 지역에는 강가 주변의 축축한 풀밭, 남한은 높은 산지의 계곡 주변의 풀밭

이다. 수컷은 남한에서 태백산과 같은 높은 산에 자리한 풀밭에서 활발하게 암컷을 탐색하러 날아다닌다. 북한에서는 비교적 낮은 지대의 풀밭에서 볼 수 있다. 암수 모두 기린초와 개망초, 엉겅퀴, 갈퀴나물, 꼬리풀 등의 꽃에서 꿀을 빤다. 암컷은 먹이식물 뿌리 근처의 마른 잎이나 줄기에 알을 하나씩 낳는다. 생태를 관찰한 기록이 매우 적다.

변이 한반도 개체군은 중국 동북부와 러시아(연해주) 지역과 함께 고유의 형태 특징을 갖는데, 특별히 지역 아종으로 명명되어 있지 않았다. 대체로 소형이고, 날개 아랫면의 흰색이 강해 다른 무늬와 대조가 뚜렷하다. 또 수컷에서는 날개 윗면의 청람색이 나타나는 정도의 변화가 매우 심하다. 즉 날개 전체에 나타나거나 외연부만 좁게 나타나기도 하고, 날개밑 쪽으로 넓어지는 등의 개체 변이가 심하다. 전체의 날개색이 짙고 보라색기가 강하다.

암수 구별 산꼬마부전나비와 부전나비의 경우와 같다.

닮은 종의 비교 243쪽 참고

첫 기록 Fixsen(1887)은 *Lycaena cleobis* Bremer (Korea)라는 이름으로 우리나라에 처음 기록하였다.

우리 이름의 유래 석주명(1947)은 산지에 많다는 뜻으로 이름을 지었다. 하지만 지금의 산부전나비와 산꼬마부전나비의 이름이 어느 쪽이었는지의 여부가 확실하지 않다.

Abundance Scarce.

General description Wing expanse about 32 mm. Ratio of tibia length to first tarsus segment length of midleg about 3/5. Male upper wings dark margin width variable. Korean population was dealt as ssp. *subsolanus* (Eversmann, 1851) (TL: environs d'rkoutzk [Irkutsk]).

Flight period Univoltine. Mid June-mid July in C. Korea, mid July-August in highlands, N. Korea. Possibly hibernatea as an egg.

Habitat Wet grasslands in North

Korea, meadows around valley of high mountain in South Korea.

Food plant *Vicia amoena*, *V. unijuga* (Leguminosae).

Distribution High-elevation regions north of Mt. Taebaeksan, Gangwon-do. Range Japan, China (NE., Beijing & Gansu), Russia (S. Primorye to Baikal), Mongolia.

높은산부전나비

Albulina optilete (Knoch, 1781)

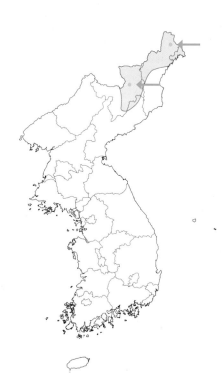

한반도 동북부지방에 극히 일부 지역에 분포하고, 국외에는 일본(홋카이도), 러시아 극동지역부터 유럽 동부와 중부, 북부까지의 추운 유라시아 대륙에 넓게 분포한다. 아직 분류학적으로 정리된 것은 아니다. 속의 적용을 *Plebejus*로 하기도 한다. 만약 아종을 적용을 해야 한다면 한반도 개체군은 중국 동북부, 러시아 극동지역에서 유럽까지 분포하는 기준 아종으로 다룰 수 있다. 다른 아종은 일본에 분포한다. 한 해

에 한 번, 7월 초에서 8월에 보이며, 7월 말에서 8월 초에서 가장 흔하다. 월동은 애벌레 상태로 한다고 한다. 눈잣나무와 들쭉나무가 많은 북부지방 관목림 주변 풀밭에서 산다. 날이 좋으면 낮고 빠르게 날아다니나 흐린 날에는 눈잣나무에 붙어서 꼼짝 안한다. 바위솜나물의 꽃에 모이며, 먹이식물은 철쭉이다. 수컷의 날개 윗면은 어두운 청보라색, 암컷이 짙은 흑갈색이다. 일본에서는 천연기념물로 지정 보호되고 있다. Matsumura(1927)는 *Lycaena optilete shonis* Matsumura (기준 지역: Papari (양강도 파발리), Mt. Hakuto (백두산))라는 이름으로 우리나라에 처음 기록하였다. 석주명(1947)은 당시 이 나비 아종(*sibirica*)의 라틴어에서 의미를 따와 시베리아부전나비라고 하였다. 후에 신유항(1989)은 외래어라는 점을 들어 이름을 바꾸었다. 아마 '개마고원 같이 높은 산지에 분포한다.'라는 뜻인 것 같다.

Abundance Local.
General description Wing expanse about 26 mm. Male upper wings brilliant dark blue-violet, female dark brown usually without orange spots at anal angle. Korean population was dealt as nominotypical subspecies (= *shonis* Matsumura, 1927) (TL: Braunschweig (Brunswick, Germany)).
Flight period Univoltine. Early July-August. Possibly hibernates as a larva.
Habitat Grasslands in northern part of Korean Peninsula with fir and blueberry trees.
Food plant *Rhododendron schlippenbachii* (Ericaceae).
Distribution Northeastern region of Korean Peninsula.
Range Japan (Hokkaido), NE. China, Russia (Amur, Kamchatka, Chukotka, Siberia), Europe (N., C. & E.).

함경부전나비

Polyommatus amandus (Schneider, 1792)

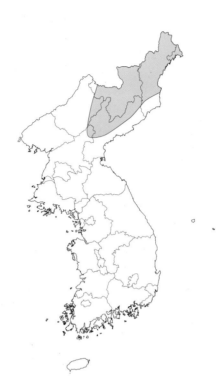

개마고원 일대와 함경북도 지역에 분포하는데, 강원도 양구에서의 기록이 한 번 있다. 이 기록이 옳은 지의 여부는 불분명하다. 국외에는 러시아 극동지역부터 유럽과 아프리카 북서부까지 넓게 분포한다. 한반도 개체군은 중국 동북부, 러시아(아무르) 지역과 함께 아종 *amurensis* (Staudinger, 1892)로 다룬다. 한 해에 한 번, 6월 말에서 8월 초까지 보인다. 북부지방 산림 안쪽의 풀밭이나 높은 산의 축축한 풀밭에서 산다. 먹이식물은 콩과식물(Leguminosae)이다. Mori(1925)는 *Lycaena amandus amurensis* Staudinger (Mt. Taitoku (대덕산), Papari (양강도 파발리))라는 이름으로 우리나라에 처음 기록하였다. 석주명(1947)은 함경도에 분포한다는 뜻으로 이름을 지었다.

Abundance Local.
General description Wing expanse

about 35 mm. Under hindwing orange submarginal spot in space 5 absent or more than twice as small as that in space 3. Korean population was dealt as ssp. *amurensis* (Staudinger, 1892) (TL: Amur Gebiet).
Flight period Univoltine. Late June-early August. Hibernation stage unconfirmed.
Habitat Damp grassy sites in high-altitude mountains and grasslands in northern part of Korean Peninsula.
Food plant Leguminosae.
Distribution Regions around Gaemagowon Plateau.
Range Temperate belt of Palaearctic region.

연푸른부전나비

Polyommatus icarus (Rottemburg, 1775)

백두산을 포함한 한반도 동북부 일부 높은 지역에 분포하고, 국외에는 러시아 극동지역부터 유럽과 아프리카 북부까지 넓

게 분포한다. 한반도 개체군은 자강도 낭림군 연화리 지역을 기준으로 한 고유 아종 *tumangensis* Im, 1988로 다룬다. 한 해에 한 번, 7~8월에 나타난다. 북부지방의 산림 내의 풀밭이나 작은 호수, 혼효림 주변의 풀밭에서 산다. 먹이식물은 콩과식물(Leguminosae)이다. Mori(1927)는 *Lycaena icarus* Rottemburgh (Mt. Hakuto (백두산))라는 이름으로 우리나라에 처음 기록하였다. 석주명(1947)은 이 나비가 우리나라에서 함경도 일부에서만 보이지만 유럽에 매우 흔하다는 뜻으로 유럽푸른부전나비로 이름을 지었다. 후에 조복성과 김창환(1956)이 이름을 바꾸었는데 아마 날개 색에 따른 것으로 보인다.

Abundance Local.

General description Wing expanse about 36 mm. Under forewing dot in cell usually present, with orange submarginal spots developed, dark spot in cell not smaller than spot lying below in space 2. Male upper wings violet blue. Korean population was dealt as ssp. *tumangensis* Im, 1988 (TL: Ryeonhwa-ri, Rangrim-gun, Jagang-do, N. Korea).

Flight period Univoltine. July-August. Hibernation stage unconfirmed.

Habitat Meadows around a small lake and grassland with deciduous broadleaved forests and coniferous forests in northern part of Korean Peninsula

Food plant Leguminosae.

Distribution Northeastern region of Korean Peninsula.

Range Temperate belt of Palaearctic region.

사랑부전나비
Polyommatus tsvetaevi (Kurentzov, 1970)

한반도 동북부지방에 분포하고, 국외에는 중국 동북부, 러시아(연해주)에 분포한다. 세계 분포로 보아도 특별한 지역 변이는 없으며, 한반도 안에서도 변이가 없다. 과거에 이 나비를 *eros* (Ochsenheimer, [1808])라는 종으로 다뤘던 적이 있으나 유럽에 분포하는 종을 잘못 기록한 것이다. 한 해에 한 번, 7월 중순에서 8월 중순까지 보인다. 북부지방 산림 내의 풀밭이나 높은 산의 풀밭에서 산다. Nire(1919)는 *Lycaena eros erotides* Staudinger (Zyosin (성진))라는 이름으로 우리나라에 처음 기록하였다. 석주명(1947)은 과거 이 나비의 종 이름(*eros*)의 라틴어의 뜻으로 지었다.

Abundance Local.

General description Wing expanse about 30 mm. Under wing's bright orange submarginal spots large in both sexes fused into bands. Male upper wings light blue with strong glitter and dark outer margin. No noticeable regional variation in morphological characteristics (TL: Suputinka river, Ussuri).

Flight period Univoltine. Mid July-mid August. Hibernation stage unconfirmed.

Habitat Meadows within forests and high mountain meadows in northern part of Korean Peninsula.

Food plant Unknown.

Distribution Northeastern region of Korean Peninsula.

Range NE. China, Russia (Primorye).

후치령부전나비
Polyommatus semiargus (Rottemburg, 1775)

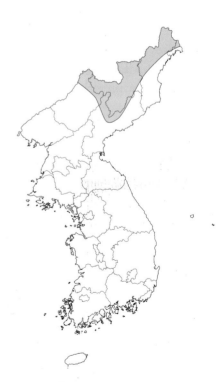

개마고원과 한반도 동북부지방에 분포하고, 국외에는 러시아 극동지역에서 유럽까지의 유라시아 대륙에 넓게 분포한다. 한

반도 개체군은 중국 동북부, 러시아(아무르, 사할린) 지역과 함께 아종 *amurensis* (Tutt, 1909)로 다룬다. 한 해에 한 번, 6월 말에서 7월 보인다. 높은 산지의 풀밭이나 활엽수림 주변의 풀밭에서 산다. 백두산에서는 1,900m 이상의 풀밭에서 날아다니는 모습을 많이 볼 수 있다. Sugitani(1932)는 *Lycaena semiargus* Rottemburgh (Mosanrei (무산령), Kozirei (후치령))라는 이름으로 우리나라에 처음 기록하였다. 석주명(1947)은 처음 채집된 장소인 함북 후치령을 넣어 이름을 지었다.

Abundance Local.
General description Wing expanse about 30 mm. Under hindwing's row of dark postdiscal spots fracture with its apex directed towards base, one spot in space 8, at least a weak one, Under hindwing's submarginal spots absent. Korean population was dealt as ssp. *amurensis* (Tutt, 1909) (TL: Blagoveshchensk, Partizansk).
Flight period Univoltine. Late June-July. Hibernation stage unconfirmed.
Habitat Around grassland or deciduous broad-leaved forests in northern part of Korean Peninsula.
Food plant Unknown.
Distribution Northeastern region of Korean Peninsula.
Range Temperate belt of Eurasia.

소철꼬리부전나비

Luthrodes pandava (Horsfield, 1829)

분포 제주도의 고도가 낮은 평지에만 분포한다. 국외에는 중국 남부, 타이완, 홍콩, 미얀마, 순다랜드, 네팔, 인도, 스리랑카의 열대와 아열대 지역에 넓게 분포한다.
먹이식물 소철과(Cycadaceae) 소철

생태 한 해에 여러 번인 것으로 추정되며, 주로 9~10월에 많이 보인다. 우리나라에서 아직 월동 상태를 모르고 있다. 제주도에서는 12월 말까지 서귀포의 따뜻한 바닷가에서 발견하였다. 하지만 이듬해 봄에 보이지 않는 점으로 보아 어른벌레는 겨울 기간에 죽고, 소철의 잎 속에 들어있던 애벌레로 살아남는 것으로 추정된다. 서식지는 마을이나 공원, 도로변의 소철을 심어놓은 풀밭이다. 2006년 처음 발견되어 해마다 보였고, 2013년 이후 잠시 보이지 않다가 2017년부터 다시 보이고 있다. 수컷은 오전 중에 먹이식물 둘레에 모여들고, 일광욕을 한다. 재빠르게 날며, 땅위 20cm 정도의 높이로 낮게 날기도 하고, 때때로 점유 행동을 심하게 한다. 늦가을에는 지붕 높이로 날아오르기도 한다. 암수 모두 코스모스, 유채, 배추 등 여러 꽃에 날아와 꽃꿀을 빤다. 짝짓기 후에는 인기척에 놀란 암컷이 수컷을 매달고 나는 모습을 볼 수 있다. 암컷은 소철의 새싹에 알을 하나씩 낳는다. 애벌레는 소철의 잎 살을 먹어 소철 잎을 누렇게 변하게 한다. 애벌레 주위에는 늘 주름개미가 모여든다. 유생기의 기록은 주흥재와 김성수, 권태성(2008)의 논문이 있다.
변이 세계 분포로 보면 세 가지 지역 변이가 있고, 우리나라는 원명아종에 속하며, 한반도 안에서는 특별한 변이가 없다. 늦가을에 나타나는 암컷은 날개 윗면 중앙부가 밝아지고, 날개 아랫면 외횡부의 흰 띠가 굵어진다.
암수 구별 수컷은 날개 윗면 전체가 남색을 띠나 암컷은 중앙부 일부만 남색을 띤다. 암컷은 뒷날개 윗면 항각 부근에 붉은 무늬가 있다.
첫 기록 주흥재(2006)는 *Chilades pandava* (Horsfield) (서귀포 하예동)라는 이름으로 우리나라에 처음 기록하였다.
우리 이름의 유래 주흥재(2006)는 제주도에서 채집해서 우리나라에 처음 미접으로 소개하면서, 애벌레가 먹는 소철과 뒷날개의 꼬리돌기의 생김새의 특징으로 이름을 지었다.

Abundance Migrant, inhabited in Jeju island for a few years.
General description Wing expanse about 30 mm. No noticeable regional variation in morphological characteristics (TL: Java).
Flight period Polyvoltine. Year-round broods; mainly recorded July-November. Hibernation stage unconfirmed.
Habitat Parks and gardens roadsides.
Food plant *Cycas revoluta* (Cycadaceae).
Distribution Jeju island (migrant and/or introduced).
Range Japan (migrant and/or introduced), Oriental Region.

큰주홍부전나비

Lycaena dispar (Haworth, 1803)

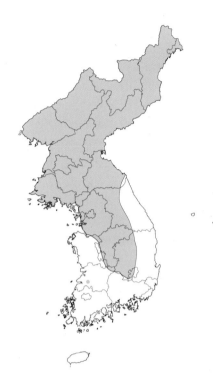

먹이식물의 잎 위 또는 아래에 하나씩 낳으며, 한 암컷이 한 잎에 여러 번 낳거나 여러 암컷들이 시간을 달리 해서 한 잎에 수십여 개의 알을 낳을 때도 있다.

변이 한반도 개체군은 중국 동북부, 러시아(아무르에서 투바까지), 몽골 동부 지역과 함께 아종 *aurata* (Leech, 1887)로 다룬다. 암컷 중에는 드물게 날개색이 황갈색을 띠고, 뒷날개 윗면의 흑갈색 부분 중에서 맥을 따라 주황색인 개체들이 있다. 또 앞날개 외횡부의 점무늬가 가로로 늘어난 개체도 있다.

암수 구별 수컷은 날개 윗면이 가늘게 검은 외연만 빼고 붉은 주황색이다. 암컷은 수컷보다 훨씬 크고, 날개 외연이 둥글며, 앞날개 중실에 2개의 점, 외횡부에 여러 점들이 이어지고, 뒷날개 아외연부만 빼고 흑갈색 무늬가 짙어진다.

첫 기록 Fixsen(1887)은 *Polyommatus dispar rutilus* Werneburg (Korea)라는 이름으로 우리나라에 처음 기록하였다.

우리 이름의 유래 석주명(1947)은 영어 이름 'Larger Copper'에서 의미를 따와 이름을 지었다.

분포 2000년 이전까지 경기도 북부의 한탄강, 임진강 유역, 경기만의 섬 등지와 백두산 등 북한 지역에 분포하였으나 현재 전라북도 정읍과 경상북도 지역까지 분포하여, 그 분포의 범위가 남쪽으로 넓어지고 있다. 아마 강과 하천, 수로 등을 인위적으로 변모시켜 이 종이 서식하기 알맞은 환경이 만들어진 원인 때문으로 보인다. 국외에는 유럽에서 몽골을 거쳐 중국(동북부, 북서부), 러시아(아무르, 사얀 동부, 트랜스바이칼, 투바)까지 넓게 분포한다.

먹이식물 마디풀과(Polygonaceae) 소리쟁이, 참소리쟁이

생태 한 해에 두세 번, 5월에서 10월에 볼 수 있다. 월동은 3령애벌레 상태로 하는데, 풀줄기 틈에 들어가 지낸다. 서식지는 축축한 풀밭이 많은 강, 하천, 논 주변이다. 수컷은 재빨리 날다가 날개를 활짝 펴고 풀잎 끝에 앉아 점유행동을 강하게 하는데, 개체수가 많을 때에는 여러 마리가 다투며 어우러져 난다. 암수 모두 개망초와 여뀌, 민들레 등 여러 꽃에서 꿀을 빤다. 암컷은

Abundance Common.
General description Wing expanse about 37 mm. Nominotypical subspecies in England extinct. In South Korea, after first sighting in 1980s, its limits of distribution is expanding southward. Korean population was dealt as ssp. *aurata* (Leech, 1887) (TL: Changdo, South of Wonsan).
Flight period Bivoltine or Trivoltine according to latitude. May-October. Hibernates as a 3rd instar.
Habitat Wet grasslands by river, streams, around rice paddies.
Food plant *Rumex crispus, R. japonicus* (Polygonaceae).
Distribution Regions north of Jeollabuk-do and Gyeongsangbuk-do, islands in Gyeonggi-do.
Range China (NE. & NW.), Russia (Amur, E. Sayan, Transbaikaila, Tuva), E. Mongolia-Europe.

암먹주홍부전나비

Lycaena hippothoe (Linnaeus, 1761)

개마고원 일부 지역과 함경북도 일부 지역에만 분포하고, 국외에는 러시아(아무르), 몽골 북부에서 위도 63° 이북의 시베리아 산림지대와 유럽에 분포한다. 한반도 개체군은 러시아(아무르) 지역과 함께 아종 *amurensis* (Staudinger, 1892)로 다룬다. 한 해에 한 번, 7월 중순에서 8월 중순에 산지의 풀밭에서 보인다. 매우 희귀하며, 유생기에 대해 우리나라에서 밝혀진 정보가 없다. 날개 아랫면은 큰주홍부전나비와 거의 닮으나 날개 윗면만 차이가 큰 것으로 보아 큰주홍부전나비의 근연으로 보인다. Sugitani(1930)는 *Chrysophanus hippothoe amurensis* Staudinger (Kwainei (회령))라는 이름으로 우리나라에 처음 기록하였다. 우리 이름은 석주명(1947)이 날개 윗면이 검은 특징으로 지은 것으로 보인다.

Abundance Local.
General description Wing expanse
about 35 mm. Korean population was
dealt as ssp. *amurensis* (Staudinger,
1892) (TL: Amur, Korea).
Flight period Univoltine. Mid July-mid
August. Possibly hibernates as a larva.
Habitat Meadows in mountains.
Food plant Unconfirmed.
Distribution Gaemagowon Plateau,
Northeastern region of Korean
Peninsula.
Range Russia (Amur) to Europe,
temperate belt of the Palaearctic
region.

검은테주홍부전나비

Lycaena virgaureae (Linnaeus, 1758)

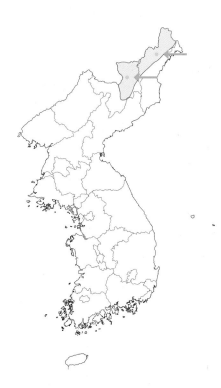

일부 양강도와 함경도의 매우 좁은 범위에
만 분포하고, 국외에는 중국 동북부, 러시
아 극동지역(아무르)에서 몽골을 거쳐 유

럽까지 분포한다. 세계 분포로 보아도 특
별한 지역 변이는 없으며, 한반도 안에서
도 변이가 없다. 한 해에 한 번, 7월 중순
에서 8월 중순에 산지의 풀밭에서 보인
다. 우리나라에서 밝혀진 정보는 거의 없
다. Sugitani(1930)는 *Chrysophanus
virgaureae* Linnaeus (Kwainei (회령))라
는 이름으로 우리나라에 처음 기록하였다.
우리 이름은 석주명(1947)이 당시의 일본
이름에서 의미를 따와 지었다.

Abundance Local.
General description Wing expanse
about 34 mm. No noticeable regional
variation (= *steni* Bryk, 1946) in
morphological characteristics (TL:
Europa, Africa [Sweden]).
Flight period Univoltine. Mid July-mid
August. Possibly hibernates as a larva.
Habitat Meadows in mountains.
Food plant Unconfirmed.
Distribution Some high-altitude
mountainous regions in northeastern
Korean Peninsula.
Range NE. China, Russian Far East
to Europe, temperate belt of the
Palaearctic region.

남주홍부전나비

Lycaena helle (Denis et Schiffermüller, 1775)

함경북도 합수, 무산 일대의 좁은 범위에
만 분포하고, 국외에는 유라시아 대륙의
산림지대에 분포한다. 한반도 개체군은 중
국(동북부, 북서부), 러시아(아무르, 시베
리아 동부와 중부), 카자흐스탄 동부 지역
과 함께 아종 *phintonis* (Frufstorfer,
1910)으로 다룬다. 높은 산지의 활엽수림
사이의 풀밭에서 한 해에 두 번, 5월 말에
서 6월 말까지와 7월에 드물게 보인다. 유
생기는 우리나라에서 밝혀진 정보는 없다.

수컷의 날개는 광택이 있는 남색이다. Doi
(1937a)는 *Chrysophaenus amphidamas*
Esper (무산군 도내)라는 이름으로 우리나
라에 처음 기록하였다. 우리 이름은 석주
명(1947)이 날개 윗면이 남색으로 반짝이
는 특징으로 지었다.

Abundance Local and rare.
General description Wing expanse
about 25 mm. Korean population was
dealt as ssp. *phintonis* (Frufstorfer,
1910) (TL: Irkutsk).
Flight period Bivoltine. Late May-June,
July. Possibly hibernates as a larva.
Habitat Meadows between broad-
leaved forests of high mountains.
Food plant Unknown.
Distribution Some mountainous
regions in northeastern Korean
Peninsula.
Range China (NE. & NW.), Russia
(Amur, E. & C. Siberia), E. Kazakhstan-
N. & C. Europe.

작은주홍부전나비

Lycaena phlaeas (Linnaeus, 1761)

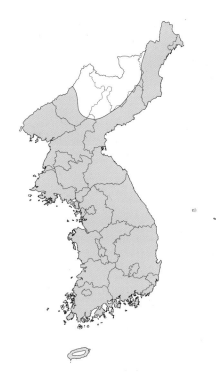

분포 백두산과 개마고원 둘레의 조금 낮은 산지부터 제주도까지 전국 각지에 분포한다. 국외에는 유라시아 대륙의 추운 지역과 북미, 아프리카 중부와 북부에 걸쳐 넓게 분포한다.

먹이식물 마디풀과(Polygonaceae) 애기수영, 수영, 소리쟁이, 참소리쟁이

생태 한 해에 세 번에서 다섯 번. 4월에서 11월에 볼 수 있는데, 제주도에서는 3월 20일부터 보인다. 따뜻한 지역일수록 생활사 주기가 짧아진다. 월동은 3령애벌레 상태로 한다. 서식지는 풀밭이나 강둑, 도시의 빈터, 해안, 학교 운동장의 풀밭이다. 수컷은 무릎 아래 크기의 풀잎에서 점유행동을 하는데, 다른 수컷을 빠르게 뒤쫓다가 제자리에 되돌아와 앉는다. 암수 모두 민들레와 개망초, 눈개쑥장이, 배추, 무, 유채, 딱지꽃, 토끼풀, 가는잎구절초, 기름나물, 코스모스, 마타리, 도깨비바늘, 들솜방망이, 쇠별꽃, 꽃여뀌, 등골나물, 서양금혼초(개민들레), 사상자 등 여러 꽃에서 꿀을 빠나 물가에서 물을 빨지 않는다. 암컷은

먹이식물 뿌리 근처의 잎이나 마른 풀 등 여러 곳에 알을 하나씩 낳는다.

변이 한반도 개체군은 일본, 중국, 러시아 극동지역과 함께 아종 *chinensis* (C. Felder, 1862)로 다룬다. 여름에 보이는 개체는 이른 봄과 늦가을에 보이는 개체보다 작고, 날개가 검어지는 경향이 있다. 특히 암컷보다 수컷에서 뚜렷하다. 매우 드물게 날개의 주황색 부분의 색이 하얀 개체가 있다.

암수 구별 암컷은 수컷보다 훨씬 크고, 날개 외연이 둥글다. 수컷의 날개끝은 뾰족하다.

첫 기록 Butler(1883a)는 *Chrysophanus timaeus* Cramer (Jinchuen (인천), W. Corea)라는 이름으로 우리나라에 처음 기록하였다.

우리 이름의 유래 석주명(1947)은 영어 이름 'Small Copper'에서 따와 이름을 지었는데, 큰주홍부전나비와 대응된다.

Abundance Common.
General description Wing expanse about 28 mm. Korean population was dealt as ssp. *chinensis* (Felder, 1862) (= *matsumuranus* Bryk, 1946) (TL: Shanghai, China).
Flight period Trivoltine or Polyvoltine according to altitude and latitude. April-November. Hibernates as a 3rd instar.
Habitat Diverse. Meadows or riverbank, open grounds of the city, beach, grassy sites of school yards.
Food plant *Rumex acetosella, R. acetosa, R. crispus, R. japonicus* (Polygonaceae).
Distribution Whole Korean territory excluding Ulleungdo island.
Range Entire Palaearctic region except the extreme North.

남방남색부전나비

Arhopala japonica (Murray, 1875)

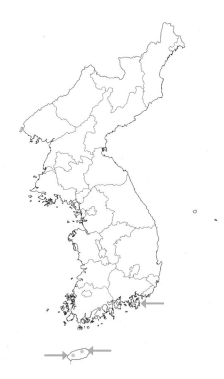

분포 경상남도 통영에 기록이 있으나 분포 여부를 확인할 필요가 있다. 제주도는 제주시 조천면 선흘 지역(동백동산)에 많으며, 가끔 서귀포시 안덕계곡에서 볼 수 있다. 국외에는 일본, 타이완, 홍콩에 분포한다.

먹이식물 참나무과(Fagaceae) 종가시나무

생태 한 해에 3번. 4월 초에서 11월 초까지 볼 수 있다. 이른 봄부터 5월 초까지 지난해에 발생하여 어른벌레로 겨울을 난 소수의 개체들이 보이다가 6월 중순부터 7월 중순에 한살이가 이루어져 새 개체들이 보인다. 이후 8월 중순에서 9월 중순에 다시 발생하고, 10월 중순 이후 마지막으로 발생한 많은 개체들이 월동을 한다. 나비는 무리 지어 나뭇잎에 붙어서 월동한다. 서식지는 종가시나무가 군락을 이룬 상록활엽수 숲이다. 서식지를 크게 벗어나지 않으며, 햇빛이 잘 비치는 나뭇잎 위에서 일광욕을 하거나 수컷끼리 점유행동을 심하게 한다. 수컷의 점유행동 모습을 멀리서 바라볼 수 있는데, 날씨가 좋은 날 나무 위와 확 트인 공간의 5~6m 정도의 나뭇잎 위

에서 활동하는 모습을 볼 수 있다. 암컷은 맑은 날 정오에서 오후 2시경까지 낮은 위치의 그늘진 겨울눈이 될 자리에 알을 하나씩 낳는다. 11월 초에 무리 지어 햇살이 비치는 따뜻한 장소에 모이고, 송악 꽃에서 꿀을 빤다.

변이 세계 분포로 보아 지역 변이는 없다. 다만 제주도 개체군은 일본 개체군보다 날개 아랫면의 바탕색이 조금 옅은 감이 있다. 날개 아랫면의 불규칙한 흑갈색 점들이 이어지는데 개체에 따라 짙거나 옅은 차이가 있다.

암수 구별 암컷은 수컷보다 외연의 검은 띠가 굵어져 앞날개 중실 경계선까지 넓어진다. 날개 중앙의 남색 부위는 수컷이 조금 짙어 어둡다.

첫 기록 Leech(1887)는 *Amblypodia japonica* Murray (Gensan (원산))라는 이름으로 처음 기록하였다. 하지만 생태와 분포의 특징을 살펴 볼 때 분명한 잘못으로, 자신이 당시에 일본에서 채집한 개체들과 섞인 것으로 추측된다. 또 이 추측을 확인하기 위하여 영국의 대영자연사박물관에 보관 중인 Leech의 표본들을 다음 종과 함께 살펴보았다. 결론적으로, Leech 자신이 당시 일본에서 채집한 표본들과 원산에서 채집한 표본 사이의 의미 있는 차이점을 발견할 수 없었다. 이밖에도 Leech의 채집품을 자세히 살펴보면 서로 섞여 혼란된 경우가 있었다. 따라서 Jung과 Kim(1998)이 *Narathura japonica* Murray (제주도 선흘)라는 이름으로 기록한 것이 우리나라 처음이다.

우리 이름의 유래 석주명(1947)은 이 나비의 생태와 형태를 보고 이름을 지었다고 했는데, 그는 이 나비가 우리나라에 분포하는지에 대해 의문을 품었다. 이승모(1982)도 이 종과 다음 종에 대한 Leech의 기록을 잘못으로 보았다. 그 근거는 먹이식물인 상록의 참나무인 종가시나무가 우리나라 남부의 해안 지역과 제주도에만 분포하기 때문이다. 또 이 나비는 서식지를 크게 벗어나지 않는 성질도 있으므로 한랭한 기후의 북한의 원산에서 채집했다는 것을 액면 그대로 믿기 어렵다.

Abundance Local.
General description Wing expanse about 28 mm. No noticeable regional variation in morphological characteristics (TL: Yokohama, Japan).
Flight period Trivoltine. Early April-early November. Hibernates as an adult.
Habitat Broad-leaved evergreen forest with colony of *Quercus glauca* at lowland in Jeju island.
Food plant *Quercus glauca* (Fagaceae).
Distribution Jeju island, Tongyeong (GN).
Range Japan, Taiwan, China (Hongkong).

남방남색꼬리부전나비

Arhopala bazalus (Hewitson, 1862)

서식지는 상록활엽의 참나무과식물인 가시나무류가 많은 남해안 일대와 북제주군 조천면 선흘리로 생각되나 극히 소수가 발견되고 있을 뿐이다. 생태 특성은 남방남색부전나비와 거의 같을 것으로 보고 있다. 먹이식물은 일본 원산의 돌참나무(*Lithocarpus edulis*)와 *Lithocarpus glaber*로 알려져 있다(猪又 敏男, 1990). 이런 먹이식물이 우리나라에서 자생하지 않아 이 나비의 토착 여부는 불투명하다. 국외에는 일본 남부, 타이완, 필리핀, 자바, 수마트라, 칼리만탄, 히말라야에 분포한다. 한반도 개체군은 일본, 타이완 지역과 함께 아종 *turbata* (Butler, [1882])로 다룰 수 있다. 수컷은 날개 윗면의 외연을 뺀 부분 모두가 짙은 남자색을 띠지만 실제 뚜렷하게 대비되지 않아 전체 날개가 검어 보인다. Leech(1894)는 *Arhopala turbata* Butler (Gensan (원산) 채집)라는 이름으로 처음 기록하였다. 하지만 앞 종과 마찬가지로 생태와 분포의 특성을 살펴볼 때 이

기록은 잘못으로 일본에서 채집한 개체로 보인다. 따라서 정헌천(1999)이 *Narathura bazalus* (Hewitson) (통영 채집)라는 이름으로 기록한 것이 우리나라 처음이랄 수 있다. 우리 이름은 석주명(1947)이 꼬리가 달린 남방남색부전나비라는 뜻으로 지었다.

Abundance Local. Korean population was dealt as ssp. *turbata* (Butler, [1882]) (TL: Nikko; loc. err.).
General description Wing expanse about 28 mm.
Flight period Voltinism uncertain due to sporadic sighting of adults. August-October. Possibly hibernates as an adult.
Habitat Broad-leaved evergreen forest, rarely seen outside of habitat.
Food plant Fagaceae.
Distribution Jeju island, Tongyeong (GN).
Range S. Japan, Taiwan, Philippines, Java, Sumatra, Kalimantan, Himalayas.

선녀부전나비

Artopoetes pryeri (Murray, 1873)

분포 전라남도 광양에 위치한 백운산 이북의 산지부터 강원도 산지를 거쳐 함경북도 회령까지 주로 낙엽활엽수림 산지에 국지적으로 분포하며, 현재까지 북한의 서반부의 채집 기록은 없고 백두산에는 채집 기록이 있다. 국외에는 일본, 중국(동북부, 중부), 러시아(아무르, 우수리)에 분포한다.
먹이식물 물푸레나무과(Oleaceae) 쥐똥나무, 개회나무
생태 한 해에 한 번, 6월 초에서 8월 초까지 나타난다. 남한에서는 강원 지역이 경기 지역보다 15일 가량 발생 시기가 늦은 편이다. 최근 경기 지역에서는 매우 드물다. 월동은 알 상태로 한다. 서식지는 관목인

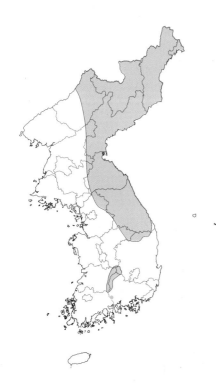

첫 기록 Okamoto(1923)는 *Lycaena pryeri* Murray (Korea)라는 이름으로 우리나라에 처음 기록하였다.

우리 이름의 유래 석주명(1947)은 부전나비들 가운데에서 비교적 큰데다가 우아하게 나는 특징을 살려 추상적 의미로 된 '선녀'라는 이름을 붙였다.

비고 이 종부터 은날개녹색부전나비까지를 녹색부전나비류(Zephyrus)라고 하는 다른 표현이 있다. Ackery 등(1999)에 따르면 녹색부전나비류는 애벌레가 목본을 먹이식물로 삼고(민무늬굴빛부전나비 제외), 한 해에 한 번 출현하며, 알 상태로 겨울을 난다. 또 앞날개의 날개맥은 11개로, 제9맥이 7맥에서 나오고, 제7+9맥은 제6맥 위에서 나오나 제6맥과 날개밑에 접하여 중실 상각 부근에서 파생한다. 수컷 생식기에는 딱딱한 적스타(juxta)가 있다.

쥐똥나무와 개회나무가 자라는 산지로 낙엽활엽수림 가장자리와 계곡에서 보인다. 오후 4시경 이후 서식지 주변을 재빠르게 날아다니는데, 아마 수컷이 암컷을 탐색하는 것으로 추측된다. 암수 모두 숲 사이의 빈터와 확 트인 능선에 핀 쥐똥나무와 밤나무 등 흰 꽃에서 드물게 꿀을 빤다. 암컷은 먹이식물의 가지 사이와 줄기의 홈 등에 알을 하나씩 낳는데, 같은 자리에 여러 번 낳기도 한다. 적갈색의 알의 생김새는 우주선 모양으로 특이하다.

변이 한반도 개체군은 일본, 중국(동북부-중부), 러시아 극동지역과 함께 기준 아종으로 다룬다. 과거에 아종 *continentalis* Shirôzu, 1952 (기준 지역: 함북 회령)로 다룬 적이 있었으나 의미가 없다. 한반도에서는 경기도 지역의 개체군이 강원도 지역의 개체군보다 날개 외연의 검은 띠의 폭이 조금 좁고, 중앙의 청색 부위가 조금 밝다. 양 지역에서 때로 중간형을 볼 수 있으며 양쪽 형태의 경계가 뚜렷하지 않다.

암수 구별 수컷은 암컷보다 날개밑에서 날개 중앙까지의 청색 부분이 보라색을 띠는데, 암컷에서는 이 부분이 수컷보다 넓어지고 밝아진다. 암컷은 수컷보다 날개의 폭이 넓고, 배가 상대적으로 굵으며 짧다. 또 암컷은 수컷보다 배의 등과 옆의 색이 배 안의 알 때문에 옅어 보인다.

금강산굴빛부전나비
Ussuriana michaelis (Oberthür, 1880)

Abundance Scarce.

General description Wing expanse about 36 mm. Hindwing tailess, tornus little developed. Ground color of under wings whitish with two rows of postdical and submarginal black spots. Upper wing's width of white and blue areas variable. No noticeable regional variation in morphological characteristics (TL: Japan).

Flight period Univoltine. Early June-early August. Hibernates as a fully formed larva within ovum-case.

Habitat Deciduous broad-leaved forest with dense oak trees.

Food plant *Ligustrum obtusifolium*, *Syringa reticulata* (Oleaceae).

Distribution Montane regions north of Mt. Baekunsan, Jeollanam-do.

Range Japan, China (NE. & C.), Russia (Amur, Ussuri).

분포 지리산 이북의 산지에 분포하고, 백두산까지 분포한다. 국외에는 중국, 러시아 극동지역, 타이완, 베트남 북부의 일부 지역에 분포한다.

먹이식물 물푸레나무과(Oleaceae) 물푸레나무, 쇠물푸레나무

생태 한 해에 한 번, 6월 초에서 8월 초까지 나타난다. 월동은 알 상태로 한다. 서식지는 200~400m 높이의 산지는 물론 800m 이상의 산지에 흐르는 하천과 인접한 낙엽활엽수림 지역이며, 참나무류와 물푸레나무가 많은 마을 주변 숲이다. 다음 종과 같은 서식 환경에서 사는데, 개체수가 훨씬 많다. 대부분의 시간을 나뭇잎에 앉아 쉬다가 맑은 날 오후 늦게 큰 참나무 위를 빠르게 넘나드는 일이 많다. 암컷은 5~6년생 물푸레나무 주위를 배회하다가 땅에서 2m 사이로 내려와 알을 한 군데에 1~수십 개씩 낳는다. 껍질이 거친 곳이나 움푹 팬 곳을 알 낳은 장소로 좋아한다. 아침 일찍 나뭇잎에 붙은 이슬을 먹는 모습은 흔하지만 가끔 밤나무 꽃에 날아오는 외에는 꿀을 빠

는 모습을 보기 어렵다. 애벌레 주위에 일본풀개미(*Lasius japonica*)와 *Mirmica* sp.라는 개미가 모여든다(Jang, 2007). 다 자란 애벌레는 번데기가 될 때 줄기를 타고 내려오는 것이 아니라 물푸레나무의 3잎 또는 4잎이 붙은 소엽병의 분지부를 자르고 땅으로 떨어진다(손정달, 2008). 유생기의 기록은 신유항(1970)의 논문이 있다.
변이 한반도 개체군은 중국(중부, 동부), 러시아 극동지역과 함께 기준 아종으로 다룬다. 한반도에서는 특별한 변이 없이 날개 윗면의 주황색 무늬가 발달 정도가 다른 개체들이 보인다.
암수 구별 암컷은 수컷보다 날개의 폭이 넓고, 외연이 둥글다. 날개의 주황색 부분은 암컷 쪽에서 넓어지는데, 뒷날개 윗면 항각 부근에서 두드러지게 넓다. 특히 암컷은 앞날개 윗면의 항각부와 뒷날개의 항각, 꼬리돌기 위의 외연부에 점무늬가 있다.
첫 기록 Okamoto(1926)는 *Zephyrus michaelis* Oberthür (Mt. Kongo (금강산))라는 이름으로 우리나라에 처음 기록하였다.
우리 이름의 유래 석주명(1947)은 이 나비가 처음 발견된 장소인 북한의 '금강산'을 넣어 이름을 지었다.

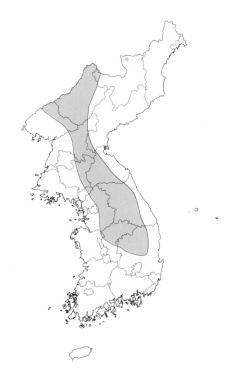

Abundance Common.
General description Wing expanse about 37 mm. Foreleg with tarsus segmented and clawed in both sexes. Upper hindwing with a long tail, and upper forewing with a large orange patch. Generally female is larger than male. Korean population was dealt as nominotypical subspecies (TL: Askold [Askold Isl., Vladivostok, Russian Far East].
Flight period Univoltine. Early June- early August. Hibernates as a fully formed larva within ovum-case.
Habitat Montane area at 200-400 m a.s.l., deciduous broad-leaved forests adjacent to rivulets in mountains over 800 m, forests around rural village with plenty of oak and ash trees.
Food plant *Fraxinus rhynchophylla, F. sieboldiana* (Oleaceae).
Distribution Areas north of Cheongsong, Gyeongsangbuk-do.
Range China, Russian Far East, Taiwan, N. Vietnam.

붉은띠굴빛부전나비
Coreana raphaelis (Oberthür, 1880)

분포 지리산 이북의 산지에 국지적으로 분포하는데, 북한에서는 백두산에서 채집한 기록이 있고, 함경도에 분포하지 않는다. 국외에는 일본(혼슈 북부), 중국 동북부, 러시아 극동지역의 동북아시아에 국한하여 분포한다.
먹이식물 물푸레나무과(Oleaceae) 물푸레나무, 쇠물푸레나무
생태 한 해에 한 번, 6월 중순에서 8월 초까지 나타난다. 월동은 알 상태로 한다. 서식지는 낮은 산지의 참나무와 물푸레나무가 많은 계곡과 마을 주변 숲이다. 수컷은 맑은 날 오후 2시경부터 해질 무렵에 활발

하게 날아다니나 한 장소를 점유하는 일은 없다. 가끔 암수 모두 개망초와 밤나무 꽃에 날아와 꿀을 빤다. 암컷은 큰 키의 먹이식물보다 1m 정도의 어린 나무의 줄기 표면에 알을 1~수십 개씩 낳는다. 이 밖의 습성은 앞 종과 비슷하다. 애벌레 주위에 일본풀개미(*Lasius japonica*)와 *Myrmica* sp.라는 개미가 모여든다(Jang, 2007).
변이 세계 분포로 보아 특별한 지역 변이가 없다. 한반도에서는 지역에 따른 변이가 없으나 수컷들 중에는 뒷날개의 날개맥이 외연에서 중앙으로 검은 선이 되는 정도가 다른 개체 변이가 있다.
암수 구별 암컷은 수컷보다 날개의 폭이 넓고, 외연이 둥글며, 날개의 주황색 부분이 좁다. 특히 뒷날개 외연부의 검은 부분은 수컷이 넓고, 암컷이 가늘며, 수컷의 경우 맥을 따라 외연에서 중앙으로 뻗친다. 암컷은 앞날개 제2, 3, 4실 외연의 검은 무늬가 볼록볼록하다.
첫 기록 Fixsen(1887)은 *Thecla raphaelis* Oberthür (Korea)라는 이름으로 우리나라에 처음 기록하였다.
우리 이름의 유래 석주명(1947)은 종(*raphaelis*)의 라틴어를 그대로 살려 '라파엘굴빛부전나비'라고 했지만 김헌규와 미승우(1956)가 외래어 대신 날개 아랫면 외횡부의 붉은 띠가 있는 특징으로 위의 이름으로 바꾸었다. 한편 속(*Coreana* Tutt, 1907)의 이름은 한국을 뜻한다.

Abundance Scarce.
General description Wing expanse about 40 mm. No noticeable regional variation (= *flamen* Leech, 1887) in morphological characteristics (TL: Askold Is., Ussuri).
Flight period Univoltine. Mid June- early August. Hibernates as a fully formed larva within ovum-case.
Habitat Forests around rural village with plenty of oak and ash trees.
Food plant *Fraxinus rhynchophylla, F. sieboldiana* (Oleaceae).
Distribution Areas north of Gyeonggi-

do and Gangwon-do.
Range Japan (north of Honshu), NE. China, Russian Far East.

암고운부전나비

Thecla betulae (Linnaeus, 1758)

분포 광주 무등산 이북의 산지에 점점이 분포한다. 광주 무등산(정헌천, 1995)의 기록이 너무 오래 되었기에 현재의 분포지는 북쪽으로 더 이동된 것으로 보인다. 국외에는 일본을 뺀 극동아시아에서 코카서스, 터키를 거쳐 유럽까지 길게 띠 모양으로 분포하는데, 녹색부전나비류 중에서 분포 범위가 가장 넓다.

먹이식물 장미과(Rosaceae) 옥매, 산옥매, 복사나무, 자두나무, 앵두나무, 벚나무, 살구나무, 매화나무 등

생태 한 해에 한 번, 6월 중순에 나타나 여름잠을 자고 가을에 암컷만 보인다. 월동은 알 속에서 배 발생이 진행된 상태로 한다. 서식지는 낙엽활엽수림으로 이루어진 숲 가장자리의 확 트인 장소, 산길, 논밭 주변이다. 수컷은 흔치 않지만 7월 초에

500m 정도의 산꼭대기에서 점유행동을 하는 경우가 있다. 암컷은 개망초에 날아와 꽃꿀을 빠나 이런 모습은 쉽게 볼 수 없다. 암컷은 9월경부터 늦가을까지 양지바른 산길 가에서 천천히 날아다니다가 먹이식물의 가지 사이와 수피, 홈 등에 알을 하나씩 낳는데, 1년생 가지에서 알을 가장 많이 볼 수 있다. 유생기의 기록은 최요한과 남상호(1976)의 논문이 있다.

변이 한반도 개체군은 중국(동북부, 동부), 러시아 극동지역에서 유럽까지 분포하는 기준 아종으로 다룬다. 다른 아종은 중국(쓰촨, 간쑤 남부, 산시, 허베이, 저장)에 분포한다. 한반도에서는 특별한 지역 변이는 없다. 이따금 수컷 앞날개 중실 끝에 옅은 주황색 무늬가 나타나거나 암컷 날개 윗면의 주황색 무늬가 앞날개 전연과 뒷날개 후연에서 커지는 개체 변이가 있다.

암수 구별 암컷은 수컷보다 날개의 폭이 넓고 외연이 둥글다. 암컷은 앞날개 제2실에서 중실 끝에 윤곽이 뚜렷한 주황색 무늬가 콩팥 모양처럼 넓게 나타나고, 아랫면의 바탕색이 수컷보다 더 붉다. 수컷의 앞다리 부절은 전체가 들러붙고 끝이 새 부리처럼 가늘며 날카롭게 구부러진다.

첫 기록 Nire(1919)는 *Zephyrus betulae crassa* Leech (Korea)라는 이름으로 우리나라에 처음 기록하였다.

우리 이름의 유래 석주명(1947)은 보통 수컷이 암컷보다 더 고운데, 반대로 이 나비는 암컷이 더 곱다는 뜻으로 이름을 지었다.

🦋

Abundance Scarce.
General description Wing expanse about 41 mm. No androconia but female with orange patches in forewing (absent in male). Korean population was dealt as nominotypical subspecies (= *coreana* Nire, 1919) (TL: [Sweden]).
Flight period Univoltine. Early June-October. Astivates during hot summer. Hibernates as a fully formed larva within ovum-case.
Habitat Deciduous broad-leaved forest edges, mountain trails, around

cultivated lands.
Food plant *Prunus glandulosa, P. persica, P. salicina, P. serrulata, P. tomentosa, P. armeniaca, Prunus mume* (Rosaceae).
Distribution Areas north of Damyang, Jeollanam-do.
Range China (NE. & N.), Russian Far East-Europe.

개마암고운부전나비

Thecla betulina Staudinger, 1887

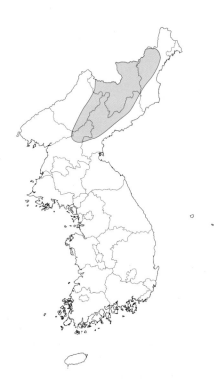

함경북도 연사군과 양강도 백암군 사이에 있는 대덕산(2,174m)과 자강도, 함경남도, 평안남도 사이에 있는 낭림산(2,186m)에서 채집한 기록이 있다. 아마 개마고원과 한반도 동북부지방의 고산지에 분포하는 것으로 보인다. 국외에는 중국(동북부에서 윈난 북부까지), 러시아 극동지역의 동아시아 일부 지역에만 분포한다. 세계 분포로 보아 특별한 지역 변이가 없다. 과거에 별개의 *gaimana* Doi et Cho, 1931라는 종(기준 지역: 대덕산)으로 본 적도 있으나

이 종의 동종이명이다. 한 해에 한 번, 6월 말에서 8월에 보인다. 서식지는 낭림군의 800~900m의 나무가 적은 관목림대로, 관목의 잎 위에 잘 앉는다(조수영, 1984). 애벌레는 장미과(Rosaceae)의 털야광나무의 잎을 먹는다. 암컷은 앞날개 항각부와 뒷날개 외연부가 튀어나와 전체로 옆으로 길어진다. 수컷의 앞다리 부절은 전체가 들러붙고 끝이 새 부리처럼 가늘며 날카롭게 구부러진다. 도이(土居 寬暢)와 조복성(1934)이 Zephyrus betulae gaimana Doi et Cho (기준 지역: Mt. Taitoku (대덕산), Doan)이라는 이름으로 기재하였다. 그들은 이 종으로 인식하지 못했고 암고운부전나비의 새 아종으로 보았다. 이후 도이(土居 寬暢, 1937b)가 Zephyrus betulinus (Staudinger) (함경남도 대덕산, 함경북도 유평(榆坪))라는 이름으로 수정하여 발표한 것이 우리나라 첫 기록이 된다. 우리 이름은 개마고원에서 볼 수 있는 암고운부전나비라는 뜻으로 석주명(1947)이 지었다. 한편 이 종의 속 이름을 Iozephyrus Wang et Fang, 2002로 정한 적도 있으나 Weidenhoffer와 Bozano(2007)는 속을 나눌 정도의 의미가 없다고 원래의 Thecla Fabricius, 1807로 환원하였다.

Abundance Local and rare.
General description Wing expanse about 33 mm. Similar to *T. betulae* but upper forewing dark grey-brown without orange patch. Korean population was dealt as nominotypical subspecies (= *gaimana* Doi et Cho, 1931) (TL: … am Suifun [Ussuri, Russia]).
Flight period Univoltine. Late June-August. Hibernation stage unconfirmed but possibly hibernates as a fully formed larva within ovum-case
Habitat Short shrub area on the Gaemagowon Plateau, highland of northeastern part of Korean Peninsula.
Food plant *Malus baccata* (Rosaceae).
Distribution Gaemagowon Plateau, Mountainous regions around Mt. Baekdusan, Mountainous regons along Hamgyeong Mountain Range.
Range NE. China (NE.-N. Yunnan), Russian Far East.

깊은산부전나비

Protantigius superans (Oberthür, 1914)

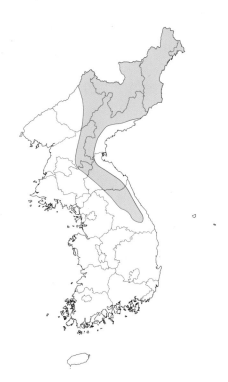

분포 남한에서는 충청북도 소백산, 강원도 대암산, 가리왕산, 계방산, 방태산, 설악산, 오대산, 점봉산, 태백산, 해산, 오천터널, 심적습지 등 고도가 높은 산지에 국지적으로 분포하는데, 북한에는 백두산 등 산지에 분포하는 것으로 보인다. 국외에는 중국(동북부(?), 중부, 남부), 러시아(연해주 남부)에 분포한다. 환경부에서 지정한 멸종위기 야생생물 II급에 속한다.
먹이식물 버드나무과(Salicaceae) 사시나무
생태 한 해에 한 번, 6월 중순에서 8월에 나타난다. 월동은 알 상태로 한다. 서식지는 해발 850m 이상의 낙엽활엽수림이 많은 산지로 물이 흐르는 계곡 지역이 주변에 있다. 수컷은 해뜨기 직전 잠깐과 해지기 전의 어두워질 때에 활발한데, 10m 이상의 먹이식물과 그 주변 참나무의 꼭대기 부근에서 강하게 점유행동을 한다. 폭우와 태풍 등 바람이 세게 분 다음 날 아침에 바람에 못 이겨 낮게 내려온 개체들이 발견된다. 암수 모두 완두와 큰까치수염에서 꽃꿀을 빠는 것이 관찰되었으나 이런 장면은 흔하지 않다. 암컷은 7월 중순경부터 먹이식물에서 겨울눈이 될 자리 밑에 알을 하나씩 낳는다. 알을 낳는 높이는 1.3m~10m까지이다. 애벌레는 입에서 실을 토해 잎과 잎을 포갠 후 그 사이에서 지낸다. 유생기의 기록은 손정달(1999)의 논문이 있다.
변이 한반도 개체군은 중국 동북부(?), 러시아(연해주 남부) 지역과 함께 아종 ginzii (Seok, 1936)으로 다룬다. 이 아종은 북한의 금강산 표본을 기준으로 기재되었다. 기준 아종은 중국 중부와 남부에 분포한다.
암수 구별 암수 차이는 뚜렷하지 않으나 암컷은 수컷보다 대체로 크고, 앞날개 윗면의 외횡부와 뒷날개 항각 부근의 흰 점무늬는 크고 뚜렷하다. 날개 아랫면의 검은 띠무늬는 암컷에서 더 뚜렷하다.
첫 기록 석주명(1936)은 Zephyrus ginzii Seok (기준 지역: Mt. Kongo (금강산))라는 이름으로 우리나라에 처음 기록하였다.
우리 이름의 유래 석주명(1947)은 자신의 은사인 일본 학자 '오까지마 긴지'의 이름을 따 긴지부전나비로 했으나 김헌규와 미승우(1956)가 깊은 산에서 볼 수 있다는 뜻으로 깊은산부전나비로 이름을 바꾸었다.

Abundance Rare.
General description Wing expanse about 40 mm. Unmistakable due to a monotypical genus. Korean population was dealt as ssp. *ginzii* (Seok, 1936) (TL: Mt. Kongô (Mt. Geumgangsan, Korea)).
Flight period Univoltine. Mid June-August. Hibernates as a fully formed larva within ovum-case.
Habitat Deciduous broad-leaved forests and valley of higher than 850 m a.s.l.
Food plant *Populus davidiana*

(Salicaceae).
Distribution Areas north of Mt. Haesan, Gangwon-do.
Range China (NE., C. & S.), Russia (S. Primorye).
Conservation Under category II of endangered wild animal designated by Ministry of Environment of Korea.

민무늬굴빛부전나비
Shirozua jonasi (Janson, 1877)

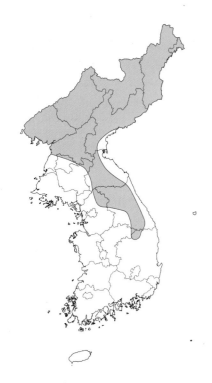

분포 경기도의 일부 산지와 백두산과 강원도 금강산을 포함한 백두대간 일대, 경상북도 소백산 등지에 점점이 분포한다. 국외에는 일본(혼슈, 홋카이도), 중국(동북부, 북부, 중부, 쓰촨), 러시아 극동지역에 분포한다.
먹이식물 참나무과(Fagaceae) 신갈나무와 갈참나무, 떡갈나무, 밤나무, 버드나무과(Salicaceae) 버드나무, 1, 2령일 때, 이들 나무에 사는 진딧물 또는 진딧물의 분비물을 먹고, 중령 이후 진딧물을 포식하는 반육식성

생태 한 해에 한 번, 우리나라 녹색부전나비류 중에서 가장 늦은 시기인 7월 말에서 9월 초까지 나타난다. 월동은 알 상태로 한다. 서식지는 추운 지역의 참나무가 극상인 숲의 가장자리이다. 애벌레는 어릴 때 참나무 잎도 먹지만 참나무에 서식하는 진딧물과 개미(*Lasius*속의 *Dendrolasius*아속)굴에 들어가 산다. 이들 개미가 사는 좁은 서식지 범위에서만 보인다. 오전 12시경 이후 높은 나무 위를 날아다니면서 능선을 가로지르거나 정상을 지나치기도 한다. 암컷은 오후 2~3시경 먹이식물 둘레를 배회하면서 참나무의 줄기의 균열된 틈이나 패인 곳에 알을 하나씩 낳는다. 알 속에 애벌레가 만들어지고 그대로 겨울을 지낸다. 유생기의 기록은 손상규(2012b)의 논문이 있다.
변이 한반도 개체군은 일본(홋카이도, 혼슈), 중국(동북부-중부), 러시아 극동지역과 함께 기준 아종으로 다룬다. 다른 아종은 중국 쓰촨에 분포한다. 한반도에서는 특별한 변이가 없다.
암수 구별 암컷은 수컷보다 날개의 폭이 넓지만 겉모습만으로 암수를 구별하기 쉽지 않다. 앞날개 윗면 날개끝에 검은 무늬가 보이면 암컷이고, 없으면 수컷인데, 암컷에서 이 무늬가 짙거나 옅은 차이가 있다. 또 날개 아랫면의 중실 끝과 외횡선의 색이 암컷에서 뚜렷하게 대비되는 경향이 있다.
첫 기록 Doi(1919)는 *Zephyrus jonasi* Janson (Heizyo (평양))이라는 이름으로 우리나라에 처음 기록하였다.
우리 이름의 유래 석주명(1947)는 일본 이름의 뜻이기도 한 날개에 무늬가 없다는 것에 착안하여 이름을 지었다.

Abundance Rare.
General description Wing expanse about 35 mm. Androconia absent. Hindwing with well developed tail at vein 2. Underside wings with postdiscal dark band and dark streaks at cell end. Korean population was dealt as nominotypical subspecies (= *gaimana* Doi et Cho, 1931) (TL: ... near the River Yokawa, at the foot of Assamayama [Mt. Asama-Yama, Honshu, Japan]).
Flight period Univoltine. Late July-early September. Hibernates as a fully formed larva within ovum-case.
Habitat Edges of forest where oak trees are at transitional climax.
Food plant *Quercus mongolica*, *Q. aliena*, *Q. dentata*, *Castanea crenata* (Fagaceae), *Salix koreensis* (Salicaceae). 1st and 2nd instar larvae eat aphids or aphid discharge from living aforementioned trees and feed on aphids after 3rd instar. Larva is semi-carnivorous.
Distribution Scattered localities of mountainous regions north of Gyeonggi-do and Gangwon-do.
Range Japan (Honshu, Hokkaido), China (NE., C. & Sichuan), Russian Far East.

시가도굴빛부전나비
Japonica saepestriata (Hewitson, 1865)

분포 경상북도 구미 이북의 산지에서 한반도 동북부지방까지 분포한다. 국외에는 일본, 중국(동북부, 동부, 중부), 러시아 극동지역에 분포한다.

먹이식물 참나무과(Fagaceae) 떡갈나무, 갈참나무, 굴참나무, 상수리나무

생태 한 해에 한 번, 6월 중순에서 8월 초에 나타난다. 월동은 알 상태로 한다. 서식지는 참나무류가 많은 낙엽활엽수림 산지이다. 대부분의 시간을 나뭇잎 위에서 쉬는데, 비교적 느리게 난다. 가끔 수컷은 밤나무 꽃에 날아와 꿀을 빤다. 하루 중 대부분의 시간을 나뭇잎에서 쉬다가 해질 무렵에 매우 활발해진다. 암컷은 먹이식물의 2m 이하의 1년생 가지에 알을 낳고, 배 끝을 움직여 배 끝에 난 털로 알을 덮는 습성이 있다. 애벌레는 잎을 포개고 그 속에서 살다가 번데기가 될 때에 잎 뒤에 붙는다.

변이 한반도 개체군은 일본, 중국 동북부, 러시아 극동지역과 함께 기준 아종으로 다룬다. 다른 2 아종은 일본(近畿地方의 南紀지방)과 중국 중부에 분포한다. 한반도에서는 특별한 변이가 없다.

암수 구별 암컷은 수컷보다 크고, 날개의 폭이 넓으며, 앞날개 윗면 날개끝에서 보이는 뚜렷한 검은 무늬가 굵다.

첫 기록 Okamoto(1923)는 *Zephyrus saepestriata* Hewitson (Korea)라는 이름으로 우리나라에 처음 기록하였다.

우리 이름의 유래 석주명(1947)은 날개 아랫면의 검은 무늬들이 마치 하늘에서 바라본 시가지 모습 같다는 뜻으로 지었는데, 특히 그는 이 무늬가 뉴욕과 시카고보다 서울의 시가도(市街圖)라고 생각하였다.

Abundance Scarce.

General description Wing expanse about 34 mm. Under wings unmistakable with lattice-work of numerous dark brown bands and spots. Foreleg with tarsus segmented in both sexes. Hindwing with a slim tail at vein 2, anal lobe little developed. No noticeable regional variation in morphological characteristics (TL: Japan).

Flight period Univoltine. Mid June-early August. Hibernates as a fully formed larva within ovum-case.

Habitat Deciduous broad-leaved forest with plenty of oak trees.

Food plant *Quercus dentata*, *Q. aliena*, *Q. variabilis*, *Q. acutissima* (Fagaceae).

Distribution Mountainous regions north of Gumi, Gyeongsangbuk-do.

Range Japan, China (NE., E. & C.), Russian Far East.

귤빛부전나비

Japonica lutea (Hewitson, 1865)

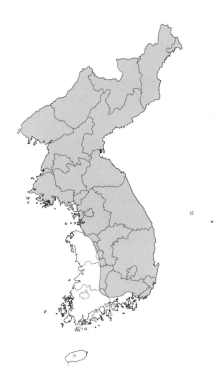

분포 제주도 한라산(600~1,000m)과 한반도 내륙의 산지에 점점이 분포하는데, 경상남도 남해도와 전라남도 완도와 같이 남부의 일부 큰 섬에도 분포한다. 국외에는 일본, 중국(동북부, 중부), 러시아(연해주, 사할린)에 분포한다.

먹이식물 참나무과(Fagaceae) 떡갈나무, 갈참나무

생태 한 해에 한 번, 5월 말에서 7월에 나타난다. 월동은 알 상태로 한다. 서식지는 참나무류가 많은 낙엽활엽수림 산지이다. 대부분의 시간을 나뭇잎 등에 앉아 쉬다가 해질 무렵 활발하게 날아다니는데, 때로 대발생한 경우 수십 마리가 한꺼번에 나는 모습을 볼 수 있다. 이따금 밤나무와 쥐똥나무 꽃에 날아와 꿀을 빤다. 수컷은 나무 끝 주위를 활발하게 날아다니나 암컷은 한낮에 먹이식물의 잔가지에 하나씩 알을 낳고, 배 끝을 움직여 주위의 털로 덮는 습성이 있다. 놀라더라도 급하게 날아가지 않는다.

변이 한반도 개체군은 러시아 극동지역과 함께 아종 *dubatolovi* Fujioka, 1993으로 다루기도 하나 최근 일본, 중국 동북부, 러시아(극동지역, 사할린)와 함께 기준 아종으로 다루는 경향이다. 다른 아종은 중국 중부에 분포한다. 한반도 내륙에는 특별히 지역에 따른 변이가 없으나 내륙 개체들은 제주도 개체들보다 날개 아랫면의 바탕색이 조금 어둡다. 개체에 따라 날개 윗면의 색이 황갈색기가 나타나기도 하는데, 이는 극히 가까운 종인 일본(혼슈 북부, 홋카이도), 러시아 극동지역에 분포하는 *Japonica onoi* Murayama, 1953이라는 종과 닮아 보인다. 하지만 수컷 생식기가 이 종과 다르다. 다만 종 *onoi*가 러시아 극동지역에 분포하는 것을 보아 한반도 북부지방에는 충분히 서식할 수 있을 것으로 보이는데, 일부의 문헌(Tuzov et al., 2000; Streltsov, 2016)에서 한반도 북부에 분포한다(러시아에서는 *Japonica adusta*라 함)고 하는데 아직 확인되지 않았다.

암수 구별 암컷은 수컷보다 크고, 날개폭이 넓다. 실제로는 암수를 구별하기 매우 까다로워서, 배 끝의 생김새를 자세히 살펴보는 것이 좋다. 즉 암컷은 배를 옆에서 보면 전체가 짧고 둥근 모양으로 알 수 있으나 숙련이 필요하다. 암수를 확실히 구별하기 위해서 생식기를 직접 확인하는 것이 좋다.

첫 기록 Okamoto(1923)는 *Zephyrus lutea* Hewitson (Korea)라는 이름으로 우리나라에 처음 기록하였다.

우리 이름의 유래 석주명(1947)은 날개색이 귤빛과 닮은 데에 착안하여 이름을 지었던 것으로 보이는데, 아마 당시 자신이 일본 가고시마 농대에서 유학하던 시절 귤을 접한 것이 이 이름의 유래였던 것으로 추측된다.

Abundance Common.

General description Wing expanse about 35 mm. Upper forewing black spot at anal angle. Under forewing with discal band at cell end and with post discal band. No noticeable regional variation in morphological characteristics (TL: Japan).

Flight period Univoltine. Late May-July. Hibernates as a fully formed larva within ovum-case.

Habitat Forest edges and roadside of oak woodlands in mountains.

Food plant *Quercus dentata, Q. aliena* (Fagaceae).

Distribution Jeju island, Namhaedo island (GN), Inland regions of Korean Peninsula.

Range Japan, China (NE. & C.), Russia (Primorye, Sakhalin).

Remarks An allied species *J. onoi* Murayam, 1953 may be found in northern part of Korean Peninsula as it is distributed in Russian Far East. This has not yet been confirmed though it is reported to occur in northern part of Korean Peninsula (Tuzov et al., 2000; Streltsov, 2016).

긴꼬리부전나비

Araragi enthea (Janson, 1877)

분포 경기도 북부의 산지와 강원도 백두대간을 거쳐 한반도 북부까지 분포한다. 국외에는 일본, 중국(동북부, 중부, 서부), 러시아 극동지역, 타이완에 분포한다.

먹이식물 가래나무과(Juglandaceae) 가래나무

생태 한 해에 한 번, 6월 말에서 9월에 나타난다. 월동은 알 상태로 한다. 서식지는 가래나무가 많은 높은 산지의 계곡 주변, 산

의 경사지, 높은 산에서 나무가 우거진 습한 능선이다. 오전에 햇빛이 좋은 자리에 앉아 날개를 펴고 일광욕을 한다. 한낮에는 숲속이나 숲 가장자리의 그늘진 나뭇잎에서 쉬면서 날지 않는다. 오후 5시경부터 나무 꼭대기에 날아오르고 해지기 전까지 활발하게 날아다니나 먹이식물 둘레를 크게 벗어나지 않는다. 수컷은 약하게 점유 행동을 한다. 암컷은 먹이식물의 가지 사이와 움푹 팬 홈 등에 알을 하나씩 낳는다. 오전 11시경 짝짓기를 하는 장면을 관찰한 적이 있다. 어른벌레의 먹이활동에 대해서 잘 알려지지 않았으나 9월경 알을 거의 다 낳은 암컷이 서식지 주변 물가에 앉아 물을 빠는 모습을 관찰한 적이 있다. 애벌레는 잎 뒤에서 발견된다.

변이 한반도 개체군은 일본, 중국 동북부, 러시아 극동지역과 함께 기준 아종으로 다룬다. 다른 2아종은 중국 쓰촨과 타이완에 분포한다. 한반도에서는 특별한 변이가 없다.

암수 구별 암컷은 수컷보다 조금 크고, 날개폭이 조금 넓으나 외형이 닮아 구별이 쉽지 않다. 암수의 앞다리 부절의 생김새가 다른데, 암컷이 수컷보다 길다. 이 특징은 진화한 녹색부전나비류에서 보이는 특징이다. 암컷의 배는 수컷보다 부풀고, 머리와 맞닿은 가슴 앞쪽의 털이 붉으면 수컷, 검으면 암컷이다. 또 암컷은 앞날개 윗면의

중실 바깥의 흰 무늬가 수컷보다 뚜렷하고 넓다. 또 더듬이 아랫면이 끝만 노란색이면 수컷, 전체가 노란색이면 암컷이다.

첫 기록 Okamoto(1926)는 *Thecla enthea* Janson (Mt. Kongo (금강산))라는 이름으로 우리나라에 처음 기록하였다.

우리 이름의 유래 석주명(1947)은 일본 이름에서 의미를 따와 이름을 지었다.

Abundance Scarce.

General description Wing expanse about 26 mm. Foreleg with tarsus tubular in male, segmented in female. Hindwing with a long tail, anal lobe little developed. Wing ground color white with black spots. Korean population was dealt as nominotypical subspecies (TL: near the River Yokawa, about 140 miles NW. of Yedo [Honshu, Japan].

Flight period Univoltine. Late June-September. Hibernates as a fully formed larva within ovum-case.

Habitat Forest edges and trails of oak woodlands in mountains.

Food plant *Juglans mandshurica* (Juglandaceae).

Distribution Mountainous regions north of Gyeonggi-do and Gangwon-do.

Range Japan, China (NE., C. & W.), Russian Far East, Taiwan.

물빛긴꼬리부전나비

Antigius attilia (Bremer, 1861)

분포 제주도를 포함한 한반도 내륙에 대부분 분포한다. 제주도에서는 천왕사 주변의 참나무림에 분포한다. 국외에는 일본, 중국(동북부, 중부, 서부), 몽골, 러시아(아무르, 우수리), 미얀마에 분포한다.

먹이식물 참나무과(Fagaceae) 상수리나무,

졸참나무, 굴참나무

생태 한 해에 한 번, 6~7월에 나타난다. 월동은 알 상태로 한다. 서식지는 참나무가 많은 계곡과 산길, 숲 가장자리이다. 아침부터 무더운 낮 동안 거의 활동하지 않고 먹이식물의 잎 위와 풀잎에서 앉아 쉬는 경우가 많다. 오후 4시경부터 어두워질 무렵까지 활발해지는데, 나무 위를 천천히 날아다니나 한 장소를 고집하여 점유하는 일은 없다. 사철나무와 큰쥐똥나무, 밤나무 등 흰 꽃에서 꿀을 빤다. 암컷이 낳은 알은 먹이식물의 가느다란 가지 사이와 껍질, 홈 등에서 보이나 발견하기 꽤 어렵다.

변이 한반도 내륙의 개체군은 일본, 중국 동북부, 러시아 극동지역과 함께 기준 아종으로 다룬다. 제주도와 거제도의 개체군은 내륙 개체군보다 날개 아랫면의 흑갈색 띠의 폭이 가늘고 바탕색이 옅어지는 지역 변이가 있어 일본(쓰시마)과 함께 아종 *yamanakashoji* Fujioka, 1993으로 다룬다. 이밖에 타이완과 미얀마에 다른 2아종이 분포한다. 뒷날개 윗면의 흰 점으로 이어진 띠의 발달 정도가 개체에 따라 다르다.

암수 구별 암컷은 수컷보다 조금 크고, 날개 폭이 조금 넓으나 생김새가 닮아 구별하기 어렵다. 앞다리의 부절의 모양과 배 끝이 부푼 정도를 보고 판단해야 한다. 암컷의 앞다리 부절은 수컷보다 길고 끝의 검은 부

분이 길다.

첫 기록 Matsumura(1905)는 *Zephyrus attilia* Bremer (Korea)라는 이름으로 우리나라에 처음 기록하였다.

우리 이름의 유래 석주명(1947)은 일본 이름에서 의미를 따와 이름을 지었다.

Abundance Common.
General description Wing expanse about 25 mm. Under wing's ground color white. Discal pattern on under hindwing represented by a dark line, but basal spots absent. Korean population was dealt as ssp. *attilia* (Bremer, 1861) (TL: Amur, Russia).
Flight period Univoltine. June-July. Hibernates as a fully formed larva within ovum-case.
Habitat Forest edges and trails of oak woodlands in mountains.
Food plant *Quercus acutissima, Q. serrata, Q. variabilis* (Fagaceae).
Distribution Inland regions of Korean Peninsula, Jeju island (JJ).
Range Japan, China (NE., C. & W.), Russia (Amur, Ussuri), Myanmar.

담색긴꼬리부전나비

Antigius butleri (Fenton, 1882)

분포 경상남도 진주, 창원, 남해도와 전라남도 무안 지역과 지리산 이북의 산지에 분포한다. 국외에는 일본, 중국 동북부, 러시아(아무르, 우수리)에 분포한다.

먹이식물 참나무과(Fagaceae) 갈참나무, 떡갈나무, 신갈나무

생태 한 해에 한 번, 6~8월 초에 나타난다. 월동은 알 상태로 한다. 서식지는 참나무로 이루어진 낮은 산지로, 숲 가장자리의 확 트인 장소에 산다. 오전에 잠깐 풀이나 나뭇잎, 가지 위에서 날개를 펴고 앉아 햇볕

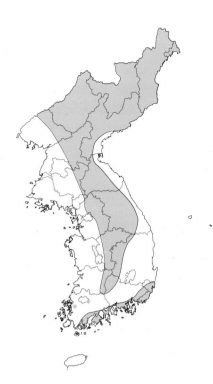

을 쬐려는 모습이 눈에 띄지만 한낮에는 거의 날지 않아 잘 보이지 않는다. 이따금 밤나무 꽃에서 꿀을 빤다. 오후 3시경부터 해질 무렵까지 활발하게 날아다닌다. 수컷은 약하게 점유행동을 보이나 한 장소를 고집하지 않는다. 암컷은 먹이식물의 껍질의 갈라진 틈에 알을 하나 또는 2~3개씩 낳는다.

변이 한반도 개체군은 일본, 중국 동북부, 러시아 극동지역과 함께 기준 아종으로 다룬다. 한반도에서는 지역에 따른 변이는 없으나 추운 지역일수록 개체의 크기가 조금 작은 경향이 있다. 이따금 뒷날개 아랫면의 점무늬가 합쳐지고 넓어지는 개체가 있으며, 뒷날개 윗면 항각 가까이의 흰 무늬는 개체에 따라 발달 정도가 다르다. 이 무늬로 물빛긴꼬리부전나비와 쉽게 구별된다.

암수 구별 암컷은 수컷보다 조금 크고, 날개 폭이 조금 넓으나 외형이 닮아 구별이 쉽지 않다. 앞 종처럼 앞다리 부절의 모양과 배 끝이 부푼 정도로 판단해야 한다.

첫 기록 Doi(1931)는 *Zephyrus butleri souyoensis* Doi (기준 지역: 소요산)라는 이름으로 우리나라에 처음 기록하였다.

우리 이름의 유래 석주명(1947)은 일본 이름에서 의미를 따와 이름을 지었다.

Abundance Common.
General description Wing expanse about 28 mm. Under wing's ground color grey, with discal pattern of under wings consisting of separate spots. Korean population was dealt as nominotypical subspecies (TL: Hakodate).
Flight period Univoltine. June-early August. Hibernates as a fully formed larva within ovum-case.
Habitat Forest edges and trails of oak woodlands in mountains.
Food plant *Quercus aliena, Q. dentata, Q. mongolica* (Fagaceae).
Distribution Inland regions of Korean Peninsula.
Range Japan, NE. China, Russia (Amur, Ussuri).

참나무부전나비

Wagimo signatus (Butler, 1882)

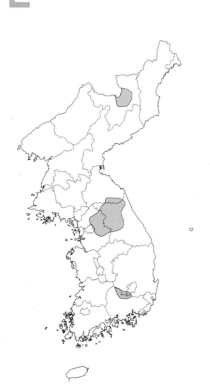

분포 경기도와 강원도, 경상도 일부 지역, 북한의 함북 무산령 등지에 국지적으로 분포한다. 국외에는 일본, 중국(동북부, 중부, 중서부), 러시아(아무르, 우수리)에 분포한다.
먹이식물 참나무과(Fagaceae) 갈참나무, 신갈나무, 굴참나무
생태 한 해에 한 번, 6~7월에 나타난다. 월동은 알 상태로 한다. 서식지는 참나무 숲으로 이루어진 낮은 산지의 계곡, 능선, 산길 주변 등지이다. 한낮에는 눈에 잘 띄지 않으며, 먹이식물의 잎 위에 앉아있는 일이 많고, 날아도 짧은 거리만 이동한다. 맑은 날 해질 무렵에 활동하는데, 이때 수컷은 약하게 점유행동을 한다. 매우 드물지만 암수 모두 밤나무 꽃에서 꿀을 빨기도 한다. 암컷은 겨울눈과 겨울눈 사이와 그 밑에 알을 1~2개씩 낳는다. 번데기는 나무 껍질의 홈 등에서 발견된다.
변이 세계 분포로 보아, 특별한 지역 변이가 없고, 한반도에서도 특별한 변이가 없다.
암수 구별 암수 차이가 거의 없으나 암컷이 수컷보다 조금 큰 편이다. 날개 윗면의 남색 부위의 폭은 암컷이 수컷보다 조금 덜하나 이 기준으로 암수를 구별하기 어려운 경우가 많다. 더듬이 아랫면의 끝만 노란색이면 수컷, 노란 부분이 더 길면 암컷이다.

수컷   암컷

첫 기록 Esaki(1934)는 *Zephyrus signata quercivora* Staudinger (Mosanrei (무산령))라는 이름으로 우리나라에 처음 기록하였다.
우리 이름의 유래 석주명(1947)은 이 나비의 애벌레가 참나무 잎을 먹는 점과 당시 아종(*quercivora*)의 라틴어의 뜻으로 이름을 지었다.

Abundance Scarce.
General description Wing expanse about 34 mm. No noticeable regional variation in morphological characteristics (TL: Kuramatsunai, Hokkaido).
Flight period Univoltine. June-July. Hibernates as a fully formed larva within ovum-case.
Habitat Low mountain valleys and ridges of oak forests, around mountain trails.
Food plant *Quercus aliena, Q. mongolica, Q. variabilis* (Fagaceae).
Distribution Mountainous regions north of Gyeonggi-do and Gangwon-do.
Range Japan, China (NE., C. & CW.), Russia (Amur, Ussuri).

작은녹색부전나비

Neozephyrus japonicus (Murray, 1875)

분포 지리산과 경기도, 강원도 이북의 산지부터 평북까지와 함북의 회령에 나뉘어 분포한다. 국외에는 일본, 중국 동북부, 러시아(아무르, 우수리, 사할린, 쿠릴 남부)에 분포한다.

먹이식물 자작나무과(Betulaceae) 오리나무, 물오리나무, 사방오리나무

생태 한 해에 한 번, 6~8월에 나타난다. 월동은 알 상태로 한다. 서식지는 산지 또는 산지와 가까운 마을, 갯가의 오리나무림이다. 수컷은 맑은 날 오후부터 해질 무렵까지 점유행동을 강하게 한다. 이때 한 자리를 점유하는 성질이 뚜렷한데, 여러 수컷끼리 어울리면 뒤엉켜 뱅글뱅글 돌면서 땅 위로 내려오는 장면을 볼 수 있다. 꿀을 빠는 활동과 같은 행동에 대한 기록은 없다. 암컷은 먹이식물 둘레의 낮은 위치에 앉아 있다가 먹이식물의 잔가지에서 굵은 줄기까지 여러 곳에 알을 하나씩 낳는다.

변이 한반도 개체군은 일본, 중국 동북부, 러시아 극동지역과 함께 아종 *japonicus* (Murray, 1875)로 다룬다. 한반도에서는 특별한 지역 변이가 없다. 암컷 개체들 중에는 앞날개 중실 바깥 부위와 제2, 3맥 위에 각각 주황색 무늬와 청색 비늘가루가 나타나는데, 때로 주황색 무늬만 보이기도 한다. 또 이 부분에서 청색 비늘가루의 흔적만 보일 때가 많으며, 아예 어떠한 무늬와 색이 나타나지 않기도 하는 등 변이가 있다.

암수 구별 수컷은 날개 윗면이 광택이 있는 누런빛이 조금 도는 청록색 바탕이나 암컷은 흑갈색 바탕이다. 수컷의 날개 윗면의 외연 검은 띠의 폭은 닮은 종들과 다르게 넓은 편이다.

첫 기록 Leech(1887)는 *Neozephyrus taxila* Bremer (Gensan (원산))라는 이름으로 우리나라에 처음 기록하였다.

우리 이름의 유래 석주명(1947)은 큰녹색부전나비와 대응하는 종류로 흔한 이 나비를 꼽으며, 그 나비보다 작다는 뜻으로 이름을 지었다. 하지만 이 나비를 흔한 종류로 인식하였던 점은 흥미롭다. 현재는 이 종을 발견하기 쉽지 않다. 아마 다른 종을 이 종으로 잘못 보았던가 아니면 당시에는 이 종이 흔했던 것이 아닌가 싶다.

Abundance Scarce.
General description Wing expanse about 39 mm. Korean population was dealt as nominotypical subspecies (TL: Yokohama, Japan).
Flight period Univoltine. June-August. Hibernates as a fully formed larva within ovum-case.
Habitat Alder trees in rural villages and streams near mountain.
Food plant *Alnus japonica*, *A. hirsuta*, *A. firma* (Betulaceae).
Distribution Mountainous regions north of Gyeonggi-do and Gangwon-do.
Range Japan, NE. China, Russia (Amur, Ussuri, S. Kuriles, Sakhalin).

암붉은점녹색부전나비

Chrysozephyrus smaragdinus (Bremer, 1861)

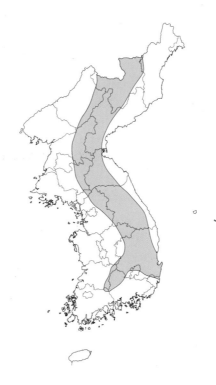

분포 지리산 이북부터 백두산까지 산지에 분포한다. 국외에는 일본, 중국(동북부, 중부), 러시아(아무르, 우수리, 사할린 남부)에 분포한다.

먹이식물 장미과(Rosaceae) 벚나무, 산벚나무, 귀룽나무

생태 한 해에 한 번, 6월 초에서 8월에 나타난다. 북방녹색부전나비보다 출현기가 빠른 편이다. 월동은 알 상태로 한다. 서식지는 낙엽활엽수림으로 이루어진 산지의 좁은 산길, 계곡 주변이다. 수컷은 계곡이나 나무로 둘러싸인 산꼭대기 빈터에 목 좋은 나뭇잎 위에서 날개를 펴고 앉아 점유행동을 할 때가 많으며, 이따금 계곡 습지에 날아와 물을 먹기도 한다. 수컷의 활동은 오전 10시에서 12시경 사이에 가장 활발하다. 한낮에는 계곡 숲에서 쉰다. 암컷은 그 늘진 쪽으로 수평으로 뻗은 가지 사이에 알을 하나씩 낳는다.

변이 한반도 개체군은 일본, 중국 동북부, 러시아(연해주, 사할린) 지역과 함께 기준아종으로 다룬다. 다른 2아종은 중국 중부에 분포한다. 한반도에서는 특별한 지역 변이가 없다. 수컷의 날개 아랫면에 있는 흰 띠는 때로 좁아지거나 때로 넓어지며, 암컷 앞날개 윗면의 중실 바깥과 제2실에서 보이는 주황색 무늬가 크거나 작아지는 변화가 보인다. 이 주황색 무늬는 북방녹색부전나비보다 조금 밝다.

암수 구별 수컷은 날개 윗면이 광택이 있는 황록색 바탕이나 암컷은 흑갈색 바탕이다.

첫 기록 Takano(1907)는 *Zephyrus brillantina* Staudinger (Korea)라는 이름으로 기록한 개체가 이 종이 분명하나 학명이 북방녹색부전나비인 점으로 보아 당시는 다음 종만 인식했던 것 같다. 이를 바로 잡은 사람은 Esaki(1936)로, 그는 *Zephyrus smaragdina* Bremer (Korea)라는 이름으로 우리나라에 처음 기록하였다.

우리 이름의 유래 석주명(1947)은 붉은 점이 있는 암컷이라는 뜻으로 '붉은점암녹색부전나비'라고 지었으나 이승모(1973)는 암고운부전나비처럼 앞에 암이라는 말을 넣어 이름을 바꾸었다.

비고 *Chrysozephyrus*속과 *Favonius*속의 암컷은 앞날개 윗면에 주황색 또는 청색 무늬가 나타나는데, 종에 따라 때때로 한 색만 나타나거나 2색 모두 나타나기도 하며, 아예 전혀 보이지 않기도 한다. 이를 일부

의 일본 나비 학자들 사이에서 마치 사람의 혈액형처럼 O형(2색이 모두 없는 경우), A형(주황색 무늬), B형(청색 무늬), AB형(주황색과 청색 무늬 모두 나타나는 경우)으로 표시한다. 이 형(form)의 이름은 정식 분류의 의미가 아니다. 우리나라에서 이런 형들이 다양하지 않으며, 여기에서는 이런 표현을 쓰지 않았다.

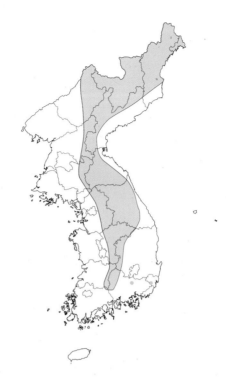

Abundance Common.
General description Wing expanse about 40 mm. Korean population was dealt as nominotypical subspecies (TL: Ussuri, Russia).
Flight period Univoltine. Early June-August. Hibernates as a fully formed larva within ovum-case
Habitat Narrow mountain trails and around valleys in mountains with deciduous broad-leaved forests.
Food plant *Prunus serrulata, P. sargentii, P. padus* (Rosaceae).
Distribution Mountainous regions north of Mt. Jirisan.
Range Japan, China (NE. & C.), Russia (Amur, Ussuri, S. Sakhalin).

북방녹색부전나비

Chrysozephyrus brillantinus (Staudinger, 1887)

분포 지리산부터 백두산과 한반도 동북부 지역까지 산지에 분포하며, 경상북도 울산 언양읍 등에도 분포한다. 국외에는 일본, 중국(동북부, 중서부), 러시아(연해주 남부)에 분포한다.
먹이식물 참나무과(Fagaceae) 신갈나무, 갈참나무, 굴참나무
생태 한 해에 한 번, 경기도에서는 6월 초에, 강원도 춘천과 화천에서는 7월 초, 강원도 높은 산(가리왕산, 계방산, 오대산 등)에서는 7월 초에 발생하여 각각 15일 정

도 최성기를 이룬다. 암컷은 9월에 활동하며, 때로 10월 초까지 늦게 보인다. 월동은 알 상태로 한다. 서식지는 해발 300m 정도의 야산에서 1,200m 이상의 높은 산지까지 먹이식물이 많은 곳이다. 수컷은 녹색부전나비류 중에서 가장 이른 시간에 활동하는데, 맑은 날 해뜨기 전부터 활동하기 시작하여 오전 7~8시경에 가장 활발하게 점유행동을 하다가 9시경에 멈춘다. 암붉은점녹색부전나비와 같은 장소에서 점유행동을 하나 활동 시간대가 달라 경쟁적 관계에 있지 않다. 점유행동을 끝내면 큰 나무 꼭대기로 올라가 쉬기 때문에 보기 어렵다. 더운 날이거나 발생하여 곧바로 길가와 계곡 습지의 땅바닥에 앉아 있는 일이 있다. 갓 발생한 암컷은 보기 어렵지만 알을 낳을 시기에 능선 부근의 나무 위에서 잘 발견되며, 8월에서 9월 사이에 알을 낳는다. 신갈나무의 겨울눈 밑, 잔가지, 홈, 가지 사이에 암컷이 알을 하나씩 낳는데, 해발 300m 이상이고 빛이 잘 드는 능선에 있는 15년 이상 된 나무를 선호한다. 유생기의 기록은 손상규(2000a)의 논문이 있다.
변이 세계 분포로 보아, 특별한 지역 변이가 없으며, 한반도에서도 지역 변이가 없다. 암컷 중에는 앞날개 중실 바깥 부분에 주황색 무늬가 나타나는 유전형이 있다. 이 무늬는 크기가 조금씩 다른데, 일반적으로

암붉은점녹색부전나비와 비슷하지만 그보다 작은 편이다.
암수 구별 수컷은 날개 윗면이 광택이 있는 황록색 바탕이나 암컷은 흑갈색 바탕이다.
닮은 종의 비교 244쪽 참고
첫 기록 Rühl과 Heyne(1895)는 *Thecla brillantina* Staudinger (Korea)라는 이름으로 우리나라에 처음 기록하였다.
우리 이름의 유래 석주명(1947)은 일본 이름에서 따온 아이노를 넣어 '아이노녹색부전나비'라고 지었다. 여기서 아이노는 일본 홋카이도와 혼슈의 도호쿠 지방, 러시아의 쿠릴, 사할린 섬, 캄차카 반도에 정착해 살던 아이누 인을 뜻한다. 하지만 이 의미가 우리 나비에 적합하지 않은 관계로, 신유항(1989)은 이 나비의 분포가 이 속 중에서 북쪽에 치우친다는 점을 고려하여 '북방녹색부전나비'로 이름을 바꾸었다.

Abundance Common.
General description Wing expanse about 40 mm. No noticeable regional variation in morphological characteristics (TL: Ussuri, Russia).
Flight period Univoltine. Early June-early October in Gyeonggi-do, early July-early October in Gangwon-do. Hibernates as a fully formed larva within ovum-case
Habitat Mountainous area with plenty of foodplant at height of 300-1,200 m a.s.l.
Food plant *Quercus mongolica, Q. aliena, Q. variabilis* (Fagaceae).
Distribution Mountainous regions north of Mt. Jirisan.
Range Japan, China (NE. & CW.), Russian Far East.

남방녹색부전나비

Chrysozephyrus ataxus (Westwood, 1851)

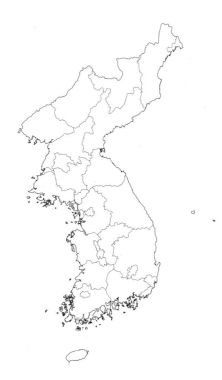

분포 한반도에서는 유일하게 전라남도 해남군 두륜산 지역에만 분포한다. 국외에는 일본, 중국 서부, 인도 아삼에 분포한다.
먹이식물 참나무과(Fagaceae) 붉가시나무(졸참나무, 갈참나무로도 사육할 수 있다.)
생태 한 해에 한 번, 7월 중순에서 8월 중순 사이에 볼 수 있다. 월동은 알 상태로 한다. 서식지는 전라남도 해남군에 위치한 두륜산의 해발고도 200m 정도의 낙엽활엽수와 상록활엽수의 혼효림 지역으로, 특히 상록의 참나무류인 가시나무 종류가 많은 곳이다. 두륜산 지역 외에 먹이식물인 종가시나무가 많은 곳으로 완도수목원과 제주도 선흘, 저지리 등을 꼽을 수 있는데, 글쓴이들이 이들 지역에서 여러 차례 조사를 했지만 이 종을 두륜산 외의 다른 지역에서 발견하지 못했다. 수컷은 오전 중에 먹이식물 위에서 일광욕을 하고, 오후 2시에서 4시경까지 점유행동을 심하게 한다. 높은 나무의 가지 끝에서 공간을 향하여 날개를 반쯤 펴고 앉아 있다가 다른 개체가 영역에 들어오면 추격하는 성질은 강하나

제자리로 돌아오는 성질은 비교적 약하다. 암컷은 빈터를 낀 위치에 있는 높이 1~2m의 높이의 먹이식물의 겨울눈 밑에 알을 하나씩 낳는다. 이때 잎이나 줄기에 앉아 있다가 알 낳을 위치로 날아가 한 바퀴 돌다가 알을 낳는다. 유생기의 기록은 정헌천과 최수철(1996)의 논문이 있다.
변이 전라남도 두륜산의 개체군은 일본 지역과 함께 아종 *kirishimaensis* (Okajima, 1922)로 다룬다. 또 세부적으로 보면 일본에서 특히 쓰시마 개체군과 거의 같은 특징을 보이지만 다만 암컷이 수컷보다 조금 작은 점이 다르다. 뒷날개의 꼬리 모양 돌기는 일본의 여러 지역 개체군들 중에서 중간 크기로, 쓰시마 개체군보다 거의 같거나 조금 짧다(神垣 健司 등, 1994). 암컷 중에는 중실 바깥에 붉은 기가 있는 경우가 있으나 혹 있더라도 색의 발현이 매우 약하다.
암수 구별 수컷은 날개 윗면이 금속광택이 있는 밝은 황록색이고, 암컷은 흑갈색을 띠는데, 앞날개 밑에서 중앙까지 남색이다.
첫 기록 김성수와 김용식(1993)은 *Thermozephyrus ataxus* (Westwood) (두륜산)라는 이름으로 우리나라에 처음 기록하였다.
우리 이름의 유래 김성수와 김용식(1993)은 북방녹색부전나비와 대비시켜 남쪽에 치우쳐 분포한다는 뜻으로 이름을 지었다.
비고 이 종은 일본 학자들 사이에서 *Thermozephyrus* Inomata et Itagaki, 1986의 속으로 정하기도 하였으나 큰 틀에서 *Chrysozephyrus*속과 차이가 적다.

Abundance Local.
General description Wing expanse about 36 mm. Korean population was dealt as ssp. *kirishimaensis* (Okajima, 1922) (TL: [Mt. Kirishima]).
Flight period Univoltine. Mid July-mid August. Hibernates as a fully formed larva within ovum-case.
Habitat Mixed forests with broad-leaved deciduous and evergreen trees, especially where evergreen oak trees are plentiful.
Food plant *Quercus acuta* (Fagaceae).

Distribution Mt. Duryunsan (JN).
Range Japan (Tsushima island, Honshu, Kyushu, Shikoku), W. China, India (Assam).

큰녹색부전나비

Favonius orientalis (Murray, 1875)

분포 제주도와 울릉도에 분포하고, 한반도 내륙에 국지적으로 분포한다. 제주도에서는 어승생악을 포함한 산지의 좁은 범위에서 볼 수 있으나 울릉도에서는 단 한 차례 기록이 있을 뿐이다. 국외에는 일본, 중국(동북부, 중부-서부), 러시아(아무르, 우수리), 몽골에 분포한다.
먹이식물 참나무과(Fagaceae) 갈참나무, 상수리나무, 굴참나무, 신갈나무
생태 한 해에 한 번, 6월에서 8월 사이에 볼 수 있다. 월동은 알 상태로 한다. 서식지는 낙엽활엽수림의 산길 주변의 빽빽하지 않은 참나무 숲이다. 수컷은 하루 중 오전 8시경부터 11시경 사이에 활발하다. 가끔 조금 어두운 계곡의 습지에 내려와 물을 빠

는 경우도 있다. 점유행동은 능선부의 큰 참나무의 두세 군데의 목 좋은 나뭇잎 위를 고집하며, 영역 안에 다른 수컷이 들어오면 사정없이 쫓아낸다. 경상남도 가야산과 경기도 검단산 정상부에서 오전 10시경 세차게 점유행동을 하는 것을 관찰하였다. 드물지만 밤나무와 사철나무 꽃에서 꿀을 빤다. 암컷은 낮에 숲속 낮은 위치의 풀이나 가지에 앉아 쉬고 있다가 주로 낮은 위치의 어느 정도 그늘진 곳의 참나무의 잔가지와 가지 사이에 알을 하나씩 낳는다.

변이 세계 분포로 보아, 특별한 지역 변이가 없으며, 한반도에서도 지역 변이가 없다. 다만 제주도 개체군은 한반도 내륙의 개체군보다 조금 작은 편이다. 드물지만 앞날개 윗면의 제1b실 위에 보라색 비늘가루를 가진 암컷 개체가 있다.

암수 구별 수컷은 날개 윗면이 금속광택이 있는 밝은 청록색, 암컷은 흑갈색 바탕이다.

첫 기록 Fixsen(1887)은 *Thecla orientalis* Murray (Korea)라는 이름으로 우리나라에 처음 기록하였다.

우리 이름의 유래 석주명(1947)은 작은녹색부전나비와 대응하여 그보다 크다는 의미로 이름을 지었다.

비고 *Favonius*속은 날개색이 푸른 기운이 강하고, 녹색부전나비 무리 중에서 머리가 가장 크며, 수컷의 이마가 좁다. 날개맥의 생김새는 *Chrysozephyrus*속과 거의 같다.

Abundance Common.
General description Wing expanse about 38 mm. Upper hindwing margin in male more narrow than in *F. taxila*. No noticeable regional variation (= *chosenicola* Bryk, 1946; = *hecalina* Bryk, 1946) in morphological characteristics (TL: Korea).
Flight period Univoltine. June-August. Hibernates as a fully formed larva within ovum-case.
Habitat Sparse oak forest around the mountain trails of deciduous broad-leaved forest.
Food plant *Quercus aliena*, *Q.*

acutissima, *Q. variabilis*, *Q. mongolica* (Fagaceae).
Distribution Jeju island, Ulleungdo island, Mountainous regions north of Mt. Jirisan.
Range Japan, China (NE. C.-W.), Russia (Amur, Ussuri), Mongolia.

깊은산녹색부전나비

Favonius korshunovi (Dubatolov et Sergeev, 1982)

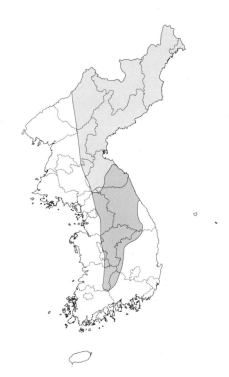

분포 지리산 이북의 산지와 러시아 극동지역에 분포하며, 우리나라가 남쪽 한계에 속한다. 아직 한반도 북부지방에 분포한다는 기록은 없으나 러시아 극동지역에 분포하는 것으로 보아 충분히 서식할 것으로 본다. 최근 중국 동북부와 동부, 중부 등지에 분포하는 사실이 밝혀졌으며, 일본에는 분포하지 않는다(Koiwaya, 2007).
먹이식물 참나무과(Fagaceae) 신갈나무, 갈참나무
생태 한 해에 한 번, 6월 중순부터 7월 중순경 사이에 가장 많으며, 9월까지 볼 수 있

다. 월동은 알 상태로 한다. 서식지는 신갈나무가 많은 300~1,400m의 낙엽활엽수림 산지이다. 수컷은 오후 2시 이후에 점유행동을 활발히 하는데, 4~6시에 가장 활발하다. 이런 장면은 특히 산정에 가면 늘 볼 수 있다. 큰녹색부전나비와 비교하여 분포 범위가 더 넓고, 더 흔한 종으로 보이는데, 아마 선호하는 먹이식물인 신갈나무의 분포 범위가 더 넓기 때문으로 보인다. 암컷은 숲 가장자리에서 길가에 옆으로 뻗은 2년생 가지의 사이, 가지와 줄기의 패인 홈 등에 알을 하나씩 낳는다.

변이 한반도 개체군은 러시아 극동지역과 중국(동북부, 동부) 지역과 함께 기준 아종에 속한다. 다른 아종은 중국 중서부에 분포한다. 한반도에서는 특별한 지역 변이가 없다. Wakabayashi와 Fukuda(1985)가 기재한 *Favonius macrocercus*가 있으나 같은 종으로, 기재한 년도가 뒤지기 때문에 동종이명으로 처리되었다. 또 김성수와 김용식(1993)이 기록했던 높은산녹색부전나비(*Favonius korshunovi*) (채집지: 강원도 광덕산)는 큰녹색부전나비를 잘못 본 것이다.

암수 구별 수컷은 날개 윗면이 금속광택이 있는 청록색, 암컷은 흑갈색 바탕이다. 암컷 앞날개 윗면의 중실 바깥에 주황색 무늬가 있는 경우가 많다. 주황색 무늬와 더불어 중실과 제1b실 부분에 남색 비늘가루가 나타나는 개체는 우리나라 *Favonius*속 나비 중에서 가장 많다. 이들 무늬가 전혀 나타나지 않는 암컷도 있다.

닮은 종의 비교 245쪽 참고

첫 기록 Wakabayashi와 Fukuda(1985)는 *Favonius macrocercus* Wakabayashi et Fukuda (기준 지역: Mt. Seolaksan (설악산))라는 이름으로 우리나라에 처음 기록하였다.

우리 이름의 유래 신유항(1989)은 이 나비의 서식지가 설악산과 소백산 같이 고도가 높다는 것에 착안하여 이런 이름을 지었다. Wakabayashi와 Fukuda(1985)는 발표 당시에 우리 이름을 짓지 않았다.

Abundance Common.

General description Wing expanse about 36 mm. Male upper wings blueish green with strong metallic flush. Hindwing tail longest and thinnest among allied species. No noticeable regional variation (= *macrocerus* Wakabayashi et Fukuda, 1985) in morphological characteristics (TL: Gamov Peninsula (S. Primorye)).
Flight period Univoltine. Mid June- September. Hibernates as a fully formed larva within ovum-case.
Habitat Deciduous broad-leaved forest of 300-1,400 m a.s.l. with *Quercus mongolica*.
Food plant *Quercus mongolica, Q. aliena* (Fagaceae).
Distribution Mountainous regions north of Mt. Deokyusan, Jeollabuk-do.
Range China (NE., E. & C.), Russian Far East.

우리녹색부전나비

Favonius koreanus Kim, 2006

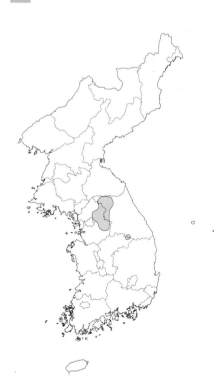

분포 한반도 중부의 경기도와 강원도, 충청도 일부 지역에서만 소수의 개체가 채집되고 있으며, 현재까지 한반도 고유종이다.
먹이식물 참나무과(Fagaceae) 굴참나무
생태 한 해에 한 번, 6월 중순부터 8월 중순경까지 보이며, 10월 초까지 알을 낳는 암컷을 볼 수 있다. 월동은 알 상태로 한다. 서식지는 참나무가 많은 낙엽활엽수림 산지이다. 어른벌레는 먹이식물 주위를 크게 벗어나지 않으며, 검정녹색부전나비와 같은 장소에서 산다. 수컷은 계곡이나 참나무가 많은 장소의 산 정상에서 볼 수 있다. 수컷의 점유행동은 깊은산녹색부전나비와 암붉은점녹색부전나비와 같은 장소에서 이루어진다. 암붉은점녹색부전나비가 나무로 둘러싸인 공간을 선호하는 것과 달리 이 종과 깊은산녹색부전나비는 밝게 트인 곳을 좋아한다. 다만 깊은산녹색부전나비가 나무의 상층부를 점유하는 반면면 이 나비는 중간 이하를 점유한다. 수컷끼리의 세력다툼은 높은 곳에서 거의 땅바닥까지 내려오기까지 하며, 수컷들의 다투는 폭은 여느 녹색부전나비류보다 좁다. 암컷은 9월경 겨울눈보다 나무줄기의 홈, 껍질의 틈 등에 알을 낳는다. 유생기의 기록은 손상규(2009a)의 논문이 있다.
변이 지역과 개체에 따른 변이는 없다.
암수 구별 수컷은 날개 윗면이 금속광택이 있는 어두운 청록색, 암컷은 흑갈색 바탕이다. 수컷은 날개 윗면의 외연에 있는 검은 띠가 이 속 중에서 가장 넓다.
첫 기록 김성수(2006)는 *Favonius koreanus* Kim (기준 지역: 계방산)라는 이름으로 우리나라에 처음 기록하였다.
우리 이름의 유래 김성수(2006)는 우리나라에만 있다는 뜻으로 이름을 지었다.
비고 Koiwaya(2007)는 이 종의 실물을 확인하지 않은 채, 넓은띠녹색부전나비의 동종이명으로 처리한 적이 있었으나 이후 Fujioka(2007)와 김성수 등(2008), Hasegawa(2009)에 따라 별종으로 확립되었다.

Abundance Local.
General description Wing expanse about 36 mm. No noticeable regional variation in morphological characteristics (TL: Mt. Gyebangsan, S. Korea).
Flight period Univoltine. Mid June- early October. Hibernates as a fully formed larva within ovum-case.
Habitat Deciduous broad-leaved forest with plenty of oak trees.
Food plant *Quercus variabilis* (Fagaceae).
Distribution Scattered localities of montane regions in Gyeonggi-do and Gangwon-do.
Range Endemic species in Korea.

금강석녹색부전나비

Favonius ultramarinus (Fixsen, 1887)

분포 경상남도와 전라남도 일부 지역과 충청남도 이북의 산지에 분포한다. 국외에는 일본, 중국(동북부, 중부), 러시아(연해주 남부)에 분포한다.
먹이식물 참나무과(Fagaceae) 떡갈나무

생태 한 해에 한 번, 6월 초에서 9월까지 볼 수 있다. 알 속에서 1령애벌레로 배 발생된 상태로 월동을 한다. 서식지는 비교적 낮은 산지의 떡갈나무가 많은 숲이다. 아침에 습지에 날아오거나 개망초 등의 꽃에서 꿀을 빨기도 한다. 수컷은 오후 4시경부터 7시경까지 해질 무렵에 활발하게 점유행동을 하는데, 대부분 떡갈나무 꼭대기 위에서 수컷끼리 다투는 경우가 많다. 암컷은 오후에 먹이식물 둘레를 맴돌면서 굵은 가지의 울퉁불퉁한 홈 사이, 겨울눈 주변에 알을 하나씩 낳는다.

변이 한반도 개체군은 일본, 중국 동북부, 러시아 극동지역과 함께 기준 아종으로 다룬다. 다른 아종은 중국 중서부에 분포한다. 한반도에서는 특별한 변이가 없다. 암컷은 앞날개 윗면 중실 바깥 무늬가 주황색을 띠는데, 개체에 따라 크기 변화가 있고, 청람색이 나타나기도 한다.

암수 구별 수컷은 날개 윗면이 금속광택이 있는 청록색, 암컷은 흑갈색 바탕이다.

첫 기록 Fixsen(1887)은 *Thecla taxila* var. *ultramarinus* Fixsen (기준 지역: Korea)라는 이름으로 우리나라에 처음 기록하였다.

우리 이름의 유래 석주명(1947)은 이 나비의 과거 종 이름(*diamantina*)의 뜻인 다이아몬드(금강석)로 이름을 지었으나 조복성(1959)이 금강산녹색부전나비로 바꾸었다. 아마 뜻을 잘못 이해한 것으로 보인다. 김성수(2015)가 원래 이름으로 환원하였다.

🦋

Abundance Common.
General description Wing expanse about 37 mm. Under wings reddish area at anal angle split in space 2. Korean population was dealt as nominotypical subspecies (TL: Pung-Tung, Corea).
Flight period Univoltine. Early June-September. Hibernates as a fully formed larva within ovum-case
Habitat A forest with *Quercus dentata* in relatively low mountain area.
Food plant *Quercus dentata* (Fagaceae).
Distribution Mountainous regions north of Mt. Jirisan.

Range Japan, China (NE. & C.), Russian Far East.

넓은띠녹색부전나비

Favonius cognatus (Staudinger, 1892)

분포 지리산 이북과 경기도, 강원도 일부 지역부터 백두산 등 북한 지역에 분포한다. 국외에는 일본, 중국(동북부, 동부, 중부, 남부), 러시아(아무르)에 분포한다.

먹이식물 참나무과(Fagaceae) 갈참나무, 신갈나무

생태 한 해에 한 번, 6월 초에서 10월 초까지 볼 수 있다. 월동은 알 상태로 한다. 서식지는 낮은 산지의 참나무 숲이나 때로 강원도 계방산 고도 1,000m 안팎의 신갈나무림에도 보인다. 수컷은 12시경부터 18시경까지 산길이나 능선에서 참나무 꼭대기 부근의 잎 위에 앉아 점유행동을 한다. 이때 2마리의 수컷이 뒤엉키며 다투면서 높은 곳에서 내려온다. 매우 드물게 밤나무에 날아와 꽃꿀을 빤다. 암컷은 잘 움직이지 않고 나무그늘에서 쉬는 일이 많으며, 한낮에 높이 2~5m에 있는 굵기 4~5cm의 나뭇가지와 줄기에는 하나씩, 틈 사이에는 한 개에서 여러 개까지 이어서 알을 낳는다. 이 습성은 우리녹색부전나비와 같다.

변이 한반도 개체군은 중국 (동북부, 중부), 러시아(연해주 남부)와 함께 기준 아종으로 다루나 과거에 동종이명인 ussuriensis Murayama 1960로 다뤘던 적도 있다. 암컷은 앞날개 윗면의 중실 바깥 무늬가 대부분 회백색을 띠는데, 개체에 따라 이 무늬의 크기 차이가 조금 있다. 한편 *Favonius undulata*라는 종을 Sohn(2012)이 신종 기재했으나 이 종의 동종이명이다.

암수 구별 수컷은 날개 윗면이 금속광택이 있는 청록색, 암컷은 흑갈색 바탕이다.

첫 기록 이 나비는 종의 정립이 늦어서인지 그동안 여러 문헌에서 오동정된 경우뿐 아니라 학명의 적용에 혼란이 많았다. 석주명(1939)에 따르면 Okamoto(1923)가 *Zephyrus orientalis suffusa* Leech (Korea)라는 이름으로 기록하였다고 하나 사실은 큰녹색부전나비의 아종으로 보았다. 이후 Matsuda(1930)가 *Zephyrus jezoensis* Matsumura (Tyozyusan (= 황해도 장수산))로 기록하였지만 일본 고유종으로 인식하였다. 이후 이 종이 별개의 종으로서 지위를 갖게 된 첫 기록은 아직 뚜렷하지 않다. 다만 일본 학자인 川副 昭人과 若林 守男(1976)이 *Favonius latifasciata* Shirôzu et Hayashi라는 이름으로 우리나라에 분포한다고 언급한 것이 있는데, 이를 최초로 볼 수 있다.

우리 이름의 유래 이승모(1971)는 이 나비를 일본에만 분포하는 'jezoensis'라고 보고 일본 이름에서 의미를 따와 에조녹색부전나비라 했다. 하지만 신유항(1989)은 다른 종으로 보고 일본 이름에서 의미를 따온 위의 이름으로 바꾸었다. 참고로 일본에는 넓은띠녹색부전나비와 'Favonius jezoensis' 두 종이 분포하지만 한반도는 넓은띠녹색부전나비 한 종이 분포한다.

🦋

Abundance Scarce.
General description Wing expanse about 36 mm. Under wing's discal spots hardly noticeable or absent. Ground

color light grey, with white stripes distinctly tapering below. Korean population was dealt as nominotypical subspecies (TL: Sutschan, Ussuri).
Flight period Univoltine. Early June-early October. Hibernates as a fully formed larva within ovum-case.
Habitat Deciduous broad-leaved forest with plenty of oak trees.
Food plant *Quercus aliena, Q. mongolica* (Fagaceae).
Distribution Mountainous regions north of Yeongdong, Chungcheongbuk-do.
Range Japan, China (NE., C., E. & S.), Russia (Amur).

산녹색부전나비

Favonius taxila (Bremer, 1861)

분포 전라도와 충청남도 지역을 뺀 제주도와 한반도 내륙 전 지역에 분포한다. 제주도에서는 한라산을 중심으로 500~800m의 지역에서 많이 보이며, 한라산 아고산대의 관목림에서도 가끔 보인다. 울릉도에는 분포하지 않는다. 국외에는 일본, 중국(동북부, 동부), 러시아(아무르, 사할린 남부)에 분포한다.
먹이식물 참나무과(Fagaceae) 졸참나무, 신갈나무, 갈참나무
생태 한 해에 한 번, 6월에서 9월까지 볼 수 있다. 월동은 알 상태로 한다. 서식지는 낙엽활엽수림의 계곡이나 산길 주변의 참나무 숲이다. 수컷은 주로 오전 7시경부터 11시경까지 참나무의 높은 위치의 잎 끝에 앉아 점유활동을 활발히 한다. 이른 시각에는 가끔 이슬을 빨아먹거나 습지 바닥에 내려와 물을 빨기도 한다. 암수 모두 드물게 사철나무와 개망초, 큰쥐똥나무 등 흰 꽃에서 꿀을 빤다. 암컷은 참나무의 낮은 위치의 겨울눈 사이와 겨울눈 밑에 알을 하나씩 낳는다.
변이 한반도 개체군은 일본, 중국 동북부, 러시아(연해주, 사할린) 지역과 함께 기준아종으로 다룬다. 한반도에서는 지역 변이가 없다. 암컷은 앞날개 중실 바깥의 밝은 부분이 대부분 약하게 주황색을 띠지만 파란색이 함께 나타나거나 파란색만 나타나는 개체도 일부 있다.
암수 구별 수컷은 날개 윗면이 금속광택이 있는 청록색, 암컷은 흑갈색 바탕이다.
첫 기록 Nakayama(1932)는 *Zephyrus jozana* Matsumura (Korea)라는 이름으로 우리나라에 처음 기록하였다.
우리 이름의 유래 이승모(1971)는 산에서 많이 볼 수 있다는 뜻으로 이름을 지었다.

Abundance Common.
General description Wing expanse about 35 mm. Upper hindwing margin in male about 1mm wide, which is wider in forewing. Korean population was dealt as nominotypical subspecies (TL: Ussuri).
Flight period Univoltine. June-September. Hibernates as a fully formed larva within ovum-case.
Habitat Deciduous broad-leaved forest with plenty of oak trees.
Food plant *Quercus serrata, Q. mongolica, Q. aliena* (Fagaceae).
Distribution Jeju island, Inland mountainous regions of Korean Peninsula.
Range Japan, China (NE. & E.), Russia (Amur, S. Sakhalin).

검정녹색부전나비

Favonius yuasai Shirôzu, 1947

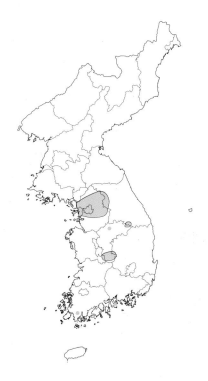

분포 경기도, 강원도와 충청남도, 경상남도 남해도, 전라남도 두륜산 등 남한 내륙 각지와 경기도 굴업도 등지에 국지적으로 분포한다. 개체수가 많은 곳은 경기도 지역이다. 현재까지 북한 지역에서 채집한 기록이 없다. 국외에는 일본, 중국 서부에 분포한다.
먹이식물 참나무과(Fagaceae) 굴참나무, 상수리나무
생태 한 해에 한 번, 6월에서 10월 초까지 볼 수 있다. 이미 알 속에서 1령애벌레로 발생된 채로 월동을 한다. 서식지는 굴참나무와 상수리나무가 많은 잡목림의 계곡이나 능선 주위이다. 수컷은 대부분의 시간을 나무그늘에서 쉬다가 해질 무렵

7~8m의 높이의 굴참나무의 꼭대기 위에서 강하게 점유행동을 한다. 암컷은 대부분의 시간을 쉬다가 한낮에 높이 5m 이상 되는 높은 굴참나무 꼭대기에서 옆으로 뻗은 가지의 끝 겨울눈 밑에 알을 하나씩 낳는다. 알을 거의 다 낳은 시기가 되는 8월 말에서 9월 초에는 숲 바닥의 축축한 땅바닥에 앉아 물을 먹기도 한다. 애벌레는 나무줄기의 껍질 사이에서 발견되는 일이 있다. 유생기의 기록은 손상규(1999)의 논문이 있다.

변이 한반도 개체군은 일본 지역과 함께 기준 아종으로 다룬다. 한반도에서는 지역 변이가 없다. 암컷의 일부 개체 중에는 중실 바깥의 밝은 부분에 파란 비늘가루가 약하게 나타나기도 한다.

암수 구별 수컷의 날개 윗면은 *Favonius*속 나비들 중에서 유일하게 광택이 있는 어두운 밤색을 띤다. 암컷은 광택이 없는 흑갈색이고, 날개 아랫면의 바탕색이 조금 밝다. 수컷은 날개끝이 매우 뾰족하고, 암컷은 중실 바깥으로 밝은 부분이 나타난다.

첫 기록 Murayama(1963)는 *Favonius yuasai coreensis* Murayama (기준 지역: 광릉)라는 이름으로 우리나라에 처음 기록하였다.

우리 이름의 유래 신유항(1975)은 일본 학자 Murayama(1963)가 광릉에서 채집하여 처음 보고한 내용을 소개하면서 일본 나비 이름에서 의미를 따와 우리 이름을 지었다.

Abundance Scarce.
General description Wing expanse about 37 mm. No noticeable regional variation in morphological characteristics (= *coreensis* Murayama, 1963) (TL: Tenryuko, Nagano).
Flight period Univoltine. June-early October. Hibernates as a fully formed larva within ovum-case.
Habitat Deciduous broad-leaved forest with plenty of oak trees.
Food plant *Quercus variabilis*, *Q. acutissima* (Fagaceae).
Distribution Scattered localities of montane regions in Gyeonggi-do, Gangwon-do, Chungcheongbuk-do, Gyeongsangnam-do and Mt. Duryunsan (Jeonnam-do).
Range Japan (Honshu, Kyushu), W. China.

은날개녹색부전나비
Favonius saphirinus (Staudinger, 1887)

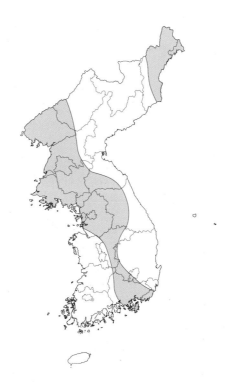

분포 전라도와 경상도 일부, 충청남도 일부 지역, 경기도와 강원도 일부 지역, 북한의 경도 127°의 서쪽과 함북 회령 등 일부 지역에 나뉘어 분포한다. 국외에는 일본, 중국(동북부에서 서부까지), 러시아(아무르, 우수리)에 분포한다.

먹이식물 참나무과(Fagaceae) 갈참나무, 떡갈나무

생태 한 해에 한 번, 6월에서 8월에 볼 수 있다. 월동은 알 상태로 한다. 서식지는 참나무가 자라는 낙엽활엽수림의 낮은 산지이다. 금강석녹색부전나비와 넓은띠녹색부전나비와 같은 장소에서 함께 보이는 경우가 많다. 한 낮에 거의 활동하지 않다가 오후 늦게 4시부터 해질 무렵까지 활발하게 난다. 수컷의 점유행동은 녹색부전나비류 중에서 가장 약하게 한다. 암컷은 비교적 낮은 위치의 겨울눈 밑에 알을 하나씩 낳는데 같은 곳에 5개까지 낳기도 한다. 겨울에 알을 찾기가 가장 쉬운 종이다.

변이 한반도 개체군은 일본, 중국 동북부, 러시아 극동지역과 함께 기준 아종으로 다룬다. 한반도에서는 지역 변이가 없다. 이 종은 *Favonius*속 (*Favonius* 아속)의 종들과 달리 꼬리 모양의 돌기가 짧고 작은 점, 날개 아랫면이 은색색인 점을 들어 *Favonius*속의 다른 *Tasogare* 아속으로 다루기도 한다.

암수 구별 수컷은 날개 윗면이 금속광택이 있는 청색, 암컷은 흑갈색 바탕이다. 수컷의 날개 외연도 *Favonius*속의 여느 종들과 달리 둥글다. 암컷은 수컷보다 날개 아랫면의 바탕색인 은백색이 조금 어둡고, 줄무늬가 굵고 뚜렷하다. 또 암컷은 앞날개 윗면의 중실 바깥의 밝은 부분이 희미하거나 주황색과 파란색이 나타나기도 하는데, 드물게 이 부분이 넓어지는 개체도 있다.

닮은 종의 비교 246쪽 참고

첫 기록 Fixsen(1887)은 *Thecla saphirina* Staudinger (Korea)라는 이름으로 우리나라에 처음 기록하였다.

우리 이름의 유래 석주명(1947)은 종의 라틴어에서 따온 '사파이어'를 이름에 넣었는데, 이것은 수컷 날개 색만으로 지은 것으로 추측한다. 이후 이승모(1982)는 이 외래어 대신 위의 이름으로 바꾸었다.

비고 조수영(1984)은 함경남도 허천군 대덕산에서 암컷 한 개체를 채집하여 기록한 북한의 미지의 녹색부전나비가 있다. 우리는 그 개체를 직접 보지 못했고, 그 이후의 어떤 문헌에서도 이에 대한 상세한 정보가 아직 없다. 앞으로 북한 지역을 조사할 수 있게 된다면 우리나라에 새로운 종이 더 기록될 여지가 있다. 그의 글을 여기에 그대로 소개한다. "날개 윗면에 붉은 무늬와 청색 무늬가 모두 나타나고, 날개 아랫면은 조금 광택을 띤 회갈색 바탕으로 근연의 북방녹색부전나비의 암컷과 다르다. 꼬리 모양 돌기는 길고, 앞날개 아랫면의 중실 바깥의 막대무늬는 조금 뚜렷한 정도이다. 아랫면의 흰 띠는 가늘고 직선이며, 항각의 붉은 무늬 안쪽에 검은 띠가 뚜렷하다."

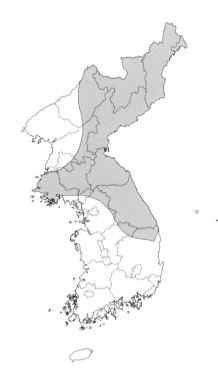

Abundance Common.
General description Wing expanse about 37 mm. Under hindwing greyish pearl with contrasted discal strokes, and tails rather short. No noticeable regional variation in morphological characteristics (TL: Askold Is., Ussuri).
Flight period Univoltine. June-August. Hibernates as a fully formed larva within ovum-case.
Habitat Deciduous broad-leaved forest with many oak trees.
Food plant Quercus aliena, Q. dentata (Fagaceae).
Distribution Scattered localities of mountainous regions in Gyeongsangnam-do and mountainous regions north of Chungcheongbuk-do.
Range Japan, China (NE. to S.), Russia (Amur, Ussuri).

민꼬리까마귀부전나비

Satyrium herzi (Fixsen, 1887)

분포 경기도, 강원도, 경상북도, 충청북도 일부 지역과 북한에 분포한다. 국외에는 중국 동북부, 러시아 극동지역에 분포한다.
먹이식물 장미과(Rosaceae) 귀룽나무, 털야광나무, 야광나무
먹이식물 장미과(Rosaceae) 귀룽나무, 털야광나무, 야광나무
생태 한 해에 한 번, 5월 중순에서 6월에 볼 수 있다. 월동은 알 상태로 한다. 서식지는 낙엽활엽수림의 계곡, 그 주변의 산길, 숲 가장자리이다. 수컷은 오후에 나무 위를 빠르게 날아다니는데, 아마 암컷을 탐색하는 것으로 보인다. 먹이식물 주위에서 점유행동을 강하게 한다. 이 밖의 대부분의 시간은 나뭇잎 위에서 쉰다. 암수 모두 국수나무와 야광나무와 같은 흰 꽃에 날아와 꿀을 빤다. 암컷은 먹이식물 둘레에서 거

의 활동을 하지 않으며, 맑은 날에 먹이식물 둘레를 천천히 날면서 줄기와 가지에 알을 하나씩 낳는다. 유생기의 일부 기록은 김성수(1991)의 논문이 있다.
변이 세계 분포로 보아도 특별한 지역 변이는 없으며, 한반도 안에서도 변이가 없다.
암수 구별 수컷은 앞날개 윗면 중실 끝 위쪽에 타원형 성표가 있다. 암컷은 수컷보다 크고, 날개 외연이 둥글다. 뒷날개 항각에 있는 꼬리 모양 돌기가 매우 짧아 닮은 종들과 잘 구별된다.
첫 기록 Fixsen(1887)은 *Thecla herzi* Fixsen (기준 지역: Korea)라는 이름으로 우리나라에 처음 기록하였다.
우리 이름의 유래 석주명(1947)은 과거 종의 학명이기도 하면서 우리나라에서 이 나비를 처음 채집했던 Alfred Otto Herz라는 사람의 이름을 넣어 '헤르츠까마귀부전나비'로 지었다. 그 후, 김헌규와 미승우(1957)가 꼬리가 없는 특징을 살려 외래어 대신 우리 이름으로 바꾸었다.
비고 이 종의 학명은 최근 Weidenhofer 등(2004)이 *phyllodendri* (Elwes, 1882) (기준 지역: 러시아 Vladivostok)이라고 주장하였다. 이에 대해 기준표본을 확인하고, 논리적으로 종의 분류를 설명하려는 논문이 아직 없는 것으로 보이며, 우리도 확인하지 못했다. 이에 여기에서는 *herzi* Fixsen,

1887(기준 지역: 한국(Pungtung))이라는 기존의 학명을 채용하였다.

Abundance Common.
General description Wing expanse about 28 mm. Hindwing tail vestigal; under hindwing linear spot at cell end present; under hindwing submarginal orange band light orange.
Flight period Univoltine. Mid May-June. Hibernates as an egg. Korean population was dealt as nominotypical subspecies (= *herzi* Fixsen, 1887) (TL: Pung-Tung, Korea).
Habitat Valley of deciduous broad-leaved forest, mountain trails and forest edge.
Food plant Prunus padus, P. persica, Malus baccata (Rosaceae).
Distribution Mountainous regions north of Bonghwa, Gyeongsangbuk-do.
Range NE. China, Russian Far East.

벚나무까마귀부전나비

Satyrium pruni (Linnaeus, 1758)

분포 경기도와 강원도, 충청도, 전라도 일부 지역과 백두산 등 북한에 분포한다. 국외에는 일본(홋카이도), 중국(동북부, 중부), 러시아(시베리아 남부, 아무르), 몽골에서 유럽 서부까지 분포한다.
먹이식물 장미과(Rosaceae) 벚나무, 왕벚나무, 복사나무
생태 한 해에 한 번, 5월부터 6월에 볼 수 있다. 월동은 알 상태로 한다. 서식지는 산지의 낙엽활엽수림 가장자리처럼 벚나무가 자연 상태로 있는 곳은 물론 인공적으로 벚나무를 심은 곳이다. 오전에는 나뭇잎 위에 앉아 움직이지 않고 쉰다. 수컷은 오후에 활발하게 날아다니지만 특별한 점유행동을 보이지 않고 빠르게 날면서 암컷을 찾

Abundance Scarce.

General description Wing expanse about 28 mm. Male upper forewing with elongate androconial spot; upper hindwing orange submarginal lunules usually weak in male, but always distinct in female. Korean population was dealt as nominotypical subspecies (TL: [Germany]).

Flight period Univoltine. May-June. Hibernates as an egg.

Habitat Edges of deciduous broad-leaved forests and places where cherry trees grow naturally or are planted artificially.

Food plant *Prunus serrulata, P. yedoensis* (Rosaceae).

Distribution Mountainous regions north of Gyeonggi-do and Gangwon-do.

Range Japan (Hokkaido), China (NE. & C.), Mongolia, Russian Far East, C. Europe.

아다닌다. 가끔 큰까치수염과 어수리 등 흰 꽃에서 꿀을 빤다. 암컷은 그늘진 곳에 위치한 먹이식물의 가느다란 가지 사이와 줄기 등에 알을 하나씩 낳는다. 애벌레 주위에 일본풀개미(*Lasius japonica*)라는 개미가 모여든다(Jang, 2007).

변이 한반도 개체군은 중국 동북부, 러시아 극동지역에서 몽골, 유럽 중부 지역과 함께 기준 아종으로 다룬다. 한반도에서는 특별한 변이가 없다.

암수 구별 수컷은 앞날개 윗면 중실 끝 위쪽에 타원형 성표가 있으나 색의 대비가 뚜렷하지 않다. 암컷은 수컷보다 크고, 날개 외연이 둥글다. 또 암컷은 뒷날개 외연 가까이에 어두운 등적색 무늬가 조금 나타나는데, 대부분의 색이 크고 짙으며, 때때로 미약하지만 수컷에서도 보인다. 이 무늬가 암컷의 앞날개의 외연 가까이에서 보이는 개체가 일부 있다. 날개 아랫면은 수컷이 암컷보다 바탕색이 조금 짙다.

첫 기록 Fixsen(1887)은 *Thecla pruni* Linnaeus (Korea)라는 이름으로 우리나라에 처음 기록하였다.

우리 이름의 유래 석주명(1947)은 종(*pruni*)의 라틴어의 뜻에서 따온 벚나무를 이름에 넣어 지었다.

꼬마까마귀부전나비

Satyrium prunoides (Staudinger, 1887)

분포 경기도와 강원도, 충청북도 일부 지역 북한 지역에 분포한다. 서식지는 낙엽활엽수림 산지의 능선과 숲 가장자리, 석회암 지대의 산지이다. 국외에는 중국 (동북부, 중부), 러시아(아무르, 우수리, 트랜스바이칼, 사얀, 알타이산맥), 몽골, 카자흐스탄에 분포한다.

먹이식물 장미과(Rosaceae) 조팝나무류

생태 한 해에 한 번, 5월 말부터 7월 초까지 볼 수 있다. 월동은 알 상태로 한다. 수컷은 오후에 능선이나 정상 주위의 관목 위에서 점유행동을 심하게 한다. 암수 모두 숲 가장자리와 그늘진 곳에 핀 꽃에 오는 일이 많은데, 미나리와 큰까치수염, 개망초, 고들빼기 등에서 꿀을 빤다. 꽃에 앉으면 뒷

날개를 비비는 모습을 볼 수 있다. 암컷은 기온이 오르는 오후에 먹이식물을 찾아 줄기의 갈라진 틈에 알을 하나씩 낳는다.

변이 한반도 개체군은 중국 동북부, 러시아(극동지역에서 트랜스바이칼, 시베리아 남부까지), 몽골 지역과 함께 기준 아종으로 다룬다. 강원도 영월 지역의 개체들은 경기도 지역의 개체들보다 날개 아랫면의 바탕색이 붉은 기가 더 감돌고, 뒷날개 아랫면 항각 부분에 있는 붉은 무늬가 영월 지역 개체들이 커지는 경향을 보이는 외에 큰 차이가 없다. 과거 신유항(1989)이 기록했던 산꼬마까마귀부전나비(*Fixsenia* sp.)는 바로 이 개체의 특징을 보인다. 개체 중에는 드물게 앞날개 윗면 중앙에 붉은색이 나타나기도 한다.

암수 구별 수컷은 앞날개 윗면 중실 위쪽에 작은 타원형 성표가 있으나 눈으로 잘 보이지 않으며, 대비도 매우 약하다. 암컷은 수컷보다 크고, 날개 외연이 둥글다. 암컷은 뒷날개 아랫면 항각 부위의 붉은색 무늬가 수컷보다 넓다. 하지만 이런 특징만으로 암수를 구별하기 어려워 배 끝의 모양을 자세히 살펴야 한다.

첫 기록 Fixsen(1887)은 *Thecla prunoides* Staudinger (Pungtung)라는 이름으로 우리나라에 처음 기록하였다.

우리 이름의 유래 석주명(1947)은 까마귀부전

나비류 중에서 작다는 뜻으로 이름을 지었다.
비고 까마귀부전나비류에 적용하는 속에
는 여러 가지가 있는데, 그 중 *Nordamia*
속은 수컷 앞개 윗면에 성표가 없는 경
우에 한하고, 있으면 *Strymonidia*속으로
다루었다(Higgins와 Riley, 1970). 하지
만 *Nordamia* 속의 수컷에서도 희미하지
만 성표가 모두 나타나기 때문에 위의 분류
가 옳지 못하다. 이 책에서는 논란이 되는
속들 중 명명년도가 가장 앞선 *Satyrium*
Scudder, 1876로 다루는데, 많은 유럽학자
와 러시아 학자들도 이를 적용하고 있다.
다만 일본 학자들은 *Satyrium*의 대부분
의 종들이 구북구에 분포하지만 *Satyrium*
의 기준 종(*Lycaena fuliginosa* Edwards,
1861)이 신북구에 분포하기 때문에 대표하
는 속으로 적당하지 않다고 여겨 구북구에
기준종을 둔 *Fixsenia* Tutt, [1907]를 관용
으로 사용하는 것으로 보인다.

Abundance Common.
General description Wing expanse
about 23 mm. Smallest among genus
Satyrium from Korea. Male upper
forewing without androconial spot
but with orange patch in vein 3
occasionally. Korean population was
dealt as nominotypical subspecies (=
fulva Fixsen, 1887; = *fulvofenestrata*
Fixsen, 1887) (TL: [Vladivostok, Ussuri,
Ust-Kamenogorsk, E. Kazakhstan]).
Flight period Univoltine. Late May-
early July. Hibernates as an egg.
Habitat Ridge and forest edge of
deciduous broad-leaved forest,
limestone area.
Food plant *Spiraea* ssp. including
S. prunifoliac (Rosaceae).
Distribution Mountainous regions
north of Gyeonggi-do and Gangwon-do.
Range China (NE. & C.), Russia (Amur,
Ussuri, Transbaikalia, Sayan, Altai),
Mongolia, Kazakhstan.

참까마귀부전나비
Satyrium eximia (Fixsen, 1887)

분포 지리산을 포함한 경상남도의 일부 지
역과 북위 36° 이북의 산지에 분포한다. 국
외에는 중국(동북부, 중부, 동부), 러시아
(우수리), 몽골 동부, 타이완에 분포한다.
먹이식물 갈매나무과(Rhamnaceae) 갈매나
무, 참갈매나무, 털갈매나무
생태 한 해에 한 번, 6월 중순에서 7월에 볼
수 있다. 월동은 알 상태로 한다. 서식지는
낙엽활엽수림 산지의 능선과 숲 가장자리,
석회암 지대이다. 수컷은 산지의 길 주변,
벌채지 등 확 트인 공간에서 사람 키만 한
높이에서 점유행동을 하거나 습지에 날아
와 물을 먹는다. 암수 모두 개망초와 큰까
치수염, 붉나무 등의 흰 꽃에서 꿀을 빤다.
암컷은 1m 정도 높이의 먹이식물 가지 사
이와 줄기의 잔가지가 난 바로 밑, 홈 등에
알을 하나씩 낳는데, 강원도 영월과 단양
일대에서는 1~2개, 경기도 주금산과 화야
산 일대에서는 1~3개 또는 10개 이상 낳는
차이가 있다. 이런 알 낳는 습성의 차이는
숲의 우거짐의 정도와 관련 깊은 것으로 보
인다. 영월 지역은 관목림 지역이어서 먹

이식물을 찾아 알을 낳고 금세 이동하나 경
기도 산지에서는 큰 나무들이 이동을 막기
때문으로 보인다.
변이 한반도 개체군은 중국(동북부에서 푸
젠까지), 러시아(우수리), 몽골 동부 지역
과 함께 기준 아종으로 다룬다. 한반도에
서는 지역에 따른 변이는 없으나 강원도 쌍
룡 지역의 개체들은 소형인 경우가 많다.
뒷날개의 항각에 있는 꼬리 모양 돌기는 이
속 중에서 가장 길다.
암수 구별 수컷은 앞날개 윗면 중실 위쪽에
회백색 타원형 성표가 있다. 이 성표는 닮
은 종들 중에서 가장 크고 둥근 편이다. 암
컷은 수컷보다 크고, 날개 외연이 둥글다.
첫 기록 Fixsen(1887)은 *Thecla w-album*
var. *eximia* Fixsen (기준 지역: Korea)라
는 이름으로 우리나라에 기록하였다. 하지
만 그는 이 종을 까마귀부전나비의 변종으
로 여겼다. Leech(1894)가 *Thecla eximia*
Fixsen (Korea)로 기록한 것이 처음이다.
우리 이름의 유래 석주명(1947)은 당시 일본
에서 쓰인 말을 번역하여 조선까마귀부전
나비라고 했으나, 후에 김헌규와 미승우
(1956)가 조선을 넣은 나비 이름을 모두
'참'자로 바꾸었다.

Abundance Common.
General description Wing expanse
about 29 mm. Hindwing with a long
tail at vein 2 and short one at vein
3; male upper forewing with large
androconial spot; upper hindwing anal
lobe orange, often distinct and black
marginal spot in space 2 large. Korean
population was dealt as nominotypical
subspecies (TL: Pung-Tung, Korea).
Flight period Univoltine. Mid June-July.
Hibernates as an egg.
Habitat Ridge and forest edge of
deciduous broad-leaved forest,
limestone area.
Food plant *Rhamnus davurica*,
R. ussuriensis, *R. koraiensis*
(Rhamnaceae).
Distribution Mountainous regions

north of Gwoisan, Chungcheongbuk-do.
Range China(NE., C. & E.), Russia
(Ussuri), E. Mongolia, Taiwan.

북방까마귀부전나비

Satyrium latior (Fixsen, 1887)

분포 강원도 영월과 평창, 충청북도 단양군
의 일부 지역과 북한에 분포한다. 국외에
는 중국(동북부, 북부, 중부, 간쑤까지), 러
시아(아무르, 트랜스바이칼 남부), 몽골 북
부에 분포한다.
먹이식물 갈매나무과(Rhamnaceae) 갈매나무
생태 한 해에 한 번, 6월 중순에서 7월 중순
까지 볼 수 있다. 월동은 알 상태로 한다.
서식지는 느릅나무가 많은 낙엽활엽수림
산지 계곡이나 건조한 관목림 지역이다.
수컷은 관목으로 이루어진 능선이나 산길
에 있는 느릅나무 위에서 점유행동을 강하
게 한다. 암수 모두 개망초에서 꽃꿀을 빤
다. 암컷은 1m 이하의 작은 먹이식물에서
땅 가까이의 가지와 줄기의 홈, 틈에 알을
하나 또는 수십여 개를 낳는다. 남한에서
는 유일하게 강원도 영월군 일부 지역에서

참까마귀부전나비와 함께 산다.
변이 세계 분포로 보아도 특별한 지역 변
이는 없으며, 한반도 안에서도 변이가 없
다. 과거 이 종을 유럽에 분포하는 *spini*
Denis et Schiffermüller, 1775의 아종으
로 다루었으나 다음의 2가지 점으로 서로
다른 종으로 분리하였다. 수컷 앞다리의
구조가 다른 점, 알과 종령애벌레의 생김
새가 다르다는 점으로 종을 분리하고 있다
(Gorbunov, 2001).
암수 구별 수컷은 앞날개 윗면 중실 위쪽에
회백색의 타원형 성표가 있다. 이 성표는
까마귀부전나비와 비교하여 가늘고 길다.
암컷은 수컷보다 크고, 날개 외연이 둥글
다. 또 뒷날개 윗면 항각 부위의 붉은 점무
늬가 수컷보다 뚜렷하면서 크다.
첫 기록 Fixsen(1887)은 *Thecla spini* var.
latior Fixsen (기준 지역: Pungtung)라는
이름으로 우리나라에 처음 기록하였다.
우리 이름의 유래 석주명(1947)은 까마귀부전
나비류 중에서 가장 흔한 종으로 참까마귀
부전나비와 이 종을 꼽고, 그 중에서도 이
나비가 더 북쪽에 치우쳐 분포한다는 뜻으
로 이름을 지었다.

🦋

Abundance Rare.
General description Wing expanse
about 28 mm. Under hindwing larger
blue spot at anal angle; usually lager
than *Satyrium w-album*. No noticeable
regional variation in morphological
characteristics (TL: Pung-Tung, Korea).
Flight period Univoltine. Mid June-mid
July. Hibernates as an egg.
Habitat Ridge and forest edge of
deciduous broad-leaved forest,
limestone area.
Food plant *Rhamnus davurica*
(Rhamnaceae).
Distribution Yeongwol, Jeongseon
(GW), N. Korea.
Range China (NE., N. & C. to Gansu),
Russia (Amur, Ussuri, S. Transbaikalia),
N. Mongolia.

까마귀부전나비

Satyrium w-album (Knoch, 1782)

분포 경기도와 강원도 이북의 산지에서 백
두산까지 분포한다. 국외에는 일본(홋카이
도)에서 중국(동북부, 북부), 러시아(극동
지역, 사할린, 쿠릴 남부, 시베리아 남서
부), 몽골까지(아종 *fentoni*)와 카자흐스탄
북부에서 트랜스코카서스, 코카서스, 이란
북부, 터키에서 유럽의 스페인까지(기준
아종) 나뉘어 분포한다. 앞으로 이 종의 분
류학 정리가 더 이루어지면 두 종으로 분리
할 가능성이 있다.
먹이식물 느릅나무과(Ulmaceae) 느릅나무,
왕느릅나무. 일본에서는 느릅나무과 외에
장미과식물을 먹이식물로 한다고 알려져
있다(白水 隆, 2006).
생태 한 해에 한 번, 6월 중순에서 7월에 볼
수 있다. 월동은 알 상태로 한다. 서식지
는 차가운 기후의 낙엽활엽수림 가장자리
이며, 특히 느릅나무가 많은 계곡이다. 아
침에 햇볕을 쬐기 위해 태양을 향해 날개를
접은 채로 한 방향으로 비스듬하게 몸을 기
울이는 습성이 있다. 수컷은 서식지 주변의
관목 위와 빈터의 나뭇잎 위에서 점유행동

을 하거나 습지에 날아와 물을 먹는다. 암수 모두 웅긋나물과 엉겅퀴, 개망초, 쥐똥나무 등의 꽃에 날아와 꿀을 빠는데, 이런 모습은 그다지 흔하지 않다. 또 암컷은 2m 정도의 높이의 먹이식물에서 1, 2년 정도 된 가지의 사이에 알을 1~7개씩 낳는다.

변이 한반도 개체군은 일본, 중국 북서부, 러시아 극동지역에서 트랜스바이칼까지, 몽골 지역과 함께 아시아 지역의 개체군을 아종 *fentoni* (Butler, [1882])로 다룬다. 한반도에서는 특별한 변이가 없다.

암수 구별 수컷은 앞날개 윗면 중실 위쪽에 회백색의 타원형 성표가 있으나 희미할 때가 많으니 자세히 살펴볼 필요가 있다. 암컷은 수컷보다 크고, 날개 외연이 둥글며, 날개 아랫면의 바탕색이 조금 열다. 뒷날개의 꼬리 모양 돌기는 암컷이 수컷보다 뚜렷이 길다.

첫 기록 Leech(1887)는 *Thecla fentoni* Butler (Gensan (원산))라는 이름으로 우리나라에 처음 기록하였다.

우리 이름의 유래 석주명(1947)은 일본 이름에서 의미를 따와 이름을 지었다.

Abundance Scarce.
General description Wing expanse about 26 mm. Male upper forewing with androconial spot; hindwing with additional vestigial tail at vein 3; under hindwing white postdiscal line forming a W-mark in anal area. Korean population was dealt as ssp. *fentoni* (Butler, [1882]) (TL: Shiribetsu, Hokkaido).
Flight period Univoltine. Mid June-July. Hibernates as an egg.
Habitat Edges of deciduous broad-leaved forests with elm trees.
Food plant *Ulmus davidiana, U. macrocarpa* (Ulmaceae).
Distribution Discrete localities in of mountainous regions north of Gangwon-do.
Range Japan (Hokkaido), China (NE. & N.), Russia (Far East,

Sakhalin, S. Kuriles, Amur, Ussuri, S. Transbaikalia), Mongolia, SW. Siberia, N. Kazakhstan, Transcaucasia, Caucasia, N. Iran, Turky, to Spain, where each subspecies inhabits respectively western and eastern areas of range.

범부전나비

Rapala arata (Bremer, 1861)

분포 제주도와 울릉도 등을 포함하여 한반도 내륙에 분포하고, 완도와 진도 등 일부 부속 섬에도 분포한다. 제주도에서는 매우 드무나 울릉도에서는 꽤 흔하다. 국외에는 일본, 중국 동북부, 러시아(연해주 남부)에 분포한다.

먹이식물 콩과(Leguminosae) 고삼(도둑놈의지팡이), 조록싸리, 아까시나무, 자귀나무, 칡, 족제비싸리, 갈매나무과 (Rhamnaceae) 갈매나무, 진달래과 (Ericaceae) 철쭉

생태 한 해에 한두 번, 봄형은 4월 말에서 6월 중순, 여름형은 7월에서 8월에 볼 수 있

다. 한 해에 한 번 나오는 개체들은 지역에 관계없이 애벌레 기간이 길고 한 번 번데기가 된 후 그대로 겨울을 나 한 해에 두 번 나오는 개체들은 애벌레 기간이 짧고 여름에 한 세대를 더 거친 후 번데기 상태로 월동을 하는 것으로 보인다. 봄형은 여름형보다 개체수가 훨씬 많다. 서식지는 낙엽활엽수림 가장자리와 관목림 지대이다. 수컷은 높지 않은 2m 이내의 싸리와 같은 관목 위에서 점유행동을 하는데 한 장소를 고집하지 않는다. 또 햇빛이 덜 강한 오전에 흔하게 습지에 날아와 물을 빨아먹는다. 암수 모두 개망초와 자운영, 밤나무, 파, 사과나무, 족제비싸리, 사철나무, 복사나무, 누리장나무, 곰의말채, 까마귀베개, 합다리나무, 철쭉, 분꽃나무 등 많은 꽃에서 꿀을 빤다. 암컷은 주로 먹이식물의 꽃봉오리에 알을 하나씩 낳는다. 애벌레 주위에 마쓰무라꼬리치레개미, 일본왕개미, 곰개미 등의 개미가 모여든다(Jang, 2007).

변이 지금까지 한반도 내륙의 개체군을 범부전나비(*Rapala caerulea*)로, 제주도와 울릉도의 개체군을 울릉범부전나비(*Rapala arata*)라고 구별하였다. 이 책에서는 이 분류군을 한 종으로 다룬다.

이 두 개체군의 차이는 다음과 같다. 날개 윗면의 색이 제주도와 울릉도의 개체군에서 청(파란)색만 나타나는 것과 달리 한반도 내륙 개체군은 붉은 기운이 감도는데, 이 색의 발현 유무가 가장 뚜렷한 차이로 보인다. 다음으로 뒷날개 아랫면 항각 주위의 점무늬가 4개이면 제주도와 울릉도의 개체군이고, 꼬리 돌기 쪽의 점무늬가 2개뿐이고 나머지 2개는 다른 무늬와 이어져 전혀 점처럼 보이지 않으면 한반도 내륙의 개체군이다. 그러나 위의 일반적인 구별점은 예외가 더러 생긴다. 즉 제주도와 울릉도 개체군에서도 점무늬가 2개뿐인 개체가 적지 않다. 한편 전라남도 완도와 기타 섬 지역에서도 점이 4개 또는 2개의 개체가 채집되고 있다. 이런 현상은 아마 애벌레의 먹이와 기후, 강수량 등 환경 특징이 내륙 생태계와 일본을 포함한 섬 생태계의 적응에 따른 차이로 추측된다. 따라서 이 모든 변이는 한 종 안에서 나타나는 '개체 변이'라고 생각된다.

계절에 따른 차이가 뚜렷한데, 봄형의 날

개 아랫면 바탕이 흰색이나 여름형은 황갈색이다. 또 봄형 수컷은 날개 윗면 중앙에 붉은 무늬가 나타나며, 개체에 따라 이 부분이 좁거나 넓어진다.

암수 구별 수컷의 날개 윗면은 보라색이 강하게 나타나고, 뒷날개 윗면 제7실에 무광택의 성표가 있다. 봄형 수컷은 날개 윗면 중앙에 붉은 무늬가 있을 때가 있다.

첫 기록 석주명(1939)에 따르면 Butler (1882)가 *Setina micans* Bremer et Grey라는 이름으로 우리나라에 처음 기록하였다고 하였다. 하지만 이 기록은 '점박이알락노랑불나방'(불나방과)으로 잘못이다. 따라서 Fixsen(1887)이 *Thecla arata* (Bremer) (Korea)라고 기록한 것이 우리나라 처음이다.

우리 이름의 유래 석주명(1947)은 날개 아랫면의 무늬가 호랑이 가죽무늬처럼 보인다고 이름을 지었다.

비고 지금까지 한반도 내륙의 개체군과 제주도와 울릉도의 개체군을 둘로 나누어 다른 종으로 보았다. 하지만 최근 DNA 분석에서 울릉도와 제주도를 포함한 우리나라 각지의 개체군들은 유전자의 배열의 차이가 종을 나눌 정도로 크지 않다는 것이 알려졌다(전남대, 미발표). 또 생식기 등 형태에서 전혀 차이가 없다고 할 수 없지만 의미 있는 차이는 없다고 할 수 있다.

종 'caerulea (Bremer et Grey, 1851)'는 중국이 기준지역이고, 종 'arata (Bremer, 1861)'는 러시아 극동지역(우수리)이 기준지역인 다른 종이다. 따라서 일본보다도 러시아 극동지역과 붙어있는 한반도에서 일본과 다른 종이 서식한다고 보는 것은 동물지리학으로 보면 잘못이다. 이렇게 한반도 개체군을 'caerulea'로 종을 적용한 것은 이승모(1982)의 결정 때문으로, 즉 일본과 울릉도의 개체군, 한반도의 개체군에서의 날개색 차이 때문이었다고 생각되며, 일본에서 종 'arata'를 먼저 써왔기 때문에 중국에서 유래한 'caerulea'를 적용하였다. 하지만 종 'arata'의 기준지역(러시아 극동지역) 표본들의 특징이 일본보다 한반도 내륙의 개체와 더 닮았다는 점을 간과하였다고 본다.

이런 까닭으로 한반도 내륙의 개체군을 러시아 극동지역과 함께 종 'arata'의 기준 아

종으로 다루어야 하고, 제주도와 울릉도를 포함한 일본의 개체군을 다른 아종으로 봐야 더 논리적이다. 앞으로 이 부분의 자세한 연구 성과가 있기를 기대해 본다.

Abundance Common.
General description Wing expanse about 34 mm.
Flight period Univoltine or Bivoltine according to season and locality. Late April-mid June, July-August according to factors such as temperature and food plants. Hibernates as a pupa. Korean population was dealt as nominotypical subspecies (TL: Amur and Ussuri).
Habitat Deciduous broad-leaved forest edges and shrubbery zone.
Food plant *Sophora flavescens, Lespedeza maximowiczii, Robinia pseudo-acacia, Albizia julibrissin, Pueraria lobata, Amorpha fruticosa* (Leguminosae), *Rhamnus davurica* (Rhamnaceae), *Rhododendron schlippenbachii* (Ericaceae).
Distribution Whole region of Korean Peninsula.
Range Japan, NE. China, Russia (S. Primorye).

쇳빛부전나비
Callophrys ferrea (Butler, 1866)

분포 제주도와 울릉도를 뺀 한반도 내륙 지역을 포함하여 남해도, 거제도, 진도, 완도 등 남부의 섬 지역에 분포한다. 국외에는 일본, 중국 동북부, 러시아(아무르, 우수리)에 분포한다.
먹이식물 장미과(Rosaceae) 조팝나무, 귀룽나무, 진달래과(Ericaceae) 진달래, 산진달래
생태 한 해에 한 번, 4월에서 5월에 볼 수

있다. 월동은 번데기 상태로 한다. 서식지는 낙엽활엽수림 가장자리와 활엽수림 주변의 관목림 지역의 산길, 계곡의 밝은 장소이다. 수컷은 빈터의 풀잎에 앉아 점유행동을 강하게 하기 때문에 관찰하기 쉽다. 이른 봄이거나 추운 날에는 햇빛을 받기 위해 해를 향해 날개를 접고 눕힌 상태로 빛을 쬔다. 수컷만 물가의 습지에 날아오며, 암수 모두 진달래와 얼레지, 조팝나무, 고추나무 등의 꽃에서 꿀을 빤다. 암컷은 기온이 높은 오후에 먹이식물의 가지 사이와 꽃봉오리에 알을 하나씩 낳는다.
변이 한반도 개체군은 중국 동북부, 러시아(아무르 남부) 지역과 함께 아종 korea (Johnson, 1992)로 다룬다.
암수 구별 수컷은 앞날개 윗면 중실 위쪽에 흑갈색의 타원형 성표가 있다. 암컷은 수컷보다 크고, 날개 외연이 둥글며, 날개 윗면의 청색 부위가 넓고 밝다.
첫 기록 Leech(1887)는 *Thecla frivaldszkyi* Lederer (Gensan (원산))라는 이름으로 우리나라에 처음 기록하였는데, 당시 이 종은 *ferrea* (Butler)의 동종이명이던 상태이었다.
우리 이름의 유래 석주명(1947)은 날개 아랫면의 색이 쇳빛이라는 뜻으로 이름을 지었다.

Abundance Common.

General description Wing expanse about 24 mm. Under forewing transversal postdiscal line equidistant to cell and apex, usually with a weakly expressed ledge in space 4. Male sex brand ellipsoid. Korean population was dealt as ssp. *korea* (Johnson, 1992) (TL: S. Korea).

Flight period Univoltine. April-May. Hibernates as a pupa.

Habitat Deciduous broad-leaved forest edges, mountain trails around deciduous forest, glades around valley.

Food plant *Spiraea prunifolia*, *Prunus padus* (Rosaceae), *Rhododendron mucronulatum*, *R. dauricum* (Ericaceae).

Distribution Inland regions of Korean Peninsula.

Range Japan, NE. China, Russia (Amur, Ussuri).

북방쇳빛부전나비

Callophrys frivaldszkyi (Kindermann, 1853)

분포 강원도 영월 이북의 산지에 분포한다. 국외에는 중국 동북부, 북위 64° 이남의 러시아와 사할린에 분포한다.

먹이식물 장미과(Rosaceae) 조팝나무

생태 한 해에 한 번, 4월에서 5월에 볼 수 있다. 월동은 번데기 상태로 한다. 서식지는 낙엽활엽수림 주변 숲 가장자리와 관목림 지역, 석회암 지대 관목림 지대이다. 쇳빛부전나비와 비교하여 나는 모습과 흡밀, 흡수 등 습성이 차이가 거의 없다. 수컷은 쇳빛부전나비처럼 빈터에서 풀잎에 앉아 점유행동을 강하게 한다. 수컷만 물가의 습지에 날아오며, 암수 모두 복사나무와 조팝나무, 앵도나무 꽃에서 꿀을 빤다. 암컷은 꽃에서 보는 외에는 잘 발견되지 않으며, 먹이식물의 가지 사이와 꽃봉오리에 알을 하나씩 낳는다.

변이 한반도 개체군은 중국 동북부, 러시아 (아무르, 사할린, 캄차카(?), 오호츠크) 지역과 함께 아종 *leei* (Johnson, 1992)로 다룬다. 한반도에서는 특별한 변이가 없다.

암수 구별 수컷은 앞날개 윗면의 중실 위쪽에 흑갈색의 타원형 성표가 희미하게 있으나 색 대비가 약해 잘 보이지 않는다. 암컷은 수컷보다 크고, 날개 외연이 둥글며, 날개 윗면 날개밑에서 뻗친 밝은 청색 부위가 넓다.

닮은 종의 비교 245쪽 참고

한편 애벌레 몸의 등 아래선과 숨문선에서 붉은 무늬가 나타나면 앞 종이지만 몸 전체가 풀색이면 이 종이다.

첫 기록 과거에는 앞 종과 이 종이 혼동되어 앞 종을 기록한 문헌들에도 충분히 이 종이 있을 것으로 보이지만 당시까지의 논문들 속에서 정확히 이 종을 찾아내기 어렵다. 다만 이노마타(猪又 敏男)(1982)가 *Callophrys* sp. (평양)라는 이름으로 우리나라에 기록하였는데, 사진으로 보아 분명 이 종이지만 그는 정확한 종명을 알지 못하였다. 또 신유항(1989)은 이 종과 앞 종을 한 종으로 보고, 이 종을 쇳빛부전나비의 기준 아종으로, 앞 종을 아종 *ferrea*로 보았다. 후에 주흥재와 김성수, 손정달 (1997)은 이 종을 *Callophrys frivaldszkyi*

Lederer (강원도 쌍용)로 기록한 것이 우리나라에서 처음이다.

우리 이름의 유래 주흥재와 김성수, 손정달 (1997)은 쇳빛부전나비보다 북쪽에 치우쳐 분포한다는 뜻으로 이름을 지었다.

Abundance Scarce.

General description Wing expanse about 24 mm. Under forewing transversal postdiscal line closer to cell than apex, usually with a weakly expressed ledge in space 4. Male sex brand narrow, stroke-shaped or invisible. Korean population was dealt as ssp. *leei* (Johnson, 1992) (TL: chine (NE. China)).

Flight period Univoltine. April-May. Hibernates as a pupa.

Habitat Deciduous broad-leaved forest edges, mountain trails around deciduous forest, glades around valley, limestone area.

Food plant *Spiraea prunifolia* (Rosaceae).

Distribution Mountainous regions north of Gyeonggi-do and Gangwon-do.

Range NE. China, Russia (Amur, Sakhalin, Kamchatka (?), Okhotsk region).

호랑나비상과
Papilionoidea

네발나비과
Nymphalidae

뿔나비아과
Libytheinae

왕나비아과
Danainae

독나비아과
Heliconiinae

줄나비아과
Limenitidinae

오색나비아과
Apaturinae

돌담무늬나비아과
Cyrestinae

먹그림나비아과
Pseudergolinae

신선나비아과
Nymphalinae

뱀눈나비아과
Satyrinae

뿔나비

Libythea lepita Moore, 1858

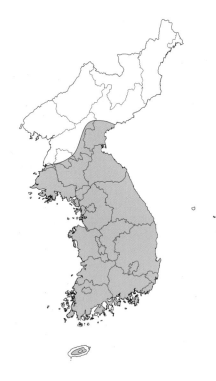

분포 제주도를 포함한 남해안 일부 섬들과 백두산 등 한반도 내륙 각지에 분포하는데, 제주도에서는 개체수가 매우 적다. 과거에는 한반도 내륙에만 분포했는데, 차츰 분포 영역이 넓어지고 있다. 국외에는 일본, 중국, 타이완, 러시아 극동지역(미접), 히말라야에 분포한다.
먹이식물 느릅나무과(Ulmaceae) 풍게나무, 팽나무, 왕팽나무
생태 한 해에 한 번, 6월에서 10월에 보이다가 이듬해 3~5월에 나타난다. 월동은 어른벌레로 한다. 서식지는 산지의 계곡 주변, 낙엽활엽수림 가장자리이다. 수컷은 습한 곳에 날아와 앉는데, 날개돋이 한 지 얼마 되지 않을 때 수백 마리가 무리를 짓는다. 놀라면 나무의 가는 가지와 억새풀에 잘 앉는다. 이밖에 가끔 졸참나무 진에 모이나 흔한 일이 아니며, 이른 봄에는 버드나무류와 생강나무, 산수유, 애기똥풀 등의 꽃에서 꿀을 빨고, 가을에는 산국 등의 꽃에 날아온다. 짝짓기의 시기는 명확하지 않으나 7월 중에 짝짓기 장면을 한 번 관찰한

적이 있다. 하지만 이른 봄에 수컷들이 많이 보이는 것으로 보아 이 시기에 더 많은 짝짓기가 이루어지는 것으로 보인다. 암컷은 숲 가장자리에 위치한 먹이식물의 새싹 아래에 알을 하나씩 낳는데, 때로는 한 장소에 거듭 낳기 때문에 여러 개 낳아 있을 때도 있다. 요즈음 뿔나비가 많아지는 추세로, 워낙 애벌레 수가 많다보니 애벌레끼리 먹이 쟁탈이 일어나는데, 같은 식물을 먹는 수노랑나비와 왕오색나비 등의 애벌레 수에 영향을 미칠 것으로 보인다.
변이 한반도 개체군은 일본, 중국과 함께 아종 *celtoides* Fruhstorfer, [1909]로 다룬다. 한반도에서는 개체 변이가 없다.
암수 구별 암컷은 수컷보다 조금 큰 외에는 차이가 적다. 다만 수컷은 앞다리에 긴 털이 빽빽하고, 암컷은 뒷날개 아랫면 바탕이 적갈색이고, 중앙에 흑갈색 줄이 뚜렷하여 구별할 수 있다.
첫 기록 Matsumura(1919)는 *Libythea lepita* var. *celtoides* Fruhstorfer (Korea)라는 이름으로 우리나라에 처음 기록하였다.
우리 이름의 유래 석주명(1947)은 이 나비의 아랫입술수염이 긴 특징을 머리에 뿔이 돋은 것으로 여겨 이름을 지었다.
비고 다음은 분자학 연구에 따른 네발나비과 안에서 아과(subfamily)의 최근의 계통도이다(Wahlberg et al., 2009).

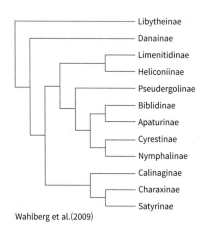

Wahlberg et al.(2009)

Flight period Univoltine. June-October. Aestivates during hot summer. reappearing March-May after hibernation.
Habitat Around mountain valley, edge of deciduous broad-leaved forest.
Food plant *Celtis jessoensis, C. sinensis, C. koraiensis* (Ulmaceae).
Distribution Jeju island (JJ), Jindo island (JN), Wando island (JN), inland regions of Korean Peninsula.
Range Japan, China, Taiwan, Russian Far East (Vagrant), Himalayas.

Abundance Common.
General description Wing expanse about 43 mm. Korean population was dealt as ssp. *celtoides* Fruhstorfer, [1909] (TL: Tsushima, Nagasaki, Japan).

별선두리왕나비

Danaus genutia (Cramer, 1779)

제주도, 남해안과 일부 섬에서 매우 드물게 볼 수 있는 미접이고, 일시적으로 지역에 따라 발생하기도 한다. 주로 7~9월에 볼 수 있다. 국외에는 동양구의 열대 지역과 오스트레일리아구에 넓게 분포한다. 한반도 개체군은 동양구 일대에 분포하는 기준 아종으로 다루는 것이 옳겠다. 애벌레는 박주가리과(Asclepiadaceae)의 식물을 먹는다. 암수 모두 꽃에서 꿀을 빨며, 빠르지 않게 활강하듯 난다. 수컷에만 뒷날개 윗면 제2맥에 검은 무늬로 된 성표가 있다. 이승모(1982)는 *Salatura genutia* Cramer (전라남도 홍도)라는 이름으로 우리나라에 처음 기록하였으며, 날개끝의 흰 점이 많은 특징을 살려 우리 이름을 지었다.

Abundance Migrant.
General description Wing expanse about 75 mm. Korean population was dealt as nominotypical subspecies (TL: Oostindien, ophet Eiland Java, op de Kusten Coromandel, Ceylon, Malabaar en in China [China, Canton]).
Flight period Polyvoltine : Recorded in July-September. Survives until onset of cold weather. Hibernation stage unconfirmed.
Habitat Unconfirmed.
Food plant Asclepiadaceae.
Distribution Jeju island, Some areas of southern coastal region (migrant).
Range Japan, Oriental Region, Australian region.

끝검은왕나비

Danaus chrysippus (Linnaeus, 1758)

경상남도 칠포와 충청남도 서산, 경기도 굴업도의 기록뿐이었으나 최근 경상남도와 전라남도 일부 지역과 부산에서 몇 차례 관찰(미발표)되는 드문 미접으로, 국외에는 일본 남부에서 동양구, 유럽 동남부, 아프리카, 오스트레일리아구의 넓은 지역에 분포한다. 세계 분포로 보아도 특별한 지역 변이는 없으며, 한반도 안에서도 변이가 없다. 주로 8~9월에 정원에 핀 금잔화 같은 원예종 꽃에 날아오거나 초가을에 풀밭의 도깨비바늘 꽃에서 꿀을 빨다가 빠르게 날아다니는 모습을 볼 수 있다. 애벌레는 박주가리과(Asclepiadaceae)의 솜아마존을 먹는 것으로 알려져 있다. 수컷의 뒷날개 윗면 제1b+c실에 울퉁불퉁한 검은 무늬로 된 성표가 있다. 이 무늬를 아랫면에서 보았을 때, 가운데에 흰 무늬가 있는 검은 점으로 생겼다. 이승모(1982)는 *Anosia chrysippus* Linnaeus(경상북도 칠포해수욕장)라는 이름으로 우리나라에 처음 기록하였고, 날개끝이 검은 생김새로 우리 이름을 지었다.

Abundance Migrant.
General description Wing expanse about 70mm. No noticeable regional variation in morphological characteristics (TL: Aegyptus America [Canton]).
Flight period Polyvoltine: Recorded in July-September. Survives until onset of cold weather. Hibernation stage unconfirmed.
Habitat Seashores, flowery garden.
Food plant Asclepiadaceae.
Distribution Jeju island, Some areas of southern coastal region (migrant).
Range S. Japan, Taiwan, China-Himalayas, Southeast Asia, Australian region, Arabia, SE. Europe, Africa.

왕나비

Parantica sita (Kollar, 1844)

분포 제주도와 울릉도를 포함한 한반도 전 지역에서 볼 수 있으며, 제주도에서는 한라산의 산지(600m)에서 백록담까지 볼 수 있다. 제주도에서 월동이 가능한 지의 여부가 아직 불확실하며, 여느 한반도 지역에서도 정착하지 않는다. 울릉도에서는 드물다. 국외에는 일본, 타이완, 중국을 경유하여 히말라야와 아프가니스탄에 걸쳐 넓게 분포한다.
먹이식물 박주가리과(Asclepiadaceae) 박주가리, 큰조롱, 백미꽃, 나도은조롱
생태 한 해에 두세 번, 5~6월과 7~9월에 나타난다. 월동은 애벌레 상태로 하는 것으로 보인다. 실제 정확한 서식지에 대한 정보는 없으며, 숲 가장자리에서 유유히 날아다니기도 하고, 백록담 주변, 강원도 고산 정상에서 높게 배회하는 것을 많이 볼 수 있을 뿐이다. 등골나물과 엉겅퀴, 바늘엉겅퀴, 곰취 등의 꽃에 잘 모이며, 놀라면 하늘 높이 날아오르는 습성이 있다. 1세대가 봄부터 여름에 걸쳐 한반도 내륙으로 이동하여 한살이 과정을 거친 후 2, 3세대가

나타나는 7월 말부터 9월경까지 발생한 개체들은 높은 산지에서 많아진다. 초가을에는 남부 해안의 산지와 완도와 진도 같은 큰 섬의 산지에서 많이 볼 수 있다. 우리나라에서 이동성이 강한 대표적인 나비로 손꼽힌다. 암컷은 고도가 낮은 곳에서 먹이식물의 잎 뒤에 알을 하나씩 낳는다.

변이 한반도 개체군은 일본, 타이완 지역과 함께 아종 niphonica (Moore, 1883)로 다룬다. 계절에 따른 변이는 거의 없으며, 개체 변이도 크지 않다.

암수 구별 수컷에게만 뒷날개 윗면 항각 부근에 검은 무늬로 된 성표가 있다.

첫 기록 Ichigawa(1906)는 Danais tytia Gray (Is. Quelpart (제주도))라는 이름으로 우리나라에 처음 기록하였다.

우리 이름의 유래 석주명(1947)은 제주도에만 보이는 큰 나비라는 뜻으로 제주왕나비라고 이름을 지었다. 이후 이승모(1982)는 이 나비가 전국에 보이므로 앞의 '제주'를 빼 왕나비로 이름을 바꾸었다. 이밖에 석주명은 '영주왕나비'라고도 했는데, 영주(瀛洲)는 제주도의 옛 이름이다.

Abundance Common.
General description Wing expanse about 90 mm. Korean population was dealt as ssp. niphonica (Moore, 1883) (TL: Nikko, Japan).
Flight period Univoltine or trivoltine: May-September. Survives until onset of cold weather. Hibernation stage unconfirmed.
Habitat Subalpine summit of high mountains, edges of deciduous broad-leaved forest.
Food plant Metaplexis japonica, Cynanchum wilfordii, C. atratum, Marsdenia tomentosa (Asclepiadaceae).
Distribution Whole region of Korean Peninsula.
Range Japan, Russian Far East (migrant), Taiwan, China-N. India, Tibet, Nepal, Afghanistan.

[대만왕나비

Parantica swinhoei (Moore, 1883)

베트남에서 중국 남부, 일본 남부(미접)까지의 지역에 분포하고, 제주도에서 한 번 채집된 외에는 아직 기록이 없다. 세계 분포로 보아도 특별한 지역 변이는 없으며, 한반도 안에서도 변이가 없다. 왕나비보다 작으며, 뒷날개에 초콜릿색이 훨씬 짙다. 수컷은 뒷날개 제1b+c맥을 중심으로 검은 성표가 있으나 바탕색과 같아 눈에 잘 띄지 않는다. 애벌레는 박주가리과(Asclepiadaceae)의 식물을 먹는 것으로 알려져 있다. 주흥재와 김성수(2002)는 *Parantica melaneus* (Cramer) (제주도)라는 이름으로 우리나라에 처음 기록하고, 일본 이름에서 의미를 따와 이름을 지었다. 종 이름 melaneus (Cramer, 1775)는 잘못이다. Koiwaya와 Nishimura(1997)는 종 *melaneus* 개체들 중에서 수컷의 성표가 두드러지게 큰 개체를 분리하여 swinhoei로 하였기 때문이다. 암컷끼리는 서로 큰 차이를 보이지 않으나 수컷끼리는 성표의 생김새와 뒷날개 아외연부의 흰 점무늬 등의 특징이 종 수준에서 차이가 난다.

Abundance Migrant.
General description Wing expanse about 80 mm. No noticeable regional variation in morphological characteristics (TL: N. Formosa).
Flight period Polyvoltine : Only Recorded only in August. Hibernation stage unconfirmed.
Habitat Seashores, garden.
Food plant Asclepiadaceae.
Distribution Jeju island (migrant); Japan (migrant).
Range Japan (migrant), S. China, Taiwan, Indochina.

[꼬마표범나비

Boloria selenis (Eversmann, 1837)

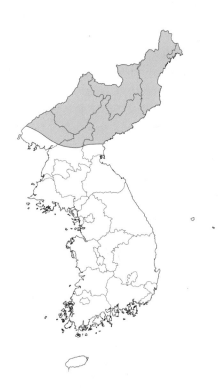

한반도의 위도 40° 이북 지역의 풀밭 환경에 분포하고, 국외에는 중국 동북부에서 러시아(아무르, 시베리아, 우랄, 사할린), 몽골, 동유럽까지 분포한다. 한반도 개체군은 중국 동북부, 러시아(아무르, 사할린), 몽골 지역과 함께 아종 chosensis (Matsumura, 1927)로 다룬다. 이 아종을 기재한 기준 지역은 함북 주을 지역이다. 한 해에 두 번, 5월 말에서 7월, 8월 초에서 9월 초에 보인다. 햇볕이 잘 드는 참나무, 전나무, 가문비나무 숲 주위의 풀밭에 산다. 암컷은 수컷보다 대체로 크고, 날개 외연이 둥글다. Matsumura(1927)는 *Argynnis selenis chosensis* Matsumura (기준 지역: Syuotu (주을))라는 이름으로 우리나라에 처음 기록하였다. 석주명(1947)은 표범나비류 중에서 작다는 뜻으로 우리 이름을 지었다.

Abundance Local.

General description Wing expanse about 36 mm. Close to B. thore but under hindwing basal area with lighter spots and a black dot in cell. Korean population was dealt as ssp. *chosensis* (Matsumura, 1927) (= *takamukuella* Matsumura, 1929) (TL: Shuotsu, Corea (Jueul, N. Korea)).
Flight period Bivoltine. Late May-July, early August-early September. Hibernation stage unconfirmed.
Habitat Grasslands around oak, fir, spruce forests in northern part of Korean Peninsula.
Food plant *Viola* ssp. (Violaceae).
Distribution Peninsular regions north of latitude 40° degree.
Range NE. China, Russia (Amur, Siberia, Ural, Sakhalin), Mongolia-E. Europe.

큰은점선표범나비

Boloria oscarus (Eversmann, 1844)

분포 주로 경상북도 울진 이북의 높은 산지에 분포하는데, 지리산 시암재와 가지산에도 분포한다. 국외에는 중국 동북부, 러시아(시베리아의 타이가 지역, 아무르, 사할린 북부), 몽골에 분포한다.
먹이식물 제비꽃과(Violaceae) 제비꽃류
생태 한 해에 한 번. 5월 말에서 6월에 나타난다. 월동은 애벌레 상태로 한다. 서식지는 산지의 낙엽활엽수림 가장자리 개활지와 숲이 발달한 능선 주위의 풀밭, 산불지 등지이다. 산지의 풀밭 위를 날아다니다가 보리수나무와 개망초, 엉겅퀴 등의 꽃에 날아오며, 앉을 때 날개를 펴는 일이 많다. 수컷은 산정이나 능선의 트인 길을 따라 활발하게 날아다니기도 하고 산정의 트인 공간에서 점유행동을 하나 그다지 점유성이 강하지 않다. 암컷은 천천히 날면서 풀밭에서 먹이식물이나 그 주위의 여러 물체에 알을 하나씩 낳는다.
변이 한반도 개체군은 중국 동북부, 러시아(연해주 남부) 지역과 함께 아종 *maxima* (Fixsen, 1887)로 다룬다. 날개 윗면의 날개밑의 점무늬가 크고 작거나 짙고 옅은 개체 변이가 있다. 한반도 동북부지방의 높은 산지(대덕산 등지)의 개체군은 크기가 조금 작다.
암수구별 암컷은 수컷보다 날개 모양이 넓고, 외연이 둥글다.
첫 기록 Fixsen(1887)은 *Argynnis oscarus* var. *maxima* Fixsen (기준 지역: Korea)라는 이름으로 우리나라에 처음 기록하였다.
우리 이름의 유래 석주명(1947)은 은점선표범나비류 중에서 가장 크다는 뜻으로 이름을 지었다.
비고 이 종을 포함한 아과의 우리 이름을 그동안 표범나비아과로 사용했으나 여기에서는 독나비아과(Heliconiinae = heliconians, longwings)로 정하였다. 한반도를 포함한 구북구에는 독나비라는 종류는 없고 대신에 7속이 포함된 Argynnini족의 종들만 분포한다. 하지만 대표 아과로는 대부분의 종들이 분포하는 신북구의 독나비아과(Heliconiinae)로 쓰는 것이 더 타당하다고 본다.

Abundance Scarce.
General description Wing expanse about 48 mm. Under hindwing's discal band ochre-yellow, without whitish or silvery spots, with white spots at outer margin not elongated transversally to veins. Korean population was dealt as ssp. *maxima* (Fixsen, 1887)[1] (TL: Korea).
Flight period Univoltine. Late May-June. Hibernates as a larva.
Habitat Open grounds at edge of deciduous broad-leaved forest, meadows around forest ridge, burnt-out forest fire sites.
Food plant *Viola* ssp. (Violaceae).
Distribution High-elevation mountainous regions north of Uljin, Gyeongsangbuk-do.
Range NE. China, Russia (S. Primorye, Siberia, N. Sakhalin), Mongolia.

산꼬마표범나비

Boloria thore (Hübner, [1803])

분포 강원도 태백산과 계방산, 오대산, 설악산 등지에 분포하였으나 1990년대 중반 이후 거의 멸종한 것으로 보인다. 하지만 최근(2016년 이후)에 국립공원으로 지정된 태백산과 가까운 함백산(1,573m)에서 많은 개체수가 보이고 있다. 금강산 이북의 한반도 북부 높은 산지에 분포한다. 국외에는 일본(홋카이도), 중국 동북부, 러시아 극동지역, 캄차카, 몽골에서 유럽 알프스, 스칸디나비아까지의 유라시아 대륙의 한랭지역에 분포한다.
먹이식물 제비꽃과(Violaceae) 졸방제비꽃
생태 한 해에 한 번. 5월 말에서 6월에 나타난다. 아직 정확한 월동 상태를 모르고 있으나 애벌레 상태로 월동할 것으로 보인다. 서식지는 산지의 낙엽활엽수림 가장자

리와 산길, 계곡 주변의 풀밭이다. 어수리와 민들레, 엉겅퀴 등의 꽃에 날아와 꿀을 빤다. 오전 중에는 잎 위에 날개를 펴고 앉아 일광욕을 한다. 수컷은 계곡 길을 따라 빠르게 날아다니는데, 암컷을 만나면 옆에 다가가 날개를 파닥거리는 배우행동을 하는 장면을 많이 볼 수 있다. 수컷끼리는 날다가 만나면 서로 다투며 텃세를 부린다. 이따금 산정에 날아오르기도 한다. 암컷은 졸방제비꽃과 말라죽은 고사리가 엉킨 잎에 알을 하나씩 낳는 것을 관찰하였다.
변이 한반도 개체군은 러시아(아무르에서 시베리아까지, 사할린), 몽골 지역과 함께 아종 *hyperusia* (Fruhstorfer, 1907)로 다룬다.
암수구별 암컷은 수컷보다 날개 모양이 넓고, 외연이 둥글다. 또 암컷의 뒷날개 아랫면의 붉은 바탕이 수컷보다 조금 짙다.
첫 기록 Doi(1919)는 *Argynnis thore* Hübner (Kosyorei (황초령))라는 이름으로 우리나라에 처음 기록하였다.
우리 이름의 유래 석주명(1947)은 높은산표범나비와 닮지만 조금 낮은 곳에 산다는 뜻으로 이름을 지었다.

Abundance Scarce in N. Korea, rare in

C. Korea.
General description Wing expanse about 38 mm. Under hindwing's basal area dark, with black dot in cell absent. Korean population was dealt as ssp. *hyperusia* (Fruhstorfer, 1907) (TL: Amur, Siberien).
Flight period Univoltine. Late May-June. Possibly hibernates as a larva.
Habitat Edge of deciduous broad-leaved forests along mountain trails, meadows around valley.
Food plant *Viola acuminata* (Violaceae).
Distribution Northeastern region of Korean Peninsula.
Range Forest belt of Russia (Amur-Siberia, Sakhalin), NE. China, Mongolia.

백두산표범나비

Boloria angarensis (Erschoff, 1870)

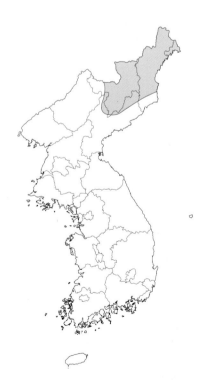

한반도 동북부지방의 높은 산지에 펼쳐진

풀밭에 분포하고, 국외에는 중국 동북부, 러시아(연해주, 아무르, 시베리아, 우랄, 사할린), 몽골에 분포한다. 한반도 개체군은 중국 동북부, 러시아(연해주 남부) 지역과 함께 아종 *hakutozana* (Matsumura, 1927)로 다룬다. 이 아종의 기준 지역은 양강도 혜산과 백두산이다. 한 해에 한 번, 6월 중순에서 7월에 보이나 개체수가 매우 적다. Matsumura(1927)는 *Argynnis hakutozana* Matsumura (기준 지역: Hozan (풍산), Santien (삼지연))라는 이름으로 우리나라에 처음 기록하였다. 석주명(1947)은 백두산에서 처음 채집했다는 기념으로 우리 이름을 지었다.

Abundance Local.
General description Wing expanse about 44 mm. Under hindwing with 7 whitish or silvery spots of similar sizes at outer margin, white spots at outer margin elongated transversally to veins. Korean population was dealt as ssp. *hakutozana* (Matsumura, 1927) (TL: Hozan, Mt. Hakuto, Corea (Hyesan, Mt. Baekdusan, N. Korea).
Flight period Univoltine. Mid June-July. Hibernation stage unconfirmed.
Habitat Mountain meadows in northeastern part of Korean Peninsula.
Food plant *Viola* ssp. (Violaceae).
Distribution Northeastern region of Korean Peninsula.
Range NE. China, Russia (S. Primorye, Amur, Siberia, Ural, Sakhalin), Mongolia.

높은산표범나비

Boloria titania (Esper, 1793)

백두산을 포함한 개마고원 일대의 높은 산지에만 분포하고, 국외에는 중국 동북

Habitat Meadows around valley.
Food plant *Viola* ssp. (Violaceae).
Distribution Some high-elevation mountainous regions in northeastern Korean Peninsula.
Range Locally over temperate belt of Holarctic region.

고운은점선표범나비

Boloria iphigenia (Graeser, 1888)

한반도 동북부지방의 일부 높은 산지에 분포하는 것으로 보이고, 국외에는 일본(홋카이도), 중국 동북부, 러시아(아무르, 우수리, 캄차카, 사할린)에 분포하는 종이다. 세계 분포로 보아도 특별한 지역 변이는 없으며, 한반도 안에서도 변이가 없다. Gorbunov(2001)는 자료를 제시하지 않은 채 한반도 북부지방에 분포한다고 처음 언급했다. 아직 우리나라에 알려진 분포와 생태 정보가 없다. 김성수와 서영호(2012)는 날개색이 곱다는 뜻으로 우리 이름을 지었다.

🦋

Abundance Local.
General description Wing expanse about 42 mm. Under hindwing round postdiscal spots with relatively large silvery pupils. No noticeable regional variation in morphological characteristics (TL: Nicol (Nikolaevsk-on-Amur, Russia)).
Flight period Life cycle and Hibernation stage unconfirmed.
Habitat Unconfirmed.
Food plant *Viola* ssp. (Violaceae).
Distribution Some high-elevation mountainous regions in northeastern Korean Peninsula.
Range Japan (Hokkaido), NE. China, Russia (Amur, Ussuri, Kamchatka, Sakhalin).

은점선표범나비

Boloria euphrosyne (Linnaeus, 1758)

부, 러시아(시베리아, 아무르, 사할린 북부), 몽골, 유럽 중부에 분포한다. 한반도 개체군은 동아시아 개체군과 함께 아종 *staudingeri* (Wnukowsky, 1929)로 다룬다. 한 해에 한 번, 7월 초에서 8월 초에 보인다. 서식지는 계곡 주변의 풀밭 환경이다. 석주명(1934)이 *Argynnis amathusia sibirica* Staudinger (Paiktusan Region (백두산))라는 이름으로 우리나라에 처음 기록하였다. 석주명(1947)은 산꼬마표범나비보다 더 높은 산지에서 보인다는 뜻으로 우리 이름을 지었다고 하지만 아마 당시의 일본 이름에서 의미를 따온 것으로 보인다.

🦋

Abundance Local.
General description Wing expanse about 43 mm. Under hindwing whitish marginal spots absent. Outside of discal band with full row of red-violet brackets. Korean population was dealt as ssp. *staudingeri* (Wnukowsky, 1929) (= *nansetsuzana* Doi, 1935) (TL: Kentei (Kudara-Somon, SW. Transbaikalia)).
Flight period Univoltine. Early July-early August. Hibernation stage unconfirmed.

개마고원 일대와 함경북도에 분포하고, 국외에는 중국 동북부, 러시아(시베리아, 아무르, 사할린 북부), 몽골, 터키, 코카서스, 아제르바이잔, 아르메니아, 조지아, 유럽까지 분포한다. 한반도 개체군은 중국 동북부, 러시아(아무르) 지역과 함께 아종 *orphana* (Fruhstorfer, 1907)으로 다룬다. 한반도에서는 특별한 변이가 없다. 계곡 주변의 풀밭 환경에서 보인다. 한 해에 한 번, 낮은 지대에서 5월 말에서 6월 중순에, 높은 산지에서 6월 말에서 7월 중순에 보인다. 계곡 주변의 관목림 사이를 빠르게 날면서 등골나물과 엉겅퀴, 어수리 등의 꽃에 날아오며, 애벌레는 제비꽃과의 여러 제비꽃을 먹는다고 한다. Sugitani(1931)는 *Argynnis euphrosyne* Linnaeus (Mt. Taitoku (대덕산))라는 이름으로 우리나라에 처음 기록하였다. 석주명(1947)은 뒷날개 아랫면의 은색 무늬가 선처럼 이어진다는 뜻으로 우리 이름을 지었는데, 사실은 영어 이름 'Pearl-Borderd Fritillary'에서 따온 것이다.

Abundance Local.
General description Wing expanse about 40 mm. Under hindwing round postdiscal spots of similar size without pupils or scarce ochre scales. Discal band with one silvery white spot at middle. Korean population was dealt as ssp. *orphana* (Fruhstorfer, 1907) (TL: Amur).
Flight period Univoltine. Late May-mid June. Hibernation stage unconfirmed.
Habitat Grasslands around the valley.
Food plant *Viola* ssp. (Violaceae).
Distribution Regions around Gaemagowon Plateau.
Range Nearly entire temperate belt of Palaearctic region except northern taiga and Central Asia.

[산은점선표범나비

Boloria selene (Denis et Schiffermüller, 1775)

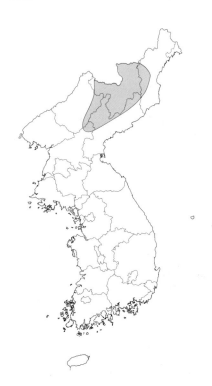

Abundance Local.
General description Wing expanse about 38 mm. Under hindwing postdiscal spots black-brown, central silvery spot of discal band relatively short, spot in space 2 split or its inner margin is angularly bent inwards. Korean population was dealt as ssp. *dilutior* (Fixsen, 1887) (= *sugitanii* Seok, 1938) (TL: Amur Reg., Seja Russia).

개마고원 일대에 분포하고, 국외에는 중국 동북부, 러시아(아무르, 우수리, 시베리아에서 캄차카, 사할린, 쿠릴), 몽골, 유럽, 북미(?)에 분포한다. 한반도 개체군은 중국 동북부, 러시아 극동지역과 함께 아종 *dilutior* (Fixsen, 1887)로 다룬다. 석주명 (1938)은 함북의 백암 서상리에서 채집한 개체들로 아종 *sugitanii* Seok, 1938로 기재한 적이 있으나 앞 아종을 기재했던 해보다 뒤진다. 과거에는 다음 종과 혼동되어 있었다. 석주명(1938)의 기록은 아마 이 나비로 생각되나 현재 표본이 남아 있지 않아 검토가 불가능하다. 또 생태에 관한 자료도 없으나 작은은점선표범나비와 같을 것으로 짐작한다. Sugitani(1937)는 *Argynnis selene* ssp. (개마고원)라는 이름으로 우리나라에 처음 기록하였다. 석주명(1947)은 이 나비를 처음 발견한 일본 나비학자 스기타니(杉谷岩彦)를 기리기 위해 스기타니은점선표범나비라 했으나 주흥재와 김성수, 손정달(1997)이 위의 이름으로 바꾸었다.

한편 이 속의 이름으로 그동안 우리나라에서 *Boloria*와 *Clossiana*가 혼동되어 왔다. 이에 대한 최근의 분류의 연구는 Simonsen(2005)에 따르며, 그는 이 무리 전체를 *Boloria*속에 위치하게 하고, 그 하위의 아속으로, *Boloria, Proclossiana, Clossiana*를 두었다. 그 근거로는 유전자 분석을 통한 계통학과 동물지리학, 먹이식물과의 관계에 두고 있다. 따라서 우리나라에서는 산은점선표범나비(*Boloria selene*)와 작은은점선표범나비(*Boloria perryi*)가 *Clossiana* 아속에 속하는 외에는 나머지 모두가 *Boloria* 아속에 속한다.

Flight period Life cycle and Hibernation stage unknown.
Habitat Meadows in mountainous area.
Food plant *Viola* ssp. (Violaceae).
Distribution Mountainous regions north of Gangwon-do.
Range NE. China, Russia (Amur, Ussuri, Siberia-Kamchatka, Sakhalin, Kuriles), Mongolia, Europe, N. America.

[작은은점선표범나비

Boloria perryi (Butler, 1882)

분포 과거에는 한반도 내륙 각지에 분포했으나 현재 전라북도 진안 이북의 산지에 국지적으로 분포한다. 국외에는 중국 동북부, 러시아(연해주 남부)에 분포한다.
먹이식물 제비꽃과(Violaceae) 제비꽃류
생태 한 해에 두세 번, 중남부지방에서는 4월 초에서 10월 중순까지 세 번, 북부지방에서는 6월 초에서 7월 초, 8월 초에서 9월 초에 두 번 보인다. 월동은 번데기 상태로 한다. 서식지는 들판이나 낙엽활엽수림 주위의 축축한 풀밭이다. 개망초와 타래난초, 민들레 등의 꽃에 날아와 꿀을 빤다. 오전 중에는 풀잎에서 날개를 펴고 앉아 일광욕을 한다. 수컷은 풀밭 위를 낮고 빠르게 날아다니는데, 주로 암컷을 탐색하러 다니나 수컷끼리 만나면 서로 쫓고 쫓긴다. 암컷은 천천히 날면서 먹이식물의 새싹, 주위의 마른 잎에 알을 하나씩 낳는다.

변이 세계 분포로 보아도 특별한 지역 변이는 없으며, 한반도 안에서도 변이가 없다. 고도가 낮은 경기도 지역 등의 개체군과 달리 강원도 산지의 개체군에서는 날개 윗면 날개밑에 점이 커지고 흑갈색 무늬가 두터워져서 검어지는 특징이 많아진다.

암수구별 암컷은 수컷보다 날개 모양이 넓고, 외연이 둥글다. 날개 아랫면의 검은 무늬는 암컷이 덜 짙다.

닮은 종의 비교 248쪽 참고

첫 기록 Butler(1882)는 *Brenthis perryi* Butler (기준 지역: Posiette bay, NE. Corea)를 신종으로 기재하면서 우리나라에 처음 기록하였다.

우리 이름의 유래 석주명(1947)은 영어 이름 'Small Pearl-Borderd Fritillary'에서 의미를 따와 우리 이름을 지었다.

Abundance Scarce.

General description Wing expanse about 40 mm. Very close to *B. selene* but relatively large. Under hindwing postdiscal spots brown, central silvery spot of discal band relatively elongate, more than twice as long as its width, spot in space 2 with straight inner margin. No noticeable regional variation in morphological characteristics (TL: Posiette Bay, NE. Corea).

Flight period Bivoltine or trivoltine according to latitude. Early April-mid October in C. & S. Korea, early June-early July, early August-early September in N. Korea. Hibernates as a pupa.

Habitat Damp grasslands around open fields and deciduous broad-leaved forest.

Food plant *Viola* ssp. (Violaceae).

Distribution Low-elevation mountainous regions north of Jinan, Jeollabuk-do.

Range NE. China, Russia (S. Primorye).

큰표범나비

Brenthis daphne (Denis et Schffermüller, 1775)

분포 지리산 이북의 산지에 분포하는데, 작은표범나비와 분포 범위가 거의 같은 것으로 보인다. 국외에는 일본, 중국(동북부, 북부, 중부), 러시아(아무르, 우수리, 사할린, 트랜스바이칼, 시베리아 남부, 쿠릴 남부), 몽골, 카자흐스탄, 유럽 중부에 분포한다.

먹이식물 장미과(Rosaceae) 오이풀

생태 한 해에 한 번, 6~8월에 나타난다. 월동은 알 상태로 겨울을 나는 것으로 보인다. 서식지는 산정의 풀밭, 산길 주위의 묵밭이나 풀밭, 석회암 지대의 풀밭이다. 개체수가 많지 않아 만날 기회가 매우 적으나 엉겅퀴와 조뱅이, 개망초 등의 꽃에서 꿀을 빨 때 관찰 기회가 생긴다. 수컷은 축축한 땅바닥에 앉으며, 풀밭에서 활발하게

날아다닌다. 암컷은 오이풀이 자라는 풀밭을 천천히 날면서 꽃봉오리에 알을 하나씩 낳는다.

변이 한반도 개체군은 중국, 러시아(극동지역에서 트랜스바이칼까지)와 함께 아종 *fumida* (Butler, 1882)로 다룬다.

암수구별 암수는 날개 무늬와 색의 차이가 거의 나지 않으나 보통 암컷은 수컷보다 크고, 날개의 검은 점무늬가 크고 짙으며, 날개 외연이 더 둥글다.

첫 기록 Butler(1882)는 *Argynnis rabdia* Butler (기준 지역: Posiette bay, NE. Corea)라는 이름으로 우리나라에 처음 기록하였다. 'rabdia'는 현재 일본의 작은표범나비에 붙어있는 아종의 이름이다.

우리 이름의 유래 석주명(1947)은 작은표범나비와 비교하여 크다는 뜻으로 이름을 지었다.

Abundance Scarce.

General description Wing expanse about 48 mm. Under hindwing postdiscal and submarginal areas with violet tint and indistinct pattern. Upper wings veins inconspicuous. Korean population was dealt as ssp. *fumida* (Butler, 1882) (= *mediofusca* Matsumura, 1929) (TL: Posiette Bay, NE. Corea).

Flight period Univoltine. June-August. Possibly hibernates as an egg.

Habitat Grasslands of mountain, abandoned farmland or meadows around mountain trails, calcareous grassland.

Food plant *Sanguisorba officinalis* (Rosaceae).

Distribution Andong (GB), Mountainous regions in Gangwondo, N. Korea.

Range Japan, China (NE., N & C.), Russia (Amur, Ussuri, Sakhalin, Transbaikalia, S. Siberia, S. Kuriles), Mongolia, C. Europe.

작은표범나비

Brenthis ino (Rottemburg, 1775)

암끝검은표범나비

Argynnis hyperbius (Linnaeus, 1763)

분포 지리산과 충청북도 이북의 높은 산지에 분포하는데, 과거에 많이 보이던 경기도 등의 낮은 지역의 개체군은 요즈음 거의 멸종한 것으로 보인다. 국외에는 일본을 포함하여 유라시아 대륙의 온대 지역에 넓게 분포한다.

먹이식물 장미과(Rosaceae) 오이풀

생태 한 해에 한 번, 6~8월에 나타난다. 월동은 알 상태로 한다. 앞 종과 같은 장소에서 보이기도 하지만 주 서식지는 높은 산의 길 주위의 축축한 풀밭, 관목림 지역의 풀밭, 군 훈련장 등지이다. 낮은 풀 사이를 빠르게 날아다니며, 맑은 날 꼬리풀과 냉초, 엉겅퀴 등의 꽃에서 꿀을 빠는데, 앞 종보다 야외에서 볼 기회가 많다. 수컷은 이따금 축축한 땅바닥에 앉으며, 재빠르게 날아다닌다. 수컷이 잠을 잘 때에는 활엽수의 나뭇잎 아래에 무리지어 모인다(손상규와 최수철, 2008). 암컷은 오이풀이 자라는 풀밭을 천천히 날면서 꽃봉오리에 알을 하나씩 낳는다. 여느 표범나비류와 달리 날 때에 작은 느낌이 들고, 날갯짓을 더 하

는 행동을 보인다.

변이 한반도 개체군은 중국 동북부, 러시아 극동지역과 함께 아종 *amurensis* (Staudinger, 1887)로 다룬다. 한반도에서는 특별한 변이가 없다. 과거 경기도 등 낮은 산지의 개체들은 날개 윗면의 점들이 커져 짙어지는 경향이 있으나 강원도 높은 산지의 개체군은 상대적으로 작고 날개의 점무늬가 줄어드는 경향이 있다. 북한의 높은 산지의 개체들은 날개 윗면의 날개밑의 점들이 굵어지고, 뒷날개 아랫면의 바탕색이 황갈색을 띤다.

암수구별 앞 종의 경우와 같다. 수컷의 날개 윗면의 색이 등황색이 조금 짙다.

닮은 종의 비교 249쪽 참고

첫 기록 Leech(1887)는 *Argynnis ino* Rottemburgh (Gensan (원산))라는 이름으로 우리나라에 처음 기록하였다.

우리 이름의 유래 석주명(1947)은 큰표범나비와 비교해서 작다는 뜻으로 이름을 지었다.

Abundance Scarce.

General description Wing expanse about 44 mm. Similar to *B. daphne* but smaller size, upper black markings more linear and under hindwing dark submarginal spots well developed. Korean population was dealt as ssp. *amurensis* (Staudinger, 1887) (TL: Raddefka (Ussuri region, Russia).

Flight period Univoltine. June-August. Hibernates as an egg.

Habitat Damp grasslands around mountain trails, meadows in forest area, military training ground.

Food plant *Sanguisorba officinalis* (Rosaceae).

Distribution High-elevation regions north of Mt. Sobaeksan, Gyeongsangbuk-do.

Range Entire temperate belt of Palaearctic region.

분포 제주도와 울릉도를 포함한 한반도 남부지방과 그 일대의 섬에 분포한다. 이따금 중부지방 이북에서도 발견되는데, 남쪽에서 날아온 미접일 뿐이다. 국외에는 아프리카 동북부에서 동양구의 열대와 아열대 지역, 오스트레일리아에 걸쳐 넓게 분포한다.

먹이식물 제비꽃과(Violaceae) 제비꽃류

생태 한 해에 서너 번, 제주도에서는 3~11월 초까지 보이고, 남해안에서는 5~10월에, 중부지방에서는 주로 여름 이후에 나타난다. 특정한 월동 형태는 없으나 우리나라에서는 애벌레 상태로 겨울을 나는 것으로 추정된다. 서식지는 길가의 빈터, 밭 주변의 풀밭, 마을, 시가지의 빈터이다. 겨울에 몇 일간 낮은 기온이 지속되면 애벌레는 죽는다. 풀밭에서 낮게 깔리듯 빠르게 날다가 엉겅퀴와 코스모스, 익모초, 큰까치수염 등 여러 꽃에서 꿀을 빤다. 수컷은 산 정상이나 탁 트인 능선부의 빈터에서 점유행동을 하는데, 한 곳을 고집하므로 날아갔다가도 같은 자리에 되돌아온다. 암컷

은 제비꽃이나 그 주변에서 자라는 주변 풀잎에 알을 하나씩 낳는다.

변이 한반도 개체군은 일본, 타이완, 중국에서 히말라야까지, 인도차이나 지역과 함께 기준 아종으로 다룬다. 이밖에 아프리카와 동양 열대구에 12아종이 분포한다. 한반도에서는 특별한 변이가 없다. 제주도에서 발견되는 봄 개체는 여름 개체보다 작다.

암수구별 암컷은 수컷과 달리 날개끝 부위가 자흑색으로, 그 중앙에 흰 띠가 있다. 수컷은 날개 윗면에 눈에 잘 띄지 않지만 가느다란 발향린 줄이 있다.

첫 기록 Ichigawa(1906)는 *Argynnis niphe* Linnaeus (Is. Quelpart (제주도))라는 이름으로 우리나라에 처음 기록하였다.

우리 이름의 유래 석주명(1947)은 암컷의 날개끝이 검은색이라는 뜻으로 이름을 지었다.

![butterfly icon]

Abundance Common.

General description Wing expanse about 78 mm. Female upper forewing apex purple-black, with a large white band. No noticeable regional variation in morphological characteristics (TL: China).

Flight period Trivoltine or polyvoltine according to latitude. February-early November in Jeju island, May-October in coastal districts of S. Korea, mainly July-August in C. Korea.

Habitat Open fields of roadside, grassy sites around farmland, empty places in rural village and urban environment.

Food plant *Viola* ssp. (Violaceae).

Distribution Korea (considered as 'migrant' in areas north of central Korean Peninsula).

Range Japan, Taiwan, China-Himalayas, Indochina, Oriental region, Australian region, NE. Africa.

은줄표범나비

Argynnis paphia (Linnaeus, 1758)

분포 제주도와 울릉도를 포함한 한반도 내륙 전 지역에 분포한다. 국외에는 일본, 중국, 러시아 극동지역에서 이란, 터키를 거쳐 유럽 서부까지의 유라시아 대륙의 북부에 넓게 분포한다.

먹이식물 제비꽃과(Violaceae) 흰털제비꽃 등 여러 제비꽃

생태 한 해에 한 번, 6월에서 8월에 보인다. 월동은 애벌레 상태로 한다. 서식지는 탁 트인 풀밭보다 숲속이나 숲 가장자리의 풀밭, 등산로 주변의 풀밭 등 숲과 밀접하다. 수컷은 축축한 땅바닥에 앉아 물을 먹고, 암컷을 탐색하러 활발하게 날아다닌다. 암수 모두 엉겅퀴와 개망초, 큰까치수염, 밤나무, 개쉬땅나무, 금방망이, 꿀풀, 백리향, 사위질빵, 등골나물, 참취 등의 꽃을 즐겨 찾아 꿀을 빨고, 오전 중에는 풀잎이나 땅 위에 날개를 펴고 앉아 일광욕을 하는 모습을 볼 수 있다. 무더운 여름에는 숲속에서 나뭇가지에 붙어 잠을 자는 것으로 보인다. 암컷은 더위가 가시는 8월 중순 이후에 응달진 숲 언저리에서 먹이식물인 제

비꽃에 알을 직접 낳지 않고 주변의 큰 나무와 관목류의 줄기, 낙엽 등에 알을 하나씩 낳는다.

변이 한반도 개체군은 일본, 중국 동북부, 러시아 극동지역과 함께 아종 *tsushimana* Fruhstorfer, 1906로 다루는데, 기준 표본은 일본의 쓰시마에서 채집된 것이다. 한반도에서는 경기도 지역을 기준으로 하면 지역에 따른 미세한 변이가 있다. 먼저 제주도 개체군은 고유 아종 *chejudoensis* Okano et Pak, 1968로 다룬다. 이 아종은 소형으로, 날개 아랫면의 흰 줄무늬가 약하고 가늘어 풀색기가 짙어진다. 또 암컷의 날개 윗면은 황갈색을 띠어 조금 밝다. 둘째 강원도 높은 지역 개체군은 암컷의 날개 윗면이 검어지는 경향이 있다. 셋째 울릉도 개체군은 내륙 개체군과 비교하여 조금 작고, 암컷의 날개 윗면이 제주도 개체군처럼 황갈색이며, 날개 아랫면의 풀색이 더 짙고 광택이 강하다. 현재 제주도 이외의 개체군을 다른 아종의 범주에 넣지 않고 있다.

암수구별 수컷은 앞날개 윗면의 제1b-4맥 위에 굵은 줄 모양의 발향린이 있다. 암컷은 날개 윗면이 짙은 녹갈색을 띠고, 날개끝에 흰 무늬가 있다.

첫 기록 Leech(1887)는 *Argynnis paphia* Linnaeus (Korea)라는 이름으로 우리나라에 처음 기록하였다.

우리 이름의 유래 석주명(1947)은 날개 아랫면의 은색 무늬의 특징으로 이름을 지었다.

![butterfly icon]

Abundance Common.

General description Wing expanse about 65 mm. Male upper forewing sex brand along 1 to 4, under hindwing with faint vertical silvery spots in ground color. Population in mainland Korean Peninsula was dealt as ssp. *tsushimana* Fruhstorfer, 1906 (= *neopaphia* Fruhstorfer, 1907) (TL: Tsushima island, Japan), whereas in Jeju island was dealt as ssp. *chejudoensis* Okano et Pak, 1968 (TL: Mt. Hallasan, Korea).

Flight period Univoltine. June-August. Hibernates as a larva.
Habitat Close to woodlands, edge of forest, around hiking trails rather than open grasslands.
Food plant *Viola* ssp. (Violaceae).
Distribution Mountainous regions north of Mt. Jirisan, Ulleungdo island, Mt. Hallasan (350 m a.s.l. to summit).
Range Japan, NE. China, Russian Far East to Iran, Turkey, W. Europe.

구름표범나비

Argynnis anadyomene C. et R. Felder, 1862

분포 지리산과 덕유산의 고도가 높은 산지부터 백두산까지의 산지에 분포한다. 국외에는 일본, 중국(중부, 동북부), 러시아 극동지역에 분포한다.
먹이식물 제비꽃과(Violaceae) 제비꽃류
생태 한 해에 한 번, 5월 말에서 9월에 보인다. 표범나비류 중에서 가장 이르게 출현한다. 월동은 1령애벌레 상태로 한다. 서식지는 산지의 낙엽활엽수림 가장자리의 빈터와 계곡 주변의 풀밭이다. 엉겅퀴와 토끼풀, 개망초 등의 꽃에 날아와 꿀을 빤다. 수컷은 활발하게 날면서 오전 중에 축축한 땅바닥에 앉아 물을 빤다. 인기척에 놀라면 꽤 재빠르게 날아간다. 7월에서 8월 중순까지의 더운 시기에 여름잠을 자므로 거의 보이지 않다가 8월 말에 다시 활동한다. 이때 수컷은 거의 보이지 않고, 암컷의 산란행동을 흔하게 볼 수 있다. 산란 습성은 산은줄표범나비와 거의 같다.
변이 한반도 개체군은 일본, 중국 동북부, 러시아 극동지역과 함께 아종 *ella* Bremer, [1865]로 다룬다. 기준 아종은 중국 중부에 분포한다. 한반도에서는 특별한 변이가 없다.
암수구별 수컷은 앞날개 윗면 제2맥에 줄 모양의 발향린이 있다. 암컷은 이 발향린이 없으며, 대체로 수컷보다 크고, 날개끝에 흰 무늬로 된 성표가 있다. 암컷은 수컷보다 날개의 검은 점들이 더 굵은 편이다. 뒷날개 윗면의 날개밑에서 중앙부까지의 부분에 암수 모두 긴 털이 빽빽하다. 그런데 수컷은 이 부분의 전연부 쪽으로 더 많아진다.
첫 기록 Fixsen(1887)은 *Argynnis anadiomene* C. et R. Felder (Korea)라는 이름으로 우리나라에 처음 기록하였다.
우리 이름의 유래 석주명(1947)은 우리 이름이 일본 이름에서 따왔는데, 뒷날개 아랫면의 희미한 무늬를 보고 이름을 지었다.

Abundance Common.
General description Wing expanse about 67 mm. Outer margin concave, under hindwing greenish buff, with some indistinct transverse central lines, broad white crescent on the costa followed by curved series of white spots. Korean population was dealt as *ella* Bremer, [1865] (TL: Vladivostok, Russian Far East).
Flight period Univoltine. May-September. Hibernates as a larva.
Habitat Glades of deciduous broad-leaved forest in mountains, grassy sites around valley.
Food plant *Viola* spp. (Violaceae).

Distribution Mountainous regions north of Mt. Jirisan.
Range Japan, China (NE. & C.), Russian Far East.

암검은표범나비

Argynnis sagana Doubleday, 1847

분포 울릉도를 뺀 섬 지역과 내륙 전 지역에 분포한다. 제주도에서는 고도가 낮은 지역에 분포한다. 국외에는 일본, 중국(동북부, 중부), 몽골, 러시아(극동지역, 시베리아 남부와 서부, 트랜스바이칼)에 분포한다.
먹이식물 제비꽃과(Violaceae) 여러 제비꽃
생태 한 해에 한 번, 6월에서 9월에 보인다. 월동은 애벌레 상태로 한다. 서식지는 평지와 낮은 산지의 계곡을 낀 풀밭, 구릉지 풀밭이다. 수컷은 빠르게 날아다니면서 물가의 땅바닥에 날아온다. 암수는 개망초와 산초나무, 엉겅퀴, 밤나무, 개쉬땅나무, 곰의말채 등의 꽃에서 꿀을 빨거나 습지에도 잘 모인다. 가장 더울 때인 7월 말에서 8월 중 여름잠을 잘 때에는 눈에 잘 띄지 않다가 암컷은 더위가 가시는 9월경에 활발하게 날아다니다가 참나무와 관목류 줄기, 마른 풀 등에 알을 낳는다. 직접 애벌레의 먹이에 알을 낳지 않는 이유가 아마 애벌레가 알에서 깨난 후 곧바로 먹지 않고 겨울잠을 자기 때문으로 보인다.

변이 한반도 개체군은 일본, 중국 동북부, 러시아 극동지역과 함께 기준 아종으로 다룬다. 한편 김성수(2015)는 우리나라의 아종을 *paulina* Nordman, 1851로 다루었으나 이 아종은 러시아의 시베리아 서부와 남부, 트랜스바이칼에 분포한다. 한반도에서는 특별한 변이가 없다. 제주도와 남부 해안 지역 개체군은 내륙 개체군보다 큰 편으로, 날개 윗면의 검은색이 덜하고 대신 풀색기가 조금 두드러지며, 흰 띠의 폭이 넓어진다. 또 뒷날개 윗면 아외연부의 흰 점이 삼각형으로 생기고 더 두드러져 보인다.

암수구별 수컷의 날개 윗면은 주황색 바탕이나 암컷은 보라색을 머금은 검은색이다. 수컷은 앞날개 윗면의 제1b-3맥에 짙은 줄 모양의 발향린이 있다.

첫 기록 Fixsen(1887)은 *Argynnis sagana* Doubleday (Korea)라는 이름으로 우리나라에 처음 기록하였다.

우리 이름의 유래 석주명(1947)은 암수의 날개색이 다른 특징, 특히 표범나비류 중에서 암컷의 날개색이 검다는 뜻으로 이름을 지었으나 실제는 일본 이름에서 유래하였다.

분포 제주도를 포함한 한반도 전 지역에 분포하는데, 울릉도에서 기록(Kim, 1976)은 잘못이다. 제주도에서는 고도가 낮은 지역에 분포한다. 국외에는 일본, 중국(중부, 동북부), 러시아 극동지역(아무르, 우수리, 사할린, 쿠릴 남부)과 중국(쓰촨 서부, 윈난 북부), 티베트, 미얀마 북부, 아삼, 유럽 동부와 중부에 나뉘어 분포한다.

먹이식물 제비꽃과(Violaceae) 제비꽃류

생태 한 해에 한 번, 6월 중순에서 10월 초까지 보인다. 월동은 알이나 애벌레 상태로 한다. 서식지는 산지의 낙엽활엽수림 가장자리와 빈터의 풀밭, 능선 주위의 풀밭이다. 수컷은 활발하게 날면서 축축한 땅바닥에 앉거나 암컷을 탐색하러 다니는 모습을 쉽게 볼 수 있다. 암수 모두 엉겅퀴류와 같은 보라색 계통의 꽃이나 개망초와 큰까치수염, 참취, 밤나무와 같은 흰 꽃에 날아와 꿀을 빤다. 7월 말에서 8월까지의

Transbaikalia).

흰줄표범나비

Argynnis laodice (Pallas, 1771)

더운 시기에는 여름잠을 잔다. 이후 9월부터 10월에 다시 활동하면서 알을 낳는데, 산란 습성은 큰흰줄표범나비와 같다.

변이 한반도 개체군은 일본, 중국 동북부, 러시아 극동지역, 쿠릴, 사할린 지역과 함께 아종 *japonica* Ménétriés, 1857로 다룬다. 제주도와 남부의 섬 지역의 개체군은 내륙 지역과 비교하여 암컷의 크기가 큰 편이고, 날개 윗면의 점무늬가 훨씬 크다. 암컷 중에는 날개 윗면의 점들이 축소하여 작아진 개체도 보인다.

암수구별 수컷은 앞날개 윗면 제1b, 2맥 위에 검은 줄 모양의 발향린이 있고, 암컷은 날개끝에 삼각형의 흰 무늬가 있다. 암컷은 수컷보다 훨씬 크고 날개 외연이 둥글다.

첫 기록 Butler(1882)는 *Argynnis japonica* Ménétriès (Posiette bay, NE. Corea)라는 이름으로 우리나라에 처음 기록하였다.

우리 이름의 유래 석주명(1947)은 일본 이름에서 의미를 따와 우리 이름을 지었다고 했으나 일본 이름의 원래 뜻은 흰줄이 아니라 은줄이다.

Abundance Common.
General description Wing expanse about 70 mm. Sexual dimorphism. Under hindwing without silvery spots. Korean population was dealt as nominotypical subspecies (TL: China).
Flight period Univoltine. June-September. Hibernates as a larva.
Habitat Grassy sites at low mountain valleys and plains, meadows in hilly area.
Food plant *Viola* ssp. (Violaceae).
Distribution Whole Korean territory except Ulleungdo island.
Range Japan, China (NE. & C.), Russia (Amur, Ussuri, Siberia (S. & W.),

Abundance Common.
General description Wing expanse about 58 mm. Forewing apex rounded, male upper forewing sex brand along veins 1 and 2. Under hindwing basal half light olive-green with brown markings, sharply separated by white striae from lilac-brown postdiscal area. Female upper forewing with white spot close to apex. Korean population was dealt as ssp. *japonica* Ménétriés, 1857 (= *producta* Matsumura, 1929) (TL: Japon [Japan]).
Flight period Univoltine. Mid June-early October. Hibernates as an egg or a larva.
Habitat Edges of deciduous broad-leaved forest in mountains, grassy sites in glade, meadows around ridge.
Food plant *Viola* ssp. (Violaceae).
Distribution Entire region of Korean Peninsula.

Range Japan. China (NE., C. & Tibet), Russia (Amur, Ussuri, S. Kuriles, Sakhalin), N. Myanmar, India (Assam), Europe (E. & C.).

큰흰줄표범나비

Argynnis ruslana Motschulsky, 1866

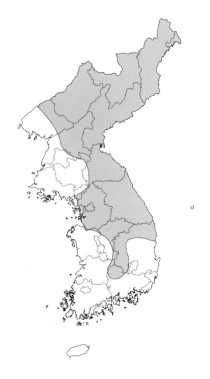

분포 섬 지역을 뺀 지리산 이북의 산지에 분포한다. 국외에는 일본, 중국 동북부, 러시아(아무르, 우수리, 사할린, 쿠릴 남부)에 분포한다.
먹이식물 제비꽃과(Violaceae) 제비꽃류
생태 한 해에 한 번, 6월 중순에서 9월에 나타난다. 월동은 알이나 애벌레 상태로 한다. 서식지는 산지의 낙엽활엽수림 가장자리에 있는 빈터, 능선 주위의 풀밭이다. 흰줄표범나비와 같은 장소에서 볼 수 있다. 수컷은 활발하게 날면서 축축한 땅바닥에 앉거나 암컷을 탐색하러 다니는 모습을 쉽게 볼 수 있다. 암수 모두 엉겅퀴와 쑥부쟁이, 큰까치수염, 개망초, 밤나무 등의 꽃에서 꿀을 빨며, 늦가을에 꽃에 앉아 있는 시간이 길다. 암컷은 서식지 주변 풀이나 낙엽, 관목류의 줄기 등에 알을 하나씩 낳는다.
변이 세계 분포로 보아도 특별한 지역 변이는 없으며, 한반도 안에서도 변이가 없다.
암수구별 수컷의 날개 윗면은 짙은 등색이나 암컷은 조금 붉은 기가 있다. 수컷은 앞날개 윗면의 제1b, 2, 3맥에 검은 선으로 된 발향린이 있고, 암컷은 날개끝에 삼각형의 흰 점이 있다. 날개 아랫면의 날개끝과 뒷날개 외연부의 자갈색 부위의 색은 암컷이 훨씬 짙다.
첫 기록 Ichigawa(1906)는 *Argynnis ruslana* Motschulsky (Is. Quelpart (제주도))라는 이름의 기록이 있으나 사실 제주도에는 이 나비가 분포하지 않는다. 따라서 우리나라 첫 기록은 Seitz(1909)가 'Korea'로 기록한 것이 처음으로 보인다.
우리 이름의 유래 석주명(1947)은 일본 이름에서 의미를 따와 이름을 지었다.

Abundance Common.
General description Wing expanse about 62 mm. Similar to *A. laodice* but forewing apex extended, male upper forewing sex brand along veins 1, 2 and 3. No noticeable regional variation in morphological characteristics (TL: ...fleuve Amour depuis la Schilka jusqua'a Nikolaevsk [Amur region, Russia]).
Flight period Univoltine. Mid June-September. Hibernates as an egg or a larva.
Habitat Glade of deciduous broad-leaved forest. meadows around ridge
Food plant *Viola* ssp. (Violaceae).
Distribution Mountainous regions north of Mt. Jirisan.
Range Japan, NE. China, Russia (Amur, Ussuri, Sakhalin, S. Kuriles).

중국은줄표범나비

Argynnis childreni Gray, 1831

중국 남서부, 미얀마 북부, 태국 북부, 네팔, 부탄, 히말라야, 인도 북부의 해발 1,000m부터 3,000m까지의 산지에 분포한다. 우리나라에서는 제주도 서귀포시 서홍동에서 1989년에 채집한 수컷 한 개체로 박용길(1992)이 처음 기록하였는데, 이후의 기록은 없다. 장마전선이 지나간 후 중국에서 불어오는 계절풍의 영향으로 중국에서 날아온 미접이다. 우리나라에서 채집한 개체는 중국, 베트남 북부, 라오스 북부, 미얀마 북부, 태국 북부, 히말라야 지역과 함께 기준 아종으로 다룬다. 박용길(1992)은 이 나비가 중국에서 날아온 은줄표범나비라는 뜻으로 이름을 지었다.

Abundance Migrant.
General description Wing expanse 67 mm. Korean population was dealt as nominotypical subspecies (TL: Nepaul (Nepal)).
Flight period Voltimism and emergence unconfirmed. Recorded only once in August. Hibernation stage unconfirmed.
Habitat Garden.
Food plant Unconfirmed.
Distribution Jeju island (Only one collecting record).
Range SW. China, N. Vietnam, N. Myanmar, N. Thailand, Nepal, Bhutan, Himalayas, N. India.

산은줄표범나비

Argynnis zenobia Leech, 1890

분포 경상북도 이북의 산지를 중심으로 분포한다. 국외에는 중국(동북부에서 남서부까지), 러시아 극동지역(연해주 남부)에 분포한다.

먹이식물 제비꽃과(Violaceae) 여러 제비꽃

생태 한 해에 한 번, 6월 말에서 9월 초에 보인다. 월동은 애벌레 상태로 한다. 서식지는 고도가 높은 산지의 능선 주변, 정상 주변의 관목림 주변의 풀밭이다. 대형 표범나비류 중에서 풀밭보다 숲 환경에 적응한 종류이다. 수컷은 축축한 땅바닥에 날아와 물을 빨아 먹고, 이밖에는 활발하게 날아다닌다. 암수 모두 큰까치수염과 참싸리, 개쉬땅나무, 밤나무, 고려엉겅퀴 등의 꽃에 날아와 꿀을 빤다. 가끔 고도가 낮은 숲 가장자리에서 볼 수 있으나 이런 모습은 흔하지 않다. 높은 산지에 사는 관계로 여느 표범나비류와 달리 여름잠을 자는 기간이 짧거나 또는 없이 초가을까지 활동한다. 암컷은 주로 8월 초 경에 먹이식물 둘레의 마른 잎 등에 알을 하나씩 낳는다. 유생기의 기록은 原田과 建石(2006)의 논문

이 있다.

변이 세계 분포로 보아도 특별한 지역 변이는 없으며, 한반도 안에서도 변이가 없다. 과거 한반도 개체군은 중국 동북부, 러시아 극동지역과 함께 아종 *penelope* Staudinger, [1892]로 다룬 적이 있다.

암수구별 수컷은 제 1b, 2, 3맥에 굵고 검은 발향린이 있다. 암컷은 날개 윗면의 바탕색이 수컷보다 검어져 풀색을 머금은 흑갈색을 띤다. 암컷은 수컷보다 날개 아랫면의 바탕색이 조금 어둡다.

첫 기록 Doi(1919)는 *Argynnis zenobia penelope* Staudinger (Sansorei (산창령))라는 이름으로 우리나라에 처음 기록하였다.

우리 이름의 유래 석주명(1947)은 은줄표범나비보다 더 높은 산지에 산다는 뜻으로 이름을 지었다.

Abundance Common.
General description Wing expanse about 67 mm. Under hindwing with contrasting markings of silvery lines on greenish ground color. No noticeable regional variation in morphological characteristics (= *penelope* Staudinger, [1892]) (TL: Ta-Chien-Lu [Sichuan, Kangding, China].
Flight period Univoltine. June-September. Hibernates as a larva.
Habitat Around ridge of high-mountain area, meadows around shrubbery, around mountain top.
Food plant *Viola* spp. (Violaceae).
Distribution Mountainous regions north of Euiseong, Gyeongsangbuk-do.
Range China (NE.-SW.), Russia (S. Primorye).

은점표범나비

Fabriciana niobe (Linnaeus, 1758)

분포 제주도 한라산 정상부를 포함한 지리산 이북의 산지에 분포한다. 국외에는 유라시아 대륙 중북부와 아프리카 동북부에 넓게 분포한다.

먹이식물 제비꽃과(Violaceae) 제비꽃류

생태 한 해에 한 번, 6월에서 9월에 보인다. 월동은 1령애벌레 상태로 한다. 서식지는 햇볕이 잘 드는 풀밭이다. 갈퀴덩굴과 곰취, 백리향, 바늘엉겅퀴, 개망초, 마타리, 개쉬땅나무, 큰수리취, 꿀풀, 솔체꽃, 고려엉겅퀴 등의 꽃을 즐겨 찾아 꿀을 빤다. 낮은 지대에서는 무더운 여름에 여름잠을 자지만 한라산 고지처럼 높은 산지의 풀밭에서는 여름잠 없이 계속 활동한다. 수컷은 풀 사이를 낮게 날면서 암컷을 탐색하러 다니는 경우가 많다. 암컷은 무더운 기간에 조금 그늘진 숲 안에서 꽃꿀을 빨고, 가을에는 양지바른 곳에 자라는 제비꽃이나 그 주변 마른 가지, 풀 등에 알을 하나씩 낳는다.

변이 세계 각지에서 날개색과 무늬는 물론 수컷 발향린에 많은 변화가 있어 여러 지역 변이로 나뉜다. 한반도 내륙의 개

체군은 중국의 베이징 지역과 함께 아종 coredippe Leech, 1892로 다루나 엄밀하게 보면 중국에서는 우리 아종과 닮은 개체가 매우 드물다. 따라서 한반도 개체군이 고유 아종으로 보여 아종의 기준 지역을 다시 설정할 필요가 있다. 이 아종의 특징은 특히 암컷의 날개색이 흑갈색으로 짙어진다는 점과 수컷 앞날개 윗면의 성표가 3개로 보이는 것이다. 한라산의 개체군은 내륙 개체군과 달리 수컷의 뒷날개 아랫면 은점 무늬가 없거나 약하고, 바탕색이 풀색이 강한 특징 등으로 고유 아종 hallasanensis (Okano, 1998)로 다룬다. 이 아종을 별개의 종으로 승격한 적(Lee, 2005)이 있으나 새로운 종이라는 충분한 증거를 제시하지 못했다. 최근 DNA 연구에서 긴은점표범나비(A. vorax)는 독립한 단계통군으로 나타나고, xipe와 은점표범나비(A. niobe)는 가까운 유전자 집단이며, adippe는 독립한 계통군에 속한다(新川과 石川, 2005). 하지만 일본의 adippe를 vorax와 같은 종으로 보는 학자도 있다. 아직 이들 개체군들에 대한 계통학적 연구가 아직 결론에 이른 것은 아니다. 한편 수컷 발향린의 변이에 대한 설명은 학자마다 다르다.

암수구별 수컷은 앞날개 윗면의 제2맥에 뚜렷한 줄 모양의 발향린이 있으며 제1b맥과 제3맥도 두터워지는 개체가 많다. 암컷은 날개의 점무늬가 크고, 뒷날개 아랫면의 은점이 두드러진다. 때로 암컷 날개 윗면이 흑갈색인 경우도 있다. 한라산 암컷 개체들은 날개 윗면이 수컷보다 갈색 기운이 두드러진다.

첫 기록 Fixsen(1887)은 Argynnis adippe Linnaeus (Korea)라는 이름으로 우리나라에 처음 기록하였다.

우리 이름의 유래 석주명(1947)은 뒷날개 아랫면의 은점으로 된 특징을 살려 이름을 지었다.

비고 황은점표범나비(Fabriciana adippe ([Denis et Schiffermüller], 1775))는 한반도에서 현재의 분포 상황을 알 수 없고, 국외에는 일본, 사할린, 중국, 러시아, 중앙아시아를 거쳐 터키, 유럽까지 넓게 분포한다. 우리나라에서 이 종을 처음 기록한 학자는 Fixsen(1887)이나 그의 기록은 정확하지 않다. 당시에는 우리나라 은

점표범나비(Fabriciana niobe)의 학명을 Fabriciana adippe로 여겼기 때문에 Fixsen이 채집했던 실제 표본을 검증해야만 알 수 있다. 또 김성수와 서영호(2012)가 이 종의 애벌레라고 언급한 내용은 확실하게 검증된 것은 아니다. 아마 황은점표범나비라는 종은 한반도에 없으며, 노란 기운이 감도는 날개색을 가진 긴은점표범나비를 이 종으로 오인한 것으로 보인다. 우리는 한반도에서 긴은점표범나비(vorax)가 황은점표범나비(adippe)를 대치한 종으로 생각한다.

🦋

Abundance Common.
General description Wing expanse about 60 mm. Usually male wing ground color is darker than female. Male upper forewing androconial scales on veins 1 and 3 shorter than on vein 2. Male upper forewing sex brand present on veins 1, 2 and 3, but often nearly invisible on veins 1 and 3. Korean population was dealt as ssp. coredippe Leech, 1892 (TL: Wei-hai-wei, Shantung promontory, China; ...Gensan in the Corea). Population of Mt. Hallasan was dealt as subsp. hallasanensis (Okano, 1998) (TL: Mt. Hallasan).
Flight period Univoltine. June-September. Hibernates as 1st instar.
Habitat Arid grasslands in high mountain, sunny meadows.
Food plant Viola spp. (Violaceae).
Distribution Mountainous regions north of Mt. Jirisan, Mt. Hallasan (800 m a.s.l. to summit).
Range Eurasia, NE. Africa.

긴은점표범나비
Fabriciana vorax (Butler, 1871)

분포 제주도를 포함한 지리산 이북의 산지에 분포한다. 제주도에서는 중간 고도의 산지 풀밭 환경에 분포한다. 국외에는 중국(동북부, 중부, 티베트), 러시아(우수리)에 분포한다.

먹이식물 제비꽃과(Violaceae) 털제비꽃

생태 한 해에 한 번, 6월에서 9월에 나타난다. 월동은 알 또는 애벌레 상태로 한다. 서식지는 나무가 별로 없는 야산과 높은 산지의 풀밭, 석회암 지대의 풀밭이다. 풀밭 위를 매우 빠르게 날아다니면서 엉겅퀴와 바늘엉겅퀴, 큰까치수염, 개망초, 백당나무, 지느러미엉겅퀴, 조뱅이, 백리향, 붉은토끼풀, 금마타리, 고려엉겅퀴 등의 꽃에서 꿀을 빤다. 이따금 습지에 모이나 그 성질은 약하다. 고도가 낮은 지역에서는 장마철 이전에 활동하다 한여름에 여름잠을 자고 9월에서 10월에 다시 활동하게 되는데, 암컷은 이때 알을 낳는다. 고도가 높은 풀밭에서는 여름잠 없이 활동하면서 8월 말 즈음 알을 낳는다. 유생기의 일부 기록은 손정달(1991b)의 논문이 있다.

변이 세계 분포로 보아도 특별한 지역 변이는 없으며, 한반도 안에서도 변이가 없다. 단 제주도 개체군은 날개 아랫면의 바탕이 풀색기가 조금 강해진다. 이런 특징으로 아종 *paki* Okano, 1998로 기재한 적이 있으나 한반도 내륙의 개체군과 차이가 크지 않다. 개체에 따라 날개 윗면의 바탕이 황갈색이 강한 개체에서 적갈색이 강한 개체 등 다양하다.

암수구별 수컷은 앞날개 윗면 제2, 3맥 위에 줄로 된 발향린이 있다. 암컷은 수컷보다 날개 모양이 넓고, 외연이 둥글며, 날개끝과 뒷날개 아랫면의 은점 무늬가 크다. 또 뒷날개 아랫면의 아외연부에는 은점 무늬가 발달한다.

닮은 종의 비교 249쪽 참고

첫 기록 Butler(1883a)는 *Argynnis vorax* Butler (Jinchuen (인천))라는 이름으로 우리나라에 처음 기록하였다.

우리 이름의 유래 석주명(1947)은 뒷날개 아랫면 중실에 있는 은점 무늬가 은점표범나비보다 상하로 길다는 특징을 살려 이름을 지었다.

왕은점표범나비

Fabriciana nerippe (C. et R. Felder, 1862)

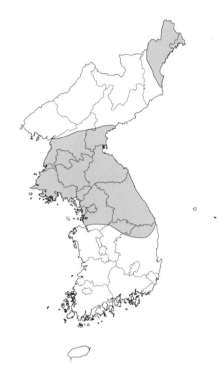

분포 한반도 중부 내륙에 국지적으로 분포한다. 제주도에는 과거에 분포했으나 최근 발견되지 않고 있다. 또한 과거에는 경상남도 고성군 연화산 등(김현채, 1989) 한반도 내륙에 넓게 분포했는데, 최근의 분포 범위는 매우 협소해졌다. 현재 경기도 굴업도에서 단일 개체군으로는 개체수가 가장 많은 것으로 보인다. 국외에는 일본, 중국 동북부, 러시아 극동지역(연해주) 등 극동아시아에 국한하여 분포한다. 환경부에서 지정한 멸종위기 야생생물 Ⅱ급에 속한다.

먹이식물 제비꽃과(Violaceae) 제비꽃류

생태 한 해에 한 번, 6월에서 9월에 보인다. 월동은 알이나 1령애벌레 상태로 하는 것으로 보인다. 서식지는 평지와 산지의 풀밭, 경기도 굴업도의 억새 풀밭, 군 사격장 둘레의 풀밭, 산불지, 묘지 주변이다. 풀밭을 낮게 날면서 꿀풀과 금방망이, 큰까치수염, 엉겅퀴 등 여러 꽃을 즐겨 찾는다. 수컷은 물가에 잘 앉으며, 대부분의 시간을 암컷을 탐색하러 풀밭을 배회한다. 여름잠을 자고 가을에 다시 활동하여 11월

초까지 보인다. 서식지에 억새와 같은 키 큰 식물이 많은데, 이런 식물이 있어야 그 사이에서 여름잠을 자거나 천적을 피할 수 있다. 가을에는 대부분 암컷만 보이며, 이때 암컷은 먹이식물 둘레의 여러 물체에 알을 하나씩 낳는다.

변이 세계 분포로 보아도 특별한 지역 변이는 없으며, 한반도 안에서도 지역 변이가 없다. 학자에 따라 한반도와 중국 동북부, 러시아 극동지역의 개체군을 아종 *coreana* Butler, 1882 (기준 지역: Posiette Bay, NE. Corea)로 본다. 날개의 바탕은 황갈색이 조금 짙은 것부터 적갈색이 조금 짙은 개체까지 개체 변이가 있다.

암수구별 수컷은 앞날개 윗면 제2맥에 줄 모양의 발향린이 있다. 보통 암컷은 수컷보다 날개색이 연하고, 날개 윗면의 검은 점이 크다. 또 날개 모양이 넓고, 날개 아랫면의 은색 무늬가 뚜렷하며, 날개끝에 삼각형의 흰 무늬가 있다.

첫 기록 Butler(1882)는 *Argynnis coreana* Butler (기준 지역: Posiette bay, NE. Corea)라고 신종으로 기재하면서 우리나라에 처음 기록하였다.

우리 이름의 유래 석주명(1947)은 은점표범나비보다 크다는 뜻으로 이름을 지었다.

Abundance Common.

General description Wing expanse about 60 mm. Forewing apex extended, outer margin concave. Male upper forewing sex brand present on veins 2 and 3. Korean population was dealt as nominotypical subspecies (TL: Shanghai, China).

Flight period Univoltine. June-September. Hibernates as an egg or 1st instar.

Habitat Low hills with sparse trees, high mountain grasslands, calcareous substrate meadows.

Food plant *Viola* spp. (Violaceae).

Distribution Mountainous regions north of Mt. Jirisan, Jeju island.

Range China (NE. & C.-Tibet), Russia (Ussuri).

Abundance Scarce.

General description Wing expanse about 70 mm. Under hindwing silvery spot large and bright. Male upper forewing sex brand along vein 2. No noticeable regional variation in morphological characteristics (= ssp. *coreana* Butler, 1882).

Flight period Univoltine. June-September. Hibernates as an egg or 1st instar.

Habitat Grasslands in plains and mountains, meadows of Guleopdo island in Gyeonggi-do province, meadows around the military range, forest fire sites.

Food plant *Viola* spp. (Violaceae).

Distribution Areas north of Uljin,

Gyeongsangbuk-do, Guleopdo island (GG).

Range Japan, NE. China, Russian Far East.

Conservation Under category II of endangered wild animal designated by Ministry of Environment of Korea.

풀표범나비

Speyeria aglaja (Linnaeus, 1758)

분포 강원도 산지의 이북에 분포하는데, 과거에는 지리산 이북에 점점이 분포하였다. 국외에는 유라시아 대륙의 추운 침엽수림대와 아프리카 북부에 넓게 분포한다.

먹이식물 제비꽃과(Violaceae) 제비꽃류

생태 한 해에 한 번, 6월에서 9월에 보인다. 월동은 1령애벌레 상태로 한다. 서식지는 추운 지역과 고도가 높은 지역의 햇빛이 잘 드는 풀밭이다. 남한에서는 대형 표범나비류 중에서 개체수가 가장 적은 것으로 보이며, 높은 산지를 중심으로 소수의 개체군만 보인다. 추운 지역에 분포하는 특징 때문에 여름잠 없이 활동하는 것으로 보인

다. 꼬리풀과 엉겅퀴, 꿀풀 등 여러 꽃을 즐겨 찾으며, 수컷은 축축한 물가에 잘 앉는다. 9월 초쯤에 암컷은 먹이식물 둘레의 여러 물체에 알을 하나씩 낳는다.

변이 한반도 개체군은 중국(동북부, 중부), 러시아 극동지역과 함께 아종 *bessa* Fruhstorfer, 1907로 다룬다. 세계에 넓게 분포하고, 극한 환경에 사는 습성 때문에 세계에 7아종이 알려져 있다(Tuzov, 2003). 한반도에서는 특별한 변이가 없다. 개체에 따라서 날개 바탕이 황갈색 또는 붉은색이 짙어지기도 한다.

암수구별 수컷에만 제1b, 2, 3맥 위에 줄모양의 발향린이 있는데, 매우 가늘다. 암컷은 날개 모양이 넓고, 날개 외연이 둥글며, 뒷날개 아랫면의 은점 무늬가 크다. 또 수컷은 뒷날개 윗면 날개밑과 가까운 전연부와 후연부의 긴 털이 빽빽하게 나 있고, 암컷은 뒷날개 아랫면의 날개밑에 풀색 기운이 수컷보다 짙은 편이다.

첫 기록 Fixsen(1887)은 *Argynnis aglaja* Linnaeus (Korea)라는 이름으로 우리나라에 처음 기록하였다.

우리 이름의 유래 석주명(1947)은 날개 아랫면의 바탕이 풀색을 띤다는 뜻으로 이름을 지었다.

비고 전통의 유럽의 연구자들은 대형 표범나비류 모두를 *Argynnis*의 한 속으로 묶었거나, 또는 *Childrena, Nephargynnis, Pandoriana, Damora, Argyronome, Argyreus*를 *Argynnis*의 각각의 아속으로 삼았거나, *Mesoacidalia, Fabriciana*를 아속 또는 다른 속으로 인식하였다. 이에 반해 북미의 연구자들은 *Speyeria*를 사용했거나, *Argynnis* 안에서 하나 또는 두 개의 *Speyeria* 종이 중첩됨을 보여주는 계통 발생 연구에 기초한 *Argynnis*를 사용했는데, 이는 형태적으로 서로가 공유하는 특징이 있기 때문이다(Tuzov, 2003; Simonsen, 2006a; Simonsen et al., 2006). 한편 *Argynnis, Fabriciana*는 *Speyeria*와 수컷 생식기의 특징이 뚜렷이 다르다(Tuzov, 2003; Simonsen, 2006a, Simonsen et al., 2006b).

De Moya et al.(2017)은 가장 최근의 이들 분류군의 분자학 연구에서 자연 상태에서 *Argynnis*속이 *Arygnnis, Fabriciana*,

*Speyeria*의 3가지 속으로 나뉘어야 한다고 하였다. 그들이 제안한 계통수는 다음과 같다.

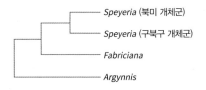

*Argynnis*속의 최근의 분자학 연구 (de Moya et al., 2017)를 바탕한 *Argynnis*군의 계통수.

Argynnis 무리의 적응방산은 먹이식물(제비꽃)의 연대 측정 결과와 비교하여 구북구의 *Argynnis*와 *Fabriciana*가 자연 상태에서 오래도록 제비꽃의 다양성에 영향을 미쳤을 가능성이 있지만, 과거 북미에서 아시아로 퍼진 제비꽃류와 함께 진화했을 수도 있다고 보았다(Simonsen, 2006a). 또 구북구의 *Speyeria*속은 3종뿐이지만 북미에서는 19종이나 분화하였고 다른 속이 전혀 존재하지 않는 점을 다음과 같이 추론하였다. 즉 *Speyeria*속만 과거 베링해협이 육지였을 때 이를 통해 북미에 건너갔고 이미 다양하게 번창한 먹이식물(제비꽃)에 따라 뒤늦게 분화했음을 보여준다는 것이다. 또 북미의 *Speyeria*속은 단일계통성이지만 적응방산으로 다양한 종으로 분화했음을 보여준다(De Moya et al., 2017).

이와 같이 *Argynnis* 무리에 대한 De Moya et al.(2017)의 연구는 속의 정의를 파악하는 데에 크게 도움이 되나 반면 개개의 종을 판단하기에는 조금 아쉬움이 남는다. 그 이유는 아들 무리에 대해서 여러 다른 분류의 관점이 있음에도 불구하고 아마 자신들의 견해를 반영하기 위하여 Pelham (2008)과 Tuzov(2003), Lee(2005)의 의견만을 바탕으로 한 점 때문이다. 이 가운데 Lee(2005)가 Tuzov(2003)의 분류법에 따라 특별히 분류학적 근거를 제시 않은 채 *coredippe*를 *xipe*의 동종이명으로 처리하였는데, 이 점은 수긍이 가지 않는다. 특히 한반도를 중심으로 한 *Argynnis* 무리에서 각 종의 판단에 대한 분자학적인 다른 결과들이 있다(新川과 石川, 2005). 아무튼 De Moya et al.(2017)의 이들 속의 결정에 대한 제안에도 불구하고 종을 포함한 이들의 분류는 앞으로도 계속 논란이 될 것으로 보인다.

Abundance Rare.
General description Wing expanse about 58 mm. Male upper forewing sex brand weak and androconial scales large, under hindwing silvery spots rounded. Korean population was dealt as ssp. *bessa* Fruhstorfer, 1907 (= *clavimacula* Matsumura, 1929) (TL: west-China).
Flight period Univoltine. June-September. Hibernates as 1st instar.
Habitat Sunny meadows in cold regions and high altitudes.
Food plant *Viola* spp. (Violaceae).
Distribution Mountainous regions north of Yeongwol, Gangwon-do.
Range Entire Palaearctic region except tundra and desert region.

줄나비

Limenitis camilla (Linnaeus, 1764)

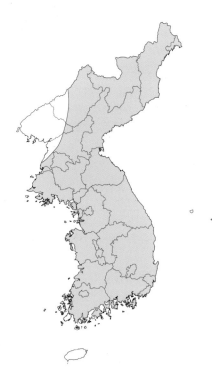

분포 한반도 전 지역에 분포하는데, 울릉도 등 섬 지역에는 거의 보이지 않는다. 제주도의 기록(Okano와 박세욱, 1968; 주흥재와 김성수, 2002)이 있으나 잘못으로 보인다. 국외에는 일본, 중국 동북부, 러시아 극동지역의 동아시아와 유럽(영국 포함)에 나뉘어 분포한다.
먹이식물 인동과(Caprtifoliaceae) 올괴불나무, 각시괴불나무, 인동덩굴
생태 한 해에 한 번에서 세 번, 대부분의 지역에서 5~6월과 7~8월, 9~10월에 세 번 나타나나 북쪽으로 갈수록 7~8월에 한 번 보인다. 월동은 3령애벌레 상태로 한다. 서식지는 마을 근처, 강가, 산정, 산길, 계곡 주변의 빈터이다. 나무 위를 스치듯 빠르게 날아다니다가 개망초와 산초나무, 큰까치수염, 밤나무 등의 흰 꽃에 날아와 꿀을 빤다. 수컷은 나무진에 전혀 오지 않고 축축한 땅바닥이나 새똥에 날아오며, 산정에서 탁 트이고 목 좋은 공간의 나뭇잎 위에 앉아 점유행동을 한다. 점유행동의 강도는 매우 세다. 암컷은 먹이식물 둘레를 천천히 날다가 먹이식물 잎 위에 알을 하나씩 낳는다.
변이 한반도 개체군은 중국 동북부, 러시아(아무르, 사할린) 지역과 함께 아종 *angustata* Staudinger, 1887로 다룬다. 유럽에는 기준아종이, 일본에는 아종 *japonica* Ménétriès, 1857이 있다. 한반도에서는 특별한 변이가 없으나 북쪽에서 남부지방으로 갈수록 개체가 커지는 경향이 있고, 날개의 흰 띠의 폭도 넓어진다. 암컷의 일부 개체 중에는 날개끝에 붉은 무늬가 발달하기도 한다.
암수구별 암수의 날개 무늬는 차이가 없다. 암컷은 수컷보다 날개 모양이 넓고, 외연이 둥글다. 또 날개 중앙의 흰 띠가 넓고, 날개 아랫면의 바탕색이 옅다.
첫 기록 Leech(1887)는 *Limenitis sibylla* Linnaeus (Korea)라는 이름으로 우리나라에 처음 기록하였다.
우리 이름의 유래 석주명(1947)은 영어 이름(White Admiral)과 일본 이름 중에서 어느 것을 고를까 고민하다가 날개에 가로지르는 흰 띠를 강조하여 일본 이름에서 따온 위 이름으로 정하였다.

	줄나비	제이줄나비	제일줄나비	제삼줄나비	굵은줄나비	참줄나비사촌	참줄나비
겹눈	털이 있다.	털이 없다.	털이 없다.	털이 없다.	털이 없다.	털이 없다.	털이 없다.
날개끝 연모	흰색	흰색	흰색	제8맥 끝이 검은색	흰색	제8맥 끝이 검은색	제8맥 끝이 검은색
앞날개 윗면 중실 무늬	보통 희미하다.	삼각형 무늬와 구부러진 곤봉 무늬	삼각형 무늬와 곤봉 무늬	가느다란 삼각형 무늬와 곤봉 무늬	무늬가 없다(수컷). 참줄나비와 비슷하다(암컷).	이중, 구부러진다.	하나, 길다.
앞날개 4~6실 흰 무늬	5실의 무늬가 가장 길다.	5실의 무늬가 가장 길다.	보통 4실의 무늬가 가장 길다.	보통 4실의 무늬가 가장 길다.	5실의 무늬가 가장 길다.	제4실 무늬가 바깥으로 치우친다.	제4실 무늬가 바깥으로 치우치지 않는다.
날개 아랫면 바탕색	짙은 다갈색	밝은 다갈색	짙은 다갈색	짙은 적갈색	밝은 다갈색	회다갈색	회다갈색
뒷날개 아랫면 날개밑 부근의 검은 점	밑은 선 모양	점 모양	점 모양	약간 선 모양, 뚜렷하다.	거의 쉼표 모양	선 모양, 희미하다.	선 모양, 희미하다.
뒷날개 아랫면 중앙 띠	날개맥이 흰색	날개맥이 흑갈색	날개맥이 흑갈색-흰색	날개맥이 흑갈색	날개맥이 회갈색	날개맥이 다갈색	날개맥이 다갈색
뒷날개 아랫면 아외연의 흰 띠	외연에 가까운 2~4실에서만 보인다.	외연과 멀고, 검은 점이 보인다.	외연과 가깝고, 검은 점이 보이지 않는다.	뚜렷한 흰 띠이다.	폭이 넓은 흰 띠이다.	외연과 멀어지고 희미한 띠이다.	외연과 가깝고 흰 띠이다.

Abundance Common.

General description Wing expanse about 47 mm. Cell markings of upper forewing obsolete or absent. Eye hairy (naked in allied species). Korean population was dealt as ssp. *angustata* Staudinger, 1887 (= *coreanitis* Bryk, 1946) (TL: Raddefka (Amur, Radde)).

Flight period Univoltine or trivoltine according to latitude and altitude. Generally May-June, July-August, September-October, July-August in N. Korea. Hibernates as 3rd instar.

Habitat Cleanings near rural village, edge of rivulet, mountain-tops, mountain trail and forest edges.

Food plant *Lonicera praeflorens*, *L. chrysantha*, *L. japonica* (Caprtifoliaceae).

Distribution Inland regions of Korean Peninsula.

Range Temperate belt of Palaearctic region except Siberia.

[제이줄나비

Limenitis doerriesi Staudinger, 1892

분포 전라도 해안 지역, 제주도와 울릉도를 뺀 한반도 내륙과 일부 남해안 섬에 분포한다. 국외에는 중국(동북부, 광시), 러시아(우수리)에 나누어 분포한다.

먹이식물 인동과(Caprtifoliaceae) 괴불나무, 올괴불나무, 인동, 병꽃나무, 마편초과(Verbenaceae) 작살나무

생태 한 해에 한두 번, 대부분의 지역에서 5~6월과 7~9월에 두 번 나타나나 추운 지역에서는 7~8월에 한 번 보인다. 월동은 3령애벌레 상태로 한다. 서식지는 먹이식물이 있는 인가 주변이나 산 가장자리, 산길 등 밝게 트인 장소이다. 조팝나무와 산초나무의 꽃에서 꿀을 빤다. 수컷은 오물이

나 습지, 나뭇진 등에도 즐겨 모인다. 오후에 낮은 산지의 계곡과 주변의 숲 가장자리 바람이 없고 넓게 트인 곳에서 나뭇잎에 앉아 다른 줄나비들과 어울려 점유행동을 하지만 그 행동은 미약하고, 대부분의 시간을 암컷을 찾아 날아다닌다. 암컷은 오후 2시에서 5시 사이에 계곡 주변이나 산길 등 바람이 덜 불고 아늑하게 볕이 비치는 장소에 자라는 먹이식물 잎 뒤에 알을 하나씩 낳는다. 자연 상태에서 암컷 한 마리가 낳을 수 있는 알의 수는 120~150개이다. 유생기의 기록은 손상규(2000b)의 논문이 있다.

변이 한반도 개체군은 중국 동북부, 러시아(우수리) 지역과 함께 기준 아종으로 다룬다. 중국에 2아종이 더 있다. 한반도에서는 특별한 변이가 없다.

암수구별 암컷은 날개 모양이 넓고, 외연이 둥글다. 또 날개의 흰 띠가 조금 넓다.

첫 기록 Heyne(1895)는 *Limenitis helmanni* var. *duplicata* Staudinger (Korea)라고 기록했으나 이 기록은 제일줄나비의 변종이다. 따라서 Doi(1919)가 기록한 *Limenitis doerriesi* Staudinger (Mosanrei (무산령))가 우리나라 첫 기록이다.

우리 이름의 유래 석주명(1947)은 자신이 1938년에 이 나비와 제일줄나비, 제삼줄나비와 구별하고 특별한 의미 없이 번호를 매기듯 이름을 지었다.

Abundance Common.

General description Wing expanse about 48 mm. Similar to *L. camilla* but upper forewing white basal streak in cell short, distally curved upwards. Korean population was dealt as nominotypical subspecies (= *chosonsis* Matsumura, 1929) (TL: Sutschan-Gebiete (S. Primorye, vic. of Partizansk)).

Flight period Univoltine or bivoltine according to latitude and altitude. Generally May-June, July-September. July-August in N. Korea. Hibernates as 3rd instar.

Habitat Bush-covered slopes and valley of deciduous forests, edge of stream, roadsides.

Food plant *Lonicera maackii*, *L. praeflorens*, *L. japonica*, *Weigela subsessilis* (Caprtifoliaceae), *Callicarpa dichotoma* (Verbenaceae).

Distribution Inland regions of Korean Peninsula.

Range China (NE. & Guangxi), Russia (Ussuri).

[제일줄나비

Limenitis helmanni Lederer, 1853

분포 한반도 각지에 분포하고, 제주도에서는 해안 지대부터 해발 350m의 산지까지 볼 수 있다. 울릉도에는 현재 분포하지 않는데, 과거 森 爲三과 土居 寬暢, 趙福成(1934)에 따른 울릉도에서의 기록은 의문이다. 국외에는 중국(동북부, 중부), 러시아(우수리, 톈산 북부, 알타이), 중앙아시아에 나누어 분포한다.

먹이식물 인동과(Caprtifoliaceae) 인동, 올괴불나무, 구슬댕댕이, 각시괴불나무

생태 한 해에 두 번, 5월 말~6월, 7월 말~

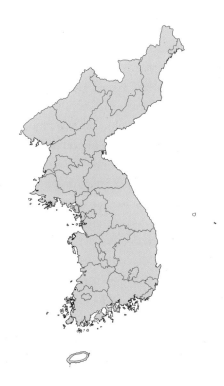

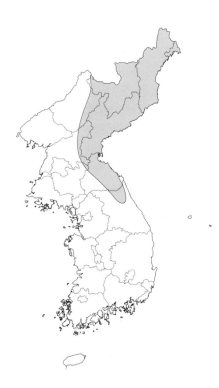

Lederer (Korea)라는 이름으로 우리나라에 처음 기록하였다.
우리 이름의 유래 제이줄나비의 항에서 설명하였다.

Abundance Common.
General description Wing expanse about 47 mm. Very similar to *L. doerriesi* but cell streak of upper forewing longer than in *L. doerriesi* and not upwards at its end. Tip of antennal club light yellow, rarely orange (usually orange in L. doerriesi, brownish in *L. homeyeri*. Korean population was dealt as ssp. *duplicata* Staudinger, 1892 (= *chosensis* Matsumura, 1929; = *musana* Seok, 1934) (TL: Amur and Ussuri, Russia).
Flight period Bivoltine. Late May-June, late July-September. July-August in N. Korea. Hibernates as 3rd instar.
Habitat Bush-clad slopes and valley of deciduous forests, edge of stream, roadsides.
Food plant *Lonicera japonica, L. praeflorens, L. vesicaria, L. chrysantha* (Caprtifoliaceae).
Distribution Whole Korean territory except Ulleungdo island.
Range China (NE. & C.), Russia (Ussuri, N. Tian-Shan, Altais). Middle Asia.

제삼줄나비

Limenitis homeyeri Tancré, 1881

분포 강원도 계방산과 오대산의 깊은 산지에 국한하여 분포하나 한반도 동북부지방에서는 낮은 산지에도 분포한다. 국외에는 중국(동북부에서 쓰촨까지), 러시아 극동지역에 분포한다.

먹이식물 인동과(Caprtifoliaceae) 괴불나

9월에 나타난다. 월동은 3령애벌레 상태로 한다. 서식지는 낮은 산지의 계곡, 물가, 빈터의 길 가장자리이다. 계곡이나 산길을 따라 천천히 날아다닌다. 산초나무와 엉겅퀴, 개망초, 뚝갈 등에서 꽃꿀을 빤다. 수컷은 계곡의 축축한 곳에 잘 모이며, 짐승 배설물에도 잘 모인다. 이따금 졸참나무의 진에 모이나 이런 예는 매우 드물다. 오후가 되어 기온이 오르면 암컷이 먹이식물 잎 뒤에 알을 하나씩 낳으러 먹이식물을 탐색한다.

변이 한반도 내륙과 제주도의 개체군은 중국 동북부, 러시아(극동지역에서 트랜스바이칼까지) 지역과 함께 아종 *duplicata* Staudinger, 1892로 다룬다. 이 아종은 러시아 극동지역에서는 날개 중앙의 흰 띠의 폭이 넓어지나 한반도에서는 그런 개체들이 없다. 또 황해의 경기만의 섬 개체군은 고유 아종 *marinus* Kim et Kim, 2002로 다룬다. 아종 *marinus*는 날개의 흰 무늬가 축소하면서 날개 전체가 검어진다. 한편 제주도 개체군은 한반도 개체군과 거의 형태 차이가 없지만 날개의 흰 띠의 폭이 조금 넓고 뚜렷해진다.

암수구별 암수의 무늬 차이는 없다. 암컷은 수컷보다 크고, 날개 모양이 넓으며, 외연이 둥글다. 또 날개의 흰 띠가 조금 넓다.
첫 기록 Fixsen(1887)은 *Limenitis helmanni*

무, 올괴불나무

생태 한 해에 한 번, 6월 말에서 8월에 나타난다. 월동은 애벌레 상태로 하는 것으로 보이나 아직 확인되지 않았다. 서식지는 추운 지역의 산지의 숲 가장자리, 계곡과 산길의 빈터이다. 꽃꿀을 빠는 관찰 기록은 없고, 수컷이 축축한 곳이나 새똥에 모여 즙을 빠는 장면을 볼 수 있다. 수컷은 제일줄나비와 제이줄나비와 같은 모양으로 숲 가장자리를 날아다닌다. 암컷은 계곡 주변의 먹이식물을 찾아다니면서 잎 뒤에 알을 하나씩 낳는데, 관찰한 기록이 매우 적다.

변이 한반도 개체군은 중국 동북부, 러시아 극동지역과 함께 기준 아종으로 다루며, 중국 중부에 다른 2아종이 분포한다. 한반도에서는 특별한 변이가 없다.

암수구별 암컷은 수컷과 비교하여 날개 모양이 넓고, 외연이 둥글다. 또 날개의 흰 띠가 조금 넓으며, 날개 아랫면의 바탕색이 조금 옅은 편이다.

닮은 종의 비교 251쪽 참고

첫 기록 Okamoto(1923)는 *Limenitis homeyeri* Tancré (Korea)라는 이름으로 우리나라에 처음 기록하였다.
우리 이름의 유래 제이줄나비의 항에서 설명하였다.

Abundance Scarce.

General description Wing expanse about 46 mm. Very similar to *L. helmanni* but forewing apex fringes black at the end of vein 8. Korean population was dealt as nominotypical subspecies1 (TL: "Blagoweschtschensk, Raddefskaja (Blagoveshchensk and Radde, Amur region)).

Flight period Univoltine. Late June-August. Possibly hibernates as a larva.

Habitat Forest edges and glades in mountains of cold region.

Food plant *Lonicera maackii*, *L. praeflorens* (Caprtifoliaceae).

Distribution High-altitude regions in north of Mt. Gyebangsan, Gangwon-do.

Range China (NE.-Sichuan), Russia (Amur, Ussuri).

굵은줄나비

Limenitis sydyi Lederer, 1853

분포 전라남도 백운산 이북의 내륙 산지에 분포한다. 국외에는 중국(동북부, 중부, 북부), 러시아(극동지역, 알타이 서부)에 분포한다.

먹이식물 장미과(Rosaceae) 조팝나무, 꼬리조팝나무

생태 한 해에 한두 번, 6월에서 8월에 보인다. 월동은 2령애벌레 상태로 한다. 서식지는 산지의 숲 가장자리와 밭 주변의 숲, 특히 조팝나무가 많은 관목림 주변이다. 조팝나무와 싸리 등의 꽃에서 꿀을 빤다. 수컷은 날개를 편 채로 축축한 땅바닥에 잘 앉으며, 주변이 참나무로 된 산 정상에서 뻗쳐 나온 나뭇잎 위에 날개를 펴고 앉아 격하게 점유행동을 한다. 암컷은 조팝나무 주위를 낮게 날다가 잎에 앉아 배를 구부려 먹이식물 잎 뒤에 알을 하나씩 낳는다. 종령애벌레와 번데기에 대한 기록은 손정달과 김성수, 박경태(1992)의 논문이 있다.

변이 한반도 개체군은 중국 동북부, 러시아 극동지역과 함께 아종 *latefasciata* Ménétriès, 1859로 다룬다. 다른 2 아종은 러시아(알타이)와 중국 중부에 각각 분포한다. 한반도 회령의 개체군은 중부지방의 개체군보다 날개의 흰 띠가 넓으나 그 경계가 불분명하여 개체 변이의 범주에 넣는다.

암수구별 수컷은 날개 윗면의 바탕이 자갈색, 암컷은 흑갈색이다. 일반적으로 암컷은 수컷보다 크고, 날개 모양이 넓으며, 외연이 둥글다. 또 앞날개 윗면에는 중실 부분에 흰 무늬가 있고, 날개 아외연부에 흰 줄무늬가 있으며, 날개끝에 붉은 무늬가 나타난다.

첫 기록 Fixsen(1887)은 *Limenitis sydyi* var. *latefasciata* Ménétriès (Korea)라는 이름으로 우리나라에 처음 기록하였다.

우리 이름의 유래 석주명(1947)은 일본 이름에서 의미를 따와 이름을 지었다.

Abundance Common.

General description Wing expanse about 59 mm. Female usually larger than male. male upper wings deep black with a faint purplish gloss. Korean population was dealt as

ssp. *latefasciata* Ménétriès, 1859 (= *coreacola* Matsumura, 1931; = *bergmani* Bryk, 1946) (TL: Pakhale (northern part of Lesser Khingan Mts., Heilongjiang Prov., NE China)).

Flight period Univoltine or bivoltine according to latitude. June-August. Hibernates as 2nd instar.

Habitat Forest edges and surrounding fields, especially around shrubs.

Food plant *Spiraea prunifolia*, *S. salicifolia*.(Rosaceae).

Distribution Inland mountainous regions of Korean Peninsula.

Range China (NE., C. & N.), Russia (Amur, Ussuri-S. Altais).

참줄사촌나비

Limenitis amphyssa Ménétriès, 1859

분포 강원도 이북의 산지에 분포한다. 국외에는 중국(동북부, 중부), 러시아(아무르, 우수리)에 분포한다.

먹이식물 인동과(Caprtifoliaceae) 구슬댕댕

이, 각시괴불나무, 올괴불나무

생태 한 해에 한 번, 6월 말에서 8월 초에 보인다. 월동은 애벌레 상태로 한다. 서식 지는 추운 지역의 숲 가장자리와 계곡이 다. 길 가장자리의 2~3m의 나무 위를 천천 히 날아다닌다. 꽃에 날아오지 않는데, 이 따금 암컷이 돌배나무의 열매에서 나오는 즙을 빨아먹는다. 수컷은 먹이식물 둘레를 선회하면서 암컷을 탐색하고, 계곡의 축축 한 땅바닥에 잘 앉으며, 인기척에 놀라면 사람 키 높이의 나무 위로 날아가 잎에 앉 는다. 암컷은 먹이식물 둘레를 천천히 날 다가 앉았다가 되풀이 하면서 잎 뒤에 알을 하나씩 낳는다.

변이 세계 분포로 보아도 특별한 지역 변이 는 없으며, 한반도 안에서도 변이가 없다.

암수구별 암컷은 수컷보다 날개 모양이 넓 고, 외연이 조금 둥근 편이다. 또 날개 아 랫면의 황적색 바탕이 조금 밝다. 암수 구 별이 쉽지 않아 필히 배 끝을 보고 구별하 는 것이 좋다.

첫 기록 Fixsen(1887)은 *Limenitis amphyssa* Ménétriès (Korea)라는 이름으 로 우리나라에 처음 기록하였다.

우리 이름의 유래 석주명(1947)은 조선줄나비 와 닮았다고 조선줄나비사촌이라고 이름을 지었으나 김헌규와 미승우(1956)가 참줄나 비사촌으로 바꾸었다. 김용식(2002)은 부 처사촌나비처럼 어미가 나비가 되도록 참 줄사촌나비로 바꾸었다.

Abundance Common.

General description Wing expanse about 56 mm. Cell of upper forewing with two white spots, basal irregular one followed by transverse bar. No noticeable regional variation in morphological characteristics (TL: Des monts Boureïa, et près de l'mbouchure del'ussouri [Bureinskie Mts, Amur region]).

Flight period Univoltine. Late June-early August. Hibernates as a larva.

Habitat Forest edges and valleys in cold region.

Food plant *Lonicera vesicaria, L. chrysantha, L. praeflorens* (Caprtifoliaceae).

Distribution High-altitude regions north of Mt. Gyebangsan, Gangwon-do.

Range China (NE. & C.), Russia (Amur, Ussuri).

참줄나비

Limenitis moltrechti Kardakoff, 1928

분포 충청북도와 경기도, 강원도 산지의 이 북에 분포한다. 국외에는 중국(동북부에서 후베이, 산시, 간쑤, 쓰촨까지), 러시아(아 무르, 우수리)에 분포한다.

먹이식물 인동과(Caprtifoliaceae) 올괴불나무

생태 한 해에 한 번, 6월에서 8월 초까지 보 인다. 월동은 애벌레 상태로 한다. 서식지 는 추운 지역의 산지의 숲 가장자리와 계 곡이다. 나는 모습은 참줄사촌나비와 닮으 며, 특히 날면서 움직이면 서로 구별하기 쉽지 않다. 개망초와 개쉬땅나무 등의 꽃 에 날아오나 이런 장면은 매우 드물다. 수 컷은 계곡의 축축한 곳이나 짐승 배설물 주 위에 잘 앉는다. 길가 빈터의 나뭇잎에서 점유행동을 하나 한 자리를 고집하지 않는 다. 암컷은 먹이식물 둘레를 천천히 날면 서 잎 뒤에 알을 하나씩 낳는다.

변이 세계 분포로 보아도 특별한 지역 변이 가 없으며, 한반도 안에서도 변이가 없다.

암수구별 암컷은 수컷보다 날개 모양이 넓 고, 외연이 둥근데, 날개 아랫면의 황적색 바탕이 조금 밝다. 앞 종과 달리 암컷이 수 컷보다 두드러지게 크다.

닮은 종의 비교 252쪽 참고

첫 기록 Nire(1919)는 *Limenitis amphyssa* Ménétriès (Mosanrei (무산령))라는 이 름으로 기록했으나 실제로는 앞 종을 잘 못 보았다. 따라서 Matsumura(1931)가 *Limenitis takamukuana* Matsumura (기 준 지역: Kyozyo (함북 경성))라고 기록한 것이 우리나라 첫 기록이다.

우리 이름의 유래 석주명(1947)은 일본에 없 고 우리나라에만 있다는 뜻으로 조선줄나 비라고 했으나 김헌규와 미승우(1956)가 위의 이름으로 바꾸었다.

Abundance Common.

General description Wing expanse about 62 mm. Similar to *L. amphyssa* but cell of upper forewing with one white spot, a basal irregular elongate spots absent. No noticeable regional variation in morphological characteristics (TL: Narva Bay, Ussuri region).

Flight period Univoltine. June-early August. Hibernates as a larva.

Habitat Forest edges and valleys in cold region.

Food plant *Lonicera praeflorens* (Caprtifoliaceae).

Distribution Mountainous regions north of Gangwon-do.

Range China (NE.-Hubei, Shaanxi, Gansu and Sichuan), Russia (Amur, Ussuri).

왕줄나비

Limenitis populi (Linnaeus, 1758)

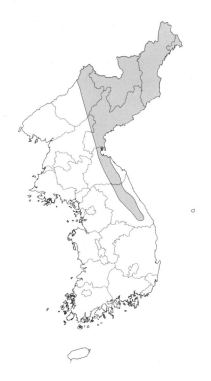

분포 강원도 정선 숙암리, 정선 백운산, 사북 두위봉, 계방산, 오대산 이북의 추운 지역의 산지에 국지적으로 분포한다. 국외에는 유라시아 대륙의 온대 지역과 중국 중부의 쓰촨에 넓게 분포한다.

먹이식물 버드나무과(Salicaceae) 황철나무, 사시나무

생태 한 해에 한 번, 6월 중순에서 8월 초에 보인다. 월동은 애벌레 상태로 한다. 남한에서 뚜렷한 서식지를 꼽으라면 강원도 계방산과 오대산의 한랭한 산지 계곡을 들수 있다. 수컷은 맑은 오전 중에 계곡 주위의 축축한 땅바닥에 잘 앉아 물을 빨아먹는다. 7월중에는 산 정상에서 자리를 차지하고 점유행동을 심하게 한다. 암컷은 잘 날지 않고, 먹이식물 둘레에서 멀리 벗어나지 않으나 수컷과의 짝짓기를 위해 산정으로 오르는 것으로 보인다. 산란과 꿀을 빠는 행동에 대해 우리나라에서 관찰된 자료는 없다.

변이 한반도 개체군은 중국 동북부, 러시아(극동지역에서 우랄까지), 몽골 지역과 함께 아종 *ussuriensis* Staudinger, 1887로 다루며, 날개의 흰 띠가 축소하는 경향이 있다. 날개가 검어지는 개체가 채집되나 이런 경우는 매우 드물다.

암수구별 암컷은 수컷보다 크고, 날개의 흰 띠무늬의 폭이 넓다. 또 날개 아랫면의 바탕색이 밝다.

첫 기록 Doi(1919)는 *Limenitis populi* Linnaeus (낭림산, 아호비령(阿虎非嶺, 강원도 문천군(지금의 법동군)과 평남 양덕군에 걸쳐있는 고개))라는 이름으로 우리나라에 처음 기록하였다.

우리 이름의 유래 석주명(1947)은 줄나비류 중에서 가장 크고 활발한 종류라는 뜻으로 이름을 지었다.

🦋

Abundance Scarce in C. Korea, common in N. Korea.

General description Wing expanse about 68 mm. Female usually larger than male, with more extensive white markings. Korean population was dealt as ssp. *ussuriensis* Staudinger, 1887 (TL: Ussuri region, Russia).

Flight period Univoltine. Mid June-early August. Hibernates as a larva.

Habitat Forest edges and valleys in cold region.

Food plant *Populus maximowiczii, P. davidiana* (Salicaceae).

Distribution High-altitude regions north of Mt. Gyebangsan, Gangwon-do.

Range Temperate forest belt of Palaearctic region and China (Sichuan).

홍줄나비

Chalinga pratti (Leech, 1890)

분포 강원도 설악산과 오대산, 북한의 금강산부터 회령과 무산, 백두산까지 산지에 국지적으로 분포한다. 국외에는 중국(동북부, 산시, 쓰촨, 허베이, 저장성, 광시 등), 러시아(우수리)에 분포한다.

먹이식물 소나무과(Pinaceae) 잣나무

생태 한 해에 한 번, 6월 말에서 8월 초에 보인다. 월동은 3령애벌레 상태로 한다. 서식지는 남한에서 설악산과 오대산의 침엽수와 활엽수가 섞인 천연림에 가까운 숲이다. 수컷은 오전 중 절 마당과 주차장, 도로 등에서 날개를 펴고 앉아 일광욕을 하고, 주위의 썩은 과일이나 동물의 배설물에 모인다. 10m 이상의 높은 가지 끝에서 텃세 행동을 보이고, 그다지 빠르지 않다. 암컷은 축축한 도로 위에 날아오거나 개망초와 어수리의 꽃에서 꿀을 빠는데, 이런 장면은 드물다. 7월 중순에서 8월 말 사이에 알을 낳는다. 암컷은 상대적으로 행동이 둔해 차에 부딪쳐 상하기도 한다. 암컷은 15~17m의 높은 곳이나 5~6m의 잣나무 어린 순에 알을 하나씩 낳는다고 한다 (Omelko와 Omelko, 1978). 애벌레는 잣나무를 먹고 송진의 독성을 내뿜는 것으로 보이는 샘털(glandular hair)이 있다. 유생기의 기록은 손정달(2006)의 논문이 있다.

변이 세계 분포로 보아 광시 지역에만 다른 아종이 분포하고, 한반도 안에서도 변이가 없다. 한반도 회령의 개체는 날개의 흰 띠무늬가 조금 넓은 편이다.

암수구별 암컷은 수컷보다 크고, 날개의 흰

띠무늬의 폭이 넓다. 또 날개 아랫면의 바탕색이 밝다. 특히 앞날개 중실 안의 무늬와 날개 중앙의 띠무늬는 수컷이 갈색, 암컷이 흰색이다.

첫 기록 Matsumura(1927)는 *Limenitis pratti coreana* Matsumura (기준 지역: Syakuozi (석왕사))라는 이름으로 우리나라에 처음 기록하였다.

비고 그동안 속 이름으로 *Seokia* Sibatani, 1943으로 다루어 왔으나 중국에 분포하는 *Chalinga elwesi*라는 종과 매우 닮은 특징을 가져서 *Seokia*보다 앞선 *Chalinga* Moore, 1898의 속으로 바뀌었다(Gallo와 Della Bruna, 2013).

우리 이름의 유래 석주명(1947)은 뒷날개 아랫면에 있는 붉은 줄의 특징으로 이름을 지었다.

Abundance Local.
General description Wing expanse about 65 mm. Female usually larger than male, with more extensive white markings. Upper and under wings with a postdiscal series of red spots. No noticeable regional variation in morphological characteristics (= *coreana* Matsumura, 1927) (TL: Chang Yang (Changyang, Hubei, China)).
Flight period Univoltine. Late June-early August. Hibernates as 3rd instar.
Habitat Primeval woodland mixed with conifers and deciduous broad-leaved trees.
Food plant *Pinus koraiensis* (Pinaceae).
Distribution Higher-elevation regions north of Mt. Odaesan, Gangwon-do.
Range China (NE., C. & E.), Russia (Ussuri).

애기세줄나비

Neptis sappho (Pallas, 1771)

분포 제주도와 울릉도 등 섬 지역을 포함한 한반도 전 지역에 분포한다. 제주도에서는 오름 등 낮은 지역에 분포한다. 국외에는 일본, 중국, 타이완, 몽골, 베트남, 태국, 미얀마, 인도, 파키스탄, 히말라야와 시베리아에서 유럽 동부(이탈리아)까지 넓게 분포한다.

먹이식물 콩과(Leguminosae) 싸리, 넓은잎갈퀴, 아까시나무, 칡, 나비나물, 벽오동과(Sterculiaceae) 벽오동

생태 한 해에 두세 번, 5월 초에서 10월 초에 보인다. 월동은 종령애벌레 상태로 한다. 서식지는 산지의 빈터와 길가, 해안의 상록활엽수 숲 계곡과 숲 가장자리이다. 나무 사이를 천천히 활강하듯 날아다니고, 산초나무와 싸리, 국수나무, 개머루 등의 꽃에서 가끔 꿀을 빤다. 수컷은 서로 만나면 빙글빙글 돌듯이 겨루면서 텃세를 부리고, 축축한 땅바닥에 앉아 물을 빤다. 바위와 나뭇잎 위에서 일광욕을 한다. 암컷은 먹이식물의 잎에 앉아 날개를 편 채로 뒷걸음친 후 잎 끝에 알을 하나씩 낳는다.

변이 한반도 개체군은 일본(홋카이도 제외), 중국 지역과 함께 아종 *intermedia* Pryer, 1877로 다룬다. 울릉도 개체군은 소형이고, 날개의 흰 띠의 폭이 넓은데, 일본 홋카이도와 러시아 극동지역, 몽골 지역과 함께 아종 *yessoensis* Fruhstorfer, 1913으로 다룬다. 최근 Bozano(2008)는 동북아시아의 개체군을 아종 *intermedia* Pryer, 1877로 묶었다. 한반도 내륙의 개체군은 봄형에서 날개의 흰 띠가 넓어지고, 여름형에서 좁아진다. 8월 말에서 9월 초에 3번째 출현하는 개체들은 크기가 작은 편이다. 울릉도 개체군은 여름형의 날개 흰 띠가 조금 작아지지만 제주도 개체군은 계절 차이 없이 날개의 흰 띠의 폭이 넓다. 경기도 지역(정개산, 화야산)의 일부의 소수 개체들에서 날개 외횡부의 흰 띠무늬가 작아지고 날개 아랫면에 초콜릿 빛이 보이는 변이가 있다. 이것은 지역 변이가 아니고 이상 발생한 개체로 보인다.

암수구별 수컷은 뒷날개 윗면 전연에 광택 있는 회백색 무늬가 있다. 암컷은 수컷보다 크고, 날개 외연이 둥글다.

첫 기록 Fixsen(1887)은 *Neptis aceris* Lepechin (Korea)라는 이름으로 우리나라에 처음 기록하였다.

우리 이름의 유래 석주명(1947)은 '작은세줄나비'라는 일본 이름에서 뜻을 바꾸어 위의 이름으로 지었다.

비고 *Neptis*속은 수컷 생식기의 파악판(valva)에 낫모양갈고리와 팽대부가 분화하고, 특히 팽대부는 종마다 다양한 모양이고, 돌기가 나 있다. 이 돌기의 생김새는 분류의 기준이 된다. 대부분 에티오피아구와 동양구에 분포하고, 동양구에 분포하는 종들이 극동아시아 지역까지 분포하는데, 구북구에만 분포하는 종은 적다.

Abundance Common.
General description Wing expanse about 43 mm. Upper forewing bar-shaped cell streak separated. Upper forewing with vestigial dark line across cell. Korean inland population was dealt as subspecies *intermedia* Pryer,

1877 (TL: North China...Japan (Ningpo, Zhejiang, E. China)), population in Ulleungdo island was dealt as ssp. *yessonensis* Fruhstorfer, 1913 (TL: Sapporo).

Flight period Bivoltine or trivoltine. Early May-early October. Hibernates as a fully matured larva.

Habitat Glade and edge of mountain with deciduous broad-leaved trees, broad-leaved evergreen forest valleys on seashore and its edges.

Food plant *Lespedeza bicolor*, *Vicia japonica*, *V. unijuga*, *Robinia pseudo-acacia*, *Pueraria lobata* (Leguminosae), *Firmiana simplex* (Sterculiaceae).

Distribution Whole region of Korean Peninsula.

Range Japan, China, Taiwan, Myanmar, Pakistan, Himalayas, Russian Far East, Mongolia to E. Europe.

세줄나비

Neptis philyra Ménétriès, 1859

분포 섬 지역을 뺀 지리산 이북의 내륙 산지에 분포한다. 국외에는 일본, 중국(푸젠, 허베이, 산시, 윈난 북부 등 일부 지역), 러시아(아무르, 우수리), 타이완에 분포한다.

먹이식물 단풍나무과(Aceraceae) 고로쇠나무, 단풍나무, 복자기

생태 한 해에 한 번, 5월 말에서 7월에 보인다. 월동은 4령애벌레 상태로 한다. 서식지는 숲이 우거진 계곡, 산길, 숲의 빈터이다. 숲이 우거진 산길에서 많이 볼 수 있으며, 마을 근처의 단풍나무를 인위적으로 심은 곳에서도 보인다. 높은 나무 위를 천천히 날아다니고, 수컷은 물가에 날아와 땅바닥에 앉아 물을 먹고, 주변을 날면서 약하게 수컷끼리 텃세를 부린다. 암컷은 밤나무와 산초나무 등의 꽃에서 가끔 꿀을 빤다. 또 어린 나무이거나 산길 가장자리에서 옆으로 뻗은 낮은 위치의 잎에 앉아 잎 끝에 알을 하나씩 낳는다.

변이 한반도 개체군은 일본, 중국 동북부, 러시아 극동지역과 함께 기준 아종으로 다룬다. 한반도에서는 특별한 변이가 없다.

암수구별 암컷은 수컷보다 크고, 날개 외연이 둥글며, 흰 띠의 폭이 뚜렷이 넓다.

첫 기록 Okamoto(1926)는 *Neptis philyra excellens* Butler (Mt. Kongo (금강산))라는 이름으로 우리나라에 처음 기록하였다.

우리 이름의 유래 석주명(1947)은 일본 이름에서 의미를 따와 이름을 지었다.

Abundance Common.

General description Wing expanse about 60 mm. Korean population was treated as nominotypical subspecies (= *okazimai* Seok, 1936,) (= *fixseni* Bryk, 1946) (TL: Marienpost [Amur, Russia]).

Flight period Univoltine. Late May-July. Hibernates as 4th instar.

Habitat Glades of forest, mountain trails and valley with dense forest.

Food plant *Acer pictum*, *A. palmatum*, *A. triflorum* (Aceraceae).

Distribution Mountainous regions north of Mt. Jirisan.

Range Japan, China (NE. & C.), Russia (Amur, Ussuri), Taiwan.

높은산세줄나비

Neptis speyeri Staudinger, 1887

분포 전라남도 담양, 장성, 경상남도 밀양과 경기도와 강원도 이북부터 백두산까지의 산지에 국지적으로 분포한다. 국외에는 중국(동북부, 윈난, 광시, 푸젠), 러시아(아무르, 우수리), 베트남에 분포한다.

먹이식물 자작나무과(Betulaceae) 까치박달, 서어나무

생태 한 해에 한 번, 6월에서 7월에 보인다. 월동은 애벌레 상태로 한다. 서식지는 낙엽활엽수림 산지의 계곡, 숲 가장자리, 산길 주변이다. 날아다니는 모습을 보면 크기가 비슷한 애기세줄나비처럼 보이며, 나무 사이를 천천히 날아다니다가 국수나무 등의 꽃에서 꿀을 빤다. 수컷은 물가에 날아와 땅바닥에 잘 앉고, 새똥에 모이며, 길가에서 약하게 텃세를 부린다. 암컷은 주로 낮은 위치의 어린 나무의 잎 끝에 알을 하나씩 낳는다.

변이 한반도 개체군은 중국 동북부, 러시아 극동지역과 함께 기준 아종으로 다룬다. 한반도에서는 지역 변이가 없으나 함북 회령 지역의 개체에서 날개 아랫면의 바탕이 흑갈색인 경우가 있다. 또 개체 변이는 드물어나 이따금 날개의 흰 띠가 줄어드는 개체가 있다.

암수구별 암컷은 수컷보다 크고, 날개 외연이 둥글며, 날개 흰 띠의 폭이 넓다. 수컷은 뒷날개 윗면 전연에 광택 있는 회백색 무늬가 있으나 암컷에게는 이 부분이 없으며, 애기세줄나비의 수컷보다 그 부분이 좁다.

첫 기록 Sugitani(1932)는 *Neptis speyeri* Staudinger (Mosanrei (무산령))라는 이름으로 우리나라에 처음 기록하였다.

우리 이름의 유래 석주명(1947)은 세줄나비류 중에서 높은 산에서 볼 수 있다는 뜻으로 이름을 지었다.

참세줄나비

Neptis philyroides Staudinger, 1887

분포 섬 지역을 뺀 내륙 산지에 분포한다. 국외에는 중국(동북부, 동부, 중부, 남부), 러시아(아무르, 우수리), 타이완, 베트남 북부에 분포한다.

먹이식물 자작나무과(Betulaceae) 까치박달, 서어나무, 개암나무, 참개암나무, 물개암나무

생태 한 해에 한 번, 5월 말에서 7월에 보인다. 월동은 애벌레 상태로 한다. 서식지는 낙엽활엽수림 산지의 계곡, 숲 가장자리, 산길 주변이다. 세줄나비와 비교하여 발생하는 시기가 조금 늦은 편이다. 높은 나무 위와 그 사이를 천천히 날아다니고, 밤나무 등의 꽃에서 꿀을 빨거나 발효한 열매에서 즙을 빨아먹는다. 수컷은 축축한 물가에 날아와 땅바닥에 잘 앉고, 수컷끼리 약하게 텃세를 부린다. 암컷은 주로 어린 나무와 산길 가에서 옆으로 뻗은 낮은 위치의 잎 위에 앉아 잎 끝에 알을 하나씩 낳는다.

변이 한반도 개체군은 중국(동북부, 동부, 중부), 러시아(아무르) 지역과 함께 기준 아종으로 다룬다. 한반도에서는 북쪽에서 남쪽으로 갈수록 날개의 흰 띠의 폭이 넓어지는 경향이 있다. 한반도 동북부지방에서는 날개의 흰 띠가 줄어들어 전체가 어두워지는 개체들이 보인다.

암수구별 암컷은 수컷보다 크고, 날개 외연이 둥글며, 날개 흰 띠의 폭이 넓다. 세줄나비에서는 암수의 크기 차이가 큰 편이나 이 종에서는 차이가 거의 없다.

닮은 종의 비교 252쪽 참고

첫 기록 Fixsen(1887)은 *Neptis philyroides* Staudinger (Korea)라는 이름으로 우리나라에 처음 기록하였다.

우리 이름의 유래 석주명(1947)은 당시의 일본 이름에서 의미를 따와 조선세줄나비라 했으나 김헌규와 미승우(1956)가 위의 이름으로 바꾸었다.

Abundance Scarce.

General description Wing expanse about 46 mm. Similar to *N. philyra* but wing size smaller, upper forewing cell streak with black triangular incision. Korean population was treated as nominotypical subspecies (TL: Amur, Russia).

Flight period Univoltine. June-July. Hibernates as a larva.

Habitat Forest edge, valley, around mountain trails with deciduous broad-leaved forest.

Food plant *Carpinus cordata*, *Carpinus laxiflora* (Betulaceae).

Distribution Mountainous regions north of Mt. Jirisan.

Range China (NE. & SE.), Russia (Amur, Ussuri), Vietnam.

Abundance Common.

General description Wing expanse about 58 mm. Similar to *N. philyra* but upper wing ground color thickened tint of yellow. upper forewing two or three small white discal spots adjacent to costal margin, while absent in *N. philyra*. Korean population was treated as nominotypical subspecies (= *fixseni* Bryk, 1946) (TL: Raddefka [Ussuri, Russia]).

Flight period Univoltine. Late May-July. Hibernates as a larva.

Habitat Forest edge valley, around mountain trail with deciduous broad-leaved forest.

Food plant *Carpinus cordata*, *C. laxiflora*, *Corylus heterophylla*, *C. sieboldiana*, *C. sieboldiana* (Betulaceae).

Distribution Mountainous regions north of Mt. Jirisan.

Range China, Russia (Amur, Ussuri), Taiwan, N. Vietnam.

두줄나비

Neptis rivularis (Scopoli, 1763)

분포 지리산 이북의 산지에 분포하는데, 과거에는 한반도 내륙에 곳곳에 분포하였다. 국외에는 유라시아 대륙의 온대에서 타이가 중부 지역에 걸쳐 넓게 분포한다.

먹이식물 장미과(Rosaceae) 조팝나무

생태 한 해에 한 번, 5월 말에서 8월에 보인다. 월동은 애벌레 상태로 한다. 서식지는 숲과 가까운 관목림 주위, 확 트인 숲 가장자리, 조팝나무가 자라는 풀밭이다. 별박이세줄나비와 함께 날아다닐 때가 많으며, 서로 구별하기 어렵다. 때때로 조팝나무와 개망초, 풀싸리 등의 꽃에 잘 날아와 꿀을 빤다. 수컷은 먹이식물이 많은 곳에서 활발하게 암컷을 탐색하거나 축축한 물가에 잘 앉으며, 새똥의 즙도 이따금 빨아먹는다. 수컷끼리는 약하게 텃세를 부린다. 암컷은 잎 위에 알을 하나씩 낳는다. 애벌레는 잎을 말고 그 속에서 살아간다.

변이 한반도 개체군은 중국, 러시아, 몽골 지역과 함께 아종 *magnata* Henye, 1895로 다루고 있는데, 최근 연구에서 유럽 종과는 여러 작은 차이가 있지만 그렇다고 뚜

렷한 차이점을 아직 밝히지 못한 상태이다. **암수구별** 암컷은 수컷보다 크고, 날개 외연이 둥글다. 또 날개 아랫면의 색이 더 짙은 편이고, 날개의 흰 띠의 폭이 더 넓은 외에는 차이가 없어 배 끝을 살펴야 한다.

첫 기록 Fixsen(1887)은 *Neptis lucilla* Fabricius (Korea)라는 이름으로 우리나라에 처음 기록하였다.

우리 이름의 유래 석주명(1947)은 일본 이름에서 의미를 따와 우리 이름을 지었다.

Abundance Common.

General description Wing expanse about 45 mm. Smallest among Korean Neptis spp., upper forewing cell streak interrupted by four black lines. Korean population was treated as ssp. *magnata* Heyne, 1895 (= *koreana* Seok, 1934; = *peninsularum* Murayama; = *seouli* Murayama, 1960) (TL: Mongolei).

Flight period Univoltine. Late May-August. Hibernates as a larva.

Habitat Around shrubbery near forest, open forest edges, grassland with bridal wreath trees.

Food plant *Spiraea prunifolia* (Rosaceae).

Distribution Low-elevation mountainous regions north of Mt. Gaya, Gyeongsangnam-do.

Range Temperate belt of Palaearctic region.

별박이세줄나비

Neptis pryeri Butler, 1871

분포 섬 지역을 뺀 한반도 내륙에 분포하는데, 북한의 개마고원 일대에는 분포하지 않는다. 국외에는 일본, 중국(동북부, 동부), 러시아(아무르, 우수리), 타이완에 분포한다.

먹이식물 장미과(Rosaceae) 조팝나무, 꼬리조팝나무

생태 한 해에 두세 번, 5월 말에서 9월에 보인다. 월동은 애벌레 상태로 한다. 서식지는 숲과 가까운 관목림, 벌채지 등 확 트인 숲 안의 공간, 조팝나무가 자라는 풀밭이다. 흰 꽃을 좋아하여 조팝나무와 국수나무, 산초나무의 꽃에 잘 날아와 꿀을 빤다. 수컷은 먹이식물이 자라는 곳에서 활발하게 암컷을 탐색하거나 축축한 물가에 잘 앉는다. 바위 위의 새똥이 떨어진 자리에 날아오고, 땀 냄새에 이끌려 사람의 몸에 붙기도 한다. 암컷은 먹이식물 잎 위에 앉아 알을 하나씩 낳는다.

변이 한반도 개체군은 중국 동북부 지역과 함께 아종 *coreana* Nakahara et Esaki, 1929로 다룬다. 한반도에서는 특별한 변이가 없다. 다만 개체에 따라 뒷날개 윗면 외횡부의 흰 띠가 가늘어지거나 굵어지는 변이가 있다.

암수구별 수컷은 뒷날개 윗면 전연에 광택 있는 회백색 무늬가 있다. 암컷은 수컷보다 크고, 날개 외연이 둥글며, 날개 흰 띠의 폭이 넓다. 앞다리의 모양은 암컷이 수컷보다 크고, 발톱마디가 뚜렷하다.

첫 기록 Fixsen(1887)은 *Neptis pryeri* Butler (Korea)라는 이름으로 우리나라에 처음 기록하였다.

우리 이름의 유래 석주명(1947)은 뒷날개 아랫면 날개밑의 검은 점무늬를 별 모양으로 여기고 이름을 지었다.

비고 최근 Fukúda와 Minotani(2017)가 별박이세줄나비의 유전자 분석을 통해 한반도와 중국, 일본의 개체군을 3종으로 분리시켜, 중국 동부에는 *pryeri* Butler, 1871이, 한반도와 중국 동북부 일부에는 *coreana* Nakahara et Esaki, 1929가, 일본에는 *iwasei* Fujioka, 1998이 분포한다고 하였다. 우리는 그들의 세분적인 분류법에 동의하지 않으며, 앞으로 세 지역의 분류군에 대한 더 자세한 고찰이 있기를 기대한다.

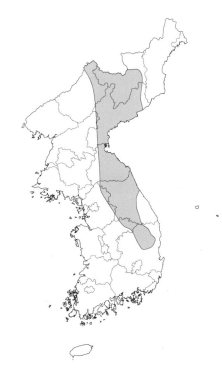

Abundance Common.
General description Wing expanse about 48 mm. Upper forewing cell streak interrupted by five black lines, under hindwing basal area light blue with small black spots. Korean population was treated as nominotypical subspecies (= *coreana* Nakahara et Esaki, 1929; = *koraineptis* Bryk, 1946) (TL: Shanghai, China).
Flight period Bivoltine or trivoltine according to latitude. Late May-September. Hibernates as a larva.
Habitat Shrubs near forests, open grounds within forest, meadows where bridal wreath trees abound.
Food plant *Spiraea prunifolia*, *S. salicifolia* (Rosaceae).
Distribution Inland regions of Korean Peninsula.
Range Japan, China (NE. & E.), Russia (Amur, Ussuri), Taiwan.

개마별박이세줄나비

Neptis andetria Fruhstorfer, 1913

분포 경상북도 일부 지역과 강원도 이북의

산지에 국지적으로 분포한다. 아직 백두산에는 채집 기록이 없다. 국외에는 중국(동북부, 중부), 러시아 극동지역에 분포한다.
먹이식물 장미과(Rosaceae) 조팝나무, 참조팝나무
생태 한 해에 두 번, 6월 중순에서 8월에 보인다. 월동은 애벌레 상태로 한다. 서식지는 조팝나무가 많은 산지의 길가와 숲 가장자리의 밝은 장소이다. 별박이세줄나비에 비교하여 개체수는 많지 않다. 활강하듯 길가를 천천히 날아다니다가 개망초와 어수리, 꼬리조팝나무 등 흰 꽃에 날아오는 것을 가끔 볼 수 있다. 여러 생태 특징은 별박이세줄나비와 거의 같은 것으로 보고 있다. 애벌레는 별박이세줄나비와 닮으나 몸통 위쪽에 있는 돌기 4쌍이 더 길고, 특히 가운데가슴과 뒷가슴 제8배마디에 있는 돌기의 끝이 더 예리하다. 3, 4령애벌레의 제6, 8배마디의 풀색 무늬는 끊어지는데, 별박이세줄나비는 이 부분이 이어진다.
변이 한반도 개체군은 중국 동북부, 러시아 극동지역과 함께 기준 아종으로 다루며, 다른 한 아종은 중국 중부에 떨어져 분포한다. 한반도에서는 특별한 변이가 없다.
암수구별 별박이세줄나비의 경우와 같다.
닮은 종의 비교 253쪽 참고
첫 기록 석주명(1934)이 *Neptis pryeri pryeri* Butler (Mt. Paiktusan (백두산))라

고 기록한 것이 처음으로 알려져 있는데, 실제로는 이 기록이 별박이세줄나비이라고 자신이 후에 밝혔다. 석주명이 첫 기록할 당시만 해도 이 종을 별박이세줄나비의 검어진 변이의 하나로 보았다. 이후 석주명(1939)이 *Neptis andetria* Fruhstorfer (Gaima Plateau (개마고원))라고 기록한 것이 우리나라에서 처음으로 보인다.
우리 이름의 유래 석주명(1947)은 이 나비가 개마고원에만 있다고 이름을 지었는데, 현재 경상북도 이북에 분포하니 당시에 충분한 조사가 이루어지지 못했던 것 같다.
비고 오랫동안 별박이세줄나비의 아종으로 다루어왔으나 Fukúda et al.(1999)에 따라 종으로 승격되었다. 그 이유는 날개 무늬, 수컷 생식기의 차이와 애벌레의 차이가 크지 않지만 우리나라에서 서식하는 동지역종으로 각각의 형태 고유성이 유지되기 때문이다.

Abundance Scarce.
General description Wing expanse about 46 mm. Similar to *N. pryeri* but upper forewing with a small white discal spot on costal margin, under hindwing basal area dark blue tint. Korean population was treated as nominotypical subspecies (TL: Amur, Russia).
Flight period Bivoltine. Mid June-August according to season. Hibernates as a larva.
Habitat Meadows where bridal wreath grows, almost the same habitat as *N. pryeri*.
Food plant *Spiraea prunifolia*, *Spiraea fritschiana* (Rosaceae).
Distribution Mountainous regions north of Cheongsong, Gyeongsangbuk-do.
Range China (NE. & C.), Russian Far East.

왕세줄나비

Neptis alwina (Bremer et Grey, 1853)

분포 남부 지역과 제주도를 뺀 한반도 내륙에 분포한다. 과거 제주도와 울릉도에서 채집했다는 기록은 잘못이다. 국외에는 일본, 중국(동북부, 중부), 러시아(아무르 남부, 우수리)에 분포하고, 몽골의 동부 지역의 기록은 확실치 않다.

먹이식물 장미과(Rosaceae) 복사나무, 옥매, 자두나무, 매화나무, 산벚나무

생태 한 해에 한 번, 6월 중순에서 8월에 나타난다. 월동은 4령 또는 5령애벌레 상태로 한다. 서식지는 산지의 숲 가장자리, 산길, 마을 근처의 복사나무가 있는 밭 주변, 석회암 지대 등이다. 산초나무와 쥐똥나무 등의 꽃에서 꿀을 빤다. 수컷은 오전 중 축축한 물가와 산길에 앉아 물을 먹거나 새똥에 날아온다. 오후에는 먹이식물 둘레를 활발하게 날면서 암컷을 탐색하는데, 날개돋이 하는 암컷에게 달려들어 곧바로 짝짓기를 한다. 암컷은 먹이식물 둘레를 크게 벗어나지 않으며, 보통 외딴 위치의 먹이식물의 줄기 아랫부분이나 어린 나무의 잎 위에 하나에서 여러 알을 낳는다. 이따금 같은 잎에 여러 번 낳는 경우가 있다.

변이 세계 분포로 보아도 특별한 지역 변이가 없으며, 한반도 안에서도 변이가 없다.

암수구별 수컷은 날개끝이 뾰족하고, 날개끝에 흰 점무늬가 뚜렷하며, 뒷날개 전연에 광택이 있는 회백색 부분이 있다. 암컷은 수컷보다 크고, 날개 외연이 둥글어 날개끝이 덜 뾰족해 보인다.

첫 기록 Fixsen(1887)은 *Neptis alwina* Bremer et Grey (Korea)라는 이름으로 우리나라에 처음 기록하였다.

우리 이름의 유래 석주명(1947)은 세줄나비류 중에서 가장 크다는 뜻으로 이름을 지었다.

Abundance Common.
General description Wing expanse about 77 mm. Usually larger than allied species. Upper forewing apex usually white. No noticeable regional variation in morphological characteristics (= *subspecifica* Bryk, 1946) (TL: environs de Pekin [Beijing, China]).
Flight period Univoltine. Mid June-August. Hibernates as 4th or 5th instar.
Habitat Forest edges in mountain area, mountain trails, cultivated ground around peach tree near rural village, limestone area.
Food plant *Prunus persica, P. glandulosa, P. salicina, P. mume, P. sargentii* (Rosaceae).
Distribution Inland regions of Korean Peninsula.
Range Japan, China (N. & C.), Russian (S. Amur, Ussuri), E. Mongolia (?).

황세줄나비

Neptis thisbe Ménétriès, 1859

분포 섬 지역을 뺀 한반도 내륙의 산지에 분포한다. 국외에는 중국(동북부, 중부, 동부), 러시아(아무르, 우수리)에 분포한다.

먹이식물 참나무과(Fagaceae) 신갈나무, 졸참나무, 굴참나무, 갈참나무, 자작나무과(Betulaceae) 박달나무, 물개암나무

생태 한 해에 한 번, 6월에서 8월에 나타나는데, 최근 경기도 광릉 지역에서는 5월 말부터 보인다. 월동은 애벌레 상태로 한다. 서식지는 산지의 활엽수림 가장자리, 산길 주변의 확 트인 공간이다. 수컷은 참나무 사이를 경쾌하게 날면서 수컷끼리 만나면 서로 뒤엉키듯 다투며 텃세를 부린다. 축축한 땅바닥이나 바위, 개구리 사체 등에 날아와 물과 무기염류를 빨아먹는다. 암컷은 수컷보다 덜 활발하며, 먹이식물 둘레를 천천히 날면서 먹이식물의 끝에 알을 하나씩 낳는다.

변이 한반도 개체군은 중국 동북부와 러시아 극동지역과 함께 기준 아종으로 다룬다. 남부지방의 개체들은 날개의 띠가 흰색이지만 북쪽으로 갈수록 노란 경향을 보인다. 한반도 동북부지방의 개체군은 거의 이 띠가 짙은 노란색인 북방황세줄나비의 색과 같아 보인다.

암수구별 수컷은 뒷날개 전연에 광택이 있는 회백색 무늬가 있다. 암컷은 수컷보다 훨씬 크고 날개 외연이 둥글다.

첫 기록 Staudinger와 Rebel(1901)은 *Neptis thisbe* Ménétriès (Korea)라는 이름으로 우리나라에 처음 기록하였다.

중에서 날개에 노란 줄무늬가 있다는 뜻으
로 이름을 붙였다.

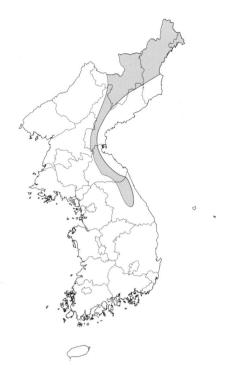

Abundance Common.
General description Wing expanse
about 74 mm. Upper wings with whitish
or yellow band, underside ground color
yellowish brown or reddish brown,
with yellow bands and violet streaks.
Color of wing band clinally becomes
more yellowish toward north. Korean
population was dealt as nomiotypical
subspecies (TL: Bureiskie Mts., Amur,
Russia).
Flight period Univoltine. June-August.
Hibernates as a larva.
Habitat Edges of mountainous forest,
open ground around mountain trails
Food plant *Quercus mongolica*,
Q. serrata, Q. variabilis, Q. aliena
(Fagaceae), *Betula schmidtii, Corylus
sieboldiana* (Betulaceae).
Distribution Mountainous regions
north of Mt. Jirisan.
Range China (NE., C. & E.), Russia
(Amur, Ussuri).

북방황세줄나비

Neptis tshetverikovi Kurentzov, 1936

분포 강원도 가리왕산 이북의 산지에 분포
한다. 국외에는 중국 동북부, 러시아(아무
르, 우수리, 트랜스바이칼)에 분포한다.
먹이식물 황세줄나비가 주로 참나무과의 신
갈나무를 먹는 것과 달리 이 종은 자작나무
과의 *Betula platiphylla*를 먹는다고 하나
(Gorbunov와 Kosterin, 2007) 앞 종과 이
종 모두 두 식물을 먹는 것으로 보인다.
생태 한 해에 한 번, 6월 중순에서 8월에 나
타난다. 월동은 애벌레 상태로 하는 것으

로 보인다. 서식지는 산지의 활엽수림 가
장자리, 능선 주위와 산길 주변이다. 수
컷은 축축한 땅바닥에 잘 날아오며, 이따
금 새똥에도 앉는다. 계방산의 운두령(해
발 고도 1,100m)과 같은 탁 트인 높은 능
선이나 산길에서 발견되는데, 우거진 숲속
의 좁은 등산로 땅바닥에 앉을 때도 있다.
발견되는 장소를 살펴보면 햇빛이 약하게
비치는 환경이다. 암컷은 먹이식물 주변의
나무 사이를 천천히 날아다니기는 하지만
대부분의 시간을 높은 나뭇잎에 앉아 쉬므
로 잘 발견되지 않는다. 남한에서는 귀한
종이어서 관찰했던 자료가 매우 적다.
변이 세계 분포로 보아도 특별한 변이가 없
고, 한반도 안에서도 특별한 변이가 없다.
암수구별 수컷은 뒷날개 전연에 광택이 있
는 회백색 무늬가 있다. 암컷은 수컷보다
훨씬 크고 날개 외연이 둥글다.
첫 기록 Nomura(1935)는 *Neptis thisbe*
subsp. (Bochenbo (보천보))라고 기록
했으나 이것은 황세줄나비의 아종을 뜻
한다. 따라서 Shirozu(1953)가 *Neptis
tshetverikovi* Kurentzov (무산령, 보천
보, 백암, 길주)라고 기록한 것이 우리나라
첫 기록이다.
우리 이름의 유래 김헌규와 미승우(1956)는
이 나비를 북방황세줄나비로 이름을 지었
는데, 그 의미가 아마 북쪽에 치우쳐 분포

하는 특징 때문으로 보인다. 하지만 이승
모(1982)가 이 종을 중국 윈난과 쓰촨에 분
포하는 'yunnana'라는 전혀 다른 종으로
해석하여 중국황세줄나비로 이름을 바꾼
이후 줄곧 이 이름을 사용하여 왔다. 여기
서는 이승모의 의견이 옳지 않기 때문에 원
래 이름으로 환원한 김성수(2015)의 의견
에 따랐다.
비고 이 종을 하나의 독립된 종으로 보
지 않고, 앞 종의 변이의 한 형태로 보
는 학자도 있고, 같은 지역에서 두 종 사
이의 중간형에 속하는 개체가 있다고 하
나(Tshikolovets 등, 2002) 최소한 한반
도 중부지방에서는 중간형이 없이 뚜렷이
두 종으로 나뉜다. 한편 Lang(2012)은 황
세줄나비의 아종으로 다뤘던 *obscurior*
Oberthür, 1906을 종으로 승격하고, 이를
북방황세줄나비와 같다고 보았다. 따라서
아직 종에 대한 논란이 더 이어질 것으로
보인다. 여기에서는 Bozano(2008)의 분류
방식에 따랐다.

Abundance Scarce.
General description Wing expanse
about 72 mm. Similar to *N. thisbe*
but rather smaller, upper hindwing
ochreous marginal patches usually
reduced. Korean population was
dealt as nomiotypical subspecies (TL:
[Ussuri, Russia]).
Flight period Univoltine. Mid June-
August. Possibly hibernates as a larva.
Habitat Edges of forest, around ridges
and mountain trails.
Food plant Fagaceae, Betulaceae.
Distribution High-elevation regions
north of Mt. Gariwangsan, Gangwon-do.
Range NE. China, Russia (Amur,
Ussuri, Transbaikalia).

산황세줄나비

Neptis ilos Fruhstorfer, 1909

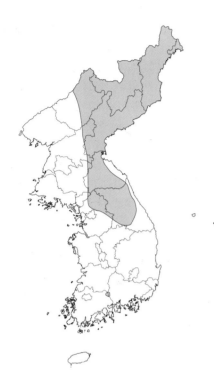

분포 지리산과 경기도와 강원도 이북부터 백두산까지의 산지에 국지적으로 분포한다. 국외에는 중국(동북부, 중부, 남부), 러시아(아무르, 우수리), 타이완에 분포한다. **먹이식물** 단풍나무과(Aceraceae) 단풍나무 **생태** 한 해에 한 번, 6월에서 8월 초에 보인다. 월동은 애벌레 상태로 하는 것으로 보인다. 서식지는 추운 지역의 산지의 낙엽활엽수림 가장자리이다. 수컷은 축축한 땅바닥이나 바위에 잘 앉으며, 동물의 배설물이나 새똥에도 잘 앉는다. 숲 가장자리 공간에서 날아다니며, 수컷끼리 만나면 서로 텃세를 부린다. 암컷은 나무 위와 사이를 천천히 나는데, 대부분의 시간을 나뭇잎에 앉아 쉴 때가 많다. 황세줄나비와 북방황세줄나비의 생태 특성과는 차이가 적다. **변이** 한반도 개체군은 중국 동북부와 러시아 극동지역과 함께 기준 아종으로 다룬다. 한반도 회령의 개체들은 날개의 흰띠가 노랗다. 지금까지 국내의 학자들이 *themis* Leech, 1809라는 종으로 다루었으나 Gorbunov(2001)가 이 두 분류군의 생식기 차이를 들면서 이 종(*ilos*)으로 분리시켰다. **암수구별** 수컷은 뒷날개 전연에 광택이 있는 회백색 무늬가 있는데, 앞 2종보다 덜 뚜렷하다. 암컷은 수컷보다 훨씬 크고 날개 외연이 둥글다. **닮은 종의 비교** 254쪽 참고 **첫 기록** Okamoto(1926)는 *Neptis themis* Leech (Mt. Kongo (금강산))라는 이름으로 우리나라에 처음 기록하였다. **우리 이름의 유래** 이승모(1981)는 설악산에서 채집했다는 뜻으로 설악산황세줄나비로 이름을 지었으나 신유항(1989)이 설악산 이외의 산에서도 볼 수 있다고 하여 위의 이름으로 바꾸었다. 아마 나비에 특정 산의 이름을 넣으면 그 산에만 분포한다고 오해할 염려 때문이었던 것 같다.

🦋

Abundance Common.
General description Wing expanse about 64 mm. Similar to allied species but forewing vein 10 arising from cell, upper forewing markings reduced. Korean population was dealt as nomiotypical subspecies (= *kumgangsana* Murayama, 1978) (TL: Amur, Russia).
Flight period Univoltine. June-early August. Possibly hibernates as a larva.
Habitat Deciduous broad-leaved forest edges in cold region.
Food plant *Acer palmatum* (Aceraceae).
Distribution High-elevation regions north of Yeongwol, Gangwon-do.
Range China (NE., C. & S.), Russia (Amur, Ussuri), Taiwan.

어리세줄나비

Neptis raddei (Bremer, 1861)

분포 경상남도 가지산 이북의 산지에 국지적으로 분포한다. 국외에는 중국 동북부, 러시아(아무르, 우수리)에 분포한다. **먹이식물** 느릅나무과(Ulmaceae) 느릅나무 **생태** 한 해에 한 번, 5월 중순에서 6월에 나타난다. 월동은 애벌레 상태로 한다. 서식지는 산지의 낙엽활엽수림 근처의 계곡, 산길이다. 수컷은 비교적 느리게 날아다니다가 축축한 땅바닥이나 계곡의 축축한 바위에 잘 앉는다. 특히 나뭇재와 동물의 배설물에도 잘 앉는다. 인기척에 꽤 민감한 편이나 한 번 날아갔다가 있던 자리로 다시 오는 일이 많다. 암컷은 수컷보다 숲이 더 우거진 계곡의 나무들 사이에서 볼 수 있으며, 개쉬땅나무에서 꽃꿀을 빠는 것이 관찰된 적이 있을 뿐 활동이 잘 알려지지 않고 있다. **변이** 세계 분포로 보아도 특별한 지역 변이는 없으며, 한반도 안에서도 변이가 없다. **암수구별** 수컷은 앞날개 윗면과 뒷날개 아랫면 날개밑에 검은 무늬가 크고 뚜렷한데, 이 무늬가 제1a, 2맥 위에도 퍼져 있다. 암컷은 수컷보다 크고, 날개 외연이 둥글며, 날개 맥이 덜 짙어 바탕이 밝다. **첫 기록** Okamoto(1923)는 *Neptis raddei* Bremer (Kogendo Gesseizi (강원도 월정사))라는 이름으로 우리나라에 처음 기록하였다. **우리 이름의 유래** 석주명(1947)은 여느 세줄나비류와 다른 생김새로 얼핏 흰나비처럼 보인다는 뜻으로 '어리'를 넣어 이름을 지었다.

Abundance Scarce.
General description Wing expanse about 70 mm. Veins and margins evident in dark brown color, wing pattern unmistakable. No noticeable regional variation in morphological characteristics (TL: Bureja-Gebirge (Amur, Russia)).
Flight period Univoltine. Mid May-June. Hibernates as a larva.
Habitat Valley near deciduous broad-leaved forest in mountain, around mountain trails.
Food plant Ulmus davidiana (Ulmaceae).
Distribution Mountainous regions north of Mt. Deokyusan, Jeollabuk-do.
Range NE. China, Russia (Amur, Ussuri).

오색나비

Apatura ilia (Denis et Schiffermüller, 1775)

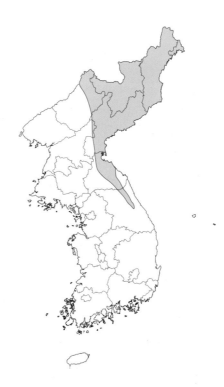

분포 강원도 태백산 이북의 백두대간을 중심으로 700m 이상의 산지에서 한반도 동북부지방까지 분포하는데, 사시나무의 분포 범위와 거의 같다. 황오색나비와 견주어 더 추운 지역에 치우쳐 분포한다. 국외에는 중국의 중부 이북, 러시아(아무르)와 유럽에서 코카서스까지 나뉘어 분포한다.
먹이식물 버드나무과(Salicaceae) 황철나무, 호랑버들, 사시나무
생태 한 해에 한 번, 6월 말에서 8월 중순까지 보인다. 월동은 3령 또는 4령애벌레 상태로 하는 것으로 보이나 아직 야외에서 발견된 적이 없다. 서식지는 추운 지역의 낙엽활엽수림 산지의 계곡이다. 황오색나비처럼 힘차게 날아다니는데, 꽃에 오지 않으며, 참나무와 버드나무에서 나오는 발효된 진을 빨아먹는다. 수컷은 계곡 주변의 3~4m의 나뭇잎 위에서 텃세 행동을 하는데, 한 자리를 강하게 고수한다. 오전 중에는 축축한 바위와 물가에 앉아 물이나 동물의 배설물을 빨아먹는다. 암컷은 잘 발견할 수 없으며, 먹이식물이 많은 계곡 주변

의 높은 나무 위에서 쉬는 일이 많으며, 가끔 땅바닥에 내려와 물을 빨아먹는다. 가끔 그 주위를 선회하면서 먹이식물의 잎 위에 알을 하나씩 낳는다.
변이 한반도 개체군은 중국(동북부, 북부)과 러시아 극동지역과 함께 아종 *praeclara* Bollow, 1932로 다룬다. 세계에 9아종이 있고, 한반도에서도 아종의 수준은 아니더라도 무늬와 날개 색에서 여러 형이 있으나 분류학적으로 의미가 크지 않다. 전체로 보면 크게 날개 바탕색이 흑갈색과 황갈색의 두 유전형이 있다. 개체에 따라 날개 중앙에 있는 흰 띠의 폭과 굴곡에 차이가 심하다.
암수구별 수컷에서만 날개 윗면이 빛의 방향에 따라 보라색 광택이 강하게 난다. 암컷은 보통 수컷보다 날개가 넓고 크다.
첫 기록 Fixsen(1887)은 *Apatura ilia* var. *bunea* Herrich-Schäffer (Korea)라는 이름으로 우리나라에 처음 기록하였다.
우리 이름의 유래 석주명(1947)은 수컷의 날개 윗면이 빛에 따라 남색을 띠는 종류이면서 다섯 가지 색 또는 여러 빛깔을 띤다는 뜻으로 이름을 붙였다. 당시에 그는 황오색나비와 오색나비를 구별하지 않고 한 종으로 여겼다.
비고 김용식(2002)은 오색나비와 황오색나비의 뒷날개 중앙의 흰 띠의 형태를 가지고 오색나비는 굴곡형, 직선형, 돌출형으로, 황오색나비는 굴곡형, 중폭형, 광폭형으로 각각 나누었다. 하지만 이 띠의 각 형에 대한 경계가 뚜렷하지 않고, 유전적으로 증명할 수 없어, 분류학의 입장에서 볼 때 의미가 적다.

Abundance Scarce.
General description Wing expanse about 70 mm. Genus *Apatura* has sexual dimorphism, with iridescent blue flush in male but absent in female. Also has two genetic form in wing color: dark brown violet and yellowish brown color. Korean population was dealt as ssp. *praeclara* Bollow, 1932 (= *kangkeensis* Seok, 1938; = *koreilia*

Bryk, 1946) (TL: Ussuri mer).
Flight period Univoltine. Late June-mid August. Hibernates as 3rd or 4th instar.
Habitat Valley of deciduous broad-leaved forests in cold regions.
Food plant *Populus maximowiczii, P. davidiana, Salix caprea* (Salicaceae).
Distribution Higher-elevation regions north of Mt. Gariwangsan, Gangwon-do.
Range China (NE., C. & E.), Russia (Amur), Caucasus to Europe.

황오색나비

Apatura metis Freyer, 1829

분포 오색나비가 주로 높은 산을 중심으로 분포하는 것과 달리 제주도를 뺀 전국에 낮은 지대부터 백두산 등 높은 산지까지 분포한다. 국외에는 일본, 중국 동북부, 러시아 (극동지역, 쿠릴)와 러시아(시베리아 남서부), 카자흐스탄 그리고 유럽(헝가리 남부에서 그리스 북부까지) 등 크게 세 지역으로 나뉘어 분포한다.
먹이식물 버드나무과(Salicaceae) 호랑버

들, 버드나무, 갯버들, 수양버들, 사시나무
생태 한 해에 한 번에서 세 번, 6월에서 10월 중순에 보인다. 중부와 북부지방의 산지에서는 한 해에 한 번, 중부지방 이남의 낮은 지대에서는 두세 번 나타난다. 월동은 3령 또는 4령애벌레 상태로 한다. 서식지는 낙엽활엽수림 주변의 계곡, 농촌, 도시 주변의 강가, 저수지 등 버드나무가 많은 습지이다. 빠르게 높은 나무 사이를 맴도는데, 꽃에서 꿀을 빨지 않으나 참나무와 느릅나무, 버드나무에서 분비되는 즙을 빨아먹는다. 수컷은 산정이나 산길 둘레의 목이 좋은 장소에 앉아 점유행동을 하는데, 강하게 한 자리를 고수한다. 또 축축한 바위와 물가에 앉아 물을 빨아먹는다. 암컷은 주로 오후에 버드나무가 많은 강가와 냇가의 먹이식물의 잎 위와 뒤에 알을 하나씩 낳는다.
변이 한반도 개체군은 2개의 다른 의견이 있는데, 먼저 중국(동북부, 내몽고), 러시아 극동지역, 트랜스바이칼, 몽골 동북부 지역과 함께 아종 *heijona* Matsumura, 1928로, 일본에는 아종 *substituta* Butler, 1873로 다룬다. 둘째는 아종 *heijona* 와 일본 지역 개체군을 모두 포함시켜 *substituta* 하나로 보는 의견이 있다 (Masui, Bozano와 Floriani, 2011). 한반도에서는 특별한 지역 변이는 없으나 개체에 따라 날개의 흰 띠의 변화가 있다. 거의 오색나비의 경우와 같으나 오색나비와 비교하여 띠의 폭이 넓다. 또 날개의 무늬와 색에 변이가 많은데, 기온과 먹이식물 등의 원인에 따른 것으로 추측되어 분류학의 의미가 크지 않고, 다만 흑갈색형과 황갈색형은 멘델의 유전법칙에 따른다.
　한편 이 종과 오색나비의 종간 잡종에 대한 연구가 있는데, 강원도에서 보이는 개체들 중에는 오색나비와 이 종의 유전자가 섞인 경우가 있다고 추정하고 있다(손상규, 2006).
암수구별 오색나비의 경우와 같다.
닮은 종의 비교 255쪽 참고
첫 기록 Fixsen(1887)은 *Apatura ilia* var. *metis* Freyer (Korea)라는 이름으로 우리나라에 처음 기록하였다. 그는 황오색나비를 오색나비의 변종으로 다뤘다. 실제로 오색나비와 황오색나비를 처음으로 구분한

학자는 이승모(1978)이다. 그가 황오색나비를 우리나라에 처음 기록하였다고 할 수 있다.
우리 이름의 유래 이승모(1978)는 앞 종에서 이 나비를 분리하고, 황갈색형(이승모는 황색형으로 하였음)의 비율이 높다는 뜻으로 위 이름을 지었다.

Abundance Common.
General description Wing expanse about 67 mm. Very similar to *A. ilia* but forewing more elongate, outer margin less regular. upper wings submarginal spots usually less lunate proximally and more developed. upper hindwing pale discal band followed by a small spot behind vein 2. under hindwing anal ocellus without dark center or centered with black spot. Korean population was dealt as ssp. *heijona* Matsumura, 1928 (= *serarumoides* Bryk, 1946) (TL: Corea).
Flight period Univoltine or trivoltine according to latitude and altitude. June-mid October. Hibernates as a 3rd or 4th instar.
Habitat Willowy wetlands such as valleys around deciduous broad-leaved forests, rural areas, rivers around cities, reservoirs, etc.
Food plant *Salix koreensis, S. gracilistyla, S. babylonica, S. caprea, Populus davidiana* (Salicaceae).
Distribution Inland regions of Korean Peninsula.
Range Japan, NE. China, inner Mongolia, Russian Far East, Transbaikalia, NE. Mongolia, NE. Kazakhstan, Hungary to SE. Europe.

번개오색나비

Apatura iris (Linnaeus, 1758)

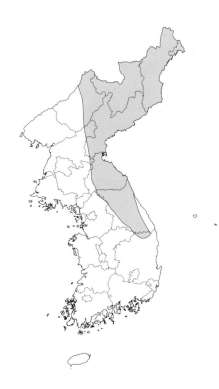

분포 지리산과 가지산 일부 높은 산지와 강원 이북의 800m 이상의 산지에 국지적으로 분포한다. 국외에는 중국(동북부, 중부, 남서부), 러시아(아무르, 우수리, 트랜스바이칼)와 우랄 남부, 유럽에 분리되어 분포한다.

먹이식물 버드나무과(Salicaceae) 버드나무, 호랑버들, 분버들

생태 한 해에 한 번, 6월 중순부터 8월에 보인다. 월동은 3령애벌레 상태로 한다. 서식지는 낙엽활엽수림의 계곡 주변이나 800m 이상의 산꼭대기, 그 주변 산길이다. 계곡 사이의 넓은 빈터를 직선으로 날아다니며, 참나무 진에 모이나 꽃에서 꿀을 빨지 않는다. 수컷은 오전에 산길이나 계곡 주변에 나타나 축축한 곳과 동물의 배설물에 잘 앉는다. 오후에는 산꼭대기와 능선의 확 트인 장소에서 점유행동을 심하게 한다. 암컷은 주로 능선과 계곡 주변에서 볼 수 있으며, 맑은 날 먹이식물 주위의 그늘진 곳에서 쉬는 것을 볼 수 있다. 짝짓기는 주로 1,000m 정도의 서식지 주변에서 이루어지

는 것으로 보인다. 암컷은 오후에 먹이식물의 잎 위에 하나씩 낳는다. 유생기의 기록은 손정달과 김성수(1990)의 논문이 있다.

변이 한반도 개체군은 중국 동북부, 러시아(아무르, 우수리에서 트랜스바이칼까지) 지역과 함께 아종 *amurensis* Stichel, 1908로 다룬다. 기준 아종은 유럽에서 우랄 남부까지 분포한다. 한편 한반도에서의 지역변이는 Takakura와 이승모(1981)가 기준 지역인 소백산 등 남한의 개체군에 한해 아종 *peninsularis* Takakura et Lee, 1981로 기재했다. 하지만 두 아종의 지역 경계가 뚜렷하지 않고, 남쪽으로 갈수록 개체가 커지는 연속적인 변이의 경향성으로 보여 큰 의미가 없다. 중부 이북 지역의 암컷 일부 개체들 중에는 날개의 흰 띠가 노란 기운으로 변하기도 한다.

암수구별 오색나비의 경우와 같다. 암컷의 날개 중앙의 흰 띠는 수컷보다 훨씬 넓다.

첫 기록 Staudinger와 Rebel(1901)은 *Apatura iris* Linnaeus (Korea)라는 이름으로 우리나라에 처음 기록하였다.

우리 이름의 유래 석주명(1947)은 재빨리 나는 모습과 뒷날개 중앙의 흰 줄무늬가 바깥으로 삐쳐 보여 마치 번개를 치는 모습과 같다는 뜻으로 이름을 지었다.

Abundance Scarce.

General description Wing expanse about 72 mm. Korean population was dealt as ssp. *amurensis* Stichel, 1908 (TL: Amur). Ssp. *amurensis* very close to nominotypical subspecies but wing size often larger, upper wing's white discal band larger. this band sometimes with yellowish tint in N. Korea.

Flight period Univoltine. Mid June-August. Hibernates as 3rd instar.

Habitat Around valley of deciduous broad-leaved forest, mountain top and adjacent mountain trails at more than 800 m a.s.l.

Food plant *Salix koreensis*, *S. caprea*, *S. rorida* (Salicaceae).

Distribution High-elevation mountainous regions north of Mt. Jirisan.

Range China (NE., C. & SW.), Russia (Amur, Ussuri to Transbaikalia, S. Ural), Europe.

수노랑나비

Chitoria ulupi (Doherty, 1889)

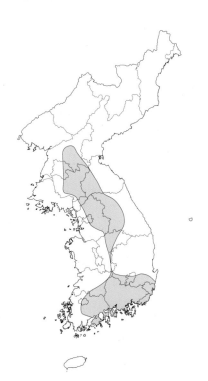

분포 경상남도 합천 해인사 등 낮은 산지에서 북한 평양까지 분포하는데, 개마고원과 한반도 동북부지방에는 분포하지 않는다. 과거 울릉도에서 채집한 기록(김창환, 1976)이 있으나 첫 기록 이후 전혀 발견되지 않고 있는데, 잘못 기록했던 것으로 보인다. 국외에는 중국(중부, 서부, 남부), 타이완, 베트남 북부, 아삼에 분포한다.

먹이식물 느릅나무과(Ulmaceae) 풍게나무, 팽나무

생태 한 해에 한 번, 6월 중순에서 9월 초까지 보인다. 월동은 애벌레 상태로 한다. 서식지는 참나무가 많은 낙엽활엽수림 주변의 계곡, 산길 주위이다. 큰 참나무 사이를

빠르게 날아다니다가 암수 모두가 참나무 진에 날아오나 꽃에서 꿀을 빨지 않을 뿐더러 길가의 축축한 장소에 앉지 않는다. 이 습성은 오색나비아과 중에서 이 종만 지닌 독특한 습성이다. 수컷은 산정이나 빈터의 나무 끝에 앉아 텃세를 부리는 습성은 있으나 그다지 심하지 않으며, 활발하게 날아다니므로 채집해보면 대부분 날개가 상한 경우가 많다. 암컷은 8월 중순부터 9월 초 사이에 먹이식물 잎 뒤에 알을 낳는데, 보통 30분 정도 걸려서 50~200개의 알을 3단 또는 4단의 층으로 한꺼번에 낳으며, 전체 모습이 6각형이다. 유생기의 기록은 배재고 생물반(1974)의 논문이 있다.

변이 한반도 개체군은 중국 동북부(랴오닝) 지역과 함께 아종 morii (Seok, 1937)로 다룬다. 한반도에서는 특별한 변이가 없다.

암수구별 암수는 바탕색이 매우 다르다. 수컷은 날개 윗면과 아랫면이 황갈색이고, 뒷날개 중앙에 위아래로 보이는 은회색 띠가 있으나 그다지 뚜렷하지 않다. 암컷은 날개 윗면이 흑갈색이고, 아랫면이 녹두색 기운이 도는 은회색을 띠며, 뒷날개 중앙에 흰 띠가 있다. 암컷은 오색나비류와 닮는다.

첫 기록 Doi(1931)는 *Apatura ulupi fulva* Leech (Mt. Syoyo (소요산))라는 이름으로 우리나라에 처음 기록하였다.

우리 이름의 유래 석주명(1947)은 암컷을 기준으로 하면 '작은은판대기'라고 할 수 있으나 수컷의 노란색을 더 돋보이도록 한다는 뜻으로 이 이름을 지었다고 하였다.

Abundance Common.
General description Wing expanse about ♂ 63 mm, ♀ 75 mm. Sexual dimorphism strong. Korean populations was dealt as ssp. *morii* (Seok, 1937) (TL: Kyûzyô, N. Korea).
Flight period Univoltine. Mid June-early September. Hibernates as a larva.
Habitat Valley and mountain trails around oak-rich deciduous broad-leaved forest.
Food plant *Celtis jessoensis, C. sinensis*

(Ulmaceae).
Distribution Inland regions of Korean Peninsula.
Range China (NE., C., W. & S.), Taiwan, N. Vietnam, India (Assam).

밤오색나비
Mimathyma nycteis (Ménétriès, 1859)

분포 강원도 영월과 정선, 태백 지역과 한반도 동북부지방에 분포한다. 국외에는 중국(동북부, 중부), 러시아 극동지역에 분포한다.
먹이식물 느릅나무과(Ulmaceae) 느릅나무, 왕느릅나무
생태 한 해에 한 번, 6월 중순부터 8월 중순까지 보인다. 월동은 애벌레 상태로 한다. 서식지는 2m 높이의 느릅나무가 많은 해발 400m 정도의 산지, 숲이 덜 우거진 석회암 지대이다. 수컷은 축축한 개울가와 외딴 집의 마당, 건물 벽, 담장, 두엄 더미에 잘 모이며, 야산의 확 트인 정상에서 오후에 점유행동을 한다. 이때 나뭇잎 위에 앉아 날개를 편다. 암컷은 산의 능선 주변

을 날아다니는데 그다지 활발하지 않다. 때때로 떡갈나무와 느릅나무, 물푸레나무의 나뭇진에 모여 빨아먹는데, 수컷도 같은 장소에서 볼 수 있다. 암컷은 2m 이내의 위치에 있는 먹이식물의 잎 위에 알을 하나씩 낳는다. 유생기의 기록은 김성수와 손정달(1992)의 논문이 있다.

변이 한반도 개체군은 중국 동북부, 러시아 극동지역과 함께 기준 아종으로 다룬다. 다른 아종은 중국 중부에 분포한다. 한반도에서는 특별한 변이가 없으나 한반도 동북부지방의 개체군보다 강원도 영월의 개체군의 크기가 대체로 큰 편으로, 아마 남쪽으로 갈수록 개체의 크기가 커지는 경향을 보이는 것이라고 생각한다. 개체들 중에는 눈에 띄게 소형이 있으며, 날개의 흰 띠의 폭이 조금 줄어들기도 한다.

암수구별 날개 윗면의 색이 검으면 수컷, 조금 옅은 흑갈색(밤색)이면 암컷이다. 날개 아랫면의 바탕색은 암컷이 수컷보다 더 붉다. 오래된 표본은 색이 퇴색하여 암수의 색 차이가 덜하다. 대체로 암컷은 수컷보다 크고, 날개폭이 넓으며, 날개 외연이 둥글다.

첫 기록 Fixsen(1887)은 *Neptis nycteis* Ménétriès (Korea)라는 이름으로 우리나라에 처음 기록하였다.

우리 이름의 유래 석주명(1947)은 날개 바탕이 밤색이라는 뜻으로 이름을 지었다. 낮과 밤에서 '밤'의 뜻은 아니다.

Abundance Local and scarce.
General description Wing expanse about 70 mm. Upper forewing cell streak white dusted with grey. Korean population was dealt as nominotypical suspecies (= *furukawai* Matsumura, 1931) (TL: Ussuri).
Flight period Univoltine. Mid June-mid August. Hibernates as a larva.
Habitat Mountains of 400 m a.s.l. with 2 m-high elms, poorly forested limestone area.
Food plant *Ulmus davidiana, U. macrocarpa* (Ulmaceae).

Distribution High-elevation mountainous regions north of Jecheon, Chungcheongbuk-do.
Range China (NE. & C.), Russian Far East.

은판나비

Mimathyma schrenckii (Ménétriès, 1859)

분포 전라남도 광양 백운산 이북의 산지에 분포한다. 국외에는 중국(동북부, 동부, 중부, 남서부), 러시아 극동지역에 분포한다.
먹이식물 느릅나무과(Ulmaceae) 느릅나무, 참느릅나무, 느티나무, 시무나무, 난티나무, 왕느릅나무
생태 한 해에 한 번, 6월 중순에서 9월 초까지 볼 수 있으며, 경기도의 낮은 지역보다 강원도 산간 지역에서 10여 일 정도 나타나는 시기가 늦다. 월동은 나무 가지의 사이, 나무껍질의 틈에서 대부분 3령애벌레 상태로 한다. 서식지는 느릅나무가 많은 낙엽활엽수림의 산지 계곡, 산길 주변이다. 수컷은 오전 중에 길바닥의 축축한 곳이나 오물, 야생동물의 사체 등에 모이며,

오후에 암컷을 찾아 나무 사이를 빠르게 선회한다. 여느 오색나비아과의 수컷들과 달리 한 자리를 차지하려는 점유행동을 보이지 않는다. 암수 모두 드물게 피나무의 꽃에서 꿀을 빤다. 짝짓기는 주로 먹이식물 주변에서 이루어진다. 암컷은 산정 주변의 나뭇잎 위와 땅바닥 도는 산지의 땅바닥에 가끔 앉는다. 또 늦은 오후 그늘진 계곡에 내려와 물을 먹기도 하는데, 대부분 알을 거의 낳은 암컷이 무기질을 보충하기 위해서이다. 암컷은 먹이식물 잎 위에 알을 하나씩 낳는다. 유생기의 기록은 손정달과 김성수(1993)의 논문이 있다.
변이 한반도 개체군은 중국(동북부, 동부), 러시아 극동지역과 함께 기준 아종으로 다룬다. 다른 아종은 중국(중부, 남서부)에 있다. 한반도에서는 지역 변이가 없으나 앞날개 중실 아래에 붉은 띠가 짙고 옅거나 때로 없는 개체 변이가 있다.
암수구별 암컷은 수컷보다 날개폭이 넓고, 날개 외연이 둥글며, 앞날개 윗면 외횡부의 제1, 2실에서 주황색 무늬가 뚜렷하다. 암컷의 배는 수컷보다 두드러지게 통통하다.
첫 기록 Fixsen(1887)은 *Apatura schrenckii* Ménétriès (Korea)라는 이름으로 우리나라에 처음 기록하였다.
우리 이름의 유래 석주명(1947)은 뒷날개 아랫면이 은색이어서 '은판대기'라고 했으나 김헌규와 미승우(1956)가 위의 이름으로 바꾸었다.

Abundance Common.
General description Wing expanse about 85 mm. Upper wing orange-brown discal spots often present in male but more developed in female. No noticeable regional variation in morphological characteristics (= *viridescens* Bang-Haas, 1939; = *decorata* Bang-Haas, 1939; = *kwangneunga* Murayama, 1986) (TL: Amur).
Flight period Univoltine. Mid June-early September. Hibernates as 3rd instar.

Habitat Mountain valleys of deciduous broad-leaved forest with plenty of elm trees.
Food plant *Ulmus davidiana, U. parvifolia, U. laciniata, U. macrocarpa, Hemiptelea davidii, Zelkova serrata* (Ulmaceae).
Distribution Mountainous regions north of Mt. Jirisan.
Range China (NE., E., C. & SW.), Russian Far East.

유리창나비

Dilipa fenestra (Leech, 1891)

분포 전라남도 보성군 일림산 이북의 산지에 국지적으로 분포한다. 국외에는 중국(동북부, 중부, 동부, 서부)에 분포한다.
먹이식물 느릅나무과(Ulmaceae) 풍게나무, 왕팽나무, 팽나무, 좁은잎팽나무
생태 한 해에 한 번, 4월 중순부터 5월에 나타나며, 강원도 산지에서는 6월 초에 암컷이 보이기도 한다. 월동은 번데기 상태로 한다. 서식지는 낙엽활엽수림의 계곡 주변

이다. 수컷은 오전에 계곡의 축축한 곳에 내려오고, 오후에는 1~2m 높이의 돌출한 자리에서 앉아 점유행동을 심하게 한다. 수컷의 주 활동 시기는 새싹이 돋을 무렵이어서 숲이 덜 우거진 상태일 때가 많다. 이와 달리 암컷은 수컷이 많을 때에 보기 어려우며, 오히려 수컷의 활동이 뜸해질 무렵, 우거진 숲 주위의 계곡에서 볼 수 있다. 또 다래나무와 사탕단풍 따위의 식물의 줄기에서 나오는 단물을 섭취하기도 하지만 흐르는 물을 직접 먹거나 이끼에 젖은 물기를 먹기도 한다. 암컷은 주로 오후에 잎 뒤와 가지 사이에 알을 하나씩 낳는다. 암수 모두 매우 민감하다. 유생기의 기록은 윤인호와 김성수(1989)의 논문이 있다.

변이 한반도 개체군은 중국 지역과 함께 기준 아종으로 다룬다. 한반도에서는 과거 석주명(1937)이 아종 *takacukai* Seok, 1937로(기준 지역: 북한 구장) 다뤘던 적이 있으나 중국의 개체군과 비교하여 차이가 없다. 아마 과거에는 분류의 증거를 뚜렷이 찾지 못했던 것으로 보인다. 수컷의 뒷날개 윗면 아외연부에 있는 검은 무늬가 크거나 작은 개체 변이가 있다.

암수구별 수컷은 날개 윗면이 광택이 있는 황갈색 바탕에 검은 무늬가 있으나 암컷은 날개 윗면이 광택이 없으며, 짙은 적갈색 무늬가 많아 수컷보다 날개색이 짙다. 암컷은 날개끝의 유리창 같은 막질이 훨씬 크고, 맨 위의 작은 무늬가 뚜렷한 것과 달리 수컷은 없거나 매우 작다. 또 앞날개 윗면 제2실 외횡부에 있는 검은 점무늬는 중앙에서 수컷이 검은 것과 달리 보라색을 띤다.

첫 기록 석주명(1934)은 *Dilipa fenestra* Leech (개성)라는 이름으로 우리나라에 처음 기록하였다.

우리 이름의 유래 석주명(1947)은 날개끝의 투명한 유리창 같은 막의 모습을 강조하여 이름을 지었다.

General description Wing expanse about 64 mm. Forewing with two or three hyaline spots near the apex. Hindwing humeral (precostal) vein curved and bifurcate. Female wing color darker than male. No noticeable regional variation in morphological characteristics (= *takacukai* Seok, 1937) (TL: Sichuan, China).
Flight period Univoltine. Mid April-May. Hibernates as a pupa.
Habitat Around valley of deciduous broad-leaved forest.
Food plant *Celtis jessoensis*, *C. koraiensis*, *C. sinensis* (Ulmaceae).
Distribution Mountainous regions north of Jeollanam-do.
Range China (NE., C., E. & W.).

홍점알락나비

Hestina assimilis (Linnaeus, 1758)

분포 제주도를 포함한 한반도 전 지역에 분포하나 평안남도와 함경북도 일부를 뺀 이남 지역으로 분포한다. 제주도에서는 해안 지대부터 고도 600m 이하의 지역에 많고, 백록담에서 이따금 수컷을 볼 수 있다. 국외에는 일본(혼슈, 아마미섬), 중국, 타이완, 베트남 북부 일부 지역에 분포한다. 일본의 혼슈에는 아마미섬과 달리 최근에 유입된 것으로 보이는데, 우리나라 흑백알락나비처럼 봄형과 여름형이 뚜렷한 특징으로 보아 유입 경로가 우리나라가 아니라 중국으로 보인다.

먹이식물 느릅나무과(Ulmaceae) 풍게나무, 팽나무, 왕팽나무

생태 고도가 낮은 지역에서는 한 해에 두 번, 5월 중순에서 6월 중순까지와 7월 말에서 8월에 나타나나 높은 산지에서는 한 해에 한 번, 7~8월에 나타난다. 또 남부지방과 제주도에서는 한 해에 세 번 나타나는 것으로 보인다. 월동은 애벌레 상태로 한다. 서식지는 낮은 산지, 마을 주변, 해안의 팽나무가 많은 곳이다. 수컷은 맑은 날 산 정상에서 오후 3시 이후 해질녘까지 점유행동을 하고, 나머지 시간은 나무 사이를 빠르게 날면서 졸참나무와 팽나무의 진, 동물의 배설물에 이따금 모인다. 흑백알락나비와 달리 땅바닥에 앉아 물을 먹지 않는다. 암컷은 천천히 날면서 낮은 위치의 먹이식물 잎 위에 알을 하나씩 낳는다. 겨울을 나는 애벌레는 어린 먹이식물 둘레의 낙엽 밑에 있으나 제주도에서는 나무 밑동에 붙어 있는 경우가 많다.

변이 한반도 개체군은 중국(산동 제외), 베트남 북부의 일부 지역과 함께 기준 아종으로 다룬다. 한반도에서는 특별한 지역 변이가 없다. 제주도 개체군은 뒷날개 가장자리 부위의 붉은 점무늬가 더 뚜렷하고 커지고, 날개밑에서 외횡부까지의 바탕색이 대체로 밝다. 같은 기준 아종으로 다루는 중국 지역의 개체군은 건기에 날개가 흰색이 되는 특징이 있다. 현재 우리나라에서 이런 개체는 발견되지 않았다. 계절에 따른 변이는 크지 않으며 여름형이 봄형보다 크기가 조금 작다. 이따금 날개 바탕이 붉은 기가 도는 개체가 보인다.

암수구별 암컷은 수컷보다 크고, 날개 외연이 둥글다. 수컷은 맥을 따라 검은색이 굵어지고 짙어 전체가 어두워 보인다.

첫 기록 Butler(1883a)는 *Hestina assimilis* Linnaeus (SE. Corea)라는 이름으로 우리나라에 처음 기록하였다.

우리 이름의 유래 석주명(1947)은 날개 무늬의 특징을 가지고 '알락나비'라 하고, 날개의 붉은 점의 특징을 강조하여 이름을 지었다.

Abundance Common.
General description Wing expanse about 90 mm. Cell of wings open. both wings' ground color without variable black stripes, no white form. Korean population was dealt as nominotypical subspecies (= *coreana* Kishida et Nakamura, 1936; = *imperfecta* Bryk, 1946) (TL: Asia [Canton] (Southern China)).
Flight period Univoltine or bivoltine according to altitude and locality. Mid May-mid June, late July-August in double broods at lower altitude, July-August in single brood at mountainous areas above 800 m a.s.l. Hibernates as a larva.
Habitat Low mountain area with plenty of hackberry trees, around village and on coastal region, glades and road verges in oak woodlands.
Food plant *Celtis jessoensis*, *C. sinensis*, *C. koraiensis* (Ulmaceae).
Distribution Whole Korean territory excluding Ulleungdo island.
Range Japan (Honshu, Amami-Oshima), China, N. Vietnam.

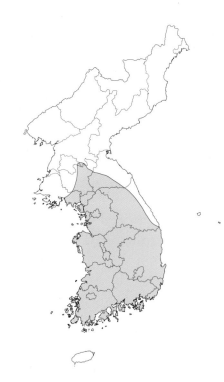

흑백알락나비
Hestina persimilis (Westwood, 1850)

분포 제주도와 울릉도, 동해안 일대를 뺀 평남 이남의 내륙 지역에 분포한다. 국외에는 일본, 중국(서부, 동부, 남부), 히말라야에 분포한다.
먹이식물 느릅나무과(Ulmaceae) 풍게나무, 팽나무, 왕팽나무
생태 한 해에 두 번, 5월에서 6월과 7월 말에서 8월에 나타난다. 중북부지방에서는 여름형이 거의 보이지 않아 한 해에 한 번 보일 때가 있다. 월동은 뿌리 근처의 낙엽

밑에서 4령애벌레 상태로 한다. 서식지는 평지의 활엽수림과 높지 않은 산지의 숲 가장자리이다. 큰 나무 주위를 맴도는 일이 많으며, 오후에 참나무의 진을 찾아다닌다. 수컷은 오전 중에 축축한 곳이나 오물에 잘 모인다. 수컷끼리의 경쟁은 있으나 한 자리를 차지하려는 점유행동은 약하다. 암컷은 먹이식물 둘레를 맴돌다가 나무 내부로 들어가 옆으로 뻗은 잔가지에 30개 정도의 알을 낳기도 하고, 잎에 하나씩 낳기도 한다.
변이 한반도 개체군은 중국 지역과 함께 아종 *viridis* Leech, 1890로 다룬다. 한반도에서는 지역 변이가 없다. 한편 일본에 분포하는 아종 *japonica* (Felder et Felder, 1862)를 종으로 승격하고 한반도 개체군을 그 종의 아종 *seoki* Shirôzu, 1955로 다루기도 했다(Lee, 2009).
한반도 이외의 지역에서는 홍점알락나비처럼 여러 유전형이 있는 것으로 보인다. 또 경상도 일부 지역의 암컷 중에는 앞날개 제1b실과 제4, 5, 6실의 흰 무늬가 가로로 길게 넓어지는 개체가 드물게 있다(Masui, 2012).
계절에 따라 날개 색과 무늬의 차이가 크다. 봄형은 바탕이 희고 날개 맥만 검은 줄이나 여름형은 뚜렷하게 검은 부분이 넓어진다. 이런 현상은 아종 *viridis*에서 나타나는 특징이다. 이따금 봄과 여름의 중간형

인 개체들도 있는데, 엄밀히 따지면 모두 봄형에 속한다. 뒷날개 중앙의 흰 띠가 넓고 좁은 변이가 나타난다.
암수구별 암컷은 수컷보다 크고, 날개 외연이 둥글다. 봄형 수컷은 날개 맥이 굵고 짙어져 암컷보다 검어 보인다. 여름형 암컷은 검은색이 덜 짙고, 날개 바탕에 노란 기운이 돈다.
첫 기록 Matsumura(1907)는 *Hestina japonica* C. et R. Felder (Korea)라는 이름으로 우리나라에 처음 기록하였다.
우리 이름의 유래 석주명(1947)은 날개 무늬의 모습이 알록달록하다는 뜻으로 이름을 지었다.
비고 이 종에 대해서 과거 일본의 *Hestina japonica* C. et R. Felder로 보려는 시각이 있다(Lee, 2009). 그는 *japonica*와 *persimilis*가 아주 닮지만 날개 외연의 생김새가 *persimilis*가 더 파인 특징 때문에 왕나비 일종인 *Parantica aglea* (Stoll)를 의태하는 것으로 차이를 두었다. 하지만 이의 해석은 자연분류의 입장에서 올바르지 못하다. 생식기 등의 특징이 이 두 분류군 사이에는 차이가 없다. 현재 일본에서도 *japonica* 대신 *persimilis*로 다루고 있다(Masui, Bozano와 Floriani, 2011). 여기에서는 이 종의 아종들을 다음과 같이 구별한다.
Hestina persimilis persimilis (Westwood, [1850]) (네팔, 시킴, 부탄)
Hestina persimilis zella Butler, 1869 (카슈미르)
Hestina persimilis viridis Leech, 1890 (= *seoki* Shirôzu, 1955) (한국)
Hestina persimilis chinensis (Leech, 1890) (중국)
Hestina persimilis japonica (C. et R. Felder, 1862) (일본)

Abundance Common.
General description Wing expanse about 80 mm. Upper hindwing without pink postdiscal spots. Seasonal form distinct; spring form without black markings. Korean populations ssp.

viridis Leech, 1890 (= *seoki* Shirôzu, 1955) (TL: Chang Yang (Hubei, China)).

Flight period Bivoltine. May-June, late July-August. Hibernates as 4th instar.

Habitat Broad-leaved forests in flatland, forest edges in low mountain.

Food plant *Celtis jessoensis*, *C. sinensis*, *C. koraiensis* (Ulmaceae).

Distribution Inland regions of Korean Peninsula, islands located in Gyeonggi-do and southern coastal region.

Range Japan, China (W., E. & S.), Himalayas.

[왕오색나비

Sasakia charonda (Hewitson, 1863)

분포 한라산과 개마고원 등 높은 산지를 뺀 전 지역에 분포하고, 울릉도와 일부 부속 섬에는 분포하지 않는다. 제주도에서는 관음사와 천왕사 일대의 오름에 분포한다. 국외에는 일본, 중국, 타이완, 베트남 북부의 일부 지역에 분포한다.

먹이식물 느릅나무과(Ulmaceae) 풍게나무,
팽나무, 왕팽나무

생태 한 해에 한 번, 6월 중순에서 8월에 보인다. 월동은 애벌레 상태로 한다. 서식지는 고도가 낮은 산지, 마을 주변의 낙엽활엽수림 계곡부이다. 높은 나무 사이를 힘차게 선회하다가 참나무 진, 동물의 배설물과 사체에 잘 모인다. 수컷은 축축한 물가에 잘 모여 앉는다. 또 오후에 800m 이하의 야산의 정상에서 점유행동을 심하게 하는데, 암컷이 나타나면 힘차게 뒤쫓는다. 암컷은 먹이식물의 잎 위와 뒤, 잔가지에 20~100개의 알을 하나씩 펼쳐서 낳는데, 때로는 하나씩 낳기도 한다. 월동하기 위해 애벌레는 먹이식물 둘레의 낙엽 속으로 잠입한다.

변이 한반도 개체군은 중국(동부, 중부, 북부, 동북부) 지역과 함께 아종 *coreanus* (Leech, 1887)로 다룬다. 제주도 개체군은 날개 아랫면의 바탕색이 누런 흰색인데, 중부지방의 개체들에게도 보이나 대부분 검은 얼룩무늬가 발달한다. 날개 윗면의 흰 무늬가 누렇게 보이는 개체들도 이따금 보인다. 한편 팽나무알락진딧물과 말채나무공깍지벌레에 감염된 먹이식물로 사육한 개체는 날개의 색이 흐려지고 무늬가 줄어드는 개체가 나온다(손정달, 1991a).

암수구별 수컷은 날개 윗면의 날개밑에서 중앙까지 보라색을 띠나 암컷은 전체 바탕색이 짙은 밤색이어서 다르다. 암컷 날개 외연은 수컷보다 둥글고, 배 끝 아래가 갈색으로 광택이 난다.

첫 기록 Leech(1887)는 *Euripus coreanus* Leech (기준 지역: Gensan (원산))라는 이름으로 우리나라에 처음 기록하였다.

우리 이름의 유래 석주명(1947)은 오색나비류 중에서 가장 크다는 뜻으로 이름을 붙였다.

Abundance Common.

General description Wing expanse about 100 mm. Cell of wings open; hindwing humeral (precostal) vein curved, not bifurcated. Male upper wings with iridescent blue flush. Korean population ssp. *coreana* (Leech, 1887) (TL: ... about 15 miles south of Gensan (Wonsan, N. Korea).

Flight period Univoltine. Mid June-August. Hibernates as a larva.

Habitat Valley of low-altitude mountainous areas, deciduous broad-leaved forests around rural village, volcanic monticules (= Oreum) around Gwaneumsa and Cheonwangsa Temple in Jeju island.

Food plant *Celtis jessoensis*, *C. sinensis*, *C. koraiensis* (Ulmaceae).

Distribution Jeju island, Inland regions of Korean Peninsula.

Range Japan, China, Taiwan, N. Vietnam.

[대왕나비

Sephisa princeps (Fixsen, 1887)

분포 전라남도 진도, 두륜산, 부산에서 백두산과 함경북도 회령까지의 한반도 내륙에 곳곳에 분포한다. 국외에는 중국(동북부, 동부, 중부, 남부), 러시아 극동지역에 분포한다.

먹이식물 참나무과(Fagaceae) 굴참나무, 신갈나무, 졸참나무, 상수리나무

생태 한 해에 한 번, 6월 말에서 9월 초까지 보인다. 월동은 3령애벌레 상태로 한다. 서식지는 고도가 높지 않고(1,000m 이하), 참나무가 많은 낙엽활엽수림 계곡 주변이다. 참나무진에서 즙을 빤다. 수컷은 오전 중에 산길과 물가의 축축한 곳, 오물, 야생 동물의 사체, 배설물 따위에 모이고, 오후에는 큰 참나무 꼭대기의 잎 위에 앉아 점유행동을 한다. 암컷은 산길의 조금 침침한 장소에 날아와 앉으며, 오후에 거미가 말아놓은 것으로 보이는 둥그렇게 말린 잎 속에 한 번에 20~150개의 알을 낳는다. 이것은 암컷의 산란관이 길어서 가능하다. 인위적으로 잎을 말아 놓으면 암컷에게서 알을 받을 수 있다. 가끔 산란기가 지난 암컷이 물가에서 물을 먹는다. 유생기의 기록은 손정달(1995)의 논문이 있다.

변이 한반도 개체군은 중국(윈난 북부 제외), 러시아 극동지역과 함께 기준 아종으로 다룬다. 중국 윈난 북부 지역에 다른 아종이 있다. 수컷 중에는 날개의 흑갈색 무늬가 발달하는 개체들이 있는데, 추운 지역의 개체들에서 나타나는 특징으로 보인다. 함북 회령 개체 중에는 날개 외연이 덜 패인 특징이 나타난다.

암수구별 수컷은 날개 윗면이 광택이 조금 있는 주황색 바탕이지만 암컷은 흰 바탕에 맥을 중심으로 청색을 머금은 흑갈색이다. 또 암컷은 앞날개 밑 가까이가 검은데, 청람색 띠와 중실에 주황색 무늬가 2개 있고, 뒷날개에도 이 무늬가 조금 보인다.

첫 기록 Fixsen(1887)은 *Apatura princeps* Fixsen (기준 지역: Pungtung)라는 이름으로 우리나라에 처음 기록하였다.

우리 이름의 유래 석주명(1947)은 종의 라틴어(*princeps*)에서 의미를 따와 이름을 지었다.

Abundance Common. Cell of wings open; hindwing humeral (precostal) vein slightly curved, not bifurcated. Male wing ground color yellowish brown, but female blackish brown.

Korean populations was treated as nominotypical subspecies (= *cauta* Leech, 1887) (TL: Pung-Tung (near Gimhwa, C. Korea).

General description Wing expanse about ♂ 72 mm, ♀ 80 mm.

Flight period Univoltine. Late June-early September. Hibernates as 3rd instar.

Habitat Around valley in deciduous broad-leaved forest at high altitude (less than 1,000 m a.s.l.).

Food plant *Quercus variabilis, Q. mongolica, Q. serrata, Q. acutissima* (Fagaceae).

Distribution Inland regions of Korean Peninsula.

Range China (NE., E., C. & S.), Russian Far East.

돌담무늬나비

Cyrestis thyodamas Doyère, 1840

제주도 구좌읍 비자림과 전라남도 여수에서 8월에 두 차례만 발견된 미접이다. 국외에는 일본 남부, 중국 남부, 베트남, 타이완, 태국, 미얀마, 인도, 히말라야에 분포한다. 한반도 개체군은 일본 지역과 함께 아종 *mabella* Fruhstorfer, 1898로 다룬다. 생태와 습성은 먹그림나비와 많이 닮았으며, 애벌레의 모습도 닮았다. 축축한 땅바닥에 날개를 활짝 펴고 앉아 물을 빠는 외에는 특별한 관찰 기록이 없다. 먹이식물은 일본에서 뽕나무과(Moraceae)의 무화과나무로 알려져 있다(白水 隆, 2006). 앞으로 지구온난화와 더불어 우리나라에 정착할 수 있을 것으로 보인다. 주흥재와 김성수(2002)는 제주도 비자림에서 채집하여 우리나라에 처음 기록하였으며, 일본 이름에서 의미를 가져와 우리 이름을 지었다. 기록되어 있지 않지만 이후 전라남도 여수에서 채집된 예가 한 번 있다.

Abundance Migrant.

General description Wing expanse about 68 mm. Korean population was dealt as ssp. *mabella* Fruhstorfer, 1898 (TL: Ishigaki and Oshima).

Flight period Voltinism uncertain: mainly recorded in August. Apparently without diapause due to cold.

Habitat Around evergreen forest.

Food plant *Ficus carica* (Moraceae) in Japan.

Distribution Jeju island, Yeosu (JN) (migrant).

Range S. Japan, S. China, Vietnam, Thailand, Myanmar, India, Himalayas.

먹그림나비

Dichorragia nesimachus (Doyère, 1840)

분포 경기도 대부도 등 서해안의 일부 섬, 해안을 낀 전라북도와 경상북도의 이남 산지, 제주도에 분포한다. 국외에는 일본, 중국, 타이완, 동남아시아의 여러 섬에 분포한다.

먹이식물 나도밤나무과(Sabiaceae) 나도밤나무, 합다리나무

생태 한 해에 두 번, 5월에서 6월과 7월 말에서 8월 중순에 보인다. 월동은 번데기 상태로 한다. 서식지는 남부지방의 상록활엽수림 지역, 상록활엽수와 낙엽활엽수가 섞인 숲과 계곡이다. 수컷은 맑은 날 오후 3시 이후 해질 무렵까지 높지 않은 산에서 강하게 텃세를 부린다. 숲 가장자리에서 빠르게 곧게 나는 모습을 볼 수 있다. 졸참나무 진에는 암컷이, 짐승 배설물과 썩은 과일에는 수컷이 잘 모이며, 나무줄기에 앉을 때에는 머리를 아래로 향한다. 햇빛이 강한 날에는 조금 그늘진 장소의 축축한 땅바닥을 택해 앉는 경향이 있다.

변이 한반도 개체군은 일본 지역과 함께 아종 *nesiotes* Frustorfer, 1903으로 다룬다.

Shimagami(2000)는 한반도 내륙 개체군은 *koreana* Shimagami, 2000 (기준 지역: 경상남도 고성군 연화산)으로, 제주도 개체군은 *chejuensis* Shimagami, 2000 (기준 지역: 제주도 관음사)으로 기재한 적이 있으나 형태면에서 볼 때, 일본 개체군과 비교하여 미세한 차이일 뿐 분류의 의미는 크지 않다고 본다. 봄형은 여름형보다 작으나 흰 무늬가 두드러진다.

암수구별 암컷은 수컷보다 크고, 날개 외연이 둥글다.

첫 기록 Doi(1919)는 *Dichorragia nesimachus nesiotes* Fruhstorfer (Mt. Naizo (내장산))라는 이름으로 우리나라에 처음 기록하였다.

우리 이름의 유래 석주명(1947)은 날개의 무늬의 특징을 표현한 일본 이름에서 의미를 따와 이름을 지었다.

비고 먹그림나비가 네발나비과의 어느 아과에 속하는 가는 오랫동안 수수께끼이었다. 먹그림나비와 가까운 종은 말레이반도, 동남아시아, 뉴기니에 6종뿐인 작은 집단이다. 전통적으로, 이들은 줄나비아과에 넣거나 오색나비아과에 넣는 등 변화가 많았다. 최근 Wahlberg et al.(2003, 2005, 2009)의 분자 연구의 결과는 먹그림나비아과(Pseudergolinae)가 단일 아과로 뚜렷하다는 증거를 보여준다.

Abundance Common.

General description Wing expanse about 62 mm. Korean population was dealt as ssp. nesiotes Fruhstorfer, 1903 (= *chejuensis* Shimagami, 2000; = *koreana* Shimagami, 2000) (TL: Japan).

Flight period Bivoltine. May-June, late July-mid August. Hibernates as a pupa.

Habitat Broad-leaved evergreen forests in southern region, forests and valleys mixed with broad-leaved evergreen trees and deciduous trees.

Food plant *Meliosma myriantha*, *M. oldhamii* (Sabiaceae)

Distribution Jeju island, areas south of Jeollabuk-do and Gyeongsangbuk-do, Some islands in Chungcheongnam-do.

Range Oriental region including S. Japan, S. China, Taiwan.

[금빛어리표범나비

Euphydryas davidi (Oberthür, 1881)

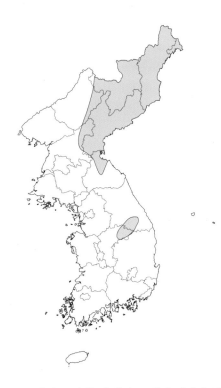

분포 강원도 영월, 충청북도 제천 지역과 북부지방의 고산 풀밭에 분포하는데, 요즈음 거의 보기 힘들어졌다. 과거에는 경상북도 달성과 칠곡에서도 분포하였다. 국외에는 중국(동북부, 중부), 러시아(아무르, 우수리, 트랜스바이칼 남부), 몽골에 분포한다.
먹이식물 산토끼과(Dipsacaceae) 솔체꽃, 인동과(Caprifoliaceae) 인동
생태 한 해에 한 번, 5월 중순에서 6월 중순에 보인다. 월동은 애벌레 상태로 한다. 서식지는 산지의 구릉지, 큰 나무가 적어 먹이식물이 살 수 있는 관목림 지역, 강원도 영월과 제천의 석회암 지대이다. 건조한 풀밭을 낮게 날면서 엉겅퀴와 조뱅이, 당조팝나무 등의 꽃에서 꿀을 빤다. 수컷은 빠르게 날면서 암컷을 탐색하러 다니고, 맑은 오후에 300~400m의 산정의 나뭇잎 위에서 세차게 점유행동을 한다. 암컷은 날개가 크고 배가 무거워 활발하지 않으며, 풀밭에서 낮게 날다가 먹이식물 잎 뒤에 200~300여개의 알을 덩어리로 낳는다.
변이 세계 분포로 보아도 특별한 지역 변이

는 없으며, 한반도 안에서도 지역 변이가 없다. 날개의 검은 무늬가 짙거나 옅은 개체 변이가 많다. 한반도 회령의 개체군은 날개 외횡부에서 붉은색이 짙어진다.
암수구별 암컷은 수컷보다 훨씬 크고, 날개 외연이 둥글다. 날개밑의 검은 무늬는 수컷에서 색이 짙어지는 경향이 있다. 암컷의 배는 수컷보다 뚜렷하게 커, 배의 모양으로 암수를 구별하기 쉽다.
첫 기록 Fixsen(1887)은 *Melitaea aurinia* Rottemburgh (Korea)라는 이름으로 우리나라에 처음 기록하였다.
우리 이름의 유래 석주명(1947)은 과거에 쓰였던 종의 라틴어(*aurinia*)에서 의미를 따와 이름을 지었다. 어리표범나비에서 '어리'라는 말의 뜻은 석주명(1947)에 따르면 어리다가 아니고 진짜 표범나비가 아니라는 뜻이다. 실제는 '어리어리하다'에서 따온 말로 '여럿이 뒤섞여 뚜렷하게 분간하기 어렵다.'는 뜻으로 보인다.
비고 Nymphalinae라는 아과의 이름은 요정이라는 뜻으로, 우리말로 신선에 해당된다. 따라서 여기에서는 이 아속의 이름을 신선나비아과로 했다. 하지만 과의 이름(Nymphalidae)은 관용으로 오래 써오던 '네발나비과'를 그대로 두었다.

Abundance Local and scarce.
General description Wing expanse about 42 mm. No noticeable regional variation in morphological characteristics (= *discalis* Bryk, 1946; = *koreana* Collier, 1933) (TL: Nord dela, China).
Flight period Univoltine. Mid May-mid June. Hibernates as a larva.
Habitat Slopes of low hillocks, shrubbery areas with little tall trees, calcareous substrate area.
Food plant *Scabiosa mansenensis* (Dipsacaceae), *Lonicera japonica* (Caprifoliaceae).
Distribution Mountainous regions north of Jecheon, Chungcheongbuk-do.
Range China (NE. & C.), Russia (Amur, Ussuri, S. Transbaikalia), Mongolia.

[함경어리표범나비

Euphydryas intermedia (Ménétriès, 1859)

개마고원 일대와 함경북도에 분포하고, 개체수가 많지 않아 희귀한 편이다. 국외에는 중국 동북부, 러시아(극동지역, 사할린에서 시베리아, 마가단, 우랄 남부까지), 몽골, 유럽(알프스)에 분포한다. 한반도 개체군은 유럽을 뺀 동아시아 지역에 분포하는 기준 아종으로 다룬다. 한반도에서는 특별한 변이가 없다. 한 해에 한 번, 6월 말에서 7월 말까지 나타난다. 숲속의 빈터와 풀밭에 살며, 엉겅퀴 등 여러 꽃에 날아온다. 애벌레의 먹이식물이나 겨울을 나는 상태를 아직 모르고 있다. Sugitani(1931)는 *Melitaea maturna* Linnaeus (Mt. Taitoku (대덕산))라는 이름으로 우리나라에 처음 기록하였다. 우리 이름은 석주명(1947)이 함경도에 매우 많다는 뜻으로 지었다.

Abundance Local.
General description Wing expanse

about 44 mm. Korean population was dealt as nominotypical subspecies (TL: Khotoum (Vilui River)).

Flight period Univoltine. Late June-late July. Hibernation stage unconfirmed.

Habitat glades and grasslands in northern forest of Korean Peninsula.

Food plant Unconfirmed.

Distribution Regions around Gaemagowon Plateau.

Range NE. China, Russian Far East, Mongolia, Sakhalin to Magadan, S. Ural, Europe (Alps).

깊은산어리표범나비

Melitaea didymoides Eversmann, 1847

한반도 동북부지방의 고지대에 분포하는 것으로 보인다. 국외에는 중국(동북부, 중부), 러시아(아무르 남부, 사할린, 트랜스바이칼 남부), 몽골에 분포한다. 세계 분포로 보아도 특별한 지역 변이는 없으며, 한반도 안에서도 변이가 없다. Higgins(1941)에 따르면 과거 Fixsen(1887)이 *Melitaea athalia mandchurica* Fixsen로 기록한 표본이 이 종에 해당한다고 하여 이 종을 우리나라에 처음 기록하였다(Ooscholt와 Courtis, 2014).

수컷은 날개끝이 뾰족한 편으로, 산어리표범나비와 깊은산어리표범나비와 다르다. 수컷의 뒷날개 윗면은 검은 점무늬가 없거나 거의 퇴화하고, 날개밑이 조금 검어진다. 또 뒷날개 외연은 좁게 검은 띠로 되어 있다. 암컷은 수컷보다 크고, 날개 윗면이 검은 점무늬가 발달하여 검어지며, 앞날개 윗면에 조금 푸른 기가 있다. 또 날개 윗면의 외연부는 수컷보다 검은 띠가 뚜렷하고 넓다.

우리 이름은 김성수(2015)에 따랐으며, 산어리표범나비보다 깊은 산에 있다는 뜻이다. 실제 생태를 살피지 못했으나 분포 범위가 산어리표범나비보다 위도가 높은 곳에 위치하는 특징을 살렸다.

Abundance Local.

General description Wing expanse about 40 mm. No noticeable regional variation in morphological characteristics (= *seitzi* Matsumura) (TL: Corea).

Flight period Voltinism, emergence period, Hibernation stage unconfirmed.

Habitat Unknown.

Food plant Unconfirmed.

Distribution Some high-elevation mountainous regions in northeastern Korean Peninsula.

Range China (NE. & C.), Russia (S. Amur, S. Transbaikalia, S. Tuva, Sakhalin), Mongolia.

짙은산어리표범나비

Melitaea sutschana Staudinger, 1892

한반도 동북부지방의 높은 지대에 분포하는 것으로 보이고, 국외에는 러시아(아무르, 사할린 중부, 트랜스바이칼)에 분포한다. 세계 분포로 보아도 특별한 지역 변이는 없으며, 한반도 안에서도 변이가 없다. 고도 1,300~1,800m의 산지의 축축한 풀밭에서 살고, 한 해에 한 번, 6월 중순에서 8월 초에 나타나는 것 이외 밝혀진 정보가 없다. 앞 종과의 차이는 뒷날개 아랫면의 아외연부의 어두운 띠가 이 종에서 더 좁고 밝아지나 이보다는 생식기의 특징으로 구별할 정도로 두 종 사이의 차이가 적다. 또 이 종은 우리나라가 분포의 경계부에 걸쳐 있는 것은 사실이나 실제 분포하는 지의 여부는 알 수 없으며, 아직 실증적인 자료와 표본을 본 적이 없다. Korshunov와 Gorbunov(1995)가 *Melitaea sutschana* Staudinger (N. Korea)라는 이름으로 우리나라에 처음 기록하였다. 우리 이름은 이영준(2005)이 지은 것이다.

Abundance Local.

General description Wing expanse about 40 mm. Externally very variable. No noticeable regional variation in morphological characteristics (TL: Sutschan-Gebiete [vicinity of Partizansk, S. Primorye]).

Flight period Univoltine. Mid June-early August. Hibernation stage unconfirmed.

Habitat Meadows in forest cutting and clearings, open slopes, rocky outcrops in Russia (Gorbunov and Kosterin, 2007).

Food plant Plantaginaceae, Scrophulariaceae in Russia.

Distribution Some high-elevation mountainous regions in northeastern Korean Peninsula.

Range Russia (Amur, C. Sakhalin, Transbaikalia).

산어리표범나비

Melitaea yagakuana Matsumura, 1927

한반도 동북부지방의 백두산, 회령, 무포 등지에 분포하고, 국외에는 중국(동북부, 중부), 러시아(아무르, 우수리, 투바, 트랜스바이칼 남부), 몽골에 분포한다. 세계 분포로 보아도 특별한 지역 변이는 없으며, 한반도 안에서도 변이가 없다. 한 해에 한 번, 6월 중순에서 7월 초에 보인다. 고도 1,000~1,600m의 산지의 축축한 풀밭에서 산다. 이 밖의 생태 정보는 없다.

수컷 날개 윗면은 앞날개 외연부와 뒷날개가 밝은 적갈색만 띠거나 검은 줄무늬가 많아져 변이가 심하다.

Nire(1918)는 *Melitaea didyma mandchurica* Seitz (Korea)라는 이름으로 우리나라에 처음 기록하였다. 우리 이름은 석주명(1947)이 산지에 많다는 뜻으

Baekdusan, Mupo (HB).
Range China (NE. & C.), Russia (Amur, Ussuri, Tuva, S. Transbaikalia), Mongolia.

암암어리표범나비

Melitaea scotosia Butler, 1878

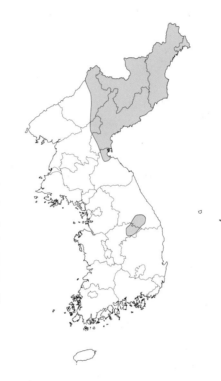

로 지었다.

이 종은 원래 이승모(1982: pl. 24, fig. 104(A-D)가 *Melitaea didyma*라는 종으로 기록했으나 위의 종으로 다시 정립하였다(Ooscholt와 Courtis, 2014). 또 앞 종과 매우 가까운 종이지만 서로 별개의 종의 위치를 가지는데, 각각 수컷 생식기의 삽입기가 뚜렷한 차이가 난다고 한다(Ooscholt 와 Courtis, 2014).

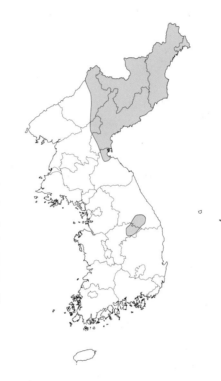

Abundance Local.
General description Wing expanse about 38 mm. Similar to *M. sutschana* but under hindwing whitish area often with slight tarnish tinge, and submarginal dark band often wider and darker. No noticeable regional variation in morphological characteristics (TL: S. Manchuria, coastal region of prov. Yugakujo, China).
Flight period Univoltine. Mid June-early July. Hibernation stage unconfirmed.
Habitat Hygrophilous grasslands of 1,000-1,600 m in altitude.
Food plant Unconfirmed.
Distribution Hoiryeong, Mt.

분포 충청북도 제천과 강원도 영월 지역과 북한 지역에 분포하는데, 남한에서는 거의 사라지고 있다. 과거에는 남부지방에도 분포하였다. 국외에는 일본(혼슈), 중국(동북부, 베이징, 간쑤), 러시아(아무르, 우수리)에 분포한다.
먹이식물 국화과(Compositae) 산비장이, 수리취
생태 한 해에 한 번, 6월에서 7월에 보인다. 월동은 애벌레 상태로 한다. 서식지는 관목림으로 이루어진 산지, 강원도 영월 지역의 석회암 지대이다. 풀밭 위를 낮게 날면서 엉겅퀴와 큰까치수염, 조뱅이, 하늘나리, 개망초에 잘 날아온다. 수컷은 대형 표범나비류들처럼 활발하게 날아다닌다. 암컷은 천천히 날면서 먹이식물의 잎 뒤에

한 번에 100개 이상의 알을 다닥다닥 모여 낳는다. 애벌레는 먹이식물의 잎을 입에서 토한 실로 거미집처럼 엮고, 그 속에서 살다가 겨울을 나고 이듬해에도 같은 방법으로 살아간다.
변이 원래 유럽에 분포하는 *Melitaea phoebe* (Goeze, 1779)의 아종으로 다루었으나 Higgins(1941)의 연구에 따라 별개의 종으로 승격되었다. 세계 분포로 보아도 특별한 지역 변이는 없으며, 한반도 안에서도 변이가 없다. 개체에 따라 날개 윗면의 검은 무늬가 짙거나 옅은 변이가 많다.
암수구별 암컷은 수컷보다 크고, 날개 윗면이 흑갈색을 띠어 더 어둡다. 또 뒷날개 아랫면의 아외연부에 검은 점무늬가 열 지어 나타난다. 이따금 수컷처럼 생긴 암컷도 있으니 배를 살펴보아 통통하면 암컷이다.
첫 기록 Fixsen(1887)은 *Melitaea phoebe* Knoch (Korea)라는 이름으로 우리나라에 처음 기록하였다.
우리 이름의 유래 석주명(1947)은 암컷이 어둡다(暗)는 뜻으로 위의 이름으로 지었는데, 후에 조복성(1959)이 이를 잘못 이해를 했는지, 아니면 잘못 인쇄되었는지 '암어리표범나비'로 바꾸어 지금까지 사용되었다. 여기에서는 김성수(2015)에 따라 원래 의미를 살리려고 이름을 환원한다.
비고 *Melitaea*속의 분류는 아직 만족할만한 수준에 이른 것은 아니다. 어른벌레의 생김새와 생식기의 미묘한 차이 등으로 쉽게 결론이 나지 않은 분류적인 혼동이 많다. 따라서 앞으로 연구할 과제로 충분하다고 본다. 다만 이들 종들의 서식지가 한반도에서 유라시아 대륙의 추운 지역의 풀밭 환경에 한정되어 있어 국내 여건상 연구하기가 어려운 실정이다.

Abundance Local and scarce.
General description Wing expanse about 55 mm. Forewing length longest among allied species. Hindwing discal black spots prominent, but postdiscal series of lunulate black markings absent. Female upper wings ground color with heavier blackish

suffusion than male. No noticeable regional variation in morphological characteristics (TL: Tokyo, Japan).
Flight period Univoltine. Mid June-July. Hibernates as a larva.
Habitat Shrubbery area in limestone zone.
Food plant *Serratula coronata, Synurus deltoides* (Compositae).
Distribution Mountainous regions north of Jecheon, Chungcheongbuk-do.
Range Japan (Honshu), NE. China including Beijing and Gansu, Russia (Amur, Ussuri).

한 풀밭에서 살고, 한 해에 한 번, 7~8월에 보인다. 애벌레는 월동하는 것으로 보인다. 먹이식물은 국화과(Compositae), 질경이과(Plantaginaceae), 마디풀과(Polygonaceae), 장미과(Rosaceae), 마타리과(Valerianaceae)와 현삼과(Scrophulariaceae) 등 여러 식물인 것으로 알려져 있다(Gorbunov와 Kosterin, 2007). Okamoto(1923)는 *Melitaea dictynna erycinides* Staudinger (Korea)라는 이름으로 우리나라에 처음 기록하였다. 우리 이름은 석주명(1947)이 날개 아랫면의 은점 무늬를 강조하여 지었다.

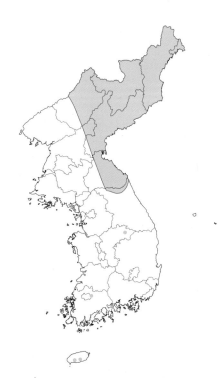

은점어리표범나비

Melitaea diamina (Lang, 1789)

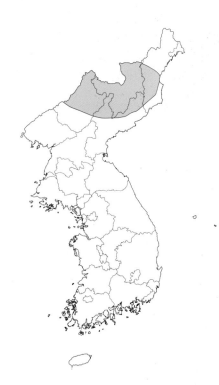

Abundance Local.
General description Wing expanse about 35 mm. Under hindwing more often with nacreous scaling at base, as well as in light postdiscal and submarginal bands. No noticeable regional variation in morphological characteristics (TL: Augsburg, Germany).
Flight period Univoltine. July-August. Possibly hibernates as a larva.
Habitat Damp grasslands in the northern part of Korean Peninsula.
Food plant Compositae, Plantaginaceae, Polygonaceae, Rosaceae, Valerianaceae, Scrophulariaceae, Asteraceae in Russia.
Distribution Regions around Gaemagowon Plateau.
Range NE. China, Russia (Amur, Siberia except NE.), Mongolia, Caucasus, Turkey, Europe (except W.).

개마고원 일대에 분포하고, 국외에는 중국 동북부, 러시아(시베리아(북동부 제외), 아무르), 몽골, 코카서스, 터키, 유럽의 산지(서부 제외)에 분포한다. 세계 분포로 보아도 특별한 지역 변이는 없으며, 한반도 안에서도 변이가 없다. 축축

담색어리표범나비

Melitaea protomedia Ménétriès, 1858

분포 남한에서는 현재 충청북도 단양, 광주

무등산, 제주도와 강원도 일부 지역에만 분포하고, 북한에서는 분포 상황을 알 수 없으나 강원도에서 백두산과 한반도 동북부지방까지 넓게 분포하는 것으로 보인다. 제주도에서는 매우 드물다. 과거에는 한반도 내륙 곳곳에 분포하였다. 국외에는 일본, 중국(동북부, 중부, 동부), 러시아(아무르, 우수리)에 분포한다.
먹이식물 마타리과(Valerianaceae) 쥐오줌풀, 이밖에 러시아에서는 질경이과(Plantaginaceae)도 알려져 있다(Gorbunov와 Kosterin, 2007).
생태 한 해에 한 번, 6월에서 7월에 보인다. 월동은 애벌레 상태로 하는 것으로 보인다. 서식지는 산지의 건조한 풀밭, 숲 가장자리의 풀밭, 군 훈련장이다. 풀밭 위를 재빨리 날아다니면서 큰까치수염과 엉겅퀴, 개망초, 쥐오줌풀 등의 꽃에서 꿀을 빤다. 수컷은 활발하여 쉽게 관찰되며, 축축한 땅바닥에 잘 앉는다. 이와 달리 암컷은 활발하지 않으나 활짝 핀 꽃을 찾으면 꿀을 빠는 개체를 볼 수 있다.
변이 세계 분포로 보아도 특별한 지역 변이는 없으며, 한반도 안에서도 변이가 없다. 다만 제주도 개체들은 내륙 개체군들과 달리 앞날개 중앙의 흑갈색 띠가 없어 전체가 밝아 보인다. 날개 윗면의 검은 무늬가 짙거나 옅은 개체 변이가 있다. 드물게 날개 중앙의 무늬

가 없어지는 개체가 있으며, 봄어리표범나비에서는 이런 개체의 빈도가 높은 편이다.
암수구별 여름어리표범나비의 경우와 같다.
닮은 종의 비교 256쪽 참고
첫 기록 Fixsen(1887)은 *Melitaea protomedia* Ménétriès (Korea)라는 이름으로 우리나라에 처음 기록하였다.
우리 이름의 유래 석주명(1947)은 일본 이름에서 의미를 따와 이름을 지었다.

Abundance Scarce.
General description Wing expanse about 40 mm. Upper wings ground color usually lighter than in *M. diamina*, Female under hindwing more often nacreous. No noticeable regional variation in morphological characteristics (= *fixseni* Bryk, 1946) (TL: Amur).
Flight period Univoltine. June-July. Possibly hibernates as a larva.
Habitat Arid grasslands in mountains, meadows on edge of forests, around army training grounds.
Food plant *Valeriana fauriei* (Valerianaceae), Plantaginaceae in Russia.
Distribution Mountainous regions north of Gangwon-do, Jeju island.
Range Japan, China (NE., C. & E.), Russia (Amur, Ussuri).

[북방어리표범나비

Melitaea arcesia Bremer, 1861

한반도 동북부지방의 높은 지역에 분포하는 것으로 보이고, 국외에는 중국, 히말라야, 러시아(아무르, 시베리아 동부와 남부의 산지), 몽골에 분포한다. 세계 분포로 보아도 특별한 지역 변이는 없으며, 한반도 안에서도 변이가 없다. 200~3,200m의 산지의 건조

한 풀밭 어디에서나 살고, 한 해에 한 번, 6~7월에 나타나는 것 이외에 밝혀진 정보가 없다. 먹이식물은 국화과(Compositae)와 질경이과(Plantaginaceae), 현삼과(Scrophulariaceae)로 알려져 있다 (Gorbunov와 Kosterin, 2007). Nakayama(1932)가 *Melitaea parthenie nevadensis* Spuler (Korea)라는 이름으로 처음 기록하였는데, 이 기록이 맞는지의 여부가 불확실하고, 게다가 당시에 종을 맞게 적용을 했는지 의심스럽다. 실제로 당시의 표본을 검증해야만 당시의 기록이 옳은지 알 수 있겠으나 현재 이들 표본을 찾을 수 없다. 우리 이름은 이승모(1982)가 어리표범나비류 중에서 가장 북쪽에 분포한다는 뜻으로 지었다.

Abundance Local.
General description Wing expanse about 36 mm. Upper forewing variable, ground color usually uniformly light orange tawny. No noticeable regional variation in morphological characteristics (= *gaimana* Sugitani, 1937) (TL: Nordseite des Baikal und in Daurien).
Flight period Univoltine. June-July. Hibernation stage unconfirmed.
Habitat Arid grasslands in mountain area of 200-3,200 m a.s.l. Alpine meadows, arid meadows in montane forests.
Food plant Compositae, Plantaginaceae, Scrophulariaceae, Asteraceae in Russia.
Distribution High-elevation mountainous regions in northeastern Korean Peninsula.
Range China, Himalayas, Russia (Amur, Siberia (E. & S.)), Mongolia.

[봄어리표범나비

Melitaea latefascia Fixsen, 1887

분포 대략 1995년도까지는 한반도 내륙 곳곳에 넓게 분포했으나 현재 휴전선 가까이 경기도 북부의 이북에만 분포하는 것으로 보인다. 한편 전라남도 장흥 지역에서는 대략 2005년까지 많은 수를 볼 수 있었다. 현재까지 고유종이다.
먹이식물 질경이과(Plantaginaceae) 질경이로 알려져 있으나 야외에서 관찰된 것은 아니다.
생태 한 해에 한 번, 5월에서 6월에 보인다. 월동은 애벌레 상태로 한다. 서식지는 낮은 산의 숲 가장자리 풀밭, 묵밭 주위이다. 풀밭을 낮게 활발하게 날면서 개망초와 엉겅퀴, 토끼풀, 큰까치수염 등의 여러 꽃에서 꿀을 빤다. 수컷은 물가에 잘 앉아 물을 먹으며, 쉴 새 없이 빠르게 날면서 암컷을 탐색하러 다닌다. 맑은 날에는 주변이 트인 장소에 위치한 잎 위에 앉아 일광욕을 하거나 텃세를 부린다. 암컷은 천천히 날다가 풀잎에 앉으면 날개를 폈다 접었다 한다. 애벌레는 무리지어 살아가는데, 어릴 때에는 잎 살을 핥듯이 먹어 잎맥만 남긴다.

변이 한반도 안에서도 변이가 없다. 날개 윗면은 검은 무늬가 짙거나 옅은 개체 변이가 많다. 매우 드물게 날개 외횡부의 검은 무늬가 없어져 붉은 띠처럼 보이는 개체도 있다.
암수구별 암수 구별은 여름어리표범나비의 경우와 같다.
첫 기록 Fixsen(1887)은 *Melitaea parthenie latefascia* Fixsen (기준 지역: Korea)라는 이름으로 우리나라에 처음 기록하였다.
우리 이름의 유래 석주명(1947)은 여름어리표범나비와 견주어 상대적으로 봄에 출현한다는 뜻으로 이름을 지었다. 한편 이승모(1982)는 여름어리표범나비와 이 종을 한 종으로 보고 '어리표범나비'라고 했으나 현재 분리되어 서로 다른 종으로 다룬다.
비고 사실 이 종은 그동안 일본과 러시아 극동지역에서 유럽까지 차가운 온대지역에 띠처럼 분포하는 *Melitaea britomartis* Assman, 1847로 다루었으나 Ooscholt 와 Courtis(2014)에 따라 한반도 아종으로 다루던 *latefascia*가 종으로 승격되었다. *Melitaea britomartis*와의 차이는 이 종의 수컷 생식기는 갈고리돌기 아래의 작은 돌기(sub-unci)에 잔 돌기가 없으나 *M. britomartis*에서는 많이 돋아있다.

Range Endemic species.

경원어리표범나비

Melitaea plotina Bremer, 1861

Abundance Scarce.
General description Wing expanse about 38 mm. Upper hindwing discal and postdiscal markings often reduced, occasionally a number of them absent, female larger size than male, upper wings often heavier blackish suffusion. No noticeable regional variation in morphological characteristics (= *coreae* Verity, 1930) (TL: Korea).
Flight period Univoltine. May-June. Hibernates as a larva.
Habitat Around meadows and forest edges of low mountain.
Food plant *Plantago asiatica* (Plantaginaceae).
Distribution Some regions in Jeollanam-do, Areas north of Yeoncheon, Gyeonggi-do.

백두산과 함경북도 경원 지역에만 분포하고, 국외에는 중국 동북부, 러시아(아무르, 트란스바이칼 남부, 쿠즈네츠크, 사얀 동부, 알타이), 몽골 북부에 분포한다. 세계 분포로 보아 특별한 지역 변이는 없으며, 한반도 북부에서도 변이가 없다. 한 해에 한 번, 7월 초에서 8월 중순에 보인다. 높은 산지의 이탄지대와 소나무 숲이 있는 습한 풀밭, 좀방울사초 등이 자라는 곳에서 산다. 먹이식물은 현삼과(Scrophulariaceae)로 알려져 있다(Gorbunov와 Kosterin, 2007).
석주명(1936)은 *Melitaea snyderi* Seok (기준 지역: 함북 경원)이라는 신종으로 우리나라에 처음 기록하였다. 우리 이름은 석주명(1947)이 '스나이더-어리표범나비'라고 했으나 김헌규와 미승우(1956)가 함경북도 경원 지역에서 채집하였다는 뜻으로 위와 같이 바꾸었다.

Abundance Local and rare.
General description Wing expanse about 36 mm. Wings oblong, upper wings ground color usually uniform orange fulvous, slightly darker in hindwing submarginal area and distal half of discal area close to postdiscal area. No noticeable regional variation in morphological characteristics (= *snyderi* Seok, 1936) (TL: Bureja-Gebirge, Ussuri, oberhalb der Müdung des Noor (Lesser Khingan Mts. and Ussuri River)).
Flight period Univoltine. early July-mid August. Hibernation stage unconfirmed.
Habitat High-mountain peatlands and wetlands with sparse pine forests.
Food plant Scrophulariaceae in Russia.
Distribution Gyeongwon (HB).
Range NE. China, Russia (Amur, S. Transbaikalia, E. Sayan, Kuznetsk, Altai), N. Mongolia.

여름어리표범나비

Melitaea ambigua Ménétriès, 1859

분포 과거 한반도 내륙에서는 위도 36° 이남 지역과 37° 이북의 산지에 분포했으나 현재는 남한 내륙에서는 멸종된 것으로 보이나 전라남도 몇몇 섬에 분포한다. 국외에는 일본, 중국 동북부, 러시아(아무르, 사얀 동부, 트란스바이칼 남부, 사할린 동부), 몽골에 분포한다. 환경부에서 지정한 멸종위기 야생생물 II급에 속한다.
먹이식물 현삼과(Scrophulariaceae) 냉초, 수염며느리밥풀, 꽃며느리밥풀, 큰개불알풀, 질경이과(Plantaginaceae) 질경이
생태 한 해에 한 번, 남부지방에서는 5월 중순에서 7월 초까지 중북부지방에서는 6월 중순에서 7월까지 보인다. 월동은 애벌레

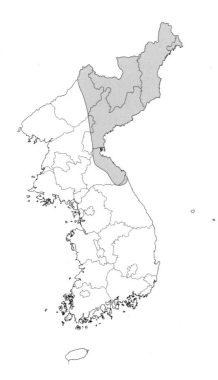

나라에 처음 기록하였다.

우리 이름의 유래 석주명(1947)은 이 나비가 봄어리표범나비보다 여름철에 가깝게 나타 난다는 뜻으로 이름을 지었다.

Abundance Local and rare.

General description Wing expanse about 40 mm. Close to *M. latefascia* but usually larger in size, upper forewing postdiscal series of black markings usually straighter. Korean population was dealt as ssp. *mandzhurica* Fixsen, 1887 (= *conica* Matsumura, 1929; = *flavescens* Matsumura, 1929) (TL: Amur).

Flight period Univoltine. Mid May-early July in S. Korea, mid June-July in C. & N. Korea. Hibernates as a larva.

Habitat Grassy sites of forest edge, around cultivated area near rural village.

Food plant *Veronicastrum sibiricum*, *Melampyrum roseum*, *Veronica persica* (Scrophulariaceae), *Plantago asiatica* (Plantaginaceae).

Distribution Some regions in Jeollanam-do, Mountainous regions north of Gangwon-do.

Range Japan, NE. China, Russia (Amur, E. Sayan, S. Transbaikalia, E. Sakhalin), Mongolia.

Conservation Under category II of endangered wild animal designated by Ministry of Environment of Korea.

상태로 하는 것으로 보인다. 서식지는 산 지의 숲 가장자리 풀밭, 묵밭 주위, 마을 주변 경작지 주변이다. 풀밭을 낮게 날면 서 개망초와 엉겅퀴, 냉초, 큰까치수염, 찔 레꽃, 인동, 꿀풀, 자란 등의 꽃에서 날개 를 편 채로 꿀을 빤다. 수컷은 흔하지 않지 만 물가에 앉으며, 풀밭에서 빠르게 날면 서 암컷을 탐색하는 모습을 볼 수 있다. 암 컷은 활발하지 않아 잘 볼 수 없다. 유생기 의 기록은 최수철(2017)의 논문이 있다.

변이 한반도 개체군은 중국 동북부, 러 시아(연해주 남부) 지역과 함께 아종 *mandzhurica* Fixsen, 1887로 다룬다. 한 반도에서는 특별한 변이가 없으나 전라남 도 진도 등 전라남도 남부 해안 지역의 개 체군은 다른 지역의 개체군보다 눈에 띄 게 크다. 또 한반도 회령의 수컷은 날개 중 앙의 흑갈색 띠가 줄어들어 전체가 황갈색 을 띤다. 개체에 따라 날개 윗면의 흑갈색 띠가 넓어져 검어진 개체들이 나타나는데, 암컷에서 두드러진다.

암수구별 암컷은 수컷보다 훨씬 크고, 날개 외연이 둥글다. 또 날개 윗면의 바탕색이 짙은 편이다. 암컷의 배는 수컷보다 눈에 띄게 통통하다.

닮은 종의 비교 257쪽 참고

첫 기록 Fixsen(1887)은 *Melitaea athalia* Rottemburgh (Korea)라는 이름으로 우리

북방거꾸로여덟팔나비

Araschnia levana (Linnaeus, 1758)

분포 지리산과 강원도 이북의 높은 산지에 국지적으로 분포한다. 국외에는 유라시아 대륙의 온대 지역에 걸쳐 넓게 분포한다.

일본에는 홋카이도에 분포한다.

먹이식물 쐐기풀과(Urticaceae) 쐐기풀, 가 는잎쐐기풀, 거북꼬리

생태 한 해에 두 번, 5월에서 6월까지와 7월 에서 8월에 보인다. 월동은 번데기 상태로 한다. 서식지는 고도가 높은 산지의 낙엽활 엽수림 계곡이나 산길 주변이다. 재빠르게 날다가 앉다가를 되풀이하면서 쥐오줌풀과 개쉬땅나무, 큰까치수염, 어수리 등의 꽃에 잘 날아와 꿀을 빤다. 수컷은 오전 중에 산 길과 물가의 축축한 곳에 잘 앉고, 오후에 는 산 정상의 햇볕이 잘 들고 아늑한 장소 에서 심하게 점유행동을 한다. 암컷은 계곡 에 자라는 먹이식물의 잎 뒤에 층층으로 쌓 으면서 여러 개의 알을 한 번에 낳는다.

변이 한반도 개체군은 일본(홋카이도), 중 국 동북부, 러시아 극동지역, 사할린, 몽골 지역과 함께 아종 *obscura* Fenton, [1882] 로 다룬다. 기준 아종은 유럽에 분포한다. 계절에 따른 차이가 뚜렷한데, 봄형은 날 개 바탕이 적갈색, 여름형은 흑갈색이다.

암수구별 봄형 수컷은 날개의 검은 무늬가 넓 고, 여름형 수컷은 중앙의 흰 띠가 좁은 편 이다. 수컷의 날개끝은 뾰족한 편이다. 암컷 은 계절형과 관계없이 수컷보다 크고, 날개 외연이 둥글며, 바탕색이 옅은 편이다.

첫 기록 Leech(1887)는 *Vanessa levana* var. *prorsa* Linnaeus (Gensan (원산))라

는 이름으로 우리나라에 처음 기록하였다.
우리 이름의 유래 석주명(1947)은 거꾸로여덟
팔나비보다 더 북쪽에 치우쳐 분포한다는
뜻으로 이름을 지었다.

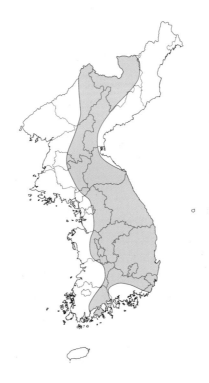

Abundance Scarce.
General description Wing expanse
about 30 mm in spring brood, 38mm
in summer generation. Seasonal
dimorphism well marked. First brood
upper wings ground color dusky-
orange with a black markings. Second
brood upper wings ground color dark
brown. Korean population was dealt as
obscura Fenton, [1882] (TL: Hokkaido,
Japan).
Flight period Bivoltine. May-June, July-
August. Hibernates as a pupa.
Habitat Valley with deciduous broad-
leaved trees at high altitude, around
mountain trails.
Food plant *Urtica thunbergiana,
U. angustifolia, Boehmeria tricuspis*
(Urticaceae).
Distribution Mountainous regions
north of Bonghwa, Gyeongsangbuk-do.
Range Japan (Hokkaido), Temperate
forest belt of Europe and Asia.

거꾸로여덟팔나비

Araschnia burejana Bremer, 1861

분포 부속 섬들과 해안을 뺀 내륙 산지에 분
포한다. 국외에는 일본, 중국(동북부), 러
시아(아무르, 우수리, 쿠릴 남부, 사할린)
에 분포한다.
먹이식물 쐐기풀과(Urticaceae) 거북꼬리
생태 한 해에 두 번, 5월에서 6월과 7월에서
8월에 나타난다. 월동은 번데기 상태로 한
다. 서식지는 낙엽활엽수림 산지의 계곡과
산길 주변이다. 쥐오줌풀과 개망초, 고추

나무, 개쉬땅나무, 누리장나무 등의 꽃에
잘 날아온다. 수컷은 땅바닥이나 바위의
축축한 곳에 잘 앉고, 길가에서 목 좋은 자
리를 잡아 약하게 점유행동을 한다. 봄에
는 양지바른 땅바닥이나 나뭇잎 위에 앉아
날개를 펴고 일광욕을 하는 모습을 많이 볼
수 있다. 암컷은 잎 뒤에 여러 개의 알을
층층으로 쌓으면서 한 번에 낳는다. 유생
기의 일부 기록은 손정달과 박경태(1994)
의 논문이 있다.
변이 세계 분포로 보아도 특별한 지역 변이
는 없으며, 한반도 안에서도 변이가 없다.
계절에 따른 차이는 북방거꾸로여덟팔나비
의 경우와 같다.
암수구별 암컷은 수컷보다 크고, 날개 외연
이 둥글며, 바탕색이 옅은 편이다.
닮은 종의 비교 258쪽 참고
첫 기록 Leech(1887)가 *Vanessa burejana*
Bremer (Gensan (원산))라는 이름으로 우
리나라에 처음 기록하였다.
우리 이름의 유래 석주명(1947)은 일본 이름
에서 의미를 따와 이름을 지었다.

Abundance Common.
General description Wing expanse
about 36 mm in spring brood,

44 mm in summer generation.
Seasonal dimorphism well marked
same as *A. levana*. Korean population
was dealt as nominotypical subspecies
(TL: ...im Byreja-Gebirge [Bureja Mts.
Chabarovsk, Russian Far East]).
Flight period Bivoltine. May-June, July-
August. Hibernates as a pupa.
Habitat Mountain valley with
deciduous broad-leaved forest, around
mountain trails.
Food plant *Boehmeria tricuspis*
(Urticaceae).
Distribution Inland regions of Korean
Peninsula.
Range Japan, NE. China, Russia (Amur,
Ussuri, S. Kuriles, Sakhalin).

네발나비

Polygonia c-aureum (Linnaeus, 1758)

분포 제주도와 울릉도 등 섬 지역을 포함한
한반도 전 지역에 분포한다. 국외에는 일

본, 중국, 러시아 극동지역, 몽골, 타이완, 베트남, 라오스에 분포한다.

먹이식물 삼과(Cannabaceae) 환삼덩굴, 삼

생태 한 해에 두 번에서 네 번, 3월에서 10월에 보인다. 월동은 어른벌레 상태로 한다. 서식지는 도시의 개천, 밭 주변, 해안지대, 개울가, 낮은 산지의 계곡 주변이다. 나무진에 모이거나 땅에 떨어져 발효된 감을 잘 찾으며, 민들레와 꿀풀, 금계국, 세잎양지꽃, 나무딸기, 산국, 무, 엉겅퀴, 개요등, 산초나무, 부추, 쑥부쟁이, 개망초, 며느리밑씻개, 무릇, 도꼬마리 등 여러 꽃에도 잘 날아든다. 수컷은 활발하게 날아다니며 수컷끼리 다투기도 하고, 암컷을 탐색하러 다니는데, 한 장소를 점유하는 성질은 약하다. 암컷은 천천히 날면서 먹이식물의 새싹이나 줄기, 그 주변의 마른 풀에 알을 하나씩 낳는다.

변이 한반도 개체군은 일본, 중국, 러시아 극동지역과 함께 기준 아종으로 다룬다. 계절에 따라 날개 색과 모양이 뚜렷이 달라진다. 가을형은 여름형보다 외연의 굴곡이 강해지고, 날개 윗면은 붉은색이 짙어지며, 아랫면의 바탕색이 짙어진다. 이런 계절형이 나타나는 이유는 애벌레의 시기에 낮의 길이가 영향을 주는 것으로 보인다.

암수구별 암컷은 수컷보다 크고, 날개의 폭이 넓으며, 외연이 둥글다. 날개의 바탕색은 암컷이 수컷보다 조금 엷다.

첫 기록 Fixsen(1887)은 *Vanessa angelica* Cramer (Korea)라는 이름으로 우리나라에 처음 기록하였다.

우리 이름의 유래 석주명(1947)은 뒷날개 아랫면의 은색의 C자 무늬를 표시하고, 남쪽에 치우쳐 분포한다는 뜻으로 '남방씨알붐나비'라고 지었다. 이후 이승모(1982)가 네 개의 발만 사용한다는 뜻으로 위의 이름으로 바꾸었다. 하지만 석주명(1947)이 종 이름은 아니었지만 네발나비과(Nymphalidae)로 붙였던 이름에서 '네발나비'가 유래한 것으로 추측된다.

Abundance Common.

General description Wing expanse about 54 mm. Seasonal dimorphism well marked. Wings outer margin strongly scalloped, forewing with projections at vein 2 and 6, hindwing at vein 4 and 7. Korean population was dealt as nomionotypical subspecies (= *coreana* Bryk, 1946) (TL: Asia [Canton, China]).

Flight period Bivoltine or polyvoltine according to latitude. March-October, overwintered adult reappears March-early May. Hibernates as an adult.

Habitat Urban stream, around cultivated grounds, coastal areas, valley stream and damp grassy sites around low mountain.

Food plant *Humulus japonicus*, *Cannabis sativa* (Cannabaceae).

Distribution Whole region of Korean Peninsula.

Range Japan, China, Russian Far East, Mongolia, Taiwan, Vietnam, Laos.

산네발나비

Polygonia c-album (Linnaeus, 1758)

분포 강원도 이북의 산지에 분포한다. 국외에

는 유라시아 대륙의 온대지역에서 툰드라 숲지대까지와 아프리카 북부에 넓게 분포한다.

먹이식물 느릅나무과(Ulmaceae) 느릅나무, 풍게나무, 비술나무, 난티나무, 삼과(Cannabaceae) 호프, 쐐기풀과(Urticaceae) 좀깨잎나무

생태 한 해에 두 번, 5월에서 10월에 보인다. 월동은 어른벌레 상태로 한다. 서식지는 한랭한 산지의 계곡이나 능선, 개활지이다. 참나무와 두릅나무 등의 진에 날아오거나 썩은 과일을 찾는 외에는 쥐손이풀과 옻나무, 구절초 등의 꽃을 찾는다. 수컷은 산지의 풀밭과 계곡의 넓은 빈터에서 재빨리 날아다니는데, 축축한 물가와 바위에 잘 앉는다. 오전 중에는 바위 위에서 날개를 펴고 일광욕을 하고, 오후에는 목 좋은 장소에서 점유행동을 한다. 암컷은 천천히 날면서 숲 가장자리의 먹이식물의 새싹에 알을 하나씩 낳는다.

변이 한반도 개체군은 일본, 중국 동북부, 러시아 극동지역과 함께 아종 *hamigera* (Butler, 1877)로 다룬다. 계절형의 차이는 네발나비의 경우와 거의 같으나 가을형의 경우 꼬리 모양 돌기가 더 길어진다. 수컷의 날개 아랫면은 바탕색이 여름형에서 노란색이 짙고 엷어지는 차이가 있고, 가을형에서 흰 무늬가 짙고 엷어지는 차이가 보이는 개체 변이가 있다.

암수구별 네발나비의 경우와 같다.

첫 기록 Fixsen(1887)은 *Vanessa c-album* Linnaeus (Korea)라는 이름으로 우리나라에 처음 기록하였다.

우리 이름의 유래 석주명(1947)은 종의 라틴어(c-album)를 우리말로 바꾸어 '씨알붐나비'이라고 이름을 지었다. 이후 이승모(1982)는 산에 분포하는 네발나비라는 뜻으로 이름을 바꾸었다.

Abundance Common.

General description Wing expanse about 50 mm. Similar to *P. c-aureum* but hindwing with well developed projection at vein 4, upper forewing without black spot at basal area. Korean population was dealt as ssp.

hamigera (Butler, 1877) (= coreana Nomura, 1937) (TL: about 370 km from Tokei (Yedo) [Japan]).
Flight period Bivoltine. May-October, overwintered adult reappears April. Hibernates as an adult.
Habitat Mountain valley, ridges, clearings of mountains.
Food plant Ulmus davidiana, U. pumila, U. laciniata, Celtis jessoensis (Ulmaceae), Humulus lupulus, Boehmeria spicata (Cannabaceae).
Distribution Mountainous inland regions north of central section of Korea.
Range Temperate belt of Palaearctic region.

갈고리신선나비

Nymphalis l-album (Esper, 1781)

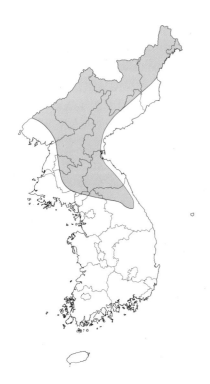

분포 경기도 북부와 강원도 오대산, 계방산 이북에 분포하고, 과거에 서울과 경기도 대부도에서도 관찰된 적이 있다. 국외에

는 유라시아 대륙의 온대와 타이가 기후 지역, 북미의 한랭 지역에 분포한다.
먹이식물 느릅나무과(Ulmaceae) 느릅나무, 자작나무과(Betulaceae) 자작나무로 추정
생태 한 해에 한 번. 6월 중순에서 8월까지와 이듬해 3월에서 5월 초에 보인다. 월동은 어른벌레 상태로 한다. 서식지는 추운 지역의 산지의 계곡이다. 참나무와 느릅나무, 버드나무의 진에 날아오는데, 이른 봄에 보이는 개체는 드물게 꽃에 찾아오는 것으로 보인다. 수컷은 확 트인 산길의 경사지와 암벽에 앉는 일이 있으며, 계곡을 가로지르며 재빨리 나는 모습을 볼 수 있다. 남한 지역에서는 개체수가 많지 않아 관찰 자료가 적다.
변이 한반도 개체군은 일본, 러시아 극동지역, 몽골에서 유럽까지 분포하는 기준 아종으로 다룬다. 중앙아시아와 북미 지역에 다른 3아종이 있다. 개체에 따라 날개 아랫면 중앙의 바탕색이 회백색이거나 황갈색을 띤다.
암수구별 수컷은 날개 아랫면의 바탕색이 밝고, 짙어지거나 옅은 대비가 뚜렷하다. 암컷은 수컷보다 크고, 날개 아랫면의 색이 어두워 색의 대비 없어 무늬가 뚜렷하지 않다.
첫 기록 Okamoto(1924)는 *Polygonia l-album samurai* Fruhstorfer (Is, Quelpart (제주도))라는 이름으로 처음 기록했으나 이 나비가 제주도에 분포하지 않아 오류이다. 따라서 Matsumura(1927)가 같은 이름(Korea)으로 기록한 것이 우리나라 처음이다.
우리 이름의 유래 석주명(1947)은 종의 라틴어(*l-album*)에서 따와 엘알붐나비라고 했으나 이승모(1982)가 날개끝의 갈고리 모양의 특징을 강조하여 갈구리신선나비라고 하였다. 김성수(2015)에 따라 바른 맞춤법인 갈고리신선나비로 바꿨었다.

Abundance Scarce.
General description Wing expanse about 56 mm. Genus *Nymphalis* forewing outer margin with projections at vein 2 and 6, hindwing outer margin with projection at vein 4. Korean

population was dealt as nomionotypical subspecies (TL: Ungarn und Oesterreich [Hungary and Austria]).
Flight period Univoltine. Mid June-August, overwintered adult reappears March-early May. Hibernates as an adult.
Habitat Mountain valley in cold region.
Food plant Possibly *Ulmus davidiana* (Ulmaceae), *Betula platyphylla* (Betulaceae).
Distribution Gyeonggi-do, Seoul, Mountainous regions north of Gangwon-do.
Range Japan, Russian Far East, Mongolia to Europe, N. America.

들신선나비

Nymphalis xanthomelas (Denis et Schiffermüller, 1775)

분포 경기도와 강원도 이북의 산지에 분포하는데, 과거에는 한반도 내륙 곳곳에 분포하였다. 과거에는 강가에도 서식했으나 요즈음 보이지 않는다. 국외에는 유라시아 대

륙의 온대 지역을 중심으로 넓게 분포한다.

먹이식물 버드나무과(Salicaceae) 갯버들, 버드나무, 수양버들, 느릅나무과 (Ulmaceae) 팽나무, 느릅나무

생태 한 해에 한 번, 6월 중순에서 8월까지 와 이듬해 3월에서 5월 초에 보인다. 월동 은 어른벌레 상태로 한다. 서식지는 산지의 계곡이나 능선, 산길이다. 버드나무 진에 날아오나 흔한 모습은 아니며, 봄에 갯버들 꽃에 날아온 일도 가끔 있다. 3월에서 4월 초에 양지바른 길 위에 앉아 날개를 편 채로 일광욕을 한다. 수컷은 계곡의 경사지와 암 벽에 날개를 편 채로 앉아 점유행동을 한다. 암컷은 먹이식물의 잎에 알을 덩어리로 낳 는데, 특별한 모양을 이루지 않는다. 겨울에 외딴 통나무집에서 발견한 적이 있다.

변이 한반도 개체군은 일본 지역을 뺀 러시 아 극동지역, 중국에서 유럽 중부까지의 지역과 함께 기준 아종으로 다룬다. 다른 3 아종은 각각 중앙아시아와 중동, 일본(사 할린 포함), 타이완에 분포한다. 한반도에 서는 북부지방으로 갈수록 크기가 작아지 는 경향이 있다.

암수구별 암컷은 수컷보다 크고, 날개 외연 이 둥그나 암수가 매우 닮아 구별이 쉽지 않다. 배 끝의 모양과 앞다리의 구조로 구 별하는 것이 더 확실하다.

첫 기록 Fixsen(1887)은 *Vanessa xanthomelas* Denis et Schiffermüller (Korea)라는 이름으로 우리나라에 처음 기 록하였다.

우리 이름의 유래 석주명(1947)은 이 나비가 많이 보이던 장소(현재는 산에만 보이지만 당시에는 들에도 많았던 것으로 추정)를 강 조해서 이름을 지었다.

분포 강원도 설악산, 광덕산, 해산 이북의 산지에 분포하는데, 북한에서는 개마고원 일대의 산지에 분포한다. 국외에는 유라시

chosenessa Bryk, 1946) (TL: Austria).

Flight period Univoltine. Mid June-August, overwintered adult reappears March-early May. Hibernates as an adult.

Habitat Mountain valleys, ridges and mountain trails. In the past, this species inhabited riverbanks, but is not seen nowadays.

Food plant *Salix gracilistyla, S. koreensis, S. babylonica* (Salicaceae), *Celtis sinensis, Ulmus davidiana* (Ulmaceae).

Distribution Mountainous regions north of Gyeonggi-do and Gangwon-do.

Range Entire Palaearctic region except extreme north.

신선나비

Nymphalis antiopa (Linnaeus, 1758)

아 대륙의 온대 지역과 북미 대륙의 북부, 멕시코 중부에 넓게 분포한다. 남한에서는 채집 기록이 매우 적으며, 북부지방에서 일시적으로 날아온 것으로 추정한다.

먹이식물 버드나무과(Salicaceae) 황철나무, 자작나무과(Betulaceae) 자작나무로 추정

생태 한 해에 한 번, 7월 중순에서 8월까지 와 이듬해 5월에서 6월에 나타난다. 월동은 어른벌레 상태로 한다. 서식지는 추운 지역 의 산지 계곡이다. 버드나무의 진이나 발효 된 복숭아 열매, 동물의 배설물에 날아오는 데, 이런 습성 등은 남한에서 관찰된 내용 이 거의 없다. 수컷은 깊은 계곡의 경사지 와 암벽에 앉는 일이 있는데, 날 때에는 활 강하듯 곧게 나는 모습을 볼 수 있다.

변이 한반도 개체군은 일본을 포함한 구북 구와 신북구, 멕시코에 분포하는 기준 아 종으로 다룬다. 다른 한 아종은 중국 중부 에서 히말라야까지의 범위에 있다. 한반도 에서는 특별한 변이가 없다.

암수구별 암컷은 수컷보다 크고, 날개 외연 이 둥근 외에는 차이가 없다.

첫 기록 Matsumura(1919)는 *Vanessa antiopa* Linnaeus (Korea)라는 이름으로 우리나라에 처음 기록하였다.

우리 이름의 유래 석주명(1947)은 검은 날개 에 외연이 넓게 노란색을 띠는 모습에서 신 부의 로만칼라 복장을 연상하여 신부나비 라고 지었다. 후에 이승모(1982)는 이 속의 라틴어(*Nymphalis* = 요정)의 대표성을 주 어 '신선'이라는 이름으로 바꾸었다.

Abundance Scarce.

General description Wing expanse about 60 mm. Unmistakable. Upper wings with yellow marginal bands. Korean population was dealt as nomionotypical subspecies (TL: Sweden).

Flight period Univoltine. Mid July-August, overwintered adult reappears May-June. Hibernates as an adult.

Habitat Mountain valleys, ridges and mountain trails in N. Korea.

Food plant Possibly *Populus maximowiczii* (Salicaceae), *Betula*

Abundance Scarce.

General description Wing expanse about 60 mm. Upper wings ground color usually lighter orange-red than in *N. l-album*. Upper forewing area between the black postdiscal spot next to costa, and black submarginal band white. Korean population was dealt as nomionotypical subspecies (=

platyphylla (Betulaceae).
Distribution Mountainous regions north of Hwacheon, Gangwon-do.
Range Japan, Palaearctic and Nearctic Regions, Mexico.

청띠신선나비

Kaniska canace (Linnaeus, 1763)

분포 제주도와 울릉도 등을 포함하여 전국 각지에 분포한다. 국외에는 일본, 중국, 러시아 극동지역, 타이완, 필리핀, 인도네시아 등 동아시아 지역과 동남아시아의 높은 산지, 인도 북부에 넓게 분포한다.
먹이식물 백합과(Liliaceae) 청가시덩굴, 청미래덩굴, 뻐꾹나리, 참나리
생태 한 해에 한 번에서 세 번, 남부지방과 제주도에서는 6월에서 7월까지와 8월, 9월에 보이고, 강원도 지역에서는 6월 중순에서 7월과 8~9월에 두 번, 북한 추운 지역에서는 7~8월에 한 번 보인다. 그 후 이듬해 3월에서 5월에 다시 보인다. 월동은 어른 벌레 상태로 한다. 서식지는 높은 산지의 낙엽활엽수림 가장자리, 남부의 상록활엽

수림 주변, 마을과 가까운 낮은 산지이다. 참나무와 버드나무, 느릅나무, 붉가시나무 등의 진이나 썩은 과일에 잘 날아오며, 겨울을 나면 꽃꿀을 빨기도 한다. 수컷은 해질 무렵 길 위나 바위 등에 앉아 점유행동을 하는데, 격하게 다른 나비들을 쫓았다가 제자리로 되돌아오는 습성이 강하다. 기온이 높으면 습지에 잘 모인다. 암컷은 숲속을 배회하다가 먹이식물의 어린잎이나 줄기에 알을 하나씩 낳는다. 겨울을 난 개체들은 날개의 손상이 비교적 적다.
변이 한반도 개체군은 일본, 중국 동북부, 러시아(아무르 남부) 지역과 함께 아종 *nojaponicum* (Siebold, 1824)로 다룬다. 한반도에서는 섬에 분포하는 개체들이 내륙 지역과 달리 날개의 청색 줄무늬가 폭이 넓은 개체가 나타나는 빈도가 높다. 여름형은 날개 아랫면의 바탕색에 황갈색 기운이 나타나 대비가 심하고, 가을형은 흑갈색 기운이 짙어진다. 특히 날개 아랫면 중실 끝에 흰 무늬가 여름형에서 뚜렷하다. 개체에 따라 드물게 앞날개 윗면의 중실 바깥의 띠무늬가 파란색을 띠기도 한다.
암수구별 암컷은 수컷보다 크고, 날개 외연이 둥글다. 또 날개 윗면의 청색 부위가 넓고 외연의 돌기가 두드러진다. 수컷의 배는 홀쭉하나 암컷은 통통하다.
첫 기록 Fixsen(1887)은 *Vanessa charonia* Drury (Korea)라는 이름으로 우리나라에 처음 기록하였다.
우리 이름의 유래 석주명(1947)은 날개에 청색 띠가 있는 것에 착안하여 이름을 지었다.

Abundance Common.
General description Wing expanse about 60 mm. Unmistakable by forewing with a postdiscal blue band. Korean population was dealt as ssp. *nojaponicum* (Siebold, 1824) (TL: in insula Dezima prope Nangasaki [Nagasaki, Japan]).
Flight period Univoltine or trivoltine according to latitude or altitude. June-September, triple broods in S. Korea and Jeju island, mid June-September,

double broods in Gangwon-do, July-August, single brood in N. Korea, overwintered adult reappears March-May. Hibernates as an adult.
Habitat Edges of deciduous broad-leaved forest in high mountainous area, around broad-leaved evergreen forest in southern part, low mountains near village.
Food plant *Smilax sieboldii*, *S. china*, *Tricyrtis dilatata*, *Lilium lancifolium* (Liliaceae).
Distribution Whole region of Korean Peninsula.
Range Japan, China, Russian Far East, Taiwan, Philippines, Indonesia, N. India.

공작나비

Aglais io (Linnaeus, 1758)

분포 강원도 화천 이북의 산지에 분포하는데, 한반도 동북부지방에서는 평지에 분포한다. 분포 범위를 벗어난 강원도 태백산에서 채집한 기록(한국인시류동호인회편,

1989)이 한 번 있다. 국외에는 유라시아 대륙의 온대와 한대 지역에 넓게 분포한다.

먹이식물 쐐기풀과(Urticaceae) 가는잎쐐기풀, 삼과(Cannabaceae) 호프

생태 한 해에 한 번. 6월 중순에서 7월까지와 이듬해 3월에서 5월에 나타난다. 북한에서는 고도가 낮은 지역에서 한 해에 두 번, 6월 말에서 7월, 8월에서 9월 사이, 높은 지역에서는 한 번, 7~8월에 나타난다. 월동은 어른벌레 상태로 한다. 서식지는 추운 지역의 산지의 계곡이나 능선 주위의 풀밭, 마을, 강가 등지이다. 꽃에 날아오는 일이 많으며, 큰까치수염과 붉은토끼풀, 엉겅퀴류, 루드베키아, 금계국, 체꽃, 개쉬땅나무 등의 꽃에서 꿀을 빤다. 수컷은 맑은 날 그늘진 경사지와 암벽에 앉아있거나 주위를 힘차게 날아다닌다. 암컷은 먹이식물 잎 뒤에 무더기로 알을 낳는다고 한다. 남한 지역에서 관찰한 자료는 적다.

변이 세계 분포로 보아도 특별한 지역 변이는 없으며, 한반도 안에서도 변이가 없다.

암수구별 암컷은 수컷보다 크고, 날개 외연이 둥글다. 암수 구별은 매우 어려우며, 앞 종의 구별법을 참고하기 바란다.

첫 기록 Leech(1887)는 *Vanessa io* Linnaeus (Korea)라는 이름으로 우리나라에 처음 기록하였다.

우리 이름의 유래 석주명(1947)은 영어 이름(Peacock)에서 의미를 따와 이름을 지었다.

분포 강원도 설악산 대청봉과 그곳에서 서쪽으로 위치한 서북 주능선, 광덕산, 해산에서 네 번만 발견되었을 정도로 남한에서 매우 희귀하고, 북한의 고위도 산지에 분포한다. 국외에는 유라시아 대륙의 온대와 한대 지역에 넓게 분포한다.

먹이식물 쐐기풀과(Urticaceae) 가는잎쐐기풀

생태 한 해에 한 번. 6월 중순에서 8월까지와 이듬해 3월에서 5월에 나타난다. 월동은 어른벌레 상태로 한다. 서식지는 추운 지역의 산지의 계곡이나 능선 주위의 숲 가장자리이다. 북한에서는 백리향과 벚나무, 엉겅퀴류, 루드베키아, 금계국 꽃에 날아오는데, 강원도 광덕산에서 큰까치수염의 꽃에서 꿀을 빠는 것을 관찰한 적이 있다. 수컷은 매우 빠르게 날아다니고, 경사지와

암벽에 앉는 일이 있다. 오후에 바위가 많은 높은 산지에서 점유행동을 한다. 외국 문헌에 따르면 높은 산의 정상 부근에 잘 모이고, 암컷은 먹이식물 잎 뒤에 무더기로 알을 낳는다고 한다. 남한 지역에서 관찰된 자료는 많지 않다.

변이 한반도 개체군은 중국 동북부, 러시아(아무르에서 알타이까지), 타지키스탄, 키르기스스탄, 카자흐스탄 동부 지역과 함께 아종 *eximia* (Sheljuzhko, 1919)로 다룬다. 일본에는 다른 아종이 있다.

암수구별 암컷은 수컷보다 크고, 날개 외연이 둥근 외에는 차이가 없다. 현미경으로 앞다리 발톱마디의 털을 떨어뜨린 후 살펴보면 수컷은 유합되어 있고, 암컷은 마디가 나뉘어져 있다. 또 배가 굵기 전에 배 끝을 조금 누르면 생식기가 들어나 확인할 수 있다.

첫 기록 Nire(1919)는 *Vanessa urticae* Linnaeus (Mosanrei (무산령))라는 이름으로 우리나라에 처음 기록하였다.

우리 이름의 유래 석주명(1947)은 종의 라틴어(*urticae*)에서 따온 의미로 이름을 지었다.

Abundance Scarce.

General description Wing expanse about 49 mm. Forewing outer margin with projection at vein 6, hindwing outer margin with projection at vein 4. Korean population was dealt as *eximia* (Sheljuzhko, 1919) (= *coreensis* Kleinschmidt, 1929) (TL: Pogranitshnaja (Mantshzhuria or.) [border of Russian Far East and China]).

Flight period Univoltine. Mid June-August, overwintered adult reappears March-May. Hibernates as an adult.

Habitat Mountain valley of cold region, edges of forest around ridge.

Food plant *Urtica angustifolia* (Urticaceae).

Distribution Mountainous regions north of Hwacheon, Gangwon-do.

Range NE. China, Russia (from Altai

Distribution Mountainous regions north of Hwacheon, Gangwon-do.

Range Japan, NE. China, Russia (Amur) to Europe.

쐐기풀나비

Aglais urticae (Linnaeus, 1758)

Abundance Scarce.

General description Wing expanse about 50 mm. Unmistakable because of two large ocelli on upper wings. Korean population was dealt as nominotypical subspecies (TL: Sweden).

Flight period Univoltine. Mid June-July, overwintered adult reappears March-May. Hibernates as an adult.

Habitat Valley of mountains in cold regions, meadows around rural villages, river banks.

Food plant *Humulus lupulus* (Cannabaceae), *Urtica angustifolia* (Urticaceae).

to Amur), Tajikistan, Kyrgyzstan, E. Kazakhstan to Europe.

작은멋쟁이나비

Vanessa cardui (Linnaeus, 1758)

분포 제주도와 울릉도 등 섬을 포함한 한반도 전 지역에 분포한다. 국외에는 전 세계에 분포한다.

먹이식물 국화과(Compositae) 참쑥, 떡쑥, 쑥, 사철쑥, 아욱과(Malvaceae) 아욱

생태 한 해에 여러 번, 4월 초에서 11월에 보인다. 어른벌레로 월동하는데 제주도에서는 일부가 알, 애벌레, 번데기 상태로도 월동한다. 서식지는 양지바른 풀밭이나 길가, 시가지 빈터, 해안가 주변, 야산의 정상부이다. 백리향과 지칭개, 토끼풀, 산국, 고려엉겅퀴, 국화, 맨드라미, 엉겅퀴, 코스모스, 민들레, 등골나물, 익모초, 가시여뀌 등 여러 꽃에서 꿀을 빤다. 이따금 야자나무 열매에서 나오는 진에 모이나 축축한 땅바닥에는 잘 모이지 않는다. 봄과 여름보다는 가을에 개체수가 많아진다. 수컷은 빠르게 날아다니면서 따뜻한 장소에서 날

개를 펴 일광욕을 한다. 또 해질 무렵 큰멋쟁이나비와 함께 산정에서 심하게 점유행동을 한다. 암컷은 낮게 날아다니면서 먹이식물의 잎에 알을 하나씩 낳는다.

변이 세계 분포로 보아 특별한 지역 변이는 없으며, 한반도에서도 변이가 없다.

암수구별 암수 모두 무늬와 색의 차이가 없어 구별하기 쉽지 않다. 다만 암컷은 수컷보다 날개의 폭이 조금 넓어 보일 뿐이다. 앞 종의 경우처럼 배 끝과 앞다리의 생김새로 확인하는 것이 좋다.

첫 기록 Butler(1883a)는 *Pyrameis cardui* Linnaeus (Gensan (원산), Port Lazareff, E. Corea)라는 이름으로 우리나라에 처음 기록하였다.

우리 이름의 유래 석주명(1947)은 큰멋쟁이나비에 대응하여 작다는 뜻으로 이름을 지었다.

Abundance Common.

General description Wing expanse about 56 mm. Medium size. Upper hindwing black ocelli of postdiscal series separate. Korean population was dealt as nominotypical subspecies (TL: Carduo Europae, Africae [Sweden]).

Flight period Polyvoltine. Early March-November, has no diapause stage. Breeding and dispersal persists until onset of cold weather.

Habitat Cosmopolitan species. Sunny meadows, road verges, empty lands in urban environment, seaboards, top of low mountain.

Food plant *Artemisia dubia, A. princeps, A. capillaris, Gamochaeta malvinensis* (Compositae), *Malva verticillata* (Malvaceae).

Distribution Whole region of Korean Peninsula.

Range Worldwide

큰멋쟁이나비

Vanessa indica (Herbst, 1794)

분포 제주도와 울릉도 등 여러 섬들을 포함하여 한반도 전 지역에 분포한다. 국외에는 일본, 중국, 러시아(극동지역, 캄차카), 타이완, 몽골 동부, 베트남 북부, 필리핀 북부, 인도 북부, 스리랑카에 분포한다.

먹이식물 느릅나무과(Ulmaceae) 느릅나무, 쐐기풀과(Urticaceae) 가는잎쐐기풀, 거북꼬리, 왕모시풀, 개모시풀

생태 한 해에 두 번에서 네 번, 5월에서 11월 초까지 보인다. 월동은 어른벌레 상태로 한다. 서식지는 산지와 평지의 숲 가장자리와 그 주변 풀밭이다. 졸참나무, 붉가시나무 등의 진이나 야자나무 열매에서 나오는 진, 썩은 과일 등에 잘 모이고, 곰취와 산국, 국화, 엉겅퀴, 가시엉겅퀴, 백일홍, 갈퀴덩굴, 토끼풀, 계요등, 익모초 등 여러 꽃에도 모여 꿀을 빤다. 수컷은 여름 이후에는 오후부터 해질 무렵까지 산 정상의 확트인 공간이나 바위 등에 앉았다가 세차게 다른 나비를 쫓거나 두세 마리가 뒤엉켜 서로를 뒤쫓는 텃세를 부린다. 암컷은 먹이식물의 새싹에 알을 하나씩 낳는다. 애벌레와

번데기에 대한 기록은 김성수(1991)의 논문이 있다.

변이 한반도 개체군은 일본, 러시아 극동지역, 몽골 동부와 중국에서 히말라야, 필리핀(루손 섬), 인도차이나 지역과 함께 기준아종으로 다룬다. 인도 북부와 스리랑카에 다른 2아종이 있다. 한반도에서는 특별한 변이가 없다.

암수구별 작은멋쟁이나비의 경우와 같다. 암컷의 날개 윗면의 색이 조금 옅다.

첫 기록 Fixsen(1887)은 *Vanessa callirrhoë* Hübner (Korea)라는 이름으로 우리나라에 처음 기록하였다.

우리 이름의 유래 석주명(1947)은 영어 이름 'Admiral'의 제독이라는 뜻과 닮은 '멋쟁이'로 정하고, 작은멋쟁이나비와 대응하여 이름을 지었다.

Abundance Common.

General description Wing expanse about 58 mm. Upper forewing median band and upper hindwing marginal band orange. Korean population was dealt as nominotypical subspecies (TL: Der indianische Atlanta ... [India]).

Flight period Bivoltine or Polyvoltine according to latitude or altitude. May-November, overwintered adult reappears May-June. Hibernates as an adult.

Habitat Forest edges in mountain and flatland and surrounding grassy sites.

Food plant *Ulmus davidiana* (Ulmaceae), *Urtica angustifolia, Boehmeria tricuspis, B. platanifolia, B. pannosa* (Urticaceae).

Distribution Whole region of Korean Peninsula.

Range Japan, China, Russia (Primorye, Kamchatka), Taiwan, E. Mongolia, China to Himalayas, Philippines (Luzon), Indochina, N. India, Sri Lanka.

남방공작나비
Junonia almana (Linnaeus, 1758)

제주도와 전라남도 홍도, 흑산도, 경상남도 동래에서 늦여름과 가을에 숲 가장자리 풀밭에서 희귀하게 발견되는 미접이다. 국외에는 일본, 중국 남부, 타이완, 동남아시아 일대에서 파키스탄, 이란 동남부까지 분포한다. 채집된 개체가 적기 때문에 지역 변이를 밝히기 쉽지 않으나 우리나라에서 보이는 개체는 일본, 중국, 타이완, 동남아시아(보르네오와 술라웨시 주변 제외) 지역과 함께 기준 아종으로 다룰 수 있다. 계절에 따른 변이가 알려져 있으며, 가을 개체는 날개 가장자리의 굴곡이 심한데, 여기에 나오는 표본은 여름 개체이다. 우리나라에서 생태를 관찰한 기록이 거의 없으나 꽃을 찾는 습성이 알려져 있다. 먹이식물은 마편초과(Verbenaceae), 쥐꼬리망초과(Acanthaceae), 현삼과(Scrophulariaceae) 등으로 알려져 있다(白水 隆, 2006). 석주명(1947)은 *Precis almana* Linnaeus (Korea)라는 이름으로 우리나라에 처음 기록하였다. 우리 이름은 석주명(1947)이 북쪽에 분포하는 공작나비를 대비하여 이 나비가 남쪽에만 볼 수 있다는 뜻이다.

Abundance Migrant.

General description Wing expanse about 53 mm. Seasonal dimorphism: wing margin with well developed processes in autumnal individuals. Korean population was dealt as nominotypical subspecies (TL: Asia).

Flight period Polyvoltine. Occasionally August-September, has no diapause stage.

Habitat Meadows at forest edges (rarely observed).

Food plant Verbenaceae, Acanthaceae, Scrophulariaceae in Japan.

Distribution Jeju island, Hongdo island and Heuksando island.

Range Japan, China, Taiwan, Southeast Asia (except Borneo and Sulawesi region), Pakistan, SE. Iran.

남방남색공작나비
Junonia orithya (Linnaeus, 1758)

원병휘(1959)가 제주도 사굴 주위에서 수컷 한 마리를 채집하여 처음 우리나라에 기록한 이후, 제주도와 전라남도 진도, 충청남도 태안, 경기도 무의도에서 채집되어 몇 차례 알려진 미접이다. 국외에는 동양구, 오스트레일리아 북부, 아프리카에 넓게 분포한다. 한반도에서 보이는 개체는 일본 남부, 중국(중부, 남부), 동남아시아에 분포하는 기준 아종으로 다룬다. 암수차이는 뚜렷하여 수컷은 날개색이 광택이 있는 청람색이다. 암컷은 날개 외연이 둥글고, 날개 윗면의 색이 붉은 기가 강한 갈색이다. 탁 트인 풀밭에서 보이며, 맨드라미 등의 꽃을 찾는 것으로 알려져 있다. 수컷은 공간을 점유하는 텃세 행동이 강하고, 이따금 축축한 땅바닥에 앉는다. 암컷의 날개는 갈색을 띤다. 먹이식물은 쥐꼬리망초과(Acanthaceae)의 쥐꼬리망초와 현삼과(Scrophulariaceae)의 금어초 등이 알려져 있다(白水 隆, 2006). 우리 이름은 이 종을 처음 채집했던 원병휘(1959)가 남방푸른공작나비라 했는데, 이후 김창환(1976)이 날개색이 푸른색이 아니어서 위의 이름으로 바꾼 것으로 보이나 그 자세한 이유는 분명하지 않다.

Abundance Migrant.

General description Wing expanse about 47 mm. Unmistakable. Sexual dimorphism, female upper wings blue areas very reduced and upper wings postdiscal ocelli more developed.

Korean population was dealt as nominotypical subspecies (TL: Indies).
Flight period ? Polyvoltine. Occasionally August-September, has no diapause stage.
Habitat Open meadows.
Food plant *Justicia procumbens* (Acanthaceae), *Antirrhinum majus* (Scrophulariaceae) in Japan.
Distribution Southern coastal regions, Jeju island (JJ) (migrant).
Range Japan, China, Taiwan, Oriental region, N. Australia, Africa.

암붉은오색나비

Hypolimnas misippus (Linnaeus, 1764)

우리나라에서는 일시적으로 날아온 미접으로, 황해도 개성과 제주도에 기록이 있었고, 전라남도의 홍도와 기문도 등의 섬에서 보인다. 국외에는 일본, 중국 남부, 타이완, 동양 열대구, 오스트레일리아, 아프리카와 남아메리카, 서인도 제도에 넓게 분포한다. 세계 분포로 보아 특별한 지역 변이는 없다. 수컷은 날개가 검은 보라색으로 앞날개 중앙과 끝, 뒷날개 중앙에 흰 무늬가 있으며, 보는 각도에 따라 날개 중앙에 보라색 광채가 난다. 암컷은 '끝검은왕나비'와 닮으며, 독성분이 몸에 들어 있는 것처럼 꾸민 의태로 알려져 있다. 우리나라는 남부 섬과 제주도에서 여름 이후 거의 해마다 발견된다. 무릇에서 꽃꿀을 빤다. 수컷은 산정의 바위 위에서 심하게 점유행동을 한다. 먹이식물은 쇠비름과(Portulacaceae)의 쇠비름, 비름과(Amaranthaceae)의 비름으로 알려져 있다. 석주명(1937)이 *Hypolimnas misippus* Linnaeus (Is. Quelpart(제주도))라는 이름으로 우리나라에 처음 기록하였다. 우리 이름은 석주명(1947)이 암컷이 붉다는 날개색의 특징으로 이름을 지었다.

Abundance Migrant.
General description Wing expanse about 60 mm. Unmistakable. Sexual dimorphism: females show remarkable polymorphism, whereas the males are monomorphic; all female morphs mimic morphs of *Danaus chrysippus* (Zagatti et al., 2012). Korean population was dealt as nominotypical subspecies (TL: America).
Flight period Polyvoltine. Occasionally late August-September, has no diapause stage.
Habitat Hilltop and forest edges of southern Korean Peninsula and Jeju island.
Food plant *Portulaca oleracea* (Portulacaceae), *Amaranthus mangostanus* (Amaranthaceae) in Japan.
Distribution Geomundo island (JN), Jeju island (migrant).
Range Japan, China, Taiwan, Oriental, Australian, Afrotropical and Neotropical Region.

남방오색나비

Hypolimnas bolina (Linnaeus, 1758)

제주도와 남서해안, 그 일대의 섬과 경기만의 덕적도, 무의도, 광주 무등산 등지에 가끔 날아오는 미접이고, 국외에는 동양구와 오스트레일리아에 넓게 분포한다. 우리나라에서 보이는 개체는 타이완에서 유래한 아종 *kezia* (Butler, [1878])과 때로는 필리핀에서 날아온 아종 *phillippensis* (Butler, 1874)인 것으로도 보인다. 암컷은 날개 가장자리에 흰 점무늬가 있고, 뒷날개 중앙에 청보라색 무늬는 없다. 수컷은 검은색에 청보라색 무늬가 앞, 뒷날개 중앙에 있는데, 가끔 이 부분의 색이 암붉은

오색나비 수컷처럼 하얀 경우도 있다. 이럴 경우 뒷날개 아랫면 전연부 중앙에 암붉은오색나비가 검은 점이 있는 것과 달리 이 종에서는 나타나지 않는 점과 이 종의 뒷날개 아랫면 외연부에 흰 띠가 발달하는 점으로 구별할 수 있다.
수컷은 숲 가장자리를 유유히 날아다니고, 산 정상에서 점유행동을 한다. 때때로 이 동력이 강해 도시에 날아오기도 한다. 암컷은 야산 정상 주위를 맴돌거나 마을 주변 팽나무 숲에서 보인다. 먹이식물은 뽕나무과(Moraceae)의 천선과나무이다. 박세욱(1969)은 제주도에서 채집한 개체로 우리나라에 처음 기록하고, 우리 이름을 지었는데, 그 의미는 아마 남쪽에서 볼 수 있고, 날개의 보라색 광택이 있는 특징을 담은 것으로 보인다.
한편 이 종은 'Wolbachia'라는 리케차가 감염된 예가 있다. 이 미생물은 나비의 성과 생식을 이기적으로 조작하는 것으로 잘 알려져 있으며, 이 때문에 이 나비는 야외에서 수컷보다 암컷의 비율이 높다. 이 미생물은 이 나비 외에 여러 곤충에서 발견되었다(Kondo, 2007).

Abundance Migrant.
General description Wing expanse about 65 mm. Korean population has 2 subspecies: ssp. *kezia* (Butler, [1878]), ssp. *phillippensis* (Butler, 1874).
Flight period Polyvoltine. Occasionally late August-September, has no diapause stage.
Habitat Hilltops, forest edges, around urban area.
Food plant *Ficus erecta* (Moraceae) in Japan.
Distribution Islands located in Gyeonggi-do and Chungcheongnam-do, Jeju island (migrant).
Range Ryukyu island (migrant), E. China, Taiwan, Philippines, Borneo, Australia.

애물결나비

Ypthima argus Butler, 1866

분포 한반도 동북부 높은 산지, 울릉도와 몇몇 섬들을 뺀 전국에 흔하게 분포하는데, 제주도에는 300m 정도의 상록활엽수림과 낙엽활엽수림이 혼합된 지역에 드물게 있다. 국외에는 일본, 중국 동북부, 러시아(아무르, 우수리), 타이완에 분포한다.
먹이식물 벼과(Gramineae) 강아지풀, 주름조개풀, 잔디, 바랭이, 사초과(Cyperaceae) 방동사니, 금방동사니
생태 한 해에 두세 번, 북부지방에서는 6월 중순에서 7월 초, 8월에 두 번 보이고, 중남부지방에서는 5월 초에서 9월에 두세 번 보인다. 월동은 애벌레 상태로 한다. 서식지는 낮은 산지의 숲 가장자리와 평지의 숲 주변의 관목림, 풀밭, 빈터이다. 낮은 풀 사이를 날아다니다가 개망초와 씀바귀, 엉겅퀴, 토끼풀, 당조팝나무, 산초나무 등의 꽃에서 꿀을 빤다. 일광욕을 할 때에는 날개를 펴고 앉지만 대부분 날개를 접고 앉는다. 같은 장소에 사는 물결나비와 비교해 볼 때 확 트인 풀밭보다는 조금 어두운 상태의 장소를 좋아한다. 암컷은 천천히 날면

서 먹이식물의 잎에 앉아 알을 하나씩 낳고 그 주변 풀잎에서 앉아 쉬는 경우가 많다.
변이 한반도 개체군은 중국 동북부, 러시아(아무르) 지역과 함께 아종 *hyampeia* Fruhstorfer, 1911로 다룬다. 여름 이후에 나타나는 개체는 봄의 개체보다 크기가 작은 편으로 이밖에 큰 차이가 없다. 날개 아랫면의 바탕색은 흑갈색을 띠는 개체와 황갈색 기운을 조금 띠는 개체가 있다.
암수구별 암컷은 수컷보다 날개 윗면의 흑갈색이 조금 옅다. 또 앞날개 윗면의 눈알 모양 무늬가 크고, 그 주위의 노란 테두리의 폭이 더 넓으며, 날개 아랫면의 눈알모양 무늬도 더 큰 경향이 많다.
첫 기록 Fixsen(1887)은 *Ypthima philomela* Hübner (Korea)라는 이름으로 우리나라에 처음 기록하였다.
우리 이름의 유래 석주명(1947)은 물결나비보다 작아서 아이의 뜻인 '애'를 앞에 붙여 이름을 지었다.
비고 *Ypthima*속은 구북구의 동남쪽 지역에서 동양구까지의 넓은 지역에서 약 100여 종이 알려져 있다. 그동안 이 속에 포함된 종들에 대한 계통 발생의 관계를 밝히기 위한 여러 시도가 있었음에도 불구하고 각각의 종의 특징이 모호하기 때문에 계통 분류가 어려웠다. 특히 수컷 생식기의 특징은 동정에 중요한 정보로 활용되었지만(Elwes와 Edward, 1893) 암컷 생식기를 활용한 원기재자들은 거의 없었다(Shima와 Nakanishi, 2007). 특히 한반도를 중심으로 동북아시아에 분포하는 *argus*와 동남아시아와 타이완, 인도에 분포하는 *baldus*는 지역에 따라 각각 날개의 크기와 모양, 날개 무늬의 패턴이 매우 다양하고, 계절형까지 있어 더 구별하기 어려웠다(Shirôzu와 Shima, 1979).
그동안 우리나라에서는 *argus*와 *baldus*의 이름을 적극적으로 합치거나 나누어 정리한 연구는 거의 없었다. 반면 한반도와 일본, 중국 동북부, 러시아 극동지역에 *argus*가 분포한다는 문헌은 최소한 우리나라를 포함한 극동아시아 지역의 연구자 사이에서는 매우 다양하다. 특히 한반도 개체군을 석주명 이래 많은 학자들이 *argus*를 적용했지만 *baldus*를 적용한 학자는 이영준(2005) 뿐이다. 최근 Osozawai

와 Takáhashi, Wakabayashi(2017)는 *Ypthima*속의 분자학적 연구를 통해 일본과 한반도의 개체군이 *argus*에 속하며, *baldus*와 *argus*는 자매종의 관계라고 밝히고 있다. *baldus*와 *argus*의 지역 아종 관계를 정리하면 아래와 같다.

Ypthima baldus (Fabricius, 1775)
  ssp. *madrasa* Evans, 1923- South India
  ssp. *satpura* Evans, 1923- Central Provinces of India
  ssp. *baldus* (Fabricius, 1775)- North West Himalayas to Assam, Western China, Southern China and Indo-China
  ssp. *luoi* Huang, 1999- Tibet
  ssp. *gallienus* Fruhstorfer, 1911- Hainan
  ssp. *zodina* Fruhstorfer, 1911- Taiwan
  ssp. *newboldi* Distant, 1882- Tenasserim, Peninsular Thailand, Malaya
  ssp. *moerus* Fruhstorfer, 1911- Sumatra, Siberut
  ssp. *selinuntius* Fruhstorfer, 1911- Borneo, Palawan, Natuna, Riau, Lingga, Billiton

Ypthima argus Butler, 1866
  ssp. *argus* Butler, 1866- Japan, the South Kuriles
  ssp. *hyampeia* Fruhstorfer, [1911]- Korea, North-Eastern China, Russian Far East

Abundance Common.
General description Wing expanse about 37 mm. Under hindwing with 5-6 ocelli. Korean population was dealt as ssp. *hyampeia* Fruhstorfer, [1911] (= *elongatum* Matsumura, 1929) (TL: Ussuri River, Primorye).
Flight period Bivoltine or trivoltine according to latitude. Mid June-early July, August in double broods in N. Korea. Early May-September in triple broods in C., S. Korea & Jeju island. Hibernates as a larva.

Habitat Forest edges in low mountain, bush-clad glades in flat land.
Food plant *Setaria viridis*, *Oplismenus undulatifolius*, *Zoysia japonica*, *Digitaria sanguinalis* (Gramineae), *Cyperus amuricus*, *C. microiria* (Cyperaceae).
Distribution Whole Korean territory except Ulleungdo island.
Range Japan, NE. China, Russia (Amur, Ussuri), Taiwan.

[물결나비

Ypthima multistriata Butler, 1883

분포 한반도 내륙과 제주도의 낮은 지대에 분포한다. 제주도에서는 오름과 평지에 분포한다. 국외에는 일본, 중국, 타이완에 분포한다.
먹이식물 벼과(Gramineae) 강아지풀, 벼, 주름조개풀, 민바랭이새, 참바랭이
생태 한 해에 두세 번, 5월 중순에서 10월 초까지 보인다. 월동은 애벌레 상태로 한다. 서식지는 낙엽활엽수림 산지의 풀밭,

마을과 경작지 주변의 풀밭이다. 애물결나비와 비교하여 더 빠르게 나는 편으로, 풀 사이를 톡톡 튀듯이 가볍게 나는데, 수컷끼리 서로 쫓고 쫓기는 모습을 자주 볼 수 있다. 쥐똥나무와 개망초, 산초나무, 등골나물 등의 꽃에서 꿀을 빨고, 드물게 썩은 과일이나 개구리 사체에도 모인다. 암컷은 먹이식물의 잎 뒤에 알을 하나씩 낳는데, 산란 장면을 쉽게 볼 수 없다.
변이 한반도 개체군은 일본(쓰시마)와 중국 지역과 함께 아종 *ganus* Fruhstorfer, 1911로 다룬다. 쓰시마를 뺀 일본 본토에는 다른 아종(*niphonica* Murayama, 1969)이 분포하는데, 한반도 아종인 *ganus*는 수컷의 앞날개 윗면 날개밑에서 중앙까지 발향린이 발달하여 검어진다. 이와 달리 일본의 아종은 날개 전체가 색이 고르다. 다만 한반도 내륙의 남단 지역의 일부 개체에서 일본과 같은 아종의 특징이 나타나는 개체들이 일부 채집된다.
계절에 따른 차이는 뚜렷하지 않으나 8월 중순 이후에 발생하는 개체들의 크기가 조금 작은 편이다.
암수구별 수컷은 암컷과 달리 앞날개 중앙 부분에 검은 무늬로 된 발향린 무늬가 나타나 바깥과 대비가 된다. 암컷은 날개 아랫면의 눈알 모양 무늬 둘레의 노란 테두리가 수컷보다 폭이 넓다.
첫 기록 Fixsen(1887)은 *Ypthima motschulskyi* Bremer et Grey (Korea)라는 이름으로 우리나라에 처음 기록하였다.
우리 이름의 유래 석주명(1947)은 일본 이름에서 의미를 따와 이름을 지었다.
비고 원래 이 종의 학명으로 쓰였던 이름은 다음의 석물결나비에 쓰이는 '*motschulskyi*'이었다. 하지만 이 이름으로 기재했던 당시의 개체는 석물결나비(러시아 상트페테르부르크의 박물관 (Zoological Institute of the Russian Academy of Science)에 보관 중)이어서 타이완 지역의 표본을 대상으로 기재되었던 '*multistriata*'가 유효명으로 대체되어 사용되고 있다.
과거의 문헌들의 기록 중에는 사진이나 형태 설명이 없는 한, 정확히 물결나비와 석물결나비로 가르기 어렵다.

Abundance Common.
General description Wing expanse about 40 mm. Under hindwing with 3 ocelli. Korean population was dealt as ssp. ganus Fruhstorfer, 1911 (= *elongatum* Matsumura, 1929; = *koreana* Dubatolov et Lvovsky, 1997) (TL: Tsintau, China).
Flight period Bivoltine or trivoltine according to latitude. Mid May-early October. Hibernates as a larva.
Habitat Grassy sites near deciduous broad-leaved forests in the mountains, meadows around urban area and farmland, meadows around Oreum(= volcanic monticule) in Jeju island.
Food plant *Setaria viridis*, *Oryza sativa*, *Oplismenus undulatifolius*, *Microstegium japonicum*, *Digitaria sanguinalis* (Gramineae).
Distribution Whole Korean territory excluding Ulleungdo island.
Range Japan, China, Russia (Amur, Ussuri).

[석물결나비

Ypthima motschulskyi (Bremer et Grey, 1853)

분포 제주도를 포함한 남한 각지에 국지적으로 분포하는데, 경기도와 강원도 산지에 많다. 제주도에서는 매우 희귀하다. 국외에는 중국, 러시아(아무르, 연해주)에 분포한다.
먹이식물 벼과(Gramineae)의 여러 식물로 보이나 확실하게 관찰된 것은 아니다.
생태 한 해에 한두 번, 중부지방 이북에서는 6~7월에 한 번 보이고, 남부지방과 제주도에서는 6~9월에 두 번 나타나나 2번째 나오는 개체의 빈도가 매우 낮다. 월동은 애벌레 상태로 하는 것으로 보인다. 서식지는 경기도와 강원도 산지의 낙엽활엽

체군 중에서 이 종을 분리해내고, 석주명의 성을 앞에 붙여 이름을 지었다.

🦋

Abundance Scarce.

General description Wing expanse about 41 mm. Very close to *Y. multistriata* but under wings darker, ochre rings of ocelli duller. Korean population was dealt as ssp. *amphithea* Ménétriès, 1859 (TL: Amur).

Flight period Univoltine or bivoltine according to latitude. June-July in single brood in C. & N. Korea & Jeju island, June-September in double broods in S. Korea & Jeju island. Possibly hibernates as a larva.

Habitat Edges of deciduous broad-leaved forests in mountain area, open grassy environment, logging area, forest edges of 500-750 m a.s.l. in Jeju island.

Food plant Gramineae.

Distribution Mountainous inland regions north of central Korea, Some regions in Gyeongsangnam-do, Jeju island.

Range China, Russia (Amur, Primorye).

수림 가장자리와 확 트인 풀밭 환경, 숲 가운데 벌목된 장소, 제주도에서는 500m에서 750m 사이의 숲 가장자리 풀밭이다. 물결나비와 닮지만 날 때에 날개 색이 조금 어두워 보인다. 개망초와 엉겅퀴, 토끼풀 등의 꽃에 날아와 꿀을 빤다. 수컷은 풀 사이를 빠르게 날아다닌다. 암컷은 활발하지 않고 대부분 풀 위에 앉아 있다가 이따금 날면서 꽃꿀을 빨거나 먹이식물의 잎 뒤에 알을 하나씩 낳는다.

변이 한반도 개체군은 중국 동북부, 러시아(아무르) 지역과 함께 아종 *amphithea* Ménétriès, 1859로 다룬다. 한반도에서는 지역 변이가 없다.

암수구별 암수의 차이는 크지 않으나 암컷이 더 크고 날개 가장자리가 둥근 편이다. 또 날개 아랫면의 눈알 모양 무늬는 훨씬 크고, 그 노란 테두리의 폭이 넓다.

닮은 종의 비교 258쪽 참고

첫 기록 Elwes와 Edwards(1893)는 *Ypthima obscura* Elwes et Edwards (Gensan (원산))라는 이름으로 신종 기재하면서 우리나라에 처음 기록하였다. 하지만 이후에 이를 인정하지 않고 앞 종과 이 종을 합쳐 물결나비 한 종으로 보는 학자가 더 많았다. 우리나라에서는 아마 이승모(1973)부터 다시 분리하기 시작하였던 것으로 보인다.

우리 이름의 유래 이승모(1973)는 앞 종의 개

높은산지옥나비

Erebia ligea (Linnaeus, 1758)

개마고원 일대와 함경북도, 양강도, 자강도에 분포하고, 국외에는 중국(동북부, 북서부), 몽골, 러시아 아무르, 시베리아 남부의 산악지대에서 유럽에 분포한다. 한반도 개체군은 중국 동북부에서 러시아와 몽골 지역과 함께 아종 *eumonia* Ménétriès, 1959로 다룬다. 먹이식물은 벼과(Gramineae)의 산새풀, 사초과(Cyperaceae) 금방동사니입니다. 한 해에 한 번, 7월 중순에서 8월 중순에 높은 산의 풀밭 위를 날아다닌

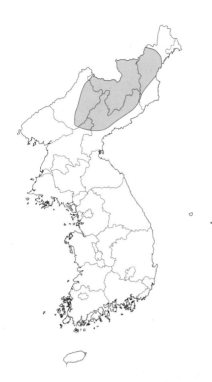

다. 엉겅퀴와 구릿대, 금방망이 등에서 꽃꿀을 빤다. 알부터 어른벌레가 될 때까지 3년이 걸린다. 첫 해는 알 상태로 겨울을 나고, 둘째 해는 애벌레 상태로 겨울을 나며, 3년째 6월 중순에 번데기가 된다고 한다. Doi(1919)는 *Erebia ligea takanonis* Matsumura (Saikarei (함남 최가령), Mt. Rorin (낭림산), Sansorei (산창령))라는 이름으로 우리나라에 처음 기록하였다. 우리 이름은 석주명(1947)이 산지옥나비보다 더 높은 곳에서 산다는 뜻으로 지었다.

🦋

Abundance Local.

General description Wing expanse about 38 mm. Male androconial scale prevail on surface of dark sex brand, upper forewing imaginary straight line through centers of ocelli in cell vein 5 and 6 crosses ocellus in space 3 and wing margin at anal angle. Korean population was dealt as ssp. *eumonia* Ménétriès, 1959 (= *koreana* Matsumura, 1928) (TL: Bai Hadschi [vicinty of Sovetskaya Gavan, Khabarovsk Province]).

Flight period Univoltine. Mid July-mid

August. Larval development spans two seasonal cycles. Hibernates as an egg at first winter, a pupa at second winter.
Habitat Meadows in high mountains of northern part of Korean Peninsula.
Food plant *Calamagrostis langsdorfii* (Gramineae), *Cyperus microiria* (Cyperaceae).
Distribution Regions around Gaemagowon Plateau.
Range China (NE. & NW.), Russia (Amur, Kamchatka, Okhotsk region, Siberia), Mongolia.

북방산지옥나비
Erebia ajanensis Ménétriès, 1857

개마고원 일대의 높은 산지에 분포하는 것으로 알려져 있다. 국외에는 중국 동북부(?), 러시아(아무르, 오호츠크)에 분포한다. 세계 분포로 보아도 특별한 지역 변이는 없으며, 한반도 안에서도 변이가 없다. Gorbunov(2001)가 구체적인 언급 없이 북한 지역에 분포한다고 하였을 뿐으로, 분포의 구체적 근거를 아직 찾지 못했다. 다만 그는 아무르와 북한 지역의 개체군을 비교하면서 아무르 지역 개체군이 북한의 개체군보다 크고, 날개의 밝은 띠의 폭이 M₃맥에서 더 좁다고 한 것을 보면 북한 표본을 직접 본 것으로 보인다. 따라서 현재 이 기록이 우리나라 첫 기록이 된다. 우리 이름은 김성수와 서영호(2012)가 북쪽에 분포한다는 뜻으로 우리 이름을 지었다.

Abundance Local.
General description Wing expanse about 45 mm. Male androconial scale only at vein 2, sex brand vague, upper forewing imaginary straight line through centers of ocelli in cell vein 5 and 6 crosses ocellus in space

4 and outer margin. No noticeable regional variation in morphological characteristics (TL: Ajan (Ayan River, Khabarovsky)).
Flight period Voltinism, emergence period and hibernation stage unknown.
Habitat Unknown.
Food plant *Carex* ssp., *Carex incisa* (Cyperaceae).
Distribution Unknown.
Range NE. China (?), Russia (Amur, Okhotsk).

산지옥나비
Erebia neriene (Böber, 1809)

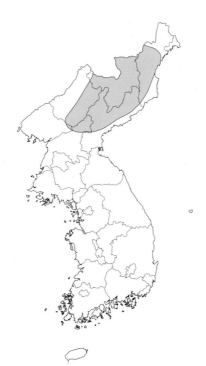

개마고원 일대와 자강도, 양강도, 함경도에 분포하고, 국외에는 러시아(아무르, 우수리, 시베리아 남부의 산지)와 몽골에 분포한다. 한반도 개체군은 러시아(아무르, 시베리아 남부)와 몽골 지역과 함께 기준 아종으로 다룬다. 한 해에 한 번, 6월 말에서 8월 말 보인다. 산지의 풀밭에서 무리를 지어 천천히 날아다니며 여러 꽃에 모인다.

암컷은 먹이식물 외에 그 주변 여러 식물의 가지와 풀에 알을 하나씩 낳는다. 먹이식물은 사초과(Cyperaceae) 꼬리사초, 바랭이사초이다. 알을 갓 낳았을 때 파란 흰색이다가 점차 누런 흰색, 옅은 밤색으로 변한다. 애벌레는 낮에 먹이식물 밑에 숨어 있다가 밤에 올라가 먹는다. 번데기는 먹이식물의 밑동이나 마른 풀, 바위틈에서 볼 수 있다. Doi(1919)는 *Erebia sedakovii niphonica* Janson (Mts. Hakuto (백두산), Rorin (낭림산), Syaso (사창))라는 이름으로 우리나라에 처음 기록하였다. 석주명(1947)은 함경도의 고산지에 가면 어디서나 많이 볼 수 있다는 뜻으로 우리 이름을 지었다.

Abundance Local.
General description Wing expanse about 40 mm. Upper hindwing black ocelli in space 3 situated on ochre-brown spots or a band. Korean population was dealt as nominotypical subspecies (= *chosensis* Matsumura, 1929) (TL: Siberie [Baikal Lake]).
Flight period Univoltine. Late June-late August. Hibernation stage unconfirmed.
Habitat Meadows in high mountains of northern part of Korean Peninsula.
Food plant Cyperaceae.
Distribution Regions around Gaemagowon Plateau.
Range Russia (Amur, Ussuri, S. Siberia), Mongolia.

관모산지옥나비
Erebia rossii Curtis, 1835

함경북도 관모봉(한반도에서 두 번째로 높은 산, 2,541m) 일대의 산지에만 분포하고, 국외에는 우랄산맥에서 유라시아 대륙

Gwanmobong in Hamgyeongbuk-do.
Range Altai and N. Mongolia across Transbaikalia to northern tundra areas of Eurasia, Alaska and N. Canada.

노랑지옥나비

Erebia embla (Becklin, 1791)

의 툰드라 지역, 몽골 북부, 알래스카, 캐나다 북부까지 분포한다. 한반도 개체군은 고유 아종 *kwanbozana* Doi et Cho, 1934로 다룬다. 한 해에 한 번, 6월 중순에서 7월 말에 나타난다. 土居 寬暢과 조복성(1934)이 *Erebia kwanbozana* Doi et Cho, 1934 (함북 관모봉 정상)라는 이름으로 우리나라에 처음 기록하였다. 석주명(1947)은 당시의 일본 이름에서 의미를 따와 우리 이름을 지었다.

Abundance Local and rare.
General description Wing expanse about 38 mm. Under hindwing dark brown with white postdiscal dots between veins. Korean population was dealt as ssp. *kwanbozana* Doi et Cho, 1934 (TL: Gwanmosan, N. Korea).
Flight period Univoltine. Mid June-late July. Hibernation stage unconfirmed.
Habitat High-altitude area of Mt. Gwanmobong (second highest mountain in Korean Peninsula, 2,541 m a.s.l.) in Hamgyeongbuk-do, N. Korea.
Food plant Unconfirmed.
Distribution Regions around Mt.

양강도와 함경북도의 고도가 높은 지역에 분포하고, 국외에는 중국 동북부, 몽골, 러시아(아무르, 사할린, 시베리아 산지), 유럽 북부 등 유라시아 대륙의 툰드라와 타이가 지역에 넓게 분포한다. 한반도 개체군은 중국 동북부, 몽골, 러시아(아무르, 사할린, 시베리아 산지) 지역과 함께 아종 *succulenta* Alphéraky, 1897로 다룬다. 북한 학자 임홍안(1988)이 고유의 새 아종 *baekamensis* Im, 1988로 기재했으나 의미가 크지 않은 것으로 보인다. 한 해에 한 번, 6월 중순에서 7월 중순에 나타난다. 양지바른 장소에서 자라는 전나무로 이루어진 침엽수림 지역에서 볼 수 있다. 암수의 차이는 암컷은 수컷보다 날개 윗면 아외연부의 눈알 모양 무늬가 더 크

고, 그 테두리의 적갈색 밝은 부분이 더 넓다. Sugitani(1934a)는 *Erebia embla succulenta* Alphéraky (양강도 백암군 대택)라는 이름으로 우리나라에 처음 기록하였다. 석주명(1947)은 당시의 일본 이름에서 의미를 따와 우리 이름을 지었다.

Abundance Local.
General description Wing expanse about 50 mm. Upper forewing two ocelli in space 5 and 6 much shifted base in relation to the others. Korean population was dealt as ssp. *succulenta* Alpheraky, 1897 (= *baekamensis* Im, 1988) (TL: Kamtschatka).
Flight period Univoltine. Mid June-late July. Hibernation stage unconfirmed.
Habitat Coniferous forest area with fir trees.
Food plant Unconfirmed.
Distribution High-elevation mountainous regions in Yanggan-do and Hamgyeongbuk-do.
Range NE. China, Russia (Amur, Sakhalin, Altai, Central & S. Siberia), Mongolia to Fennoscandia.

외눈이지옥나비

Erebia cyclopius (Eversmann, 1844)

분포 경상북도 봉화 이북의 산지에 분포한다. 국외에는 중국 동북부, 몽골, 러시아(아무르 북부에서 우랄 남부까지)에 분포한다.
먹이식물 벼과(Gramineae)로 보인다.
생태 한 해에 한 번, 북부지방에는 6월 초에서 7월 초, 중부지방은 5월 말에서 6월에 보인다. 월동은 애벌레 상태로 하는 것으로 보인다. 서식지는 산지의 낙엽활엽수림의 숲 가장자리, 산길 주변이다. 숲 안팎을 넘나들며 날아다니는데, 오전 중 날이 맑으면 양지바른 장소에 앉아 날개를 'V'자

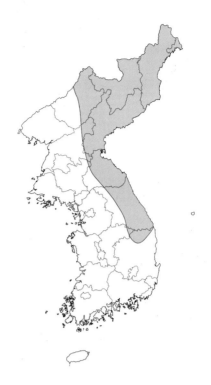

Abundance Scarce.
General description Wing expanse about 53 mm. Upper forewing double ocelli with ochreous or reddish border. Under hindwing with a bluish postidiscal band, without white spot at base vein 4. No noticeable regional variation in morphological characteristics (= *pseudowanga* Murayama, 1969) (TL: (Irkutsk Province).
Flight period Univoltine. Early June-early July in N. Korea, late May-June in C. Korea. Possibly hibernates as a larva.
Habitat Edges of deciduous broad-leaved forest, around mountain trails.
Food plant Gramineae.
Distribution Mountainous regions north of Bonghwa, Gyeongsangbuk-do.
Range NE. China, Russia (N. Amur to S. Ural), Mongolia.

모양으로 잠깐 폈다 오므렸다 하면서 일광욕을 한다. 기온이 높은 오후에 고추나무와 얇은잎고광나무, 붉은병꽃나무 등에 날아와 꽃꿀을 빤다. 수컷은 활발하게 날면서 축축한 땅바닥에 잘 앉는데, 수컷끼리 쫓고 쫓기는 장면을 자주 볼 수 있다.
변이 세계 분포로 보아도 특별한 지역 변이는 없으며, 한반도 안에서도 변이가 없다. 개체에 따라 날개끝 가까이의 눈알 모양 무늬의 수가 많아지는 변이가 드물게 있다.
암수구별 수컷은 날개밑에서 중앙까지 보이는 짙은 흑갈색이 더 짙어져 바깥의 바탕색과 대비되나 암컷은 날개 윗면의 바탕색이 수컷보다 조금 옅고 색이 고르다. 암컷은 수컷보다 조금 크고, 날개 외연이 둥근 편이며, 날개 아랫면 눈알 모양 무늬가 더 크다. 또 뒷날개 외횡부의 흰 띠가 더 뚜렷한 편이다.
첫 기록 Nakayama(1932)는 *Erebia cyclopius* Eversmann (Korea)라는 이름으로 우리나라에 처음 기록하였다.
우리 이름의 유래 석주명(1947)은 종의 라틴어(*cyclopius*)에서 의미를 따와 이름을 지었다.

외눈이지옥사촌나비

Erebia wanga Bremer, 1864

분포 지리산 이북의 산지에 분포하여 앞 종보다 분포 범위가 넓은데, 지리산에서는 노고단 부근의 고지대에, 중부지방에서는 해발 500m 이상의 지역에 분포한다. 국외에는 중국(동북부, 동부), 러시아(아무르, 우수리)에 분포한다.
먹이식물 벼과(Gramineae) 용수염풀, 김의털
생태 한 해에 한 번, 5월 중순에서 6월에 보인다. 월동은 애벌레 상태로 하는 것으로 보인다. 서식지는 산지의 낙엽활엽수림의 숲 가장자리이다. 외눈이지옥나비와 생태 특징이 같으나 조금 이른 시기에 나타난다. 숲 가장자리에 핀 조팝나무와 얇은잎고광나무, 고추나무 등의 꽃에서 꿀을 빤다. 수컷끼리의 경쟁은 주로 자리다툼을

하지 않고 서로 쫓고 쫓기는 모습을 보인다. 암컷은 먹이식물 사이에 들어가 날개를 폈다 접었다 하면서 솔잎처럼 가느다란 잎에 알을 하나씩 낳는다.
변이 세계 분포로 보아도 특별한 지역 변이는 없으며, 한반도 안에서도 변이가 없다. 개체에 따라 날개끝 가까이에 있는 눈알 모양 무늬의 수가 많아지는 변이가 드물게 있다.
암수구별 암수의 차이는 외눈이지옥나비의 경우와 거의 같다.
닮은 종의 비교 259쪽 참고
첫 기록 Okamoto(1923)는 *Erebia tristis* Bremer (Korea)라는 이름으로 우리나라에 처음 기록하였다.
우리 이름의 유래 석주명(1947)은 외눈이지옥나비와 생김새가 닮는다는 뜻으로 외눈이사촌나비라 했으나 신유항(1989)이 위 이름으로 바꾸었다.

Abundance Common.
General description Wing expanse about 56 mm. Under hindwing without bluish postidiscal band, with central white spots well-developed, its reddish border faint or absent. Upper forewing ocellus poriform, without ochre rim.

No noticeable regional variation in morphological characteristics (TL: Bureja-Gebirge (Lesser Khingan)).
Flight period Univoltine. Mid May-June. Hibernates as a larva.
Habitat Edges of deciduous broad-leaved forest, around mountain trails.
Food plant *Diarrhena japonica*, *Festuca ovina* (Gramineae).
Distribution Mountainous regions north of Mt. Jirisan.
Range China (NE., E. & C.), Russia (Amur, Ussuri).

분홍지옥나비

Erebia edda Ménétriès, 1851

개마고원 일대의 좁은 범위의 높은 산지에 분포하고, 국외에는 중국(동북부, 북서부), 러시아(시베리아 남부, 알타이), 몽골, 유럽 북부에 분포한다. 세계 분포로 보아도 특별한 지역 변이는 없으며, 한반도 안에서도 변이가 없다. 한 해에 한 번, 5월 말에서 7월 초에 나타난다. 잎갈나무(이깔나무)

가 많은 곳에서 볼 수 있다. 자세한 생태는 알려지지 않았다. Mori(1925)는 *Erebia edda* Ménétriès (Mt. Taitoku (대덕산))라는 이름으로 우리나라에 처음 기록하였다. 석주명(1947)은 종의 라틴어를 따와 옛다지옥나비라 했으나 후에 신유항(1989)이 위 이름으로 바꾸었다. 앞날개 윗면 날개끝 부위의 눈알 모양 무늬의 테두리가 붉은색인 것에 착안했던 것으로 보인다.

한편 민무늬지옥나비(*Erebia radians* Staudinger, 1886)라는 나비가 우리나라에 나비 목록에 있었다. 이 나비는 Golitz (1935)가 *Erebia radians koreana* Golitz (Seisin (청진))라는 이름으로 우리나라에 처음 기록 한 후 더 이상 기록이 없다. 세계 분포로 보아도 우리나라에 분포하지 않는 것이 확실하며, 중앙아시아의 톈산산맥(Tian-Shan), 알타이, 트랜스알타이산맥 지역에만 국한하여 분포한다(Kogure, 1985; Tuzov, 1997). 특히 Kogure(1985)는 한반도 *Erebia* 속의 나비가 9종으로 보인다며, 이 종을 우리나라 목록에서 뺏다. 우리 이름은 석주명(1947)이 '뱀눈없는지옥나비'로 지었으나 이승모(1982)가 날개에 특별한 무늬가 없다는 뜻으로 바꾼 것으로 보인다. 여기에서는 우리나라 나비 목록에서 제외하였다.

🦋

Abundance Local.
General description Wing expanse about 54 mm. Upper forewing ocellus oval, ochre rimmed. Upper forewing double ocelli diffusely bordered with reddish color. Under hindwing without bluish postdiscal band. No noticeable regional variation in morphological characteristics (TL: Udskoj Ostrog (Uda River, Khabarovsk)).
Flight period Univoltine. Late May-early July. Hibernation stage unconfirmed.
Habitat High-altitude montane areas with plenty of Manchurian larch trees in N. Korea.
Food plant Unknown.
Distribution High-elevation regions

around Gaemagowon Plateau.
Range China (NE. & NW.), Russia (S. Siberia to Altai), Mongolia, N. Europe.

재순지옥나비

Erebia kozhantshikovi Sheljuzhko, 1925

함경북도 관모봉 일대에만 분포하고, 국외에는 중국(동북부, 북서부), 몽골, 러시아(아무르 북부, 캄차카, 시베리아 남부에서 우랄산맥 동부까지) 등 유라시아 대륙의 타이가 중부 지역에 넓게 분포한다. 한반도 개체군은 러시아(시베리아, 캄차카) 지역과 함께 기준 아종으로 다룬다. 한 해에 한 번, 6월 말에서 8월 초에 나타난다. 바위가 많은 높은 산의 정상 부위에서 볼 수 있다. 석주명(1941)은 *Erebia kozhantshikovi* Sheljuzhko, 1925 (Mt. Kamboho (관모봉))라는 이름으로 우리나라에 처음 기록하였다. 석주명(1947)은 자신의 조수인 장재순의 이름을 넣어 재순지옥나비로 지었으나 조복성(1959)이 재순이지옥나비라고 바꾸었다. '이'자를 더 넣은 이유가 분명하지 않고, 아마 오타일 가능성이 높아 여기서 원래 이름으로 환원한다.

✻

Abundance Local and rare.
General description Wing expanse about 50 mm. Upper forewing ocelli much elogated parallel to veins, often pointed elongate. Korean population was dealt as ssp. *kozhantshikovi* Sheljuzhko, 1925 (TL: Flysses Dzhelinda (Uchur River, Aldan River Basin).
Flight period Univoltine. Late June-early August. Hibernation stage unconfirmed.
Habitat Rocky outcropping of high mountain peak in N. Korea.
Food plant Unconfirmed.
Distribution Regions around Mt. Gwanmobong in Hamgyeongbuk-do, N. Korea.
Range China (NE. & NW.), Mongolia, Russia (N. Amur, Siberia to E. Ural, Kamchatka).

차일봉지옥나비

Erebia pawlowskii Ménétriès, 1859

함경남도 개마고원의 차일봉 일대의 높은 산지에만 분포하고, 매우 희귀한 종이다. 국외에는 러시아(캄차카, 트랜스바이칼 북부, 시베리아 동부와 중부에서 알타이 산맥까지)에 분포한다. 한반도 개체군은 우랄 지역을 뺀 동아시아 지역에 분포하는 기준아종으로 다룬다. 한 해에 한 번, 6월 말에서 7월 말에 보인다. Mori와 조복성(1935)이 신종 *Erebia shajitsuzanensis* Mori et Cho, 1935 (Mt. Shajitsuhô (차일봉))라는 이름으로 기재를 하면서 우리나라에 처음 기록하였다. 하지만 이들은 잘못 동정하였고, 후에 위의 학명으로 동종이명으로 처리되었다. 한편 석주명(1947)은 함경남도 부전군과 양강도 풍서군 경계의 부전고원

에 있는 차일봉(遮日峰, 2,505m)에서 처음 채집되었다는 뜻으로 이름을 지었는데, 처음에는 채일봉지옥나비라 했으나 후에 이승모(1947)가 차일봉으로 바꾸었다.

✻

Abundance Local and rare.
General description Wing expanse about 35 mm. Upper hindwing with a row of isolated light spots in outer area. Korean population was dealt as nominotypical subspecies (= *shajitsuzanensis* Mori et Cho, 1935) (TL: Riviére Grande Sibagli (Great Sibagly River in Aldan River basin, Russia).
Flight period Univoltine. Late June-late July. Hibernation stage unknown.
Habitat High-altitude area of Mt. Chailbong in Hamgyeongbuk-do and Gaemagowon Plateau, N. Korea.
Food plant Unknown.
Distribution Regions around Gaemagowon Plateau.
Range Russia (Kamchatka, N. Transbaikalia, C. & E. Siberia to Altai).

굴뚝나비

Minois dryas (Scopoli, 1763)

분포 한반도 전 지역에 분포한다. 국외에는 일본, 중국, 티베트, 러시아(시베리아 남부, 아무르, 연해주, 사할린)에서 중앙아시아를 거쳐 유럽 중부까지의 유라시아 대륙에 넓게 분포한다.
먹이식물 벼과(Gramineae) 참억새, 새포아풀, 사초과(Cyperaceae)의 여러 식물
생태 한 해에 한 번. 북부지방에서는 7월 초에서 8월 중순까지 보이고, 중부지방 이남에서는 6월 말에서 9월 초까지 보인다. 월동은 애벌레 상태로 하는 것으로 보인다. 서식지는 확 트인 길가와 목장, 무덤 주변, 군 사격장 둘레의 등 단조로운 풀밭이다. 오후 또는 조금 흐린 날에 엉겅퀴와 꿀풀, 큰까치수염, 개망초 등의 꽃에서 꿀을 빤다. 수컷은 맑은 날이거나 조금 흐린 날에도 쉴 새 없이 풀 사이를 낮게 날아다니면서 암컷을 찾거나 꽃에서 꿀을 빤다. 이따금 풀밭을 걷다보면 활발하게 나는 수컷과 달리 조금 커 보이고 둔하게 나는 암컷이 갑자기 날아오르는 모습을 볼 수 있다. 암컷은 풀 사이에서 거의 날지 않고 정지하고

있다가 풀 속으로 들어가 알을 낳는데 땅위에 그대로 떨어뜨리는 습성을 가지고 있다. **변이** 한반도 개체군은 일본, 중국, 러시아 (연해주, 사할린), 몽골 지역과 함께 아종 *bipunctata* (Motschulsky, [1861])로 다룬다. 한반도에서는 지역 변이가 없으나 남쪽으로 갈수록 개체가 커지는 경향이 있다. **암수구별** 암컷은 수컷보다 훨씬 큰 편이다. 날개 윗면의 색은 수컷이 흑갈색인 것과 달리 암컷은 색이 옅고 황갈색이 두드러지며, 눈알 모양 무늬가 뚜렷하게 크다. 또 암컷의 뒷날개 아랫면은 수컷보다 훨씬 색이 옅고 밝아지며, 뒷날개 외횡부의 띠 모양의 회백색 부위가 더 넓고 뚜렷하다. **첫 기록** Butler(1882)는 *Satyrus dryas* Scopoli (Posiette bay, NE. Corea)라는 이름으로 우리나라에 처음 기록하였다. **우리 이름의 유래** 석주명(1947)은 날개색이 검어서 굴뚝에서 금방 나온 것 같다는 뜻으로 이름을 지은 것 같다.

Abundance Common.
General description Wing expanse about 58 mm. Korean population was dealt as ssp. *bipunctata* (Motschulsky, [1861]) (= *chosensis* Holik, 1956) (TL: Khokodody (Hakodate)).
Flight period Univoltine. Early July-mid August in N. Korea, late June-early September in C., S. Korea & Jeju island. Possibly hibernates as a larva.
Habitat Open road verges and pasture, grassy places around grave site, grasslands around military training range.
Food plant *Poa annua*, *Miscanthus sinensis* (Gramineae), Cyperaceae.
Distribution Whole region of the Korean Peninsula.
Range Japan, China, Tibet, Russia (Primorye, Amur, S. Siberia, Sakhalin), Mongolia across Central Asia to C. Europe.

산굴뚝나비

Hipparchia autonoe (Esper, 1784)

분포 우리나라에서는 유일하게 제주도 한라산 백록담 주위에만 분포한다. 북한 학자 임홍안(1987)이 한반도 북부의 산지에 분포한다고 하나 이에 대한 증거가 불충분하다. 일제 강점기의 여러 학자들이 백두산 등 여러 산지에서 이 나비를 채집한 기록이 없다. 국외에는 중국 동북부에서 러시아(연해주, 아무르, 알타이), 몽골, 유럽 동남부까지 분포한다. 우리나라 천연기념물 458호이고, 환경부 지정 멸종위기 야생생물 Ⅰ급으로 지정되어 있다.
먹이식물 벼과(Gramineae) 김의털, 사초과 (Cyperaceae) 한라사초(?)
생태 한 해에 한 번. 제주도 한라산에서는 7월 중순에서 8월에 보인다. 월동은 애벌레 상태로 하는 것으로 보인다. 서식지는 한라산 1,500m부터 백록담에 이르는 건조한 풀밭이나 화산암이 많은 풀밭이다. 1980년대에는 1,300m 이상에서 보였으나 제주조릿대의 번성으로 서식지의 범위가 점차 높은 고도의 지역에 국한되는 것으로 보인다. 날이 맑으면 화산암 위에 앉아 쉬다가 백리향과 솔체꽃, 송이풀, 꿀풀 등에서

꿀을 빤다. 바람이 불면 멀리 나나 보통 한 번 날아도 5~6m 정도 날아가 뚝 떨어지듯이 앉는다. 수컷끼리는 심하게 텃세를 부리는 장면을 볼 수 있으며, 날이 맑으면 쉼없이 난다. 암컷은 풀밭이나 암석에 앉아 있다가 오후에 먹이식물 사이에서 잎에 알을 하나씩 낳는다.
변이 만약 한반도 동북부지방에 이 종이 서식한다면 중국 동북부, 러시아(연해주, 아무르, 시베리아 남부), 몽골 지역과 함께 아종 *sibirica* (Staudinger, 1861)로 다룰 수 있겠다. 제주도 한라산 개체군은 고유 아종 *zezutonis* Seok, 1934로 다룬다. 하지만 한라산 개체군은 몽골 지역 개체군과 다른 유전적 고유성은 없다(Cho 등, 2013).
암수구별 암컷은 수컷보다 크고, 날개 외연이 둥글어지며, 날개색이 조금 옅다. 배의 크기로 암수를 구별할 수 있는데, 암컷의 배가 훨씬 크다.
첫 기록 Doi(1933)는 *Satyrus alcyone vandalusica* Oberthür (Mt. Kanra (한라산))라는 이름으로 우리나라에 처음 기록하였다.
우리 이름의 유래 석주명(1947)은 굴뚝나비가 평지에 많은 것과 달리 이 종이 산지에 많다는 뜻으로 이름을 지었다.

Abundance Local.
General description Wing expanse about 50 mm. Korean population was dealt as ssp. *zezutonis* (Seok, 1934) (TL: Is. Quelpart).
Flight period Univoltine. Mid July-August. Possibly hibernates as a larva.
Habitat Arid grasslands and volcanic meadows in Mt. Hallasan (from 1,500 m a.s.l. up to peak).
Food plant *Festuca ovina* (Gramineae), *Carex erythrobasis* (Cyperaceae).
Distribution Mt. Hallasan (1,500 m to summit).
Range NE. China, Russia (Amur, S. Siberia, Altai), Mongolia to SE. Europe.
Conservation Korea's Natural

Monument No. 458 and is under category Ⅰ of endangered wild animal designated by Ministry of Environment.

산에서 볼 수 있는 특징을 살려 우리 이름을 지었다.

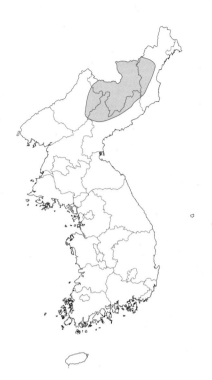

Abundance Local.
General description Wing expanse about 60 mm. Under hindwing discal band usually almost the same color as ground color, especially female, it is not cut through with light veins. Androconial scales form a contrasting black sex brand on male. Korean population was dealt as nominotypical subspecies (TL: Lapland (Finland)).
Flight period Univoltine. Late July-early August. Hibernation stage unconfirmed.
Habitat Deciduous broad-leaved forest edges of high mountain in northern part of Korean Peninsula.
Food plant Unconfirmed.
Distribution Regions around Gaemagowon Plateau.
Range Taiga zone of Eurasia, N. America.

높은산뱀눈나비

Oeneis jutta (Hübner, 1806)

개 아랫면은 암수 모두 뒷날개 아랫면의 바탕색이 짙고, 흰색과 흑갈색이 어울려 안개처럼 보인다. 조복성(1934)이 *Oeneis jutta magna* Graeser (Mt. Kambo (관모봉))라는 이름으로 우리나라에 처음 기록하였지만 사실 높은산뱀눈나비의 아종으로 다뤘다. 석주명(1947)이 *Oeneis magna* Graeser로 기록한 것이 우리나라에서 처음이다. 석주명(1947)은 뱀눈나비 중에서 큰 특징을 살려 우리 이름을 지었다.

개마고원 일대에 분포하고, 국외에는 구북구의 타이가 지역과 북미 대륙에 넓게 분포한다. 한반도 개체군은 유라시아 대륙의 타이가 지역에 분포하는 기준 아종으로 다룬다. 높은 산지의 낙엽활엽수림 가장자리에서 살며, 백두산 정상에서 7월 말에 볼 수 있다. 한 해에 한 번 나타나며, 7월 말에서 8월 초까지의 짧은 시기에 볼 수 있다. 수컷은 앞날개 윗면에 비스듬한 굵은 띠 모양의 짙은 흑갈색의 성표가 있으며, 날개 아랫면에서도 불빛에 비춰보면 보인다. 이 종과 다음 종은 과거에 한 종으로 다루었기 때문에 과거 기록이 정확히 어떤 종인지 분명하지 않지만 Mori(1927)가 *Oeneis jutta* Hübner (Mt. Hakuto (백두산))라는 이름으로 기록한 것이 우리나라에서 처음으로 보아야 할 것 같다. 석주명(1947)은 높은

큰산뱀눈나비

Oeneis magna Graeser, 1888

개마고원 일대에 분포하는데, 높은산뱀눈나비보다 분포 영역이 조금 넓다. 국외에는 우랄산맥 동쪽의 타이가 지역과 북미에 분포한다. 한반도 개체군은 고유 아종 *uchangi* Im, 1988로 다루나 기준 아종으로 보아도 될 것 같다. 러시아 아무르 개체군보다 날개 외횡부의 눈알무늬가 발달하는 편이다. 높은 산지의 침엽수림과 낙엽활엽수림 가장자리에서 산다. 한 해에 한 번 나타나며, 6월 중순에서 7월 중순까지 볼 수 있다. 수컷은 날개 윗면의 날개밑에서 중앙까지 짙은 흑갈색 성표가 나타나나 앞 종처럼 뚜렷하지 않다. 반면 날

Abundance Local.
General description Wing expanse about 60 mm. Under hindwing discal band usually rimmed outside with light specks. Androconial scales do not form contrasting black sex brand on male. Korean population was dealt as ssp. *uchangi* Im, 1988 (TL: Bukgyesu, Ryanggang, N. Korea]).
Flight period Univoltine. Mid June-mid July. Hibernation stage unknown.
Habitat Edges of deciduous broad-leaved forest and coniferous forest in high mountains in northern part of Korean Peninsula.

Food plant Unconfirmed.
Distribution Regions around Gaemagowon Plateau.
Range Taiga zone of Ural to N. America.

참산뱀눈나비

Oeneis mongolica (Oberthür, 1876)

분포 과거에는 섬을 뺀 제주도와 한반도 내륙의 산지에 넓게 분포하였으나 최근 분포 범위가 축소되고 있다. 즉, 남부지방에서는 500m 정도의 산 정상 주위에 소수의 개체군이 분포한다. 전라남도 무등산 이북의 산지와 경상남도 창녕 화왕산, 경상북도 울진, 강원도 삼척, 영월, 오대산, 양양군 서림리 이북의 산지와 한라산 아고산대에 분포한다. 국외에는 중국 동북부에 분포한다.
먹이식물 사초과(Cyperaceae) 가는잎사초
생태 한 해에 한 번, 북부지방에서는 6월 중순에서 7월 초까지 보이고, 강원도 양양 서면 지역에서는 5월 중순에서 6월 중순에 나타나며, 중부지방의 고도가 낮은 지역에서는 4~5월에 나타난다. 제주도 한라산에

서는 5월 말에서 6월에 보인다. 월동은 애벌레 상태로 한다. 서식지는 주변이 확 트인 풀밭, 산길 옆 벼랑에 자라는 김의털 군락이 있는 양지바른 곳이다. 양지바른 풀밭에서 자라는 김의털 사이에서 2~3m 높이로 날다가 바위와 땅바닥에 앉고, 날개를 접은 채로 비스듬히 몸을 눕히고 날개 한쪽 면만으로 일광욕을 한다. 수컷은 날이 맑으면 풀밭에서 갑자기 날아올랐다가 앉기를 되풀이하면서 암컷의 행방을 찾는다. 또 수컷끼리 텃세를 부리며 한 자리를 차지하려는 점유행동도 심하게 한다. 이때 한 수컷이 점유한 면적은 5㎡ 정도이다. 암수 모두 조팝나무와 국수나무 등의 꽃에 날아와 꿀을 빠는데, 이런 장면을 흔하게 볼 수 없다.
변이 전라남도 무등산 이북의 산지의 개체군은 중국 동북부 지역과 함께 아종 *walkyria* Fixsen, 1887로 다룬다. 이 아종은 지역에 따라 조금 지역 변이를 보이는데, 중부지방(울진, 쌍용 이북)의 개체군에서 날개의 바탕이 황갈색 개체들이 많으나 무등산, 화왕산 등지에서는 흑갈색과 갈색 개체들이 많아진다. 다음으로 강원도 양양군 서림리와 오대산, 설악산, 금강산 등지의 개체군은 뒷날개 아랫면 "〈"자 모양의 무늬가 더 뚜렷하고 크기가 작은데, 고유 아종 *coreana* Matsumura, 1927로 다룬다. 한편 제주도 한라산의 1,500m에서 정상까지의 개체군은 한반도의 여느 개체군들보다 크기가 가장 작고, 날개 아랫면 색이 옅다. 또 뒷날개 아랫면 날개밑의 색이 더 짙은 특징이 나타난다. 이 개체군은 고유 아종 *hallasanensis* Murayama, 1991로 다룬다. Murayama(1991)는 이 아종을 기재하였는데, 날개 윗면의 눈알 모양 무늬가 작고, 뒷날개 중실 바깥의 작고 검은 점들이 바탕이 되어 어두운 회색을 띠는 형태의 고유성을 인정하였다.
남한 각지의 개체군은 Kim et al.(2013)에 따르면 생식기의 구조와 유전자 분석을 통해 차이가 없음이 확인되었다. 따라서 남한 내의 개체군들은 한 종 안에서 나타나는 지역 변이로 보인다. 한편 개체에 따라 날개색이 흑갈색, 황갈색, 갈색을 띠는데, 같은 모양이 없을 정도로 변이가 심하다.
암수구별 암컷은 수컷보다 날개 모양이 넓

고, 날개의 무늬가 뚜렷하다. 또 날개 외횡부의 눈알 모양 무늬가 크고, 수가 많아진다. 특히 암컷의 앞날개 윗면 중실 바깥에 눈알 모양 무늬가 나타나는 경우가 많다. 암컷의 배는 수컷보다 훨씬 통통하다.
닮은 종의 비교 259쪽 참고
첫 기록 Fixsen(1887)은 *Oeneis walkyria* Fixsen (Pungtung)라는 이름으로 우리나라에 처음 기록하였다.
우리 이름의 유래 석주명(1947)은 전국에 흔하다는 뜻으로 조선산뱀눈나비라 했으나 후에 김헌규와 미승우(1956)가 위의 이름으로 바꾸었다.

Abundance Common.
General description Wing expanse about 47 mm. Variable in size, shape of ocelli and width of rims due to probably environmental factors. Korean population has three subspecies: ssp. *walkyria* Fixsen, 1887 (= *okamotonis* Matsumura, 1927; = *shonis* Matsumura, 1927; = *masuiana* Matsumura, 1929), ssp. *coreana* Matsumura, 1927, ssp. *hallasanensis* Murayama, 1991.
Flight period Univoltine. Mid June-early July in N. Korea, mid May-mid June in Yangyang, Gangwon-do, April-May at lower altitude, C. Korea, late May-June above 1,300 m in Mt. Hallasan. Hibernates as a larva.
Habitat Open grasslands, sunny slope by mountain trails.
Food plant *Carex humilis* (Cyperaceae).
Distribution Mountainous regions north of Mt. Mudeungsan, Jeollanam-do, Mountainous regions north of Yangyang and Mt. Odaesan, Gangwon-do, Mt. Hallasan (1,500 m a.s.l. up to peak).
Range NE. China.

함경산뱀눈나비

Oeneis urda (Eversmann, 1847)

분포 함경북도와 양강도의 일부 지역에 분포하며, 남한에는 분포하지 않는다. 국외에는 중국(동북부, 북부), 러시아(아무르, 우수리, 시베리아 남부의 산림지대에서 알타이 산맥까지), 몽골에 분포한다.

먹이식물 사초과(Cyperaceae)로 추정

생태 한 해에 한 번, 6월 초에서 7월 중순까지 보인다. 월동은 애벌레 상태로 하는 것으로 보인다. 서식지는 참산뱀눈나비와 같은 환경으로 보이나 백두산 등 높은 지역의 화산암 지대에 사는 것으로 추정된다. 맑은 날 양지바른 장소의 풀 위에 앉아있거나 꽃을 찾아 꿀을 빨 것으로 보인다. 이 밖의 행동과 생태의 특징이 앞 종과 같을 것으로 보인다. 우리나라에서는 생태와 관련된 자료가 없다.

변이 한반도 북부의 높은 산지(대덕산, 삼지연, 나남, 호잔)에 분포하는 개체군은 고유 아종 *monteviri* Bryk, 1946로 다룬다.

암수구별 암컷은 수컷보다 날개 모양이 넓고, 날개의 무늬가 뚜렷하다. 또 날개 외횡부의 눈알 모양 무늬가 훨씬 크고, 수가 많다.

첫 기록 Mori(1925)는 *Oeneis nanna walkyria* Fixsen (Mt. Taitoku (대덕산))라는 이름으로 우리나라에 처음 기록하였다고는 하지만 그는 이 종을 참산뱀눈나비의 아종으로 다뤘다. 따라서 석주명과 Nishimoto(1935)가 *Oeneis urda* Eversmann (나남)으로 기록한 것이 우리나라 처음이다.

우리 이름의 유래 석주명(1947)은 당시의 일본 이름에서 의미를 따와 이름을 지었다.

비고 그동안 이승모(1982)가 참산뱀눈나비와 함경산뱀눈나비의 결정에 따른 분류 방식으로 남한 강원도와 제주도 한라산에 함경산뱀눈나비가 분포하는 것으로 알려졌다. 하지만 Lukhtanov와 Eitschberger(2000), Hassler와 Feil(2002)은 각각 이 무리의 분류 연구에서 함경산뱀눈나비가 남한에 분포하지 않는 것을 뚜렷이 밝혔다.

Abundance Local.
General description Wing expanse about 44 mm. Very similar to *O. mongolica* but 2 ocelli well developed in postdisical area. Korean population was dealt as ssp. *monteviri* Bryk, 1946 (TL: Shinten (Sincheon, N. Korea)).
Flight period Univoltine. Early June-mid July. Possibly hibernates as a larva.
Habitat High-altitude volcanic rock screes such as Mt. Baekdusan, N. Korea.
Food plant Possibly Cyperaceae.
Distribution Northeastern region of Korean Peninsula.
Range China (NE. & N.), Russia (Amur, Ussuri, S. Siberia-Altai), Mongolia.

줄그늘나비

Triphysa nervosa Motschulsky, 1866

함경북도 지역의 추운 기후대의 풀밭에서 산다. 국외에는 중국(동북부, 북서부), 러시아(아무르, 시베리아, 사할린 북부)에 분포한다. 한반도 개체군은 중국 동북부, 러시아(아무르, 시베리아, 사할린) 지역과 함께 기준 아종으로 다룬다. 북한 학자 임홍안(1988)이 고유의 새 아종 *yonsaensis* Im, 1988로 기재했으나 의미가 크지 않은 것 같다. 한 해에 한 번, 6월 초에서 7월 초에 나타난다. 풀 사이를 날아다니면서 여러 꽃에서 꿀을 빠는데, 도시처녀나비처럼 날아다닌다. Kishida와 Nakamura(1930)가 *Triphysa nervosa* Motschulsky, 1866 (기준 지역: 회령)라는 이름으로 우리나라에 처음 기록하였다. 석주명(1947)은 당시의 일본 이름을 참고하여 우리 이름을 지었다. 줄그늘나비에 대한 학명은 그동안 여러 문헌에서 3가지 이름 (*nervosa*, *albovenosa*, *dohrnii*)이 쓰였다. 이런 이유는 Motschoulsky가 1866년에 종 *T. nervosa*를 실제로 이 종이 분포하지 않는 일본을 기준 지역으로 정해 처음 기재하였기 때문이다. 이후, 같은 종을 가지고 *albovenosa* Erschoff, 1877 (기준 지역: Blagoveshchensk environs)이 기재되어 원래의 학명을 대체하기에 이르렀다. 이처럼 원래의 기재문이 잘못된 기준 지역을 설정했기 때문에, Korshunov와 Grobunov(1995)는 *T. albovenosa*를 사용할 것을 제안하였다. 한편 Bozano(2002)는

*Triphysa*속에 대해 간략한 검토를 한 적이 있었지만 오류가 있었다.

현재 러시아 각 지역의 여러 개체군 사이는 종 단계에서 뚜렷하게 구별되지만 변이의 형질로 이어지므로 많은 아종이 있는 이유가 된다(Dubatolov et al., 2016).

결국 이 종의 학명은 가장 먼저 기록되고, Dubatolov et al.(2010)에 따라 기준 지역(아무르)이 수정되었기 때문에 *Triphysa nervosa*의 학명이 유효하다. 아래를 참조하기 바란다.

Triphysa nervosa Motschoulsky, 1866; Bull. Soc. Imp. Nat. Moscou 39: 189. TL: Japon (Dubatolov et al., 2010, corrected it to Amur river valley).

= *Triphysa albovenosa* Erschoff, 1877; Horae Soc. Ent. Ross. 12: 336. Type locality: Umgebung Blagoweschensk [Russia, Far East, Amur reg., near Blagoveshensk].

= *Triphysa phryne yonsaensis* Im, 1988; Bull. Acad. Sci. P. R. Korea 1988 (3): 48-49. Type locality: "Sampo-ri, Yeonsa-gun, Hamgyeongbuk-do, North Korea (함북 연사군 삼포리)".

Abundance Local.
General description Wing expanse about 30 mm. Under wings submarginal ocelli present. Especially yellowish brown veins are prominent. Fringes dark grey. Under wings ocelli reduced. Korean population was dealt as ssp. *nervosa* Motschulsky, 1866 (TL: Japon [Amur]).
Flight period Univoltine. Early June-early July. Possibly hibernates as a larva.
Habitat Grassland in cold climates in Yanggang-do and Hamgyeongbuk-do, N. Korea.
Food plant Unconfirmed.
Distribution Grassland areas of Yangang-do and Hamgyeongbuk-do.
Range China (NE. & NW.), Russia (Amur, Siberia, N. Sakhalin).

북방처녀나비

Coenonympha glycerion (Borkhausen, 1788)

양강도 삼지연군 무봉과 함경북도 연사군 삼포리, 백두산에 분포하고, 국외에는 중국 동북부, 러시아 극동지역, 사할린에서 유럽까지 넓게 분포한다. 한반도 개체군은 러시아, 몽골에 분포하는 아종 *iphicles* Staudinger, 1892로 다루는 것이 옳은 것 같다. 한편 임홍안(1988)이 고유 아종 *songhyoki* Im, 1988을 기재하였다. 그는 날개 아랫면의 바탕이 한반도 개체군에서 옅은 갈색으로 나타나고, 러시아(아무르)의 개체군은 어두운 갈색으로 나타나 차이가 난다고 했다. 하지만 그의 논문에 증거 표본을 제시되어 있지 않고, 또 그의 단 한 차례 기록뿐이어서 앞으로 검토할 여지가 많다. 임홍안(1988)은 북방애기뱀눈나비로 지었으나 신유항(1989)이 처녀나비류 중 한반도 북부에 치우쳐 분포한다는 뜻으로 이름을 바꾼 것 같다.

Abundance Local and rare.

General description Wing expanse about 32 mm. Ground color of male upper wing brown, male under forewing apical ocellus usually absent. Korean population was dealt as ssp. *iphicles* Staudinger, 1892 (= *songhyoki* Im, 1988) (TL: Kentei Mts (Kundara-Somon, Transbaikalia)).
Flight period Voltinism, emergence period and hibernation stage unconfirmed.
Habitat Grassland areas of Yangang-do and Hamgyeongbuk-do.
Food plant Unconfirmed
Distribution Mt. Mubong (YG).
Range NE. China, Russia (Amur-Siberia, Sakhalin), Mongolia to Europe.

시골처녀나비

Coenonympha amaryllis (Stoll, 1782)

분포 제주도와 중부지방을 뺀 전국에 국지적으로 분포하는데, 최근 분포지가 축소하여 극소수 지역에만 보인다. 국외에는 중

국(중부 이북 지역), 러시아(아무르, 우수리, 시베리아 동부와 남부, 우랄 남부), 몽골에 분포한다.

먹이식물 벼과(Gramineae) 강아지풀, 사초과(Cyperaceae) 방동사니

생태 한 해에 한두 번 나타난다. 북부지방에서는 6월 초에서 7월 말까지 한 번, 중남부지방은 5~6월과 8~9월에 두 번 나타난다. 월동은 애벌레 상태로 하는 것으로 보인다. 서식지는 산기슭이나 해안가의 풀밭, 바위가 많은 산 정상부의 풀밭이다. 과거에는 암석이 많은 낮은 산지의 봉우리에서 수컷들이 날아다니는 모습을 많이 보였으나 숲이 우거지면서 보기 힘들어졌다. 낮고 빠르게 날면서 암수 모두 기린초와 민들레, 나무딸기, 엉겅퀴 등의 꽃에서 꿀을 빤다. 암컷은 먹이식물의 잎 뒤에 알을 하나씩 낳는다.

변이 한반도 개체군은 중국 동북부, 러시아 극동지역과 함께 아종 *rinda* Ménétriès, 1859로 다룬다. 한반도에서는 지역이나 계절에 따른 변이는 알려지지 않았다. 개체에 따라 눈알 모양 무늬의 수가 조금씩 다를 수 있다.

암수 구별 암컷은 수컷보다 외연이 둥근 편이고, 날개 윗면 외연부의 눈알 모양 무늬가 축소하며, 외연부의 흑갈색 띠무늬가 덜하다. 이 밖의 특징은 거의 같다. 배 끝을 살피는 것이 좋다.

첫 기록 Staudinger와 Rebel(1901)은 *Coenonympha amaryllis accrescens* Staudinger et Rebel (Korea)라는 이름으로 우리나라에 처음 기록하였다.

우리 이름의 유래 석주명(1947)은 날개색이 시골 처녀의 노랑 저고리를 연상시키고, 시골에 드문드문 분포한다는 뜻으로 이름을 지었다.

분포 울릉도와 대부분의 부속 섬을 뺀 제주도와 한반도 내륙에 분포한다. 국외에는

1901) (TL: rives septentrionales de l'mour, par M. Maack).

Flight period Univoltine or bivoltine according to latitude. Early June-late July, single brood in N. Korea, May-June, August-September, double broods in C. & S. Korea.. Possibly hibernates as a larva.

Habitat Meadows on mountain foot, coastal area, grasslands at mountain top.

Food plant *Setaria viridis* (Gramineae), *Cyperus amuricus* (Cyperaceae).

Distribution Areas in Gyenggi-do, Gyeongsangbuk-do and southern seaboard region.

Range China (north of C.), Russia (Amur, Ussuri, E. & S. Siberia, S. Ural), Mongolia.

[도시처녀나비

Coenonympha hero (Linnaeus, 1761)

일본, 중국, 러시아 아무르, 사할린, 시베리아에서 유럽 중부를 경유하여 프랑스 동북부, 스칸디나비아반도까지 유라시아 대륙의 타이가 기후대에 넓게 분포한다.

먹이식물 벼과(Gramineae) 김의털, 사초과(Cyperaceae) 가는잎사초

생태 한 해에 한 번. 5월 중순에서 6월 중순에 보인다. 월동은 애벌레 상태로 한다. 서식지는 양지바르고 나무가 적은 풀밭, 산길 둘레의 풀밭, 제주도 한라산 1,400m 이상에 있는 풀밭 지역이다. 관목림 근처의 풀밭 위에서 풀 사이를 톡톡 튀듯이 천천히 날아다니는 모습을 볼 수 있다. 때때로 땅에 거의 붙듯이 낮게 날다가 조팝나무와 엉겅퀴, 고들빼기, 기린초, 토끼풀, 금계국, 나무딸기 등 여러 꽃에서 꿀을 빤다. 한라산에서는 콩제비꽃과 구름미나리아재비, 흰그늘용담, 설앵초, 점나도나물 등의 꽃에서 꿀을 빤다. 날씨가 맑으면 날개를 접고 풀 위와 바위에 앉아 일광욕을 하는데, 날개를 접고 몸을 기울여 햇빛에 한쪽 날개만 비스듬히 받는 습성이 있다. 암컷은 먹이식물의 잎 사이로 들어가 낮은 위치에 알을 하나씩 낳는다.

변이 한반도 개체군은 중국 동북부, 러시아(아무르, 시베리아 남부, 사할린), 몽골 지역과 함께 아종 *perseis* Lederer, 1853로 다룬다. 제주도 개체군은 한반도 내륙 개체군과 거의 닮으나 크기가 조금 작고, 날개 아랫면의 유백색 띠의 폭이 조금 넓다. 날개 윗면의 흑갈색 기가 덜 하다.

암수구별 암컷은 날개 아랫면의 흰 띠가 수컷보다 조금 넓다. 또 수컷보다 조금 크고, 날개 외연이 더 둥글다.

첫 기록 Fixsen(1887)은 *Coenonympha hero* Linnaeus (Korea)라는 이름으로 우리나라에 처음 기록하였다.

우리 이름의 유래 석주명(1947)은 날개색이 짙은 갈색으로, 날개 아랫면의 흰 띠가 도시에 사는 처녀들이 사용하는 흰 리본 같다는 뜻으로 이름을 지었다.

Abundance Scarce.

General description Wing expanse about 33 mm. Underwing submarginal silver line present. under hindwing shape of postdiscal white spot clear. Korean population was dealt as ssp. *rinda* Ménétriès, 1859 (= *accrescens* Staudinger,

Abundance Common.

General description Wing expanse about 33 mm. Male upper wings

ground color dark grey-brown, with under wing white postdiscal band. Korean population was dealt as ssp. *perseis* Lederer, 1853 (= *coreana* Matsumura, 1927) (TL: W. Altai).
Flight period Univoltine. Mid May-mid June. Hibernates as a larva.
Habitat Grasslands with little trees, meadows around mountain trails, grasslands at 1,400 m or above in Mt. Hallasan, Jeju island.
Food plant *Festuca ovina* (Gramineae), *Carex humilis* (Cyperaceae).
Distribution High-elevation regions of Mt. Hallasan, Inland regions of Korean Peninsula.
Range Japan, China, Russia (Amur, S. Siberia, Sakhalin), Mongolia to Europe.

봄처녀나비

Coenonympha oedippus (Fabricius, 1787)

분포 전라북도 정읍 이북의 일부 지역에 국소적으로 분포하나 최근 분포 범위가 급격

하게 줄어들었다. 국외에는 일본을 포함하여 유라시아 대륙 북부의 산림 지대에 넓게 분포한다.
먹이식물 벼과(Gramineae) 참바랭이, 보리, 참억새, 잔디, 사초과(Cyperaceae)의 여러 식물
생태 한 해에 한 번, 5월 중순~6월 중순에 나타난다. 월동은 애벌레 상태로 한다. 서식지는 양지바르고 나무가 적은 산기슭, 논밭 주변의 풀밭이다. 풀과 풀 사이를 톡톡 튀듯이 천천히, 낮게 날아다닌다. 보통 날개를 접고 앉는 습성이 있다. 개망초와 엉겅퀴, 토끼풀 등의 꽃에서 꿀을 빤다. 암컷은 먹이식물의 잎 뒤에 알을 하나씩 낳는다. 이 밖의 습성은 도시처녀나비와 거의 같다.
변이 한반도 개체군은 중국 동북부, 러시아 (시베리아 남부), 몽골 지역과 함께 아종 *amurensis* Heyne, [1895]로 다룬다. 한반도에서는 지역 변이가 없으나 개체에 따라 날개의 눈알무늬의 수에 변화가 많다.
암수구별 암컷은 수컷보다 조금 크고 날개 외연이 더 둥글다. 또 암컷은 수컷보다 날개 윗면의 색이 조금 옅어 윗면에서도 아랫면의 무늬가 투시되어 보인다. 또 눈알 모양 무늬 안쪽의 흰 띠가 커지며, 바깥 외연의 금속광택 줄무늬가 뚜렷하게 이어진다. 앞날개 아랫면의 외횡부의 눈알 모양 무늬는 수컷이 1~3개, 암컷이 3~4개로 나타난다.
첫 기록 Leech(1887)는 *Coenonympha oedippus* Fabricius (Fusan (부산), Gensan (원산))라는 이름으로 우리나라에 처음 기록하였다.
우리 이름의 유래 석주명(1947)은 봄에 채 한 달도 안 되게 나왔다가 사라지고, 날아다니는 모습이 마치 수줍은 처녀 같다는 뜻으로 이름을 지었다.

Abundance Scarce.
General description Wing expanse about 37 mm. Upper hindwing submarginal ocelli from obsolete to well developed, with white pupil. Korean population was dealt as ssp. *amurensis* Heyne, [1895] (= *steni* Bryk,

1938) (TL: Amur).
Flight period Univoltine. Mid May-mid June. Hibernates as a larva.
Habitat Sparsely vegetated sunny foothills, meadows around cultivated ground.
Food plant *Digitaria sanguinalis*, *Hordeum vulgare* (Gramineae), Cyperaceae.
Distribution Some regions north of Jeongeup, Jeollabuk-do.
Range Forest zone in north of Eurasian continent including Japan.

가락지나비

Aphantopus hyperantus (Linnaeus, 1758)

분포 한반도 동북부지방과 한라산 아고산대에 격리하여 분포한다. 국외에는 중국 동북부, 러시아(아무르, 연해주)에서 스페인 북부, 영국을 포함한 유럽 중부까지의 유라시아 대륙에 넓게 분포한다.
먹이식물 벼과(Gramineae) 김의털, 사초과 (Cyperaceae) 한라사초

생태 한 해에 한 번. 북부지방에서는 6월 중순에서 8월 중순에 보이고, 제주도 한라산에서는 7월에서 8월에 보인다. 월동은 애벌레 상태로 한다. 서식지는 남한에서 유일하게 한라산의 1,400m부터 백록담까지의 건조한 풀밭이다. 풀과 풀 사이를 낮게 날아다니다가 금방망이와 곰취, 백리향, 호장근, 갈퀴덩굴, 오이풀 등의 꽃에서 꿀을 빤다. 수컷은 쉴 새 없이 날아다니나 암컷은 조금 굼뜨게 날다가 풀에 붙어 쉬는 시간이 많다. 유럽에서는 암컷이 굴뚝나비처럼 알을 아무렇게나 낳아 땅위에 떨어뜨리는 습성이 있고, 1령애벌레 상태로 겨울을 나며, 이듬해 봄에 먹이식물에 올라가 새싹을 먹는다고 한다.

변이 한반도 동북부지방의 개체군은 중국 동북부, 러시아(연해주) 지역과 함께 아종 ocellatus (Butler, 1882)로 다룬다. 제주도 한라산 개체군은 고유 아종 anzuensis Seok, 1934로 다룬다. 한반도 동북부지방의 개체군에 비해 크기가 작다. 또 날개 아랫면의 눈알 모양 무늬는 작고 테두리의 노란색이 덜 뚜렷한 특징이 있다.

암수구별 암컷은 수컷보다 날개 모양이 넓고, 날개색이 옅으며, 날개 아랫면의 눈알 모양 무늬가 크다. 수컷은 암컷보다 날개 밑에서 중앙까지 흑갈색이 더 짙고, 더듬이 끝의 붉은색이 더 짙다.

첫 기록 Butler(1882)는 Satyrus hyperantus Linnaeus (Posiette bay, NE. Corea)라는 이름으로 우리나라에 처음 기록하였다.

우리 이름의 유래 석주명(1947)은 영어 이름 (Ringlet)에서 의미를 따오고, 날개에 가락지 같은 무늬가 많아 가락지를 파는 장사꾼 같다는 뜻으로 '가락지장사'라 했으나 후에 김헌규와 미승우(1956)가 위 이름으로 바꾸었다.

Abundance Local.
General description Wing expanse about 38 mm. Monotypical Palaearctic genus. Variable in shape of ocelli in postdiscal area. Korean population has two subspecies: ssp. *ocellatus* (Butler, 1882) (TL: Posiette Bay, NE. Korea), ssp. *anzuensis* Seok, 1934 (TL: Anzu, Is. Quelpart).
Flight period Univoltine. July-August. Hibernates as a larva.
Habitat Arid grassland in Mt. Hallasan at 1,400 m a.s.l. up to summit.
Food plant *Festuca ovina* (Gramineae), *Carex erythrobasis* (Cyperaceae).
Distribution Mt. Hallasan (1,400 m to summit), Northeastern region of Korean Peninsula.
Range From NE. China, Russia (Amur, Primorye) across temperate Asia to Europe.

흰뱀눈나비

Melanargia halimede (Ménétriès, 1859)

분포 평양과 원산 이북의 한반도 동북부 산지와 남해안과 가까운 전라남도와 경상남도 지역의 산지에 분리하여 분포하고, 제주도에서는 평지에 분포한다. 국외에는 중국(동북부, 중부), 러시아(아무르, 우수리), 몽골 동부에 분포한다. 흰뱀눈나비와 조흰

뱀눈나비의 남한에서의 분포 경계에 대한 연구는 오성환과 김정환(1990)의 논문이 있다. 현재 제주도에서의 분포의 경계는 변함이 없으나 한반도 내륙에서는 분포 범위가 매우 축소되었다.

먹이식물 벼과(Gramineae) 참억새, 쇠풀속 (*Andropogon* sp.), 외국에서는 산새풀속 (*Calamagrostis* sp.), 밀 등의 기록이 있다 (Asano, 1996).

생태 한 해에 한 번. 북부지방에서는 6월 중순에서 7월 말까지 보이고, 남부지방과 제주도에서는 6월 중순에서 8월 중순까지 보인다. 월동은 애벌레 상태로 하는 것으로 보인다. 서식지는 낮은 지대의 햇빛이 잘 드는 산지의 묘지 주변이나 억새 풀밭이다. 수컷은 쉴 사이 없이 풀과 풀 사이를 활발하게 날아다닌다. 암컷은 수컷보다 잘 날지 않으며 풀에 붙어 쉬는 시간이 많다. 암수 모두 큰까치수염과 엉겅퀴, 돌가시나무, 꿀풀 등 여러 꽃에서 꿀을 빤다. 암컷은 먹이식물에 가까운 주변 물질 또는 고사리 잎 등에 알을 1~6개씩 낳는다. 알에서 깨난 애벌레가 아무 것도 먹지 않고 겨울을 나기 때문에 먹이식물에 직접 알을 낳지 않는 것으로 보인다.

변이 한반도 동북부지방의 개체군은 중국 동북부, 러시아(아무르), 몽골 동부 지역과 함께 기준 아종으로 다룬다. 북한의 평양과 원산, 남부지방(전라도, 경상남도의 해안가, 일부 섬 지역), 제주도의 낮은 지대에는 고유 아종 coreana Okamoto, 1926로 다룬다. 한반도 북부의 개체들은 남부지방과 제주도 개체들보다 날개가 더 희다. 개체에 따라 날개에 황갈색이 더해지기도 하는데, 암컷에서 두드러진다.

암수구별 암컷은 수컷보다 날개 모양이 넓고, 날개 아랫면의 노란 기운이 강하며, 선들이 짙어지는 경우가 많다.

첫 기록 Butler(1882)는 *Melanargia halimede* Ménétriès (Posiette bay, NE. Corea)라는 이름으로 우리나라에 처음 기록하였다.

우리 이름의 유래 석주명(1947)은 뱀눈나비들 중에서 날개색이 희다는 뜻으로 이름을 지었다.

Abundance Common.
General description Wing expanse about 54 mm. Male genitalia vlava with apical teeth arranged in two rows. Korean population has two subspecies: ssp. *halimede* (Ménétriès, 1859) (= *halimedina* Bryk, 1946) (TL: Lesser Khingan Mts., Gonzha Mts., Sakhuli River), ssp. *coreana* Okamoto, 1926 (TL: S. Korea, Quelpart Is. (Jejudo Island)).
Flight period Univoltine. Mid June-late July in N. Korea, mid June-mid August in S. Korea and Jeju island. Hibernates as a larva.
Habitat Around grave sites in low mountain, grasslands with Flame Grass.
Food plant *Miscanthus sinensis*, *Andropogon* ssp., *Calamagrostis* ssp., *Triticum aestivum* (Gramineae).
Distribution Seaboard regions along Gyeongsangnam-do and Jeollanam-do, and nearby islands, islands in Jeollabuk-do, Plain regions in Jeju island, Northeastern region of Korean Peninsula.
Range China (NE. & C.), Russia (Amur, Ussuri), E. Mongolia.

조흰뱀눈나비

Melanargia epimede Staudinger, 1892

분포 울릉도, 남해안 지역과 그 일대의 섬들을 뺀 한반도 내륙 지역, 경기만의 섬들, 제주도의 아고산대에 분포한다. 국외에는 중국 동북부, 러시아(아무르, 우수리), 몽골 동부에 분포한다.
먹이식물 벼과(Gramineae) 참억새, 잔겨이삭
생태 한 해에 한 번. 북부지방에서는 6월 중순에서 7월 말까지 보이고, 중부지방에서는 6월 중순에서 8월 초까지 보인다. 제주도에서는 7월 초에서 8월 중순까지 보인

다. 월동은 애벌레 상태로 한다. 서식지는 내륙에서는 산지의 풀밭이고, 제주도 한라산에서는 1,100m부터 백록담까지의 건조한 풀밭이다. 햇빛을 잘 받는 풀밭에서 큰까치수염과 개망초, 엉겅퀴, 백리향, 꿀풀, 곰취, 호장근, 금방망이 등 여러 꽃에서 꿀을 빠는데, 한꺼번에 여러 마리가 모여 있는 경우가 많다. 관찰하기 위해 다가서기 어려우며 작은 충격에 예민하게 반응한다. 수컷은 풀 사이를 쉼 없이 날아다니며 암컷을 탐색하다가 수컷끼리 텃세를 자주 부린다. 암컷은 꽃을 찾는 외에는 잘 날지 않으며, 오후에 먹이식물 주변의 마른 풀 줄기에 알을 낳는다.
변이 한반도 내륙 개체군은 중국 동북부, 러시아(아무르), 몽골 동부 지역과 함께 기준 아종으로 다루고, 경기만의 섬들의 개체군은 중국(산시성) 지역과 함께 *pseudolugens* Forster, 1942로 다룬다. 이들 개체군은 날개 윗면이 두드러지게 색이 검어진다. 제주도 개체군은 고유 아종 *hanlaensis* Okano et Pak, 1968로 다룬다. 제주도 개체군은 한반도 내륙 개체군에 비해 크기가 작고 날개색이 조금 어두운 편이다.
암수구별 암컷은 날개 모양이 넓고, 날개 아랫면의 황갈색이 조금 짙어진다.
닮은 종의 비교 260쪽 참고

첫 기록 Fixsen(1887)은 *Melanargia halimede* var. *meridionalis* C. et R. Felder (Korea)라는 이름으로 기록하였다. 하지만 그는 당시에 이 종을 흰뱀눈나비의 변종으로 다뤘기 때문에 우리나라 조흰뱀눈나비의 첫 기록이라고 할 수 없다. 또 석주명(1939)은 앞 종과 이 종을 합쳐 앞 종으로 보았다. 따라서 Sibatani(1941)가 앞 종과 이 종을 처음으로 분리하여 한반도에는 앞 종과 종 *lugens*의 아종인 *epimede*의 2종으로 나누었는데, 이 기록을 우리나라에서 처음이라고 할 수 있다. 이밖에 Okano와 박세욱(1968)이 한라산 아종으로 *Melanargia epimede hanlaensis* Okano et Pak (기준 지역: 한라산)를 기록하였다.
우리 이름의 유래 이승모(1973)는 우리나라 곤충학 발전에 큰 이바지를 한 조복성 선생의 성을 앞에 넣어 이름을 지었다. 조복성이 이 나비를 연구했거나 각별한 사연이 있었던 것은 아니다.

Abundance Common.
General description Wing expanse about 52 mm. Similar to *M. halimede* but male genitalia vlava with apical teeth arranged in one row. Korean population has three subspecies: nominotypical subspecies (= *coreana* Sheljuzhko, 1929; = *koreargia* Bryk, 1946; = *corimede* Wagener, 1961) (TL: Raddefka [Radde, Amur region]), ssp. *pseudolugens* Forster, 1942 (TL: Taiyue Shan, Shanxi, China), ssp. *hanlaensis* Okano et Pak, 1968 (TL: Mt. Hanla (1,800 m) (Jeju Island, Korea)).
Flight period Univoltine. Mid June-late July in N. Korea, mid June-early August in Jeju island. Hibernates as a larva.
Habitat Meadows in mountainous areas of inland Korean Peninsula, arid grasslands from 1,100 m a.s.l. up to mountain top, in Mt. Hallasan, Jeju island.
Food plant *Miscanthus sinensis*, *Alneta palustris* (Gramineae).

Distribution Mt. Hallasan (1,100 m up to summit), Mountainous regions north of Mt. Jirisan, islands of Gyeonggi Bay.
Range China (E. & NE.), Russia (Amur, Ussuri), E. Mongolia.

눈많은그늘나비

Lopinga achine (Scopoli, 1763)

분포 지리산 이북의 산지와 한라산 아고산대에 분포한다. 국외에는 일본, 중국, 티베트, 러시아(아무르, 우수리, 사할린−알타이), 몽골, 중앙아시아, 유럽 중부에서 북부와 스칸디나비아 남부에 분포한다.
먹이식물 사초과(Cyperaceae) 붓꼬리사초
생태 한 해에 한 번, 7~8월에 나타난다. 월동은 애벌레 상태로 한다. 서식지는 산지의 나무가 적은 숲 가장자리, 고도가 높은 능선 주위, 한라산에서는 구상나무 숲 주위이다. 나무와 나무 사이를 낮은 위치로 가볍게 날면서 수컷끼리 텃세 행동을 보이나 점유성은 약한 편이다. 암수 모두 개망초와 곰취, 금방망이 등 여러 꽃에서 꿀을 빨지만 제주도 백록담 주변의 구상나무에

붙어 진을 빨아먹는다. 암컷은 그다지 활발하지 않으며, 이따금 날면서 먹이식물의 잎 뒤에 알을 하나씩 낳는다.
변이 한반도 내륙 개체군은 중국 동북부, 러시아 극동지역에서 유럽까지 분포하는 아종 *achine* (Scopoli, 1763)로 다루고, 제주도 개체군은 고유 아종 *chejudoensis* Okano et Pak, 1968로 다룬다. 제주도 개체군은 한반도 내륙의 개체군보다 작고, 뒷날개 아랫면 항각 부분의 흰 띠가 넓다.
암수구별 암컷은 수컷보다 날개 모양이 넓고, 바탕색이 조금 옅다. 또 눈알 모양 무늬는 수컷보다 큰 편이다.
첫 기록 Fixsen(1887)은 *Pararge achine* Scopoli (Korea)라는 이름으로 우리나라에 처음 기록하였다.
우리 이름의 유래 석주명(1947)은 그늘진 장소에 사는 습성을 지닌 종류를 모두 '그늘나비'로 정하고, 이 나비를 날개 외횡부에 눈알 모양 무늬가 많다는 뜻으로 이름을 지었다.

Abundance Common.
General description Wing expanse about 45 mm. Under wings ocelli yellow ringed, well developed. Variable in size, shape of ocelli and width of rims due to probably environmental factors. Korean population has two subspecies: nominotypical subspecies (= *chosensis* Matsumura, 1929) (TL: Carinthia, Austria), ssp. *chejudoensis* Okano et Pak, 1968 (TL: Mt. Hanla (Jejudo Island, Korea)).
Flight period Univoltine. July-August. Hibernates as a larva.
Habitat Forest edges with little trees in montane area, around ridges at high altitude, shrubbery around Korean fir trees.
Food plant *Carex* spp. (Cyperaceae).
Distribution Mt. Hallasan, Mountainous regions north of Mt. Jirisan.
Range Japan, China, Tibet, Russia (Amur, Ussuri, Sakhalin to Altai),

Mongolia, Middle Asia-Europe (C., N. & S. Scandinavia).

뱀눈그늘나비

Lopinga deidamia (Eversmann, 1851)

분포 제주도와 울릉도 등 대부분의 섬 지역을 뺀 한반도 내륙에 분포한다. 국외에는 일본, 중국(동북부, 중부, 티베트), 러시아(아무르, 사할린, 시베리아 서부에서 우랄까지)에 넓게 분포한다.
먹이식물 벼과(Gramineae) 참바랭이, 주름조개풀, 띠
생태 한 해에 두 번, 5월 말~6월, 8~9월에 나타난다. 월동은 애벌레 상태로 한다. 서식지는 나무가 적은 숲 가장자리의 바위 지대, 맨땅으로 된 경사지, 비교적 고도가 높은 산지의 풀밭이다. 경사지를 미끄러지듯이 날아다니나 그다지 빠르지 않다. 수컷은 축축한 장소에 앉아 물을 먹고, 때때로 수컷끼리 텃세를 부리지만 점유성은 약한 편이다. 암수 모두 참나리와 개망초, 마타리, 씀바귀, 기린초 등 여러 꽃에서 꿀을 빤다. 암컷은 먹이식물의 잎 뒤에 알을 하

나씩 낳는다.

변이 한반도 개체군은 일본(홋카이도), 중국 동북부, 러시아 극동지역–우랄, 사할린 지역과 함께 기준 아종으로 다룬다. 계절에 따른 차이는 크지 않으나 보통 여름 개체가 봄 개체보다 작다. 개체에 따라 날개 아랫면의 외횡부에서 보이는 연미색 띠의 폭에 차이가 있다.

암수구별 암컷은 앞날개 중실 끝과 그 아래의 연미색 무늬가 커지는 경향이 있고, 날개 윗면과 아랫면의 눈알 모양 무늬는 두드러지게 커진다.

첫 기록 Butler(1883b)는 *Pararge erebina* Butler (SE. Corea)라고 신종으로 기재하면서 우리나라에 처음 기록하였다.

우리 이름의 유래 석주명(1947)은 날개끝의 눈알 모양 무늬가 커서 꼭 뱀의 눈을 연상시킨다는 뜻으로 이름을 지었다.

알락그늘나비

Kirinia epimenides (Ménétriès, 1859)

분포 지리산과 강원 이북의 산지를 중심으로 분포한다. 국외에는 중국(동북부, 중부), 러시아(아무르, 트랜스바이칼 동남부)에 분포한다.

먹이식물 벼과(Gramineae) 참억새, 바랭이, 사초과(Cyperaceae) 괭이사초

생태 한 해에 한 번, 6월 말에서 9월에 보인다. 월동은 애벌레 상태로 한다. 서식지는 참나무가 많은 숲속, 대체로 고도가 높은 산지의 능선과 정상 부근의 숲 가장자리이다. 수컷은 햇빛이 스며드는 숲속의 큰 나무 줄기를 차지하려는 점유행동이 심하다. 놀라면 재빨리 날아 주변 나무줄기 뒤로 잘 숨는다. 참나무의 진에 잘 모이나 꽃에 오지 않는다. 암컷은 참나무 숲속의 탁 트인 장소의 먹이식물 둘레의 접힌 낙엽 사이에 10여개 이상의 알을 한꺼번에 낳는데, 이런 산란 행동은 관찰하기 쉽지 않다.

변이 한반도 개체군은 중국(동북부, 중부), 러시아(아무르, 트랜스바이칼 동남부) 지역과 함께 기준 아종으로 다룬다. 지역에 따른 변이는 크지 않으나 경기도 개체들은

날개 바탕이 황갈색, 강원도 이북의 개체들은 흑갈색인 경향을 보여 조금 다르다.

암수구별 수컷은 날개 윗면이 흑갈색으로 균일하나 암컷은 날개 윗면에 황갈색 무늬가 넓게 나타난다. 암컷은 수컷보다 날개 모양이 크고 넓다.

첫 기록 이 종과 다음 종은 과거에 구별하지 않고 서로 같은 종이거나 아종, 변이 등으로 다루어 오다가 Shirozu(1959)가 서로 다른 종으로 나누었다. 이승모(1982)의 도감에 이 종과 다음 종을 한 종으로 보았다. 따라서 Kamigaki(1994)가 *Kirinia epimenides* (Ménétriès) (Korea)로 기록한 것이 처음이다.

우리 이름의 유래 석주명(1947)은 날개 무늬가 알락알락하다는 뜻으로 이름을 지었는데, 다음 종도 포함한 이름이었다.

Abundance Common.

General description Wing expanse about 44 mm. Forewing apical ocellus is present. Forewing postmedian white markings large and prominent. Korean population was dealt as nominotypical subspecies (= *erebina* Butler, 1883) (TL: [Irkutsk, E. Siberia]).

Flight period Bivoltine. Late May-June, August-September. Hibernates as a larva.

Habitat Rocky areas at forest edge with few trees, rock slopes, relatively high-altitude mountain meadows.

Food plant *Digitaria sanguinalis*, *Oplismenus undulatifolius*, *Imperata cylindrica* (Gramineae).

Distribution Inland mountainous regions of Korean Peninsula.

Range Japan, China (NE. & C.), Tibet, Russia (Amur, Siberia to Ural, Sakhalin).

Abundance Common.

General description Wing expanse about 47 mm. Antennal club mostly blackish. Upper wings yellowish grey. Under forewing in cell the most basal transverse dark stripe curved strongly, its lower end directed to base. No noticeable regional variation in morphological characteristics (TL: [Amur]).

Flight period Univoltine. Late June-September. Hibernates as a larva.

Habitat Oak-wood forests, mountain ridges at high altitude, forest edges near mountain top.

Food plant *Miscanthus sinensis*, *Digitaria sanguinalis* (Gramineae), *Carex neurocarpa* (Cyperaceae).

Distribution Mountainous regions north of Danyang, Chungcheongbuk-do.

Range China (NE. & C.), Russia (Amur, SE. Transbaikalia).

황알락그늘나비

Kirinia epaminondas (Staudinger, 1887)

분포 광주 무등산 이북의 산지를 중심으로 분포하는데, 높은 산지 뿐 아니라 낮은 산지까지 앞 종보다 분포 범위가 넓다. 국외에는 일본, 중국 동북부, 러시아 극동지역에 분포한다.

먹이식물 벼과(Gramineae) 참억새, 바랭이, 사초과(Cyperaceae)의 식물

생태 한 해에 한 번, 6월 말에서 9월 초까지 보인다. 월동은 애벌레 상태로 한다. 서식지는 참나무가 많은 숲속, 낮은 산지의 숲 가장자리와 능선, 정상 부근이다. 수컷은 그늘진 숲속에서 햇빛이 스며드는 자리를 차지하려는 점유행동을 한다. 특히 참나무의 아래 부분 줄기에 잘 앉는데, 주로 햇볕이 잘 드는 능선 주위에서 볼 수 있다. 암수는 드물게 참나무의 진에 모이나 꽃에 오지 않는다. 암컷은 낙엽 속에 5~60개의 알을 한꺼번에 낳는다. 행동과 습성은 앞 종과 큰 차이가 없다.

변이 세계 분포로 보아도 특별한 지역 변이는 없으며, 한반도 안에서도 변이가 없다. 다만 한반도에서는 경기도 지역의 개체들의 날개 바탕이 황갈색이고, 강원도 이북의 개체들이 흑갈색을 띠어 조금 다르다. 개체 사이는 날개 외연의 갈색 부분이 옅고 짙어지는 농담의 차이가 있다. 암컷 중에는 뒷날개 아랫면의 흰 띠가 뚜렷하고 넓어지는 개체를 볼 수 있다. 일본 학자들은 이 종의 학명으로 *Kirinia fentoni* (Butler, 1877)로 다루고 있다.

암수구별 암컷은 수컷보다 날개 윗면에 황갈색 무늬가 넓게 나타나고, 날개 모양이 넓어 보인다. 또 앞날개 외횡부의 눈알모양 무늬는 뚜렷하고, 4~5개로 수컷보다 수가 많다. 뒷날개 아랫면 외횡부의 연노랑 무늬는 뚜렷하다.

닮은 종의 비교 261쪽 참고

첫 기록 Butler(1882)는 *Neope fentoni* Butler (Posiette bay, NE. Corea)라는 이름으로 우리나라에 처음 기록하였다.

우리 이름의 유래 이승모(1971)는 날개에 노란 기운이 많다는 뜻으로 이름을 지었는데, 사실 앞 종의 이름에 '황'자를 앞에 붙인 것이다. 그런데 앞 종과 이 종이 다른 종으로 분리된 후, 자연스럽게 앞 종과 구별된 이름이 되었다.

Abundance Common.

General description Wing expanse about 48 mm. Similar to *K. epimenides* but wing expanse smaller, ground color on wings more yellowish-brown, antennal club chequered black and brown. No noticeable regional variation in morphological characteristics (TL: Raddefka and Ussuri).

Flight period Univoltine. Late June-September according to altitude. Hibernates as a larva.

Habitat Oak-wood forests, mountain ridges at high altitudes, forest edges near mountain top.

Food plant *Miscanthus sinensis*, *Digitaria sanguinalis* (Gramineae), Cyperaceae.

Distribution Mountainous regions north of Mt. Mudeung, Gwanju.

Range Japan, NE. China, Russian Far East.

왕그늘나비

Ninguta schrenckii (Ménétriès, 1859)

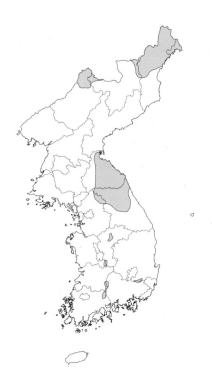

분포 전라북도 덕유산 이북의 산지에 국지적으로 분포한다. 국외에는 일본, 중국(티베트 포함), 러시아(아무르, 우수리, 사할린 남부)에 분포한다.

먹이식물 벼과(Gramineae) 참억새, 사초과(Cyperaceae) 흰사초

생태 한 해에 한 번, 6월 중순에서 9월 초까지 보인다. 월동은 애벌레 상태로 한다. 서식지는 산지의 낙엽활엽수림 주위의 축축한 숲과 풀밭 사이의 공간, 계곡 주변이다. 꽃에 날아오는 일은 거의 없고, 새똥을 빨아먹거나 또는 버드나무 등의 나무진에 날아와 진을 빨아먹는다. 맑은 날보다 흐린 날이거나 해질 무렵 또는 어두울 때 활발하다. 수컷은 수풀 속에서 크게 휘젓고 다니므로 암컷보다 금세 눈에 띄는 편이다. 암컷은 먹이식물의 잎 뒤에 알을 1~6개씩 일렬로 낳는다.

변이 한반도 개체군은 일본, 중국 동북부, 러시아 극동지역, 사할린 지역과 함께 기준 아종으로 다룬다. 한반도에서는 특별한 변이가 없다.

암수구별 암컷은 날개 모양이 넓고, 날개의 바탕이 조금 옅으며, 눈알 모양 무늬가 조금 작은 편이다. 수컷은 앞날개 제2~6맥에 짙은 흑갈색 성표가 있고, 뒷날개 윗면 내연에 은회색 털 뭉치로 된 성표가 있다.

첫 기록 Fixsen(1887)은 *Pararge schrenckii* Ménétriès (Korea)라는 이름으로 우리나라에 처음 기록하였다.

우리 이름의 유래 석주명(1947)은 그늘나비류 중에서 가장 크다는 뜻으로 이름을 지었다.

Abundance Scarce.

General description Wing expanse about 65 mm. Monotypical East-Asian genus. Korean population was dealt as nominotypical subspecies (TL: [Amur, Russia]).

Flight period Univoltine. Mid June-early September. Hibernates as a larva.

Habitat Hygrophilous forest edges around deciduous broad-leaved forest in mountain, meadows at forest edge, open grounds in valley.

Food plant *Miscanthus sinensis* (Gramineae), *Carex doniana* (Cyperaceae).

Distribution Mountainous regions north of Mt. Deokyusan, Jeollabuk-do.

Range Japan, China, Tibet, Russia (Amur, Ussuri, S. Sakhalin).

먹그늘붙이나비

Lethe marginalis Motschulsky, 1860

분포 지리산과 덕유산 이북의 산지에 분포한다. 국외에는 일본, 중국(북부, 중부), 러시아(아무르, 우수리)에 분포한다.

먹이식물 벼과(Gramineae) 새, 참억새, 민바랭이새, 주름조개풀, 큰기름새

생태 한 해에 한 번, 6월 말에서 8월에 보인다. 월동은 애벌레 상태로 한다. 서식지는 참나무 숲 주변의 산길, 숲 사이의 확 트인 공간이다. 낮에는 거의 활동하지 않고, 풀 밑이나 나무줄기에 붙어 쉬다가 오후 늦게 활발하게 난다. 수컷은 거의 날이 어두워지는 경우에도 활발하게 날면서, 참나무 줄기의 좋은 자리를 차지하려고 텃세를 강하게 부린다. 꽃에 날아오지 않으나 참나무 진과 오물, 썩은 과일에 모인다. 암컷은 해질 무렵 먹이식물 잎 뒤에 알을 하나씩 낳는다.

변이 세계 분포로 보아도 특별한 지역 변이는 없으며, 한반도 안에서도 변이가 없다.

암수구별 암컷은 날개 모양이 수컷보다 넓고, 바탕색이 조금 옅다. 또 암컷 앞날개에 있는 흰 사선은 수컷보다 더 뚜렷하다. 수컷은 뒷날개 윗면 날개밑에서 중앙까지의 바탕색과 같은 색의 잔털이 빽빽하다.

첫 기록 Fixsen(1887)은 *Parage maackii* Ménétriès (Korea)라는 이름으로 우리나라에 처음 기록하였다.

우리 이름의 유래 석주명(1947)은 일본 이름에서 의미를 따와 '먹그늘나비붙이'라고 이름을 지었는데, 김용식(2002)이 어미가 나비로 끝나도록 위처럼 바꾸었다.

Abundance Scarce.

General description Wing expanse about 54 mm. Under forewing central part of cell with one dark transverse stripe. Male upper wings less thick black-brown. No noticeable regional variation in morphological characteristics (TL: Khokodody (Hakodate)).

Flight period Univoltine. Late June-August. Hibernates as a larva.

Habitat Mountain trails around oak forests, Open grounds between forests.

Food plant *Arundinella hirta*, *Miscanthus sinensis*, *Digitaria* sp., *Oplismenus undulatifolius*, *Spodiopogon sibiricus* (Gramineae).

Distribution Mountainous regions north of Mt. Jirisan.

Range Japan, China (N. & C.), Russia (Amur, Ussuri).

먹그늘나비

Lethe diana (Butler, 1866)

분포 울릉도를 뺀 전국 각지에 분포한다. 과거 북한 지역에는 거의 분포하지 않는 것으로 알려졌는데, 최근에도 그 분포 상황을 알 수 없다. 국외에는 일본, 중국(동북부, 북부, 중부, 동부), 러시아(우수리 남부, 사할린, 쿠릴), 타이완에 분포한다.

먹이식물 벼과(Gramineae) 조릿대, 제주조릿대, 이대, 참억새

생태 한 해에 한 번에서 세 번, 중부지방과 지리산 등 산지에서는 6월에서 8월에 한 번, 남부지방과 제주도에서는 5월 중순에서 6월, 7월 중순에서 8월에 두 번, 가끔 9월에 세 번 보인다. 월동은 애벌레 상태로 한다. 서식지는 조릿대가 많은 그늘진 산길과 계곡 주위이다. 햇빛이 약하게 스미는 나뭇잎 위에 앉아 쉬는 일이 많고, 늦

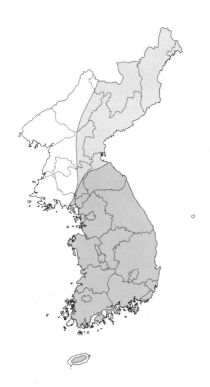

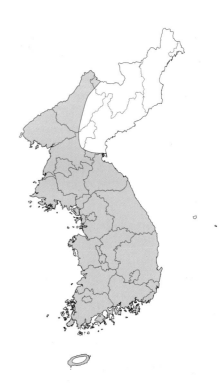

으로 우리나라에 처음 기록하였다. 한편 이 종과 가까운 *Lethe scicelis* Hewitson (과거 우리 이름: 시실리그늘나비)을 Leech(1894)가 기록한 적이 있으나 대영 자연사박물관에서 이 표본을 검경한 결과, 일본 개체를 잘못 기록한 것으로 보이며, 이미 우리나라 목록에서 제외되어 있다.
우리 이름의 유래 석주명(1947)은 그늘나비 중에서 날개색이 검다는 뜻으로 이름을 지었다.

Abundance Common.
General description Wing expanse about 50 mm. Under forewing central part of cell with two dark transverse stripes, inner one twice as long as outer. Male upper wings black-brown. No noticeable regional variation in morphological characteristics (TL: Hakodadi).
Flight period Univoltine or trivoltine depending on altitude and latitude. June-August in C. Korea and mountainous region, S. Korea, mid May-September in lower altitude of S. Korea and Jeju island. Hibernates as a larva.
Habitat Around shady mountain trails and valley with Sasa bamboo.
Food plant *Sasa borealis*, *S. quelpaertensis*, *Pseudosasa japonica*, *Miscanthus sinensis* (Gramineae).
Distribution Whole Korean territory excluding Ulleungdo island.
Range Japan, China, Russia (S. Ussuri, Kuriles, Sakhalin), Taiwan.

부처사촌나비
Mycalesis francisca (Stoll, 1780)

분포 한반도 동북부 높은 산지, 울릉도를 뺀 한반도 전 지역에 분포한다. 제주도에서는 평지와 오름에 분포한다. 국외에는 일본, 중국, 타이완, 인도차이나, 히말라야에 분포한다.

먹이식물 벼과(Gramineae) 실새풀, 조개풀, 주름조개풀, 참억새

생태 한 해에 두 번, 5~6월과 8~9월에 나타난다. 월동은 애벌레 상태로 한다. 서식지는 숲 안이나 숲 가장자리의 벼과식물이 자라는 풀밭이다. 숲속 어두운 곳에서 잘 날아다니나 숲 가장자리의 밝은 장소에도 날아다니기도 한다. 날 때에는 낮게 톡톡 튀듯 보이고, 앉을 때에는 날개를 접으나 흐린 날 또는 이른 아침에 날개를 펴고 일광욕을 한다. 꽃에 날아오기도 하고 축축한 물가에 날아오고, 졸참나무와 버드나무의 진, 썩은 과일에도 모인다. 특히 흐린 날에 잘 날아다니고, 맑은 날에는 해질 무렵이 되어야 활발하다. 암컷은 먹이식물 잎 뒤에 알을 1~6개를 이어서 낳는다.

변이 한반도 개체군은 일본에 분포하는 아종 *peridicas* Hewitson, [1862]로 다룬다. 봄에 나온 개체는 날개 아랫면의 눈알 모양 무늬가 작아 보이고, 보라색 띠 안쪽이 검어 바깥쪽과 대비되나, 여름에서 가을까지 나온 개체는 눈알 모양 무늬가 발달하고 날개 아랫면의 보라색 띠 안쪽이 덜 짙어 구별되지 않는다.

암수구별 암컷은 수컷보다 날개 외연이 둥글고, 바탕색이 조금 옅다. 특히 수컷은 앞

은 오후 어두워질 때와 흐린 날이 맑은 날보다 더 활발하다. 특히 수컷은 자리를 특정하지 않지만 차지하려는 점유행동을 세차게 한다. 이슬이 채 마르기 전의 이른 아침에는 햇볕을 향해 날개를 반쯤 편 상태로 앉아 일광욕을 한다. 숲속의 축축한 장소에 무리 지어 모여 있는 것을 볼 수 있으며, 사찰이나 인가의 건물 벽에 붙는 경우도 있다. 드물게 졸참나무진에 모이며 밤나무와 큰까치수염, 금방망이 꽃에 오거나 썩은 과일에도 가끔 모인다. 암컷은 그늘진 곳에 자라는 조릿대의 잎 뒤에 알을 하나씩 낳는다.

변이 한반도 개체군은 일본, 중국, 러시아 극동지역과 함께 기준 아종으로 다룬다. 한반도에서는 지역 변이가 없다. 다만 제주도 개체는 한반도 내륙의 개체와 비교하여 조금 작은 편이고, 앞날개 끝 부위의 연미색 부분이 뚜렷해지는 경향이 있다.

암수구별 암컷은 날개 모양이 수컷보다 넓고, 바탕색이 조금 옅다. 또 암컷 앞날개의 연미색 사선은 수컷보다 더 뚜렷하다. 수컷은 앞날개 아랫면 후연에 줄지어 검은 긴 털이 나고, 뒷날개 윗면 제6실의 중실 위와 제5실에 넓게 크고 짙은 무늬가 있으며, 그 부분이 움푹 들어간다.

첫 기록 Leech(1887)는 *Lethe diana* Butler (Gensan (원산), Fusan (부산))라는 이름

날개 윗면 제1b맥 위에 바탕과 같은 색의 털 뭉치가 있고, 그 부분에 광택이 있다. 또 뒷날개 윗면 전연 날개밑 가까이에 희고 긴 털 뭉치가 달린다.

첫 기록 Fixsen(1887)은 *Mycalesis perdiccas* Hewitson (Korea)라는 이름으로 우리나라에 처음 기록하였다.

우리 이름의 유래 석주명(1947)은 이 나비가 부처나비와 닮은 이유로 이름을 지었다.

Abundance Common.

General description Wing expanse about 45 mm. Under wings transversal postdiscal line violet. Korean population was dealt as ssp. *peridicas* Hewitson, [1862] (TL: Japan).

Flight period Bivoltine. May-June, August-September. Hibernates as a larva.

Habitat Meadows with Gramineae plants at forest edge.

Food plant *Calamagrostis arundinacea*, *Arthraxon hispidus*, *Oplismenus undulatifolius*, *Miscanthus sinensis* (Gramineae).

Distribution Whole Korean territory except Ulleungdo island.

Range Japan, China, Taiwan, Indochina, Himalayas.

[부처나비

Mycalesis gotama Moore, 1857

분포 제주도와 울릉도, 한반도 북부지방의 높은 산지를 뺀 각지에 분포한다. 국외에는 일본, 중국(중부, 남부), 타이완, 인도차이나, 태국, 미얀마, 히말라야, 인도 동북부에 분포한다.

먹이식물 벼과(Gramineae) 벼, 억새, 바랭이, 주름조개풀

생태 한 해에 두세 번, 4월 중순에서 10월에 보인다. 월동은 애벌레 상태로 한다. 서식지는 야산의 숲 가장자리 풀밭이다. 숲 주위를 천천히 날아다니면서 드물게 썩은 과일과 느릅나무 진에 모여든다. 날이 흐리거나 기온이 낮아지면 햇볕이 내리쬐는 장소에서 날개를 편 채로 일광욕을 한다. 숲 속의 어두운 곳을 좋아하는데, 때때로 건물 안으로 들어와 날아다니기도 한다. 해질 무렵 활발하게 날아다닌다. 암컷은 오후에 먹이식물 잎 뒤에 알을 1~6개를 이어서 낳는다.

변이 한반도 개체군은 중국 중부와 남부, 타이완, 베트남, 태국, 미얀마, 인도 북부와 함께 기준 아종으로 다루고 일본에 다른 아종이 분포한다. 한반도에서는 지역과 계절에 따른 뚜렷한 변이가 없으나 봄 개체가 여름 개체들보다 조금 큰 편이다.

암수구별 암컷은 수컷보다 크고, 날개 가장자리가 둥글며, 날개색이 조금 옅다. 수컷은 뒷날개 윗면 전연 가까이 제7실 날개밑에 털 뭉치가 있고, 뒷날개 아랫면 중실 위의 맥이 부푼다.

닮은 종의 비교 261쪽 참고

첫 기록 Seitz(1909)가 *Mycalesis gotama* Moore (Korea)라는 이름으로 우리나라에 처음 기록하였다.

우리 이름의 유래 석주명(1947)은 종(*gotama*)의 라틴어의 뜻으로 이름을 지었다.

Abundance Common.

General description Wing expanse about 46 mm. Under wings transversal postdiscal line yellowish brown. Korean population was dealt as nominotypical subspecies (TL: China).

Flight period Bivoltine or trivoltine according to latitude. Mid April-October. Hibernates as a larva.

Habitat Grasslands at forest edge in low mountain area and around town.

Food plant *Oryza sativa*, *Miscanthus sinensis*, *Digitaria ciliaris*, *Oplismenus undulatifolius* (Gramineae).

Distribution Jeju island, Whole Korean territory excluding Ulleungdo island.

Range Japan, China (C. & S.), Taiwan, Indochina, Thailand, Myanmar, Himalayas, N. India.

[먹나비

Melanitis leda (Linnaeus, 1758)

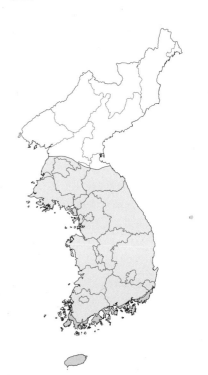

분포 여름에서 가을까지 제주도와 울릉도, 남부지방에서 보인다. 이따금 중부지방에서도 보이나 정착하지 않는다. 국외에는 동양구 열대 지역과 아프리카에 폭 넓게 분포한다.

먹이식물 벼과(Gramineae) 강아지풀, 율무, 벼, 바랭이

생태 6월부터 보이며, 7~8월에 가장 많이 발견된다. 이따금 11월에도 나타난다. 일시적으로 세대를 거듭하여 겨울을 나는 가을형 개체를 채집한 적은 있으나 이른 봄에 발견한 적이 없어 아직 우리나라에서 토착하는지의 여부가 확실하지 않으며, 겨울에 대부분 사멸하는 아열대 또는 열대에 사는 나비로 보인다. 서식지는 주변에 숲이 있는 마을이나 경작지 주변의 풀밭이다. 썩은 감과 나무진을 먹으러 날아오며, 온실 속에 갇혀 그 안에서 날아다니는 일도 있다. 수컷은 해질녘에 마을 주변이나 팽나무 고목 주위에서 활발하게 난다.

변이 한반도 개체군은 동양구 일대에 분포하는 기준 아종으로 다룬다. 한반도에서는 지역 변이가 없다. 계절에 따른 차이는 뚜렷하다. 가을형인 경우, 여름형보다 날개 윗면의 눈알 모양 무늬 안쪽에 붉은 무늬가 많아지고, 날개 외연의 돌출부가 뚜렷하게 튀어나온다. 날개 아랫면은 여름형의 경우, 눈알 모양 무늬가 뚜렷하고, 물결 모양의 가는 줄무늬가 있다. 가을형은 적갈색 또는 흑갈색 바탕에 별 무늬 없이 낙엽처럼 보이며, 눈알 모양 무늬가 거의 없어진다.

암수구별 암컷은 수컷과 달리 날개 모양이 조금 넓고, 날개색이 조금 옅을 뿐 큰 차이가 없다.

첫 기록 Leech(1894)는 *Melanitis leda* Linnaeus (Gensan (원산))라는 이름으로 우리나라에 처음 기록하였다.

우리 이름의 유래 석주명(1947)은 날개가 먹물처럼 검다는 뜻으로 이름을 지었다.

Abundance Migrant.
General description Wing expanse about 64 mm. Korean population was dealt as nominotypical subspecies (TL: Asia [Canton]).

Flight period Polyvoltine. First brood often very scarce, mainly July-October. Strongly migratory, no diapause stage.
Habitat Rural village near forest, grasslands around arable land.
Food plant *Setaria viridis, Coix lachrymajobi, Oryza sativa, Digitaria ciliaris* (Gramineae).
Distribution Korea (migrant).
Range Japan (migrant), Taiwan, China-Himalayas, Indochina, Malay, Indonesia, Philippines- Oriental region, Africa.

큰먹나비

Melanitis phedima (Cramer, 1780)

부산과 제주도에서 채집한 두 번의 기록이 있을 뿐으로 미접에 속한다. 이 기록들은 모두 여름에 채집된 것이다. 국외에는 일본 남부와 중국 남부, 타이완, 필리핀, 인도네시아, 미얀마, 네팔, 인도, 스리랑카에 넓게 분포한다. 한반도 개체군은 일본 지역과 함께 아종 *oitensis* Matsumura, 1919로 다룬다. 애벌레는 벼과식물의 잎을 먹는 것으로 알려져 있으나 아직 우리나라에서는 애벌레가 발견되지 않았다. 오성환(1996)은 *Melanitis phedima* (Cramer) (부산)라는 이름으로 우리나라에 처음 기록하였으며, 먹나비보다 크다는 뜻으로 우리 이름을 지었다.

Abundance Migrant.
General description Wing expanse about 67 mm. Korean population was dealt as ssp. *oitensis* Matsumura, 1919 (TL: Eilanden Java, Kust van Coromandel).
Flight period Polyvoltine. September-October. Strongly migratory, no diapause stage. Recorded only twice in Korea.
Habitat Rural village near forest, grasslands around arable land.
Food plant Gramineae.
Distribution Jeju island and southern costal regions (migrant).
Range S. Japan, S. China, Taiwan, Philippines, Indonesia, Myanmar, Nepal, India, Sri Lanka.

참고문헌

Ackery, P.R., R. de Jong, and R.I. Vane-Wright, 1999. The butterflies: Hedyloidea, Hesperioidea, and Papilionoidea. Pages 264-300 in: Lepidoptera: Moths and Butterflies. 1. Evolution, Systematics, and Biogeography. *Handbook of Zoology* Vol. IV, Part 35. N. P. Kristensen, ed. De Gruyter, Berlin and New York.

Aoyama, T., 1917. On *Parnassius smintheus* and *Papilio eurous* from Korea. *Ins. World* 21: 461-463. (in Japanese)

Asahi, J., S. Kanda, M. Kawata, Y. Kohara and T. Fujioka, 1999. *The butterflies of Sakhalin in nature*. Hokkaido Sinbun Press. Hokkaido. (in Japanese)

Asano, T. and T. Tateishi, 1995. Superficial characters on *Thermozephyrus ataxus* (Westwood, [1851]) from the southern part of Korean Peninsula. *Gekkan-Mushi* 291: 10-13. (in Japanese)

Asano, T., 1996. Early stages of *Melanargia halimede* in Beijing, China. *Butterflies* 14: 61-62. (in Japanese)

Bálint, Z., 1990. New investigations on Mongolian lycaenid butterflies (Lep., Lycaenidae). Lycaenidae of Mongolia VI. *Galathea* 6: 1-16.

Bálint, Z. and G. Katona, 2012. Data of Hesperioidea and Papilionoidea (Lepidoptera) from the Korean Peninsula in the collections of the Hungarian Natural History Museum. *Folia Entomologica Hungarica Rovartani Közlemények* 73: 77-104.

Bálint, Z., A. Heath, G. Katona, K. Kertész and SZ. Sáfián, 2017. Male secondary sexual characters in Aphnaeinae wings (Lepidoptera: Lycaenidae). *Opusc. Zool. Budapest* 48(1): 27-34.

Beneš, J. and M. Konvièka (eds), 2002, Motýli Èeskérepubliky: Rozšíøeníaochrana. Butterflies of the Czech Republic: Distribution and conservation. –*Spoleènostproochranu motýlù, Praha* pp. 1-478 (part 1), 479-857 (part II).

Boyle, J.H., Z.A. Kaliszewska, M. Espeland, T. Suderman, J. Fleming, A. Heath and N. Pierce, 2015. Phylogeny of the Aphnaeinae: myrmecophilous African butterflies with carnivorous and herbivorous life histories. *Systematic Entoomology* 40: 169-182. doi: 10.1111/syen.12098

Bozano, G.C. and A. Floriani, 2012. *Guide to the butterflies of the Palaearctic region*. Nymphalidae part V. Subfamily Nymphalinae. 90pp. Omnes Artes s.a.s. Milano.

Bozano, G.C., 1999. *Guide to the butterflies of the Palaearctic region*. Nymphalidae part I. Subfamily Elymniinae Tribe Lethini. 58pp. Omnes Artes s.a.s. Milano.

Bozano, G.C., 1999. *Guide to the butterflies of the Palearctic Region*, Satyridae, part 1. Subfamily Elymniinae, Tribe Lethini. 58pp. Omnes Artes, Milano.

Bozano, G.C., 2002. *Guide to the butterflies of the Palaearctic region*. Satyrinae part III. Tribe Satyrini, Subtribes Melanargiina and Coenonymphina. 71pp. Omnes Artes s.a.s. Milano.

Bozano, G.C., 2008. *Guide to the butterflies of the Palaearctic region*. Nymphalidae part III. Subfamily Limenitidae Tribe Neptini. 77pp. Omnes Artes s.a.s. Milano.

Bozano, G.C., 2008. *Guide to the butterflies of the Palaearctic region*. Nymphalidae part III. Subfamily Limenitidinae Tribe Neptini. 77pp. Omnes Artes s.a.s. Milano.

Bridges, C.A., 1988. *Catalogue of Lycaenidae & Riodinidae* (Lepidoptera: Rhopalocera). 377pp. P.P. Urbana.

Brower, A.V.Z., 2008. Lycaenidae [Leach] 1815. *Gossamer-winged butterflies*. Version 25 April 2008 (under construction). http://tolweb.org/ Lycaenidae/12175/2008.04.25 in The Tree of Life Web Project, http://tolweb.org/

Bryk, F., 1946. Zur Kenntnis der großschmetterlinge von Korea. 1. Rhopalocera Hesperioidea et Macrolepidoptera 1 (Sphingidae). *Ark. Zool.* 38A(3): 1-75, 4pls.

Butler, A.G., 1882. On Lepidoptera collected in Japan and Corea by Mr. W. Wykeham Perry. *Ann. Mag. Nat. Hist.* (5) IX: 13-20.

Butler, A.G., 1883a. On Lepidoptera from Manchuria and the Corea. *Ann. Mag. Nat. Hist.* (5)XI: 109-114.

Butler, A.G., 1883b. On a small series of Lepidoptera from Corea. *Ann. Mag. Nat. Hist.* (5)XI: 277-279.

Cheong, S.W. 1997. Morphological study on genitalia and cephalic appendages of some Korean Satyrid species (Lepidoptera). *J. Lepid. Soc. Korea* 10: 1-15.

Cheong, S.W. and C.E. Lee, 1989. An analysis of male genitalia of Korean Pieridae (Lepidoptera). *Nature & Life* 19(2): 73-79.

Cheong, S.W., C.E. Lee and H.C. Park, 1988. A cluster analysis on the Pieridae of Korea (Lepidoptera). *Nature & Life* 18(1): 1-7.

Cheong, S.W., C.E. Lee and H.C. Park, 1990. A microscopic study on the bursa copulatrix of Korean Pieridae (Lepidoptera). *Esakia*, special Issue 1: 167-172.

Chiba, H. and H. Tsukiyama, 1996. A review of the genus

Ochlodes Scudder, 1872, with special reference to the Eurasian species (Lepidoptera: Hesperiidae). *Butterflies* 14: 3-16. (in Japanese)

Cho, Y.H., J.S. Park, M.J. Kim, D.S. Choi, S.H. Nam and I.S. Kim, 2013. Genetic relationships between Mt. Halla and Mongolian populations of *Hipparchia autonoe* (Lepidoptera: Nymphalidae). *Entomological Research* 43: 183-192.

Choi, S.W. and S.S. Kim, 2011. The past and current status of endangered butterflies in Korea. *Entomological Science* pp. 1-12.

Chou, I. (ed.), 1994. *Monographia Rhopalocerorum Sinensium*, Vols. 1-2. pp. 1-408, pp. 409-854. Henan Scientific and Technological Publishing House. Zhengahou. (in Chinese).

Condaminea, F.L., E.F.A. Toussainta, A.M. Cottonb, G.S. Gensona, F.A.H. Sperlingc and G.J. Kergoata, 2013. Fine-scale biogeographical and temporal diversification processes of peacock swallowtails (*Papilio* subgenus *Achillides*) in the Indo-Australian Archipelago. *Cladistics* 29: 88-11.

Corbet A.S., H.M. Pendlebury and J.N. Eliot, 1992. *The butterflies of the Malay Peninsula*. Malayan Nature Society, Kuala Lumpur.

D'Abrera, B., 1985. *Butterflies of the Oriental region. part 1. Nymphalidae, Satyridae, Amathusidae*. Hill House. Victoria. Austria.

D'Abrera, B., 1992. *Butterflies of the Holarctic region. part II*. Victoria; Hill House. Austria.

De Jong, R., 1975. Notes on the genus *Pyrgus* (Lepidoptera, Hesperiidae). *Zoollogische Mededelingen*. Deel 49 (1): 1-12.

De Jong, R., R.I. Vane-Wright and P.R. Ackery, 1996. The higher classification of butterflies (Lepidoptera): problems and prospects. *Ent. Scan*. 27: 65-102.

Della Bruna C., E. Gallo and V. Svordoni, 2013. *In* Bozano G.C., *Guide to the Butterflies of the Palaearctic region*. Pieridae Part 1. Second edition. 92pp. Omnes Artes, Milano.

De Moya, R.S., W.K. Savage, C. Tenney, X. Bao, N. Wahlberg and R.I. Hill, 2017. Interrelationships and diversification of *Argynnis*, *Fabricius* and *Speyeria* Scudder butterflies. *Systematic Entomology* 42: 635–649. DOI: 10.1111/syen.12236.

Doi, H. and F.S. Cho, 1931. A new subspecies of *Zephyrus betulae* from Korea. *J. Chosen Nat. Hist. Soc*. 12: 50-51. (in Japanese)

Doi, H., 1919. A list of butterflies from Korea. *Chosen Iho* 58: 115-128, 59: 90-92. (in Japanese)

Doi H., 1929. On the vernal form of *Gonepteryx aspasia aspasia*. *J. Chosen Nat. Hist. Soc*. 8: 19-20 (In Japanese).

Doi, H., 1935. On the insects and the other animals from the Is. Wando. *Bull. Sci. Mus. Kei. Korea* 35: 1-12. (in Japanese)

Dubatolov, V.V. and M.G. Sergeev, 1982. Novye golubyanki tribe Theclini (Lepidoptera, Lycaenidae) fauny SSSR. *Rev. ent. URSS* 61: 375-381. (in Russian)

Dubatolov, V.V. and M.G. Sergeev, 1984. New data on skippers of the genera *Paranara* Moore, *Pelopidas* Walker, and *Polytremis* Mab. (Lepidoptera, Hesperiidae). [Arthropods and helminths. Novosibirsk] pp. 45-50. (in Russian)

Dubatolov, V.V. and M.G. Sergeev, 1987. Notes on the systematics of hairstreaks genus *Neozephyrus* Sibatani et Ito (Lepidoptera, Lycaenidae). *Nasekom'ye Kleshchi i Gel'mantry, Novosibirsk, Nauka Siberian dept*. pp. 18-30. (in Russian)

Dubatolov, V.V., S.K Korb, R.V. Yakovlev, 2016. A review of the genus *Triphysa* Zeller, 1858 (Lepidoptera, Satyridae). *Biological Bulletin of Bogdan Chmelnitskiy Melitopol State Pedagogical University* 6(1): 445-497.

Dubatolov, V.V., V.A. Mutin, E.V. Novomodnyi and A.M. Dolgikh, 2010. Distributional limits of butterflies (Insecta, Lepidoptera, Hesperioidea, Papilionoidea) of the subboreal and the southern components of the temperate complexes within Lower Amur. *Amurian zoological journal* 2(3): 253-275 (in Russian).

Eitschberger, U., 1983. Systematische Untersuchungen *Pieris* am *Pieris napi-bryoniae* Komplex (s.l.). *Herbipoliana* 1(1): 1-504; 1(2): 1-661.

Eliot, J.N. and A. Kawazoé, 1983. Blue butterflies of the *Lycaenopsis* group. 309pp. *British Museum. Hampshire*.

Eliot, J.N., 1973. The higher classification of the Lycaenidae (Lepidoptera): tentative arrangement. *Bull. Br. Mus. Nat. Hist*. (Ent.) 28: 371-505, 9 pls.

Elwes, H.J. and Edwards, J., 1893. A revision of the genus *Ypthima*, with especial reference to the characters afforded by the males genitalia. *Trans. Ent. Soc. Lond*. 1893: 1-54, pl. 1-3.

Esaki, T., 1934. The genus *Zephyrus* of Japan, Corea and Formosa. *Zephyrus* 5: 74-86, 5: 194-212.

Esaki, T., 1937. The genus *Zephyrus* of Japan, Corea and Formosa (5). *Zephyrus* 7(2/3): 95-105.

Esaki, T., 1938. The genus *Zephyrus* of Japan, Corea and Formosa (6). *Zephyrus* 7(4): 223-234.

Evans, W.H., 1949. A *catalogue of the Hesperiidae from Europe, Asia and Australia in the British Museum*. British

Museum. London.

Fiedler, K., 2006. Digital supplementary material to Fiedler, K., 2006: Ant-associates of Palaearctic butterfly larvae (Hymenoptera: Formicidae; Lepidoptera: Lycaenidae)- a review. *Myrmecologische Nachrichten* 9: 77-87.

Fixsen, C., 1887. Lepidoptera aus Korea. In Romanoff, *Mém. sur. Lép*. Rom. 3: 232-319, pl. 13-14.

Frohawk, F.W., 1934. *The complete book of british butterflies, 'The purple emperor'*. pp. 180-187. pl. X V. Ward, Lock & Co., London and Melbourne.

Fujioka, T., 1992a. Rare, local, and little known butterflies from Japan (2). local and rare races of *Spindasis takanonis*. *Butterflies* 3: 3-13. (in Japanese)

Fujioka, T., 2001. *Chrysozephyrus ataxus* (Westwood in the world, with descriptions of two new subspecies. *Gekkan-Mushi* 364: 5-9.

Fujioka, T., 2002. *Argynnis* (*Fabriciana*) *niobe* in the world, with the description of a new subspecies discovered in Hokkaido. *Gekkan-Mushi* 372: 3-10. (in Japanese)

Fujioka, T., 2007. Recent discoveries in Zephyrus butterflies, on which Japanese Rhopalocera have strong interests. *Butterflies* 46: 4-5. (in Japanese)

Fukúda, H., Minotani, N and M. Takáhashi, 1999. Studies on *Neptis pryeri* Butler (Lepidoptera, Nymphalidae) (2) The continental populations mingled with two species. *Trans. lepid. Soc. Japan* 50(3): 129-144. (in Japanese)

Fukúda, H. and N. Minotani, 2017. *Neptis pryeri* group of Japan and the World. Handbook Series of Insects, 10, 152pp. *Gekan Mushi*. Tokyo. (in Japanese)

Galo, E. and Della Bruna C., 2013. *Guide to the butterflies of the Palaearctic region*. Nymphalidae part VI. Subfamily Limenitidinae. 84pp. Omnes Artes s.a.s. Milano.

Geiger, H., H. Descimon and A. Scholl, 1988. Evidence for speciation within normal *Pontia daplidice* (Linneaus, 1758) in southern Europe (Lepidoptera: Pieridae). *Nota lepidopterologica* 11(1): 7-20.

Gistel, J., 1857. Achthundert und zwanzig neue odcr unbeschriebene wirbellose Thiere (charakterisirt von Doctor Juhannes Gistel). *Straubing, Verlag der Schorner'schen Buchhandlung* (reprint).

Golitz, D.H., 1935. Einige Bemerkungen über Erebien. *Dt. ent. Z. Iris, Dresden Band* 49: 54-57.

Gorbunov, P.Y. and O. Kosterin, 2003. *The butterflies (Hesperoidea and Papilionoidea) of North Asia (Asian part of Russia) in nature*. Vol. 1, 408pp. Rodina and Fodio, Moscow.

Gorbunov, P.Y. and O. Kosterin, 2007. *The butterflies (Hesperoidea and Papilionoidea) of North Asia (Asian part of Russia) in nature*. Vol. 2, 392pp. Rodina and Fodio, Moscow.

Gorbunov, P.Y., 2001. *The butterflies of Russia: classification, genitalia, key for identification* (Lepidoptera: Hesperioidea and Papilionoidea). 320pp. Thesis. Ekaterinburg.

Harada, M. and S. Igarashi, 1993. On hibernating aspects of nymphalid larvae in Asia. *Butterflies* 6: 11-18. (in Japanese)

Harvey, D. J. 1991. Higher classification of the Nymphalidae, Appendix B. - In: Nijhout, H. F. (ed) The Development and Evolution of Butterfly Wing Patterns. Smithsonian Institution Press, pp. 255-273.

Hasegawa, T. and S. Matsuda, 2001. Notes on 3 taxa (*korshunovi, macrocerus, aquamarinus*) described from Primorskii district (Russia) and Korean peninsula. *Yadoriga* 189: 47-58. (in Japanese)

Hasegawa, T., 1994. On tribe Theclini in Korean peninsula in recent time. *Insect and Nature* 29(12): 15-22. (in Japanese)

Hasegawa, T., 2009. *Favonius koreanus*, the twelfth species of the genus. *Gekkan-Mushi* 461: 9-14. (in Japanese)

Heikkilä, M., M. Mutanen, N. Wahlberg, P. Sihvonen and L. Kaila, 2015. Elusive ditrysian phylogeny: an account of combining systematized morphology with molecular data (Lepidoptera). BMC Evolutionary Biology (2015) 15:260 DOI 10.1186/s12862-015-0520-0.

Hemming, F., 1935. On the identity of four species of Rhopalocera described by Johannes Gistel in 1857. *Stylops* 4: 121-122.

Hemming, F., 1967. The generic names of the butterflies and their type-species. *Bull. Br. Mus. nat. Hist.* (*Ent.*) Suppl. 9: 1-509.

Heppener, J.B. and H. Inoue, 1992. *Checklist of Lepidoptera of Taiwan* 1(2). 276pp. Association of Tropical Lepidoptera & Scientific Press. Gainesville.

Higgins L.G., 1941. An illustrated catalogue of the Palaearctic *Melitaea* (Lep. Rhopalocera). *Trans. Ent. Soc. Lond*. 91(7): 175-365.

Higgins, L.G. and N.D. Riley, 1970. A field guide to the butterflies of Britain and Europe. 380pp., 60pls. Collins. London.

Higgins, L.G., 1975. *The classification of European butterflies*. Collins. London.

Hiroshi, T., 1992. Genus *Choaspes* Moore, a review (Lepidoptera : Hesperiidae), with illustration of all taxa and new information up to 1991. *Butterflies* 2: 26-38.

Hirukawa, N. and M. Kobayashi, 1995. Life history of *Shirozua jonasi* (Janson) (Lepidoptera, Lycaenidae) in Kiso-dani,

Nagano prefecture, 1, 2. Tyô to Ga 44(4): 224-238, 269-286. (in Japanese)

Hiura, I., 1970. Taxonomy and biogeography on the *motschulskyi* group of the genus *Ypthima* (Lepidoptera, Satyridae) in Japan and its neighbouring areas. *Mem Nat. Sci. Mus*. 3: 273-284.

Honey, M.R. and Scoble, M.J. 2001. Linnaeus's butterflies (Lepidoptera: Papilionoidea and Hesperioidea). *Zoological Journal of the Linnean Society* 132(3): 277-399.

Huang, R.X. and S. Murayama, 1992. Butterflies of Xinjiang province, China. *Tyô to Ga* 43(1): 1-22.

Ichikawa, S., 1906. Insects from the Is. Saishu-to. *Hakubutsu no Tomo* 6(33): 183-186. (in Japanese)

Igarashi, Y., 2001. *The butterflies of central Mongolia*. Stage. 191pp. Tokyo. (in Japanese)

Inomata, T., 1994. Notes on the *Callophyrys* (s. lat.) species in Japan and its adjacent districts (Lep., Lycaenidae). *Butterflies* 9: 20-24. (in Japanese)

Jang, Y.J., 2007. Butterfly-ant mutualism: new records of three myrmecophilous Lycaenidae (Lepidoptera) and the associated ants (Hymenoptera: Formicidae) from Korea. *J. Lepid. Soc. Korea* 17: 5-18. (in Korean)

Jeong, S.Y., M.J. Kim, S.S. Kim and I.S. Kim, 2015. Complete mitochondrial genome of the endangered Lycaenid butterfly *Shijimiaeoides divina* (Lepidoptera: Lycaenidae). Mitochondrial DNA A DNA Mapp Seq Anal. 2017 Mar;28(2):242-243. doi: 10.3109/19401736.2015.1115860. Epub 2015 Dec 29.

John, E., M. Wiemers, C. Makris and P. Russel, 2013. The *Pontia daplidice* (Linnaeus, 1758)/ *Pontia edusa* (Fabricius, 1777) complex: confirmation of the presence of *Pontia daplidice* in Cyprus, and of Cleome iberica DC, as a new host-plant for this species in the Levant. *Ent. Gaz*. 64: 69-78.

Johnson, K., 1992. The Palaearctic "Elfin" butterflies (Lycaenidae, Theclinae). *Neue ent. Nachr*. 29: 1-141.

Jong, R. D., 1975. Notes on the genus *Pyrgus* (Lepidoptera, Hesperiidae). *Zoollogische Mededelingen*. Deel 49 (1): 1-12.

Joo, H.Z., S.S. Kim and J.D. Sohn, 1997. *Butterflies of Korea in Color*. 437pp. Kyo-Hak Publishing Co., Ltd., Seoul. (in Korean)

Jung, S.H. and W.T. Kim, 1998. Discovery of *Narathura japonica* (Murray) (Lepidoptera, Lycaenidae) in Korea. *Cheju, J. Life Sci., Inst. Life Sci. Cheju Natl. Univ*. 1: 73-75. (in Korean)

Karsholt, O. and J. Razowski, 1996. *The Lepidoptera of Europe. A distributional checklist*. 380pp. Apollo Books.

Stenstrup.

Kawahara, A.Y. and J.W. Breinholt, 2014. Phylogenomics provides strong evidence for relationships of butterflies and moths. Proceedings of the Royal Society B: Biological Sciences. 281 (1788).

Kim, C.W., 1976. Distribution atlas insects of Korea. (Series 1, Rhopalocera, Lepidoptera). 199pp. Korea Univ. Press. Seoul.

Kim, M.J., A.R. Wang, J.S. Park and I.S. Kim, 2014. Complete motochodrial genomes of five skippers (Lepidoptera: Hesperiidae) and phylogenetic reconstruction of Lepidoptera. Gene. https://doi.org/10.1016/j.gene.2014.07.052.

Kim, S.S. and T.S. Kwon, 2013. Monitoring and revision of the butterfly fauna on Ulleungdo Island, South Korea. *Journal of Asia-Pacific Biodiversity* 6(2): 255-259.

Kim, S.S., 2006. A new species of the genus *Favonius* from Korea (Lepidoptera, Lycaenidae). *J. Lepid. Soc. Korea* 16: 33-35.

Kim, S.S. and T.S. Kwon, 2017. Ecological Characteristics on Butterfly (Papilonidea) Monitoring from Is. Namhaedo, Gyeongnam, Korea. *J. Lepid. Soc. Korea* 23: 36-40.

Kim, S.S., T.S. Kwon and C.M. Lee, 2017. Effect of military activity on butterfly (Lepidoptera) communities in Korea: Conservation and maintenance of red listed species. Eur. J. Entomol. 112 (4): 770-777. doi: 10.14411/eje.2015.099

Kim, S.S., X. Wan, M.J., Kim and I.S. Kim, 2013. Genetic relationships between *Oeneis urda* and *O. mongolica* (Nymphalidae: Lepidoptera). *Entomological Research* 43: 85-100.

Kim, Y.S. and S.S. Kim, 2002. A new subspecies of *Limenitis helmanni* (Lederer, 1853) (Lepidoptera, Nymphalidae) from Gyeonggiman bay, South Korea. *Ill. Book Kor. Butt. Col*. pp. 282-285.

Kishida, K. and Y. Nakamura, 1930. On the occurrence of a satyrid butterfly, *Triphosa nervosa* in Corea. *Lansania* 2(16): 4-7.

Kogure, M., 1985. Some problems about the genus *Erebia*. *Yadoriga* 122: 2-18.

Koiwaya, S. and M. Nishimura, 1997. Confirmation of the status of *Parantica melaneus* and *Parantica swinhoei* (Danaidae). *Butterflies* 18: 56-65. (in Japanese)

Koiwaya, S., 2007. *The Zephyrus hairstreaks of the World*. 300pp. 256pls. Mushi-sha. Tokyo. (in Japanese)

Kondo, N., Butterflies and *Wolbachia*: female biased sex ratio and reproductive manipulation by a bacterium. *Butterflies* 46: 24-31. (in Japanese)

Korb, S.K. and L.V. Bolshakov. 2011. A catalogue of butterflies (Lepidoptera: Papilionoformes) of the former USSR. Second edition, reformatted and updated. 123pp. *Eversmannia* Supplement No. 2.

Korb, S.K., 2005. *A catalogue of butterflies of the ex-USSR, with remarks on systematics and nomenclature*. 155pp. Nizhegorodskaya Radiolaboratoriya Press. Russia.

Korshunov, Yu.P., 1996. *Addition and correction to the book "The Diurnal Lepidoptera of Asiatic part of Russia"*. Novosibirsk: ETA Grp. 66pp (in Russian).

Korshunov, Yu.P., 2002. *Rhopalocera Lepidopterans of Northern Asia. Identification books of Russia's flora and fauna*. N. 4. 424pp. Moscow. (in Russian)

Korshunov, Yu.P. and P. Gorbunov, 1995. [*Butterflies of the Asian part of Russia. A handbook*] (Dnevnye babochki aziatskoi chasti Rossii. Spravochnik). 202pp. Ural University Press, Ekaterinburg. (in Russian)

Koshkin, E.S., 2009. Genus *Gonepteryx* (Lepidoptera, Pieridae) at the Russian Far East: taxonomy, bionomy and distribution. *Amurian zoological journal* 1(4): 374-385.

Kristensen, N.P. [Ed.], 1999. Lepidoptera, butterflies and moths. Vol. 1: Evolution, Systematics and Biogeography. *In* Fisher, M. [Ed.], *Handbuch der Zoologie/ Handbook of Zoology* (IV. Arthropoda: Insecta) 35: 1-487. Water de Gruyter, Berlin/ New York.

Kudrna, O. and H. Geiger, 1985. A critical review of "Systematische Untersuchungen am *Pieris napi-bryoniae*-Komplex (s.l.)" (Lepidoptera: Pieridae) by Ulf Eitschberger. *J. Res. Lepid*. 24(1): 47-60.

Kudrna, O., 1975. A revision of the genus *Gonepteryx* Leach (Lep., Pieridae). *Entomologist Gaz*. 26: 3-37.

Kudrna, O., A. Harpke, K. Lux, J. Pennerstorfer, O. Schweiger, J. Settele and M. Wiemers, 2011. *Distribution atlas of butterflies in Europe*. Halle. Saale.

Kurentzov, A.I., 1970. *The butterflies of the far east U.S.S.R*. 163pp. 14pls. Acad. Sci. USSR. Siberian Branch. Vladivostok. (in Russian)

Kwon, T.S., S.S. Kim and C.M. Lee, 2013. Local changes of butterfly species in response to global warming and reforestation in Korea. *Zoological Studies* 52: 47-55.

Kwon, T.S., C.M. Lee and S.S. Kim, 2014. Northward range shifts in Korean butterflies. Climatic Change 126: 163-174. DOI 10.1007/s10584-014-1212-2.

Kwon, T.S., S.S. Kim and J.H. Chun, B.K. Byun, J.H. Lim and J.H. Shin, 2010. Changes in butterfly abundance in response to global warming and reforestation. *Environ. Entomol*. 39: 337-345.

Kwon, T.S., S.S. Kim and C.M. Lee, 2013. Local changes of butterfly species in response to global warming and reforestation in Korea. Zoological Studies 52: 47-55.

Kwon, T.S., S.S. Kim, C.M. Lee and S.J. Jung, 2013. Changes of butterfly communities after forest fire. J. Asia-Pacific Entomogy 16: 361-367.

Kwon, T.S., S.S. Kim and S.W. Choi, 2013. Testing of divergent patterns of butterfly niche breadth in a peninsula. *Entomogical Research* 43: 108-114.

Lang, S.Y., 2012. *The Nymphalidae of China* (Lepidoptera, Rhopalocera). 454pp. Tshikolovets Pub., Czech Republic. (in Chinese)

Lang, S.Y. and X.J. Wang, 2010. Study on some nymphalid butterflies from China-2 (Lepidoptera, Nymphalidae). *Atalanta* 41 (1/2): 221-228.

Lee, C.M., S.S. Kim and T.S. Kwon, 2016. Butterfly fauna in Mount Gariwang-san, Korea. J. Asia-Pacific Biodiversity 9: 198-204.

Lee, S.M. and T. Takakura, 1981. On a new subspecies of the Purple Emperor, *Apatura iris* (Lepidoptera: Nymphalidae) from the Republic of Korea. *Tyô to Ga* 31(3&4): 133-141.

Lee, Y.J., 2005. Review of the *Argynnis adippe* species group (Lepidoptera, Nymphalidae, Heliconiinae) in Korea. *Lucanus* 5: 1-8.

Lee, Y.J., 2009. Apaturinae (Lepidoptera: Nymphalidae) from the Korean Peninsula: Synonymic lists and keys to tribes, genera and species. *Zootaxa* 2169: 1-20.

Leech, J.H., 1887. On the Lepidoptera of Japan and Corea. part 1. *Proc. Zool. Soc. Lond*. 1887: 398-431.

Leech, J.H., 1893. Butterflies from China, Japan and Corea, vols. 1-3, London.

Leech, J.H., 1894. Butteflies from China, Japan and Corea. 4 Parts. 681pp. 43pls. London.

Lukhtanov, V.A. and U.J. Eitschberger, 2000. Illustrated catalogue of the genera *Oeneis* and *Davidiana* (Nymphalidae, Satyrinae, Oeneini). *Butterflies of the World, part* II, pp. 1-12, pl. 26. Goeck & Evers. Keltern.

Masashi, T., 1991. Hill-Topping Behaviour of the Indian Awlking, *Choaspes benjaminii japonica* (Murray) (Lepidoptera, Hesperiidae). *Tyô to Ga*. 42(3): 143-161.

Masui, A. and T. Inomata, 1991. Apaturinae of the world (Lepidoptera, Nymphalidae) 2. *Yadoriga* 146: 2-14.

Masui, A. and T. Inomata, 1992. Apaturinae of the world (Lepidoptera, Nymphalidae) 4. *Yadoriga* 151: 11-20.

Masui, A. and T. Inomata, 1994. Apaturinae of the world (Lepidoptera, Nymphalidae) 6. *Yadoriga* 157: 2-12.

Masui, A. and T. Inomata, 1997. Apaturinae of the world

(Lepidoptera, Nymphalidae) 8. *Yadoriga* 170: 7-23.

Masui, A., 2008. Distribution and variation of the genus *Sasakia* outside Japan, *Gekkan-Mushi* 449: 5-15.

Masui, A., 2012. A genetic form of *Hestina persimilis* (Westwood, 1850) in China and Korea (Lepidoptera: Nymphalidae: Apaturinae). *Butterflies* 60: 55. (in Japanese)

Masui, A., G.C. Bozano and A. Floriani, 2011. Guide to the butterflies of the Palearctic region. Nymphalidae part IV. subfamily Apaturinae. 82pp. Omnes Artes s.a.s. Milano.

Matsuda, S., 1996. Taxonomic status of *Melitaea niphona* Butler (Lepidoptera, Nymphalidae). *Trans. lepid. Soc. Japan* 47(1): 59-68. (in Japanese)

Matsuda, Y., 1929. On the occurrence of *Aphnaeus takanonis* Matsumura. *Zephyrus* 1: 165-167.

Matsumura, S., 1905. *Catalogue Insectorum Japonicum*, vol. 1, part 1. Tokyo.

Matsumura, S., 1919. *Thousand insects of Japan Additamenta* 3. Tokyo.

Matsumura, S., 1927. A list of the butterflies of Corea, with description of new species, subspecies and aberrations. *Insecta matsum*. 4: 159-170.

Matsumura, S., 1929a. Some butterflies from Korea received from Mr. T. Takamuki. *Insecta matsum*. 3(4): 152-156.

Matsumura, S., 1929b. New butterflies from Japan, Korea and Formosa. *Insecta matsum*. 3(2/3): 87-107.

Matsumura, S., 1929c. Some new butterflies from Japan, Korea and Formosa. *Insecta matsum*. 3(4): 139-142.

Matsumura, S., 1938. Two new lycaenid butterflies from Korea and Formosa. *Insecta matsum*. 12: 107-108.

Mitter, C., D.R. Davis and M.P. Cummings, 2016. Phylogeny and Evolution of Lepidoptera. Annu. Rev. Entomol. 62: 265-283.

Mori, T., 1925. Freshwater fishes and Rhopalocera in the highland of South Kankyo-do. *J. Chosen Nat. Hist. Soc*. 3: 54-59. (in Japanese)

Mori, T., 1928. *Butterflies from Saishuto*. 38pp. Byunkyo-no-Chosen. (in Japanese)

Morishita, K., 1994. *Limenitis camilla* and its allies in East Asia (Nymphalidae, Limenitidae). *Butterflies* 9: 25-34.

Morishita, K., 1996. *Seokia pratti*, and *Chalinga elwesi* (Nymphalidae; Limenitinae). *Butterflies* 13: 35-42. (in Japanese)

Murayama, S., 1955a. A revision of the genus *Rapala* Moore (Lycaenidae) from Japan, Korea and Formosa, with description of a new form. *Trans Mushi-Doyu-Kai*. Japan 1: 4-15.

Murayama, S., 1955b. New or little known Rhopalocera from China and Korea. *Tyõ to Ga* 6(1): 1-4.

Murayama, S., 1960. Some new butterflies from Japan, Korea and Formosa. *Tyõ to Ga* 11(2): 28-33.

Murayama, S., 1963. Remarks on some butterflies from Japan and Korea, with descriptions of 2 races, 1 form, 4 aberrant forms. *Tyõ to Ga* 14(2): 43-50. (in Japanese)

Murayama, S., 1964. Neue Tagfalterformen aus Japan und Korea. *Zeit. di. Wien. Ent. gesell. Bd*. 75: 35.

Murayama, S., 1965. Some Korean butterflies with remarks on the related species from Japan and China. *New Entomologist* 14(8): 1-6.

Murayama, S., 1969a. Some satyrid-butterflies of Japan and Korea, with descriptions of a new species and two new races. *Tohoku Konchu Kenkyu* 4(2): 17-22.

Murayama, S., 1969b. Vier Tagfalter aus Nordkorea und Japan, mit der Beschreibung einer neuen Rasse. *Tyõ to Ga* 20(2): 67-70.

Murayama, S., 1978. Some butterflies from Ussuri, U.S.S.R. and Korea, with description of two new subspecies. *Tyô to Ga* 29(3): 159-163.

Murayama, S., 1991. Remarks on new taxa of Satyridae & Lycaenidae from North China and Chejudo Island. *Insects and Nature* 26(3): 20-21.

Nakayama, S., 1932. A guide to general information concerning Corean butterflies. *Mem. Bull. 25th Anniv. Suigen College* pp. 366-386, pl. 13.

Narita, S., M. Nomura, Y. Kato, O. Yata and D. Kageyama, 2007. Molecular phylogeography of two sibling species of *Eurema* butterflies. *Genetica* 131: 241-253.

Nekrutenko, Yu.P., 1970. Comments on forms of *Gonepteryx aspasia* (Pieridae) described by Shu-iti Murayama. *Journal of the Lepidopterist Society* 24(3): 213-217.

Nire, K., 1916-1919. On the butterflies of Korea. *Zool. Mag. Japan* 31: 233-240, 260-273, 343-350, 360-376. (in Japanese)

Nomura, K., 1937. Notes on the butterfly fauna in various islands belonging to the Japanese Archipelago Ⅰ. *Bot. Zool. Tokyo* 6(8): 1236-1354. (in Japanese)

Nomura, K., 1938. Notes on the butterfly fauna in various islands belonging to the Japanese Archipelago Ⅱ. *Bot. Zool. Tokyo* 6(10): 64-65. (in Japanese)

Okamoto, H., 1923. Butterflies from Korea. *Cat. Soec. Exh. Chosen*. pp. 61-71.

Okamoto, H., 1924. The insect fauna of Quelpart Island (Saishiu-to). *Bull. Agric. Exp. Atat. Gov. -Gen. Chosen* 1(2): 47-233, pls. 7-10.

Okamoto, H., 1926. Butterflies collected on Mt. Kongo, Korea. *Zool. Mag., Tyoko* 38(453): 173-181. (in Japanese)

Okano, M., 1998a. The butterflies of Chejudo (Quelpart Island). *Fuji Daigaku Kiyo* 31(2): 1-10.

Okano, M., 1998b. The subfamily Argynninae (Lepidoptera: Nymphalidae) of Chejudo (Quelpart Island). *Fuji Daikaku Kiyo* 31(1): 1-5.

Okano, M., and S.W. Pak, 1968. New or little known butterflies from Quelpart Island (Cheju-do). *Artes Liberales* 4: 65-70, pls. 3.

Omelko, M.A. and Omelko, M.M., 1978. Biology of *Argynnis zenobia penelope Stg.* and *Seokia eximia* Molt. in Primorje. *Biologiya Nekotoryh vidov Vrednyh i Poleziyh Nasekomyh Dalnego Vostoka* pp. 115-123.

Osozawai, S., M. Takáhashi and J. Wakabayashi, 2017. Quaternary vicariance of *Ypthima* butterflies (Lepidoptera, Nymphalidae, Satyrinae) and systematics in the Ryukyu Islands and Oriental region. *Zoological Journal of the Linnean Society* 180: 593-602.

Page, M.G.P. and C.G. Treadaway, 2013. Speciation in *Graphium sarpedon* (Linnaeus) and allies (Lepidoptera: Rhopalocera: Papilionidae). Stuttgarter Beiträage zur Naturkunde A, Neue Serie 6: 223-246.

Pech, O., Z. Fric, M. Konvička and J. Zrzavŷ, 2004. Phylogeny of *Maculinea* blues (Lepidoptera: Lycaenidae) based on morphological and ecological characters: evolution of parasitic myrmecophily. *Cladistics* 20(4): 362-375.

Pelham, J.P., 2008. A catalogue of the butterflies of the United States and Canada, with a complete bibliography of the descriptive and systematic literature. *The Journal of Research on the Lepidoptera* 40: 1-658.

Porter, A.H., R. Wenger, H. Geiger, A. Scholl and A. Shapiro, 1997. The *Pontia daplidice-edusa* hybrid zone in north-western Italy. *Evolution* 51: 1561-1573.

Regier, J.C., C. Mitter, A. Zwick, A.L. Bazinet, M.P. Cummings, A.Y. Kawahara, J.-C. Sohn, D.J. Zwickl, S. Cho, D.R. Davis, J. Baixeras, J. Brown, C. Parr, S. Weller, D.C. Lees, K.T. Mitter, 2013. A Large-scale, higher-level, molecular phylogenetic study of the insect Order Lepidoptera (moths and butterflies). PLOS ONE 8(3) e58568. www.plosone.org.

Rühl, F. and A. Heyne, 1895. *Die Palaearctischen groß-schmetterlinge und naturgeschichte*. 189pp. Leipzig.

Sasaki, M., 1995. Observation on hibernating larvae of *Neptis sappho intermedia* W.B. Pryer Ⅱ. *Yadoriga* 160: 17-20.

Scoble MJ., 1986. The structure and affinities of the Hedyloidea: a new concept of the butterflies. Bull. Br. Mus. Nat. Hist. Entomol. 53: 251-286.

Scoble, M.J., 1992. *The Lepidoptera. Form, Function and Diversity*.xi+404pp. Oxford University Press. Oxford.

Scott, J.A., 1986. *The butterflies of North America. A natural history and field guide*. Stanford. Califonia. 583pp., 64pls.

Seitz, A., 1909-1912. *Die groß-schmetterlinge der erde. Die gross-schmetterlinge des paläarktischen Faunengebietes*. Taghalter. Stuttgart, Lehmann. 8+379 S., 89 Taf.

Seitz, A., 1929-1932. *Die groß-schmetterlinge der erde. Supplementum zu band 1. Die paläarktischen* Taghalter. Stuttgart, Kernen. 8+3+399 S., 16 Taf.

Seok, D.M., 1939. *A synonymic list of butterflies of Korea (Tyosen)*. ⅩⅩⅪ +391pp, 2 pls Korea Branch of the Royal Asiatic Society, Seoul.

Seok, D.M., 1973. *The distribution maps of butterflies in Korea*. 517pp. Bojinje. Seoul.

Seto, K., 2013. *A study of the butterflies in Beijing*. 246pp. Mokuyosha. Tokyo. (in Japanese)

Sheljuzhko, V.L., 1964. Zur Kentnnis der *Pieris melete*-Gruppe. Teil Ⅲ. Nochmals über die Korea-Unterarten von *Pieris melete* Mén. *Zool. Samml*. pp. 159-174.

Shima, H. and A. Nakanishi, 2007. Notes on some Oriental species of the genus *Ypthima* Hübner (Lepidoptera: Nymphalidae; Satyrinae). *Nature and Human Activities* 11: 51-59.

Shimagami, K., 2000. Geographical variation of *Dichorragia nesimachus* (Doyére) in the regions around the Korean Peninsula. *Gekkan-Mushi* 352: 12-27. (in Japanese)

Shinkawa, T. and Nonaka, M., 2010. Molecular systematics and evolution of *Pieris napi* group (Lepidoptera, Pieridae). *The Nature & Insects* 45(11): 20-26.

Shirôzu, T. and A. Sibatani, 1943. Über die japanischen Arten der Lycaeniden untergattungen Plebejus Kluk und *Lycaenides* Hübner (Lep.). *Trans Kansai ent. Soc.* 13(1): 25-36, pl. 1-4. (in Japanese)

Shirôzu, T. and H. Shima, 1979. On the natural groups and their phylogenetic relationships of the genus *Ypthima* Hübner mainly from Asia (Lepidoptera: Satyridae). *Sieboldia* 4(4): 231-295.

Shirôzu, T. and H. Yamamoto, 1956. A generic revision and phylogeny of the tribe Theclini. *Sieboldia* 1(4): 229-421.

Shirôzu, T., 1947. Remarks on the species of the genus Celastrina Tutt in Manchuria (in Japanese). *Trans. Kansai ent. Soc.* 14: 43-47. 1 pl., 4 figs.

Shirôzu, T., 1952. New or little known butterflies from the north-eastern Asia, with some synonymic notes Ⅰ. *Sieboldia* 1(1): 11-15.

Shirôzu, T., 1953. New or little known butterflies from the north-eastern Asia, with some synonymic notes Ⅱ. *Sieboldia* 1(2): 149-159.

Shirôzu, T., 1955. New or little known butterflies from the north-eastern Asia, with some synonymic notes III. *Sieboldia* 1(3): 229-236.

Sibatani A., T. Saigusa and T. Hirowatari, 1994. The genus *Maculinea* van Eecke, 1915 (Lepidoptera: Lycaenidae) from the East palaearctic region. *Tyô to Ga* 44(4): 157-220.

Sibatani, A. and S. Ito, 1942. Beitrag zur systematik der Theclinae im kaiserreich Japan unter besonderer berücksichtigung der sogenanten gattung *Zephyrus* (Lepidoptera, Lycaenidae). *Tenthredo* 3(4): 299-334.

Sibatani, A., 1941. *Satyrus halimede* der japanischen autoren. *Trans. Kansai ent. Soc.* 11(1): 3-24.

Sibatani, A., 1943. Über Einige Nymphaliden-Formen aus Nippon. *Trans. Kansai ent. Soc.* 13(2): 12-24., pl. 1.

Sibatani, A., 1992. Observation on the period of active flight in males of *Favonius* (Lycaenidae) in southern Primorye of the Russian Federation *Tyô to Ga* 43(1): 23-34.

Simonsen, T.J. 2005. *Boloria* phylogeny (Lepidoptera: Nymphalidae): tentatively reconstructed on the basis of male and female genitalic morphology. *Systematic Entomology* 30: 653-665.

Simonsen, T.J., 2006a. Fritillary phylogeny, classification, and larval host plants: reconstructed mainly on the basis of male and female genitalic morphology (Lepidoptera: Nymphalidae: Argynnini). *Biological Journal of the Linnean Society* 89: 627-673.

Simonsen, T.J., 2006b. Glands, muscles and genitalia. Morphological and phylogenetic implications of histological characters in the male genitalia of Fritillary butterflies (Lepidoptera: Nymphalidae: Argynnini). *Zoologica Scripta* 35: 231-241.

Simonsen, T.J., 2007. Comparative morphology and evolutionary aspects of the reflective under wing scale-pattern in Fritillary butterflies (Nymphalidae: Argynnini). *Zoologischer Anzeiger* 246: 1-10.

Simonsen, T.J., N. Wahlberg, A.D. Warren and F.A H. Sperlingi, 2010. The evolutionary history of *Boloria* (Lepidoptera: Nymphalidae): phylogeny, zoogeography and larval–foodplant relationships. *Systematics and Biodiversity* 8 (4): 513-529.

Simonsen, T.J., N. Wahlberg, A.V.Z. Brower and R. de Jong, 2006. Morphology, molecules and fritillaries: approaching a stable phylogeny for Argynnini (Lepidoptera: Nymphalidae). Insect *Systematics & Evolution* 37: 405-418.

Simonsen, T.J., E.V. Zakharov, M. Djernaes, A. Cotton, R.I. Vane-Wright and F.A.H. Sperling, 2011. Phylogeny, host plant associations and divergence time of Papilioninae (Lepidoptera: Papilionidae) inferred from morphology and seven genes with special focus on the enigmatic genera Teinopalpus and Meandrusa. Cladistics 27: 113-137.

Simonsen, T.J., R. de Jong, M. Heikkilä, L. Kaila, 2012. Butterfly morphology in a molecular age- Does it still matter in butterfly systematics? Arthropod Structure & Development 41: 307-322.

Sohn, S.K., 2012a. A new species of the genus *Favonius undulata* from Korea. *S.K. with Butterflies* 1: 24-29.

Staudinger, O. and Rebel, H., 1901. *Katalog der Lepidopteren des Palaearktischen Faunengebietes* 1 Theil. 98pp. Berlin.

Streltsov, A.N., 2016. Papilionidea. *In Cherish A., Annotated catalogue of the insects of Russian Far East*. Volume II. Lepidoptera. 2: 224-265. Dalnauka. Vladivostok.

Sugitani, I., 1930. Some butterflies from Kwainei, Korea. *Zephyrus* 2: 188. (in Japanese)

Sugitani, I., 1931. Some rare butterflies from Mt. Daitoku-san, Korea. *Zephyrus* 3: 290. (in Japanese)

Sugitani, I., 1932. Some butterflies from N.E. Korea, new to the fauna of the Japanese Empire. *Zephyrus* 4: 15-30. (in Japanese)

Sugitani, I., 1933. Corean butterflies 1. *Zephyrus* 5(1): 1-5. (in Japanese)

Sugitani, I., 1933. On some butterflies of Nymphalidae and Lycaenidae. *Zephyrus* 5: 13-16. (in Japanese)

Sugitani, I., 1934a. Corean butterflies 2. *Zephyrus* 5(2/3): 55-63. (in Japanese)

Sugitani, I., 1934b. Corean butterflies 3. *Zephyrus*. 5(4): 165-176. (in Japanese)

Sugitani, I., 1935. Corean butterflies 4. *Zephyrus* 6(1/2): 1-10. (in Japanese)

Sugitani, I., 1936. Corean butterflies 5. *Zephyrus* 6(3/4): 155-174. (in Japanese)

Sugitani, I., 1937. Corean butterflies 6. *Zephyrus* 7(1): 1-25. (in Japanese)

Sugitani, I., 1938. Corean butterflies 7. *Zephyrus* 8(1/2): 1-16. (in Japanese)

Tadokoro, T., 2011a. A mystery of *Argynnis coredippe*. *Yadoriga* 221: 9-17. (in Japanese)

Tadokoro, T., 2011b. The mystery of *Pieris orientis* Oberthür, 1880. *Butterflies* 58: 34-40.

Tadokoro, T., T. Sinkawa and M. Wang, 2013. Primary study *Pieris napi*-group in East Asia: phylogenetic analyses, morphological characteristic and geographical distribution. *Butterflies* (*Teinpalpus*) part 1 64: 36-43; part II 65: 20-35.

Takáhashi M. and Shinkawa, T., 2007. Egg morphology

of *Plebejus argyrognomon* (Lepidoptera, Lycaenidae)-Comparison between populations of Japan and the Korean Peninsula. *Trans. lepid. Soc. Japan* 58(4): 442-443. (in Japanese)

Takahashi, M., 1995. On the status of *Clossiana perryi* (Butler, 1882) (Nymphalidae) in the Far Eastern Russia. *Tyô to Ga* 46(3): 121-128.

Takashi, H., 2006. The "Zephyrus" Hairstreaks (Lepidoptera, Lycaenidae) in Primorsky Krai, Russia. *Yadoriga* 211: 1-13. (in Japanese)

Takeuchi, T., 2006. A new record of *Chilades pandava* (Horefield) (Lepidoptera, Lycaenidae) from Korea. *Trans. lepid. Soc. Japan* 57(4): 325-326.

Tang, J., Z. Huang, H. Chiba and Y. Han, 2017. Systematics of the genus *Zinaida* Evans, 1937 (Hesperiidae: Hesperiinae: Baorini). PLoS ONE 12(11): e0188883. (Published online 2017 Nov 30. doi: 10.1371/journal.pone.0188883)

Tshikolovets, V.V., O.V. Bidzilya and M.I. Golovushkin, 2002. *The butterflies of Transbaikal Siberia*. Kyiv-Brno.

Tuzov, V.K. et al., 1997. *Guide to the butterflies of Russia and adjacent territories*, 1: Hesperiidae, Papilionidae, Pieridae, Satyridae. 480pp. Pensoft, Sofia.

Tuzov, V.K., 1993. *The synonymic list of butterflies from the ex-USSR*. 73pp. Rosagroservice. Moscow.

Tuzov, V.K., 2003. *Guide to the butterflies of the Palaearctic region. Nymphalidae part 1. tribe Argnnini*. 64pp. Omnes Artes s.a.s. Milano.

Tuzov, V.K., P.V., Bogdanov, S.V. Churkin, A.V. Dantchenko, A.L. Devyatkin, V.S. Murzin, G.D. Samodurov and A.B. Zhdanko, 2000. *Guide to the butterflies of Russia and adjacent territories*, 2: Libytheidae, Danaidae, Nymphalidae, Riodinidae, Lycaenidae. 580pp. Pensoft, Sofia.

Uémura, Y. and A.L. Monastyrskii, 2004. A Revisional Catalogue of the genus *Ypthima* Hubner (Lepidoptera: Satyridae) from Vietnam. *Bull. Kitakyushu Mus. Nat. Hist. Hum. Hist.*, Ser. A 2: 17-45.

Wahlberg, N., Brower, A. V. Z. & Nylin, S. 2005: Phylogenetic relationships and historical biogeography of tribes and genera in the subfamily Nymphalinae (Lepidoptera: Nymphalidae). Biological Journal of the Linnean Society 86: 227-251.

Wagener, P.S., 1988. What are the valid names for the two genetically different taxa currently included within *Pontia daplidice* (Linnaeus, 1758)? (Lepidoptera: Pieridae). *Nota lepid.* 11: 21-38.

Wahlberg, N., E. Weingartner and S. Nylin, 2003. Towards a better understanding of the higher systematics of Nymphalidae (Lepidoptera: Papilionoidea). *Molecular Phylogenetics and Evolution* 28: 473-484.

Wahlberg N, M.F. Braby, A.V.Z. Brower, R. de Jong, M.M. Lee, S. Nylin, N.E. Pierce, F.A.H. Sperling, R. Vila, A.D. Warren and E. Zakharov, 2005. Synergistic effects of combining morphological and molecular data in resolving the phylogeny of butterflies and skippers. *Proc. R. Soc. Lond. B* 272: 1577-1586.

Wahlberg, N., J. Leneveu, U. Kodandaramaiah, C. Peña, S. Nylin, A.V.L. Freitas and A.V.Z. Brower, 2009. Nymphalid butterflies diversify following near demise at the Cretaceous/Tertiary boundary. Proceedings of the Royal Society Series B Biological Sciences 276: 4295-4302.

Wakabayashi M. and Y. Fukuda, 1985. A new *Favonius* species from the Korean Peninsula (Lepidoptera: Lycaenidae). *Nature & Life (Kyungpook J. Biol. Scis.)* 15(2): 33-46.

Wang, Z., et al., 1999. *Monographia of original colored & size butterflies of China's Northeast*. 316pp. Jilin Scientific & Technological Publishing House. Jilin. (in Chinese)

Weidenhoffer, Z. and G.C. Bozano, 2007. *Guide to the butterflies of the Palearctic region. Lycaenidae part III. Subfamily Theclinae Tribes Tomarini, Aphanaeini and Theclini (partim)*. 97pp. Omnes Artes s.a.s. Milano.

Weidenhoffer, Z., G.C. Bozano and S. Churkin, 2004. *Guide to the butterflies of the Palearctic region. Lycaenidae part III. Subfamily Theclinae Tribes Eumaeini (partim) Satyrium, Superflua, Armenia, Neolycaena, Rhymnaria*. 97pp. Omnes Artes s.a.s. Milano.

Yago, M., N. Hirai, M. Kondo, T. Tanikawa, M. Ishii, M. Wang, M. Williams and R. Ueshima, 2008. Molecular systematics and biogeography of the genus *Zizina* (Lepidoptera: Lycaenidae). Zootaxa 1746: 15-38.

Zagatti, P., Lalanne-Cassou, B. and Duchat d'Aubigny, J., 2012. *INRA Catalogue des Lépidoptères des antilles Francaises*. www.inra.fr/papillon/.

Zdeněk F., W. Nikalas, P. Pavel and J. Zrazavý, 2007. Phylogeny and classification of the *Phengaris-Maculinea* clade (Lepidoptera: Lycaenidae): total evidence and phylogenetic species concepts. *Systematic. Entomology* 32: 558-567.

Zhu, L., X. Wu and C. Wu, 2011. Phylogeographic history of the swallowtail *Papilio bianor* Cramer (Lepidoptera: Papilionidae) from China. *Article in Oriental insects* 45 (1): 1-10.

권태성 · 박해철, 1997. 선조사법에 의한 설악산 천불동계곡 나비류의 다양성과 풍부도의 평가. 환경생태학회지 10(2): 171-183.

권태성 · 변봉규, 1999. 설악산 백담계곡 나비류의 다양성과 풍부도. 산림과학논문집 60: 96-116.

권태성 · 이철민 · 김성수 · 성주한, 2012. 한국의 나비분포 변화. 249pp. 국립산림과학원. 서울.

국립수목원 · 식물분류학회, 2007. 국가표준식물목록. 534pp. 대신기획인쇄, 서울.

김도성 · 조영복 · 고재기, 1999. 옥천군 지역의 붉은점모시나비 (*Parnassius bremeri*)의 소멸 원인과 복원 방향. *Korean J. Environ. Biol*. 17(4): 467-479.

김도성 · 조영복 · 김동순 · 이영돈 · 박성준 · 안능호, 2014. 한국산 멸종위기종 산굴뚝나비(나비목, 네발나비과)의 분포와 개체군 동태. 한국환경생태학회지 28(5): 550-558.

김동옥, 1995. 부산 황령산 일대의 접상. 한국나비학회지 8: 24-26.

김명희, 1993. 바둑돌부전나비의 월동유충의 발견. 한국인시류동호인회지 6: 39.

김명희, 1996. 충남 부여군 충화면 천등산 일대의 나비상에 관하여. 한국나비학회지 9: 34-38.

김상호 · 김상혁, 1988. 제주도의 나비. 195pp. 제주도학생과학관. 제주.

김성수, 1987. 거문도 나비목 곤충상에 대하여. 상일고교문집 1: 106-109.

김성수, 1988. 강원도 정선 가리왕산 나비목 곤충상에 대하여. 상일고교문집 2: 36-49.

김성수, 1991. 한국산 나비목 곤충 수종의 식초 및 유생기에 관하여. 한국인시류동호인회지 4: 32-37.

김성수, 1996. 주한 미8군 로드리게즈 종합사격장 곤충상 (나비목). 한국자연보존협회조사보고서 36: 65-78.

김성수, 2006. 최근 한국산 나비의 학명 변경에 대하여. 한국나비학회지 16: 45-54.

김성수, 2011a. 나비 학자 석주명 선생의 짧은 생애와 업적. 곤충연구지 27: 3-15.

김성수, 2011b. 남한에 분포하는 산은점선표범나비 (*Boloria selene* Denis et Siffermüller). 한국나비학회지 21: 1-4.

김성수, 2015. 한국나비목록. *Entomological Research Bulletin* 31(2): 77-119.

김성수 · 권태성, 2008. 경기도 고령산의 나비상 변화 분석. 한국나비학회지 18: 15-23.

김성수 · 권태성, 2011. 경남 창령군 우포늪 나비의 다양성 연구. 한국나비학회지 21: 7-13.

김성수 · 김태우 · 남은정 · 박선재 · 염진화 · 최원형 · 변혜우, 2010. 일본 큐슈대학교에 보관된 한반도산 나비목 목록과 *Catocala*속 (밤나방과) 한국 미기록 1종의 기록. 한국나비학회지 19: 1-14.

김성수 · 김용식, 1993. 부전나비과 한국미기록 2종과 1 기지종. 한국인시류동호인회지 6: 1-3.

김성수 · 김용식, 1994. 남한미기록 북방점박이푸른부전나비(신칭)의 기록. 한국인시류동호인회지 7: 1-3.

김성수 · 박진영, 1992. 우수리 비킨강 주변에서 채집한 나비. 한국인시류동호인회지 5: 18-23.

김성수 · 박해철, 2001. 법적보호종 붉은점모시나비의 분포 및 현황.

한국나비학회지 14: 43-48.

김성수 · 박해철 · 김미애, 1999. 주금산 일대 나비 분포와 밀도 모니터링. 한국나비학회지 12: 7-15.

김성수 · 서영호, 2012. 한국나비생태도감. 539pp. 사계절출판사. 서울.

김성수 · 손상규 · 손정달 · 이영준. 2008. 한국 고유종 우리녹색부전나비에 대하여. 한국나비학회지 18: 1-6.

김성수 · 손정달, 1992. 한국산 밤오색나비의 생활사에 관하여. 한국인시류동호인회지 5: 24-28.

김성수 · 오득실 · 정보미 · 서민재 · 조영철 · 나고은 · 권태성, 2015. 완도수목원의 나비와 잠자리. 88pp. 완도수목원. 완도.

김성수 · 이철민 · 권태성 · 주흥재 · 성주한, 2012. 한국나비분포도감. 481pp. 국립산림과학원. 서울.

김성수 · 이철민 · 권태성, 2011. 굴업도의 나비군집과 멸종위기종 왕은점표범나비의 우점현상. 한국응용곤충학회지 50(2): 115-123.

김성수 · 이철민 · 권태성, 2013. 한라산 고지대에 서식하는 유존 나비종의 풍부도와 개체군의 안정성. 한국응용곤충학회지 52(4): 273-281.

김성수 · 주흥재, 1999. 한국산 석물결나비와 물결나비의 분포 및 생태적 특성. 한국나비학회지 11: 37-43.

김성수 · 주흥재 · 손정달, 2013. 제주도 한라산의 산부전나비의 해설. 한국나비학회지 22: 1-8.

김소직, 1993. 전남 무등산산 나비목 곤충의 식초 기록. 한국인시류동호인회지 6: 41.

김소직, 2000. 전남 고흥군 팔영산의 나비상에 관하여. 한국나비학회지 13: 53-56.

김소직 · 주흥재 · 채수웅 · 김성수, 1991. 전남 광주 무등산의 접상. 한국인시류동호인회지 4: 7-15.

김소직 · 이경수, 1999. 국립공원 내장산의 나비상. 한국나비학회지 12: 29-38.

김용식, 2002. 원색한국나비도감. 305pp. 교학사. 서울.

김용식, 2007. 미접 남색물결부전나비 (신칭), *Jamides bochus* (Stoll, 1782)의 첫 기록. 한국나비학회지 17: 39-40.

김용식 · 홍승표, 1990. 보호대상 한국산 주요 나비에 관한 고찰 (환경청 지정 채집급지 종의 선정 타당성과 추가하여야 할 종의 보호지역 설정에 관한 권언). 한국인시류동호인회지 3: 9-16.

김정환 · 홍세선, 1991. 한국산 나비의 역사와 일본 특산종 나비의 기원. 433pp. 집현사. 서울.

김정환 · 박용길, 1991. 한국산 *Papilio*속 (호랑나비과)의 2신종 기재. '한국산 나비의 역사와 일본 특산종 나비의 기원'의 부록 pp. 359-367.

김정환 · 주창석 · 박경태, 1991. 한국산 *Celastrina*속 (부전나비과)의 분류학적 고찰. '한국산 나비의 역사와 일본 특산종 나비의 기원'의 부록 pp. 368-376.

김진, 2011. 대왕팔랑나비 애벌레의 동면 상태. 한국나비학회지 21: 5-6.

김진, 2013. 미접 돌담무늬나비를 전남 여수에서 채집. 한국나비학회지 22: 27-28.

김창환 · 신유항 · 김진일, 1972. 鬱陵島의 하계 곤충상. 한국자연보존협회 조사보고서 3: 47-62.

김헌규, 1956. 덕적군도의 곤충상. 이대창립70주년기념논문집 pp. 335-348.

김헌규, 1958. 덕적군도의 곤충상 제2보. 응용동물학잡지 1(1): 87-101.

김헌규, 1959. 雪嶽山産 蝶類의 수직적 분류. 응용동물학잡지 2(1): 4-11.

김헌규, 1960. 한국산 인시류의 분포분석. 이화여자대학교 한국생활과학연구원 논총 2: 253-294.

김헌규, 1960. 한국산 나비류의 생태. 이화여자대학교 한국생활과학연구원 논총 5: 241-259.

김헌규, 1973. 고령산(앵무봉) 蝶類의 계절적 消長. 이화여자대학교 한국생활과학연구원 논총 11: 33-57.

김헌규 · 미승우, 1956. 韓國産 나비 目錄의 訂補 - 韓國産 나비 總目錄-. 梨花女子大學校 創立 七十週年 記念論文集, pp. 377-405.

김헌규 · 신유항, 1959. 光陵의 蝶相. 梨大 · 韓國文化研究院論叢 1: 299-323.

김현채, 1990. 경남 고성군 연화산 일대의 접상(보정). 한국인시류동호인회지 3: 17-28.

김현채, 1991. 경기도 여주군 Club 700 골프장 일대의 곤충상에 관하여. 한국인시류동호인회지 4: 20-26.

김현채, 1992. 강원도 영월군 남면 창원리 일대의 접상에 관하여. 한국인시류동호인회지 5: 6-12.

김현채, 1994. 강원도 계방산의 접상에 관하여. 한국나비학회지 7: 36-41.

박경태, 1993. 강원도 쌍용산 3종 나비의 추가 기록. 한국인시류동호인회지 6: 40.

박경태, 1996. 한국미기록 한라푸른부전나비(신칭)에 대하여. 한국나비학회지 9: 42-43.

박규택 · 김성수, 1997. 한국의 나비. 381pp. 생명공학연구소 · 한국곤충분류연구회. 대전.

박동하, 2006. 미접 멤논제비나비(신칭)의 채집. 한국나비학회지 16: 43-44.

박상규 · 김선봉, 1997. 충남 금산군 진락산 일대의 나비상에 관하여. 한국나비학회지 10: 45-50.

박세욱, 1968. 한라산 나비의 수직분포 조사. '향상' 동명여고 교지 12: 82-93.

박용길, 1992. 한국미기록 중국은줄표범나비(신칭)에 대하여. 한국인시류동호인회지 5: 36-37.

박해철 · 김미애 · 장승종 · 김성수, 2000. 강원 영월 쌍용 지역의 나비 다양성과 보전 (Ⅰ): 1998-1999년의 종 조성과 계절 변화. 한국나비학회지 14: 11-19.

박해철 · 장승종 · 김성수, 1999. 남북한 나비명의 비교와 그 유래의 문화적 특성. 한국나비학회지 12: 41-54.

박해철 · 한태만 · 강태화 · 이대암 · 김성수 · 이영보, 2013. 멸종위기종, 상제나비(나비목, 흰나비과)의 보전을 위한 DNA 바코드 특성 분석. 한국응용곤충학회지 51(2): 201-206.

배재고 생물반, 1974. 한국특산 수노랑나비 유생기의 연구. 제20회 전국과학전람회 출품 연구보고서. 1-38pp.

백문기, 1996. 경기만내 제도서 나비의 지역적 특성에 대하여. 한국나비학회지 9: 6-14.

백문기 · 김종렬, 1996. 청띠제비나비의 새로운 채집지. 한국나비학회지 9: 47.

백문기 · 배양섭 · 김성수, 2000. 경인 도서의 접상. 한국나비학회지 13: 1-7.

백문기 · 신유항, 2010. 한반도의 나비. 430pp, 자연과 생태. 서울.

백문기 · 신유항, 2014. 한반도나비도감. 600pp. 자연과생태. 서울.

백문기 · 오기석 · 이정석, 1997. 전남 오동도에서 채집한 무늬박이제비나비에 대하여. 한국나비학회지 10: 57-58.

백문기 · 이남호 · 전성민 · 민완기, 1994. 경인도서의 접상에 관한 연구 (Ⅰ). 한국나비학회지 7: 53-61.

백유현 · 권민철 · 김현우, 2007. 주머니속 나비 도감. 344pp. 황소걸음. 서울.

변봉규 · 이범영 · 김성수, 1996. 울릉도의 나비목 곤충상. 한국나비학회지 9: 26-33.

石宙明, 1933a. 開城地方ノ蝶類. 朝鮮博物學會雜誌 15: 64-72.

石宙明, 1933b. 朝鮮球場地方産蝶類目錄 (第二報). Zephyrus 5: 309-318.

石宙明, 1933c. 朝鮮産蝶類ノ未記錄種, 異常型「ビウラギンヘウモン」ノ斑紋ノ變異性. 朝鮮博物學會雜誌, 15: 73-77, pl. 1.

石宙明, 1934a. 朝鮮産蝶類の研究. 第1報. 鹿兒島高農創立25周年記念論文集, pp. 631-784, pls. 10.

石宙明, 1934b. 白頭山地方産蝶類探集記. Zephyrus 5: 259-281.

石宙明, 1935. 五月末の金剛山蝶類. Zephyrus 6(1/2): 99.

石宙明, 1936a. 新種スナイダ-ヘウモンモドキに就いて. Zephyrus 6(3/4): 178-179.

石宙明, 1936b. 南朝鮮動物採集記. 松友 10: 26-34.

石宙明, 1936c. ヲカジマミスヂ及びギンジシジミなる2新種の蝶に就て: [附] 金剛山蝶類目錄. 動物學雜誌 48(2): 60-66.

石宙明, 1936d. 朝鮮産モンシロテフの變異研究. [附] 朝鮮産奇型のモンシロテフ. 動物學雜誌 48(7): 337-343, pls 10-11.

石宙明, 1936e. 朝鮮産所謂ウラギンヘウモンノ變異ニ其學名ニ就テ. 朝鮮博物學會雜誌 21: 38-41.

石宙明, 1936f. 朝鮮東北端地域産蝶類採集記. Zephyrus 6(3/4): 252-277.

石宙明, 1936g. 智異山の蝶類. 植物及動物 4(12): 2059-2064.

石宙明, 1936h. 朝鮮産 Aphantopus hyperantus Linné に就て: [附] 眼狀紋及び其他の斑紋研究上の一新樣式. 動物學雜誌 48: 905-1000.

石宙明, 1937a. 南朝鮮動物採集記. 松友 10: 26-34.

石宙明, 1937b. 朝鮮産アムルヤマ=キテフに就て. 蝶と甲蟲 2(1): 2-4.

石宙明, 1937c. 內地産2個の蝶. 昆蟲界, 5(36): 135-136.

石宙明, 1937d. 朝鮮産ジヤカウアゲハの變異研究. 昆蟲界 5: 582-584.

石宙明, 1937e. 慶州吐含山でアカボシウスバシロテフを採集す. 昆蟲界 43: 631-633.

石宙明, 1937f. マドタテハの知見. 昆蟲世界 41: 179-183.

石宙明, 1937g. 多物里島の蝶類, 莞島の蝶類. 昆蟲界 5: 396-399.

石宙明, 1937h. 朝鮮産珍蝶稀蝶の新産地. *Zephyrus* 7(2/3): 186-189.

石宙明, 1937i. 二新亞種の蝶に就いて. *Zephyrus* 7(1): 29-32.

石宙明, 1937j. 濟州島産蝶類採集記(一新亞種の記載を含む). *Zephyrus* 7(2/3): 150-174.

石宙明, 1938a. 朝鮮産蝶の二新型に就いて. *Zephyrus* 7(4): 241-243.

石宙明, 1938b. 鬱陵島産蝶類. *Zephyrus* 8(1/2): 24-29.

石宙明, 1938c. 朝鮮産 *Neptis thisbe* Ménétriès: オホキミスヂに就いて. *Zephyrus* 7(4): 244-249.

石宙明, 1938d. 多物里島産の蝶類追加. 昆蟲界 6: 22-23.

石宙明, 1938e. 釜山のアカボシウスバシロテフに就て. 蟲の世界 2(7/8): 5-6.

石宙明, 1938f. 朝鮮産 *Limenitis amphyssa* Ménétriès テウセンイチンジモドキ(新稱)に就て. 植物及動物 6: 114-115.

石宙明, 1938g. 朝鮮産 *Erebia* 屬ノ數種ニ關係アル文獻. 朝鮮博物學會雜誌 24: 38.

石宙明, 1938h. Studo Pri *Pieris napi* Linné. *Annot. Zool. Japon* 17: 525-529.

石宙明, 1938i. 朝鮮産 *Limenitis* 中近似の3種に就て. 動物學雜誌 50: 39-43.

石宙明, 1938j. 朝鮮産 ホソヲテフに就て. 動物學雜誌 50: 281-283.

石宙明, 1938k. 朝鮮産 *Hesperia maculata* チヤマダラセセリに就て. 動物學雜誌 50(2): 82-84.

石宙明, 1938l. 朝鮮産蝶の二新型に就て. *Zephyrus* 7: 241-243, pl. 19.

石宙明, 1939a. 蓋馬高臺産蝶類採集記. 昆蟲界 7: 117-126.

石宙明, 1939b. 蓋馬高臺産蝶類採集記 (續き). 昆蟲界 7(61): 168-186.

石宙明, 1939c. 滿洲産蝶類目錄. 動物學雜誌 51: 773-776.

石宙明, 1939d. 朝鮮産蝶類ノ研究史. 朝鮮博物學會誌 26: 20-60.

石宙明, 1939e. 咸北高地帶産蝶類採集記. 朝鮮博物學會誌 27: 10-18.

石宙明, 1940a. 蓋馬高臺産蝶類. *Zephyrus* 8: 131-154.

石宙明, 1940b. 朝鮮東北地方産蝶類採集記. *Zephyrus* 8: 155-165.

石宙明, 1941a. 冠帽峰産蝶類採集記. *Zephyrus* 9: 103-111.

石宙明, 1941b. 朝鮮ニ饒産スル五種ノ蝶類ノ變異及ビ分布ノ研究. 8(32): 39-51.

石宙明, 1941c. 朝鮮半島の特殊性を現す數種の蝶類に就て. 日本學術協會報告 16(1): 73-81.

石宙明, 1942a. 平北鴨綠江沿岸地帶産蝶類採集記. 朝鮮博物學會雜誌 34: 49-53.

石宙明, 1942b. 補訂開成地方ノ蝶類. 朝鮮博物學會雜誌 35: 86-94.

石宙明, 1946a. 京城大學附屬生藥研究所濟州島試驗場附近의 蝶相. 國立科學博物館動物學部 研究報告 1(1): 5-9.

石宙明, 1946b. 濟州島 南端部의 自然 더욱이 그곳의 蝶相에 對하야. 國立科學博物館動物學部 研究報告 1(1): 10-16.

石宙明, 1947a. 朝鮮産蝶類總目錄. 國立科學博物館動物學部 研究報告 2(1): 1-16.

石宙明, 1947b. 濟州島의 蝶類. 國立科學博物館動物學部 研究報告 2(2): 17-41.

石宙明, 1947c. 조선나비이름의 유래기. 61pp. 백양당. 서울.

石宙明, 1970. 濟州島昆蟲相. 濟州島叢書 5. 186pp. 寶晉齋. 서울.

石宙明, 1972. 韓國産蝶類의研究. 259pp. 寶晉齋. 서울.

石宙明·高塚 豊次, 1932. 朝鮮球場地方産蝶類의部分的目錄. *Zephyrus* 4(4): 311-317.

石宙明·高塚 豊次, 1937. 朝鮮球場産蝶類目錄 (第三報). *Zephyrus* 7(1): 57-60.

石宙明·西本 藤市, 1935. 羅南地方産蝶類目錄. *Zephyrus* 6(1/2): 88-98.

성정은, 1991. 한국산 팔랑나비과(나비목)의 수컷 생식기에 관한 분류학적 연구. 경희대학교 교육대학원 석사학위논문, 51pp.

손상규, 1994. 강원도 원주 치악산의 나비목 곤충상에 관하여 (Ⅰ). 한국나비학회지 7: 42-52.

손상규, 1995a. 강원도 원주 치악산의 나비목 곤충상에 관하여 (Ⅱ). 한국나비학회지 8: 21-23.

손상규, 1995b. 강원도 희소종 나비 3종. 한국나비학회지 8: 34-35.

손상규, 1999. 한국산 검정녹색부전나비의 생활사. 한국나비학회지 11: 1-5.

손상규, 2000a. 북방녹색부전나비의 생활사에 관하여. *Lucanus* 1: 6-8.

손상규, 2000b. 한국산 제이줄나비의 생활사에 관하여. 한국나비학회지 13: 13-23.

손상규, 2006. 황오색나비 사육을 통해본 자손 변이. 한국나비학회지 16: 7-19.

손상규, 2007a. 한국산 큰홍띠점박이푸른부전나비의 생활사. 한국나비학회지 17: 1-4.

손상규, 2007b. 경기도 원적산의 접상. 한국나비학회지 17: 19-27.

손상규, 2009a. 한국 고유종 우리녹색부전나비의 생활사. 한국나비학회지 19: 1-8.

손상규, 2009b. 한국산 고운점박이푸른부전나비의 초식단계 생활사. 한국나비학회지 19: 21-25.

손상규, 2010. 희귀종 민무늬귤빛부전나비의 생태 관찰. 한국나비학회지 20: 9-13.

손상규, 2012b. 한국산 민무늬귤빛부전나비의 생활사. *S.K. with Butterflies* 1: 36-45.

손상규, 2014. 한국나비 시맥도감. 160pp. 자연과생태. 서울.

손상규·최수철, 2008. 작은표범나비의 집단수면 관찰. 한국나비학회지 18: 31-32.

손재천·김성수·신유항, 1998. 경기도 축령산 나비목 곤충상. 한생연지 3: 363-378.

손정달, 1990. 한국산 대왕나비의 유충, 용 및 식수에 관하여. 한국인시류동호인회지 3: 50-52.

손정달, 1991a. 한국산 왕오색나비 이상형 발생에 관하여. 한국인시류동호인회지 4: 1-6.

손정달, 1991b. 한국산 긴은점표범나비의 종령유충, 蛹(번데기) 및 식초에 관하여. 한국인시류동호인회지 4: 38-39.

손정달, 1995. 한국산 대왕나비의 생활사에 관하여. 한국인시류동호인회지 8: 1-6.

손정달, 1999. 한국산 깊은산부전나비의 생활사에 관한 연구. 한국나비학회지 12: 1-6.

손정달, 2006. 한국산 홍줄나비의 생활사. 한국나비학회지 16: 1-6.

손정달, 2008. 한국산 금강산귤빛부전나비의 생태적 지견. 한국나비학회지 18: 33-35.

손정달 · 김성수, 1990. 한국산 번개오색나비의 生活史에 관하여. 한국인시류동호인회지 3: 40-44.

손정달 · 김성수, 1993. 한국산 은판나비의 생활사에 대하여. 한국인시류동호인회지 6: 4-8.

손정달 · 김성수 · 박경태, 1992. 한국산 나비 20종의 식초 및 유생기에 관하여. 한국인시류동호인회지 5: 29-33.

손정달 · 박경태, 1993. 한국산 나비의 식초 및 유생기에 관하여(II). 한국인시류동호인회지 6: 13-16.

손정달 · 박경태, 1994. 한국산 나비의 식초 및 유생기에 관하여(III). 한국인시류동호인회지 7: 62-65.

손정달 · 박경태, 2001. 물결부전나비의 생활사에 관한 연구. –추계 개체군을 중심으로–. 한국나비학회지 14: 7-10.

손정달 · 박경태 · 이영준, 1995. 한국산 나비의 식초 및 유생기에 관하여(IV). 한국나비학회지 8: 27-30.

손정달 · 성기수, 2011. 한국산 나비의 먹이식물과 유생기에 관하여(V). 한국나비학회지 21: 31-35.

申裕恒, 1970. コンゴウシジミの生活史. 蝶と蛾 21(1 & 2): 15-16.

신유항, 1972. 韓國産 각시멧노랑나비의 生活史에 관하여. 한국곤충학회지 2(1): 27-29.

신유항, 1973. 韓國産 붉은점모시나비의 生活史에 관하여. 경희대학교 산업과학기술연구소 논문집 1: 23-25.

신유항, 1974a. 이른봄애호랑나비의 生活史에 관하여. 경희대학교 산업과학기술연구소 논문집 2: 25-28.

신유항, 1974b. 꼬리명주나비의 生活史에 관하여. 경희대학교논문집 8: 319-325.

신유항, 1975. 광릉의 蝶相 (補訂). 경희대학교 산업과학기술연구소 논문집 3: 41-47.

신유항, 1975. 작은홍띠점박이푸른부전나비의 生活史에 관하여. 한국곤충학회지 5(1): 9-12.

신유항, 1989. 원색한국곤충도감 I 나비편. 264pp. 아카데미서적. 서울.

신유항, 1991. 한국나비도감. 364pp. 아카데미서적. 서울.

신유항, 1992. 명지산에서 채집한 무미형 남방제비나비 채집. 한국인시류동호인회지 5: 38.

신유항, 1994. 북한의 나비 연구. 한국나비학회지 7: 68-74.

신유항, 1996a. 끝검은왕나비를 충남 서산에서 채집. 한국나비학회지 9: 48.

신유항, 1996b. 어리표범나비, 꽃팔랑나비와 작은은점선표범나비의 학명 적용에 관하여. 한국나비학회지 9: 50-51.

신유항 · 김성수 · 김흥철, 1989. 월출산 일대의 나비목에 관하여. 한국자연보존협회조사보고서 27: 121-133.

신유항 · 이광원, 1988. 한국산 나비의 흡밀식물에 관한 연구. 경희대학교 논문집 자연과학편 17: 247-262.

오성환, 1996. 한국미기록 큰먹나비(신칭)에 대하여. 한국나비학회지 9: 44.

오성환 · 김정환, 1989. 산은줄표범나비의 분포 및 분류학적 고찰. 한국인시류동호인회지 2(1): 51-59.

오성환 · 김정환, 1990. 한국산 흰뱀눈나비속의 분포 및 분류학적 고찰. 한국인시류동호인회지 3: 29-39.

元炳徽, 1959. 韓國未記錄種 남방푸른공작나비(新稱)에 대하여. 한국동물학회지 2(1): 34.

禹鍾仁, 1938. 南部朝鮮採集期. 昆蟲界 6(55): 34-37.

윤인호 · 김성수, 1989. 유리창나비의 生活史에 관한 약간의 知見. 한국인시류동호인회지 2(1): 60-63.

윤인호 · 김성수, 1992. 한국미기록 흰나비과 1종과 나방 2종에 대하여. 한국인시류동호인회지 5: 34-35.

윤인호 · 주흥재, 1993. 한국산 풀흰나비의 생활사에 대하여. 한국인시류동호인회지 6: 17-18.

윤춘식 · 김정인 · 차진열 · 이승길 · 정선우, 2000. 한국산 큰줄흰나비의 사육 및 생활사에 관한 연구. 한국나비학회지 13: 31-36.

이기열 · 안기수 · 박성규 · 김태수 · 최용석, 2003. 벼줄점팔랑나비의 形態的 特徵 및 生活史. 한국응용곤충학회지 42(4): 323-327.

이승모, 1971. 雪嶽山의 蝶類. 靑虎林研究所 자료집 1: 1-16.

이승모, 1973a. 雪嶽山産 蝶類目錄. 靑虎林研究所 자료집 4: 1-10.

이승모, 1973b. 문교부 발행 한국동식물도감 나비류의 부분적 정정. 靑虎林研究所 자료집 5: 1-12.

이승모, 1978. 한국산 오색나비에 관하여. 한국곤충학회지 8(1): 39-40.

이승모, 1982. 韓國蝶誌. Insecta Koreana 편집위원회. 서울.

이승모, 1991. 신종 기재가 잘못된 한국산 나비에 대하여. 한국인시류동호인회지 4: 42-43.

이승모, 1992. 한반도산 오색나비속에 관한 해설. 한국인시류동호인회지 5: 1-5.

이승모, 1993. 만주 지역의 접류 총목록. 한국인시류동호인회지 6: 19-31.

이영노, 1997. 원색한국식물도감. 1237pp. 교학사. 서울.

이영준, 2005. 한국산 나비 목록. Lucanus 5: 18-28.

이창복, 1980. 大韓植物圖鑑. 990pp. 鄕文社. 서울.

이창언 · 권용정, 1981. 울릉도 및 독도의 곤충상에 관하여. 한국자연보존협회 조사보고서 19: 139-178, pls. 1-3.

임옥희 · 차진열 · 전주아 · 정선우, 2000. 한국산 노랑나비의 생활사. 한국나비학회지 13: 25-29.

임홍안, 1987. 조선 낮나비 목록. Biology 3: 38-44.

임홍안, 1988. 조선 낮나비류의 신아종에 대하여. 과학원통보 3: 47-49.

임홍안 1996. 조선 특산 아종 나비류의 분화과정에 관하여. 생물학 4: 25-29.

임홍안 · 황성린, 1993. 백두산 일대에서 처음으로 기록된 낮나비류에 대하여. 생물학 121(2): 56-57.

장용준, 2006. 한반도산 호개미성 부전나비과 내 사회적 기생종의 산란 행동과 행동생태학적 특징. 한국나비학회지 16: 21-31.

장용준, 2007. 경남과 전남에서 채집한 녹색부전나비아과 (부전나비과, 나비목) 4종의 보고. 한국나비학회지 17: 41-43.

장용준, 2008. 경기만 영종도와 강화도의 나비상 추가 종 기록. 한국나비학회지 18: 37-38.

장용준 · 김용식 · 정종철, 2006. 관악산의 나비상. 한국나비학회지 16: 55-62.

장용준 · 이재민, 2008. 경기만 영종도와 강화도의 나비상 추가 종 기록. 한국나비학회지 18: 37-38.

정선우 · 차진열 · 윤춘식, 1999. 한반도 남부 일대의 접상 (Ⅰ). 한국나비학회지 12: 17-28.

정헌천, 1995. 광주 무등산 나비의 15종 추가 기록. 한국나비학회지 8: 31-33.

정헌천, 1996. 지리산 나비 8종의 추가 기록. 한국나비학회지 9: 45-46.

정헌천, 1999. 한국산 부전나비과 Narathura속 2종에 관하여. 한국나비학회지 11: 33-35.

정헌천 · 김소직 · 김명희, 1995. 한국산 바둑돌부전나비의 생활사에 관하여. 한국나비학회지 8: 7-10.

정헌천 · 최수철, 1996. 한국산 남방녹색부전나비의 생활사에 관하여. 한국나비학회지 9: 1-5.

정헌천 · 최수철 · 김성수, 1997. 전남 백양사 일대의 나비목 곤충상. 한국나비학회지 10: 17-44.

조달준, 2001. 한국산 청띠제비나비의 생활사 연구. 한국나비학회지 14: 1-6.

조복성, 1929. 鬱陵島産鱗翅目. 朝鮮博物學會雜誌 8: 8.

조복성, 1934. 咸鏡北道冠帽峰及ビ其附近所産ノ胡蝶類卜甲蟲類. 朝鮮博物學雜誌 17: 69-85.

조복성, 1959. 韓國動物圖鑑, 제1편 나비篇. 197pp. 文敎部. 서울.

조복성, 1963. 제주도의 곤충. 고려대학교 문리논집 이학부편 6: 33-41.

조복성 · 김창환, 1956. 한국곤충도감. 나비편, 나방편. 138pp. 章旺社. 서울.

조수영, 1984. 朝鮮のゼフィルス. 昆蟲と自然 19(12): 15-19.

주동률, 1964. 곤충분류명집. 347pp. 과학원출판사. 평양.

주동률 · 임홍안, 1987. 조선나비원색도감. 248pp. 과학백과사전출판사. 평양.

주재성, 1999. 전남 진도 나비목 곤충의 추가 기록 (Ⅰ). 한국나비학회지 11: 29-32.

주재성, 2001. 경기도 가평군 화야산의 나비상에 관하여. Lucanus 2: 6.

주재성, 2002. 한국미기록 검은테노랑나비(신칭)에 대하여. Lucanus 3: 13.

주재성, 2005. 전남 진도 나비목 곤충의 추가 기록. Lucanus 5: 13.

주재성, 2007. 한국미기록 흰줄점팔랑나비(신칭)에 대하여. 한국나비학회지 17: 45-46.

주재성, 2009. 흰줄점팔랑나비 (Pelopidas sinensis Mabile)의 국내 서식 확인 및 생활사. 한국나비학회지 19: 9-12.

주재성, 2010a. 흰줄점팔랑나비 (Pelopidas sinensis Mabile) 종령

유충의 머리와 용에 관하여. 한국나비학회지 20: 1-4.

주재성, 2010b. 한국산 꼬마흰점팔랑나비의 생활사. 한국나비학회지 20: 5-8.

주재성, 2011a. 한국산 돈무늬팔랑나비의 생활사에 관하여. 한국나비학회지 21: 15-19.

주재성, 2011b. 한국산 제주꼬마팔랑나비의 생활사. 한국나비학회지 21: 21-25.

주재성, 2013. 한국산 은줄팔랑나비의 생활사에 관하여. 한국나비학회지 22: 9-15.

주재성, 2017c. 韓國産 대왕팔랑나비의 生活史에 관하여. 한국나비학회지 23: 16-19.

주재성, 2017d. 한국산 산줄점팔랑나비의 생활사. 한국나비학회지 23: 24-27.

주재성, 2017e. 한국산 유리창떠들썩팔랑나비의 생활사에 관하여. 한국나비학회지 23: 28-31.

주재성, 2017f. 한국산 지리산팔랑나비의 생활사에 관하여. 한국나비학회지 23: 32-35.

주재성, 2017a. 한국산 황알락팔랑나비의 생활사에 관하여. 한국나비학회지 23: 8-11.

주재성, 2017b. 한국산 흰점팔랑나비의 생활사 연구, −제3화 발생을 중심으로. 한국나비학회지 23: 12-15.

주창석 · 이현용 · 오성환 · 김용언, 1991. 경북 비슬산의 접상. 한국인시류동호인회지 4: 16-19.

주흥재, 1997. 제주도 미기록 바둑돌부전나비를 제주도 어리목에서 채집. 한국나비학회지 10: 55.

주흥재, 1999. 제주도산 나비의 미기록종과 추가종. 한국나비학회지, 12: 39-40.

주흥재, 2000. 제주도에서 채집한 미접. Lucanus 1: 11-12.

주흥재, 2004. 제주도 남방남색꼬리부전나비(Narathura bazalus turbata (Butler))의 채집. 한국나비학회지 15: 1-2.

주흥재, 2006. 미접 소철꼬리부전나비(신칭), Chilades pandava (Horsfield)의 기록. 한국나비학회지 16: 41-42.

주흥재 · 김성수, 2002. 제주의 나비. 185pp. 정행사. 서울.

주흥재 · 김성수 · 권태성, 2008. 소철꼬리부전나비의 대발생과 유생기에 관하여. 한국나비학회지 18: 7-10.

주흥재 · 이영준 · 김성수, 2011. 제주도 물빛긴꼬리부전나비의 아종 적용. 한국나비학회지 21: 27-30.

최수철, 1997. 광주 무등산 나비의 4종 추가 기록. 한국나비학회지 10: 54.

최수철, 2017. 韓國産 여름어리표범나비 幼生期에 關하여. 한국나비학회지 23: 1-7.

최수철 · 김소직, 2002. 전남 광주에서 채집한 쌍꼬리부전나비에 대하여. Lucanus 3: 15.

최요한 · 남상호, 1976. 암고운부전나비의 幼生期에 關하여. 한국곤충학회지 6(2): 63-66.

한국곤충학회 · 한국응용곤충학회, 1994. 한국곤충명집. 744pp. 건국대학교 출판국. 서울.

한국인시류동호인회편, 1986. 경기도 접류 목록. 한국인시류동호인회지 1: 1-20.

한국인시류동호인회편, 1989. 강원도 나비에 관하여. 한국인시류동호인회지 2(1): 5-44.

홍상기, 2000. 경기도 대부도에서 남방제비나비의 채집. *Lucanus* 1: 10.

홍상기, 2003. 동절기 안산 및 대부도 지역의 배추흰나비 유충에 관한 보고. *Lucanus* 4: 2-4.

홍상기 · 김성수 · 백문기, 1999. 경기도 대부도의 나비목 곤충상. 한국나비학회지 11: 7-18.

淺野 隆, 2006. クロキマダラモドキの幼生期ついて -キマダラモドキの比較-. 月刊むし 428: 35-38.

淺岡孝知, 1973. 韓國昆蟲採集記. はてるま森 4: 64-65.

猪又 敏男, 1982. 復刻原色朝鮮の蝶類解說. pp. 1-24. サイエンティスト社. 東京.

猪又 敏男, 1990. 原色蝶類檢索圖鑑. 223pp. 北隆館. 東京.

猪又 敏男, 1994. 日本とその周邊地域のコツバメ. *Butterflies* 9: 20-24.

猪又 敏男, 2000. 大陸の*Favonius*. 月刊むし 348: 18-22.

猪又 敏男, 2002. トラフシジミとその近緣種について. 月刊むし 371: 10-14.

猪又 敏男, 2003a. オナガシジミとその仲間たち. 月刊むし 389: 37-41.

猪又 敏男, 2003b. オオミドリシジミのなかま. 月刊むし 393: 13-19.

猪又 敏男, 2005a. モンキチョウ屬. 月刊むし 407: 29-35.

猪又 敏男, 2005b. カラスシジミ群. 月刊むし 416: 21-28.

猪又 敏男, 2005c. アサマシジミ. 月刊むし 409: 33-41.

猪又 敏男, 2011. カバイロシジミの仲間. 月刊むし 488: 14-21.

猪又 敏男, 2012. ヒメシジミなど. 月刊むし 491: 27-34.

小田切 顯一 1992. 朝鮮半島のゼフィルス. 西風通信 1: 22-27.

小田切 顯一 · 長谷川 大, 1993. 朝鮮半島のゼフィルス. 西風通信 4: 5-25.

川副 昭人 · 若林 守男, 1976. 原色日本蝶類圖鑑. 422pp. 保育社. 東京.

工藤 吉朗, 1968a. 韓國3道とびあるき. やどりが 54/55: 2-8.

工藤 吉朗, 1968b. 韓國産蝶4種の生態について. やどりが 56: 30.

栗田貞多男. 1993. ゼフィルスの森. 150pp. *Creo Corporation*. 東京.

黑澤 良彦 · 猪又 敏男, 2003. ウラギンヒョウモンについて. *Butterflies* 36: 9-20.

神垣 健司, 1994. 東アジア産キマタラモドキ屬の分類と分布. *Butterflies* 9: 35-41.

神垣 健司, 1996. 韓國産ゼフィルス關する報告の紹介 (1). 西風通信 8: 30-33.

神垣 健司 · 長谷川 大 · 小田切 顯一, 1994. 朝鮮半島のキリシマシジミ. 月刊むし 284: 2-6.

神垣 健司 · 横倉 明, 1993a. 廣島縣のキタアカシジミミ (Ⅰ). 蝶研フィールド 7(7): 6-9.

神垣 健司 · 横倉 明, 1993b. 廣島縣のキタアカシジミミ (Ⅱ). 蝶研フィールド 8(8): 6-13.

小岩屋 敏, 1994. ウラナミジャノメ 'Ypthima motschulskyi' とチョウセンウラナミジャノメ 'Y. amphithea' について. *Butterflies* 9: 42-46.

高塚 豊次, 1941. 朝鮮厚昌地方産蝶類目錄. *Zephyrus* 9(1): 28-35.

高橋 眞弓 · 大島 良美, 2005. 極東ロシア沿海州南部の蝶類. やどりが 207: 2-22.

柴谷 篤弘, 1946. 日本およびその周邊に産する Lycaeninae (Theclinae)の分類法再檢討. 日本鱗翅目學會研究報告 1(3): 61-86.

白水 隆, 1941. カバイロゴマダラの産卵植物. *Zephyrus* 9: 15.

白水 隆, 1984. 原色臺灣蝶類大圖鑑. 481pp. 保育社. 東京.

白水 隆, 2006. 日本産蝶類標準圖鑑. 336pp. 學研. 東京.

白水 隆 · 原章, 1960. 日本蝶類幼蟲圖鑑 Ⅰ, Ⅱ. 保育社. 東京.

新川 勉 · 石川 統, 2005. 分子系統による日本産ウラキンヒョウモン 3種と形態. 昆蟲と自然 40(13): 4-7.

杉谷 岩彦, 1932. タテハフテ科に屬すろ二種の朝鮮産蝶類に就いて. *Zephyrus* 4(2/3): 100-102.

杉谷 岩彦, 1938. 本邦或は朝鮮より未記錄なろ若干の蝶類. *Zephyrus* 7(4): 235-238.

反町 康司, 1999, ウスバキチョウの世界, 160pp, アポロ, 北本

塚田 悅造 · 西山 保典, 1980. 東南アジア島嶼の蝶類. 1 (Papilionidae). 459pp, 166pls. プラパック. 東京.

手代木 求, 1997. 日本産蝶類幼蟲 · 成蟲圖鑑 Ⅱ. (シジミチョウ科). 138pp. 東海大學出版會. 東京.

土居 寬暢, 1931. 逍遙山ノ蝶類. 朝鮮博物學會誌 12: 42-47.

土居 寬暢, 1932. 昆蟲雜記. 朝鮮博物學會誌 13: 31-32, 49.

土居 寬暢, 1933. 昆蟲雜記. 朝鮮博物學會誌 15: 85-86, 96.

土居 寬暢, 1935a. 朝鮮産蝶の一新亞種及び二未記錄種に就いて. *Zephyrus* 6(1/2): 15-19.

土居 寬暢, 1935b. ホシミスヂの一未記錄型に就いて. *Zephyrus* 6(1/2): 22-23.

土居 寬暢, 1936a. 朝鮮産 *Pamphila*の一未記錄種に就いて. *Zephyrus* 6(3/4): 180-183.

土居 寬暢, 1936b. 昆蟲雜記 (8). 京畿道德積島ノ昆蟲. 朝鮮博物學雜誌 22: 62.

土居 寬暢, 1937a. 朝鮮産 *Chrysophanus*の一未記錄種に就いて. *Zephyrus* 7(1): 33-34.

土居 寬暢, 1937b. 朝鮮産一未記錄種に就いて. *Zephyrus* 7(1): 35-36.

土居 寬暢, 1937c. 朝鮮産蝶類雜記. *Zephyrus* 7(1): 62-66.

土居 寬暢, 1938. 朝鮮産シ-タテハに就いて. *Zephyrus* 7(4): 278-279.

土居 寬暢, 1939. 德積島の昆蟲に就て. 京城博物教員會誌 Ⅲ. pp. 40-44.

土居 寬暢, 1940. アカボシウスバシロテフ 逍遙山に産す. 昆蟲界 8(79): 638.

土居 寬暢 · 趙福成, 1934. 朝鮮産蝶ノ新種及ひろすぢこへうもんもどきノ一新型ニ就テ. 朝鮮博物學雜誌 17: 2-3.

野村 健一, 1935a. 日本産 Neptis 屬數種に就いて. 6(1/2): 29-41.

野村 健一, 1935b. 朝鮮産オホゴマシジミに就いて. 6(1/2): 87.

野村 健一, 1937. 日本産シ-タテハに就いて. *Zephyrus* 7(2/3): 109-127.

原田基弘・建石敏光, 2006. オオヤマミドリヒョウモンとヤマミドリヒョウモンの幼生期 (Early stages of *Childrena childreni* in China and *C. zenobia* in Korea). 月刊むし 421: 16-18.

長谷川 大, 1994. 朝鮮半島のゼフィルス, 最近の話題. 昆蟲と自然 29(12): 15-22.

長谷川 大, 2006. ロシア沿海地方のゼフィルス (1). やどりが 211: 5-13.

長谷川 大, 2009. 12番目オオミドリシジミ屬 *Favonius koreanus*について. 月刊むし 461: 9-14.

長谷川 大・松田 眞平, 1993. 朝鮮半島のゼフィルス. 西風通信 4: 5-25.

長谷川 大・松田 眞平, 1994. 朝鮮半島のクロミドリシジミ. 西風通信 5: 1-9.

長谷川 大・松田 眞平, 2001. ロシア沿海地方と朝鮮半島より記載されたFavonius屬の3タクサ (*korshunovi, macrocercus, aquamarinus*)について. やどりが 189: 47-57.

平山鳥義宏, 1999. 蝶の學名-その語源と解説-. ix+714pp, 8pls. 九州大學出版會. 福岡.

福田 晴夫 外, 1982-1984. 原色日本蝶類生態圖鑑 1-4. 保育社. 東京.

藤岡 知夫, 1985. 日本産蝶類大圖鑑. 講談社. 東京.

藤岡 知夫, 1992b. 世界のゼフィルス (2) - Genus *Ussuriana* and *Laeosopis*-. *Butterflies* 2: 3-18.

藤岡 知夫, 1993a. 世界のゼフィルス (3) -ミズイロオナガシジミ屬とその近縁屬-. *Butterflies* 4: 3-20.

藤岡 知夫, 1993b. 世界のゼフィルス (3) -アカシジミ屬-. *Butterflies* 5: 13-31.

藤岡 知夫, 1993c. 日本の秘蝶 (5) 亞熱帯のスジクロチャバネセセリ. *Butterflies* 6: 3-10.

藤岡 知夫, 1994a. 世界のゼフィルス (5) -オオミドリシジミシジミ屬-. *Butterflies* 7: 3-17.

藤岡 知夫, 1994b. 日本の秘蝶 (6) -ヒメチャマダラセセリ-. *Butterflies* 8: 3-8.

藤岡 知夫, 1994c. 世界のゼフィルス (7) -チョウセンメスアカシジミ屬, ムモンアカシジミ屬, ダイセンシジミ屬-. *Butterflies* 9: 3-18.

藤岡 知夫, 2002. 北海道で發見されたエゾウラギンヒョウモン(新稱) *Argynnis* (*Fabriciana*) *niobe*の地理變異. 月刊むし 372: 3-10.

藤岡 知夫, 2011. 世界のウラゴマダラシジミ. *Butterflies* (S. *fujisanus*) 53: 78-81.

藤岡 知夫・築山 洋・千葉秀幸, 1997. 日本産蝶類及び世界近縁種大圖鑑 1. 301+196pp., 162pls. 出版藝術社. 東京.

正木 十二郎, 1934. 鬱陵産昆蟲目録. 昆蟲世界 38(11): 401.

正木 十二郎, 1936. 朝鮮沿海諸島嶼に於ける昆蟲相に就いて(第1報). 昆蟲 10(5): 251-274.

増井 堯夫・猪又 敏男, 1991. 世界のコムラサキ(2). やどりが 146: 2-14.

増井 堯夫・猪又 敏男, 1994. 世界のコムラサキ(6). やどりが 157: 2-12.

増井 堯夫・猪又 敏男, 1997. 世界のコムラサキ(8). やどりが 170: 7-23.

松田 眞平, 2009. ヤマトスジグロシロチョウとエゾスジグロシロチョウの學名にする問題. やどりが 219: 26-41.

松田 眞平・裵良燮, 1998. 極東のニセコツバメとコツバメ(鱗翅目, シジミチョウ科)の分類學的研究. 蝶と蛾 49(1): 51-64.

松永 善明, 1943. 朝鮮歸州寺の蝶. 昆蟲界 11(115): 658-662.

松永 善明, 1985. 追想 北朝鮮の昆蟲類(1). 北九州の昆蟲 32(3): 125-127.

松永 善明, 1986a. 追想 北朝鮮の昆蟲類(2). 北九州の昆蟲 33(1): 25-29.

松永 善明, 1986b. 追想 北朝鮮の昆蟲類(3). 北九州の昆蟲 33(2): 85-94.

溝部 忠志, 1998. 對馬産アカシジミの幼蟲・蛹の色彩・斑紋に關する研究(シジミチョウ科), 蝶と蛾 49(1): 48-52.

本野 晃, 1936. 朝鮮採集旅行記. *Zephyrus* 6(3/4): 277-293.

本野 晃, 1943. 六月の白茂高原採集記. *Zephyrus* 9(3): 199-203.

森 爲三, 1927. 白頭山及附近高地帯ノ胡蝶類ト其ノ分布. 朝鮮博物學會雜誌 4: 21-23.

森 爲三・趙福成, 1935. 朝鮮産蝶類の一新種の記載並に珍蝶二種に就いて. *Zephyrus* 6(1/2): 11-14.

森 爲三・趙福成, 1940. 朝鮮金剛山所産動物採集品目録. 日本學術協會 第16回大會(京城) pp. 1-20.

森 爲三・土居 寬暢・趙福成, 1934. 原色朝鮮の蝶類. 朝鮮印刷株式會社. 서울.

森下 和彦, 1994. イチモンジチョウと近縁種 -中國, 東シベリア, 朝鮮, 日本の種群について. *Butterflies* 9: 25-34.

山本 直樹, 2015. 大韓民國濟州道における蝶類調査報告 I. チャマダラセセリの第3化の記録について. *Butterflies* 3: 13-15.

山本 直樹, 2016. 大韓民國濟州道における蝶類調査報告 II. チャマダラセセリの季節變異について. *Butterflies* 6: 38-39.

渡辺康之, 2000, ウスバキチョウ - Monograph of *Parnassius eversmanni* [Ménétriès, 1850], 177pp, 北海道大学図書刊行会, 北海道.

千葉秀幸・築山 洋, 1996. ユーラシア産コキマダラセセリ屬の再檢討. *Butterflies*. 14: 3-16.

楊宏・王春浩・禹平, 1994. 北京蝶類原色圖鑑. 128pp, 64pls. 科學技術文獻出版社. 北京.

국명 찾아보기 Korean Name Index

*굵게 표시한 학명은 표본 페이지이며 가늘게 표시한 학명은 해설 페이지이다.

저자 소개

주흥재 Hoong Zae Joo

1936년생. 경희의료원 외과에 근무했으며, 의료원장을 지냈고, 한국 나비학회 초대 회장과 서울시 의사회 부회장을 역임하였다. 2015년에는 전체 채집품과 생태 사진, 참고서적을 국립수목원에 기증하였다.

Born in 1936, H.Z. Joo is a doctor of surgery and served at the Kyung Hee University Medical Center as a Director-General. He was also the first president of 'Lepidopterists' Society of Korea' and vice chairman of 'Seoul Medical Association'. In 2015, he donated the whole of his collection, wildlife photograph films and reference books to the Korea National Arboretum.

김성수 Sung Soo Kim

1957년생. 경희여자고등학교에서 교사 생활을 하였고, 2007년 이후 곤충 연구에 전념하고 있다. 나비와 나방, 잠자리의 연구를 하고 있으며, 여러 저서와 논문이 있다.

Born in 1957, S.S. Kim taught biology class at the Kyung Hee Girl's Senior High School, and has been doing a full-time entomological research since 2007. The area of his study covers a wide range of entomology including, especially, butterflies, moths and dragonflies whereof he has written many books, monographs and papers.

김현채 Hyun Chae Kim

1955년생. 서대문 자연사박물관의 자문위원을 맡고 있다. 한반도의 나비와 하늘소, 딱정벌레에 관심을 두고 관찰과 연구 발표를 하였다. 앞으로 하늘소와 딱정벌레에 대한 저서를 준비하기 위해 연구 자료를 수집하고 있는 중이다.

Born in 1955, H.C. Kim is a member of advisory board of Seodaemun Museum of Natural History. He has done field research and made reports on the Lepidoptera, Coleoptera (Carabidae and Cerambycidae) from Korea. He is currently collecting and reviewing research materials and papers in preparation for publication of his books on Coleoptera.

손정달 Jung Dal Sohn

1957년생. 국립수목원에서 근무를 하였고, 현재 같은 기관의 산림생물다양성 연구과의 현장전문가로 활동하고 있다. 특히 오색나비아과에 대한 저서를 발간했으며, 나비 생태 연구에 매진하고 있다.

J.D. Sohn was born in 1957, and has worked for the Korea National Arboretum. Currently, he is working as a field specialist at the forest biodiversity research department of that Arboretum. He authored a book on the Apaturine butterflies from Korea, and is doing research on the life cycles of Lepidoptera.

이영준 Young Joon Lee

1960년생. 비정부 경제기구에서 근무하면서 나비의 관찰과 생태 촬영을 꾸준히 하였다. 한국나비학회 총무를 역임하였다. 특히 나비의 생태에 관한 부분에 관심을 집중하고 있으며, 이에 관련한 저서를 준비하고 있다.

Born in 1960, Y.J. Lee worked at a non-governmental economic organization, while doing field observation and taking wildlife photographs as an avocation. He served as a secretary of 'Lepidopterists' Society of Korea'. He has an interest in the life cycle of butterflies, and is collecting relevant materials for future works.

주재성 Jae Seong Ju

1964년생. 일신여자상업고등학교에서 생명과학 교사로 재직하고 있다. 주로 팔랑나비과를 연구하고 있으며, 검은테노랑나비와 흰줄점팔랑나비 등 한국 미기록종을 기록하였고, 팔랑나비과의 생활사 논문이 여럿 있다.

Born in 1964, J.S. Ju is currently teaching a life science at the Ilshin Girls' Commercial High School. He specializes in Hesperiidae family, and reported previously unrecorded species such as Pelopidas sinensis and Eurema brigitta in addition to several papers dealing with the life cycles of family Hesperiidae.

＊귀중한 표본을 빌려주신 분들은 다음과 같으며, 각 분들께 감사드린다.

고상균 (121p 6줄 4~5; 170p 2줄 2~3)
류재원 (41p 2줄 2~5, 5줄 3~4; 44p 2줄 1~2; 46p 4줄 3~4; 50p 4줄 2~5; 51p 4줄 3~4; 74p 4줄 2~3; 96p 6줄 1~4; 100p 5줄 5, 6줄 1~3; 104p 4줄 4~5; 110p 3줄 3~4; 121p 4줄 4~5, 5줄 1~4; 125p 3줄 5, 4줄 1, 6줄 4~5; 127p 4줄 3~4; 127p 7줄 4~5; 128p 7줄 2~3; 130p 1줄 3~4; 132p 1줄 2~3; 133p 5줄 3~4; 157p 1줄 1~2; 165p 3줄 3~4; 168p 2줄 2~3; 190p 3줄 3~4; 199p 4줄 1~2; 217p 3줄 1~2)
민완기 (66p 1줄 1~2)
손상규 (41p 7줄 3~4; 64p 3줄 1~2; 89p 4줄 2~3; 93p 2줄 4~5, 3줄 1~2; 131p 1줄 1~3, 2줄 1; 154p 3줄 3~4; 226p 3줄 1~2)
원제휘 (65p 3줄 1~2; 105p 3줄 3~4)
이순호 (116p 3줄 1~2; 119p 3줄 4~5; 174p 3줄 1~2; 183p 2줄 3, 3줄 1~3; 202p 1줄 1~2)
지민주 (44p 2줄 3~4; 53p 2줄 3~4; 59p 2줄 2~3; 66p 2줄 2~3; 103p 1줄 1~2; 107p 2줄 4~5, 3줄 1~2줄; 110p 4줄 2~3; 119p 5줄 2~3; 121p 5줄 5, 6줄 1~3; 122p 1줄 5, 2줄 1; 123p 3줄 4~5; 124p 2줄 4~5; 126p 6줄 3~4; 132p 2줄 1~2; 156p 5줄 1~2; 158p 4줄 3~4; 168p 3줄 1~2; 216p 5줄 3~4)

THE BUTTERFLIES OF KOREA
한반도의 나비 279종의 분류와 생태, 영문 해설 수록

한반도의 나비

초판 1쇄 인쇄 2021년 4월 25일
초판 1쇄 발행 2021년 5월 20일

지은이 주흥재, 김성수, 김현채, 손정달, 이영준, 주재성

펴낸곳 지오북(**GEO**BOOK)
펴낸이 황영심
편집 전슬기
디자인 THE-D, 장영숙

주소 서울특별시 종로구 새문안로5가길 28, 1015호
(적선동, 광화문 플래티넘)
Tel_02-732-0337 Fax_02-732-9337
eMail_book@geobook.co.kr
www.geobook.co.kr
cafe.naver.com/geobookpub

출판등록번호 제300-2003-211
출판등록일 2003년 11월 27일

ⓒ 주흥재, 김성수, 김현채, 손정달, 이영준, 주재성, 지오북(**GEO**BOOK) 2021
지은이와 협의하여 검인은 생략합니다.

ISBN 978-89-94242-80-4 96490